中国国家标准汇编

2009年修订-15

中国标准出版社　编

中国标准出版社

北京

图书在版编目（CIP）数据

中国国家标准汇编：2009年修订.15/中国标准出版社编.—北京：中国标准出版社，2010

ISBN 978-7-5066-6070-9

Ⅰ.①中… Ⅱ.①中… Ⅲ.①国家标准-汇编-中国-2009 Ⅳ.①T-652.1

中国版本图书馆CIP数据核字（2010）第171229号

中国标准出版社出版发行
北京复兴门外三里河北街16号
邮政编码:100045
网址 www.spc.net.cn
电话:68523946 68517548
中国标准出版社秦皇岛印刷厂印刷
各地新华书店经销

*

开本 880×1230 1/16 印张 40 字数 1 172 千字
2010年10月第一版 2010年10月第一次印刷

*

定价 220.00 元

出 版 说 明

1.《中国国家标准汇编》是一部大型综合性国家标准全集。自1983年起，按国家标准顺序号以精装本、平装本两种装帧形式陆续分册汇编出版。它在一定程度上反映了我国建国以来标准化事业发展的基本情况和主要成就，是各级标准化管理机构，工矿企事业单位，农林牧副渔系统，科研、设计、教学等部门必不可少的工具书。

2.《中国国家标准汇编》收入我国每年正式发布的全部国家标准，分为“制定”卷和“修订”卷两种编辑版本。

“制定”卷收入上一年度我国发布的、新制定的国家标准，顺延前年度标准编号分成若干分册，封面和书脊上注明“20××年制定”字样及分册号，分册号一直连续。各分册中的标准是按照标准编号顺序连续排列的，如有标准顺序号缺号的，除特殊情况注明外，暂为空号。

“修订”卷收入上一年度我国发布的、修订的国家标准，视篇幅分设若干分册，但与“制定”卷分册号无关联，仅在封面和书脊上注明“20××年修订-1,-2,-3,……”字样。“修订”卷各分册中的标准，仍按标准编号顺序排列(但不连续)；如有遗漏的，均在当年最后一分册中补齐。需提请读者注意的是，个别非顺延前年度标准编号的新制定的国家标准没有收入在“制定”卷中，而是收入在“修订”卷中。

读者配套购买《中国国家标准汇编》“制定”卷和“修订”卷则可收齐上一年度我国制定和修订的全部国家标准。

3. 由于读者需求的变化，自1996年起，《中国国家标准汇编》仅出版精装本。

4. 2009年我国制修订国家标准共3 158项。本分册为“2009年修订-15”，收入新制修订的国家标准49项。

中国标准出版社

2010年8月

出 版 说 明

目　录

ICS 73.060.10
D 31

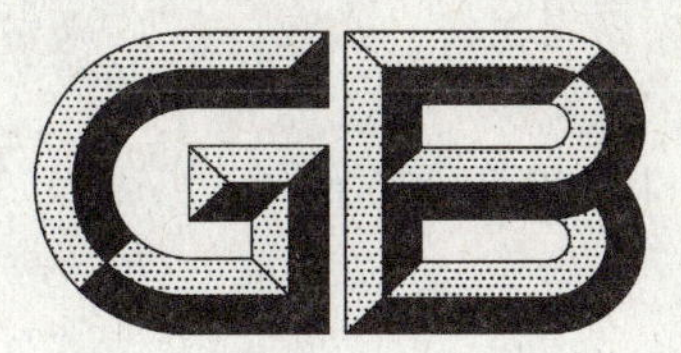

中华人民共和国国家标准

GB/T 10322.8—2009

铁矿石　比表面积的单点测定 氮吸附法

Iron ores—Single-point determination of specific surface area—Nitrogen adsorption method

2009-10-30 发布　　2010-05-01 实施

中华人民共和国国家质量监督检验检疫总局
中国国家标准化管理委员会　发布

前　言

GB/T 10322 的本部分的附录 A 为规范性附录，附录 B 和附录 C 为资料性附录。

本部分由中国钢铁工业协会提出。

本部分由全国铁矿石与直接还原铁标准化技术委员会归口。

本部分主要起草单位：宁波检验检疫科学技术研究院、冶金工业信息标准研究院、中华人民共和国天津出入境检验检疫局。

本部分主要起草人：廖海平、应海松、任春生、张志钢、陈自斌、谷松海。

铁矿石　比表面积的单点测定
氮吸附法

1　范围

GB/T 10322 的本部分规定了用氮吸附法测定铁矿石比表面积的单点测定方法。

本部分适用于铁矿石细精粉。

2　规范性引用文件

下列文件中的条款通过 GB/T 10322 的本部分的引用而成为本部分的条款。凡是注日期的引用文件，其随后所有的修改单(不包括勘误的内容)或修订版均不适用于本部分，然而，鼓励根据本部分达成协议的各方研究是否可使用这些文件的最新版本。凡是不注日期的引用文件，其最新版本适用于本部分。

GB/T 10322.1　铁矿石　取样和制样方法(GB/T 10322.1—2000,idt ISO 3082:1998)

3　原理

将样品脱气处理后置于液氮浴中，吸附氦氮混合气体中的氮气，饱和后解吸出吸附氮气，检测出吸附的氮气体积，根据 BET 方程计算出样品的比表面积，或者通过比对标准样品得出比表面积。

4　试剂

4.1　液氮，纯度不小于 99.99%。

4.2　氮气，纯度不小于 99.99%。

4.3　氦气，纯度不小于 99.99%。

4.4　氦氮混合气，混合前两者纯度均不小于 99.99%，氮气分压 0.2。

4.5　比表面积标准样品，比表面积在 0.5 m^2/g～20 m^2/g 为宜。

5　仪器与设备

5.1　比表面积测试仪，主要由气路系统和检测器组成，任何基于 BET 原理、能得出正确比表面积的仪器均可。

5.2　天平，精确至 0.1 mg。

5.3　杜瓦瓶。

6　取样和制样

按照 GB/T 10332.1 进行取样。实验样不需研磨和筛分(也可由各方商定样品粒度范围，筛分出符合粒度要求的样品)。

7　分析步骤

警告：人体直接接触液氮会导致严重冻伤，试验过程中应采取有效的安全措施，如戴好防冻手套和护目镜等。

7.1　测量次数

对同一预干燥试样，至少进行两次平行测定。

7.2 **试样量**

对于比表面积小于0.8 m^2/g的样品，称量3 g～4 g试样。对于比表面积大于0.8 m^2/g的样品，称量1 g～2 g试样。

7.3 **测量**

在吸附测量之前，应对试样进行脱气处理。将样品管装上仪器后，视仪器情况而定，通过向样品管内通氮气(4.2)并加热样品管或者对样品管抽真空并加热样品管的办法以除去试样中的水分和吸附在试样表面的其他气体。如果脱气处理装置与检测仪器是分体的，脱气后应避免试样和空气再次接触。

脱气完毕后，让试样自然冷却，然后按照仪器操作说明书调节气体流量，将盛有液氮的保温杯置于样品管周围，液氮液面高于样品顶部至少2 cm～3 cm，试样开始吸附氦氮混合气(4.4)中的氮气。吸附饱和后，解吸出试样吸附的氮气，仪器自动测量氮气解吸量，得出样品比表面积。

8 结果

8.1 **结果计算**

试样的最终结果是可接受分析值的算术平均值，或按附录A中步骤计算。

8.2 **计算结果的重复性及其验收**

两次平行试验的结果之差不应超过0.1 $m^2/g(R_d)$。如果不满足此条件，应根据附录A给出的试验结果验收程序做进一步的平行试验。

9 试验报告

试验报告应包括下列信息：

a） 测试实验室名称和地址；

b） 试验报告发布日期；

c） 本部分的编号；

d） 试样本身必要的详细说明；

e） 分析结果；

f） 测定过程中存在的任何异常特性和在本部分中没有规定的可能对试样或标准样品的分析结果产生影响的任何操作。

附 录 A
（规范性附录）
试样分析值验收流程图

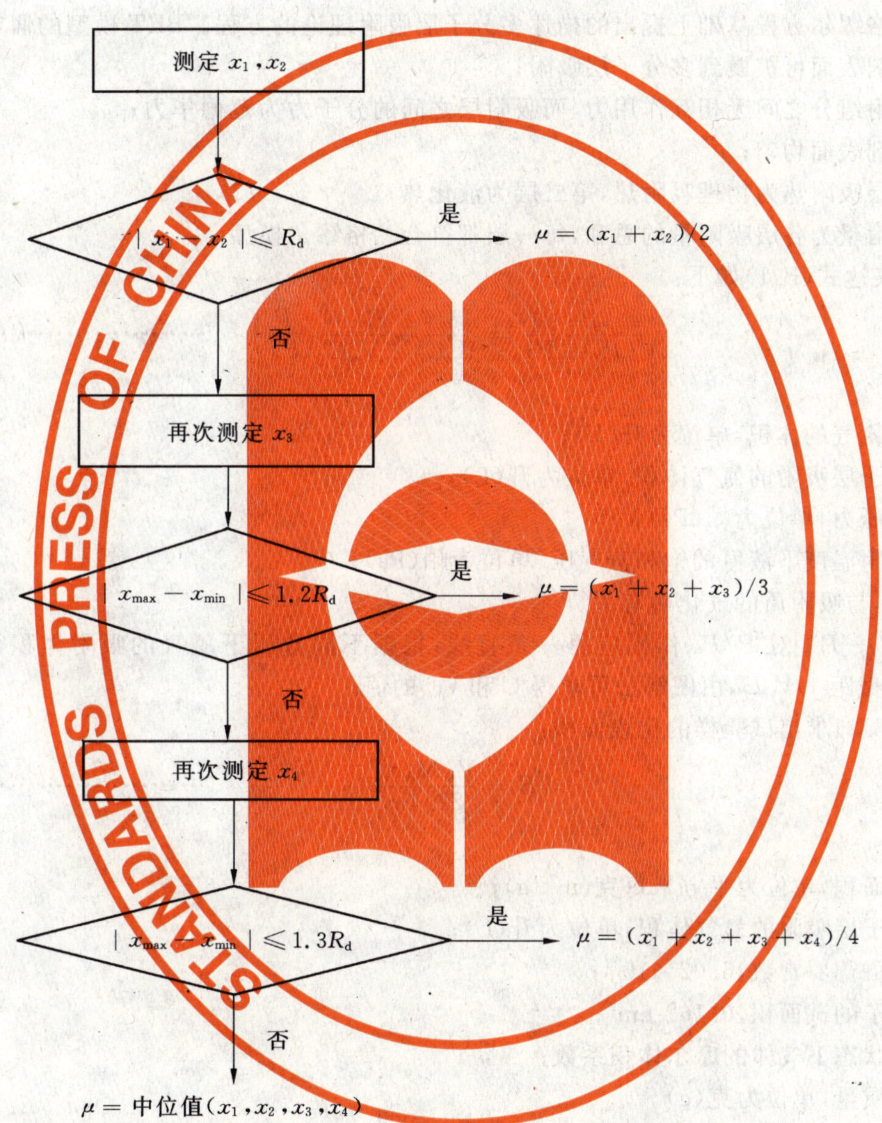

注：R_d 见 8.2 中定义。

附 录 B
（资料性附录）
氮吸附法的理论依据

氮吸附法理论依据为 BET 方程，该方程是由布鲁诺（Brunaure）、埃麦特（Emmet）和泰勒（Teller）于 1938 年在兰格缪尔方程基础上提出的描述多分子层吸附理论的方程。BET 模型的假定条件如下：

（1） 吸附剂表面可扩展到多分子层吸附；

（2） 被吸附组分之间无相互作用力，而吸附层之间的分子力为范德华力；

（3） 吸附剂表面均匀；

（4） 第一层吸附热为物理吸附热，第二层为液化热；

（5） 总吸附量为各层吸附量的总和，每一层都符合兰格缪尔模型。

BET 方程表达式（B.1）如下：

$$\frac{P}{V(P_0-P)}=\frac{1}{V_mC}+\frac{C-1}{V_mC}\left(\frac{P}{P_0}\right) \quad \cdots\cdots(\text{B.1})$$

式中：

V——吸附氮气的体积，单位为升（L）；

V_m——单分子层吸附的氮气体积，单位为升（L）；

P——氮气压力，单位为帕（Pa）；

P_0——在吸附温度下液氮的饱和蒸气压，单位为帕（Pa）；

C——常数，与吸附质的气化热有关。

以 $P/[V(P_0-P)]$ 对 P/P_0 作图应得一条直线，根据不同分压下氮气的吸附体积得出直线斜率 $(C-1)/V_mC$ 和截距 $1/V_mC$，由图解法可求得 C 和 V_m 的值。

再根据式（B.2）求出试验样的比表面积：

$$S=\frac{V_mN_A\sigma_m}{22.4m} \quad \cdots\cdots(\text{B.2})$$

式中：

S——比表面积，单位为平方米每克（m^2/g）；

V_m——单分子层吸附的氮气体积，单位为升（L）；

N_A——阿伏伽德罗常数，6.02×10^{23}；

σ_m——氮分子的截面积，0.162 nm^2；

22.4——标准状态下气体的摩尔体积系数；

m——样品质量，单位为克（g）。

一般情况下，BET 方程中的 C 值较大，常在 100～200 之间，截距很小，BET 方程可以简化为：

$$V_m=V(1-P/P_0) \quad \cdots\cdots(\text{B.3})$$

试验时只需测出一点即可求出单层吸附体积，再根据式（B.2）计算出比表面积，也可通过比对标准样品得出比表面积。

附　录　C
（资料性附录）
比表面积测试仪的工作条件

仪器工作条件因仪器型号而异，以下仪器型号及工作参数供参考：

仪器型号：3H-2000Ⅲ。

脱气温度：130 ℃。

脱气时间：不少于 40 min。

气体流量：80 mL/min。

解吸温度：室温自来水浴。

ICS 65.060.50
B 91

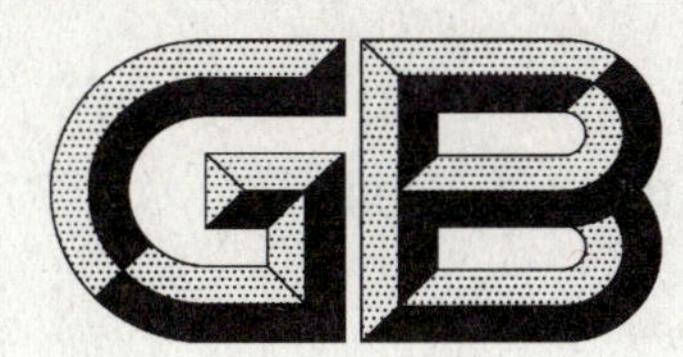

中华人民共和国国家标准

GB/T 10394.4—2009

饲料收获机
第4部分:安全和作业性能要求

Forage harvesters—Part 4:Safety and performance

2009-11-30 发布　　　　2010-04-01 实施

中华人民共和国国家质量监督检验检疫总局
中国国家标准化管理委员会　发布

前　言

GB/T 10394《饲料收获机》包括以下几个部分：

——第1部分：术语；

——第2部分：技术特征和性能；

——第3部分：试验方法；

——第4部分：安全和作业性能要求。

本部分为GB/T 10394的第4部分。

本部分由中国机械工业联合会提出。

本部分由全国农业机械标准化技术委员会(SAC/TC 201)归口。

本部分负责起草单位：中国农业机械化科学研究院、现代农装北方(北京)农业机械有限公司。

本部分主要起草人：陆庆惠、杨兆文、王泽群。

饲料收获机
第4部分:安全和作业性能要求

1 范围

GB/T 10394的本部分规定了饲料收获机安全、作业性能和试验方法。

本部分适用于自走式、悬挂式和牵引式饲料收获机。

2 规范性引用文件

下列文件中的条款通过GB/T 10394的本部分的引用而成为本部分的条款,凡是注日期的引用文件,其随后的修改单(不包括勘误的内容)或修订版均不适用于本部分,然而,鼓励根据本部分达成协议的各方研究是否可使用这些文件的最新版本。凡是不注日期的引用文件,其最新版本适用于本部分。

GB/T 4269.1 农林拖拉机和机械、草坪和园艺动力机械 操纵者操纵机构和其他显示装置用符号 第1部分:通用符号(GB/T 4269.1—2000,idt ISO 3767-1:1991)

GB/T 4269.2 农林拖拉机和机械、草坪和园艺动力机械 操纵者操纵机构和其他显示装置用符号 第2部分:农用拖拉机和机械用符号(GB/T 4269.2—2000,idt ISO 3767-2:1991)

GB/T 9480 农林拖拉机和机械、草坪和园艺动力机械 使用说明书编写规则(GB/T 9480—2001,eqv ISO 3600:1996)

GB/T 10394.2 饲料收获机 第2部分:技术特征和性能(GB/T 10394.2—2002,ISO 8909-2:1994,IDT)

GB/T 10394.3 饲料收获机 第3部分:试验方法(GB/T 10394.3—2002,ISO 8909-3:1994,IDT)

GB 10395.1 农林机械 安全 第1部分:总则(GB 10395.1—2009,ISO 4254-1:2008,MOD)

GB 10395.7 农林拖拉机和机械 安全技术要求 第7部分:联合收割机、饲料和棉花收割机(GB 10395.7—2006,ISO 4254-7:1995,MOD)

GB 10396 农林拖拉机和机械、草坪和园艺动力机械 安全标志和危险图形 总则(GB 10396—2006,ISO 11684:1995,MOD)

GB/T 14248 收获机械 制动性能测定方法

JB/T 6268 自走式收获机械噪声测定方法

JB/T 7144—2007 青饲料切碎机

3 安全要求

3.1 通用安全要求

3.1.1 饲料收获机的各传动轴、带轮、链轮、传动带和链条等外露运动件应有防护装置,防护装置应符合GB 10395.1和GB 10395.7的规定。

3.1.2 由拖拉机悬挂或牵引的饲料收获机,动力输出轴应有防护装置。防护装置应符合GB 10395.1的要求。

3.1.3 无定刀双圆盘切割器、回转式切割器的矮秆割台和往复式切割器的矮秆割台分禾器两侧面应有防护装置,如仍有危险,应贴上安全标志。

3.1.4 对于圆盘式割刀收获机或不对行收获机,采用近距离铁制防护罩可能构成对机器性能有影响时,可用金属管做成支架进行远距离防护。

3.1.5 金属齿夹持式茎秆输送装置、拨禾链式茎秆输送装置、波形胶带夹持式茎秆输送装置应安装防护装置。

3.1.6 机器的结构设计应合理,保证操作人员按制造厂提供的使用说明书操作和保养时没有危险,其安全要求应符合 GB 10395.1 的规定;有危险的部位应有安全警示标志,其标志应符合 GB 10396 的规定。

3.1.7 电气系统与蓄电池防护

电气装置及线路应完整无损,连接应正确,接头应可靠,不得因振动而松脱、损坏电气件。蓄电池应能保持常态电压,非接地端应进行防护,以防止与其意外接触与地面形成短路和断路。开关、按钮应操作方便,开关自如,不得因振动而自行接通或关闭。发电机技术性能应良好,电系导线应具有阻燃性能,所有电系导线均需捆扎成束,布置整齐,固定卡紧,接头牢靠并有绝缘套,在导线穿越孔洞时应设绝缘套管。

3.1.8 使用说明书

3.1.8.1 使用说明书的安全要求内容编制应符合 GB/T 9480 的规定。

3.1.8.2 在使用说明书中应对饲料收获机配置的矮秆割台、高秆割台、捡拾台、检穗台等的安装、更换、调试、维修保养过程中可能存在危险或潜在的危险及安全标志予以详细说明。

3.1.8.3 在使用说明书中应对带抛送器的滚筒式饲料收获机、滚筒直抛式饲料收获机、盘刀式饲料收获机等的安装、更换、调试、维修保养、使用过程中可能存在危险性或注意事项予以说明。

3.1.8.4 应有及时清理发动机各排气支管的易燃物的说明,以免发生火灾。

3.2 自走式饲料收获机

3.2.1 应有独立的行走制动装置,以 20 km/h 行驶速度制动时,制动距离不大于 6 m,且后轮不应翘起。

3.2.2 应有独立的驻车制动装置,驻车制动器锁定手柄或踏板应可靠,没有外力不能松脱,并能可靠地停在 20%(11°18′)的干硬坡道上。

3.2.3 动力源的停机装置应不需操作者持续施力即可停机,在处于“停机”位置时,只有经人工恢复到正常位置后方可再启动。停机装置应符合以下要求:

——操作者在作业位置上应能容易地接触到停机装置。

——应明确标明停机装置的操作方法。停机操作件应为红色,并与其他操作件和背景有明显的色差。

3.2.4 机器结构应保证工作部件在接合的情况下,不能起动发动机。

3.2.5 在发动机排气支管上应采取防止存留易燃物的措施。

3.2.6 照明及其他

3.2.6.1 自走式饲料收获机至少应安装上下部位前照灯、转向灯、示廓灯或标识、制动灯、倒车灯、警示灯、牌照灯、仪表灯、反光标志,且显示正常。同时可根据用户需要选装雾灯。

3.2.6.2 自走式饲料收获机各有关光、声信号指示、监视系统如:转向、燃油表、水温表、电压表、机油压力警告灯、倒车声响装置、慢速标识、回复反射器等应齐全、反应灵敏,工作正常。

3.2.6.3 自走式饲料收获机驾驶室门道尺寸应符合 GB 10395.7 的规定。

3.2.6.4 自走式饲料收获机的驾驶室至少应有两个在不同面上的紧急出口(前、后面和顶面都可为设紧急出口的面)。紧急出口在驾驶室内不使用工具应容易打开。紧急出口横截面应至少能包容一个长轴为 640 mm、短轴为 440 mm 的椭圆。

3.2.6.5 进入操作者座位的通道宽度最小为 250 mm,凸起部件、操纵装置、梯子或手柄缠绕或夹持操作者或操作者衣服造成的意外阻塞情况,应降低到最小程度。要避免机器的锐边、尖角、粗糙面和突出部分对操作者可能造成人体伤害或衣装破损。

3.2.6.6 驾驶室应设置保持门开启的装置。

3.2.6.7 密封式驾驶室应配置通风装置。

3.2.7 操纵装置

3.2.7.1 方向盘或转向杆、变速杆、手柄、踏板和开关等操作装置应合理配置和安装，使操作者在正常操作位置上能安全和方便地控制和操作，脚踏板应置于操作者左、右脚方便的部位，其操纵杆应置于操作者容易接触到的范围内，向后移动操纵杆应使离合器分离。

3.2.7.2 操纵力大于或等于 50N 的操纵装置周围应有最小 50 mm 的间隙，小于 50 N 的操纵装置应有最小 25 mm 的间隙。指尖操纵的操纵装置，只要不存在误操作相邻操纵装置的危险，则无上述间隙要求。

3.2.7.3 操作标志应用符合 GB/T 4269.1 和 GB/T 4269.2 规定的清晰耐久符号标出，或用中文描述。

3.2.8 应至少设置两块有效的后视镜，每侧一块。

3.3 噪声

3.3.1 在环境温度 −5 ℃～35 ℃，距地表 1.2 m 处，平均风速不大于 5 m/s 条件下，自走式饲料收获机动态环境噪声不大于 87 dB(A)。

3.3.2 操作者位置处噪声：封闭驾驶室的噪声应不大于 85 dB (A)，普通驾驶室的噪声应不大于 93 dB (A)，在无驾驶室或简易驾驶室噪声应不大于 95 dB (A)。

4 作业性能指标

饲料收获机的技术特征和性能应符合 GB/T 10394.2 的规定。在饲料收获机规定的作业速度下，以收获青贮玉米、青牧草为主，试验用物料含水率应大于或等于 65%，其主要性能指标应符合表 1 的规定。

表 1 作业性能指标

项 目	指 标
纯生产率/(t/h)	≥设计值 95%
收获损失率/%	≤3
物料平均几何长度/mm	≥设计值 95%
标准草长率/%	≥85%
抛送最大水平距离[a]/m	≥设计值 95%
抛送最大高度[b]/m	≥设计值 95%
抛送最低高度/m	≥设计值 95%

[a] 抛送水平距离：指出料口水平投影点至物料抛送点中心的距离。

[b] 抛送高度：指物料抛送最高点至地面的垂直高度(根据不同的青、干作物)。

5 试验方法

5.1 作业性能试验

5.1.1 作业性能指标测定

作业性能指标的测定按 GB/T 10394.3 的有关规定进行。生产率按式(1)计算：

$$Q = 0.0001 S \cdot C \cdot U \qquad (1)$$

式中：

Q——生产率，单位为吨每小时(t/h)；

S——割台工作幅宽，单位为米(m)；

C——作物产量，单位为千克每公顷(kg/hm²)；

U——机器的工作速度，单位为千米每小时(km/h)。

5.1.2 标准草长率的测定按 JB/T 7144—2007 第 5.1.4 的规定。

5.2 驻车制动

驻车制动按 GB/T 14248 的规定测定。

5.3 噪声测定

噪声测定按 JB/T 6268 规定。

ICS 65.060.01
B 90

中华人民共和国国家标准

GB 10395.1—2009
代替 GB 10395.1—2001

农林机械 安全 第1部分:总则

Agricultural and forestry machinery—Safety—Part 1:General requirements

(ISO 4254-1:2008,MOD)

2009-09-30 发布 2010-07-01 实施

中华人民共和国国家质量监督检验检疫总局
中国国家标准化管理委员会 发布

前言

本部分的全部技术内容为强制性。

GB 10395《农林机械　安全》分为：

——第1部分：总则；

——第2部分：自卸挂车；

——第3部分：厩肥撒施机；

——第4部分：林用绞盘机；

——第5部分：驱动式耕作机械；

——第6部分：植物保护机械；

——第7部分：联合收割机、饲料和棉花收获机；

——第8部分：排灌泵和泵机组；

——第9部分：播种、栽种和施肥机械；

——第10部分：手扶(微型)耕耘机；

——第11部分：动力草坪割草机；

——第12部分：便携式动力绿篱修剪机；

——第13部分：后操纵式和手持式动力草坪修剪机和草坪修边机；

——第14部分：动力粉碎机和切碎机；

——第15部分：配刚性切割装置的动力修边机；

——第16部分：马铃薯收获机；

——第17部分：甜菜收获机；

——第18部分：软管牵引绞盘式喷灌机；

——第19部分：中心支轴式和平移式喷灌机；

——第20部分：捡拾打捆机；

——第21部分：动力摊草机和搂草机；

——第22部分：前装载装置；

……

本部分是GB 10395《农林机械　安全》的第1部分，修改采用ISO 4254-1:2008《农业机械　安全　第1部分：总则》(英文版)。

本部分根据ISO 4254-1:2008重新起草，与ISO 4254-1:2008的技术性差异为：

——适当调整了标准的适用范围；

——引用了采用国际标准的我国标准，但我国标准并非等同采用国际标准。

为便于使用，本部分还对ISO 4254-1:2008做了下列编辑性修改：

——"ISO 4254的本部分"改为"GB 10395的本部分"或"本部分"；

——删除ISO 4254-1:2008的前言；

——用小数点"."代替作为小数点的逗号","。

本部分是对GB 10395.1—2001的修订，与GB 10395.1—2001相比主要变化如下：

——增加了引言；

——增加了术语和定义(第3章)；

——增加了振动要求(4.3)；

——增加了有关人类工效学的要求(4.4.6 和 5.1.2.2);

——增加了有关自走式机械/拖拉机与被驱动机械之间的机械动力传动机构的要求(6.4);

——细化了操纵机构、操作者工作位置、梯子等的安全要求(第 5 章、第 6 章);

——增加了安全要求和/或措施的判定(第 7 章);

——细化了使用信息的要求(第 8 章);

——增加了重大危险一览表(附录 A);

——增加了噪声的要求和试验规范(4.2 和附录 B);

——增加了防护装置强度试验(附录 C);

——删除了 GB 10395.1—2001 中的第 3 章、第 4 章、第 5 章、第 7 章。

本部分的附录 B、附录 C 为规范性附录,附录 A 为资料性附录。

本部分由中国机械工业联合会提出。

本部分由全国农业机械标准化技术委员会(SAC/TC 201)归口。

本部分起草单位:中国农业机械化科学研究院、国家农机具质量监督检验中心。

本部分主要起草人:张咸胜、陈俊宝、皇才进、张琦。

本部分所代替标准的历次版本发布情况为:

——GB/T 10395.1—2001。

引　言

机械领域安全方面标准的结构如下：

a) A类标准(安全基础标准)，给出适用于所有机械的基本概念、设计原则和一般特性。

b) B类标准(安全通用标准)，涉及机械的一种(或多种)安全特征或一类(或多类)使用范围较宽的安全防护装置。

——B1类，特定的安全特征(如安全距离、表面温度和噪声)标准；

——B2类，安全装置(如双手操纵装置、联锁装置、压敏装置和防护装置)标准。

c) C类标准(机械安全标准)，涉及一种特定的机器或一组机器的详细安全要求。

本部分属于GB/T 15706.1—2007规定的C类标准。

若本C类标准的规定与A类或B类标准的规定不同时，对于按照本C类标准规定进行设计和制造的机器，则应优先执行本C类标准的规定。

GB 10395的本部分的范围中给出了所涉及的机械和面临的危险、危险状态和危险事件的程度。对自走式、悬挂式、半悬挂式和牵引式农业机械这些危险是明确的。

农林机械　安全　第1部分:总则

1　范围

GB 10395 的本部分规定了设计和制造自走式、悬挂式、半悬挂式和牵引式农林机械的通用安全要求及其符合性判定方法。本部分还规定了制造厂应提供的安全操作(包括遗留风险)信息的类型。

本部分涉及的重大危险(附录 A 中列出)、危险状态和危险事件,与制造厂预定和预见状态下使用农业机械相关(见第 4 章)。

本部分不包括环境危险、道路安全、电磁兼容方面要求,也不包括动力传动机构的运动件要求,但防护装置和屏障的强度要求除外(见 4.7),还不包括振动方面技术要求,但振动声明方面要求除外。

本部分还不涉及与专业维修人员保养或维修相关的危险。

GB 10395 的本部分适用于农林机械、草坪和园艺动力机械。

本部分涉及的所有危险将不会都出现在某一特定机器上。对 GB 10395 本部分涉及的任何机械,若有直接适用该类机械的 GB 10395 专用部分,则应优先执行该 GB 10395 专用部分的规定。

2　规范性引用文件

下列文件中的条款通过 GB 10395 的本部分的引用而成为本部分的条款。凡是注日期的引用文件,其随后所有的修改单(不包括勘误的内容)或修订版均不适用于本部分,然而,鼓励根据本部分达成协议的各方研究是否可使用这些文件的最新版本。凡是不注日期的引用文件,其最新版本适用于本部分。

GB/T 3766　液压系统通用技术条件(GB/T 3766—2001,eqv ISO 4413:1998)

GB/T 3767—1996　声学　声压法测定噪声源声功率级　反射面上方近似自由场的工程法(eqv ISO 3744:1994)

GB/T 4269.1　农林拖拉机和机械、草坪和园艺动力机械　操作者操纵机构和其他显示装置用符号　第1部分:通用符号(GB/T 4269.1—2000,idt ISO 3767-1:1991)

GB/T 4269.2　农林拖拉机和机械、草坪和园艺动力机械　操作者操纵机构和其他显示装置用符号　第2部分:农用拖拉机和机械用符号(GB/T 4269.2—2000,idt ISO 3767-2:1991)

GB/T 6235　农业拖拉机驾驶员座位装置尺寸(GB/T 6235—2004,ISO 4253:1993,MOD)

GB/T 6236　农林拖拉机和机械　驾驶座标志点(GB/T 6236—2008,ISO 5353:1995,Earth-moving machinery,and tractors and machinery for agricultural and forestry—Seat index point,MOD)

GB/T 7932　气动系统通用技术条件(GB/T 7932—2003,ISO 4414:1998,IDT)

GB/T 9480　农林拖拉机和机械、草坪和园艺动力机械　使用说明书编写规则(GB/T 9480—2001,eqv ISO 3600:1996)

GB 10396　农林拖拉机和机械、草坪和园艺动力机械　安全标志和危险图形　总则(GB 10396—2006,ISO 11684:1995,MOD)

GB/T 10910　农业轮式拖拉机和田间作业机械　驾驶员全身振动的测量(GB/T 10910—2004,ISO 5008:2002,NEQ)

GB 12265.1—1997　机械安全　防止上肢触及危险区的安全距离(eqv EN 294:1992)

GB/T 15706.1—2007　机械安全　基本概念与设计通则　第1部分:基本术语和方法

(ISO 12100-1:2003,IDT)

GB/T 16404(所有部分) 声学 声强法测定噪声源的声功率级[eqv ISO 9614(所有部分)]

GB/T 17248.2 声学 机器和设备发射的噪声 工作位置和其他指定位置发射声压级的测量 一个反射面上方近似自由场的工程法(GB/T 17248.2—1999,eqv ISO 11201:1995)

GB/T 17248.5—1999 声学 机器和设备发射的噪声 工作位置和其他指定位置发射声压级的测量 环境修正法(eqv ISO 11204:1995)

GB/T 20341 农林拖拉机和自走式机械 操作者操纵机构 操纵力、位移量、操纵位置和方法(GB/T 20341—2006,ISO/TS 15077:2002,IDT)

GB/T 20953 农林拖拉机和机械 驾驶室内饰材料燃烧特性的测定(GB/T 20953—2007,ISO 3795:1989,Road vehicles,and tractors and machinery for agriculture and forestry—Determination of burning behaviour of interior materials,MOD)

JB/T 8303 农业拖拉机 驾驶座安全带(JB/T 8303—1999,eqv ISO 3776:1989)

ISO/TR 11688-1:1995 声学 低噪声机器和设备设计推荐指南 第1部分:规划

3 术语和定义

下列术语和定义适用于本部分。

3.1

正常操作和维修 normal operation and service

为实现制造厂预定用途,由熟悉该机器特性的操作者按照制造厂产品使用说明书中和机器上的标志所规定的操作、维修和安全规程信息使用机器。

3.2

三点接触支撑 three-point contact support

当人员上、下机器时,能同时使用两手一脚或两脚一手的系统。

3.3

置位防护 guarded by location

利用机器的其他零部件或构件而不是防护装置对危险进行防护,或者将危险件置于上肢和下肢触及不到的位置。

3.4

意外接触 inadvertent contact

正常操作和维修机器期间,人员意外出现于由其动作引起的危险中。

3.5

〈无驾驶室机器〉手和脚可及区 〈machines without cab〉hand and foot reach

对无驾驶室机器,以座位中心线上,距离 GB/T 6236 定义的座椅标志点(SIP)前 60 mm,上方 580 mm 处的点为圆心,半径为 1 000 mm 的球体为手可及区。座椅处于中间位置,以座位中心线与坐垫前缘交点为中心,800 mm 为半径,向下方扩展的半球体为脚可及区(见图 1)。

单位为毫米

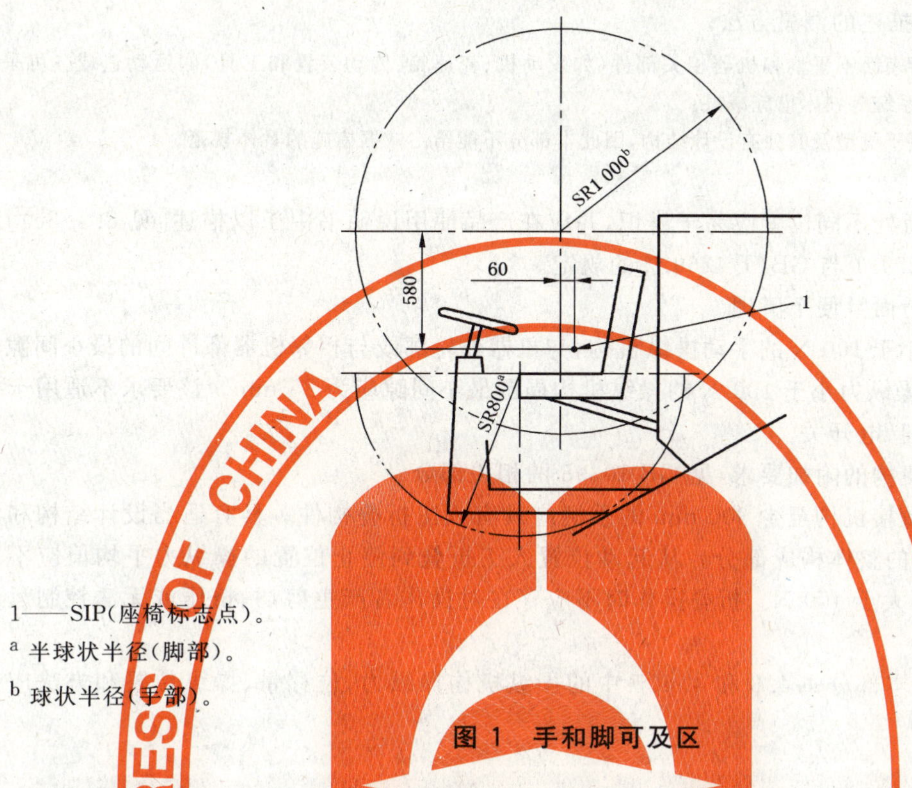

1——SIP(座椅标志点)。

[a] 半球状半径(脚部)。

[b] 球状半径(手部)。

图1 手和脚可及区

3.6

〈有驾驶室机器〉手和脚可及区 〈machines with cab〉 hand and foot reach

对有驾驶室机器,在驾驶室内,以座位中心线上,距离 GB/T 6236 定义的座椅标志点(SIP)前 60 mm,上方 580 mm 处的点为圆心,半径为 1 000 mm 的球体为手可及区。在驾驶室内,以座位中心线与坐垫前缘相交点为中心,800 mm 为半径,向下方扩展的半球体为脚可及区。

3.7

正常通道 normal access

按机器的预定功能,在正常操作使用期间,操作者执行操作、调整、维修或保养任务用通道。

4 适用于所有机械的安全要求和/或措施

4.1 基本原则和设计指南

4.1.1 对相关危险但不是重大危险,机器应按照 GB/T 15706.1—2007 中第 5 章规定的减小风险的策略进行设计。

4.1.2 除本部分另有规定外,安全距离应符合 GB 12265.1—1997 中表 1、表 3、表 4 或表 6 的规定。

4.1.3 为实现正常功能、排放或清理需暴露的功能部件应加以防护以避免引起其他危险,例如在预定操作或使用期间由有机材料的聚积引起火灾的风险。

4.2 噪声

4.2.1 ISO/TR 11688-1:1995 给出的技术信息应作为设计低噪声机器的依据。

注 1:ISO/TR 11688-2 还给出了机器中噪声产生机理的有用信息。

注 2:各类机械产生噪声可能差异很大。为此在特定产品标准中规定降噪措施。

4.2.2 如果要求声明噪声发射值,应按附录 B 测定[还见 8.1.3q)]。

4.3 振动

如果要求声明振动值,则加权均方根加速度值及其测量方法应按下列情况确定:

——GB/T 10910;

——特定机器的标准；

——使用说明书中描述的测量方法。

注1：机械振动由运行表面不平整和机器相关部件(如发动机、变速箱、传动装置和工具)的运动造成。可采用隔振、阻尼或悬置系统等技术措施减振。

注2：振动的来源取决于机型及其独有设计结构，因此本部分不能给出减振措施的具体规范。

4.4 操纵机构

4.4.1 操纵机构及其所处不同位置应易于辨识，并应在产品使用说明书中予以描述[见8.1.3c)]。标识符号应符合GB/T 4269.1与GB/T 4269.2的规定。

4.4.2 踏板应具有防滑面且便于清理。

4.4.3 所需操纵力不小于100 N的手动操纵机构，与机器外轮廓或与相邻机器部件间的最小间隙 a 为50 mm(见图2)。所需操纵力小于100 N的操纵机构周围最小间隙应为25 mm。该要求不适用于指尖操作的操纵机构，如按钮、电开关。

4.4.4 机器特殊操纵机构的附加要求，见GB 10395的相关部分。

4.4.5 对位于离最近铰接机构至少300 mm的手柄应具有人工折叠构件。具有适当设计结构和清晰标识的手柄应作为机器的整体构成部分。从起动位置人工折叠到停止位置的操纵力平均值应不大于250 N，操纵力峰值应不大于400 N。折叠操作时不应存在对操作者产生剪切、挤压或无法控制运动的危险。

4.4.6 除非另有规定，本部分4.4.3和4.4.5中的操纵机构操纵力、位移量、操纵位置和方法应符合GB/T 20341的规定。

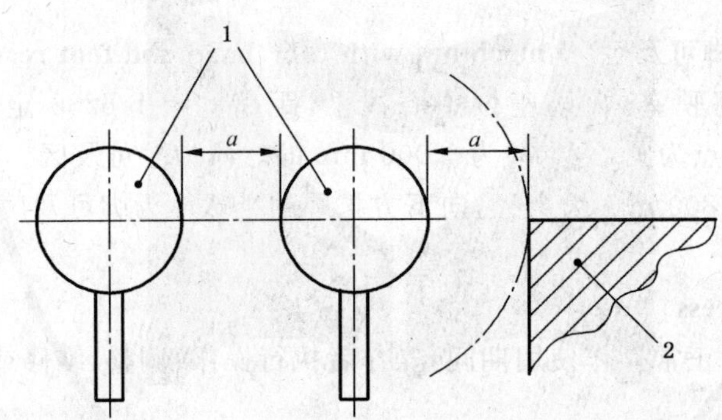

1——手动操纵机构；

2——相邻机器部件。

图2 手动操纵机构周围间隙

4.5 操作者工作位置

4.5.1 进入操作者工作位置的梯子

4.5.1.1 一般要求

4.5.1.1.1 操作者工作位置平台离地垂直高度大于550 mm的机器应设置进入操作者工作位置的梯子。测量平台离地垂直高度时，机器处于水平地面、装备最大直径且充气压力[8.1.3t)]为规定压力的轮胎。进入操作者工作位置的梯子尺寸应符合图3的规定。

4.5.1.1.2 只要进入操作者工作位置的梯子位于车轮的正前方(即位于机器的运动轨迹上)，则在车轮一侧位置处应设置围栏。该要求对运输状态不适用。

只要伸出的操作者手或脚可能触及到机器的危险部件(如车轮)，则在台阶或梯子后部应设置隔离挡板。

单位为毫米

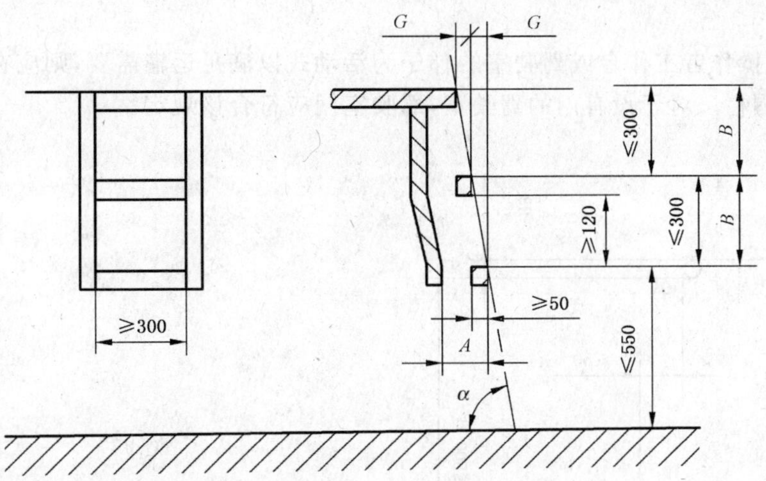

A——脚踏间隙，A=150 mm；
B——相邻台阶间垂直距离；
G——相邻台阶间水平距离；
α——与水平面的倾斜角度。

图3 进入操作者工作位置梯子的尺寸

4.5.1.2 台阶和梯子

4.5.1.2.1 第一级台阶高度应与规定的轮胎规格和规定充气压力[见8.1.3t)]下轮胎最大直径相匹配。相邻台阶间的垂直距离应相等，公差为±20 mm。每个台阶都应有防滑面。台阶各端应有侧挡板。台阶在设计结构上(如：设置防泥护板、制成多孔型台阶)应使正常工作条件下积泥和/或积雪量降低到最小程度。

允许第一与第二阶台阶之间为挠性连接。

4.5.1.2.2 如果使用梯子，则其相对水平面的倾斜角 α 应在70°～90°之间(见图3)。

4.5.1.2.3 对于相对水平面的倾斜角 α 小于70°的其他进入操作者工作位置的梯子应符合图3的规定，且应保证 $2B+G\leqslant700$ mm，其中，B 为相邻台阶间垂直距离；G 为相邻台阶间水平距离。

4.5.1.2.4 如果进入操作者工作位置的梯子有活动件，则该活动件从起始位置移动到停止位置的操纵力平均值应不大于250 N，操纵力峰值应不大于400 N。

4.5.1.2.5 进入操作者工作位置的梯子移动时不应存在对操作者产生剪切、挤压或无法控制运动的危险。

4.5.1.2.6 对履带式机器，若将履带板和履带块表面作为通道台阶，应设置三点接触支撑以确保操作者上下机器的安全。

4.5.1.3 扶手/扶栏

4.5.1.3.1 进入操作者工作位置的梯子两侧应设置扶手或扶栏，结构上应使操作者与机器始终保持三点接触支撑状态。扶手/扶栏的横截面尺寸应在25 mm～38 mm之间。扶手/扶栏较低端离地高度应不大于1 500 mm。除连接处外，扶手/扶栏与相邻部件间的最小放手间隙为50 mm。

4.5.1.3.2 在距进入操作者工作位置的梯子最高一级台阶/梯级横档高850 mm～1 100 mm间应设可抓握的扶手/扶栏。扶手/扶栏长度至少应为150 mm。

4.5.2 操作者工作台

4.5.2.1 操作者工作台应平坦、表面应防滑。必要时应有排水措施。

4.5.2.2 沿操作者工作台边缘应设置脚挡板、扶栏和中间护栏(横杆)，尺寸应符合图4，仅在机器静态时使用和离地高度小于1 000 mm的工作台除外。工作台进入处不应设置脚挡板。

另外，如果固定不动的机器部件用作脚挡板、扶栏或和中间护栏(横杆)，则应符合 4.5.1.3.1 和 4.5.1.3.2 的规定。

4.5.2.3 如果进入操作者工作台或驾驶室的梯子为活动式以满足运输需要，则应在工作台或驾驶室进入处设置可开启的围栏。对于设有门的驾驶室，驾驶室门应符合该规定。

单位为毫米

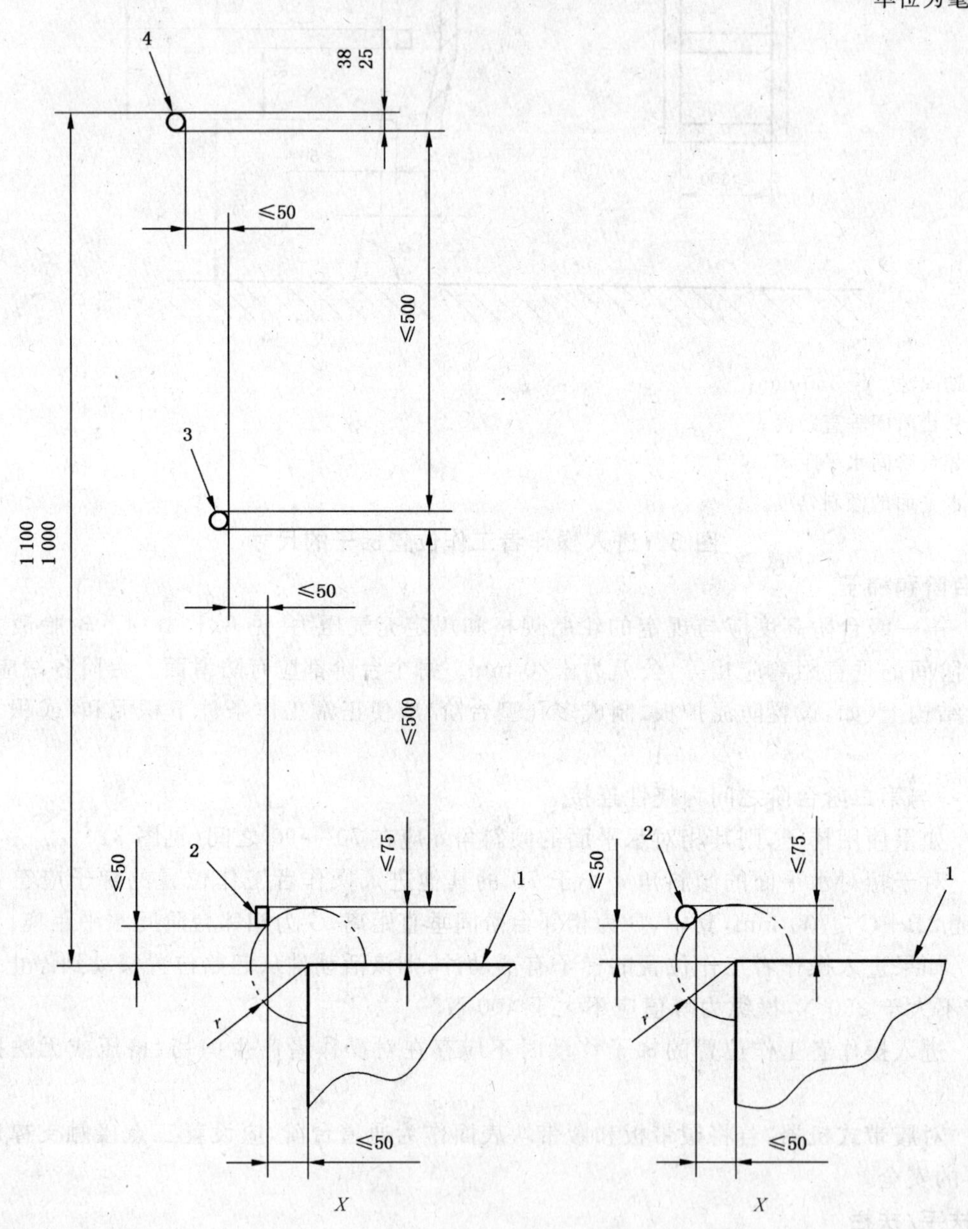

r——最大半径 50 mm；
1——工作台；
2——脚挡板；
3——中间护栏(横杆)；
4——扶栏。

图 4 工作台脚挡板和扶栏

4.6 进入非操作者工作位置的梯子

4.6.1 进入非操作者工作位置的梯子(如进入维修和保养区的梯子)应设置脚踏板(例如：梯级横档或台阶)和扶手。

另外，如果固定不动的机器部件用作脚踏板和/或扶手，则应符合 4.5.1.3.1、4.5.1.3.2 和 4.5.1.2.1 的规定。

4.6.2 进入非操作者工作位置的梯子应有一系列相邻台阶组成，如图 5 所示，并应符合下列 a)、b)或 c)项的规定：

a) 与水平面的倾斜角 α 应在 70°～90°之间(见图 5)。每个台阶都应有防滑面。台阶各端应有侧挡板。台阶在设计结构上应使正常工作条件下积泥和/或积雪量降低到最小程度。相邻台阶间的垂直和水平距离的公差应在±20 mm 以内。

b) 进入非操作者工作位置的梯子应为阶梯式。每个梯级横档上侧都应为水平防滑面，防滑面的前后宽度至少 30 mm。如果梯级横档能用作扶手，其矩形截面的圆倒角半径应大于等于 5 mm。

c) 进入非操作者工作位置的梯子符合 4.5.1.2 的规定。

单位为毫米

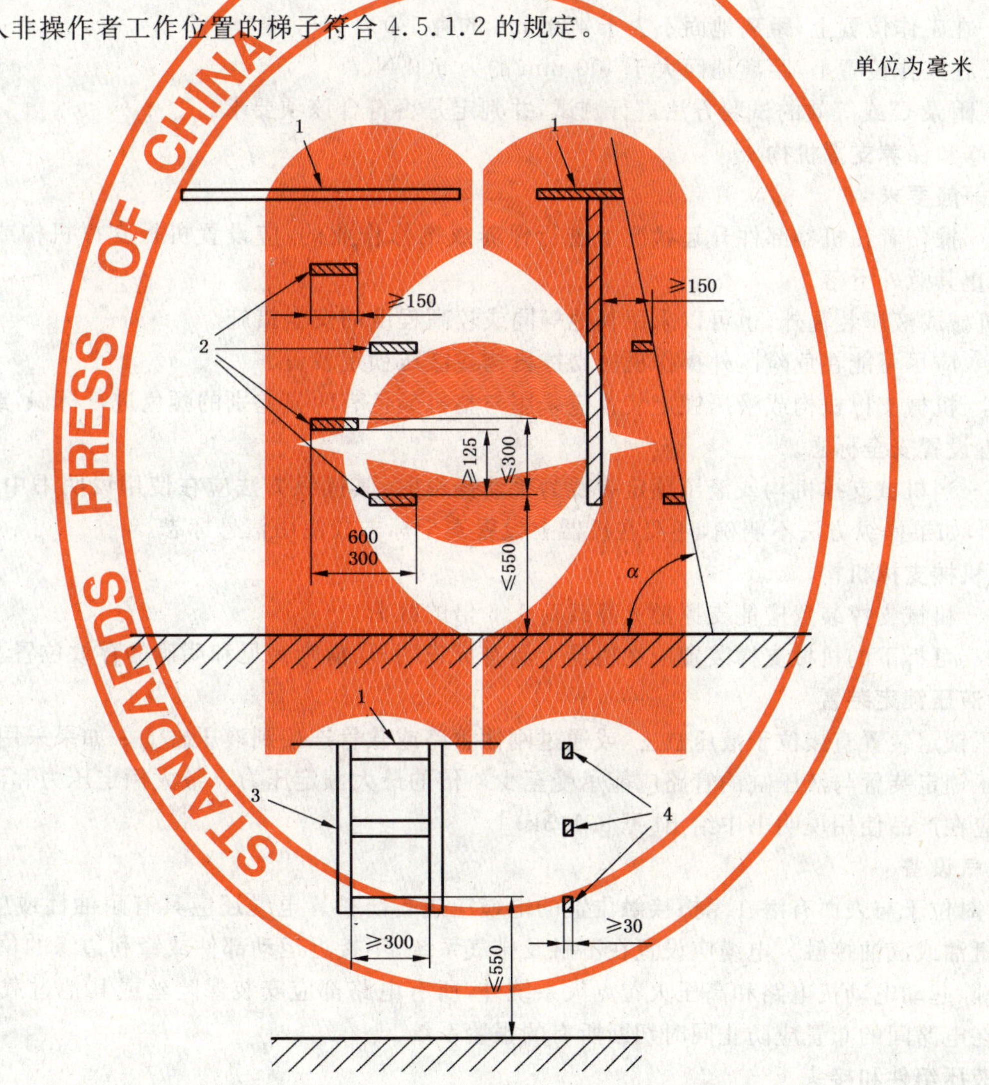

1——工作台；

2——台阶；

3——阶梯；

4——梯级横档。

图 5 进入非操作者工作位置的梯子尺寸

4.6.3 维修或保养区应设置防滑表面和合适的扶手。

4.6.4 当需要进入动力输出(PTO)万向节传动轴上方或附近,应设置适当的工作台和台阶,以避免将动力输出万向节传动轴或防护罩用作台阶。

4.6.5 如果进入非操作者工作位置的梯子所处位置,在上下梯子时手或脚触及区内存在与动力输出万向节传动轴防护罩或动力输入联接装置防护罩意外接触的危险,则在梯子后部应设置隔离挡板。

4.6.6 在结构设计中,不能将动力输出万向节传动轴及其防护罩用作台阶。

4.7 防护装置和屏障的强度要求

4.7.1 防护装置和屏障,尤其是距地面垂直高度 550 mm 以上的屏障,在正常使用中不可避免地会被作为通道台阶,因此它们应能承受 1 200 N 的垂直载荷。该项要求的合格性判定应按附录 C 规定的试验方法进行,或按满足同样试验验收规则的等效方法进行。

4.7.2 用于防护运动工作部件相关危险的屏障,应能承受下列水平载荷:

——在工作位置上,距离地面不大于 400 mm 的为 1 000 N;

——在工作位置上,距离地面大于 400 mm 的为 600 N。

按照附录 C 或等效的试验方法进行测试,并判定是否符合该项要求。

4.8 维修和保养支撑机构

4.8.1 一般要求

4.8.1.1 操作者在机器部件升起状况下进行保养或维修作业的,应设置机械支撑机构或液压锁定装置,以防止其意外下落。

除机械或液压装置外,也可以采用其他等同或较高程度的安全措施。

4.8.1.2 应尽可能在危险区外操作机械支撑机构或液压锁定装置。

4.8.1.3 机械支撑机构或液压锁定装置应采用与整机颜色有明显差别的颜色进行标识,或应在装置上或其附近设置安全标志。

4.8.1.4 当机械支撑机构或液压锁定装置为手动操纵时,其操纵方法应在使用说明书中详细说明[见 8.1.3j)],如果操纵方法不明确,还要在机器上设置安全标志或使用信息标志。

4.8.2 机械支撑机构

4.8.2.1 机械支撑装置应能支撑最大静载荷 1.5 倍的载荷。

4.8.2.2 可拆下的机械支撑装置应在机器上具有标识明显、清晰易见和明确的存放位置。

4.8.3 液压锁定装置

液压锁定装置直接位于液压缸上,或通过刚性管路或软管连接到液压缸上。如果采用后一种方式,连接液压锁定装置与液压缸的管路应能承受至少 4 倍的最大额定压力。最大额定压力和液压软管的更换条件应在产品使用说明书中给出[见 8.1.3k)]。

4.9 电气设备

4.9.1 对位于与表面有潜在摩擦接触位置的电缆应进行防护。电缆还应具有耐油性或应加以防护防止其与机油或汽油接触。电缆应设置在不触及排气系统、不接近运动部件或锋利边缘的位置。

4.9.2 除起动电动机电路和高压火花点火系统外,所有电路都应安装保险丝或其他过载保护装置,这些装置在电路间的布置应防止同时切断所有的报警系统。

4.10 液压组件和接头

4.10.1 液压系统应符合 GB/T 3766 规定的安全要求。

4.10.2 液压软管、管路及其附件应合理放置或加以防护,以保证发生破裂时,液体不会直接喷射到工作位置上的操作者。

4.11 气动系统

气动系统应符合 GB/T 7932 规定的安全要求。

4.12 工作液体

工作液体更换方法,包括安全方面的注意事项,应在产品使用说明书中说明[见 8.1.3u)]。

4.13 人工操作附属部件

如果人工操作附属部件需要专用工具，则专用工具应随机提供，并应在产品使用说明书中描述工具的使用方法[见 8.1.3l)]。

4.14 维修、保养及搬运

4.14.1 日常润滑和保养操作应保证安全，例如切断动力源。

4.14.2 接近需经常进行保养的部件应采用 4.6 规定的装置。

4.14.3 如意外关闭存在危险，铰接式防护装置和门应安装保持开启状态的装置。

4.14.4 由操作者搬运的机器部件：

——质量大于等于 40 kg 的，应在结构上或配备附加装置以能使用提升设备；

——质量小于 40 kg 的，应配备手柄或将机器部件置于保证安全处置的位置，以保证操作期间，避免与任何危险部件(如剪切工具、热表面等)接触。

4.14.5 为减小运输宽度和/或高度设计的可折叠部件应采取保持在运输位置的措施。该措施为机械式或其他方式(如液压式、重力式)。可折叠部件从运输位置转换到工作位置，或从工作位置转换到运输位置的过程中，应避免使操作者暴露于挤压和剪切危险中。

4.14.6 超出运输宽度的屏障应可从安全功能/保护位置折叠到运输位置。

5 自走式机械的安全要求和/或措施

5.1 操作者工作位置

5.1.1 进入操作者座位的通道

进入操作者座位通道的最小宽度应为 300 mm。类似后视镜的装置无论是闭合或打开状态都不应占据通道空间，除非此装置是用来限制操作者在工作时遇到的危险。

5.1.2 操作者座位

5.1.2.1 操作者座位应能适应操作者的各种工作和操作方式，且应在产品使用说明书中提供关于座位调整的内容[见 8.1.3d)]。

单位为毫米

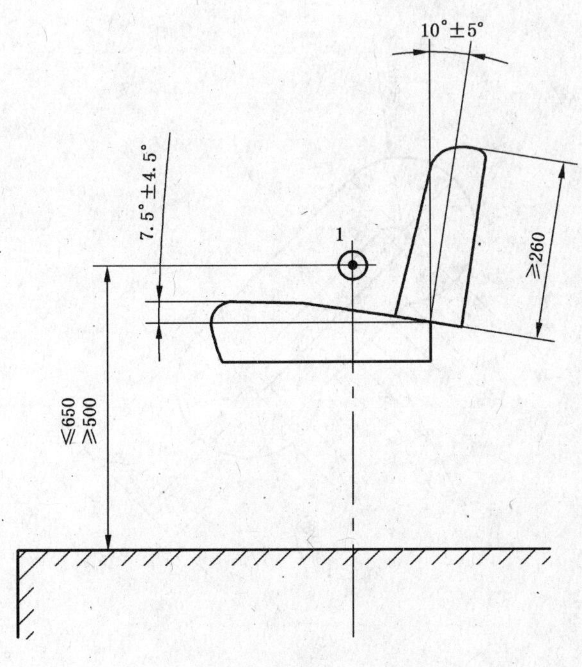

a) 座椅相对中间位置调节量

图 6 座椅尺寸及高度

单位为毫米

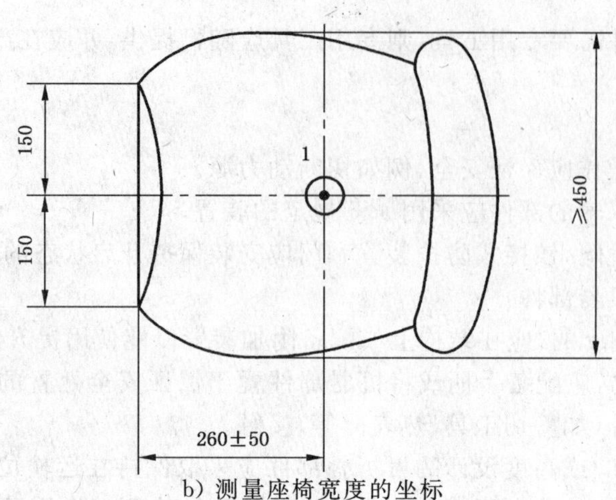

b) 测量座椅宽度的坐标

1——座位标志点(SIP)。

图 6(续)

5.1.2.2 除座位标志点(SIP)高出工作台的最小尺寸为 500 mm、最大尺寸为 650 mm 外(见图 6),驾驶员座椅的尺寸和调整量应满足 GB/T 6235 的要求。调整驾驶员座椅的机械装置应能防止座椅意外移动,且在调整范围末端应有限位装置。悬架系统应能调节以适应驾驶员体重。

5.1.2.3 具有翻倾防护装置(ROPS)的机器,其座位应设置符合 JB/T 8303 要求的安全带固定件和安全带。

5.1.3 **动力装置和转向机构**

5.1.3.1 起动机器动力装置的操纵机构应置于仅在操作者位置上才能操作的位置,或在设计结构上使其仅在操作者位置上才能操作。

5.1.3.2 转向机构应能降低转向车轮导致方向盘或转向杆剧烈运动产生的力传递到操作者手上。

5.1.3.3 转向机构在操纵状态下,固定部件与方向盘之间的间隙应如图 7 所示。

单位为毫米

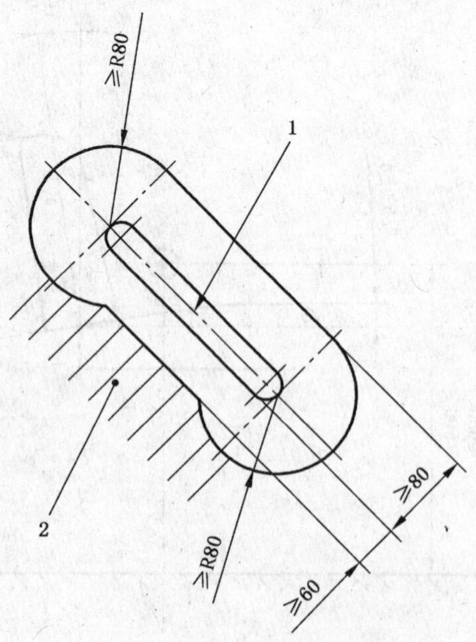

1——方向盘;

2——固定件。

图 7 方向盘和固定件之间的间隙

5.1.4 **剪切和挤压点**

当操作者坐在座位上时，手或脚可及区内不应有剪切和挤压点。

5.1.5 **紧急出口**

5.1.5.1 当操作者工作位置设有驾驶室时，应设置紧急出口。除主门道外，应至少设置另一个出口作为紧急出口。第二门道、风窗玻璃、驾驶室顶板或与主门道不在同一侧面的窗户均可作为紧急出口，只要从驾驶室内部能迅速打开或拆下。如需要专用工具，该工具应装在驾驶室内并置于靠近出口处以便使用。

5.1.5.2 紧急出口：

——应是最小尺寸为长轴 640 mm、短轴 440 mm 的椭圆，或者边长 600 mm 的正方形，或者短边 470 mm、长边 650 mm 的矩形，或者直径 650 mm 的圆；

——如果预设的紧急出口日常不用或其位置和用途不明确，应用使用说明标志进行标识。

如果使用了说明标志，标志的位置和用途信息应在产品使用说明书中给出[见 8.1.3f)]。该类紧急出口包括但不限于具有一个插销的窗户，或具有一个手把销的副通道门。

5.1.6 **驾驶室内饰材料的燃烧速度**

按 GB/T 20953 的规定进行测量，驾驶室内覆盖座椅、内壁、地板和顶板等的内饰材料的燃烧速度测定值应不大于 150 mm/min。

5.1.7 **视野**

5.1.7.1 操作者工作位置的结构和位置应保证操作者有足够视野驾驶机器并能观察到机器的作业区。机器应设置弥补直接视觉不足的装置，如视镜或可视装置。

5.1.7.2 驾驶室的前风窗玻璃应设置刮水器。

5.1.7.3 机器应有用于安装工作灯的装置。

5.1.8 **发动机的起动和停机**

5.1.8.1 使用说明书中应提供发动机起动和停机的信息[见 8.1.3e)]。

5.1.8.2 如果使用电起动装置，应使用下列装置避免意外起动：

——点火钥匙或起动开关；

——可锁住的驾驶室；

——点火或起动开关锁罩；

——安全点火或起动锁；

——可锁住的电池断开开关。

5.1.8.3 发动机动力传动系统接合时应不能起动。

5.1.8.4 发动机停机的装置应：

——是不需操作者持续施力即可停机的装置；

——在其处于“关闭”、“停机”、“off”或“stop”位置时，只有经人工操作恢复到正常位置后才能重新起动发动机。

5.2 **机器的移动**

5.2.1 **牵引联接装置**

在机器的前部和/或后部应设置牵引和救援用联接装置(牵引钩、牵引环、吊耳等)联接点。如果这些联接装置联接点不可见，则应在机器上和使用说明书中明示[见 8.1.3m)和 8.3]。

5.2.2 **活动式联接装置**

活动式联接装置应能保持在运输位置。

5.2.3 **千斤顶的使用**

5.2.3.1 举升机器的千斤顶作用点应在机器上清晰标出。不可见的千斤顶作用点位置、千斤顶使用规程应在使用说明书中加以描述[见 8.1.3m)和 8.3.2]。

5.2.3.2 千斤顶作用点应具有适当的强度，并在结构上能使装载的机器抬离地面(例如更换车轮时)。

5.3 电气设备

5.3.1 蓄电池应置于在地面或工作台上便于维护和更换的位置，并应牢固固定。蓄电池应通过设置位置或设计结构并采取密封措施，以降低机器翻倾时电池液泄漏的可能性。蓄电池的非接地端应加以防护，以防止意外接触或与地面短路。

5.3.2 蓄电池的电路应易于断开(如使用普通工具或开关)。

5.3.3 使用说明书中应提供蓄电池的维护或更换信息[见 8.1.3p)]。

5.4 燃料箱

5.4.1 所有燃料箱的加油口应位于驾驶室外，且离地面或工作台的高度应不大于 1 500 mm。

5.4.2 燃料箱应采用耐腐蚀材料，并满足泄漏试验要求。泄漏试验的压力应等于燃料箱工作压力的 2 倍，且在任何情况下都不小于 30 kPa。

5.4.3 在发动机正常工作温度和机器所有工作状态下，油箱盖在结构上应保证不发生明显泄漏。从燃料箱通气口渗出燃料不算泄漏。

5.4.4 使用说明书中应提供加注燃料的信息[见 8.1.3p)]。

5.5 热表面

机器正常操作期间，操作者能意外触及的热表面应加以防护或设置隔热装置。该要求适用于靠近阶梯、扶手、扶栏、机器上用于攀登的零件的热表面和可能意外接触到的热表面。

5.6 排出气体

排气口的位置和方向应合理配置，以保证驾驶员和必须站在机器上的其他操作者，在通常情况下不遭受聚积的有害气体或烟雾的伤害。

例如：排气管出口远离操作者头部或远离驾驶室进气口。

6 悬挂式、半悬挂式、牵引式机械的安全要求和/或措施

6.1 操纵机构

6.1.1 为牵引式机械或悬挂式机械提供动力的拖拉机或自走式机械的操纵机构应视为机器的常规停机装置。除非：

——在特定的机器标准中另有规定；

——机器上有一个操作者工作位置；

——设计用于固定状态下作业的机器旁设有必要的操作者工作位置。

6.1.2 当动力输出万向节传动轴运转时，操作者站在地面上进行操作的任何手动操纵机构应位于距动力输出万向节传动轴最小水平距离为 550 mm 处。

6.2 稳定性

6.2.1 一般要求

6.2.1.1 设计的机器以任何方向停放在坡度为 8.5°的坚硬地面上应保持稳定。在装和不装选用装置和/或容器的两种情况下，机器的所有箱体和/或料斗排空或装满时也应满足该要求。

6.2.1.2 支撑装置(如支座、支架)应设有接地压力限值最大为 400 kPa 的承载面，车轮除外。支架或类似装置还应能锁定在运输位置。驾驶员或操作者应能通过观察确定支架是否保持在运输位置。

6.2.1.3 如果运行状态或固定状态下要求的机器稳定性仅能通过采取专门措施，或在特殊方式下使用机器才能满足，则应在机器上(见 8.3.3)和/或使用说明书中指出该情况[见 8.1.3h)]。

6.2.2 悬挂式和半悬挂式机械

6.2.2.1 如果存放机器要求使用支撑装置，那么该装置应与机器保持连接。

6.2.2.2 三点悬挂式机器下悬挂点的高度应与三点悬挂装置下悬挂点的高度相匹配。

注 1：GB/T 17127 系列标准提供了三点悬挂挂接器的有关信息。

注 2：GB/T 20343 提供了拖拉机和机具间间隙范围的相关信息。

6.2.3 牵引杆挂接处垂直载荷大于500 N的牵引式机械

6.2.3.1 与牵引车辆机械连接的、具有牵引杆的挂车或机器应配备将牵引杆挂接点支离地面至少150 mm的牵引杆支架(其最大接地压力,还见6.2.1.2)。

6.2.3.2 具有牵引杆、设计用于与定高度挂钩挂接的挂车或机器应配备高度可调的支撑装置或千斤顶。该类支撑装置可为下列型式之一:

——非折叠式:在结构上应保证位置不能出现意外移动情况;

——折叠式:在机器前进方向的左侧应设置支撑机构的人工操纵机构。该操纵机构应使支撑装置安装、拆卸、连接或折叠到运输位置或支撑位置时,除安全的支撑位置外,支撑装置不能用于支撑牵引杆或调节牵引杆高度。

6.2.3.3 如果在操作支撑装置过程中不可避免的产生挤压和剪切点,则在使用说明书中应给出避免产生该类危险的建议[见8.1.3r)]。

6.2.3.4 支撑装置及其固定元件应正常地固定在机器上。如果支撑装置使得机器不能正常使用,且卸下该装置不影响机器稳定性,则该类支撑装置宜制成不使用工具就能拆卸型。在这种情况下,使用说明书中应给出合适的说明[见8.1.3r)]。对可拆卸型支撑装置,机器上应采取存放支撑装置的措施。

6.3 牵引挂接

6.3.1 使用说明书中应包含挂接系统的适当信息,包括保养和检查方面的信息[见8.1.3b)]。

6.3.2 使用说明书中应清晰说明牵引车辆的挂接点位置,还应说明作用于牵引车辆的最大垂直静载荷[见8.1.3b)]。

6.4 自走式机械和/或拖拉机与被驱动机械之间的机械动力传动机构

6.4.1 一般要求

动力输出万向节传动轴防护罩和动力输入连接装置防护罩间直线重叠量应不少于50 mm。该最小重叠量还应适用于广角动力输出万向节传动轴防护装置和使用离合器或其他部件时的防护装置。

如机器装备有带防护罩的动力输出万向节传动轴,其止动装置需要安装点,则在机器上应提供止动装置的适当安装点。

机器应装备当机器分开后能支撑传动轴的装置,但该支撑装置不应用于防止传动轴防护罩的转动。

制造的动力输入连接装置防护罩连同动力输出万向节传动轴防护罩应连接在机具上。当动力输出万向节传动轴安装和联接时,防护罩应包络住至机器的第一个固定轴承座的整个传动轴。

6.4.2 固定作业

由动力输出轴驱动的在固定状态下运行的设备,应采取防止动力输出万向节传动轴脱开的措施,如在运行过程中保持设备和三点悬挂装置联接。使用说明书中应提供该类措施的使用信息[见8.1.3s)]。

6.5 与自走式机械连接的液压、气压和电气连接装置

制造厂应在机器上设置适当的装置,以在机器未连接到自走式机械上或连接装置不用时,支撑断开的液压、气压管路和电缆线。

7 安全要求和/或措施的判定

安全要求和/或措施的判定见表1。

表1 安全要求和/或措施的判定一览表

章条款编号	判定		
	观察	测定	程序/依据
4.2.2	√	√	应按附录B进行判定
4.4	√	√	应按使用说明书中的说明,折叠该部件进行判定,同时操作手柄或整体构成部件确定其功能
4.5.1.2.4	√	√	应按使用说明书中的说明,操作进入操作者工作位置的梯子进行判定

表 1（续）

章条款编号	判定		
	观察	测定	程序/依据
4.5.1.2.5	√	—	应按使用说明书中的说明，操作进入操作者工作位置的梯子进行判定
4.7.1	√	√	应按附录 C 进行判定
4.7.2	√	√	应按附录 C 进行判定
4.8.1.1	√	—	应按使用说明书中的描述，开展保养或维修操作进行判定
4.14.1	√	—	应按使用说明书中的描述，开展日常润滑和保养操作进行判定
5.1.2.3	√	—	应按 JB/T 8303 进行判定
5.1.6	√	—	应按 GB/T 20953 进行判定
5.4.2	√	—	应按制造厂技术规范(30 kPa)进行判定
6.2.1.1	√	√	应按使用说明书中的描述方式，实施驻车制动，并使用在适当位置或产生作用的锁定装置(如楔块)进行判定

8 使用信息

8.1 使用说明书

8.1.1 每台机器均应有产品使用说明书。

8.1.2 自走式机械上应设置操作者易于获取使用说明书的存放处。

8.1.3 使用说明书应提供正常操作和维修机器所必须的安全说明，包括保护装备的使用说明。使用说明书应符合 GB/T 9480 的规定。

特别是，使用说明书应包括下列相关信息：

a) 正确安装和拆卸方法(见 6.3.1、6.3.2)；

b) 与拖拉机的匹配性，例如挂接系统、挂接点的垂直载荷、发动机功率、稳定性(见 6.3.1、6.3.2)；

c) 全部操纵机构的描述和功能，包括所使用标志符号的解释(见 4.4.1)；

d) 如何调整驾驶员座椅的位置以与操纵机构形成符合人机工效学的关系(见 5.1.2.1)；

e) 发动机的起动和停机方法(见 5.1.8、6.1)；

f) 紧急出口的位置和打开方法(见 5.1.5.2)；

g) 对操作过程中被卷入运动部件采取的防护措施(见 4.14.1)；

h) 停机时保证稳定性的支撑装置的使用(见 6.2.1.3)；

i) 机器维修和保养的一般要求以及特殊工具的使用方法(见 4.13、4.14.1)；

j) 保养和维修期间，将机器部件保持在举升位置所用装置的使用(见 4.8.1.4)；

k) 液压锁定系统所用软管更换的有关信息(见 4.8.3)；

l) 附属部件的人工操作方法(见 4.13)；

m) 牵引和举升机器正确方法的信息(见 5.2.1、5.2.2、5.2.3.1)；

n) 如何判定外伸支架是否安全地处于运输位置的信息(见 6.2.1.2)；

o) 与高架高压电线相关的危险，包括给出机器的最大工作高度，如果该高度超过 4 m；

p) 使用蓄电池(见 5.3.3)和燃料箱加注燃料的相关危险(见 5.4.4)；

q) 噪声发射值，如果要求声明(见 4.2.2)；

r) 千斤顶的使用方法及使用位置，包括牵引杆使用的千斤顶和支撑装置(见 6.2.3.3、6.2.3.4)；

s) 对于应与主机(动力源)机械联接的外置固定式动力机器，防止与传动系脱开的要求(见 6.4.2)；

t) 轮胎规格和充气压力(见 4.5.1.1.1、4.5.1.2.1)；

u） 如何安全更换工作液体的说明(见4.12)；

v） 振动值，如果要求声明(见4.3)；

w） 附加信息：

——机器的预定使用；

——机器的初始设定(除非该项工作将由经销商完成)；

——防火警示；

——物料流/作业过程导致堵塞的清除。

另外，如有必要，应提供个人保护装备正确使用的信息。

8.2 安全标志和说明标志

8.2.1 在正常操作和维修期间，当必需警示操作者或其他人员存在人员伤害的风险时，应设置适当的安全标志。

8.2.2 安全标志应符合GB 10396规定的要求。

8.2.3 设备运行、维修和保养有关的说明标志应在外观，尤其在颜色方面，与设备上的安全标志不同。

8.3 标记

8.3.1 所有机器均应设置至少包括下列信息的清晰耐久标牌：

——制造厂名称和地址；

——产品名称或型式型号；

——出厂编号，如果有。

8.3.2 使用千斤顶的作用点位置应在机器上清晰标出，如果千斤顶作用点位置不可见(见5.2.3.1)，则在使用说明书中应提供附加信息[见8.1.3m)]。

8.3.3 必要时，机器上应有保证机器稳定性的标志，该类标志应包括所采用的专门措施或如何使用机器，以保证稳定性(见6.2.1.3)。

附 录 A
（资料性附录）
重大危险一览表

表 A.1 规定了本部分涉及的各类机器已明显辨识出的重大危险、重大危险状态和重大危险事件，它们要求设计者或制造厂采取专门措施减小或消除风险。

表 A.1 重大危险一览表

编号	危险	危险状态/事件	本部分的条款编号
A.1	**机械危险**		
A.1.1	挤压危险	——操纵机构 ——进入工作位置的梯子 ——工作台 ——动力传动机构 ——工作部件 ——维修/保养 ——翻倾 ——剪切/挤压点 ——机器的移动 ——稳定性 ——机器的挂接	4.4.3、5.1.3.2、5.1.8、6.1 4.5.1.1.2、4.5.1.2.5、4.5.2、4.6 4.5.2.2 6.4 4.7 4.8、4.14.1、4.14.3、4.14.5、4.14.6 5.1.2.3 5.1.4 5.2 6.2 6.2.2、6.2.3、6.3
A.1.2	剪切危险	——操纵机构 ——进入工作位置的梯子 ——工作台 ——动力传动机构 ——工作部件 ——维修/保养 ——翻倾 ——剪切/挤压点 ——机器的移动 ——稳定性 ——机器的挂接	4.4.3、5.1.3.2、5.1.8、6.1 4.5.1.1.2、4.5.1.2.5、4.5.2、4.6 4.5.2.2 6.4 4.7 4.8、4.14.1、4.14.3、4.14.5、4.14.6 5.1.2.3 5.1.4 5.2 6.2 6.2.2、6.2.3、6.3
A.1.3	切割或切断危险	——工作部件	4.7
A.1.4	缠绕危险	——动力传动部件 ——工作部件 ——发动机的起动/停机	6.4 4.7 5.1.8
A.1.5	引入和卷入危险	——动力传动部件 ——工作部件 ——发动机的起动/停机	4.6、6.4 4.7 5.1.8
A.1.6	冲击危险	——进入操作者工作位置的梯子 ——可折叠部件 ——转向机构	4.5.1.2.5 4.14.5、4.14.6 5.1.3.1

表 A.1(续)

编号	危险	危险状态/事件	本部分的条款编号
A.1.7	刺伤或扎伤危险	——工作部件	4.7
A.1.8	摩擦或磨损危险	——操纵机构 ——电气设备 ——进入操作者工作位置的梯子	4.4.3、5.1.3.2 4.9.1 4.5.1.1.2
A.1.9	高压流体喷射危险	——液压组件	4.10、6.5
A.2	**电气危险**		
A.2.1	人体与带电零部件接触(直接接触)	——电气设备	4.9、5.3、6.5
A.2.2	人体与故障条件下变为带电的零部件接触(间接接触)	——电气设备	4.9.1
A.2.3	趋近于高压下的带电零部件	——高架高压电线	8.1.3
A.2.4	热辐射或其他现象,例如由于短路、过载等而引起的熔化粒子喷射和化学效应	——电气设备	4.9.2、5.3.1
A.3	**热危险**		
	由可能与人接触的极高或低温物体或材料、火焰或爆炸、热源辐射导致的烧伤、烫伤或其他伤害	——工作液体 ——驾驶室内饰材料 ——热表面	4.12 5.1.6 5.5
A.4	**由噪声产生的危险**		
	听力丧失(耳聋)、其他生理异常(例如失去平衡、失去知觉)干扰语言通讯和听觉信号导致意外事件	——噪声	4.2
A.5	**由材料和其他物质产生的危险**		
A.5.1	由于接触或吸入有害的液体、气体、烟雾和灰尘导致的危险	——工作液体 ——驾驶室内饰材料 ——蓄电池 ——排出气体	4.10、5.4 5.1.6 5.3.1 5.6
A.5.2	火或爆炸危险	——驾驶室内饰材料料	5.1.6

表 A.1(续)

编号	危险	危险状态/事件	本部分的条款编号
A.6	**机器设计时由于忽略人类工效学原则产生的危险**		
A.6.1	不利于健康的姿态或过分用力	——操纵机构 ——进入工作位置的梯子 ——维修和保养 ——操作者工作位置	4.4 4.5、4.6 4.14.2、4.14.4 5.1.1、5.1.3、5.1.5.2
A.6.2	不适当地考虑人的手臂或腿脚构造	——操纵机构 ——进入工作位置的梯子 ——操作者工作位置	4.4 4.5、4.6 5.1
A.6.3	忽略了使用个人防护装备	——使用说明书	8.1.3
A.6.4	不适当的工作位置照明	——视野	5.1.7.3
A.6.5	精神过分紧张或准备不足等	——操纵机构	4.4
A.6.6	人的差错、人的行为	——操纵机构 ——使用说明书 ——标志	4.4 8.1 8.2
A.6.7	不适当的人工操纵机构设计、位置或标识	——操纵机构	4.4、5.1.3、6.1
A.7	**综合危险**	——附属部件 ——使用说明书	4.13 8.1
A.8	**意外起动,意外超行程/超速危险**		
A.8.1	控制系统失效/失调	——维修和保养 ——电气设备 ——连接装置	4.8 4.9 6.5
A.8.2	中断后能源供应恢复	——操纵机构	4.4、6.1
A.8.3	电气设备外部干扰	——电缆	4.9.1
A.8.4	其他外部干扰(重力、风等)	——稳定性	6.2.1.1、6.2.1.2
A.8.5	由操作者产生的差错(由于机械与人的特征和能力不协调)	——操纵机构 ——进入工作位置的梯子 ——操作者工作位置 ——机器的移动 ——机器的挂接 ——维修和保养 ——使用说明书	4.4、6.1.2 4.5、4.6 5.1 5.2 6.2、6.3 4.14 8.1.3

表 A.1（续）

编号	危险	危险状态/事件	本部分的条款编号
A.9	**机器不能停在最好可能条件下**	——操纵机构 ——发动机的起动/停机	4.4、6.1 5.1.8
A.10	**工作部件转速的变化**	——动力输出万向节传动轴	6.4、8.1.3
A.11	**动力供应失效**	——支撑机构 ——电气设备 ——连接装置	4.8 4.9 6.5
A.12	**控制电路失效**	——电气设备	4.9
A.13	**设定错误**	——机器的挂接 ——使用说明书	6.2、6.3 8.1.3
A.14	**运行期间损坏**	——防护装置和屏障 ——支撑机构 ——液压组件 ——气动组件	4.7 4.8 4.10 4.11
A.15	**物体或液体的下落或抛出**	——支撑机构 ——液压组件 ——可折叠部件	4.8 4.10 4.14.5
A.16	**失去稳定性/机器翻倾**	——稳定性 ——翻倾	6.2 5.1.2.3
A.17	**操作者滑倒、倾倒和跌倒（与机器有关）**	——进入工作位置的梯子	4.5、4.6
由于运动导致的附加危险、危险情况和危险事件			
A.18	**与移动功能相关的危险**		
A.18.1	起动发动机时的移动	——机器动力装置 ——发动机的起动/停机	5.1.2.3 5.1.8
A.18.2	驾驶员不在驾驶位置时的移动	——机器动力装置 ——发动机的起动/停机	5.1.2.3 5.1.8
A.18.3	部件没有全部在安全位置的移动	——可折叠部件	4.14.5
A.18.4	机器不能有效地减速、停下和固定	——机器动力装置	5.1.3.2
A.19	**与工作位置有关的危险**		
A.19.1	人在进入（或处于/离开）工作位置时跌倒	——进入工作位置的梯子	4.5、4.6
A.19.2	在工作位置排气/缺氧	——排出气体	5.4.1、5.6
A.19.3	火（驾驶室的易燃性，缺乏灭火工具）	——驾驶室内饰材料	5.1.6

表 A.1（续）

编号	危险	危险状态/事件	本部分的条款编号
A.19.4	工作位置的机械危险： a) 与车轮接触； b) 翻倾； c) 物体落下，物体穿透	——剪切/挤压点 ——车轮 ——动力输出万向节传动轴 ——支撑机构 ——翻倾	4.4.3、4.5.1.2.5、5.1.4 4.5.1.1.2 4.6.4 4.8 5.1.2.3
A.19.5	工作位置视野不足	——视野	5.1.7
A.19.6	照明不足	——视野	5.1.7.3
A.19.7	不适当的座椅	——操作者座椅	5.1.2
A.19.8	工作位置处噪声	——操作者工作位置	4.2
A.19.9	排气措施/紧急出口不足	——紧急出口	5.1.5
A.20	**由操纵系统产生危险**		
A.20.1	人工操纵机构位置不合适	——操纵机构	4.4、4.8.1.2、5.1.2.1、6.1.1、6.1.2
A.20.2	人工操纵机构设计和其操作模式不合适	——操纵机构	4.4、5.1.3、5.1.8
A.21	**搬运机器（缺乏稳定性）产生危险**	——稳定性 ——翻倾	6.2 5.1.2.3
A.22	**由动力源或动力传动产生的危险**		
A.22.1	来自发动机和蓄电池的危险	——发动机的起动/停机 ——蓄电池	5.1.8 5.3
A.22.2	来自机器间动力传动机构的危险	——动力传动机构	6.4、6.5
A.22.3	来自于连接和牵引的危险	——机器的挂接	6.2.2、6.2.3、6.3
A.23	**来自/对第三人的危险**		
A.23.1	未经授权的起动和使用	——发动机的起动/停机	5.1.8
A.23.2	缺乏或不合适的视觉或听觉报警装置	——视野	5.1.7
A.24	**驾驶员/操作者使用的说明不充分**	——使用说明书	8.1

附 录 B
（规范性附录）
噪声试验规范（工程法2级）

B.1 范围

本附录提供了在标准条件下有效进行噪声发射值测量的所有必要信息。使用本附录将保证在所用测定噪声发射值基础噪声标准规定的测量准确度等级范围内，测定的噪声发射值的重复性。按本附录测定噪声发射值的方法是工程法(2级)。

B.2 操作者工作位置处噪声声压级的测量

B.2.1 噪声发射声压级应按 GB/T 17248.2 和 GB/T 17248.5 的规定进行测量，并应采用 GB/T 17248.5—1999 中的工程法2级。

B.2.2 时间加权平均声压级应在确定的操作者位置处测定

对于低噪声设计，在频率带发射的噪声是有用的，可用基础标准 GB/T 17248.2 和 GB/T 17248.5 测定在频率带的噪声发射值。

B.2.3 在操作者不在现场的情况下，传声器应置于距操作位置高度为 1.6 m±0.05 m 的位置，在该位置操作者可以正常站立，或者相对于座位标志点(SIP)高度为 0.5 m±0.05 m 的位置，此时座位调节在中间位置。

B.2.4 进行试验时，操作者必须在现场的情况下，传声器应置于距头部中央平面 20.0 cm±2 cm 的声压级较大一侧，并与眼睛在一条直线上。站立的操作者穿鞋后高度应为 1.75 m±0.05 m。操作者坐着时，从坐垫平面测量的总高度应为 0.93 m±0.05 m。

B.2.5 在特殊类型机器的特定噪声试验规范中，应说明测量是按 B.2.3 的规定操作者不在现场情况下进行的，还是按 B.2.4 的规定操作者在现场情况下进行的。

B.2.6 对于由外部动力源驱动的和工作位置在其他机器(例如：拖拉机)上的机器，传声器应按下列方法进行固定：

a) 通过三点悬挂装置挂接的机器，传声器位于通过两下拉杆端点连接线段的中点的纵向垂直平面内，距连接线段与垂直平面交点前方 1.69 m，上方 1.85 m；

b) 通过牵引环挂接的机器，传声器位于通过挂接环中心的纵向垂直平面内，距挂接环中心和该平面交点前方 1.20 m，上方 1.85 m。

B.3 噪声声功率级的测定

B.3.1 测定噪声声功率级的首选方法是 GB/T 3767 规定的方法；也可以采用 GB/T 16404 规定的2级精度法。

对于低噪声设计、在频率带的噪声发射值是有用的，可使用基础标准 GB/T 3767 和 GB/T 17248.2 测定在频率带的噪声发射值。

B.3.2 当采用 GB/T 3767 时，在一个半球面内应使用10个传声器(见 GB/T 3767—1996，附录 B)。

如果初步调查表明按 GB/T 3767—1996 中 7.2.1 规定的阵列，测定的声功率级值结果的偏差在±1 dB 以内，则可使用6个传声器。

B.3.3 半球面半径至少应为基准平行六面体最长边长度的2倍；半球面半径应为 4 m、10 m 或 16 m。

B.3.4 本方法的测定值是机器规定工作循环内的 A 计权声功率级。

B.3.5 测量期间操作者必须在现场时，站着的操作者穿鞋后高度应为 1.75 m±0.05 m。操作者坐着时,从坐垫平面测量的总高度应为 0.93 m±0.05 m。

B.4 安装和装配条件

B.4.1 测定声功率级的安装和装配条件应与测定规定位置发射声压级的条件一致。

B.4.2 被试机器应置于或支撑在一坚硬反射平面上,如沥青面或混凝土面,并安装制造厂推荐的标准配置,如轮胎、履带、支架或减振配置。若为保证机器在 B.5 规定的运行条件操作机器,需要操作者在工作位置,则操作者应在现场进行测定。在 B.8 给出的完整数据表中应说明测量期间操作者是否在现场。

B.4.3 由外部动力源驱动的机器,动力源应提供足够的动力以达到 B.5 规定的运行条件。该动力源噪声级应与背景噪声的接收标准相一致。背景噪声的评估应在动力源空载、速度等于测量期间机器选定的速度下运行。背景噪声水平的接收标准应符合 GB/T 3767 和 GB/T 17248.2 的规定。

B.5 运行条件

B.5.1 在规定位置处测定声压级和发射声功率级的运行条件应严格保持一致。

B.5.2 除非在特定标准中另有规定,所有机器均应静止不动,其工作部件空载,且在制造厂规定的最大额定发动机转速下空转。在测试开始前,机器应适当预热,使机器在正常工作温度下稳定运行。

为保证工作部件,如刀片切割器或机体,不会因意外机械接触而引起附加噪声允许进行调整。

B.5.3 对于具有作业循环的机器,噪声发射值测量应在整个作业循环内进行。相应循环应在特定标准中加以描述,如果存在相应循环。在没有该特定标准的情况下,制造厂应选定一作业循环,并在试验报告中加以描述。

B.6 测量的不确定度

B.6.1 为获得规定等级的精确度,试验应重复进行,直到三个连续 A 计权结果差异在 2 dB 内。

B.6.2 除非存在下列情况:

——GB 10395 的本部分使用的测定 A 计权声功率级的测量不确定度符合 GB/T 3767 的规定;

——GB 10395 的本部分使用的在工作位置处测定 A 计权声功率级的测量不确定度符合 GB/T 17248.2 和 GB/T 17248.5 的规定(重复测量的标准偏差值等于 2.5 dB)。

B.7 记录和报告信息

B.7.1 记录和报告的信息应符合测定噪声发射值所用基础标准的要求。

B.7.2 应使用符合 B.8 的数据表,报告关键数据,特别是所用的基础标准、安装和装配条件、运行条件的描述、相对于噪声试验规范要求的可能偏差。报告应给出所有操作者工作位置和对应的发射噪声声压级。如进行了测定,噪声声功率级也应报告。

B.7.3 数据表和测试报告还应确认本噪声试验规范的所有要求均已满足,否则,应确定存在的所有偏离并列出这些必要偏离的正当理由。

B.8 数据表和试验报告格式

机器:

型号: 型式:

额定速度、发动机、工具、其他: 尺寸:长×宽×高

动力源:

内部 □ 外部 □ 动力输出轴 □ 液压 □

柴油机□ 电力 □ 汽油 □ 其他 □

配置状况：

轮胎 □ 履带 □ 支架 □ 减振配置 □ 其他□

测量位置——所有的工作位置：

计划明示的测量位置

工作位置发射噪声声压级

L_{pA}，dB： 1 □ 2 □ 3 □

两个最大值的算术平均值： dB

声功率级：

测量半球面半径： m

传声器的位置：

L_{WA}，dB： 1 □ 2 □ 3 □

两个最大值的算术平均值： dB

使用标准：

——在操作者工作位置处测量发射噪声声压级的基础标准(指明标准编号)；

——如果进行了测定，测量声功率级的基础标准(指明标准编号)；

——GB 10395.1 的附录 B；

——涉及特定机器类型的 GB 10395 的其他有关部分。

附 录 C
（规范性附录）
强 度 试 验

C.1 防护装置

C.1.1 试验设备

载荷通过覆盖一橡胶层的试验垫施加。试验垫的尺寸和橡胶层的厚度应符合图 C.1 规定。

橡胶层肖氏硬度应约为 20 A。

单位为毫米
公差为±2 mm

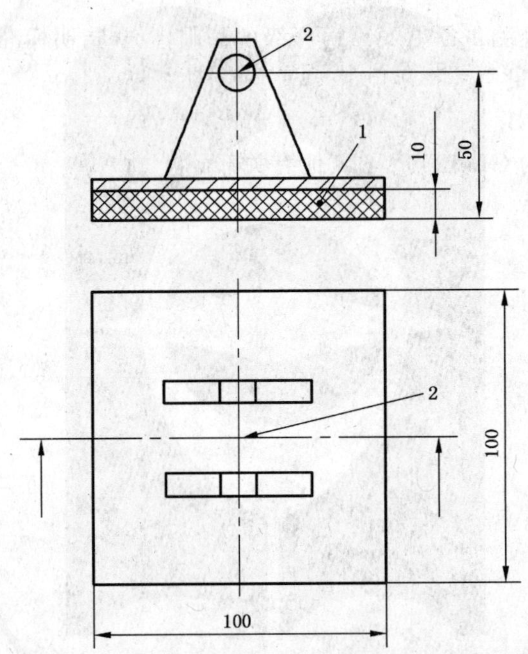

1——橡胶层；
2——载荷施加点。

图 C.1 防护装置用试验垫示例

C.1.2 试验规程

试验应在机器停在硬实水平地面上时进行。

在图 C.1 所示试验垫的载荷施加点处垂直施加 1 200 N 的试验载荷对防护装置进行测试，即便防护装置不是水平的也应沿垂直方向施加载荷。

机器上的防护装置处于防护状态下，将试验垫置于被测试的防护区域上。在无动态影响情况下沿垂直向下方向施加载荷。

载荷应施加在可能攀爬操作者的最不利区域。在防护装置的边缘，试验垫可部分接触施加载荷，且载荷施加点尽可能接近防护装置边缘。

C.1.3 试验验收规范

试验期间，防护装置不应与运动部件接触。试验结束时，防护装置及连接附件不应出现断裂、裂纹或明显的且使防护装置不能满足其防护功能的永久变形。

C.2 屏障

C.2.1 试验设备

载荷通过覆盖一橡胶层的试验垫施加，试验垫的尺寸应符合图 C.2 规定。

橡胶层厚度至少为 10 mm，肖氏硬度应约为 20 A。

单位为毫米

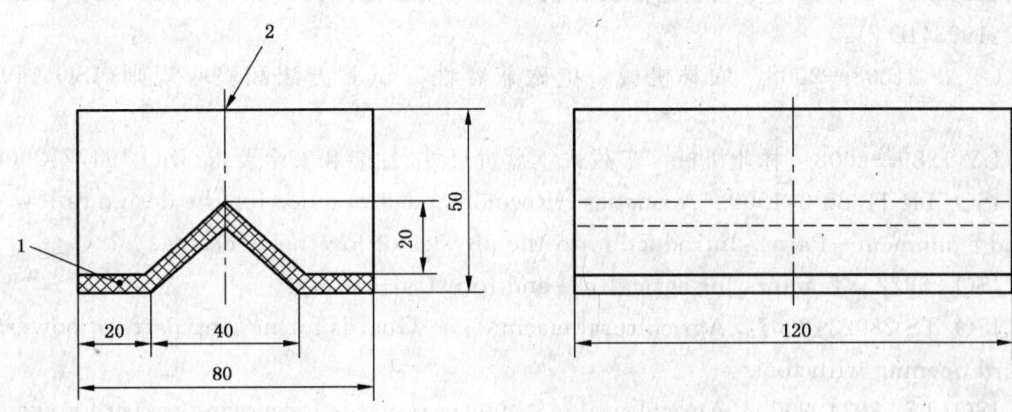

1——橡胶层；

2——负荷点。

图 C.2 屏障用试验垫示例

C.2.2 试验规程

将试验垫置于被测试的屏障区域上。在无动态影响情况下，根据情况，沿水平或垂直向下方向施加载荷。

被测试屏障应施加的试验载荷为：

——1 000 N，在工作位置上，屏障离地高度不大于 400 mm 的情况下；

——600 N，在工作位置上，屏障离地高度大于 400 mm 的情况下。

试验垫的载荷施加点如图 C.2 所示。

C.2.3 试验验收规范

试验期间，屏障水平移动量不应大于 20 mm。试验结束时，屏障及连接附件不应出现断裂、裂纹或变形量大于 10 mm 的永久变形。屏障不应进入危险区。

参 考 文 献

[1] GB/T 17127(所有部分) 农业轮式拖拉机和机具 三点悬挂挂接器[ISO 11001(所有部分)].

[2] GB/T 20343—2006 农业拖拉机和机械 三点悬挂机具的联接装置 机具上的间隙范围(ISO 2332:1993,IDT).

[3] GB/T 21398—2008 农林机械 电磁兼容性 试验方法和验收规则(ISO 14982:1998,IDT).

[4] LY 1289—2008 林业机械 车载式绞盘机尺寸、性能和安全要求(ISO 19472:2006,IDT).

[5] ISO/TR 11688-2:1998 Acoustics—Recommended practice for the design of low-noise machinery and equipment—Part 2:Introduction to the physics of low-noise design.

[6] ISO 26322 Tractors for agriculture and forestry—Safety.

[7] ISO/TS 28923:2007 Agricultural machinery—Guards for moving parts of power transmission—Guard opening with tool.

[8] ISO/TS 28924:2007 Agricultural machinery—Guards for moving parts of power transmission—Guard opening without tool.

ICS 29.160.30
K 24

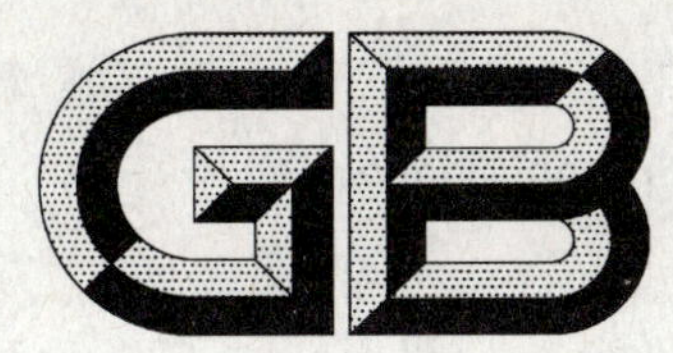

中华人民共和国国家标准

GB/T 10405—2009
代替 GB/T 10405—2001

控制电机型号命名方法

Type designation for electrical machine for automatic control system

2009-09-30 发布　　　　2010-02-01 实施

中华人民共和国国家质量监督检验检疫总局
中国国家标准化管理委员会　发布

前　言

本标准代替 GB/T 10405—2001《控制电机型号命名方法》。

本标准与 GB/T 10405—2001 相比主要变化如下：

——根据控制电机行业产品结构对原标准中的编排顺序进行了调整。

——增加了电动机一类产品。

——删除了部分淘汰产品。

——按照 GB/T 1.1—2000《标准化工作导则　第 1 部分：标准的结构和编写规则》的规定，对标准的编排格式进行了修改。

本标准由中国电器工业协会提出。

本标准由全国微电机标准化技术委员会(SAC/TC 2)归口。

本标准起草单位：西安微电机研究所、横店集团联宜电机有限公司、宁波中大力德传动设备有限公司、上海司壮电机有限公司、中电 21 所。

本标准主要起草人：谭莹、何冬德、岑国建、金韶东、黄海鹰。

本标准所代替标准的历次版本发布情况为：

——GB/T 10405—1989；

——GB/T 10405—2001。

控制电机型号命名方法

1 范围

本标准规定了控制电机给定型号时应遵循的原则。

本标准适用于控制电机及其组合的型号命名。

2 型号命名

2.1 总则

控制电机的型号通常由下列4部分组成：

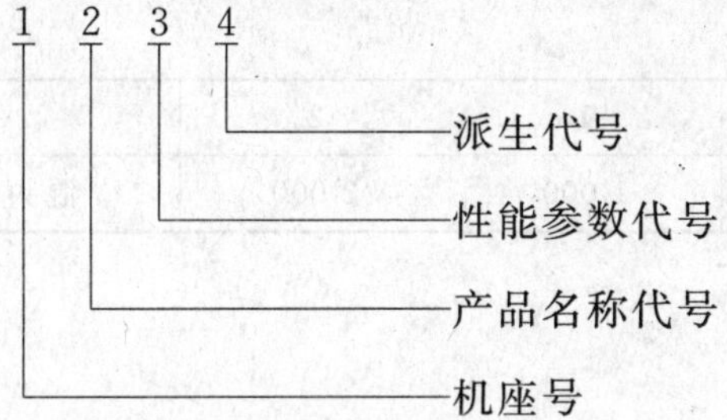

2.2 机座号

2.2.1 单机产品的机座号

电机的机座号应符合下列规定：

a) 机座号用外圆直径或轴中心高表示，仅取数值部分，无计量单位。见表1。

b) 用轴中心高表示机座号时，应在轴中心高表示的机座号后加“M-”。

表 1

机座号	12	16	20	24	28	32	36	40	45	50	55	60
外圆直径/mm	12.5	16	20	24	28	32	36	40	45	50	55	60
机座号	70	80	90	100	110	130	160	200	250	320		
外圆直径/mm	70	80	90	100	110	130	160	200	250	320		

2.2.2 机组的机座号

机组的机座号以其中机座最大的电机机座号表示。

2.3 产品名称代号

产品名称代号由2～4个汉语拼音字母表示(见第3章)。每个字母具有一定的汉字意义，第1个字母表示电机的类别，后面的字母表示该类电机的细分类。

机组的产品名称代号由所组成的单机代号或电机的类别组成，在单机产品名称代号或电机的类别之间加短划线。

所用代号字母，一般为产品名称第1个汉字的汉语拼音第1个字母，若所选字母造成型号重复或其他原因不能使用时，则依次选用后面的字母或其他汉字的拼音字母。

2.4 性能参数代号

2.4.1 总则

性能参数代号由两位或多位阿拉伯数字组成，顺序或直观表示电机的性能参数。性能参数代号应符合本标准或产品专用技术条件的规定。

2.4.2 电动机

2.4.2.1 永磁无刷电动机的性能参数代号

永磁无刷电动机的性能参数代号由01～99给出。

2.4.2.2 异步电动机的性能参数代号

异步电动机的性能参数代号由两组阿拉伯数字组成，中间用横线(-)隔开。前一组数字表示输出功率的瓦数，后一组数字表示电机极数。

2.4.2.3 摆动电动机的性能参数代号

摆动电动机的性能参数代号由01～99给出。

2.4.2.4 磁滞同步电动机的性能参数代号

磁滞同步电动机的性能参数代号由3位数字组成。第一位数字表示电源频率，其代号见表2；第二位数字表示相数；第三位数字表示极对数。

表2

代号	5	4	0	1	2	7
电源频率/Hz	50	400	500	1 000	2 000	混频

2.4.2.5 力矩电动机的性能参数代号

力矩电动机的性能参数代号由01～99给出。

2.4.2.6 步进电动机的性能参数代号

步进电动机的性能参数代号由2～4位数字组成，第一位数字表示相数，后面的数字表示转子齿数或极对数。

2.4.2.7 伺服电动机的性能参数代号

2.4.2.7.1 交流伺服电动机

交流伺服电动机的性能参数代号由01～99给出。

2.4.2.7.2 直流伺服电动机

直流伺服电动机的性能参数代号由3～4位数字组成。前两位数字表示电源电压，其代号见表3；后面两位数字表示性能参数序号，由01～99给出。

表3

代号	06	09	12	18	24	27	36	48	60	11	22
电源电压/V	6	9	12	18	24	27	36	48	60	110	220

2.4.3 测速发电机的性能参数代号

2.4.3.1 交流测速发电机

交流测速发电机的性能参数代号由3位数字组成。第一位数字表示励磁电压，其代号见表4；后面两位数字表示性能参数序号，由01～99给出。

表4

代号	2	3	1
励磁电压/V	26	36	115

2.4.3.2 电磁式直流测速发电机

电磁式直流测速发电机的性能参数代号由4位数字组成。前两位数字表示励磁电压，其代号见表5；后面两位数字表示性能参数序号，由01～99给出。

表 5

代号	06	09	12	18	24	27	36	48	60	11	22
励磁电压/V	6	9	12	18	24	27	36	48	60	110	220

2.4.3.3 永磁式直流测速发电机

永磁式直流测速发电机的性能参数代号由 01～99 给出。

2.4.4 轴角编码器的性能参数代号

轴角编码器的性能参数代号由 3 位数字组成。第一位数字表示码制，1 表示 10 进制，2 表示 2 进制；第二和第三位数字表示分辨率，其数值为输入轴每旋转一周所计编码数的 10(10 进制)或 2(2 进制)的最高幂次。若此数小于 10，则前面冠以零。

2.4.5 自整角机的性能参数代号

自整角机的性能参数代号由两位阿拉伯数字组成。第一位数字表示电源频率，其代号见表 6；第二位数字表示额定电压和最大输出电压的组合，其代号见表 7。

表 6

代号	6	5	4	0	1	2	7
电源频率/Hz	60	50	400	500	1 000	2 000	混频

表 7

代号	1	2	3	4	5	6	7
发送机，接收机/V	20/9	26/12	36/16	115/16	115/90	110/90	220/90
差动式/V	9/9	12/12	16/16	90/90	—	—	—
控制式变压器/V	9/18	12/20	12/20	16/32	16/58	90/58	—

2.4.6 旋转变压器的性能参数代号

2.4.6.1 总则

旋转变压器(除多极和双通道旋转变压器外)的性能参数代号由 3～4 位阿拉伯数字组成。前面两位数字表示开路输入阻抗(标称值)，用其欧姆数的百分之一表示；若欧姆数的百分之一不为整数，则取近似的整数；数值小于 10 时，前面冠以零；后面一位或两位数表示变压比，其代号见表 8。

表 8

代号	1	4	5	6	7	10	20
变压比	0.15	0.45	0.5/0.56	0.65	0.78	1	2

2.4.6.2 多极和双通道旋转变压器

多极和双通道旋转变压器的性能参数代号由四位数字组成。前面两位表示极对数，其代号见表 9；第三位数字表示频率，其代号见表 6；第四位数字表示励磁电压，其代号见表 10。

表 9

代号	04	08	15	16	20	30	32	36	64	28
极对数	4	8	15	16	20	30	32	36	64	128

表 10

代号	0	1	2	3
励磁电压/V	<10	12	26	36

2.4.7　**感应移相器的性能参数代号**

2.4.7.1　**总则**

感应移相器(除多极和双通道感应移相器外)的性能参数代号由2～4位数字组成,第一位数字表示输入阻抗,其代号见表11,后面1～3位数字表示额定频率的千赫数,其代号见表12。

表11

代号	3	5	1	2
开路输入阻抗/Ω	300	500	1 000	2 000

表12

代号	005	013	027	04	1	2	4	10	20	40	75	150	300	500
额定频率/kHz	0.05	0.135	0.27	0.4	1	2	4	10	20	40	75	150	300	500

2.4.7.2　**多极和双通道感应移相器**

多极和双通道感应移相器的性能参数代号由4～5位数字组成。前面两位表示极对数,其代号见表9;后面1～3位数字表示频率,其代号见表12。

2.4.8　**感应同步器的性能参数代号**

感应同步器的性能参数代号由4位数字组成,前三位数字表示极对数,后面一位数字表示性能参数序号,由1～9给出。

2.4.9　**机组的性能参数代号**

机组的性能参数代号由所含单机的性能参数代号组成,中间用横线(-)隔开。

2.5　**派生代号**

派生代号包括性能派生和结构派生,性能派生由01～99给出,结构派生用一个大写汉语拼音字母顺序表示,但不宜使用字母I和O。

3　产品名称代号

3.1　**电动机**

电动机的产品名称代号见表13。

表13

产品名称	代号	汉字意义	产品类别
永磁无刷电动机	ZW	直、无	永磁无刷电动机
无刷稳速直流电动机	ZWW	直、无、稳	
直线永磁直流电动机	ZZX	直、直、线	
直线永磁无刷电动机	ZWZX	直、无、直、线	
中频三相异步电动机	YZP	异、中、频	异步电动机
三相异步电动机	YS	异、三	
电阻起动单相异步电动机	YU	异、阻	
电容起动单相异步电动机	YC	异、容	
电容运转单相异步电动机	YY	异、运	
双值电容单相异步电动机	YL	异、双	
直线异步电动机	YZX	异、直、线	

表 13（续）

产品名称	代号	汉字意义	产品类别
永磁式摆动电动机	DB	电、摆	摆动电动机
永磁感应子式摆动电动机	DBG	电、摆、感	
外转子式磁滞同步电动机	TZW	同、滞、外	磁滞同步电动机
内转子式磁滞同步电动机	TZ	同、滞	
双速磁滞同步电动机	TZS	同、滞、双	
多速磁滞同步电动机	TZD	同、滞、多	
磁阻式磁滞同步电动机	TZC	同、滞、磁	
永磁式磁滞同步电动机	TZY	同、滞、永	
直线同步电动机	TZX	同、直、线	
永磁式直流力矩电动机	LY	力、永	力矩电动机
无刷直流力矩电动机	LW	力、无	
鼠笼转子交流力矩电动机	LL	力、笼	
空心杯转子交流力矩电动机	LK	力、空	
有限转角力矩电动机	LXJ	力、限、角	
电磁式步进电动机	BD	步、电	步进电动机
永磁式步进电动机	BY	步、永	
混合式步进电动机	BH	步、混	
磁阻式步进电动机	BC	步、磁	
直线步进电动机	BX	步、线	
滚切步进电动机	BG	步、滚	
开关磁阻步进电动机	BK	步、开	
电磁式直流伺服电动机	SZ	伺、直	伺服电动机
宽调速直流伺服电动机	SZK	伺、直、宽	
永磁式直流伺服电动机	SY	伺、永	
空心杯电枢永磁式直流伺服电动机	SYK	伺、永、空	
无槽电枢直流伺服电动机	SWC	伺、无、槽	
线绕盘式直流伺服电动机	SXP	伺、绕、盘	
印制绕组直流伺服电动机	SN	伺、印	
无刷直流伺服电动机	SW	伺、无	
鼠笼转子两相伺服电动机	SL	伺、笼	
空心杯转子两相伺服电动机	SK	伺、空	
直线伺服电动机	SZX	伺、直、线	
永磁交流伺服电动机	ST-(正弦波驱动)[a]	伺、正	
	SF-(方波驱动)[a]	伺、方	

[a] 永磁交流伺服电动机的产品名称代号为两部分，在短划线后为传感器代号：C表示测速发电机；M表示编码器；X表示旋转变压器；SW表示速度位置传感器。

3.2 测速发电机

测速发电机产品名称代号见表14。

表 14

产品名称	代号	汉字意义
电磁式直流测速发电机	CD	测、电
脉冲测速发电机	CM	测、脉
永磁式直流测速发电机	CY	测、永
永磁式直流双测速发电机	CYS	测、永、双
永磁式低速直流测速发电机	CYD	测、永、低
空心杯转子异步测速发电机	CK	测、空
空心杯转子低速异步测速发电机	CKD	测、空、低
比率型空心杯转子测速发电机	CKB	测、空、比
积分型空心杯转子测速发电机	CKJ	测、空、积
阻尼型空心杯转子测速发电机	CKZ	测、空、阻
感应子式测速发电机	CG	测、感
直线测速发电机	CX	测、线
无刷直流测速发电机	CW	测、无

3.3 轴角编码器

轴角编码器产品名称代号见表15。

表 15

产品名称	代号	汉字意义
电容式轴角编码器	MR	码、容
自整角机型轴角编码器	MAZ	码、自
旋转变压器型轴角编码器	MAX	码、旋
双通道旋转变压器型轴角编码器	MAS	码、双
接触式轴角编码器	MJ	码、接
涡流式轴角编码器	MW	码、涡
磁栅式轴角编码器	MC	码、磁
光栅式轴角编码器	MG	码、光

3.4 自整角机

自整角机产品名称代号见表16。

表 16

产品名称	代号	汉字意义
控制式自整角发送机	ZKF	自、控、发
控制式差动自整角发送机	ZKC	自、控、差
控制式自整角变压器	ZKB	自、控、变
控制式无刷自整角发送机	ZKFW	自、控、无

表 16（续）

产品名称	代号	汉字意义
力矩式自整角发送机	ZLF	自、力、发
力矩式差动自整角发送机	ZCF	自、差、发
力矩式差动自整角接收机	ZCJ	自、差、接
力矩式自整角接收机	ZLJ	自、力、接
力矩式自整角接收机发送机	ZJF	自、接、发
多极自整角发送机	ZFD	自、发、多
多极差动自整角发送机	ZCD	自、差、多
多极自整角变压器	ZBD	自、变、多
双通道自整角发送机	ZFS	自、发、双
双通道差动自整角发送机	ZCS	自、差、双
双通道自整角变压器	ZBS	自、变、双
控制力矩式自整角发送机	ZKL	自、控、力

3.5 旋转变压器

旋转变压器产品名称代号见表 17。

表 17

产品名称	代号	汉字意义
正余弦旋转变压器	XZ	旋、正
带补偿绕组的正余弦旋转变压器	XZB	旋、正、补
线性旋转变压器	XX	旋、线
单绕组线性旋转变压器	XDX	旋、单、线
比例式旋转变压器	XL	旋、例
磁阻式旋转变压器	XU	旋、阻
特种函数旋转变压器	XT	旋、特
旋变发送机	XF	旋、发
旋变差动发送机	XC	旋、差
旋变变压器	XB	旋、变
无刷正余弦旋转变压器	XZW	旋、正、无
无刷线性旋转变压器	XXW	旋、线、无
无刷比例式旋转变压器	XLW	旋、例、无
多极旋变发送机	XFD	旋、发、多
无刷多极旋变发送机	XFDW	旋、发、多、无
多极旋变变压器	XBD	旋、变、多
磁阻式多极旋变变压器	XUD	旋、阻、多
无刷多极旋变变压器	XBDW	旋、变、多、无
双通道旋变发送机	XFS	旋、发、双

表 17（续）

产品名称	代号	汉字意义
无刷双通道旋变发送机	XFSW	旋、发、双、无
双通道旋变变压器	XBS	旋、变、双
无刷双通道旋变变压器	XBSW	旋、变、双、无
传输解算器	XS	旋、输
无刷旋变发送机	XFW	旋、发、无

3.6 感应移相器

感应移相器产品名称代号见表 18。

表 18

产品名称	代号	汉字意义
感应移相器	YG	移、感
带补偿绕组的感应移相器	YGB	移、感、补
多极感应移相器	YD	移、多
无刷多极感应移相器	YDW	移、多、无
无刷感应移相器	YW	移、无
带补偿绕组的无刷感应移相器	YBW	移、补、无
双通道感应移相器	YS	移、双
无刷双通道感应移相器	YSW	移、双、无

3.7 感应同步器

感应同步器产品名称代号见表 19。

表 19

产品名称	代号	汉字意义
旋转式感应同步器	GX	感、旋
直线式感应同步器	GZ	感、直

3.8 机组

机组的产品名称代号见表 20。

表 20

产品名称	代号	汉字意义
自整角旋变机组	Z-X	自、旋
交流伺服测速机组	S-C	伺、测
电磁式直流伺服测速机组	SZ-C	伺、直、测
永磁式直流伺服测速机组	SY-C	伺、永、测
交流伺服力矩机组	S-L	伺、力
直流力矩测速机组	L-C	力、测
直流宽调速伺服测速机组	SZK-C	伺、直、宽、测
永磁直流伺服—脉冲、编码器机组	SZ-BMK	伺、直、编、脉、宽

表 20(续)

产品名称	代号	汉字意义
线绕盘式直流伺服机编码器、制动器机组	SXP-MZ	伺、线、编、码、制
印制绕组直流电动机测速机组	SN-C	伺、印、测
永磁直流电动机减速器制动器机组	ZY-JDZ	直、永、减、动、制
永磁直流电动机减速器机组	ZY-J	直、永、减

4 型号示例

4.1 电动机

90ZW01——表示外圆直径为 90 mm、性能参数序号为 1 的永磁无刷电动机。

110YS60-2A——表示外圆直径为 110 mm、输出功率为 60 W、2 极三相异步电动机的第一次结构派生品种。

45DBG01A——表示外圆直径为 45 mm、性能参数序号为 1 的永磁感应子式摆动电动机的第一次结构派生品种。

4.2 磁滞同步电动机

55TZ523——表示外圆直径为 55 mm、额定频率为 50 Hz 的二相三对极内转子式磁滞同步电动机。

4.3 力矩电动机

320LYX01——表示外圆直径为 320 mm、性能参数序号为 1 的稀土永磁式直流力矩电动机。

4.4 步进电动机

70BC340——表示外圆直径为 70 mm、转子 40 个齿的三相磁阻式步进电动机。

4.5 交流伺服电动机

55SL42——表示外圆直径为 55 mm、性能参数序号为 42 的鼠笼转子两相伺服电动机。

4.6 交流测速发电机

55CK301——表示外圆直径为 55 mm、励磁电压为 36 V、性能参数序号为 01 的空心杯转子异步测速发电机。

4.7 轴角编码器

110MAZ218A——表示外圆直径为 110 mm、二进制编码、分辨率为 18 的自整角机轴角编码器第一次派生产品。

4.8 自整角机

28ZKB43——表示外圆直径为 28 mm、频率为 400 Hz、额定电压为 12 V 的控制式自整角变压器。

36ZLJ44B——表示外圆直径为 36 mm、频率为 400 Hz、额定电压为 16 V 的力矩式自整角接收机的第二次结构派生产品。

4.9 旋转变压器

45XZ026——表示外圆直径为 45 mm、开路输入阻抗为 200 Ω、变压比为 0.65 的正余弦旋转变压器。

4.10 双通道旋变发送机

110XFS3243——表示外圆直径为 110 mm、频率为 400 Hz、励磁电压为 36 V 的 32 对极双通道旋变发送机。

4.11 感应移相器

28YG104A——表示外圆直径为 28 mm、开路输入阻抗为 1 000 Ω、额定频率为 400 Hz 的感应移相器第一次结构派生品种。

4.12 多极感应移相器

110YD322——表示外圆直径为 110 mm、频率为 2 000 Hz 的 32 多极感应移相器。

4.13 机组

70S-C52-11——表示伺服电动机的外圆直径为 70 mm，测速机外圆直径为 55 mm、额定频率为 50 Hz、电源电压为 115 V 的交流伺服测速机组。

4.14 中心高为机座号的电机

160M - YS60-2A 表示机座轴中心高为 160 mm、输出功率为 60 W、2 极三相异步电动机的第一次结构派生品种。

ICS 13.310
A 91

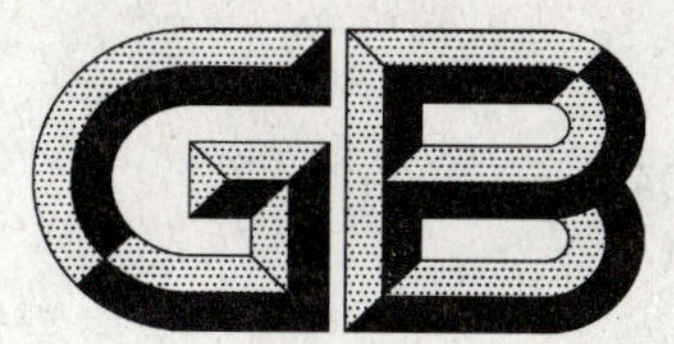

中华人民共和国国家标准

GB 10408.6—2009
代替 GB 10408.6—1991

微波和被动红外复合入侵探测器

Combined passive infrared and microwave detector

2009-04-16 发布　　　　　　　　　　　　2010-01-01 实施

中华人民共和国国家质量监督检验检疫总局
中国国家标准化管理委员会　发布

前　言

GB 10408 的本部分的全部技术内容为强制性。

请注意本标准的基本内容有可能涉及专利。本标准的发布机构不应承担识别这些专利的责任。

GB 10408 分为九个部分：

——第 1 部分：通用要求；

——第 2 部分：室内用超声波多普勒探测器；

——第 3 部分：室内用微波多普勒探测器；

——第 4 部分：主动红外入侵探测器；

——第 5 部分：室内用被动红外探测器；

——第 6 部分：微波和被动红外复合入侵探测器；

——第 7 部分：超声和被动红外复合入侵探测器(已废止)；

——第 8 部分：振动入侵探测器；

——第 9 部分：室内用被动式玻璃破碎探测器。

本部分为 GB 10408 的第 6 部分。

本部分是对 GB 10408.6—1991《微波和被动红外复合入侵探测器》的修订，修订的内容包括：

——修改了术语和定义；

——增加了产品分类；

——增加室外用微波和被动红外复合入侵探测器的检测要求；

——修改了试验检测方法；

——对复合入侵探测器性能由低到高分为 4 个等级，其中 1 级为最低要求，4 级为最高要求。室内用复合入侵探测器至少要达到 1 级要求，室外用复合入侵探测器至少要达到 3 级要求。

——对复合入侵探测器使用环境也分为 4 个等级，其中 A 级为最低要求，D 级为最高要求。

本部分自实施之日起代替 GB 10408.6—1991。

本部分的附录 A 和附录 B 为资料性附录。

本部分由中华人民共和国公安部提出。

本部分由全国安全防范报警系统标准化技术委员会(SAC/TC 100)归口。

本部分起草单位：霍尼韦尔安防(中国)有限公司、公安部安全与警用电子产品质量检测中心、公安部安全防范报警系统质量监督检验测试中心、深圳市美安科技有限公司、深圳豪恩科技股份有限公司、深圳市乐可利电子有限公司、北京康明技通技术开发公司、泉州市科立信安防电子有限公司、深圳华际电子系统有限公司、广州天网安防科技有限公司、全国安全防范报警系统标准化技术委员会。

本部分主要起草人：钱志雄、王鑫伟、周奎、郭立、韩峰、周群、皮幼林、仲岩、戴乐平、刘占林、颜冰、邱亮南、辛湘越、韩哨、贺建军、刘宏志、秦雪林、廖达科、吴雷、刘荣平。

本部分所代替标准的历次版本情况为：

GB 10408.6—1991。

微波和被动红外复合入侵探测器

1　范围

GB 10408 的本部分规定了入侵报警系统中微波和被动红外复合入侵探测器的技术要求和试验方法，是设计、制造和检验该类探测器的基本依据。

本部分适用于微波和被动红外复合入侵探测器。

2　规范性引用文件

下列文件的条款通过 GB 10408 的本部分的引用而成为本部分的条款。凡是注日期的引用文件，其随后所有的修改单(不包括勘误的内容)或修订版均不适用于本部分，然而，鼓励根据本部分达成协议的各方研究是否可使用这些文件的最新版本。凡是不注日期的引用文件，其最新版本适用于本部分。

GB 4208—2008　外壳防护等级(IP 代码)(IEC 60529:2001,IDT)

GB 10408.1—2000　入侵探测器　第 1 部分:通用要求(idt IEC 60839-2-2:1987)

GB 10408.5—2000　入侵探测器　第 5 部分:室内用被动红外探测器(idt IEC 60839-2-6:1990)

GB/T 17626.2—2006　电磁兼容　试验和测量技术　静电放电抗扰度试验(IEC 61000-4-2:2001,IDT)

GB/T 17626.3—2006　电磁兼容　试验和测量技术　射频电磁场辐射抗扰度试验(IEC 61000-4-3:2002,IDT)

GB/T 17626.4—2008　电磁兼容　试验和测量技术　电快速瞬变脉冲群抗扰度试验(IEC 61000-4-4:2004,IDT)

GB/T 17626.5—2008　电磁兼容　试验和测量技术　浪涌(冲击)抗扰度试验(IEC 61000-4-5:2005,IDT)

GB/T 17626.6—2008　电磁兼容　试验和测量技术　射频场感应的传导骚扰抗扰度(IEC 61000-4-6:2006,IDT)

3　术语和定义

3.1

微波和被动红外复合入侵探测器　combined passive infrared and microwave detector

将微波和被动红外两种入侵探测单元组合于一体，且当两者都感应到人体的移动，同时处于报警状态时才发出报警信号的装置。

3.2

微波单元　microwave unit

微波传感器及微波信号处理电路组成单元的总称。

3.3

红外单元　infrared unit

红外光学系统、传感器和红外信号处理电路组成的被动红外入侵探测单元的总称。

3.4

传感器　sensor

对微波单元指它的发射/接收部件;对被动红外单元指它的接收元件。

3.5

探测范围　detect scope

微波和红外两单元覆盖范围的重叠区域。

3.6

探测边界　detect boundary

探测范围在水平面上的最大投影轮廓。

3.7

探测距离　detect range

从入侵探测器到探测边界的最大距离。

4　技术要求

4.1　分级要求

4.1.1　性能分级要求

产品性能分为1、2、3、4共4个等级(见表3),其中1级为基本要求,即所有产品应达到的要求,4级为最高要求。

4.1.2　环境分级要求

产品按使用环境不同划分为A、B、C、D共4个等级(见表2),其中A级为基本要求,即所有产品应达到的要求,D级为最高要求。

4.2　一般要求

复合入侵探测器由微波单元、被动红外单元和信号处理器组成,应装在同一机壳内。

4.3　外观及机械结构要求

4.3.1　探测器的外形尺寸应与说明书所标出的尺寸相符。外壳为塑料材料时,其表面应无裂痕、退色及永久性污渍,亦无明显变形和划痕。外壳为金属材料时,其表面涂敷不能露出底层金属,并无起泡、腐蚀、缺口、毛刺、蚀点、划痕、涂层脱落和沙孔等。外壳开关和控制机构应灵活、可靠和耐用,标志应清晰。

4.3.2　外壳的防护等级应符合GB 4208—2008的规定,其中室内用探测器应达到IP51等级要求,室外用探测器分两个等级测试,性能等级3应达到IP52等级,性能等级4应达到IP55等级。

4.3.3　外壳和框架应有足够的机械强度和刚度。压力和冲击试验后其外壳表面上应不产生永久性变形和损坏。

4.3.4　接线柱和引出线的牢固性应符合:

a)　接线柱应有防止转动和松动的措施。经拉力试验后,引出线与接线柱不应脱落。

b)　引出线应能承受20次直角弯曲而不折断,直流电源的引出线同时还要能承受14.7 N的拉力作用60 s而不损伤;如果是交流电源引线,则要能承受19.6 N的拉力作用60 s而不损伤。

4.4　功能要求

4.4.1　防拆保护

探测器应有防拆功能,打开外壳时探测器应输出报警信号。

4.4.2　探测功能

人在探测器所保护区域内步行,探测器应能产生报警。

4.4.3　双鉴功能

当探测器中微波或红外单元之一受到干扰而处于报警状态时,不应发出报警信号。

4.4.4　自检功能

对于等级2和等级3的探测器,检测其本地自检功能。对于等级4的探测器除本地自检外,还要检测其远程自检功能。自检功能信号输出要求见表1所示。自检完成后应能进入正常的警戒状态,当自检过程中出现故障时,应有故障提示。

表 1 自检功能信号输出要求

事件类型	信号类型		
	入侵报警	防拆报警	故障指示
本地自检正常	无	无	无
远程自检正常	信号输出	无	无
本地自检异常	无	无	信号输出
远程自检异常	无	无	信号输出

4.5 性能要求

4.5.1 过流保护

探测器应有过流保护措施,对不要求区分极性的接线柱与相邻接线柱成对短路或反接,或碰到电源端均不应损坏设备,也不能使内部电路损坏。

对要求区分极性的接线柱,应把极性标志标识在接线柱附近。且电源正负极反接后不应损坏设备,也不能使内部电路损坏。

4.5.2 电源电压

当供电电源电压在标称电压±25%的范围内,探测器应能正常工作,且其探测范围在其电压上限和下限点时均应能达到产品说明书所规定的标称值。

4.5.3 测试指示

探测器应具有步行测试指示灯,用来调试警戒区域以及指示现场干扰和自身故障。

4.5.4 入侵探测

参考目标按规定的步行速度、方向和姿势进行试验,三次步行测试中至少应有两次能产生报警。

4.6 环境温湿度适应性要求

4.6.1 探测器环境温湿度适应性分级要求

探测器应至少满足表 2 的环境等级中的一个。等级 A、B、C、D 的严酷程度依次递增。

表 2 探测器环境温湿度试验等级分类

等 级	环境描述
A	适用于室内温度变化不大(如带有温度调节装置的住宅或办公室)的环境。当平均相对湿度为 75%左右时,环境温度变化范围应在+5 ℃~+40 ℃之间
B	适用于室内温度变化较大(如走廊,大厅,仓库等)的环境。当平均相对湿度为 75%左右时,环境温度变化范围应在−10 ℃~+55 ℃之间
C	适用于探测器非完全曝露于室外或室内环境条件恶劣的场合(如探测器加某种可遮光挡雨的附件,而后可被放置于室外)。当平均相对湿度为 75%左右时,环境温度变化范围应在−25 ℃~+55 ℃之间。且每年至少有 30 d,平均相对湿度介于 85%~95%之间
D	适用于探测器完全曝露于室外。当平均相对湿度为 75%左右时,环境温度变化范围应在−40 ℃~+70 ℃ 之间。且每年至少有 30 d,平均相对湿度介于 85%~95%之间

4.6.2 探测器环境温湿度适应性试验要求

探测器按照相应的等级进行环境试验,在每一项特定的环境测试完成后应能正常工作,试验后灵敏度或探测距离变化应小于±25%,且外壳应不变形。

注:起指示作用的器件上(如 LED,透镜等)不必进行冲击试验。

4.7 稳定性

探测器连续工作 7 d 不应产生误报警和漏报警,且其后测试探测器的探测距离应能达到说明书规定的标称值。

4.8 抗干扰要求

4.8.1 抗热气流干扰

探测器在警戒状态下遇热气流干扰时应能正常工作，不应出现误报警和漏报警。

4.8.2 抗小动物干扰

探测器及其微波、红外单元均应分别符合 GB 10408.5—2000 中 6.2.3 的要求。

4.8.3 抗环境干扰

探测器应不受超过探测范围 25%以外区域的任何人员移动及建筑物震动源的干扰影响而产生报警状态。

4.8.4 抗荧光灯干扰

在距探测器规定距离处的荧光灯产生的干扰不应使探测器产生报警状态。

4.8.5 抗车头灯干扰

用等效于车头灯的光透过玻璃照射探测器不应产生报警状态。但如果有人体移动且玻璃窗被打开时，则应产生报警。

4.9 电磁兼容

4.9.1 电快速瞬变脉冲群抗扰度试验

按照 GB/T 17626.4—2008 试验等级 3 进行，试验过程中不应产生误报警和漏报警，但指示器件在试验期间闪烁是可接受的。试验过后，按产品标准检验其功能，应能正常工作。

4.9.2 浪涌抗扰度试验

等级 1、等级 2 的产品按照 GB/T 17626.5—2008 试验等级 2 进行，等级 3、等级 4 的产品按照 GB/T 17626.5—2008 严酷等级 3 进行，试验过程中不应产生误报警和漏报警，指示器件在试验期间闪烁是可接受的，但不应有任何输出的变化。试验后，按产品标准检验其功能，功能应正常。

4.9.3 静电放电抗扰度试验

按照 GB/T 17626.2—2006 试验等级 3 进行，试验过程中不应产生误报警和漏报警，但指示器件在试验期间闪烁是可接受的。试验后，按产品标准检验其功能，功能应正常。

4.9.4 射频场感应的传导骚扰抗扰度

按照 GB/T 17626.6—2008 试验等级 3 进行，试验过程中不应产生误报警和漏报警，指示器件在试验期间闪烁是可接受的，但不应有任何输出的变化。试验后，按产品标准检验其功能，功能应正常。

4.9.5 射频电磁场辐射抗扰度试验

按照 GB/T 17626.3—2006 试验等级 3 进行，试验过程中不应产生误报警和漏报警，指示器件在试验期间闪烁是可接受的，但不应有任何输出的变化。试验后，按产品标准检验其功能，功能应正常。

4.10 耐久性

探测器在额定电压和额定负载电流下报警和复位，循环 5 000 次，应无电的或机械的故障，也不应有器件损坏或触点粘连。

4.11 安全性要求

4.11.1 微波辐射安全剂量

在距离探测器 5 cm 处，测量其平均功率密度应小于 5 mW/cm^2。

4.11.2 阻燃要求

探测器的外壳经火焰烧 5 次，每次烧 5 s 然后停 5 s，塑胶外壳继续燃烧不能超过 1 min，并且不能有烧熔的塑胶残留物滴下。

4.12 可靠性要求

探测器在正常工作条件下平均无故障工作时间(MTBF)应能达到 6×10^4 h。

4.13 其他要求

如果说明书有规定本标准以外的其他功能，则产品应满足其说明书的规定功能。

5 试验方法

5.1 外观和结构性能试验

5.1.1 外观检验

用卡尺等量具对照图纸检验外形尺寸,目视检验外观,用手检验控制机构,均应符合4.3.1的要求。

5.1.2 外壳检验

外壳防护等级按GB 4208—2008中的试验方法进行试验,试验结果应符合4.3.2的要求。

5.1.3 外壳机械强度试验

5.1.3.1 外壳压力试验

对于采用高压电路的受试样品,将样品平放,在外壳水平面的中央放一个直径为177 mm的钢质半球,球面朝下施加111 N的压力,作用(60±2)s。

对于采用低压电路的受试样品,将样品平放,在外壳水平面的中央放一个直径为137 mm的钢质半球,球面朝下施加49 N的压力,作用(60±2)s。

试验后进行外观检查,试验结果应符合4.3.3的要求。

5.1.3.2 外壳冲击强度试验

对于采用高压电路的受试样品,将样品平放,用一个直径为50.8 mm,质量为540 g的钢球,从1.3 m的高度垂直自由落下冲击在外壳表面上。

对于采用低压电路的受试样品,将样品平放,用一个直径为50.8 mm,质量为540 g的钢球,从0.5 m的高度垂直自由落下冲击在外壳表面上。

试验结果应符合4.3.3的要求。

5.1.4 接线柱和引出线牢固性试验

5.1.4.1 拉力试验

受试样品应固定在正常位置,对接线柱进行20次连接和20次断开试验后,在最容易拉断的方向施加24.5 N的拉力,保持时间为(60±2)s,试验后外观检查应符合4.3.4a)的要求。

5.1.4.2 引出线弯曲试验(如果探测器无引出线,该步骤可省略)

经外观和电性能检查的样品,在引出线末端悬挂质量为1.5 kg的重物(交流电源引线为2 kg),然后样品在垂直平面上倾斜大约90°,时间约为(2～3)s,接着返回原来位置,即构成一次弯曲。按照这种方法再向相反方向弯曲,共试验20次,试验完成后应符合4.3.4b)的要求。

5.2 功能试验

5.2.1 防拆保护

尝试用螺丝刀或其他工具打开机壳,防拆保护装置应动作,且试验结果应符合4.4.1的要求。

5.2.2 探测功能

将受试样品安装在测试架上,人在探测器所保护的区域内步行。

试验结果应符合4.4.2的要求。

5.2.3 双鉴功能试验

a) 单独只触发红外传感器单元时,探测器不应报警。

b) 单独只触发微波单元时,探测器不应报警。

上述试验均应重复试验五次,每次时间间隔不小于1 min,都应符合4.4.3的要求。

5.2.4 自检功能检测

5.2.4.1 本机自检检测

a) 探测器开机自检:在探测器开机自检过程中,探测器仅应产生入侵报警信号输出,但无防拆和故障信号输出。开机自检时间不能超过180 s,自检完成后对样机进行触发,样机要能报警;如果出现故障,应有故障提示。

b) 红外输出自检:将红外传感器的输出端接地,或执行产品说明书推荐的等效处理。如有多个红外输出,则应分别测试。探测器应在 10 min 内产生红外故障信号输出,但无入侵和防拆信号输出。

c) 微波输出异常:将微波传感器的输出端接地,或执行产品说明书推荐的等效处理。如有多个微波输出,则应分别测试。探测器应在 10 min 内产生故障信号输出,但无入侵和防拆信号输出。

5.2.4.2 远程自检检测

a) 探测器开机自检:过程中的状态。探测器仅应产生入侵报警信号输出,但无防拆和故障信号输出。自检完成后对样机进行触发,样机要能报警;如果出现故障,要有故障提示;输出能远程接收。

b) 红外输出自检:将红外输出与地短接,或执行产品说明书推荐的等效处理。如有多个红外输出,则应分别测试。探测器仅应产生故障信号输出,但无入侵和防拆信号输出。输出能远程接收。

c) 微波输出异常:将微波输出与地短接,或执行产品说明书推荐的等效处理。如有多个微波输出,则应分别测试。探测器仅应产生故障信号输出,但无入侵和防拆信号输出;输出能远程接收。

5.3 性能试验

5.3.1 过流保护

经初始检测合格的样品,进行以下测试:

对不要求区分极性的电源接线柱用导线连接并通电(60±2)s,通电电压为产品额定工作电压的 1.25 倍,之后再将电源导线反接并按相同条件的电压通电(60±2)s;

对要求区分极性的接线柱电源正负极反接并按照产品说明书规定的额定工作电压通电(5±0.2)s;

试验结果应符合 4.5.1 的要求。

5.3.2 电源电压

按照厂商规定的供电电压标称值要求,分别设置供电电源电压在标称电压的 1.25 倍和 0.75 倍的条件下进行入侵测试,试验结果应达到 4.5.2 的规定。

5.3.3 测试指示

探测器内应装有指示灯,在探测器探测范围内步行或采用等同干扰源进行触发时,探测器指示灯应亮起,当干扰源消失后,指示灯应关闭或遮挡。

5.3.4 入侵探测

5.3.4.1 试验条件

a) 红外入侵单元试验条件

测试区域的墙和地板应选用符合要求的材料,该材料在 8 μm~14 μm 波长段的辐射率应不小于 0.8,且至少应覆盖在人体参考目标的后面和探测器的探测范围内。

b) 微波入侵单元试验条件

墙和地板要求选择低微波反射率的材料。

c) 安装高度

定向、幕帘和长距离探测器安装在测试区域后面墙的垂直面的中心线上,或者自由站立的装置上,探测器安装高度为 2 m 或者按产品说明书的指定的高度。吸顶式探测器安装在相应的方向且步行测试区域不得少于标称探测范围的一半。如给出安装高度的范围,则应在其上、下限分别测试。如提供脉冲计数或灵敏度调节时,也应在高、低限两种状态下分别测试。

d) 环境要求

试验应在室内正常环境条件下进行。探测器探测的背景温度在 23 ℃~27 ℃之间并均匀分布,在整个试验中应维持恒定,整个背景表面温度的总变化量应不大于 1 ℃,(或者根据人体温度调节背景温度，使二者之差维持在 2.7 ℃～3.3 ℃之间）。测试环境的相对湿度为 45%～75%，大气压力为 86 kPa～106 kPa。也可以使用其他替代方式，但室内的硬质地面、墙壁结构和放置的物品对探测范围的影响不应超过 5%。

注：允许和人有同样微波频谱和温度的模拟测试（为避免冲突，这种方法并不推荐，优先选择人体测试）。

e) 人体参考目标要求

人体参考目标高度为 160 cm～180 cm 之间，体重介于 60 kg～70 kg 之间。

f) 模拟器要求

——在波长为 8 μm～14 μm 波段时的热发射率：大于 80%；

——模拟器与背景温度的温差应介于 2.9 ℃～3.1 ℃之间，人体模拟器的高度为 160 cm～180 cm 之间；

——其他条件同人体步行测试的要求相同；

——模拟器校准参考附录 A。

5.3.4.2 步行测试速度及姿势

测试级别的选择根据表 3 列出来的步行测试对象的速度和姿势表现来定。步测的速度应控制在 ±10% 以内。标准步测对象在启动和停止时，都应双脚并拢。步行测试在 20 s 内不能重复测试（或者根据厂商指示的时间来定）。

表 3 步行测试速度及姿势要求

测 试	等级 1	等级 2	等级 3	等级 4
边界穿越探测	必需	必需	必需	必需
速度/(m/s)	1	1	1	1
姿势	直立	直立	直立	直立
边界内移动探测	必需	必需	必需	必需
速度/(m/s)	0.3	0.3	0.2	0.1
姿势	直立	直立	直立	直立
快速移动探测	必需	必需	必需	必需
速度/(m/s)	2.0	2.0	2.5	3.0
姿势	直立	直立	直立	直立
近距离探测(m)	1.0	1.0	0.5	0.5
速度/(m/s)	0.4	0.4	0.3	0.2
姿势	直立	直立	爬行	爬行
间歇性移动探测	不需要	必需	必需	必需
速度/(m/s)	—	1.0	1.0	1.0
姿势	—	直立	直立	直立
灵敏度调节的影响	不需要	必需	必需	必需
速度/(m/s)	—	0.3	0.2	0.1
姿势	—	直立	直立	爬行

5.3.4.3 边界穿越探测

图 B.1 是一个探测边界的测试点图。该图是在整个探测范围边界上以距离探测器每 2 m 的间隔分别选择的测试点，从探测器固定位置开始，到边界与探测器中轴线相交的测试点结束。在图示每侧边界上任选 4 个点，共选 12 个点进行测试。

以每个测试点与探测器的连线作为各探测点的基线。人体参考目标分别沿与基线成±45°的两个方向移动。在每个测试点，从离测试点 1.5 m 开始测试，结束于之后的 1.5 m。如选择图 B.1 中的 *A* 点为一个测试点，*A* 点距探测器的距离为 2 m，图中是以 *A* 点为中心，从距 *A* 点左方 1.5 m 开始，步行至 *A* 点右方 1.5 m 结束；然后再从 *A* 点上方 1.5 m 开始，穿过 *A* 点步行至其下方 1.5 m 为止。步行结束后再分别选择 *B*、*C* 等测试点进行测试。

5.3.4.4　边界内移动探测

图 B.2 是一个探测边界内以边长为 2 m 方格分层次的例子。选择边界内的测试点如图 B.2 所示。

从探测器固定位置开始计算，在距探测器 4 m 的中轴线上选择第一个测试点。之后以 2 m×2 m 栅格选择其他边界内的探测点。所选探测点距探测范围边界距离不要小于 1 m。

以每个测试点与探测器的连线做为各探测点的基线。人体参考目标分别沿与基线成±45°的两个方向移动。在每个测试点，从离测试点 1.5 m 开始测试，结束于之后的 1.5 m。

5.3.4.5　快速移动探测功能

这里要进行三种步行测试。其中两个测试要从区域边界的外面开始，行进方向与探测器中轴线成±45°的方向进行步测，如图 B.3 所示。第三种测试在距探测器正前方 2 m 远，平行于探测器安装平面步测。

人体参考目标会通过所有指定的探测区域，行进在每条路径的最后(通常是到边界处)，人体参考目标会暂停至少 20 s，接着返回开始测试点。

5.3.4.6　间歇性移动探测功能

该测试包括两种步行测试方向通过整个探测区域，如图 B.3。

步行测试开始于探测范围边界外，按照图 B.3 箭头指示的方向行进(行进方向与探测器中轴线成±45°的两个方向进行步测)，跨越整个探测范围。

人体参考目标直立开始间歇性步行，以 1 m/s 的速度移动 1 m 的距离，然后静止 5 s。重复以上方式，直到离开探测器的探测范围为止。

进行第二个方向测试前要暂停至少 20 s，然后按照以上的测试方式进行。

5.3.4.7　近距检测

该测试需要进行两个方向的测试，从左至右然后从右至左往返检测，且两个方向均是开始和结束于探测区域边界外，如图 B.4 所示。测试开始于探测边界外，行进路线与探测器的距离分两种：等级 1 和等级 2 距离探测器参考线 1.0 m±0.2 m，等级 3 和等级 4 距离探测器 0.5 m±0.05 m 远，或者制造商所声明的最近的探测边界(但不能大于该等级所规定的距离)。

测试时人体参考目标会通过指定区域，在每条路径的最后，人体参考目标会暂停至少 20 s，接着返回开始测试点。

5.3.4.8　检验探测器灵敏度控制调节的影响(无此功能的探测器可不做此检测)

根据厂商声明的探测边界上选择测试点，按图 B.1 和图 B.2 及 5.3.4.3 和 5.3.4.4 在边界内选择测试点。只用厂商声明的最大值和最小值来设置控制调节和结果范围以及覆盖角度。

以每个测试点与探测器的连线作为各探测点的基线。人体参考目标分别沿与基线成±45°的两个方向移动。在每个测试点，从离测试点 1.5 m 开始测试，结束于之后的 1.5 m。

人体参考目标会根据每个路径从开始到结束移动。在每条路径的最后，人体参考目标会暂停 20 s 后返回开始测试点。

5.4　环境适应性试验

按照表 4 的等级要求进行环境试验时，除有特别规定外，受试样品不应加任何防护包装。在试验中改变温度时，升温和降温速率不应超过 1 ℃/min。

表 4　环境试验分级测试要求

项　目	等级 A		等级 B		等级 C		等级 D	
	额定值	试验时间	额定值	试验时间	额定值	试验时间	额定值	试验时间
低温 Ab	(5±3)℃	2 h	(−10±3)℃	2 h	(−25±3)℃	2 h	(−40±3)℃	2 h
高温 Bb	(+40±2)℃	2 h	(+55±2)℃	2 h	(+55±2)℃	2 h	(+70±2)℃	2 h
恒定湿热 Ca	(+40±2)℃ RH(93^{+2}_{-3})%	48 h	(+40±2)℃ RH(93^{+2}_{-3})%	48 h	(+40±2)℃ RH(93^{+2}_{-3})%	48 h	(+40±2)℃ RH(93^{+2}_{-3})%	48 h
低温贮存	(−5±3)℃	16 h	(−15±3)℃	16 h	(−30±3)℃	16 h	(−45±3)℃	16 h
振动 Fc	(10～55～10)Hz (正弦振动) 振幅 0.35 mm 1 倍频程/min X、Y、Z 方向各 30 min	1.5 h	(10～55～10)Hz (正弦振动) 振幅 0.35 mm 1 倍频程/min X、Y、Z 方向各 30 min	1.5 h	(10～55～10)Hz (正弦振动) 振幅 0.75 mm 2 倍频程/min X、Y、Z 方向各 30 min	1.5 h	(10～55～10)Hz (正弦振动) 振幅 0.75 mm 2 倍频程/min X、Y、Z 方向各 30 min	1.5 h
冲击	15 g 11 ms	X、Y、Z 各三次	15 g 11 ms	X、Y、Z 各三次	30 g 18 ms	X、Y、Z 各三次	30 g 18 ms	X、Y、Z 各三次

5.4.1　低温试验

5.4.1.1　将受试样品在正常条件下放置 1 h 后进行检测，测量其灵敏度 S_1 或探测距离 R_1。

5.4.1.2　将受试样品放入低温箱内，使箱内的温度降至表 4 中的规定值，保持在该温度 2 h。

5.4.1.3　取出受试样品，擦去镜面上的凝结水，在正常环境条件下对其进行横向切割步行测试，测量受试样品的灵敏度 S_2 或探测距离 R_2，其变化量 δ 应符合 4.5.2 的要求。计算方法如下：

$$\delta = (R_2 - R_1)/R_1 \times 100\% \text{ 或 } \delta = (S_2 - S_1)/S_1 \times 100\%$$

注：R_1 或 S_1 为环境试验前的初始测量值，R_2 或 S_2 可按三次测试的平均值计算。

5.4.2　高温试验

5.4.2.1　受试样品在正常条件下放置 1 h 后进行检测，测量其灵敏度 S_1 或探测距离 R_1。

5.4.2.2　将受试样品接通电源放入高温箱内，使箱内温度上升至表 4 规定值，并保持在该温度 2 h。取出受试样品，并对探测器进行横向切割步行测试，然后计算其灵敏度变化。测试结果应符合 4.5.2 的要求。

5.4.3　恒定湿热试验

将经过初始检测的样品关断电源，放入温湿箱内，使箱内温度升至 40 ℃±2 ℃，然后使湿度达到 90%～95%，平衡后开始计时，维持此值 48 h。

取出受试样品，在正常环境条件下进行横向切割步行测试并计算其灵敏度变化。测试结果应符合 4.6.2 的要求。

5.4.4　低温储存试验

将受试样品放入低温箱内，使箱内温度降到表 4 指定的温度，在此范围内保持 16 h 后，将受试样品从箱内取出，在正常环境条件下放置 4 h，然后进行横向切割步行测试，并计算其灵敏度变化。测试结果应符合 4.6.2 的要求。

5.4.5　振动试验

5.4.5.1　将受试样品按正常位置牢固的固定在振动台上，如果受试样品有减振架，应拆去或架空。

5.4.5.2　振动为正弦振动，按表 4 规定的条件，在 X、Y、Z 三个轴方向分别进行振动响应检查。如果有共振频率，则在此频率上振动 30 min；如果无共振频率，则在 35 Hz 振动 30 min，共 90 min。

5.4.5.3 受试样品经振动试验后应能正常工作,并且无元件松动、位移和损坏。

5.4.6 冲击试验

将受试样品牢固的固定在冲击台上,按表4规定的加速度和持续时间分别在 X、Y、Z 三个轴向各冲击三次,试验后样品不应有明显的损坏和变形。按产品标准检验其功能,应能正常工作。

5.5 稳定性试验

在5.3.4.1规定的环境条件下,将探测器的灵敏度调至最大,连续通电工作7 d,期间应监察有无误报警和漏报警,同时检测其探测距离,试验结果应符合4.7的要求。

5.6 抗干扰试验

5.6.1 热气流干扰

屏蔽微波功能,使单被动红外单元即可触发探测器报警。

将热风机出口放置在距探测器1 m处(不允许放置在探测器探测范围内),使热气流以0.7 m/s±0.1 m/s的流速吹过探测器表面。调节吹过探测器表面的热气流温度,先在4 min内,以5 ℃/min的速度将热气流从环境温度(20 ℃)升至40 ℃;在40 ℃稳定4 min;然后关闭热风机,直到热气流温度降至环境温度;在环境温度稳定2 min。重复此循环5次。试验结果应符合4.8.1的要求。

5.6.2 抗小动物干扰

探测器安装在产品说明书推荐的高度,并调到最佳的性能状态。

小动物用一长150 mm直径30 mm的金属棒进行模拟,金属棒表面进行发黑处理,棒内有电热元件通电使金属棒表面温度高于环境温度4 ℃±0.5 ℃。

将棒水平安放在非金属小架上离地高度不大于100 mm,架子用非金属细线拖动,在探测范围内的不同距离处反复进行横向移动,速度为1.0 m/s±0.2 m/s。试验结果应符合4.8.2的要求。

5.6.3 抗环境干扰

以下试验结果都应符合4.8.3的要求:

a) 参考目标在超出探测范围25%区域(通常为产品说明书标称最远记录的1.25倍)的边界外侧移动。

b) 振动干扰,将产品安装在一个1 800 mm×1 000 mm×20 mm橡木板中心位置上,橡木板固定在支架上。根据产品使用时安装的方法,将支架可靠地固定在墙上或地上。探测器处于警戒状态,用直径为50 mm(质量为0.51 kg)的钢球,从775 mm高度自由落下或按圆弧摆动撞击安装探测器的木板背面中心处(见图1)。支架和探测器在撞击时不应产生移动。

单位为毫米

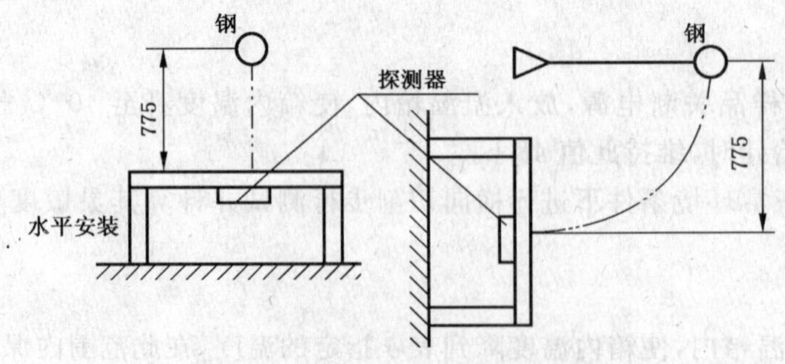

图1 振动干扰试验装置图

5.6.4 抗荧光干扰

将红外部分置于微波能触发报警信号的状态。

使用一双两只直径为1.20 m×25 mm,功率36 W~40 W的荧光灯管,灯管已经使用时间应大于10 h且小于100 h。测试场所没有金属反射层或其他反射物。灯管置于探测器上方0.5 m,前方2:0 m处。对于吸顶式安装的探测器,灯管应置于探测器下方1.0 m处,如图2所示。

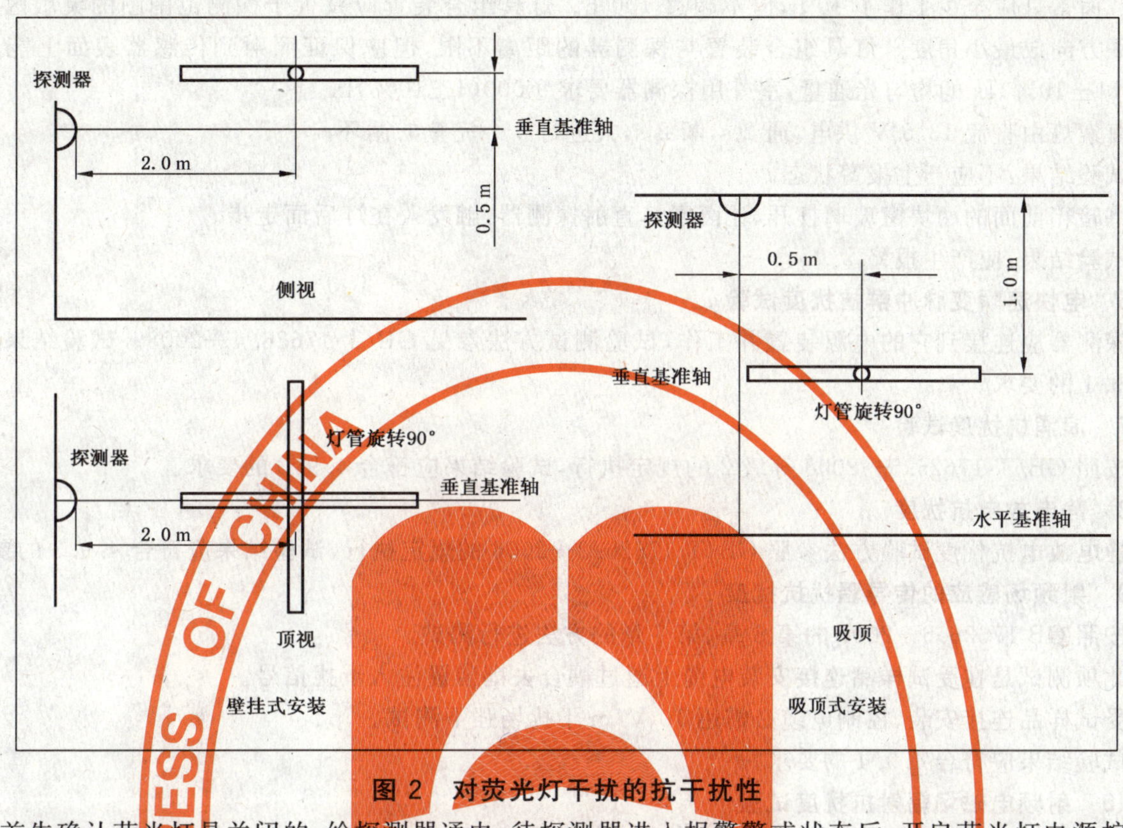

图 2 对荧光灯干扰的抗干扰性

首先确认荧光灯是关闭的，给探测器通电，待探测器进入报警警戒状态后，开启荧光灯电源控制开关，通电 60 s，关断 30 s。重复 5 次。

将荧光灯旋转 90°角，重复上述测试。

试验结果应符合 4.8.4 的要求。

5.6.5 抗车头灯干扰

试验装置如图 3 所示。

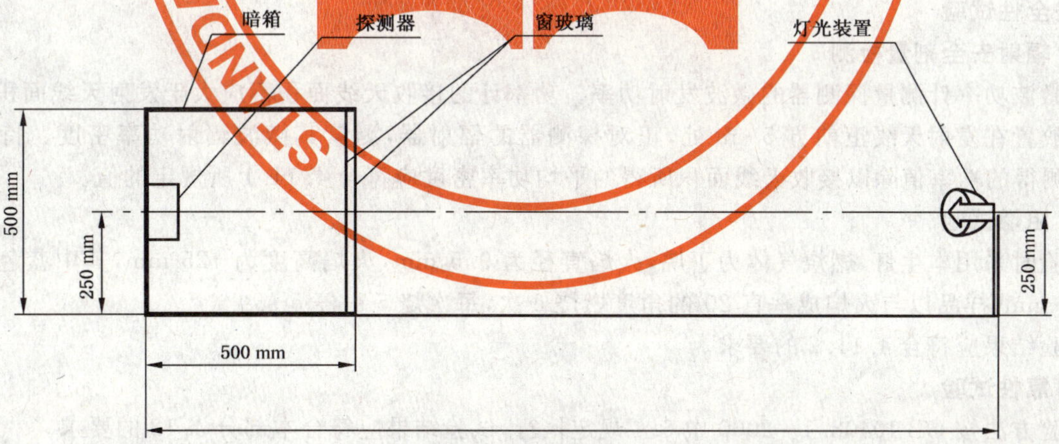

暗箱
探测器
窗玻璃
灯光装置
500 mm
250 mm
250 mm
500 mm

图 3 抗车头灯干扰

试验过程中使微波单元一直处于触发状态。

探测器应安装在暗箱垂直表面的中心（吸顶式探测器采用 45°倾斜角进行测试），暗箱中探测器的对面由 2 片 4 mm 厚，边长为 500 mm 正方形的干净窗玻璃组成，两片玻璃之间的间距不小于 10 mm，玻璃的安装应允许空气在其间流动。

照明组合装置采用符合 IEC 60809 标准的一个 60 W H4 卤素灯，并被放在一个反光镜之前且不用灯罩。卤素灯应至少工作了10 h,但不超过100 h。灯具组合装置应只置于探测范围图的灵敏区中并与水平方向成最小角度。灯具组合装置与探测器的距离不限,但应保证照射到传感器表面上能产生6 500(1±10%)lx的均匀光通量,室外用探测器要求9 000(1±10%)lx。

卤素灯由直流13.5 V供电,通2 s,断2 s,共进行5个完整的循环。

试验结果:不应产生报警状态。

将暗箱前面的两块窗玻璃打开,让卤素灯直射探测器,触发人在灯后面走步。

试验结果:应产生报警。

5.6.6 电快速瞬变脉冲群抗扰度试验

探测器应连接到它的电源装置并工作,试验测试方法参见GB/T 17626.4—2008。试验结果应符合4.9.1的要求。

5.6.7 浪涌抗扰度试验

按照GB/T 17626.5—2008等级2的规定执行,试验结果应符合4.9.2的要求。

5.6.8 静电放电抗扰度

静电放电抗扰度试验方法参照GB/T 17626.2—2006的规定执行,试验结果应符合4.9.3的要求。

5.6.9 射频场感应的传导骚扰抗扰度

按照GB 17626.6—2008的第6章、第7章的方法进行测试。

此项测试是在受试样品连接安装电缆上通过耦合去耦装置注入干扰信号。

受试样品连接安装、控制电缆必需用10 V/m干扰场强下测试。

试验结果应符合4.9.4的要求。

5.6.10 射频电磁场辐射抗扰度试验

按照GB 17626.3—2006所规定的方法进行测试。

试验结果应符合4.9.5的要求。

5.7 耐久性试验

经初始检测的样品,在额定电源电压和额定工作电流下,使样品从警戒状态进入报警状态,再由报警状态转入警戒状态为一次循环,以不大于15次/min的速率共循环5 000次,试验结果应符合4.10的要求。

5.8 安全性试验

5.8.1 辐射安全剂量检测

用微波功率计测量探测器的微波发射功率。功率计的接收天线面积不应大于发射天线面积。将接收天线放置在发射天线正前方5 cm处,正对探测器的辐射器,测量其微波辐射功率密度。持续测试6 min,测得的功率值除以接收天线面积所得的平均功率密度应符合4.11.1所规定的值。

5.8.2 阻燃试验

试验时采用本生灯,燃烧气体为丁烷,火焰直径为9.5 mm,火焰高度为125 mm,其中蓝色火焰高度为40 mm,样品以与火焰成垂直20°的角度燃烧5次,每次烧5 s,停5 s。

试验结果应符合4.11.2的要求。

5.9 可靠性试验

试验方法按GB 10408.1—2000中6.4规定执行,试验结果应符合本部分4.12的要求。

5.10 其他要求

除以上检测外,如果产品说明书还规定有其他功能,则需按说明书要求进行其他功能检测。测试结果应符合4.13的要求。

6 检测项目和样品数量

检测项目和样品数量参照表5和表6的规定执行。

表5 外观及性能等级检验规则

<table>
<tr><th rowspan="2">序号</th><th rowspan="2">项目</th><th rowspan="2">技术要求</th><th rowspan="2">试验方法</th><th colspan="4">各个性能等级的要求</th><th rowspan="2">样品数量</th></tr>
<tr><th>等级1</th><th>等级2</th><th>等级3</th><th>等级4</th></tr>
<tr><td>1</td><td>外观</td><td>4.3.1</td><td>5.1.1</td><td colspan="4">所有等级强制</td><td>2</td></tr>
<tr><td>2</td><td>外壳防护等级</td><td>4.3.2</td><td>5.1.2</td><td colspan="4">所有等级强制</td><td>2</td></tr>
<tr><td>3</td><td>外壳压力试验</td><td>4.3.3</td><td>5.1.3.1</td><td colspan="4">所有等级强制</td><td>2</td></tr>
<tr><td>4</td><td>外壳冲击强度试验</td><td>4.3.3</td><td>5.1.3.2</td><td colspan="4">所有等级强制</td><td>2</td></tr>
<tr><td>5</td><td>拉力试验</td><td>4.3.4a)</td><td>5.1.4.1</td><td colspan="4">所有等级强制</td><td>2</td></tr>
<tr><td>6</td><td>弯曲试验</td><td>4.3.4b)</td><td>5.1.4.2</td><td colspan="4">所有等级强制</td><td>2</td></tr>
<tr><td>7</td><td>防拆保护</td><td>4.4.1</td><td>5.2.1</td><td colspan="4">所有等级强制</td><td>2</td></tr>
<tr><td>8</td><td>探测功能</td><td>4.4.2</td><td>5.2.2</td><td colspan="4">所有等级强制</td><td>2</td></tr>
<tr><td>9</td><td>双鉴功能</td><td>4.4.3</td><td>5.2.3</td><td colspan="4">所有等级强制</td><td>2</td></tr>
<tr><td>10</td><td>本机自检功能</td><td>4.4.4</td><td>5.2.4.1</td><td>可选</td><td colspan="3">2、3、4级强制</td><td>2</td></tr>
<tr><td>11</td><td>远程自检功能</td><td>4.4.4</td><td>5.2.4.2</td><td colspan="3">可选</td><td>4级强制</td><td>2</td></tr>
<tr><td>12</td><td>过流保护</td><td>4.5.1</td><td>5.3.1</td><td colspan="4">所有等级强制</td><td>2</td></tr>
<tr><td>13</td><td>电压范围</td><td>4.5.2</td><td>5.3.2</td><td colspan="4" rowspan="2">所有等级强制</td><td>2</td></tr>
<tr><td>14</td><td>测试指示</td><td>4.5.3</td><td>5.3.3</td><td>2</td></tr>
<tr><td>15</td><td>边界穿越探测</td><td>4.5.4</td><td>5.3.4.3</td><td rowspan="6">按步测等级1要求</td><td rowspan="6">按步测等级2要求</td><td rowspan="6">按步测等级3要求</td><td rowspan="6">按步测等级4要求</td><td>2</td></tr>
<tr><td>16</td><td>边界内移动探测</td><td>4.5.4</td><td>5.3.4.4</td><td>2</td></tr>
<tr><td>17</td><td>快速移动探测</td><td>4.5.4</td><td>5.3.4.5</td><td>2</td></tr>
<tr><td>18</td><td>间歇性移动</td><td>4.5.4</td><td>5.3.4.6</td><td>2</td></tr>
<tr><td>19</td><td>近距检测</td><td>4.5.4</td><td>5.3.4.7</td><td>2</td></tr>
<tr><td>20</td><td>控制调节的影响</td><td>4.5.4</td><td>5.3.4.8</td><td>2</td></tr>
<tr><td>21</td><td>稳定性</td><td>4.7</td><td>5.5</td><td colspan="4">所有等级强制</td><td>2</td></tr>
<tr><td>22</td><td>抗热气流干扰</td><td>4.8.1</td><td>5.6.1</td><td colspan="4">所有等级强制</td><td>2</td></tr>
<tr><td>23</td><td>抗小动物干扰</td><td>4.8.2</td><td>5.6.2</td><td colspan="4">所有等级强制</td><td>2</td></tr>
<tr><td>24</td><td>抗环境干扰</td><td>4.8.3</td><td>5.6.3</td><td colspan="4">所有等级强制</td><td>2</td></tr>
<tr><td>25</td><td>抗荧光灯干扰</td><td>4.8.4</td><td>5.6.4</td><td colspan="4">所有等级强制</td><td>2</td></tr>
<tr><td>26</td><td>抗车头灯干扰</td><td>4.8.5</td><td>5.6.5</td><td colspan="4">所有等级强制</td><td>2</td></tr>
<tr><td>27</td><td>电瞬变脉冲群抗扰度试验</td><td>4.9.1</td><td>5.6.6</td><td colspan="4">所有等级强制</td><td>2</td></tr>
<tr><td>28</td><td>浪涌抗扰度试验</td><td>4.9.2</td><td>5.6.7</td><td colspan="4">所有等级强制</td><td>2</td></tr>
<tr><td>29</td><td>静电放电抗扰度试验</td><td>4.9.3</td><td>5.6.8</td><td colspan="4">所有等级强制</td><td>2</td></tr>
<tr><td>30</td><td>射频场感应的传导骚扰抗扰度</td><td>4.9.4</td><td>5.6.9</td><td colspan="4">所有等级强制</td><td>2</td></tr>
<tr><td>31</td><td>射频电磁场辐射抗扰度</td><td>4.9.5</td><td>5.6.10</td><td colspan="4">所有等级强制</td><td>2</td></tr>
<tr><td>32</td><td>耐久性</td><td>4.10</td><td>5.7</td><td colspan="4">所有等级强制</td><td>2</td></tr>
</table>

表 5（续）

序号	项目	技术要求	试验方法	各个性能等级的要求				样品数量
				等级 1	等级 2	等级 3	等级 4	
33	微波辐射安全剂量	4.11.1	5.8.1	所有等级强制				2
34	阻燃试验	4.11.2	5.8.2	所有等级强制				2
35	可靠性	4.12	5.9	所有等级强制				5
36	其他	4.13	5.10	所有等级强制				2

表 6　环境等级检验规则

序号	项目	技术要求	试验方法	各个环境等级的测试要求				样品数量
				等级 A	等级 B	等级 C	等级 D	
1	低温试验	4.6.2	5.4.1	按环境实验等级 A 要求	按环境实验等级 B 要求	按环境实验等级 C 要求	按环境实验等级 D 要求	2
2	高温试验	4.6.2	5.4.2					2
3	恒定湿热	4.6.2	5.4.3					2
4	低温贮存	4.6.2	5.4.4					2
5	振动	4.6.2	5.4.5					2
6	冲击	4.6.2	5.4.6					2

7　标志，标号及说明书要求

7.1　标志

探测器应有清晰牢固的标志，标志应有以下内容：

——制造商或专用商标或符号；

——产品的型号、生产日期、CCC 认证标志；

——应在靠近保险丝的地方标明保险丝的额定值；

——产品等级标志。

7.2　标记

在探测器本体上应有产品标记，该标记包括性能等级和环境适用等级。

标记推荐：

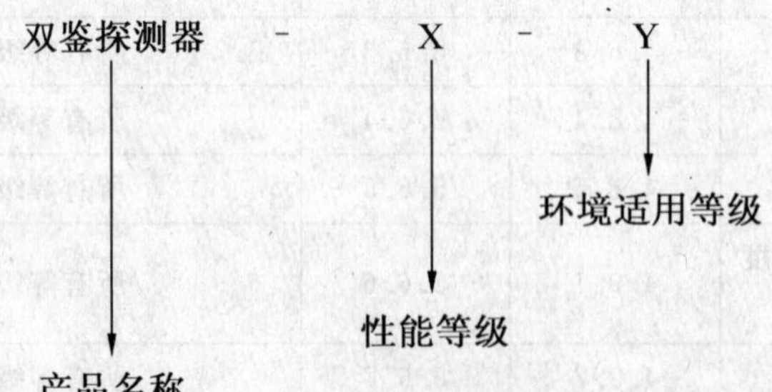

例如：双鉴探测器（产品名称）-2-A，含义为性能等级 2，使用环境为等级 A。

7.3　对产品说明书的要求

探测器的产品说明书除提供探测功能、技术性能指标、接线图和使用说明之外还应包括下列内容：

——微波和被动红外复合的探测范围，并用图例表示出来。

——电源的额定电压、频率和功率（如未标功率，则应标出其工作电流）或使用电池的型号和极性。

——步行测试方法。

——其他注意事项。

7.4 包装

——产品应用无腐蚀作用的材料包装；

——内附合格证明或标志；

——包装后的各类部件，避免发生相互碰撞、窜动；

——包装箱应有足够的强度确保运输中不受损坏或划伤。

7.5 运输

——搬运过程中应轻拿轻放；

——运输工具应有防雨措施，并保持清洁无污物。

7.6 贮存

产品应放置通风、干燥的地方。严禁与酸、碱、盐类物质接触并防止雨淋侵入。

附　录　A
（资料性附录）
测试对象和背景间平均温差的计算公式

A.1　测量和计算平均温度差

被测人体和背景的温度由非接触红外测温仪器测得。红外测温仪的工作波长应在 6 μm～18 μm 之内测量时应垂直于被测面，倾角小于 3°，并且将发射率设为 95%。身体各个部位的质量权数见表 A.1。

表 A.1　身体各个部位的质量权数

身体部位	身体部位与背景温差	身体各个部位的质量权数	
头部	Dt_{r1}	W_1	2
上身	Dt_{r2}	W_2	4
手背部	Dt_{r3}	W_3	4
膝盖	Dt_{r4}	W_4	2
脚部	Dt_{r5}	W_5	1

温差均值计算公式：

$$Dt_r = \frac{\sum_{k=1}^{5} Dt_k \cdot W_k}{\sum_{k=1}^{5} W_k}$$

式中：Dt_r 指身体部位与背景温差，W 指质量权数。

A.1.1　如果模拟器与背景温度之差 Dt_r 大于 3.3 ℃，可在被测对象增加过滤物，使温度差在 3.3 ℃之内。

A.1.2　如果模拟器与背景温度之差 Dt_r 小于 2.7 ℃，应将背景温度调低。

A.1.3　另一种选择方式是：如果被测对象模拟器与背景温度之差大于 3.3 ℃时，用高密度聚乙烯薄膜盖在红外透镜窗口前，高密度聚乙烯薄膜有两种尺寸选择：A 100 μm，B 200 μm，热辐射的减少量可按表 A.2 方式计算。

表 A.2　热辐射的减少量

复合材料	辐射衰减率
A	20%
B	36%
A+B	42%
B+B	48%
A+B+B	54%

附　录　B
（资料性附录）
步行测试简图

B.1　边界探测（见图 B.1）

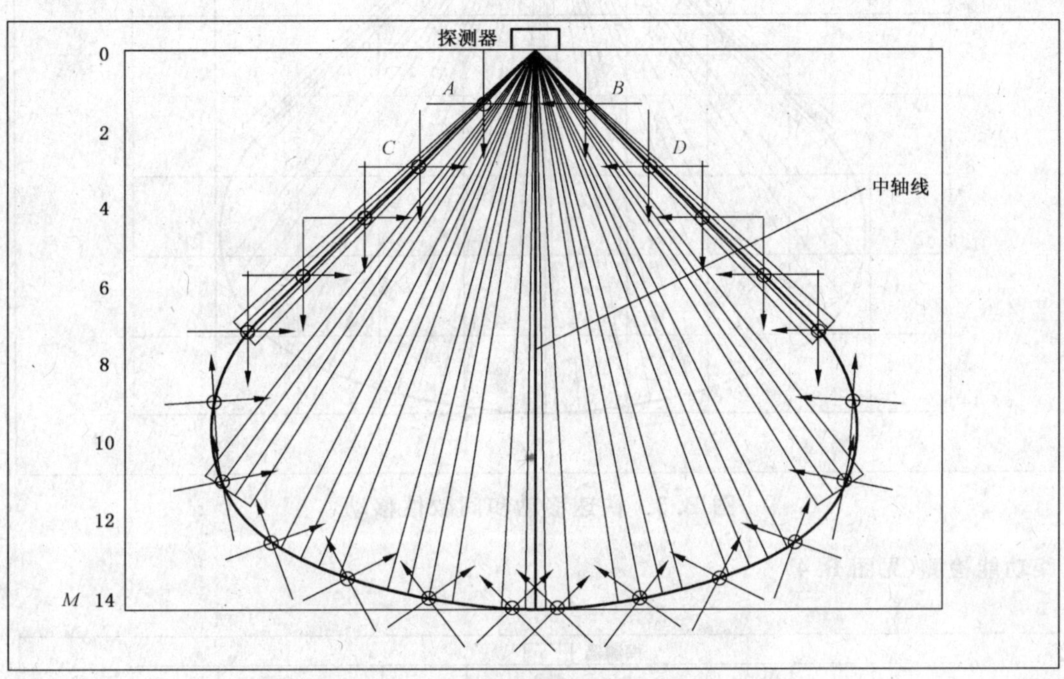

图 B.1　边界探测和控制调节的影响

B.2　边界内探测（见图 B.2）

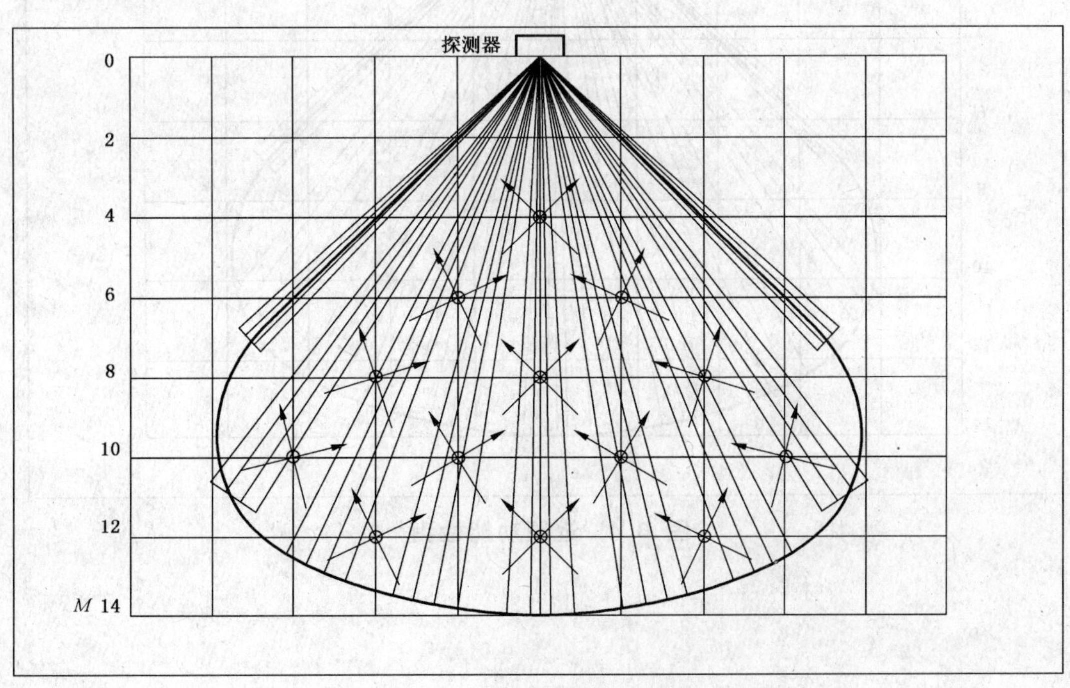

图 B.2　边界内探测和控制调整的影响

B.3 快速移动和间歇性移动(见图 B.3)

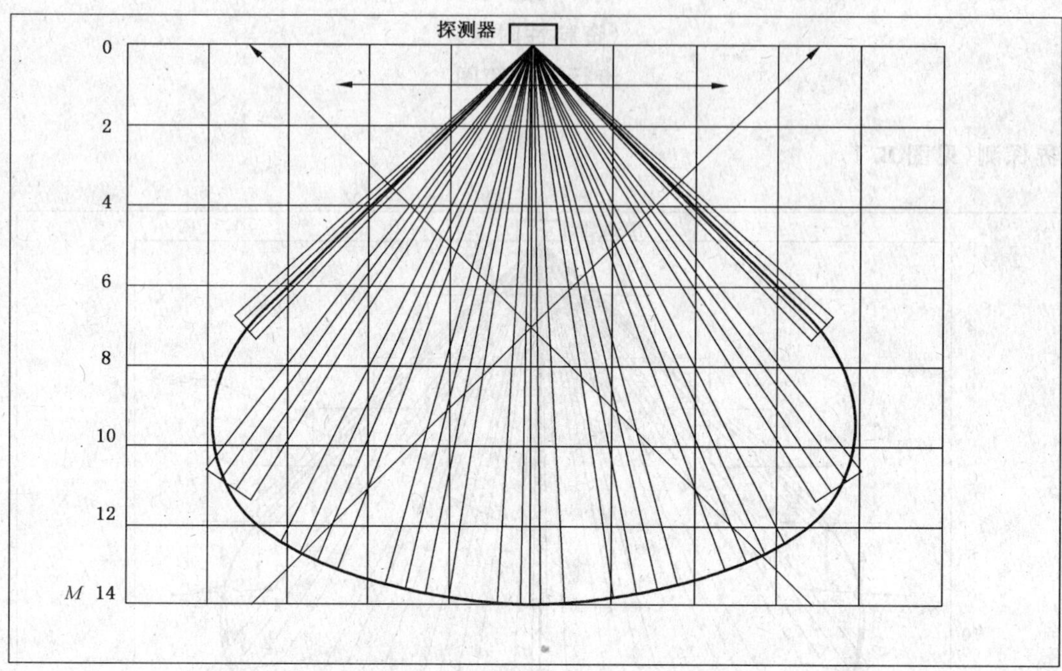

图 B.3 快速移动和间歇性移动

B.4 近距功能检测(见图 B.4)

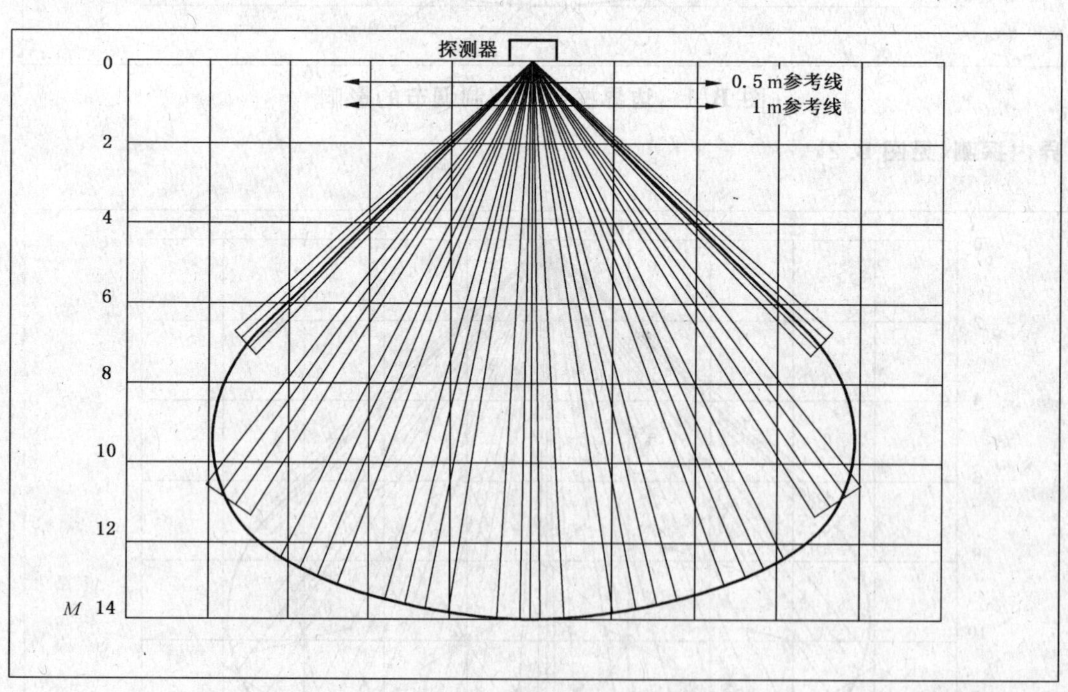

图 B.4 近距功能检测

ICS 83.140.01
Y 28

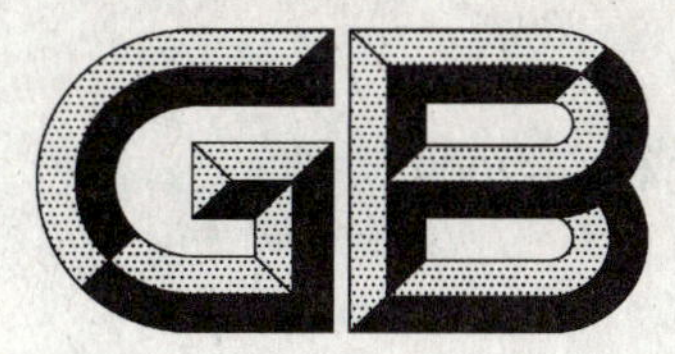

中华人民共和国国家标准

GB 10457—2009
代替 GB 10457—1989

食品用塑料自粘保鲜膜

Plastic cling wrap film for keeping fresh of food

2009-04-17 发布　　2009-12-01 实施

中华人民共和国国家质量监督检验检疫总局
中国国家标准化管理委员会　发布

前言

本标准的第 5 章、6.6 为强制性的，其余为推荐性的。

本标准代替 GB 10457—1989《聚乙烯自粘保鲜膜》。

本标准与 GB 10457—1989 相比，主要变化如下：

——标准名称由《聚乙烯自粘保鲜膜》改为《食品用塑料自粘保鲜膜》；

——标准范围由聚乙烯自粘保鲜膜扩大至其他塑料自粘保鲜膜；

——增加了对原料的技术要求；

——将长度偏差改为卷重偏差；

——将气体透过率改为气体透过率偏差；

——将透湿量改为透湿量偏差；

——增加了标识卷重、气体透过率、透湿量的公称值；

——增加了标识材质的要求。

本标准由中国轻工业联合会提出。

本标准由全国塑料制品标准化技术委员会归口。

本标准由轻工业塑料加工应用研究所、深圳市万达杰塑料制品有限公司、深圳市俊豪塑料制品有限公司、国家塑料制品质量监督检验中心(北京)起草。

本标准主要起草人：陈家琪、翁云宣、陈倩、许丽丹、魏文昌、苏俊铭。

本标准所代替标准的历次版本发布情况为：

——GB 10457—1989。

食品用塑料自粘保鲜膜

1 范围

本标准规定了食品用塑料自粘保鲜膜的术语和定义、产品分类、标识、要求、试验方法、检验规则及标志、包装、运输、贮存。

本标准适用于以聚乙烯、聚氯乙烯、聚偏二氯乙烯等树脂为主要原料，通过单层挤出或多层共挤的工艺生产的食品用塑料自粘保鲜膜(以下简称保鲜膜)。

2 规范性引用文件

下列文件中的条款通过本标准的引用而成为本标准的条款。凡是注日期的引用文件，其随后所有的修改单(不包括勘误的内容)或修订版均不适用于本标准，然而，鼓励根据本标准达成协议的各方研究是否可使用这些文件的最新版本。凡是不注日期的引用文件，其最新版本适用于本标准。

GB/T 1037 塑料薄膜和片材透水蒸气性试验方法 杯式法

GB/T 1038 塑料薄膜和薄片气体透过性试验方法 压差法(GB/T 1038—2000，neq ISO 2556：1974)

GB/T 1040.3 塑料 拉伸性能的测定 第3部分：薄膜和薄片的试验条件(GB/T 1040.3，ISO 527-3：1995，IDT)

GB/T 2410 透明塑料透光率和雾度的测定

GB/T 2828.1 计数抽样检验程序 第1部分：按接收质量限(AQL)检索的逐批检验抽样计划(GB/T 2828.1—2003，ISO 2859-1：1999，IDT)

GB/T 2918 塑料试样状态调节和试验的标准环境(GB/T 2918—1998，idt ISO 291：1997)

GB/T 5009.60 食品包装用聚乙烯、聚苯乙烯、聚丙烯成型品卫生标准的分析方法

GB/T 5009.67 食品包装用聚氯乙烯成型品卫生标准的分析方法

GB/T 6672 塑料薄膜和薄片厚度测定 机械测量法(GB/T 6672—2001，idt ISO 4593：1993)

GB/T 6673 塑料薄膜和薄片长度和宽度的测定(GB/T 6673—2001，idt ISO 4592：1992)

GB 9681 食品包装用聚氯乙烯成型品卫生标准

GB 9685 食品容器、包装材料用添加剂使用卫生标准

GB 9687 食品包装用聚乙烯成型品卫生标准

GB/T 16288 塑料制品的标志

GB/T 17030 食品包装用聚偏二氯乙烯(PVDC)片状肠衣膜

QB/T 1130 塑料直角撕裂性能试验方法

3 术语和定义

下列术语和定义适用于本标准。

3.1

食品用自粘保鲜膜 cling wrap film for keeping fresh of food

用于包装食品时，具有自粘功能和食品保鲜或保洁功能的一类薄膜。

3.2

聚乙烯自粘保鲜膜 polyethylene cling wrap film for keeping fresh of food

以聚乙烯(PE)为原料生产的食品用自粘保鲜膜。

3.3

聚氯乙烯自粘保鲜膜　polyvinylchloride cling wrap film for keeping fresh of food

以聚氯乙烯(PVC)为主要原料生产的食品用自粘保鲜膜。

3.4

聚偏二氯乙烯自粘保鲜膜　polyvinyl dichloride cling wrap film for keeping fresh of food

以聚偏二氯乙烯(PVDC)为原料生产的食品用自粘保鲜膜。

3.5

多层共挤自粘保鲜膜　multilayer extrusion cling wrap film for keeping fresh of food

通过多层共挤工艺加工得到的食品用自粘保鲜膜。

3.6

自粘性　self-cling

自粘保鲜膜本身具有的粘着性,也称剪切剥离强度。

3.7

开卷性　open-wrapping

使用时保鲜膜由膜卷中引出的难易程度。

3.8

防雾性　anti-fogging

保鲜膜具有的防止在其表面形成水珠或水雾的性质。

4　分类

按照保鲜膜的材质和加工工艺,保鲜膜可以分为聚乙烯自粘保鲜膜、聚氯乙烯自粘保鲜膜、聚偏二氯乙烯自粘保鲜膜以及多层共挤自粘保鲜膜。

5　标识

保鲜膜应按 GB/T 16288 进行标识产品材质或种类。

对质量含量1%以上的各类添加剂,应标识其具体名称或化学结构式。

保鲜膜应标识氧气透过率[单位为 $cm^3/(m^2 \cdot 24\ h \cdot atm)$]、二氧化碳透过率[单位为 $cm^3/(m^2 \cdot 24\ h \cdot atm)$]和透湿量[单位为 $g/(m^2 \cdot 24\ h)$]的公称值。

保鲜膜应标识净卷重公称值。

保鲜膜应标识食品用字样。

聚氯乙烯自粘保鲜膜应标有“不能接触带油脂食品”、“不得微波炉加热”、“不得高温使用”等使用警示语。

如保鲜膜宣称可微波炉加热使用时,应标识“可微波炉使用”、加热方式及最高耐温温度。

标识方式可以是印刷等,可以标识在产品或产品的外包装上。

6　要求

6.1　原料

6.1.1　树脂

树脂应为食品级原料。

6.1.2　添加剂

添加剂和用量应符合 GB 9685 的规定。

6.2　颜色

保鲜膜一般为本色且透明。

6.3 尺寸和质量偏差

6.3.1 厚度偏差

厚度偏差应符合表1规定。

表1 厚度偏差要求

项目		指标
		厚度极限偏差/mm
公称厚度(t)/mm	≤0.010	+0.002 −0.002
	>0.010	+0.003 −0.003

6.3.2 宽度偏差

宽度偏差应符合表2规定。

表2 宽度偏差要求

项目		指标
		宽度极限偏差/mm
公称宽度(w)/mm	w≤200	±4
	200<w≤400	±5
	w>400	±6

6.3.3 净卷重质量偏差

净卷重质量偏差应符合表3规定。

表3 净卷重质量偏差要求

项目	指标
净卷重极限偏差/%	−1

6.4 外观

保鲜膜外观应符合表4规定。

表4 保鲜膜外观要求

项目	要求
气泡、穿孔及破裂	不允许
杂质/(个/m²) >0.6 mm ≥0.3 mm且≤0.6 mm 分散度,个/10 cm×10 cm	 不允许 不多于8 不多于5
鱼眼和僵块/(个/m²) >2 mm ≥0.2 mm且≤2 mm 分散度,个/10 cm×10 cm	 不允许 不多于20 不多于5
平整度	膜表面基本平整,允许有少量活褶,允许有少量膜边超出纸芯,但不得影响膜卷从纸盒中拉出

6.5 物理力学性能

物理力学性能应符合表5规定。

表5 物理力学性能要求

项目	指标			
	PE	PVC	PVDC	多层共挤
拉伸强度(纵、横向)/MPa	≥10	≥15	≥60	≥10
断裂标称应变(纵、横向)/%	≥120	≥150	≥50	≥120
透光率/%	≥90	≥92	≥90	≥90
雾度/%	≤3	≤2	≤3	≤3
直角撕裂强度(纵、横向)/(N/cm)	≥40			
气体透过率偏差 氧气/%	±20			
气体透过率偏差 二氧化碳/%	±20			
透湿量偏差/%	±20			
自粘性(剪切剥离强度)/(N/cm²)	≥0.5			
开卷性	试样应在5 s内完全剥开。			
防雾性	在试验条件下,保鲜膜表面应无水珠附着,或仅局部有小水珠附着。不得有水滴大面积附着在保鲜膜表面。			

6.6 卫生性能

聚乙烯自粘保鲜膜的卫生性能应符合GB 9687的规定。

聚氯乙烯自粘保鲜膜的卫生性能应符合GB 9681的规定。

聚偏二氯乙烯自粘保鲜膜的卫生性能应符合GB/T 17030中卫生性能规定。

多层共挤自粘保鲜膜的卫生性能应符合接触食品层材质的相应项目卫生标准规定,试验时用接触食品塑料薄膜层进行卫生性能试验。

其他材质保鲜膜应符合材质相应标准卫生性能规定。

7 试验方法

7.1 试样状态调节和试验的环境

按GB/T 2918中的标准环境23 ℃±2 ℃进行,并在此条件下进行试验。状态调节时间应大于4 h。

7.2 尺寸和质量偏差

7.2.1 厚度

按GB/T 6672的规定进行测量,沿塑料保鲜膜的宽度方向均匀测量10点,按式(1)计算厚度极限偏差。

$$\Delta t = t_{\text{min或max}} - t_0 \qquad \cdots\cdots(1)$$

式中:

$t_{\text{min或max}}$——实测最大或最小厚度,单位为毫米(mm);

t_0——公称厚度,单位为毫米(mm);

Δt——厚度极限偏差,单位为毫米(mm)。

7.2.2 宽度的测定

按 GB/T 6673 的规定进行测量，宽度等距测量 10 次，按式(2)计算宽度极限偏差。

$$\Delta w = w_{\text{min或max}} - w_0 \qquad \cdots\cdots(2)$$

式中：

$w_{\text{min或max}}$——实测最小或最大宽度，单位为毫米(mm)；

w_0——公称宽度，单位为毫米(mm)；

Δw——宽度极限偏差，单位为毫米(mm)。

7.2.3 卷重质量偏差

将保鲜膜去掉外面的包装，然后置于天平中称量。

按式(3)计算净卷重质量偏差：

$$\Delta G = \frac{G - G_0}{G_0} \times 100 \qquad \cdots\cdots(3)$$

式中：

G——实测净卷重，单位为克(g)；

G_0——公称净卷重，单位为克(g)；

ΔG——净卷重质量偏差，%。

7.3 外观检验

外观指标的气泡、穿孔、破裂及平整度在自然光线下目测。

杂质和“鱼眼”、“僵块”的大小用 10 倍刻度放大镜进行检查，以最大长度计算，分散度用 10 cm×10 cm 的框板检查。

7.4 物理力学性能

7.4.1 拉伸强度及断裂伸长率

按 GB/T 1040.3 进行测定。试样为 2 型试样，其中宽度为 10 mm，标距 50 mm。试验速度(空载) 500 mm/min±50 mm/min。

7.4.2 直角撕裂强度

按照 QB/T 1130 的规定进行试验。

7.5 气体透过率偏差

气体透过率按 GB/T 1038 的规定进行。

按式(4)计算氧气透过率偏差：

$$\Delta Y = \frac{Y - Y_0}{Y_0} \times 100 \qquad \cdots\cdots(4)$$

式中：

Y——实测氧气透过率，单位为立方厘米每平方米·24 小时·大气压[$cm^3/(m^2 \cdot 24\ h \cdot atm)$]；

Y_0——公称氧气透过率，单位为立方厘米每平方米·24 小时·大气压[$cm^3/(m^2 \cdot 24\ h \cdot atm)$]；

ΔY——氧气透过率偏差，%。

按式(5)计算二氧化碳透过率偏差：

$$\Delta R = \frac{R - R_0}{R_0} \times 100 \qquad \cdots\cdots(5)$$

式中：

R——实测二氧化碳透过率，单位为立方厘米每平方米·24 小时·大气压[$cm^3/(m^2 \cdot 24\ h \cdot atm)$]；

R_0——公称二氧化碳透过率，单位为立方厘米每平方米·24 小时·大气压[$cm^3/(m^2 \cdot 24\ h \cdot atm)$]；

ΔR——二氧化碳透过率偏差，%。

7.6 透湿量偏差

按 GB/T 1037 的规定进行。

按式(6)计算透湿量偏差：

$$\Delta H = \frac{H - H_0}{H_0} \times 100 \qquad \cdots\cdots(6)$$

式中：

H——实测透湿量，单位为克每平方米·24小时[g/(m^2·24 h)]；

H_0——公称透湿量，单位为克每平方米·24小时[g/(m^2·24 h)]；

ΔH——透湿量偏差，%。

7.7 透光率和雾度

按 GB/T 2410 的规定进行。

7.8 自粘性(剪切剥离强度)

7.8.1 试样的制备

裁取 50 mm 长、25 mm 宽的试样 10 片，两片为一组，使试样的粘着面在长度方向相对，首尾搭接，搭接部位长度为 15 mm，宽度为 25 mm，将试样铺放在光滑的平面上，用橡胶滚辘(直径 40 mm，长度 100 mm，质量 300 g)在试样搭接部位往复滚压 3 次，使搭接处两层保鲜膜间不残留空气。将制好的试样在试脸环境条件下放置 20 min，然后进行测试。

7.8.2 试验方法

在拉力机上将每组试样拉伸，测得两片试样分离所需的力，结果取五组试样的算术平均值。试验设备应符合 GB/T 1040.3 的规定，拉伸速度为 250 mm/min±50 mm /min。

按式(7)计算自粘性(剪切剥离强度)：

$$T = \frac{P}{a \times b} \qquad \cdots\cdots(7)$$

式中：

T——自粘性(剪切剥离强度)，单位为牛每平方厘米(N /cm^2)；

P——试样分离所需的力，单位为牛(N)；

b——搭接宽度，单位为厘米(cm)；

a——搭接长度，单位为厘米(cm)。

7.9 开卷性的测定

7.9.1 试样的制备

裁取 50 mm 宽、150 mm 长的试样六片，以两片为一组，粘着面相对贴合，贴合长度为 100 mm。加工及处理方法同本标准的 7.8.1。

7.9.2 试验方法

将试样的一端固定，另一端靠保鲜膜的自粘性或用胶带纸固定上 4 g 重的重物，缓慢放下重物，让其自然剥离。试验示意如图 1 所示。三组试样均应符合性能要求。

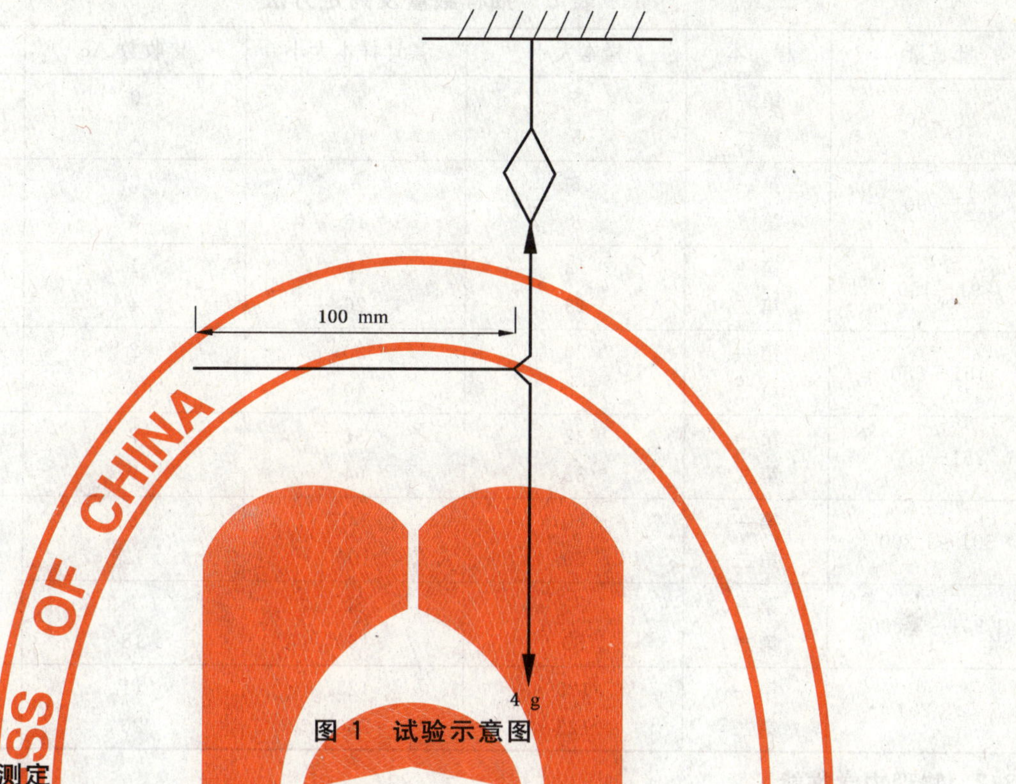

图 1 试验示意图

7.10 防雾性的测定

在三个 1 000 mL 的烧杯中各加入 200 mL，23 ℃±2 ℃的水，用三块面积相同的保鲜膜，粘着面向下，分别将杯口盖严并使膜面平整，放入约 3 ℃的低温箱中保持恒温。10 min 后观察保鲜膜表面水珠的附着状态。三块样品均应符合性能要求。

7.11 卫生性能

材质是聚乙烯时，按 GB/T 5009.60 进行试验。

材质是聚氯乙烯时，按 GB/T 5009.67 进行试验。

材质是聚偏二氯乙烯时，按 GB/T 17030 规定进行。

其他材质塑料保鲜膜，按相应材质成型品卫生标准分析方法规定进行，如没有时参照 GB/T 5009.60 执行。

8 检验规则

8.1 组批

产品以批为单位进行验收。同一牌号原料，同一规格，同一配方，连续生产的产品，以不大于 10 000 卷为一批。

8.2 检验分类

8.2.1 出厂检验

出厂检验项目为外观、规格尺寸、拉伸强度、断裂伸长率、自粘性。

8.2.2 型式检验

型式检验项目为技术要求中的全部项目。至少每年一次。

8.3 抽样方案

8.3.1 尺寸偏差、外观

采用 GB/T 2828.1 的二次正常抽样方案。检查水平(IL)为一般检查水平 II，合格质量水平(AQL)为 6.5，其样本、判定数组详见表 6。每一卷作为一个样本单位。

表 6 抽样数量及判定方法

单位为卷

批 量	样 本	样本大小	累计样本大小	接收数 Ac	拒收数 Re
26～50	第一	5	5	0	2
	第二	5	10	1	2
51～90	第一	8	8	0	3
	第二	8	16	3	4
91～150	第一	13	13	1	3
	第二	13	26	4	5
151～280	第一	20	20	2	5
	第二	20	40	6	7
281～500	第一	32	32	3	6
	第二	32	64	9	10
501～1 200	第一	50	50	5	9
	第二	50	100	12	13
1 201～3 200	第一	80	80	7	11
	第二	80	160	18	19
≥3 201	第一	125	125	11	16
	第二	125	250	26	27

8.3.2 物理力学性能

从抽取的样本中任取一卷进行。

8.3.3 卫生性能

从抽取的样本中任取一卷进行。

8.4 判定规则

8.4.1 合格项的判定

外观、尺寸偏差样本单位的判定，分别按 6.3、6.4 进行。样本单位的检验结果若符合表 1 的规定，则判外观、尺寸偏差合格。

物理力学性能若有不合格项目时，应在原批中抽取双倍样品分别对不合格项目进行复检，复检结果全部合格为合格，否则判为不合格产品。

卫生性能有不合格项时，则判卫生性能不合格。

8.4.2 合格批的判定

外观、尺寸偏差、物理力学性能、卫生性能检验结果全部合格，则判该批合格。

9 标志、包装、运输、贮存

9.1 标志

包装盒、袋上均应标识有：

a) 产品名称；

b) 产品数量、规格；

c) 制造厂名或商标；

d) 生产日期和有效使用期；

e) 产品材质或种类；

f) 各类添加剂名称或化学结构式；

g) 氧气透过率、二氧化碳透过率和透湿量的公称值；

h) 净卷重公称值；

i) 食品用字样；

j) 使用警示语或其他说明。

9.2 包装

9.2.1 内包装

用膜袋或带齿条的盒子密封包装。

9.2.2 外包装

产品用纸箱或用其他合适包装进行外包装。

9.3 运输

产品在运输过程中应注意防潮、防晒，在装卸过程中要轻起、轻放，勿重压。

9.4 贮存

产品应贮存在清洁、阴凉、干燥的库房内，不应与有腐蚀性的化学物品和其他有害物质接触，热源不少于1 m，应根据塑料保鲜膜性能确定合理贮存期。自生产日期起贮存期不超过2年。

ICS 71.120;55.140;45.060.20
G 93

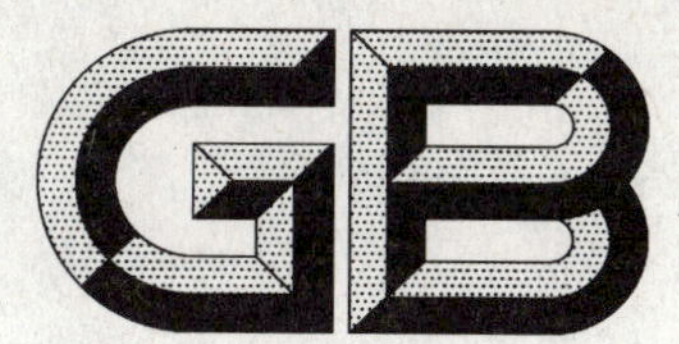

中华人民共和国国家标准

GB/T 10479—2009
代替 GB 10479—1989

铝制铁道罐车

Aluminum rail tank cars

2009-09-30 发布　　　　2010-01-01 实施

中华人民共和国国家质量监督检验检疫总局
中国国家标准化管理委员会　发布

前 言

本标准代替 GB 10479—1989《铝制铁道罐车技术条件》。

本标准与 GB 10479—1989 相比主要变化如下：

——增加了术语和定义一章内容；

——增加了设计一章内容；

——根据国务院有关主管部门对罐车重载提速的要求，对标准中各章内容进行了修订；

——对制造部分提出了更严格的要求，明确了焊接评定所遵循的标准；

——在罐车罐体试验方法和检验规则中增加了对整车落成后的型式试验、例行试验及线路运行考核试验的要求；

——取消了附录 B“铝焊缝 X 射线探伤等级分类法（补充件）”，而由标准 JB/T 4730《承压设备无损检测》代替。

本标准的附录 A 为资料性附录。

本标准由中国石油和化学工业协会提出。

本标准由全国化工机械与设备标准化技术委员会（SAC/TC 429）归口。

本标准起草单位：吉化集团机械有限责任公司。

本标准主要起草人：王凤琴、罗永和、周国顺。

本标准所代替标准的历次版本发布情况为：

——GB 10479—1989。

铝制铁道罐车

1 范围

本标准规定了在设计温度下介质的饱和蒸气压小于0.1 MPa的铝制（即罐体部分的壳体、封头以及其上焊接构件为纯铝及铝合金材料）铁道罐车的设计、制造、检验及验收要求。

本标准适用于1 435 mm标准轨距运输浓硝酸、冰醋酸、乙二醇、过氧化氢、丙烯酸酯以及类似介质用的铝制铁道罐车(以下简称罐车)。

对不能用本标准来确定结构尺寸的罐车,允许采用包括有限元法在内的应力分析进行设计。

2 规范性引用文件

下列文件中的条款通过本标准的引用而成为本标准的条款。凡是注日期的引用文件,其随后所有的修改单(不包括勘误的内容)或修订版均不适用于本标准,然而,鼓励根据本标准达成协议的各方研究是否可使用这些文件的最新版本。凡是不注日期的引用文件,其最新版本适用于本标准。

GB 146.1 标准轨距铁路机车车辆限界

GB 150 钢制压力容器

GB/T 232 金属材料 弯曲试验方法(GB/T 232—1999,eqv ISO 7438:1985)

GB/T 700 碳素结构钢(GB/T 700—2006,ISO 630:1995,NEQ)

GB/T 1348 球墨铸铁件

GB/T 1591 低合金高强度结构钢

GB/T 1804 一般公差 未注公差的线性和角度尺寸的公差(GB/T 1804—2000,eqv ISO 2768-1:1989)

GB/T 3195 铝及铝合金拉制圆线材

GB/T 3880(所有部分) 一般工业用铝及铝合金板、带材

GB/T 4437.1 铝及铝合金热挤压管 第一部分:无缝圆管

GB/T 4549(所有部分) 铁道车辆词汇

GB/T 5599 铁道车辆动力学性能评定和试验鉴定规范

GB/T 5601 铁道货车检查与试验规则

GB/T 6893 铝及铝合金拉(轧)制无缝管

GB/T 7659 焊接结构用碳素钢铸件(GB/T 7659—1987,neq ASTM A216:1982)

GB/T 8492 一般用途耐热钢和合金铸件(GB/T 8492—2002,eqv ISO 11973:1999)

GB/T 9439 灰铸铁件

GB/T 10858 铝及铝合金焊丝(GB/T 10858—2008,ISO 18273:2004,MOD)

JB/T 4730(所有部分) 承压设备无损检测

JB/T 4734—2002 铝制焊接容器

JB/T 4746—2002 钢制压力容器用封头

JJG 140 铁路罐车容积检定规程

TB/T 1.1 铁道车辆标记 一般规则

TB/T 1.2 铁道车辆标记 文字与字体

TB/T 493 铁道车辆车钩缓冲装置组装技术条件

TB/T 1134 货车木材技术条件

TB/T 1335—1996 铁道车辆强度设计及试验鉴定规范

TB/T 1492 铁道车辆制动机单车试验方法

TB 1560 货车安全技术的一般规定

TB/T 1580 新造机车车辆焊接技术条件

TB/T 1803 铁道罐车水压试验

TB/T 2234 铁道罐车通用技术条件

TB/T 2879.1 铁道机车车辆涂料及涂装 第一部分:涂料供货技术条件

TB/T 2879.2 铁道机车车辆涂料及涂装 第二部分:涂料检验方法

TB/T 2879.3 铁路机车车辆涂料及涂装 第三部分:金属和非金属材料表面处理技术

TB/T 2879.4 铁路机车车辆涂料及涂装 第四部分:货车防护和涂装技术条件

TB/T 2911 车辆铆接通用技术条件

TB/T 3014 铁道用合金钢锻件

铁路危险货物运输管理规则2006版

3 术语和定义

GB/T 4549 和 GB 150 确定的铁道车辆名词术语以及下列术语和定义适用于本标准。

3.1

等效压力 equivalent pressure

罐车在运行过程中,由于罐车惯性力的影响,罐内介质产生的液体冲击压力。该压力等于液体惯性力除以罐体端面的投影面积。液体惯性力按相应工况的纵向力乘以载重与罐车总重的比值求得。

3.2

计算压力 calculated pressure

在相应设计温度下,用于确定罐体元件厚度的压力,其中包括液体冲击时所产生的压力、液体自重引起的静压力及所装介质的蒸发气体的压力。

3.3

第一工况 the first operating condition

罐车在高速运行过程中开始变速或制动时的工况。

3.4

第二工况 the second operating condition

罐车在调车作业时的工况。

3.5

自重 dead weight of tank car

空车时罐车自身具备的质量。

3.6

载重 loading capacity

罐车标记中所注明的允许最大充装介质质量。

3.7

轴重 weight per axle

罐车总重(自重加载重)与全车轴数的比值。

3.8

罐车全长 full length of tank car

罐车不受纵向外力时,两端车钩钩舌内侧面连接线间的水平距离。

3.9

车辆定距 distance between supports of tank car

罐车底架两心盘中心间的水平距离。

3.10

换长 conversion length

罐车全长(单位为米)与数值 11 的比值,保留小数点后一位。

3.11

每延米荷重 load per linear meter

罐车总重(自重加载重)与罐车全长的比值。

4 要求

4.1 基本要求

4.1.1 罐车的设计、制造、检验和验收除符合本标准及国务院有关主管部门的有关规定外,还应遵守国家颁布的有关法令、法规和规章。

4.1.2 罐车强度设计及试验鉴定应符合 TB/T 1335—1996 的规定,并按申请罐车的设计参数进行罐车强度计算以及动力学仿真计算。

4.1.3 罐车的结构安全性应符合 TB 1560 的规定。

4.1.4 罐车动力学性能应符合 GB/T 5599 的规定。

4.1.5 罐车制造和验收还应符合 TB/T 2234 的规定。

4.1.6 罐车是否通过驼峰,按照国务院有关主管部门《铁路危险货物运输管理规则》的规定和充装介质特点决定。

4.1.7 罐车外形尺寸应符合 GB 146.1 的规定。

4.1.8 罐车商业运营速度不大于 120 km/h。

4.1.9 罐车通过最小曲线半径 145 m。

4.1.10 罐车轴重不大于 25 t。

5 材料

5.1 罐体材料

5.1.1 板材应符合 GB/T 3880 的规定。

5.1.2 管材应符合 GB/T 4437.1 及 GB/T 6893 的规定。

5.1.3 焊丝可从 GB/T 10858 中选取,也可选取与相焊接材料化学成分相同的线材,且应符合 GB/T 3195 的规定。

5.2 罐车走行部分用材

5.2.1 普通碳素结构钢应符合 GB/T 700 的规定。

5.2.2 低合金高强度结构钢应符合 GB/T 1591 的规定。

5.2.3 碳素钢铸件应符合 GB/T 7659、GB/T 8492 的规定。

5.2.4 灰铁铸件应符合 GB/T 9439 的规定。

5.2.5 球墨铸件应符合 GB/T 1348 的规定。

5.2.6 锻件应符合 TB/T 3014 的规定。

5.2.7 木制件应符合 TB/T 1134 的规定。

5.2.8 铆接件应符合 TB/T 2911 的规定。

5.2.9 焊接件应符合 TB/T 1580 的规定。

6 设计

6.1 设计单位资格

罐车的设计为整车设计。罐车的设计单位应具有国务院有关主管部门颁发的特种设备设计许可证C1类证,走行部件设计应具有国务院有关主管部门认可的相应设计资质。

6.2 设计单位职责

设计单位应对所出具的设计文件的正确性和完整性负责。罐车设计总图上,应有设计、校对、审核(定)人员签字及设计技术负责人的批准签字。设计压力大于或等于0.1 MPa的罐车设计总图及罐体图应加盖有效的压力容器设计资格印章(复印章无效)。

6.2.1 罐车设计文件至少包括以下内容:

a) 设计任务(建议)书或技术协议书;

b) 设计说明书;

c) 设计计算书(包括罐体主要受压元件强度计算、动力学仿真计算、罐车几何曲线通过计算,罐车轴荷分配计算等);

d) 设计图样(包括设计总图、罐体图);

e) 使用说明书。

6.2.2 罐车设计总图上至少应注明下列内容:

a) 产品名称、型号;

b) 罐车性能参数(包括商业运营速度、工作温度、载重、自重、轴重、每延米荷重、车辆定距、换长、车辆限界、通过最小曲线半径、设计使用寿命等);

c) 罐体设计参数(包括盛装介质、设计温度、设计压力、总容积、有效容积、焊接接头系数、腐蚀裕量等)。

6.3 罐体结构

6.3.1 罐体一般宜采用直圆筒的焊接结构,封头宜采用标准椭圆形封头,其型式及尺寸按JB/T 4746—2002选用。罐体内部不设防波板,罐体上部应设置一个内直径不小于500 mm的人孔。

6.3.2 焊接到罐体上的联接件宜在罐体上设置垫板。

6.3.3 罐体应根据介质的特性设加装与排卸装置,上卸式宜在罐体底部设聚液窝。

6.3.4 罐体应按介质特性考虑是否设置安全泄放装置。

6.3.5 装运腐蚀性介质的罐车应在罐体外部设置限制溢流液体的导流装置。

6.3.6 罐体内应设置限制装料的容积标尺或在罐体外设置液位测量装置。

6.3.7 罐体应能承受装卸料时所产生的瞬时压力的影响。

6.4 走行装置

6.4.1 底架应采用有中梁的结构型式,有中梁底架应由中梁、枕梁、侧梁和端梁等零部件组成。

6.4.2 罐车的转向架应采用适用于铁路快速运输的新型转向架,转向架的弹簧悬挂系统应考虑罐车自重对罐车动力学性能的影响。

6.4.3 罐车制动装置应采用整体旋压密封制动缸、无级空重车自动调整装置、120型空气分配阀及NSW型手制动机、新型车钩及缓冲器等新技术,并符合相应标准的规定。

6.4.4 罐车走行装置中的各类阀件、制动软管连接器、闸瓦间隙调整器等零部件,应采用国务院有关主管部门规定的或经国务院有关主管部门批准的结构。

6.4.5 罐车走行装置中的其他结构应符合国务院有关主管部门的有关的规定。

6.5 罐体与底架的连接

罐车应设有罐体与底架的连接装置,连接方式可采用上、下鞍板螺栓紧固与弹性卡带调整器组合结构,上、下鞍板连接螺栓的强度应满足TB/T 1335—1996的要求,连接装置应牢固、安全、可靠。

6.6 罐车附属设施

6.6.1 罐车应设置外梯、车顶走板和车顶栏杆，车顶栏杆的高度不得小于500 mm。必要时罐体应设内梯，内梯与罐体底部的联接应采用活动联接。

6.6.2 罐车上可拆卸的阀盖等附件应装有防止丢失的安全链或采取其他防盗措施。

6.6.3 罐车其他结构应符合设计图样的规定。

6.7 罐车强度

6.7.1 罐车基本作用载荷及其组合

6.7.1.1 罐车基本作用载荷

罐车设计时应考虑以下基本作用载荷，若需要考虑其他载荷由设计单位确定：

a) 内压载荷：罐内所盛装介质的饱和蒸汽压力和罐内介质惯性冲击力所引起的等效压力的总和；

b) 垂向静载荷：车辆自重、载重之和；

c) 垂向动载荷：垂向静载荷乘以垂向动载荷系数；

d) 扭转载荷：罐车在正常通过曲线运行时，由于曲线外轨超高或线路不平而对罐车引起的附加载荷，此载荷仅在第一工况中按40 kN·m考虑；

e) 顶车载荷：罐车检修时，施加于枕梁两侧下平面的载荷；

f) 纵向力：罐车在各种运动状态时，车辆间所产生的压缩和拉伸的力，分以下两种工况：

 1) 第一工况：纵向拉伸力取为1 780 kN，沿两车钩水平中心线作用于车辆两端的前从板座上；纵向压缩力取为1 920 kN，沿两车钩水平中心线作用于车辆两端的后从板座上；

 2) 第二工况：纵向压缩力取为2 500 kN。沿两车钩水平中心线作用于车辆两端的后从板座上。

6.7.1.2 罐车基本作用载荷的最大组合

按以下三种载荷组合校核罐车强度，还需要考虑其他载荷组合时由设计单位确定：

a) 第一工况载荷组合：罐体内压载荷、纵向拉伸力为1 780 kN或纵向压缩力为1 920 kN、垂向静载荷、垂向动载荷、扭转载荷的联合作用；

b) 第二工况载荷组合：罐体内压载荷、纵向压缩力为2 500 kN、垂向静载荷的联合作用；

c) 顶车工况载荷组合：顶车载荷和垂向静载荷的联合作用。

6.7.2 罐车强度设计方法及要求

6.7.2.1 罐车强度常规设计

罐体部分的强度设计按JB/T 4734—2002的规定，罐车其他部分的强度设计按TB/T 1335—1996的规定，其载荷的选取应符合TB/T 1335—1996的规定。

6.7.2.2 罐车强度分析设计

罐车在无法进行常规设计时应按TB/T 1335—1996规定的有限元分析方法进行强度设计。

6.7.2.3 许用应力

罐体及罐车其他零部件进行强度计算时，材料的许用应力应符合JB/T 4734—2002和TB/T 1335—1996的规定。

6.7.2.4 腐蚀裕量

罐体应有足够的腐蚀裕量，腐蚀裕量应根据预期的罐体设计寿命和介质对材料的腐蚀速率、冲刷磨蚀量确定。

6.7.2.5 铝及铝合金板材厚度负偏差

铝及铝合金板材的厚度负偏差按铝材标准的规定。当铝材的厚度负偏差不大于0.25 mm，且不超过名义厚度的6%时，设计时负偏差可忽略不计。

6.7.2.6 **充装质量**

罐车允许最大充装质量除不得超过罐车转向架所允许的承载能力外，还不得超过按式(1)计算所确定的允许最大充装质量。另外还应考虑当前我国铁路路基的承载能力。

$$W = \Phi\rho \times V \qquad \cdots\cdots(1)$$

式中：

W——罐车允许最大充装质量，单位为吨(t)；

Φ——充装系数，应根据装载介质的性质计算决定，在此基础上另加0.5%～2%作为容积裕度；

ρ——罐车充装介质的密度，单位为吨每立方米(t/m^3)；

V——罐体设计总容积，单位为立方米(m^3)。

6.7.2.7 **焊接接头系数**

罐体焊接接头系数的选取可按JB/T 4734—2002的规定。

6.7.2.8 **罐体的稳定性**

罐体的外压稳定性校核应满足TB/T 1335—1996的要求。

7 制造

7.1 总则

7.1.1 本章适用于纯铝及铝合金制罐体有中梁铁道罐车的制造、检验与验收。

7.1.2 罐车应在具有相应制造资格许可证的单位进行罐体制造及罐车整车落成和出厂交验。

7.1.3 罐车走行装置，包括转向架、车钩、缓冲器、制动装置、底架等零部件的制造单位，应经国务院有关主管部门技术审查和批准并具有相应资质。

7.1.4 罐车走行装置等为外购、外协件时，罐车制造单位应通过对供货、协作单位进行考察、追踪、评审等方法，确保外购、外协件的质量满足设计图样及本标准的要求。在投入使用前应对其质量证明文件及外观质量进行必要的检验，不合格的不得投入使用。

7.1.5 罐体的焊接应由持有特种设备安全监察机构颁发的具有相应类别的焊工合格证的人员担任。

7.1.6 罐体焊接接头的无损检测应由持有特种设备安全监察机构颁发的具有相应资格证书的无损检测人员担任。

7.2 走行装置总成制造

走行装置总成为底架、转向架、制动装置、车钩、缓冲装置的总称。

7.2.1 **一般要求**

7.2.1.1 除图样注明者外，机械加工表面和非机械加工表面的线性尺寸的极限偏差，分别按GB/T 1804中的m级和c级的规定，组装尺寸公差按GB/T 1804中标准公差c级精度制造。

7.2.1.2 所有螺栓在组装后露出螺母的长度，最短不得少于一个螺距，最长不得大于一个螺母厚度。

7.2.1.3 手制动轴上、下端部的开口销应卷于轴上，其余部位的开口销安装后劈开角度不应小于60°。

7.2.1.4 除已有规定者外，各转动及滑动面间须涂以适量的润滑油脂。

7.2.2 **底架**

7.2.2.1 底架组成后，长度偏差为其基本尺寸的±0.8‰，宽度偏差为±5 mm，对角线之差不大于8 mm。

7.2.2.2 两心盘中心线间长度极限偏差为其基本尺寸的±0.7‰，两枕梁间对角线之差不大于6 mm。

7.2.2.3 两枕梁间中梁应上挠，其挠度不大于两枕梁间距离的1‰，且不小于2 mm，旁弯应不大于基本尺寸的0.7‰，牵引梁及枕梁以外侧梁的上翘或下垂及牵引梁甩头均不大于5 mm。

7.2.2.4 两上心盘安装面的平面度公差为1.5 mm，上心盘中心对枕梁处的底架中心对称度公差为6 mm。

7.2.2.5 鞍座与底架组装后，鞍座中心线的偏移量在任何方向均不大于2 mm。

7.2.2.6　下鞍中心线与两侧梁中心线的偏移量在任何方向均不大于 2 mm。

7.2.2.7　底架组成后，应置于平台上用 0.5mm 塞尺检查上心盘两侧与平台间的密贴状态，塞尺插入深度不得大于 20 mm。

7.2.3　转向架

转向架的制造应符合国务院有关主管部门有关规程、文令、设计图样和技术文件的规定。

7.2.4　制动装置

7.2.4.1　制动梁、制动拉杆、制动链条应按有关标准进行拉力试验。

7.2.4.2　制动装置应按 TB/T 1492 或设计图样的规定进行单车试验和闸调器性能试验。空重车调整装置、手制动机的试验应符合设计图样和技术文件的规定。

7.2.5　车钩缓冲装置

7.2.5.1　车钩缓冲装置各零部件须按有关标准的规定试制和试验。

7.2.5.2　车钩缓冲装置的组装须符合 TB/T 493 的规定。

7.3　罐体制造

7.3.1　制造场地和设备

制造罐体的场地应保持清洁，并铺设橡胶或其他软质材料，以免碰伤、擦伤铝板表面以及其他污染现象。露天制作时应有防风、雨、雪及冬天防冰冻的设施。

7.3.2　内外表面

罐体的内外表面一般应进行酸洗处理。

7.3.3　切割与坡口

7.3.3.1　坡口加工一般应采用机械方法，采用等离子切割或气焊切割的边缘，应将坡口表面的氧化物、油污、熔渣及其有害杂质清除干净，清除的范围(以距坡口边缘的距离计)不得小于 80 mm。

7.3.3.2　坡口表面应洁净，不得有裂纹、分层、夹杂及影响焊接质量的缺陷。

7.3.4　成形要求

7.3.4.1　根据制造工艺确定加工裕量，以确保凸形封头和热卷筒节成形后的厚度不小于该部件的名义厚度减去铝板负偏差；冷卷筒节投料的铝板厚度不应小于名义厚度减铝板负偏差。

7.3.4.2　制造中应避免铝板表面划伤和机械损伤。对于尖锐伤痕以及耐腐蚀表面的局部伤痕、刻槽等缺陷应予修磨，修磨范围的斜度至少为 1∶3。修磨的深度应不大于该部位铝材厚度 δ_S 的 5%(δ_S 为罐体壁厚)，超过规定时，必须焊补。

7.3.5　封头

7.3.5.1　封头的制造、检验与验收，除应符合本章要求外，其他要求可参照 JB/T 4746—2002 的相关规定。

7.3.5.2　封头应整体冲压成形。

7.3.5.3　由两块或由左右对称的三块铝板对接拼制的封头板，其拼接焊缝中心线距封头中心线的距离应小于 $1/4D_g$(D_g 为封头公称直径)，且中间板的宽度应不小于 200 mm(见图 1)。

7.3.5.4　封头拼板焊缝的对口错边量 b 不应大于板材厚度 δ_S 的 10%，且不大于 1.5 mm。在成形前应将拼板焊缝内表面以及外表面影响成形质量的焊缝余高打磨或加工至与母材接近齐平。成形后焊缝表面不得低于相邻母材表面。

7.3.5.5　封头成形后实测最小厚度应大于图样标注的最小厚度。

7.3.5.6　罐体封头的拼接焊缝一般应处于水平位置。

7.3.6　筒体

7.3.6.1　相邻筒节的纵焊缝弧长距离或封头焊缝的端点和相邻筒节纵焊缝弧长距离均应不小于 100 mm。

7.3.6.2　同一筒节相邻焊缝间弧长距离应不小于 200 mm，最短筒节长度应不小于 300 mm。

7.3.6.3 环焊缝应尽量位于支座之外；纵焊缝应尽量位于罐体下部 140°范围以外。筒体的焊缝被其他部件覆盖部分应经 100%无损检测合格，并将焊缝修平。

单位为毫米

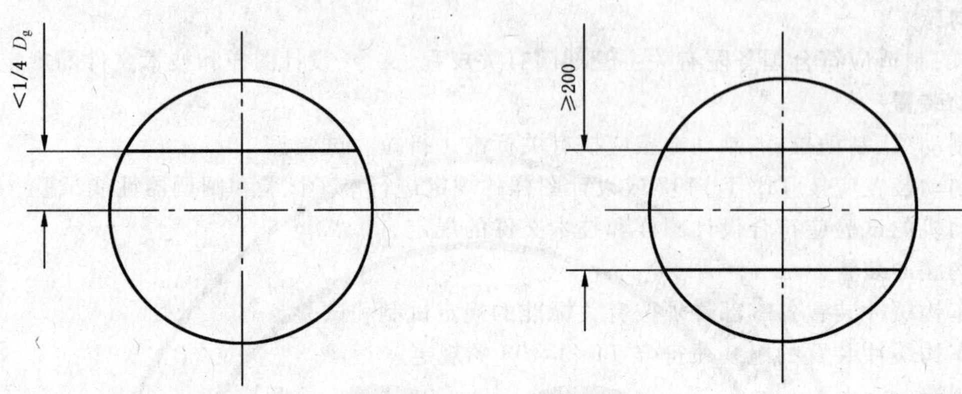

图 1 封头拼接焊缝布置图

7.3.6.4 内、外零部件与筒体连接焊缝边缘至筒体纵、环焊缝边缘的距离，应不小于筒体壁厚的 3 倍。

7.3.6.5 避免在焊缝及其边缘开孔，如必须开孔，则被开孔的两侧焊缝，应经无损检测合格，检测长度为焊缝被去除部分长度，且不小于 100 mm。

7.3.6.6 筒体外圆周长允差：在满足 7.3.7.2 环向焊接接头对口错边量的前提下，当筒体公称直径为 2 000 mm～2 800 mm 时，外圆周长最大偏差为±13 mm。

7.3.7 组装

7.3.7.1 纵向焊接接头的对口错边量：当 $12<\delta_S\leqslant40$ 时，$b\leqslant2.4$ mm（见图 2）。

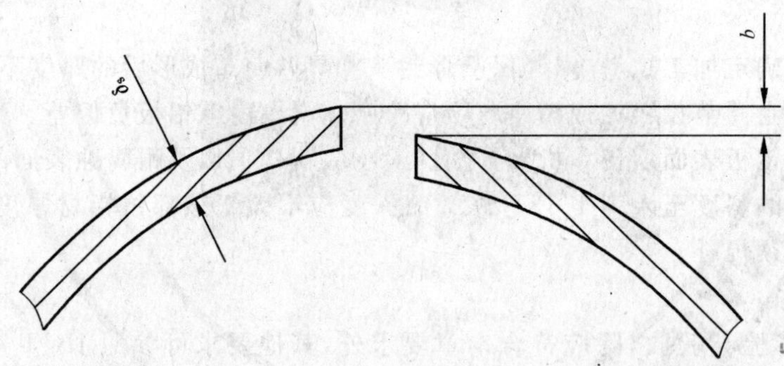

图 2 纵向焊接接头对口错边量 b

7.3.7.2 环向焊接接头的对口错边量：当 $12<\delta_S\leqslant40$ 时，$b\leqslant20\%\delta_S$，且 $b\leqslant5$ mm（见图 3）。

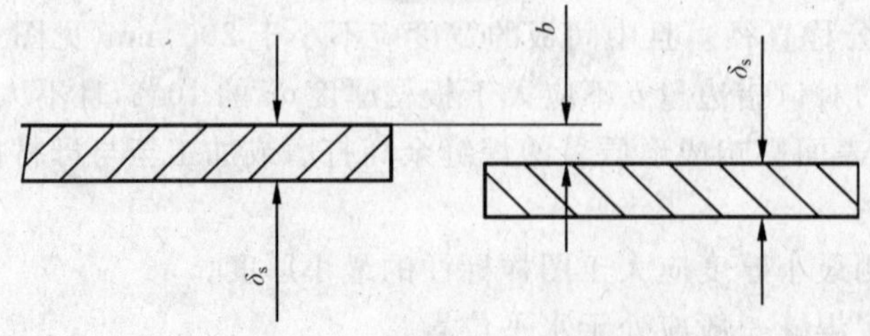

图 3 环 向焊接接头对口错边量 b

7.3.7.3 筒体任何一个横截面上最大直径和最小直径之差 e 不大于 1.5% D_g，且不大于 30 mm（离开补强圈边缘 100 mm，且离开焊缝 50 mm 以外测量，见图 4）。

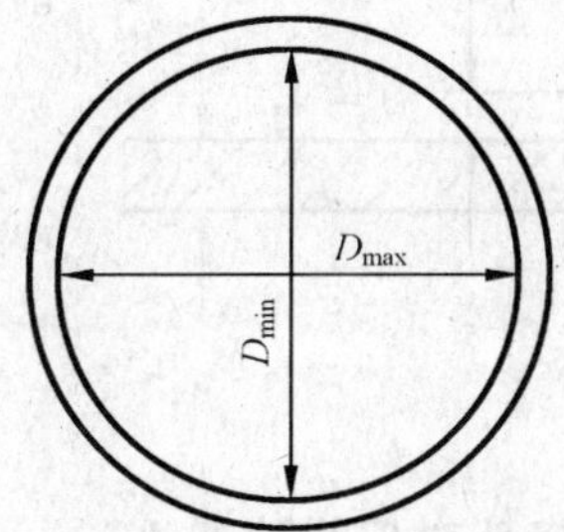

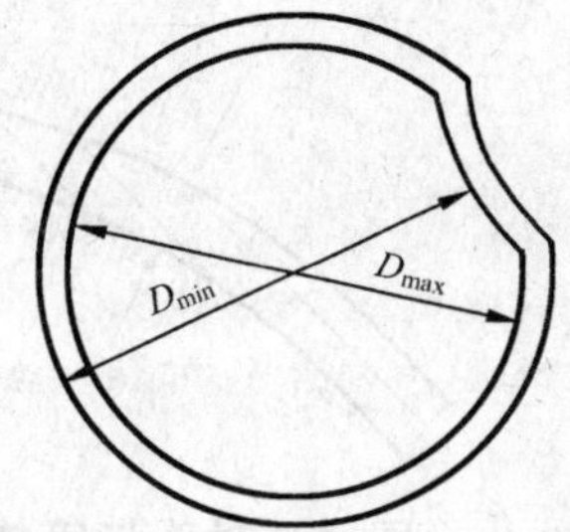

图 4 筒体同一断面最大内径与最小内径之差 e

7.3.7.4 在焊接接头纵向形成的棱角 $E \leqslant 10\% \ \delta_S + 2$ mm，且不大于 5 mm。用弦长等于 $1/6D_g$ 且不小于 300 mm 的内样板或外样板测量(见图 5)。

单位为毫米

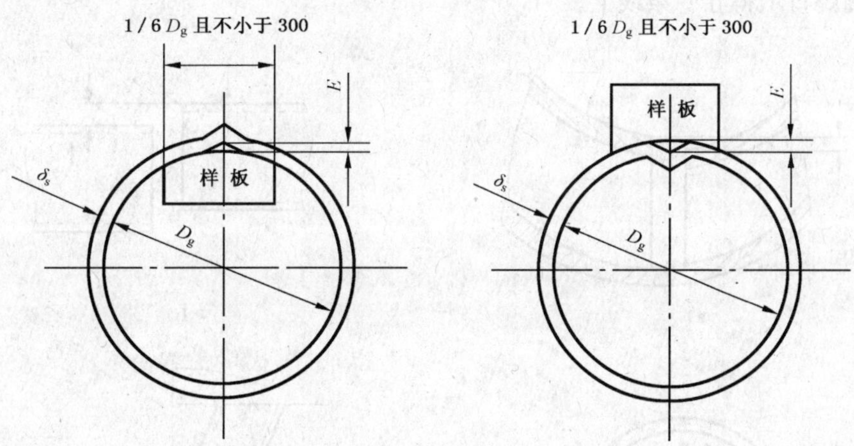

图 5 内样板或外样板检查棱角

7.3.7.5 在焊接接头环向形成的棱角 $E \leqslant 10\% \ \delta_S + 2$ mm，且不大于 5 mm。用长度不小于 300 mm 的检查直尺测量(见图 6)。

单位为毫米

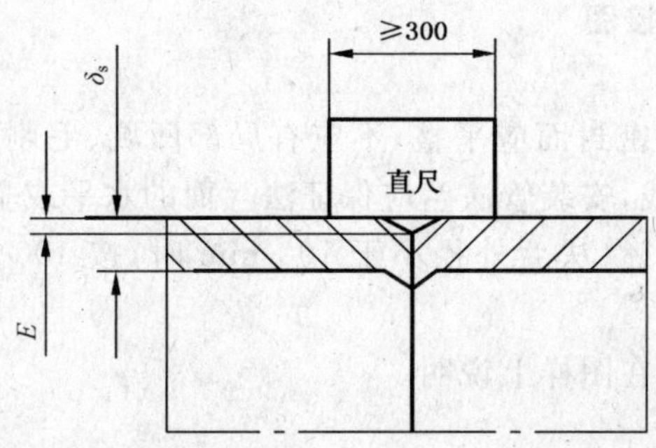

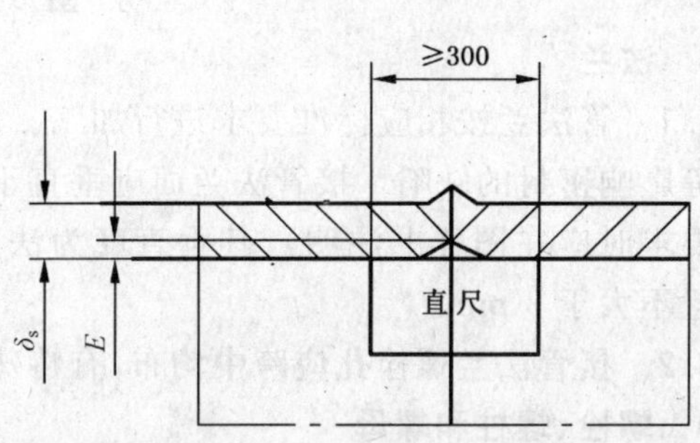

图 6 直尺检查棱角

7.3.7.6 封头与筒体对接的环向焊接接头对口错边量 b 按式(2)规定，且 $b \leqslant 5$ mm(见图 7)。

$$b \leqslant \delta_2/5 + (\delta_1 - \delta_2)/2 \quad \cdots\cdots(2)$$

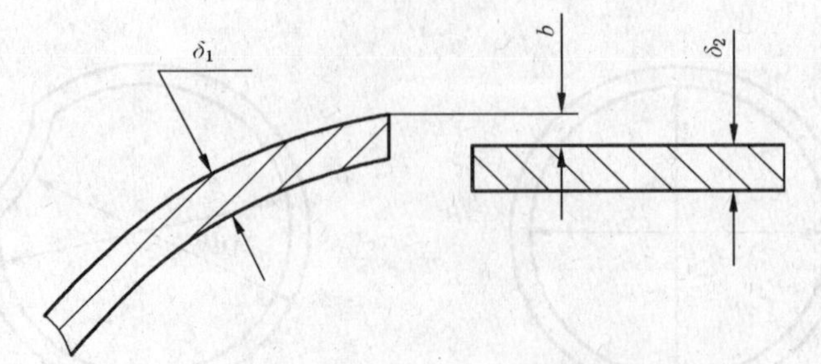

图7 封头与筒体对接环向接头对口错边量 b

7.3.7.7 筒体内可设加强圈，加强圈的截面形式可为槽形、丁字形、角形等。加强圈焊接应符合下列规定(见图8)：

a) 加强圈对接高度偏差 h 及宽度偏差 $g \leqslant 1/5\delta_1$ (δ_1 为加强圈板材的厚度，见图8a)、b))；

b) 加强圈最大直径与最小直径偏差：$e = D_{max} - D_{mim} \leqslant 30$ mm(见图8c))；

c) 各加强圈与罐体中心线的倾斜角 $\alpha \leqslant 0.5°$(见图8d))；

d) 各加强圈焊口不得在一条线上。

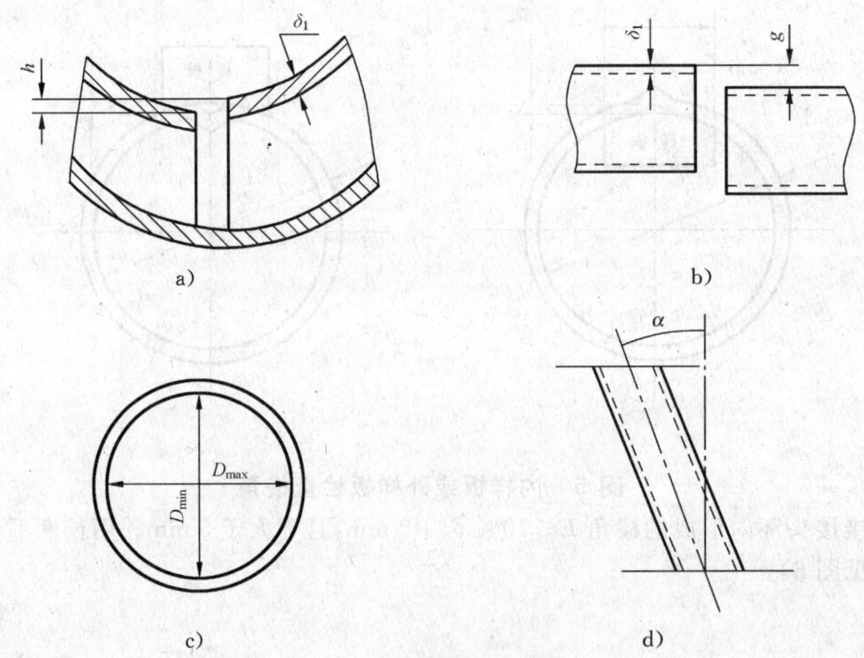

图8 加强圈焊接图

7.3.8 法兰

7.3.8.1 管法兰按相应标准要求进行加工。翻边法兰的密封面应平整，不应有局部凹坑、毛刺、刮伤、裂痕等影响密封的缺陷。接管法兰面应垂直于接管中心线，安装管法兰应保证法兰面的水平或垂直(有特殊要求时应在图样上注明)，其垂直度为法兰外径的1%(法兰外径小于100 mm时，按100 mm计算)，且不大于3 mm。

7.3.8.2 接管法兰螺栓孔应跨中均布，有特殊要求时，应在图样上说明。

7.3.9 螺栓、螺柱和螺母

7.3.9.1 应尽量采用钢制螺栓、螺柱和螺母，所用钢材应符合 GB 150 的规定，制造按相应的紧固件标准要求。

7.3.9.2 当要求用铝螺栓时，铝材可用 JB/T 4734—2002 中所列螺栓用铝棒，铝螺柱的表面无损检测可用渗透检测。

7.3.10 **罐体焊接**

7.3.10.1 焊接基本要求

罐体焊接方法、焊丝选用、焊前准备及焊接环境等要求均应符合 JB/T 4734—2002 的规定。

7.3.10.2 焊接工艺

7.3.10.2.1 罐体施焊前的焊接工艺评定应按 JB/T 4734—2002 进行。

7.3.10.2.2 属于下列情况之一者，在焊前应做焊接工艺试板，并经评定合格：

a) 首次制造本产品时；

b) 焊接工艺改变或超出原定范围时；

c) 改变铝板材牌号或改变焊接材料时(焊丝、保护焊气体)。

7.3.10.2.3 施焊前，施焊单位应根据评定合格的焊接工艺及设计图样的要求，制定焊接工艺规程。焊工必须遵守该规程，并应有施焊记录。

7.3.10.2.4 施焊单位应保存焊接工艺评定结果、焊接工艺规程、施焊记录及授予每个焊工的识别标记，其保存期限应符合相应规定。应在壳体外表面规定部位打上焊工识别标记，不应在耐腐蚀面打钢印作为焊工识别标记。

7.3.10.3 焊缝表面的形状尺寸及外观要求

焊缝表面质量、焊缝余高、焊缝余高差、焊缝宽度、焊接返修等要求均应符合 JB/T 4734—2002 的规定。

7.3.10.4 角焊缝的焊脚高度，在图样无规定时，取等于施焊件中较薄者之厚度。对补强圈的焊脚，当补强圈的厚度 $\delta_1 \geqslant 8$ mm 时，其焊脚高度等于 $0.7\delta_1$，且不小于 8 mm。

7.3.11 **其他**

罐车其他零部件制造要求应符合设计图样的规定。

7.4 **落成要求**

7.4.1 罐车落成前，车体两上心盘与基准平台平面的间隙应不大于 0.5 mm。检查时，应将车体落在基准平台上，用 0.5 mm 厚度的塞尺插入心盘面与平台面之间，插入深度应不超过 20 mm。

7.4.2 罐体纵向中心线与车辆定距中心线的纵向偏移不大于 15 mm(见图 9)。

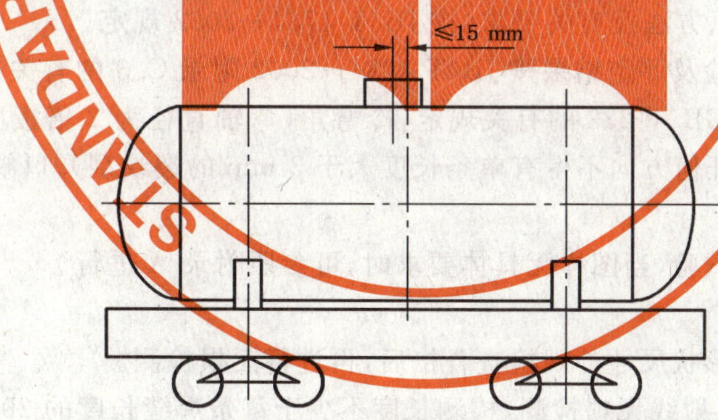

图 9 罐体与车辆定距的纵向中心线偏移

7.4.3 罐体上鞍纵横中心线相对于罐体纵横中心线的偏移量应不大于 2 mm(见图 10)。

7.4.4 罐体落成后，罐体与底架垫木之间的接触程度应符合下列要求，如果达不到时允许削研垫木调整。垫木三分之一的面积必须与罐体密贴，其余局部间隙不大于 1 mm，个别间隙不大于 2 mm。垫木厚应在 52 mm～72 mm 范围内，且垫木应高出纵向托架边沿 5 mm 以上。

7.4.5 上鞍与下鞍接触面在螺栓紧固后应密贴，用 0.5 mm 塞尺检查，不得触及螺栓杆部；上下鞍纵向错位应不大于 15 mm。

7.4.6 卡带调整器紧固后与罐体应密贴，其局部间隙不大于 1 mm，长度不大于 100 mm，且每根卡带不超过 3 处。卡带下有焊缝时，其接触部位的焊缝应打磨至与母材齐平。

单位为毫米

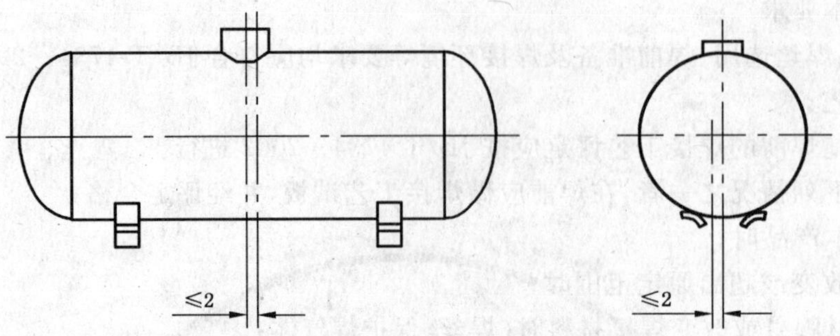

图 10 罐体与上鞍的纵横中心线偏移

7.4.7 车钩中心线距轨面高为 880 mm±10 mm，同一辆车两车钩高度差不大于 10 mm。

7.4.8 旁承的组装间隙应符合设计图样及相关技术条件的规定。

7.4.9 底架同一端梁上平面距轨面的高度差不超过 12 mm。

7.4.10 罐车落成后，车体应平稳，检查人员自然攀上脚蹬时，车体不得动摇。

7.4.11 罐车落成后需施焊时，不应将带电导体与底架以下部位连接。

8 罐车罐体试验方法和检验规则

8.1 焊接试板

若制造厂在相同材质、相同工艺的条件下，连续提供 30 台产品焊接试板的测试数据，证明焊接质量稳定，则允许以批代台，减少试板数量。具体规定如下：

a) 以不超过 15 台罐车为一个产品批量，其试板的抽查台数不少于 2 台。

b) 如在六个月内不能完成一个批的数量，则在不超过六个月的期限内，必须至少抽查一台产品试板。

若上述以批代台的产品试板中发现测试结果不合格，经重复测试仍不合格，则所代表的批不合格，应立即恢复按台制作产品试板。焊接接头试板应进行抗拉、冷弯试验。

c) 样坯截取方位、数量、方法及有关要求，按 JB/T 4734—2002 规定。

d) 焊缝的抗拉强度试验及评定结果按 JB/T 4734—2002 附录 C.3 的有关规定。

e) 焊缝的弯曲试验按 GB/T 232 的有关规定，冷弯角(弯轴直径为 2 倍板厚)不小于 90°，合格指标为其受拉面上沿任何方向不得有单条长度大于 3 mm 的裂纹型开口缺陷。

8.2 耐腐蚀试验

试板焊接接头的耐腐蚀试验，当图样无具体要求时，可参照附录 A 进行。

8.3 无损检测

8.3.1 罐体的焊接接头，经形状尺寸外观检查合格后，再进行无损检测。

8.3.2 罐体的对接接头用 X 射线无损检测，检测长度不少于每条焊缝长度的 20%(包括所有焊缝交叉部位)。

8.3.3 按 JB/T 4730 对焊接接头进行射线检测，其透照质量不应低于 AB 级，不低于Ⅲ级为合格。

8.3.4 局部检测位置不合格时，按以下规定处理：

a) 按 8.3.3 判定不合格时，应在缺陷两侧追加检测，增加的长度为该焊接接头长度的 10%，且不小于 250 mm，若仍有不允许的缺陷时，则对该焊接接头做 100%检测；

b) 按 a)的规定在邻近处焊缝检测结果按 8.3.3 评定不合格时，要在邻近处连续检测，并确定出不合格范围；

c) 按 b)的规定在邻近处焊缝检测结果按 8.3.3 评定有不允许的缺陷时，应在所有缺陷清除干净后进行补焊，并对该部分采用原检测方法重新检查，直至合格。

8.3.5 C、D类焊接接头及其他角焊焊接接头的渗透检测应按图样规定，Ⅰ级为合格。

8.4 液压试验

8.4.1 开孔补强圈应通入0.4 MPa～0.5 MPa的压缩空气检验焊缝质量。

8.4.2 罐车的罐体应按TB/T 1803及图样规定的试验压力进行液压试验，试验方法及要求应符合JB/T 4734—2002的规定。

8.4.3 带有内加热盘管结构的罐车，在加热管组装完毕后，应按图样规定对加热盘管进行压力试验，不得泄漏。

8.5 气密性试验

罐车需进行气密性试验时，要在液压试验合格后进行，试验压力按图样规定，试验方法及要求按JB/T 4734—2002的规定。

8.6 检验规则

8.6.1 检验种类

罐车检查与试验种类包括型式试验、例行试验和线路运用考核试验。

8.6.1.1 型式试验

8.6.1.1.1 凡具有下列情况之一者，均须做型式试验：

a) 新设计的罐车；

b) 批量生产的罐车，技术性能有重大改变后的新造罐车；

c) 批量生产后停产两年以上，又恢复生产重新制造的罐车，有必要重新确认其性能的；

d) 转厂后的新造罐车。

8.6.1.1.2 型式试验的检验项目按GB/T 5601的规定执行。

8.6.1.2 例行试验

批量生产的罐车，出厂前的每一辆罐车均应按GB/T 5601的例行试验项目进行检验。

8.6.1.3 线路运用考核试验

8.6.1.3.1 凡新设计的罐车，在其正式鉴定投产之前，均应进行线路运用考核试验。

8.6.1.3.2 线路运用考核试验工况应相当于正式运用时的条件。

8.6.1.3.3 线路运用考核试验应作不少于5 000 km或交付运用两个月以上的运行试验。

8.6.1.3.4 线路运用考核试验结束后，对运用罐车应进行整体全面的检查与测量并提出运用考核报告。考核报告应至少包括以下内容：

a) 运行区段和区间；

b) 走行公里或时间；

c) 最大速度；

d) 运用中发生的问题及处理情况。

9 容积检定

9.1 罐车检查合格后，要进行容积检定。

9.2 罐车罐体容积检定按JJG 140的规程进行。

10 标记与涂装

10.1 标记

10.1.1 在罐车罐体外表面上，沿罐体水平中心线四周涂刷宽度为200 mm的黑色带，色带中部留一空白处，涂上红色“危险”字样，字号为150号字。

10.1.2 罐车的罐体两侧应按下列要求涂刷各种标记（标记字迹由左至右排列）。标记应美观、整齐、清晰。

10.1.3 罐体标记中文字、字体及字号应符合 TB/T 1.2 的规定，汉字字体采用宋体字，汉语拼音字母采用大写直体字母，阿拉伯数字采用阿拉伯直体字，计量单位符号采用正体拉丁文字母，字体的宽度均约等于字体高度的 2/3。

10.1.4 罐体左方喷写罐车编号，罐车所属单位及到站地址，字号为 200 号字。

10.1.5 罐体右方喷涂装运介质的名称及罐车技术性能。介质名称以分子和分母形式表示，标明介质名称及其危险性。如遇水发生剧烈化学反应，事故应急处理严禁用水的货物，还应在分母内涂上“禁水”二字。分子分母线宽 20 mm，字号为 150 号汉字。

a) 在介质名称下喷写罐车技术性能：

——载重，t；

——自重，t（对于新造车，自重标记应用轨道衡称重后涂上，以五辆车重量的平均值标记该型车辆自重，精确到小数点后一位，同时标注在罐车铭牌上，以后批量生产可不再称重）；

——容积，m^3（精确到小数点后一位）；

——容量计表；

——换长（精确到小数点后一位）。

b) 罐车技术性能的字号为 70 号字，计量单位和小数点后一位数字，字号为 50 号字。

10.1.6 在罐车性能标记的下方涂下列标记：

a) 禁止上驼峰标记：应按 TB/T 1.1 规定的图形及尺寸涂刷；

b) 大修日期标记：××××年××月，字号为 70 号字。

10.1.7 在罐体中下方喷写制造厂的名称，字号为 150 号字。

10.1.8 罐车标记中的文字颜色除图样另有规定外均为黑色。

10.1.9 罐车的标记还应符合国务院有关主管部门有关文令、设计图样和技术文件的规定。

10.1.10 罐车的其他标记按 TB/T 1.1、TB/T 1.2 的规定涂刷。

10.2 涂装

10.2.1 罐车零部件涂装前应按 TB/T 2879.3 的规定进行表面处理。罐车的涂装应符合 TB/T 2879.4 的规定，涂料应符合 TB/T 2879.1、TB/T 2879.2 的规定，走行装置除摩擦面外，铸钢件、轮对涂醇酸清漆，其余所有件均涂防锈底漆及黑色（或按规定的其他颜色）的调合漆。

10.2.2 托板、垫板、卡带、梯子、走台、栏杆等涂银粉两遍，支座垫木和走台木板浸沥青或涂黑色调合面漆。

10.2.3 底漆干膜厚度不小于 60 μm，面漆干膜厚度不小于 60 μm，油漆干膜总厚度不小于 120 μm。

11 罐车铭牌

罐车铭牌应安装在罐车明显的部位上，铭牌尺寸不小于 200 mm×160 mm。

铭牌的内容包括：

a) 罐车的型号和名称；

b) 充装介质；

c) 载重，t（指介质最大载重量，精确到小数点后一位）；

d) 容积，m^3（指设计容积，精确到小数点后一位）；

e) 工作压力，MPa；

f) 自重，t（指空车重量，精确到小数点后一位）；

g) 出厂编号；

h) 出厂日期；

i) 制造厂名称。

12 罐车出厂技术文件

12.1 罐车出厂时，每辆罐车应提供技术履历簿。

12.2 罐车出厂时应有下列证件和技术资料：

a) 产品合格证；

b) 产品质量证明书；

c) 产品使用说明书；

d) 罐车总图。

12.3 产品质量证明书应包括下列内容：

a) 制造罐体的铝材的化学成分及机械性能或制造厂的复验结果；

b) 罐体的无损检测报告，并附有检测部位简图，标明返修焊缝位置；

c) 罐体水压试验报告；

d) 罐体的外观几何尺寸检验报告；

e) 罐车落成检验报告；

f) 与设计不一致的有关补充说明。

附 录 A
（资料性附录）
工业纯铝焊接接头腐蚀试验方法

A.1 焊接试板

A.1.1 试板的材料和焊材应与所代表的容器一致。

A.1.2 试板应由施焊者采用与焊接容器时相同的焊接工艺施焊，并在距一端 30 mm 处的上部打上相应标记。

A.1.3 试板必须在筒节纵缝延长部位与筒节同时施焊。

A.2 试样的制备

A.2.1 试样应在距试板端部 100 mm 处切取。试样宽 $B=25$ mm，长 $L\geqslant 5B$，当焊接接头宽 $B\leqslant 12$ mm时，试样长 $L=60$ mm。

A.2.2 试样加工表面无刀痕（表面光滑），表面粗糙度 $Ra\leqslant 6.3$ μm，尺寸精度为 0.1 mm。

A.2.3 加工好的试样用有机溶剂除油洗净，烘干放冷、称重，称量精度为 0.000 2 g。

A.3 试验

A.3.1 试验试样应在具有回流冷凝器的耐腐蚀容器中进行。

A.3.2 试验腐蚀介质应采用与容器盛装物相同的介质，且在常温下进行。

A.3.3 当介质为工业浓硝酸时，试验介质的质量分数应不低于 96%（密度=1.495 g/cm³）。

A.3.4 腐蚀介质体积按试件面积 4 mL/cm² ～6 mL/cm² 计算，试件在腐蚀介质中应用玻璃架隔开。

A.3.5 试验维持 96 h 后，取出试样，进行冲洗、烘干、称重，并按式（A.1）、（A.2）计算。

$$H = 8.66\,K/r \qquad \text{(A.1)}$$

$$K = (G_1 - G_2)/M \cdot t \qquad \text{(A.2)}$$

式中：

H——腐蚀率，单位为毫米每年（mm/a）；

K——试件平均腐蚀速度，单位为克每平方米小时（g/m² · h）；

r——密度，单位为克每立方厘米（g/cm³）；

G_1——试件试验前质量，单位为克（g）；

G_2——试件试验后质量，单位为克（g）；

M——试件表面总面积，单位为平方米（m²）；

t——腐蚀持续时间，单位为小时（h）。

A.3.6 合格标准

三个试样平均试验结果 $H\leqslant 0.05$ mm/a 时，判为合格。其中单个试样试验结果不得大于 0.1 mm/a。

当腐蚀率 $H>0.05$ mm/a 时，允许复试。复试按上述方法进行，但腐蚀时间可延长至 200 h，其合格标准与 A.3.6 相同。

ICS 27.040
K 56

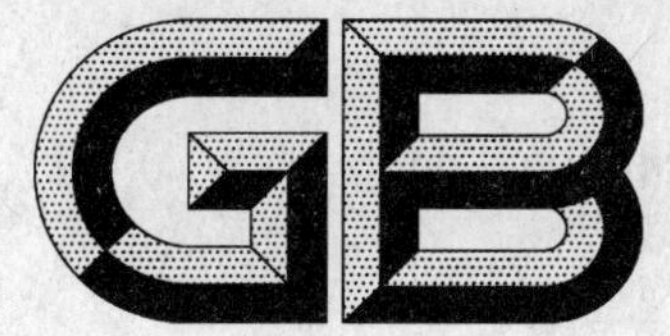

中华人民共和国国家标准

GB/T 10489—2009
代替 GB/T 10489—1989

轻型燃气轮机通用技术要求

General requirements for aero-derivative gas turbines

2009-04-13 发布 2010-01-01 实施

中华人民共和国国家质量监督检验检疫总局
中国国家标准化管理委员会 发布

前　言

本标准是对 GB/T 10489—1989《轻型燃气轮机通用技术要求》的修订。与 GB/T 10489—1989 相比，主要修改内容如下：

——增加了标准的前言；

——补充了术语和定义内容；

——重新规定了轻型燃气轮机压气机进气条件和排气条件；

——删除了部分条款中与轻型燃气轮机无关的内容；

——重新确认了引用标准的有效性；

——对名词术语进行了统一调整。

本标准自实施之日起代替 GB/T 10489—1989。

本标准的附录 A 为规范性附录，附录 B 和附录 C 为资料性附录。

本标准由中国机械工业联合会提出。

本标准由全国燃气轮机标准化技术委员会(SAC/TC 259)归口。

本标准起草单位：中国航空工业第一集团公司沈阳发动机设计研究所、上海发电设备成套设计研究院、上海闸电燃气轮机发电厂、中国航空动力机械研究所、上海汽轮机有限公司、东方汽轮机有限公司、中国航空综合技术研究所、南京燃气轮机研究所、天津滨海电力有限公司。

本标准主要起草人：李孝堂、沈邱农、范邦棪、王伟生、崔耀欣、赵世全、张华、涂庆国、沈国强。

本标准所代替标准的历次版本发布情况为：

——GB/T 10489—1989。

轻型燃气轮机通用技术要求

1 范围

本标准为供需双方洽谈采购轻型燃气轮机及辅助设备提供性能、环境、安全、燃料及其他方面的技术资料。

本标准适用于发电和机械驱动用的开式循环的轻型燃气轮机，是供需双方进行技术协商的依据。

2 规范性引用文件

下列文件中的条款通过本标准的引用而成为本标准的条款。凡是注日期的引用文件，其随后所有的修改单(不包括勘误的内容)或修订版均不适用于本标准，然而，鼓励根据本标准达成协议的各方研究是否可使用这些文件的最新版本。凡是不注日期的引用文件，其最新版本适用于本标准。

GB/T 10491 轻型燃气轮机成套设备噪声值及测量方法

GB/T 11369 轻型燃气轮机烟气污染物测量

GB/T 14100 燃气轮机 验收试验

GB/T 15135 燃气轮机 词汇(GB/T 15135—2002,ISO 11086:1996,MOD)

3 术语和定义

GB/T 15135 所确立的以及下列术语和定义适用于本标准。

3.1

轻型燃气轮机 aero-derivative gas turbines

航空派生(衍生)型燃气轮机

以航空涡轮发动机为基础改型、发展派生而成的非航空用途的燃气轮机。

3.2

轻型燃气轮机成套设备 aero-derivative gas turbines turnkey installation

包括轻型燃气轮机动力装置、负载和确保其正常运行的设备，以及其他完善其使用效能、控制其对环境影响所需的各种设备。

3.3

慢车转速 idle speed

给定的轻型燃气轮机可以稳定运行并由它开始加速和停机的转速。

4 标准参考条件

4.1 压气机进气条件

压气机进口法兰处(或压气机进气喇叭口处)：

总压 101.3 kPa；

总温 15 ℃；

相对湿度 60%，除采用中间冷却或喷水冷却外，湿度的影响一般可以忽略。

4.2 排气条件

动力涡轮排气部件出口法兰处(如采用回热循环，则在回热器出口处)的静压为 101.3 kPa。

4.3 冷却水条件

当采用水冷却工质时，则入口处水温取为 15 ℃。

4.4 工质加热器或冷却器的空气条件

当工质加热器或冷却器的周围介质是空气时，其标准参考条件为：

总压 101.3 kPa；

总温 15 ℃。

注：本标准涉及的功率、热效率、热耗率是根据本章节条件确定的。

5 试验用燃料

如果轻型燃气轮机试验用的燃料与供需双方协议规定的日常运行所用的燃料[见 11.7a)]不同时，须经供需双方协商。

6 运行方式

6.1 一般要求

除由供需双方专门商定的特殊应用情况外，发电用轻型燃气轮机的运行方式应根据 6.2 中规定的某一种工作类型和 6.3 中规定的某一种年平均起动次数等级组合起来共同规定（其他用途的轻型燃气轮机的运行方式由供需双方商定）。

例如，BⅡ（B类、Ⅱ级）是指每年运行时间不超过 2 000 h 和每年的起动次数不超过 500 次。

供方应根据需方提出的运行方式和运行要求，提出必要的检查和维修的种类、次数和等级（见 12.1.3）。

6.2 工作类型

A类：在备用尖峰负荷额定功率下，每年运行时间不超过 500 h；

B类：在尖峰负荷额定功率下，每年运行时间不超过 2 000 h；

C类：在半基本负荷额定功率下，每年运行时间不超过 6 000 h；

D类：在基本负荷额定功率下，每年运行时间不超过 8 760 h。

6.3 起动次数等级

Ⅰ级：平均每年起动超过 500 次；

Ⅱ级：平均每年起动不超过 500 次；

Ⅲ级：平均每年起动不超过 100 次；

Ⅳ级：平均每年起动不超过 25 次；

Ⅴ级：在规定的时间内连续运行，没有为检查和/或维修而进行计划停机。

7 额定性能

7.1 总则

采用标准参考条件是为了统一评定轻型燃气轮机性能。轻型燃气轮机的输出功率在给定的涡轮进口温度下，一般与大气压力成正比，并与进气温度有关。同样，在给定的进气温度和大气压力下，输出功率与涡轮进口温度有关。

由于轻型燃气轮机的运行方式不同，以及在设计主要部件时采用的准则也不一定相同，因此有不同额定性能的规定方式。标准额定性能不计及进口和出口的总压损失，而现场额定性能必须考虑这些压力损失。

轻型燃气轮机额定性能可按下列所用的燃料低热值加以确定：

a) 液体燃料 42 000 kJ/kg；

b) 气体燃料（100%甲烷）50 000 kJ/kg。

无论是气体或液体燃料，其低热值均在压力为 101.3 kPa、温度为 15 ℃条件下确定的。

7.2 标准额定性能

7.2.1 供方应提供第6章中规定的尖峰负荷(B类、Ⅱ级)和基本负荷(D类、Ⅳ级)的额定功率,并提供相应的检查和维修的工作内容。

7.2.2 当运行时的大气条件偏离标准参考条件时,轻型燃气轮机的额定功率按供方提供的规定技术文件进行验收。

7.2.3 轻型燃气轮机(燃气发生器)在大修间隔期内的后期,由于进、排气阻力增加和各有关部件效率的降低,性能允许下降,但不得超过合同规定值。

7.3 现场额定性能

轻型燃气轮机的现场额定性能规定如下:

a) 发电装置:在发电机输出端测出的电功率并按 GB/T 14100 规定的辅机功率进行修正后的净电功率。

b) 机械驱动装置:对于不是直接由轻型燃气轮机驱动的所有辅机功率进行修正后的净机械功率,应符合 GB/T 14100 的规定。

现场额定功率都应根据指定的现场条件(大气压力、温度、进气损失、排气损失等)及准备投入使用的运行方式而定。低温条件下的额定功率不应超过极限功率。

轻型燃气轮机动力装置如增加余热回收装置,其性能和参数的变化范围应经供需双方协商确定。

单独提供燃气发生器时,供方应提供实测的气体功率参数或相应的性能参数。

7.4 起动可靠性

用连续起动的成功次数来判断。根据不同的用途,起动次数可由合同双方具体商定。

8 控制和保护

8.1 起动

8.1.1 手动起动

要求操作者手动起动辅助设备并逐步完成起动控制程序(带转、清吹、点火、供给燃料等)达到慢车转速。

8.1.2 半自动起动

可以手动起动辅助设备,并且操作者只用一个动作就使轻型燃气轮机自动完成全套的起动控制程序,达到慢车转速。

8.1.3 自动起动

操作者只用一个动作就使轻型燃气轮机自动完成辅助设备起动和全套控制程序,达到慢车转速。

8.2 加负荷

可以用手动、半自动或自动的方式逐渐地加负荷,使轻型燃气轮机达到规定的功率值。自动加负荷可以直接跟在起动程序之后进行,无须附加其他动作。

在任何一种加负荷方式下,为了暖机的需要,在给定负荷下应有停留时间。

如果发电机组在加负荷前需同步并网,也可用手动或自动方式完成。

8.3 清吹

当轻型燃气轮机使用气体燃料时,起动控制系统应保证在点火前有一个能充分进行自动清吹的阶段(不管是手动起动、还是自动起动),使轻型燃气轮机排出的气体至少三倍于整个排气系统的容积。

8.4 停机

8.4.1 正常停机

8.4.1.1 发电用轻型燃气轮机

停机可以用手动、半自动或自动方式完成。其操作程序如下:

a) 在同步转速下,有控制地卸负荷到零输出;

b) 断开发电机断路器、磁场断路器；

c) 适当冷机，降到慢车转速；

d) 切断燃料供给；

e) 停掉与盘车无关的辅助设备；

f) 如需要，进行盘车；

g) 停掉其余的辅助设备，如滑油泵；

h) 恢复到准备起动状态。

8.4.1.2 机械驱动用轻型燃气轮机

停机可以用手动、半自动或自动方式完成。其操作程序如下：

a) 有控制地卸负荷到最小负荷状态；

b) 将被驱动的装置与所连接的系统分隔开；

c) 适当冷机，降到慢车转速；

d) 切断燃料供给；

e) 停掉与盘车无关的辅助设备；

f) 如需要，进行盘车；

g) 停掉其余的辅助设备，如滑油泵；

h) 恢复到准备起动状态。

8.4.2 紧急停车

8.4.2.1 紧急停车必须能手动操作，同时也必须能由保护系统自动控制。两种方式均必须能直接关闭燃料截止阀，切断对轻型燃气轮机的燃料供给。

8.4.2.2 除另有规定外，在紧急停车时，应自动将被驱动的装置与所连接的系统分隔开，以防止电机逆功率发生或负荷介质倒流。

8.4.2.3 停车时如有必要可操纵排空阀以释放储存的能量。

8.4.2.4 如需要，则应连续进行正常的盘车和停车程序。对装有自动再起动装置的机组，应采取措施防止不经手动复位就自行再起动。

8.5 燃料控制

燃料供应按照一个可控开环程序进行，它应由涡轮温度或其他保护装置进行越限控制。

8.6 恒速

对于恒速运行的轻型燃气轮机（特别是必须进行同步调节的轻型燃气轮机）必须安装感受输出轴转速的调速器。调速器在空载时可以改变转速的范围是额定转速的95%～105%。如果需方另有要求，可与供方商定。

机组作并列运行时，通过遥控操纵调速器应能使机组在40 s内从现场最大额定功率减少到零，具体所需时间应由需方决定，以便与其他并列运行机组的调速器协调一致。

8.7 变速

对要求在一定转速范围内变速运行的轻型燃气轮机，应提供相应的控制设备。

8.8 调速器

轻型燃气轮机的调速器在所有稳定负荷工况下，应能把输出转速限制在105%额定转速范围之内。在额定转速下运行时，调速系统应能防止轻型燃气轮机在甩负荷瞬间达到安全切断转速。如果需方另有要求，可与供方协商。

8.9 燃料调节阀

在轻型燃气轮机任何停机情况下，燃料调节阀应回到最小位置。

8.10 切断燃料供应

8.10.1 除燃料调节阀外，燃料控制系统应有独立的截止阀，使轻型燃气轮机在任何停机情况下，都能切断燃料供应。点火条件全部具备后截止阀方可打开。

8.10.2 对于发电用轻型燃气轮机，当燃料截止阀关闭时，应装有防止发电机逆功率的装置。在用于同步调相时，上述装置应不起作用。

8.10.3 燃用气体燃料的轻型燃气轮机，应设置排空阀，关闭燃料阀后，排空阀打开，以减少气体燃料漏入轻型燃气轮机内可能引起的危险。

8.11 超速保护

为了防止在运行中出现超速破坏，在每个独立的轴系上都应配备超速保护装置。

8.12 超速保护装置的手动检查

应备有使操作者能对超速保护装置进行手动检查的机构。这种手动检查最好是在既不引起切断停机，也不失去保护作用的条件下进行。

8.13 超速整定

超速保护装置应整定到在任何情况下甩负荷时轴系的飞升转速不超过制造厂规定的最大安全极限转速。

8.14 飞升转速

在轻型燃气轮机中，特别是在多轴轻型燃气轮机中，某一轴系可能因甩负荷而需承受很大的加速度。虽然超速保护装置已动作，但转速可能继续升高，其瞬时转速可能比安全切断转速大。此时轻型燃气轮机应不经检查仍能正常工作，同时必须保证所有连接设备和用电气、机械或液压方式相连接的辅机等，均能承受相应的超速。

8.15 附加超速保护

对于分轴轻型燃气轮机或带回热器的轻型燃气轮机，可能需要附加超速保护，以防止机内贮存的热量或大量的高压空气(或两者皆有)所造成的超速。

8.16 失火保护

应考虑设置一个在发生火警时切断燃料供应的装置。

8.17 熄火保护

应考虑设置熄火保护装置，当燃烧室内火焰熄灭时，应立即动作，切断燃料供应。

8.18 燃料系统的越限控制

燃料控制系统应包括一个越限控制装置，以防止转速、涡轮进口温度及扭矩超过规定值。

8.19 死区

在额定转速和任何输出功率时，死区不应超过额定转速的0.1%。

8.20 调速和燃料控制系统的稳定性

8.20.1 当轻型燃气轮机在任何输出功率运行时，调速和燃料控制系统应能稳定控制：

a) 轻型燃气轮机单独运行时的转速；

b) 轻型燃气轮机并列运行时的燃料供给量。

在某些情况下，可同时控制a)和b)两项，也要求运行稳定。

8.20.2 调速和燃料控制系统工作稳定的条件为：

a) 轻型燃气轮机在持续负荷下单独运行时，由调速和燃料控制系统所引起的转速持续波动的幅度不超过额定转速的±0.12%；

b) 轻型燃气轮机在额定转速和规定功率下并列运行时，由调速和燃料控制系统所引起的燃料供给量的持续波动使输出功率产生变化的幅度不超过额定功率的±2%。

8.21 温度控制系统的稳定性

当轻型燃气轮机在环境条件一定的情况下以温度控制方式运行时，温度和燃料控制系统应能稳定地控制轻型燃气轮机的温度。

由温度和燃料控制系统所引起的轻型燃气轮机燃料供给的持续波动，使输出功率产生的变化不超过额定输出功率的6%,即可认为温度和燃料控制系统的工作是稳定的。

8.22 总系统的稳定性

当机组发生越限控制时,可不受8.20和8.21中的稳定性规定的限制。

8.23 滑油系统

具有滑动轴承的轻型燃气轮机至少应配备两台由独立动力源驱动的滑油泵。当一台滑油泵提供的滑油压力低于规定的安全值时,另一台滑油泵应自动投入工作。此外,还应考虑应急情况下的润滑措施。

8.24 轴承温度

具有滑动轴承的轻型燃气轮机应装有温度监测器。该温度监测器除可测量轴承温度和回油温度外,还能使报警装置和切断装置分别或同时动作。

8.25 空气进口的压降和压力波动

进气系统的设计应考虑在特殊情况下如进气过滤器堵塞或结冰所造成的压降和因压气机的瞬时喘振造成的非正常工作状况而引起的压力波动。

8.26 燃料泄漏

对燃料的泄漏应进行监测。

8.27 振动监测系统

如果需方要求,应提供适用的振动监测系统。

8.28 其他安全措施

附录A给出了投标阶段应加以考虑的其他安全措施方面的资料。

9 燃料

9.1 概述

轻型燃气轮机可用气体燃料或液体燃料,或两者同时共用,不论燃料切换与否,需方都应提供下列资料:

9.1.1 所用燃料的规格和化学分析资料,其中包括规定的杂质含量和燃料成分的变化范围。

9.1.2 建议所用燃料的处理方法及其相应处理后的规范。

9.1.3 当需要切换燃料时,负荷和转速变换的条件、燃料切换的顺序以及其他有关的操作要求。

9.1.4 如供方不能接受需方提出的燃料规格,则应将可接受的杂质极限和燃料成分变化范围通知需方。

9.2 气体燃料

9.2.1 性质

气体燃料中含有液体成分对轻型燃气轮机是有危害的,因此燃料在进入喷嘴之前必须完全是气态。为此,必须安装气液分离器或其他专用设备,如加热器等。

供方应将燃料中含固体粒子的允许数量及对燃料所要求的净化程度通知需方。

9.2.2 腐蚀性介质

在气体燃料中,可能含有腐蚀性介质如:硫化氢、二氧化硫、三氧化硫、硫、碱金属、氯化物、一氧化碳和二氧化碳等,在进行分析时要特别注意其含量。

9.2.3 热值

需方应将气体燃料的低热值或可以用来计算其热值的资料提供给供方。预计机组在运行时,其热值可能变化的范围和变化的速率由需方提出,以便供方配备适合轻型燃气轮机调节器所需的专用设备。如果供方不能接受需方提供的燃料热值变化范围,则应将可接受的范围通知需方。

有关气体燃料热值的补充资料在附录B的表B.1中给出。

9.2.4 供气温度和压力

需方应把气体燃料温度和压力的波动幅值及变化周期提供给供方。如果供方不能接受这一变化范围,则应将可接受的范围通知需方。

附录B中给出了气体燃料的补充资料。

9.3 液体燃料

9.3.1 性质

轻型燃气轮机可以使用各种等级的液体燃料,然而,并非所有轻型燃气轮机都能使用多种燃料。而且所用燃料的各种性质会不同程度地影响轻型燃气轮机的运行、维护和购置费用。因此,供需双方应根据燃料的供应情况与轻型燃气轮机的具体情况,对所用燃料的规格进行商定,供方可对需方提出有关燃料中固体成分、净化程度等方面的有关要求。

9.3.2 液体燃料选择

经供需双方商定,可以使用符合地方认可的或其他组织批准的规范,并且适用于轻型燃气轮机的液体燃料。某些轻型燃气轮机对所用的燃料可以提出附加的性质和燃料处理的要求。

附录B中给出了液体燃料的补充资料。

10 环境

10.1 概述

轻型燃气轮机动力装置会产生振动和其他环境污染,主要是噪声、大气污染、热影响和场地污染。这些污染对运行人员和附近居民的健康会有影响,因此,应符合国家和地方的有关标准和法规的要求。

10.2 振动

10.2.1 振动的测量可在轴、轴承座或机匣上进行,具体位置和振动值在设计资料上作出规定。供方应保证机组在运行过程中振动不超过规定值。

10.2.2 系统部件的振动特性,对轻型燃气轮机能否达到预计的运行要求将产生严重影响,供方对此应进行分析。事实证明,即使在未连接前旋转机械各部件都能正常(如在工厂试车时)运行,连接以后也可能产生严重的振动。

10.2.3 振动超过允许值会使设备和建筑物受到严重损害。振动也是一种噪声源。

10.3 噪声

10.3.1 一般要求

需方应依据国家或地方的有关标准、法规提供轻型燃气轮机机房内运行人员经常在场或频繁出入的区域以及轻型燃气轮机动力装置附近可以接受的噪声级。应当注意到,除轻型燃气轮机以外,其他辅助设备如鼓风机、变压器等也可能产生噪声。由于降低噪声等级的消声装置和消声场地的设计将改变动力装置的总体成本,因此,对噪声的要求应当是力求达到不影响运行人员和附近居民的身体健康以及运行人员之间的对话。

在一般情况下,轻型燃气轮机机组的限制值应符合GB/T 10491规定。

为了满足设计要求,供需双方必须在承认环境因素对总噪声级有影响的前提下,对总噪声影响进行综合分析并对降低噪声的设计方案进行协调。

10.3.2 机房内噪声

运行人员在燃气轮机机房内操作,允许用护耳器。

运行人员在控制室内操作,应能进行正常谈话。

10.3.3 机房外噪声

必须限制噪声的传播,以减少对周围环境的噪声污染。

需方应规定所要求的噪声级,并指出诸如为附近可能存在的居住区扩增机组消声设备的可能性。

对消声设备的寿命应加以考虑。

对噪声级的要求可以明确规定，在一定方位距装置一定距离的测点处不超过某一最大噪声级dB(A)。这些要求也可在不同的状态下进行规定。

噪声的测量方法应按 GB/T 10491 的规定或按供需双方协议执行。

气象因素对噪声传播的影响应加以考虑。

10.4 大气污染

10.4.1 排放物

排放物的测量方法应按 GB/T 11369 中的规定或按供需双方协议执行。

如果需方对排放物有具体要求，则测量应在下列条件下进行：

a) 稳态；

b) 达到各种给定负荷状态下 5 min 后。

10.4.2 气态污染物

必须依据国家和地方的标准、法规，确定与光的反射特性无关的、由轻型燃气轮机排气所产生的气态污染物的允许量。

气态污染物主要包括氮氧化物、硫氧化物、一氧化碳和未燃烧的碳氢化合物，它们能引起严重的大气污染。

轻型燃气轮机动力装置产生的气态污染物的浓度一般比汽油机和柴油机小，但其排量大，故在漂烟地区，未燃烧的碳氢化合物和氮氧化物、氧化硫能引起大范围的大气污染。

应该注意到，如果为消烟或防止残渣油腐蚀而使用燃料添加剂，则排气道释放物中还可能含有其他有害物质，应按有关规定加以检查。

轻型燃气轮机排气中气态污染物含量的测量方法，按 GB/T 11369 规定。

为了减少氮氧化物的排放，可以喷水或喷水蒸气。在这种情况下必须指出耗水率。

10.4.3 对大气的热影响

无余热回收装置的简单循环轻型燃气轮机动力装置的排气，其温度一般比燃用固体燃料的其他动力装置高，因而具有更大的漂浮力和更快的消散能力。由于燃气与周围空气的迅速混合，使燃气的温度在排气道的附近显著降低。如果在轻型燃气轮机附近有对于空气温度和成分起敏感反应的设施，应该对可能由燃气轮机排气所引起的有害影响进行分析。

10.5 水污染

轻型燃气轮机成套设备的用水系统可能产生含有很多固体粒子或被油污染的废水，因此必须对排放这些废水可能造成的污染进行分析。

轻型燃气轮机成套设备的用水系统主要包括：

a) 控制氮氧化物的喷水系统；

b) 空气冷却系统；

c) 油料的水清洗系统；

d) 滑油的冷却系统；

e) 燃气轮机的水洗系统；

f) 余热回收装置；

g) 水处理系统。

10.6 对水的热影响

轻型燃气轮机动力装置中的冷却水，大多是用于冷却动力装置的滑油，也有些是用于其他场合，比如冷却密闭循环式发电机的冷却空气。大多数轻型燃气轮机动力装置使用很少的冷却水，因此其排放基本上不会使湖水和河水过多受热。如果压气机采用中间冷却器，则冷却水的需要量显著增加。有些机组常用水-空气换热器来消散水的热量。

10.7 场地污染

场地的土建工程设计，应考虑机组运行失常、失火或发生故障时能对场地周围提供安全保护措施。

应按有关标准或规定防止燃料贮存和装卸设备的泄漏。应提供处理废料的方法。废料包括假起动或起动失败漏掉的燃料、被燃油或水污染过的滑油等。

场地的选择应考虑季风和排烟对邻近建筑物的影响。

11 询价或招标时需方应提供的技术资料

11.1 被驱动的设备

发电机、泵、压缩机等。

11.2 型式和用途

型式：固定式、移动式；

用途：船用、机车用等。

11.3 供应范围

需方应说明供方的职责范围和供应范围，包括各制造厂之间的协调配套问题、设备的供应项目、交货时间、安装、试验和技术要求等。

11.4 环境

a) 海拔高度(或大气压力)、大气温度和相对湿度、冷却水进口温度的平均值和极限值、最冷和最热季节一天内随时间变化的温度曲线和相对湿度变化范围。

b) 有关被尘土、冰雾或盐分以及其他环境条件污染而影响空气纯度的环境特征。例如工业区、乡村、海滨、尘暴区、冰雾区等。

c) 影响排气消散和噪声控制的环境特征，例如禁烟区、靠近居民区。轻型燃气轮机应遵守的有关法规、供电标准、噪声级标准、排烟标准等。

d) 有关失火危险的各种特殊环境的详细资料。例如机组在炼油厂、煤气厂或火药厂内运行的环境情况和防火、防爆的要求等。

11.5 场地细则

a) 说明机组安放地点是室内或室外，自备供热还是外部供热，是否要求供方提供厂房、机罩的成套工程设计；

b) 可供机组安装的空间，包括机房尺寸的限制和地基深度；

c) 能运输到现场和装卸的零部件的最大尺寸和质量；

d) 进入现场的装卸环境性质和今后发展的详细情况，例如水路、铁路或公路，以及从卸货地点到最终位置的距离等；

e) 机组、厂房土建基础设计时所需要的地质情况、土地承载能力以及振动传播等资料；

f) 预计的季风、风压(或风级)、降雪量、降雨量，地震带以及移动式、船用和机车用时的过载情况；

g) 对控制室和其他指定区域要求的噪声级；

h) 选用冷却介质的性质和条件。

11.6 预期工作状态

a) 所要求的现场性能及其环境条件。

b) 机组输出最大功率时的环境温度(包括冷却空气的进口温度)。

c) 预计每年运行时数、持续运行时间和起动次数，以及平均负荷、尖峰负荷的范围和持续时间。预计机车用、船用的载荷谱。

d) 与运行状态有关的其他资料。如无电源起动、在正常应急情况下从起动到满负荷所需最短时间和机组在规定的转速范围内的功率等。

e) 与轻型燃气轮机所驱动的装置并列运行的其他装置的详细资料。

f) 如果驱动发电机，则应包括发电机的电极数、冷却方式，是否要求作调相运行以及在正常状态下的有关数据。如电压、频率和非正常频率下的持续时间。

注：如冬季气温过低，轻型燃气轮机能发出较大的功率，应配备较大功率的发电机。

g) 如果所驱动的装置不是由轻型燃气轮机制造厂提供，则应提供与该装置的性能、特点有关的技术资料，如使用寿命、维修、故障情况、转速、旋转方向、转速变化范围，转子轴向力、断裂扭矩、低转速扭矩和转动惯量等。此外还应提供所有特殊控制要求（如用于驱动压缩机或泵的轻型燃气轮机，用控制其转速的办法使输出压力恒定）及对滑油要求（如用主滑油系统供油）的详细资料。

h) 如果轻型燃气轮机排气不是排到由供方提供的余热锅炉中，则还应提供通过锅炉及其管道的压力降，以及是否需对锅炉提供旁通管道。

11.7 燃料

a) 提供所使用燃料的规格；

b) 应指明燃料的来源和价格，以便对技术、经济进行权衡分析；

c) 若是气体燃料还应提供气体的压力数据。

11.8 冷却水

提供所用水的数量、性质、温度（如干净淡水、海水、水量大小及对用水的限制等）、适用的水压、水的价格以及回水温度的限制等资料。

11.9 辅助动力源

现场辅助设备（如起动电机、滑油泵等）所用的电源、液压动力源或气压动力源的详细资料。

11.10 其他要求

a) 对轻型燃气轮机的控制要求：

  1) 有人看管或无人看管；

  2) 现场控制、遥控。

b) 是否要求轻型燃气轮机能在不同倾斜度下正常工作。

c) 优先采用的滑油。

d) 要求按 GB/T 14100 规定的选做试验项目及其细节。

e) 在无需额外维护和提供动力的情况下，预计的最长持续运行时间。

11.11 数据图表

需方也可以用图表方式提供要求的数据资料。

12 报价或投标时供方应提供的技术资料

12.1 一般资料

12.1.1 应提供关于询价单或招标当中不能承担项目的详细清单。否则需方即可认为供方承担全部项目。

12.1.2 提供以下技术性能数据：

a) 在给定大气条件下的现场额定功率；

b) 在 100%、75%和 50%现场额定功率下，按燃料低热值计算热效率和耗油率，以及按 11.6f）进行调相运行时计算功率损耗和热量消耗；

c) 压气机的压比、级数和空气流量；

d) 涡轮进口或出口燃气温度、燃气流量、涡轮级数。

12.1.3 主要部件更换周期及不同运行方式要求的检修内容、周期和级别（由供方根据使用环境、条件确定）。

12.1.4 各轴的转速、输出轴的旋转方向、慢车转速、临界转速或复合共振转速（有则提供）。

12.1.5 循环种类、是否有中间冷却、再热、换热器以及有无分轴的动力涡轮。

12.1.6 起动方法、应急起动要求、达到慢车转速的时间、达到额定转速的时间、达到额定输出功率的时间以及起动前和停车后的盘车时间要求。

12.1.7 如果是气体燃料，应给出要求的压力范围。

12.1.8 转速变化：

a) 由满负荷突然甩负荷时，其输出轴的瞬时转速突升值和稳态转速的变化值；

b) 在应急状态时，由于负荷改变而引起的瞬态和稳态的转速变化。

12.1.9 提供环境温度对输出功率(包括最大功率)的影响曲线和各种限制，如有可能，还应提供大气压力修正、各种外部压力损失和热耗率随环境温度的变化、机组在全部功率和转速范围内运行的各种限制以及相应的输出功率与输出轴转速的关系曲线。

12.1.10 为了确定通风和冷却的技术要求，应提供包括散热率的有关资料。

12.1.11 如果余热回收装置属于机组的组成部分，供方还应提供有关的参数及其允许变化范围的资料。

如果不是由供方提供余热回收装置，必要时供方应提供在给定环境条件下的燃气流量、温度和压力等数据。

12.1.12 滑油牌号及消耗量。

12.1.13 需用冷却水和其他辅助设施的主要参数。

12.1.14 供方提供外部接口的全部接头尺寸和连接型式的资料。

12.1.15 在11.5中需方规定的现场条件下，启用、运行及闲置期间的特殊防护和喷涂要求。

12.1.16 如果供方提供被驱动的设备，则同时应提供被驱动设备的主要资料，包括使用说明书、性能、外形尺寸、质量、润滑系统等。

12.1.17 若需方提供起动设备，供方则应提供轻型燃气轮机的起动扭矩与转速关系的特性曲线。

12.1.18 经供需双方商定后，应提供成套的交货次序、日期及包装要求。

12.2 质量和尺寸

12.2.1 质量

a) 净质量(不包括液体的质量，但包括运行必须的辅助设备和连接非必须辅助设备的传动装置)；

b) 安装时起吊最重零部件的质量；

c) 大修时起吊最重零部件的质量。

12.2.2 尺寸

a) 最大零部件的外形尺寸；

b) 安装时所需吊钩的最大高度(吊钩与基座底面间距离)；

c) 大修时所需吊钩的最大高度(吊钩与基座底面间距离)。

12.3 图纸和文件

12.3.1 投标时应提供的图纸

a) 设备布置图和有关技术文件；

b) 标有外形总尺寸和装、拆空间的轻型燃气轮机总图；

c) 标明进、排气口位置的外形尺寸图及有关技术资料，以便需方考虑设置专门的支架；

d) 初步的地基要求。

12.3.2 必要时还应提供的图纸

a) 轻型燃气轮机纵剖面图；

b) 滑油、燃料、冷却水、气体等的管道和仪表布置图；

c) 控制系统图。

12.4 环境

12.4.1 若需方需要，供方应根据第10章内容列出预计的机组噪声级的数据。

12.4.2 若需方需要，供方应根据第10章内容列出预计的轻型燃气轮机排气及排烟的浓度和成分。

12.5 辅助设备

12.5.1 列出轻型燃气轮机所需辅助设备(其功率已从现场额定功率中扣除)清单。例如：

——主滑油泵；

——燃料泵等。

12.5.2 列出其他辅助设备清单注明功率和电压(如有需要)。例如：

——辅助滑油泵；

——辅助燃料泵；

——风冷式滑油散热器的风扇；

——循环水泵；

——蓄电池充电设备；

——盘车机构和顶轴滑油泵；

——起动设备等。

12.5.3 由供方提供的轻型燃气轮机的随机设备和器材清单。例如：

——主减速器或增速齿轮装置；

——底座、底座支承、基础螺栓；

——排气管道；

——进气管道；

——控制室和仪表；

——燃料过滤器；

——滑油箱；

——滑油冷却器；

——滑油净化器；

——工具、起重装置；

——管道；

——蓄电池；

——主要的备件，如点火器；

——外部绝缘、涂包层；

——安全保护装置及控制设备；

——备件清单和检修设备清单；

——技术指导手册等。

12.5.4 供方生产或通过供方提供的附加设备的清单。例如：

——空气过滤器或进气消声器(或两者兼有)；

——排气消声器；

——厂内用发电机；

——附加管道和有导流片的弯管；

——燃油箱和滑油箱、泵、加热器，处理设备和管道；

——涡轮或压气机的清洗设备；

——平台、栏杆；

——余热回收装置；

——水处理系统；

——气体燃料压缩设备；

——灭火系统；

——推荐用的附加设备；

——压缩空气、水等公用设施要求；

——监控设备等。

12.6 维护

供方应为需方提供维护方面的技术资料。作为指导，典型的维护资料参见附录 C。

12.7 数据图表

供方也可以用数据图表方式提供第 11 章中有关的技术资料。

附 录 A
（规范性附录）
安 全 措 施

轻型燃气轮机的设计和采用的设备都必须符合国家安全条例，对人和设备都要提供必要的安全保护。主要有：

A.1 减小火灾危险，并采取防火措施。

A.2 控制系统的设计应能防止不安全的状态（如超速、超温、振动过大等）发生。

A.3 对不安全的运行状态进行报警（见第8章）。

A.4 为保护运行人员及设备的安全应采用切断装置。

A.5 如果运行人员需要接近正在运行的轻型燃气轮机，为了避免人员不慎接触危险机件，应提供挡板、绝缘材料、栏杆等设施。

A.6 运行、维护人员应有安全的搬运设备和工具，特别需要注意重型设备包括索具或阻挡具、吊具、起重机和行车的安全保护措施。

A.7 在设计轻型燃气轮机时，应考虑将燃料、液压油和滑油泄漏引起着火的危险降低到最小程度（应特别注意将任何潜在的泄漏限于局部范围）。

A.8 当机组在运行时，应为所有接近动力装置的现场提供通风和撤离现场的设施。另外还要考虑在封闭区域内使用二氧化碳灭火系统可能对操作人员引起的危险。

A.9 在运行期内，应遵守供方规定的轻型燃气轮机机房工作的注意事项。

A.10 为防止噪声的干扰，进入工作现场的人员应戴上护耳器。

A.11 运行和维护人员应熟悉动力装置安全运行和维护工作的细则，届时按规定处置。

A.12 选择轻型燃气轮机防护设备，应考虑对其他动力装置或系统设备可能产生的影响。

附　录　B
（资料性附录）
关于燃料的补充资料

B.1　气体燃料

B.1.1　通过计算得出相对密度和密度

混合气体的相对密度和密度可通过计算混合气的相对摩尔质量进行分析而求得。混合气的相对摩尔质量是通过将混合气中每一成分的摩尔百分数乘以该成分的相对摩尔质量，然后相加而得到（相对摩尔质量见表 B.1）。摩尔百分数是将该成分气体摩尔数除以各组分总摩尔数而求得。对于气体，摩尔百分数是体积的百分比。例如，对于由以下成分：

a）　甲烷（CH_4）　　77.5%

b）　乙烷（C_2H_6）　　16.0%

c）　二氧化碳（CO_2）　　6.5%

组成的气体，其相对密度确定如下：

成分	摩尔数 （体积百分数）	相对摩尔质量	混合物的相对摩尔质量 [(2)×(3)]/100
CH_4	77.5	16.043	12.433
C_2H_6	16.0	30.070	4.811
CO_2	6.5	44.011	2.860

所以，气体平均的相对摩尔质量为 20.104。

表 B.1 中干燥空气相对摩尔质量是 28.966（在 ISO 标准状态下空气的相对摩尔质量是 28.855，因为其中含有相对湿度为 60% 的水蒸气）。所以在与空气相比较时，该混合气的相对密度（以空气为 1.0）是：

相对密度：20.104/28.966＝0.694

气体的密度通过将气体的平均摩尔质量除以摩尔体积求得。摩尔体积随各成分的可压缩系数而略有变化，但是对大多数工程应用来说，在 0 ℃和 101.3 kPa（1 013 mbar）的条件下。每千摩尔气体的体积取 22.412 m^3 足够精确。

因此，上面的例子所给出混合气的密度是：20.104/22.412＝0.897 kg/m^3

［在 0 ℃，101.3 kPa（1 013 mbar）的条件下］

而空气的密度是：28.966/22.412＝1.293 kg/m^3

［在 0 ℃，101.3 kPa（1 013 mbar）的条件下］

B.1.2　热值

表 B.1 给出了用于计算气体燃料热值的各种气体的热值。一旦气体燃料化学分析已知，它的热值就是各成分的质量比与其按质量计算的热值乘积之和。对于在 B.1.1 例中所给的气体燃料，其热值计算如下：

各成分的质量百分数：

甲烷：12.4/20.104＝0.617

乙烷：4.8/20.104＝0.239

其热值为：

高热值：55 545×0.617＋51 920×0.239＝46 680 kJ/kg

低热值:50 000×0.617+47 525×0.239=42 280 kJ/kg

B.1.3 污染物质

在气体燃料中可能含有污染物,它取决于气体燃料的种类,例如天然气、发生炉煤气、炼油气、高炉煤气,可能含有的一些污染物质是:

a) 焦油、炭黑、焦炭、烟尘和其他固体;

b) 水、海水、油和其他液体;

c) 萘、气体水化物和其他气体。

表 B.1 15 ℃时气体燃料的特性

序号	物质名称	分子式	相对摩尔质量	热值/(kJ/kg)	
				高	低
1	碳 Carbon	C	12.011	32 780	32 780
2	氢 Hydrogen	H_2	2.016	142 120	12 007
3	氧 Oxygen	O_2	32.000	—	—
4	氮 Nitrogen	N_2	28.013	—	—
5	一氧化碳 Carbon monoxide	CO	28.011	10 110	10 110
6	二氧化碳 Carbon dioxide	CO_2	44.011	—	—
	链烷烃系列 C_nH_{2n+2}				
7	甲烷 Methane	CH_4	16.043	55 545	50 000
8	乙烷 Ethane	C_2H_6	30.070	51 920	47 525
9	丙烷 Propane	C_3H_8	44.097	50 385	46 390
10	正丁烷 n-Butane	C_4H_{10}	58.124	49 565	45 775
11	异丁烷 Isobutane	C_4H_{10}	58.124	49 445	45 660
12	正戊烷 n-Pentane	C_5H_{12}	72.151	49 060	45 400
13	异戊烷 Isopentane	C_5H_{12}	72.151	48 970	45 305
14	新戊烷 Neopentane	C_5H_{12}	72.151	48 780	45 115
15	正己烷 n-Hexane	C_6H_{14}	86.169	48 710	45 130
	烯烃系列 C_nH_{2n}				
16	乙烯 Ethylene	C_2H_4	28.054	50 345	47 205
17	丙烯 Propylene	C_3H_6	42.081	—	—
18	正丁烯 n-Butene(butylene)	C_4H_8	56.108	48 475	45 350
19	异丁烯 Isobutene	C_4H_8	56.108	48 220	45 085
20	正戊烯 n-Pentene	C_5H_{10}	70.128	48 180	45 040
	芳香族系列 C_nH_{2n-6}				
21	苯 Benzene	C_6H_6	78.107	42 360	40 660
22	甲苯 Toluene	C_7H_8	92.132	42 890	40 985
23	二甲苯 Xylene	C_8H_{10}	106.158	42 380	41 310
	其他				
24	乙炔 Acetylene	C_2H_2	26.036	50 010	48 325

表 B.1（续）

序号	物质名称	分子式	相对摩尔质量	热值/(kJ/kg)	
				高	低
25	萘 Naphthalene	$C_{10}H_8$	128.162	40 235	38 865
26	甲醇 Methanol	CH_3OH	32.041	23 865	21 115
27	乙醇 Ethanol	C_2H_5OH	46.067	30 615	27 750
28	氨 Ammonia	NH_3	17.031	22 490	18 610
29	硫 Sulfur	S	32.06	9 265	9 270
30	硫化氢 Hydrogen sulfide	H_2S	34.076	16 515	15 225
31	二氧化硫 Sulfur dioxide	SO_2	64.06	—	—
32	水蒸气 Water vapour	H_2O	18.016	—	—
33	干空气 Air(dry)	—	28.966	—	—

B.2 液体燃料

作为订购燃气轮机的导则，表 B.2 给出了对燃气轮机燃油的要求（按 ISO 4261 的表 1）。

表 B.2 在用户运输、保管的期间和场所，燃气轮机燃油的详细要求

类别[a]	试验方法	ISO-F 级					
		DST.0	DST.1 DMT.1	DST.2 DMT.2	DST.3 DMT.3	RST.3 RMT.3	RST.4 RMT.4
描述		低闪点蒸馏油，石脑油类	中等闪点蒸馏油，航空煤油类	蒸馏油，柴油类	低灰分蒸馏油	低灰分渣油或石油处理工艺后含有重馏分的蒸馏油	石油处理工艺后含有重馏分的石油燃料
闪点℃，最小值	ISO 2719[b]		陆用：38 船用：43[c]	陆用：56 船用：60	陆用：56 船用：60	60	60
运动黏度 40 ℃时/(mm^2/s) 100 ℃时/(mm^2/s)，最大值	ISO 3104	1.3 min[d] —	1.3～2.4[d] —	1.3～5.5 —	1.3～11.0 —	1.3～20.0 —	— 55 (见 ISO 4261)
15 ℃时的密度/(kg/m^3)，最大值[e]	ISO 3675	报告给出值	报告给出值	880	900 (见 ISO 4261)	920 (见 ISO 4261)	996 (见 ISO 4261)
蒸馏温度 90%(V/V)/℃，最大值	ISO 3405	228	288	365	—	—	—
低温使用性	ISO 4261	报告给出值	报告给出值	报告给出值	报告给出值	报告给出值	报告给出值
残碳/%(m/m)，最大值	ISO 4262	0.15 (残渣 10%)	0.15 (残渣 10%)	0.15 (残渣 10%)	0.25	1.5	报告给出值[f]

表 B.2（续）

<table>
<tr><th rowspan="2">类别[a]</th><th rowspan="2">试验方法</th><th colspan="6">ISO-F 级</th></tr>
<tr><th>DST.0</th><th>DST.1
DMT.1</th><th>DST.2
DMT.2</th><th>DST.3
DMT.3</th><th>RST.3
RMT.3</th><th>RST.4
RMT.4</th></tr>
<tr><td>灰分/%(m/m)，
最大值</td><td>ISO 6245</td><td>0.01</td><td>0.01</td><td>0.01</td><td>0.01</td><td>0.03</td><td>0.15</td></tr>
<tr><td>水/%(V/V)，
最大值</td><td>ISO 3733</td><td>0.05</td><td>0.05</td><td>0.05</td><td>0.30</td><td>0.50</td><td>1.0</td></tr>
<tr><td>沉淀物/%(m/m)，
最大值</td><td>ISO 3735</td><td>0.01</td><td>0.01</td><td>0.01</td><td>0.05</td><td>0.05</td><td>0.25</td></tr>
<tr><td>硫/%(m/m)[g]，
最大值</td><td>ISO 4260
ISO 8754</td><td>0.5
0.5</td><td>0.5
0.5</td><td>—
1.3</td><td>—
2.0</td><td>—
2.0</td><td>—
4.5</td></tr>
<tr><td>铜腐蚀，最大值</td><td>ISO 2160</td><td>1</td><td>1</td><td>1</td><td>—</td><td>—</td><td>—</td></tr>
<tr><td>计算的净热值/
(MJ/kg)，
最小值(低热值)</td><td>ISO 4261</td><td>报告给出值</td><td>42.8</td><td>41.6</td><td>40</td><td>40.0</td><td>39.4</td></tr>
<tr><td colspan="8">a 各种原油特性不同，不必将其归于某种牌号。如果考虑把原油作为工业用燃气轮机的燃料，则其使用方式应由燃气轮机制造商和用户协调确定。
b 可根据确定最小闪点的法则规定其他方法。
c 在船用中这种燃料用于发动机应急使用，并且应符合 ISO 8217 要求。
d 对于 40 ℃时运动黏度低于最小值 1.3 mm²/s 的燃料，得到燃气轮机制造商认可后，可作为替换燃料。
e 在 15 ℃时，测量的密度单位是 kg/L，或其他的等值单位，同本表这些值比较应乘以 1 000。
f 对 RST.4/RMT.4 燃料残碳重要性的评估在 ISO 4261 B.2.6 给出。
g 有余热回收装置的燃气轮机可增加对硫含量控制的要求，以防止冷端腐蚀(见 ISO 4261 B.2.6)。</td></tr>
</table>

附　录　C
（资料性附录）
维　　护

C.1　目的

本附录规定了供方向需方提供有关维护周期和维护持续时间方面的资料。

C.2　需要的资料

为了使设备在选用的运行方式下安全运行，供方应提供必需的有关压气机与涡轮的清洗、更换、检查和大修的预期周期和持续时间方面的资料，必要时还应提供检查清单。

如需方要求，供方应对能承担的维护服务工作和更换零部件的供应作出说明。

C.3　维护范围

应包括整个轻型燃气轮机动力装置的所有部件以及轻型燃气轮机制造厂供应的被驱动设备和附件的维护。

这些部件举例如下：

——压气机；
——涡轮；
——燃烧系统；
——中间冷却器；
——回热器；
——控制系统；
——燃料系统；
——滑油系统；
——冷却水系统；
——转子轴承；
——传动齿轮；
——联轴器；
——进气装置（如管道、过滤器、冷却器、消声器）；
——排气管道；
——排气消声器；
——支承系统；
——箱体和通风系统；
——被驱动设备。

C.4　维护工作的操作说明

供方应明确说明每一维护操作所需的拆卸工作量（除非这项工作在制造厂内进行）。例如：

——燃烧室零部件的检查；
——涡轮叶片检查；
——压气机叶片的检查；
——主要的轴和叶轮的检查。

C.5 维护操作地点

供方应说明,要在什么地方进行主要整体部件的维护操作。例如:

——在装置上;

——在安装现场;

——在修理中心。

如果在修理中心进行维护操作,供方应说明,它是否提供更换部件或借用部件。

C.6 现场维护资料

对于在现场进行维护操作,供方应提供下列资料:

——要起吊的最重零部件的质量;

——预计需要的总工时;

——建议的人数和工作;

——所需的起吊设备和专用工具清单;

——预计的更换零部件、器材和修理工作。

C.7 修理中心维护资料

在修理中心进行检修时,供方应提供下列资料:

a) 要送到修理中心的零部件的质量;

b) 预计离开现场(包括运输和修理)的总时间。

对修理和零件更换或借用所需的工作量,由供需双方商定。

C.8 维护供应

供方应当就运行和维护所需要的消耗品提出要求。例如:

——(空气、油、燃料)过滤器元件;

——润滑油;

——液压油。

C.9 备件

供方应提供建议的消耗品和备件的清单,其中包括现场所需的数量,以及说明不存放在现场的备件的订货和交付时间。

C.10 运行和维护培训要求

按需方要求,供方应对需方的运行和维护人员进行培训以及提供培训方面的资料。

C.11 不需拆卸时的清洗方法

供方应当说明在不需拆卸情况下清洗压气机或涡轮(或同时清洗)的方法及所需要的设备和步骤。

参 考 文 献

[1] GB/T 14099—2005 燃气轮机 采购

[2] ISO 2160 Petroleum products—Corrosiveness to copper—Copper strip test.

[3] ISO 2719 Determination of flash point—Pensky-Martens closed cup method.

[4] ISO 3104 Petroleum products—Transparent and opaque liquids—Determination of kinematic viscosity and calculation of dynamic viscosity.

[5] ISO 3405 Petroleum products—Determination of distillation characteristics at atmospheric pressure.

[6] ISO 3675 Crude petroleum and liquid petroleum products—Laboratory determination of density—Hydrometer method.

[7] ISO 3733 Petroleum products and bituminous materials—Determination of water—Distillation method.

[8] ISO 3735 Crude petroleum and fuel oils—Determination of sediment—Extraction method.

[9] ISO 4260 Petroleum products and hydrocarbons—Determination of sulfur content—Wickbold combustion method.

[10] ISO 4261 Petroleum products—Fuels(class F)—Specifications of gas turbine fuels for industrial and marine applications.

[11] ISO 4262 Petroleum products—Determination of carbon residue—Ramsbottom method.

[12] ISO 6245 Petroleum products—Determination of ash.

[13] ISO 8217 Petroleum products—Fuels(class F)—Specifications of marine fuels.

[14] ISO 8754 Petroleum products—Determination of sulfur content—Energy-dispersive X-ray fluorescence spectrometry.

ICS 71.060.50
G 12

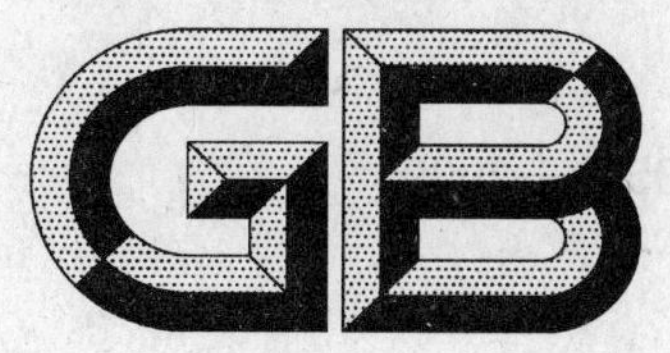

中华人民共和国国家标准

GB 10500—2009
代替 GB/T 10500—2000

工业硫化钠

Sodium sulfide for industrial use

2009-06-02 发布

2010-02-01 实施

中华人民共和国国家质量监督检验检疫总局
中国国家标准化管理委员会 发布

前言

本标准的第7章、第8章和第9章为强制性内容，其余内容为推荐性。

本标准与日本标准JIS K1435:1986《工业硫化钠》(日文版)的一致性程度为非等效。

本标准代替GB/T 10500—2000《工业硫化钠》。本标准与GB/T 10500—2000的主要技术差异为：

——取消了3类产品(2000版4.2)。

——重新设置了1类和2类产品及等级。1类为低铁硫化钠，2类为普通硫化钠。提高了各等级的铁含量、水不溶物含量要求(2000版4.2，本版的第5章)。

——修改了全溶取样方式(2000版6.3.1，本版7.3.1)。

本标准由中国石油和化学工业协会提出。

本标准由全国化学标准化技术委员会无机化工分会(SAC/TC 63/SC 1)归口。

本标准主要起草单位：中海油天津化工研究设计院、南风化工集团、内蒙古亿利能源股份有限公司。

本标准主要起草人：范国强、陈爱兵、王水赞、王尚君。

本标准所代替标准的历次版本发布情况为：

——GB/T 10500—1989、GB/T 10500—2000。

工 业 硫 化 钠

1 范围

本标准规定了工业硫化钠的要求、试验方法、检验规则、标志、标签、包装运输和储存。

本标准适用于块状、片状和粒状工业硫化钠，该产品主要用于造纸、染料、选矿、印染等行业。

2 规范性引用文件

下列文件中的条款通过本标准的引用而成为本标准的条款。凡是注日期的引用文件，其随后所有的修改单(不包括勘误的内容)或修订版均不适用于本标准，然而，鼓励根据本标准达成协议的各方研究是否可使用这些文件的最新版本。凡是不注日期的引用文件，其最新版本适用于本标准。

GB 190—1990 危险货物包装标志

GB/T 191—2008 包装储运图示标志(ISO 780:1997,MOD)

GB/T 3049—2006 工业用化工产品 铁含量测定的通用方法 1,10-菲啰啉分光光度法(ISO 6685:1982,IDT)

GB/T 6682—2008 分析实验室用水规格和试验方法(ISO 3696:1987,MOD)

GB/T 8170—2008 数值修约规则与极限数值的表示和判定

HG/T 3696.1 无机化工产品化学分析用标准滴定溶液的制备

HG/T 3696.2 无机化工产品化学分析用杂质标准溶液的制备

HG/T 3696.3 无机化工产品化学分析用制剂及制品的制备

3 分子式和相对分子质量

分子式：Na_2S

相对分子质量：78.04(按 2007 年国际相对原子质量)

4 分类与外观

4.1 工业硫化钠产品根据生产工艺分为两类：1 类为低铁硫化钠(俗称黄碱)；2 类为普通硫化钠(俗称红碱)。

4.2 外观：黄色或红褐色块状、片状和粒状。

5 要求

工业硫化钠应符合表 1 要求。

表 1 要求

指标项目		指标				
		1类			2类	
		优等品	一等品	合格品	优等品	一等品
硫化钠(Na_2S),w/%	≥	60.0	60.0	60.0	60.0	60.0
亚硫酸钠(Na_2SO_3),w/%	≤	1.0	—	—	—	—
硫代硫酸钠($Na_2S_2O_3$),w/%	≤	2.5	—	—	—	—
铁(Fe),w/%	≤	0.002 0	0.003 0	0.005 0	0.015	0.030
水不溶物,w/%	≤	0.05	0.05	0.05	0.15	0.20
碳酸钠,w/%	≤	2.0	—	—	3.5	—

6 试验方法

6.1 安全提示

本标准中使用的强酸强碱及样品均具有腐蚀性，操作时应谨慎，避免溅出；挥发性有机溶剂有害人体健康且易燃，应在通风橱内进行操作，并防止与明火接触。

6.2 一般规定

本标准所用试剂和水，在没有注明其他要求时，均指分析纯试剂和GB/T 6682—2008中规定的三级水。试验中所用标准滴定溶液、杂质标准溶液、制剂及制品，在没有注明其他要求时，均按HG/T 3696.1、HG/T 3696.2、HG/T 3696.3规定制备。

6.3 试验溶液的制备

6.3.1 试验溶液A的制备：用已知重量的称量瓶，称量约30 g全溶试样溶液(7.3.1)，精确至0.01 g。移入1 000 mL容量瓶中。用无二氧化碳的水稀释至刻度，摇匀。此溶液为试验溶液A。

硫化钠固体试样质量(m)按式(1)计算：

$$m=\frac{m_2}{m_1}\times m_3 \qquad \cdots\cdots(1)$$

式中：

m_1——制得的全溶试样溶液的质量的数值，单位为克(g)；

m_2——溶解硫化钠的质量的数值，单位为(g)；

m_3——用称量瓶称取的全溶试样溶液的质量的数值，单位为克(g)。

6.3.2 试验溶液B的制备：称量约10 g固体样品，精确至0.01 g放入400 mL烧杯中，加100 mL水加热溶解。冷却，移入1 000 mL容量瓶中。用无二氧化碳的水稀释至刻度，摇匀。此溶液为试验溶液B。

试验溶液A或试验溶液B用于硫化钠、亚硫酸钠、硫代硫酸钠、铁、碳酸钠含量的测定。

6.4 硫化钠含量的测定

6.4.1 方法提要

在弱酸性溶液中，加入过量的碘标准溶液，以硫代硫酸钠标准滴定溶液返滴定，测出总还原物。减去碘量法测出的硫代硫酸钠和亚硫酸钠含量相当的量。两者之差即为硫化钠含量。

6.4.2 试剂

6.4.2.1 冰乙酸溶液：1+10；

6.4.2.2 碘标准滴定溶液：$c\left(\frac{1}{2}I_2\right)\approx 0.1$ mol/L；

6.4.2.3 硫代硫酸钠标准滴定溶液：$c(Na_2S_2O_3)\approx 0.1$ mol/L；

6.4.2.4 淀粉指示液：5 g/L。

6.4.3 分析步骤

用移液管移取20 mL碘标准滴定溶液置于250 mL碘量瓶中，加25 mL水，10 mL冰乙酸溶液。在摇动下用移液管加入10 mL试验溶液A或试验溶液B。用硫代硫酸钠标准滴定溶液滴定。溶液呈淡黄色时，加入2 mL淀粉指示液。继续滴定至蓝色消失为终点。

6.4.4 结果计算

硫化钠的含量以硫化钠(Na_2S)的质量分数w_1计，数值以%表示，按式(2)计算：

$$w_1=\frac{[(V_1c_1-V_2c_2)/10-V_3c_1/40]\times M/1\,000}{m/1\,000}\times 100 \qquad \cdots\cdots(2)$$

式中：

V_1——加入碘标准滴定溶液体积的数值，单位为毫升(mL)；

V_2——滴定中消耗的硫代硫酸钠标准滴定溶液体积的数值，单位为毫升(mL)；

V_3——6.4.3滴定中消耗的碘标准滴定溶液体积的数值，单位为毫升(mL)；

c_1——碘标准滴定溶液浓度的准确的数值，单位为摩尔每升(mol/L)；

c_2——硫代硫酸钠标准滴定溶液浓度的准确的数值，单位为摩尔每升(mol/L)；

m——固体试料的质量的数值，单位为克(g)；

M——硫化钠$\left(\frac{1}{2}Na_2S\right)$摩尔质量的数值，单位为克每摩尔(g/mol)($M$=39.02)。

取平行测定结果的算术平均值为测定结果，平行测定结果的绝对差值不大于0.3%。

6.5 亚硫酸钠含量的测定

6.5.1 方法提要

在试液中加入碳酸锌悬浮液，沉淀硫离子。取一份滤液以碘量法测定硫代硫酸钠和亚硫酸钠合量。减去硫代硫酸钠含量相当的量。二者之差即亚硫酸钠含量。

6.5.2 试剂

6.5.2.1 95%乙醇；

6.5.2.2 碳酸钠溶液：100 g/L；

6.5.2.3 硫酸锌($ZnSO_4 \cdot 7H_2O$)溶液：100 g/L；

6.5.2.4 冰乙酸溶液：1+10；

6.5.2.5 碘标准滴定溶液：浓度同6.4.2.2；

6.5.2.6 淀粉指示液：5 g/L(使用期为2周)。

6.5.3 分析步骤

用移液管移取200 mL溶液A或溶液B，置于500 mL容量瓶中。依次加入40 mL碳酸钠溶液、80 mL硫酸锌溶液、25 mL乙醇，加水至刻度，摇匀。干过滤，弃去前10 mL滤液。用移液管移取100 mL滤液(剩余滤液用于硫代硫酸钠含量的测定)，置于500 mL锥形瓶中。加入10 mL冰乙酸溶液、2 mL淀粉指示液，用碘标准滴定溶液滴定。溶液出现蓝色即为终点。

6.5.4 结果计算

亚硫酸钠含量以亚硫酸钠(Na_2SO_3)的质量分数w_2计，数值以%表示，按式(3)计算：

$$w_2=\frac{(V_3-V_4)c\times M/1\,000}{m\times 200\times 100/(1\,000\times 500)}\times 100 \qquad (3)$$

式中：

V_3——6.5.3滴定中消耗的碘标准滴定溶液体积的数值，单位为毫升(mL)；

V_4——6.6.3滴定中消耗的碘标准滴定溶液体积的数值，单位为毫升(mL)；

c——碘标准滴定溶液浓度的准确数值，单位为摩尔每升(mol/L)；

M——亚硫酸钠$\left(\frac{1}{2}Na_2SO_3\right)$摩尔质量的数值，单位为克每摩尔(g/mol)($M$=63.02)；

m——固体试料质量的数值，单位为克(g)。

取平行测定结果的算术平均值为测定结果，两次平行测定结果的绝对差值不大于0.1%。

6.6 硫代硫酸钠含量的测定

6.6.1 方法提要

在试液中加入碳酸锌悬浮液，沉淀硫离子在滤液中加入甲醛溶液掩蔽亚硫酸钠用碘标准滴定溶液滴定硫代硫酸钠

6.6.2 试剂

6.6.2.1 甲醛；

6.6.2.2 碳酸钠溶液100 g/L；

6.6.2.3 硫酸锌($ZnSO_4 \cdot 7H_2O$)溶液：100 g/L；

6.6.2.4 冰乙酸溶液：1+10；

6.6.2.5 碘标准滴定溶液：浓度同6.4.2.2；

6.6.2.6 淀粉指示液:5 g/L。

6.6.3 分析步骤

用移液管移取 100 mL(6.5.3)干过滤后的滤液,置于 500 mL 锥形瓶中。加 5 mL 甲醛溶液,10 mL 冰乙酸溶液,2 mL 淀粉指示液用碘标准滴定溶液滴定。溶液出现蓝色即为终点。

6.6.4 结果计算

硫代硫酸钠含量以硫代硫酸钠($Na_2S_2O_3$)的质量分数 w_3 计,数值以%表示,按式(4)计算:

$$w_3 = \frac{V_4 c \times M/1\,000}{m \times 200 \times 100/(1\,000 \times 500)} \times 100 \quad \cdots\cdots(4)$$

式中:

V_4——滴定中消耗的碘标准溶液体积的数值,单位为毫升(mL);

c——碘标准滴定溶液浓度的准确数值,单位为摩尔每升(mol/L);

m——固体试料质量的数值,单位为克(g);

M——硫代硫酸钠(($Na_2S_2O_3$)摩尔质量的数值,单位为克每摩尔(g/mol)(M=158.1)。

取平行测定结果的算术平均值为测定结果,平行测定结果的绝对差值不大于 0.1%。

6.7 铁含量的测定

6.7.1 方法提要

用过氧化氢将硫化物氧化成硫酸盐,赶净多余的过氧化氢,用盐酸酸化溶液,再用抗坏血酸将三价铁还原成二价铁。在 pH 值为 2~9 范围内,二价铁与邻菲啰啉生成红色络合物,在最大吸收波长(510 nm)下用分光光度计测定吸光度。

6.7.2 试剂

6.7.2.1 30%过氧化氢;

6.7.2.2 无水碳酸钠溶液:100 g/L;

6.7.2.3 其他试剂同 GB/T 3049—2006 第 3 章。

6.7.3 仪器、设备

同 GB/T 3049—2006 第 4 章。

6.7.4 分析步骤

6.7.4.1 工作曲线的绘制

按 GB/T 3049—2006 的 6.3 的规定绘制工作曲线。

6.7.4.2 试验溶液的制备

用移液管移取 10 mL 试验溶液 A 或试验溶液 B(对于低铁硫化钠,称取约 1 g 固体试样,精确至 0.01 g,加 20 mL 水溶解),置于 150 mL 烧杯中。滴加过氧化氢(加入量为固体样品量的 5 倍再过量 1.5 mL),摇匀,放置 5 min。加入 0.5 mL 无水碳酸钠溶液,加热沸腾 5 min。加入 0.5 mL(1+1)盐酸溶液,继续加热 1 min,冷却,用少量水将溶液全部转移到 100 mL 容量瓶中(如有沉淀,可用滤纸过滤)。用水稀释至刻度,摇匀。

6.7.4.3 空白试验溶液的制备

除不加试样外,其余同试验溶液的制备。

6.7.4.4 测定

按 GB/T 3049—2006 的 6.4 的规定,从“必要时加水至约 60 mL……”开始对试验溶液和空白试验溶液进行操作。

6.7.5 结果计算

铁含量以铁(Fe)的质量分数 w_4 计,数值以%表示,按式(5)计算:

$$w_4 = \frac{(m_2 - m_1)/1\,000}{m} \times 100 \quad \cdots\cdots(5)$$

式中：

m_2——根据测得的试验溶液吸光度从工作曲线上查出的铁质量的数值，单位为毫克(mg)；

m_1——根据测得的空白试验溶液吸光度从工作曲线上查出的铁质量的数值，单位为毫克(mg)；

m——固体试料的质量的数值，单位为克(g)。

取平行测定结果的算术平均值为测定结果，平行测定结果的绝对差值 1 类为不大于 0.000 5%，2 类为不大于 0.005%。

6.8 水不溶物含量的测定

6.8.1 试剂和材料

6.8.1.1 盐酸溶液：1+6；

6.8.1.2 酚酞指示液：10 g/L；

6.8.1.3 酸洗石棉

取适量酸洗石棉，用盐酸溶液煮沸 20 min。用布氏漏斗过滤并洗至中性。再用氢氧化钠溶液(50 g/L)煮沸 20 min，用水洗至中性。用水调成糊状，备用。

6.8.2 仪器、设备

6.8.2.1 古氏坩埚：25 mL。在古氏坩埚筛板上、下各均匀地铺约 1 mm～2 mm 厚的处理过的酸洗石棉，用热水抽滤洗涤至滤出液内不含石棉毛絮为止。将此坩埚烘干，冷却、称量。再用热水洗涤，于 105 ℃～110 ℃烘干，冷却、称量。如此重复直至坩埚质量恒定为止。

6.8.2.2 电热恒温干燥箱：可控制温度于 105 ℃～110 ℃。

6.8.3 分析步骤

用已知质量的称量瓶称取约 30 g 全溶试液[按公式(1)计算固体样品质量]，或固体试样约 10 g，精确至 0.01 g，置于 400 mL 烧杯中。用 200 mL 水溶解，加热至沸腾。澄清，用古氏坩埚抽滤，用热水洗至中性(以酚酞指示液检验)。于 105 ℃～110 ℃，干燥至质量恒定。

6.8.4 结果计算

水不溶物含量以质量分数 w_5 计，数值以%表示，按式(6)计算：

$$w_5 = \frac{m_2 - m_1}{m} \times 100 \qquad \cdots\cdots\cdots\cdots (6)$$

式中：

m_1——古氏坩埚质量的数值，单位为克(g)；

m_2——古氏坩埚质量和水不溶物质量的数值，单位为克(g)；

m——固体试样质量(6.3)的数值，单位为克(g)。

取平行测定结果的算术平均值为测定结果，平行测定结果的绝对差值不大于 0.01%。

6.9 碳酸钠含量的测定

6.9.1 方法提要

用过氧化氢将硫化物氧化成为硫酸盐。加硫酸使碳酸钠分解生成二氧化碳。以乙醇、丙酮混合液吸收，以氢氧化钾标准滴定溶液滴定。

6.9.2 试剂和材料

6.9.2.1 乙酸铅试纸；

6.9.2.2 碱石棉；

6.9.2.3 硫酸溶液：1+3；

6.9.2.4 30%过氧化氢溶液：1+3；

6.9.2.5 混合溶剂：将 1 份乙醇与 1 份丙酮混合；

6.9.2.6 氢氧化钾标准滴定溶液：$c(KOH)$约为 0.05 mol/L

a) 制备：称取约 3.5 g 氢氧化钾，置于烧杯中，加 150 mL 丙三醇，加热溶解。用少量混合溶剂溶解 0.2 g 百里香酚酞和 0.005 g 百里香酚蓝，加入到烧杯中。用混合溶剂稀释到约 1 000 mL。贮于棕色瓶中，放置 24 h 备用。

b) 标定

用移液管移取 25 mL 无水碳酸钠标准溶液，置于 250 mL 圆底烧瓶中与碳酸钠分析装置系统相连后，按 6.9.4 之规定进行操作。

氢氧化钾标准滴定溶液的浓度 $c(KOH)$]按式(7)计算：

$$c = \frac{c_1 V_1}{V} \qquad \cdots\cdots(7)$$

式中：

c_1——无水碳酸钠标准溶液浓度的准确数值，单位为摩尔每升(mol/L)；

V_1——移取无水碳酸钠标准溶液的体积的数值，单位为(mL)；

V——滴定中消耗的氢氧化钾标准滴定溶液的体积的数值，单位为(mL)。

6.9.2.7 无水碳酸钠标准溶液：$c\left(\frac{1}{2}Na_2CO_3\right) \approx 0.04$ mol/L；

称取 2.1 g 于 270 ℃～300 ℃灼烧至质量恒定的基准无水碳酸钠，精确至 0.000 2 g，置于 100 mL 烧杯中，用水溶解全部转移到 1 000 mL 容量瓶中，用水稀释至刻度，摇匀。

6.9.2.8 参比溶液：

称取约 0.1 g 氢氧化钾置于烧杯中，加 150 mL 丙三醇，加热溶解。与用少量混合溶剂溶解的 0.2 g 百里香酚酞和 0.005 g 百里香酚蓝共同移入 1 000 mL 容量瓶中，用混合溶剂稀释至刻度，摇匀。

6.9.2.9 吸收液：

按 6.9.4 分析步骤，在吸收管(7)中加入 2/3 体积(约 80 mL)的参比溶液。于圆底烧瓶中用移液管加入 10 mL 无水碳酸钠标准溶液。当加酸后产生的二氧化碳被吸收后溶液颜色变黄时，用氢氧化钾标准溶液滴定至与参比溶液相同的颜色后使用(吸收液连续使用数次后，溶液颜色发暗时应重新更换)。

6.9.3 仪器、设备

碳酸钠测定装置见图 1。

6.9.4 分析步骤

按图 1 装好碳酸钠测定装置。用移液管移取 100 mL 试验溶液 A 或试验溶液 B，置于 250 mL 圆底烧瓶(1)中加入 15 mL 过氧化氢溶液，连接好装置。加热并打开水真空抽气。控制吸收管中气泡间断冒出的速度，加热片刻后从分液漏斗(3)中加入 10 mL 硫酸溶液分解放出的二氧化碳在置于光照的白色背景前的吸收管(7)中吸收。随即用氢氧化钾标准滴定溶液滴定至与参比溶液相同的颜色。3 min 内不变色为终点。如吸收管(8)的颜色比参比溶液有明显变化，表明二氧化碳未完全被吸收管(7)的溶液吸收，应重新进测定。

6.9.5 结果计算

碳酸钠含量以碳酸钠(Na_2CO_3)质量分数 w_7 计，数值以%表示，按式(8)计算：

$$w_7 = \frac{cV \times M/1\,000}{m \times 100/1\,000} \times 100 \qquad \cdots\cdots(8)$$

式中：

c——氢氧化钾标准滴定溶液浓度的准确数值，单位为摩尔每升(mol/L)；

V——滴定所消耗的氢氧化钾标准滴定溶液的体积的数值，单位为毫升(mL)；

M——碳酸钠$\left(\frac{1}{2}Na_2CO_3\right)$摩尔质量的数值，单位为克每摩尔(g/mol)($M$=53.0)；

m——固体试料质量的数值，单位为克(g)。

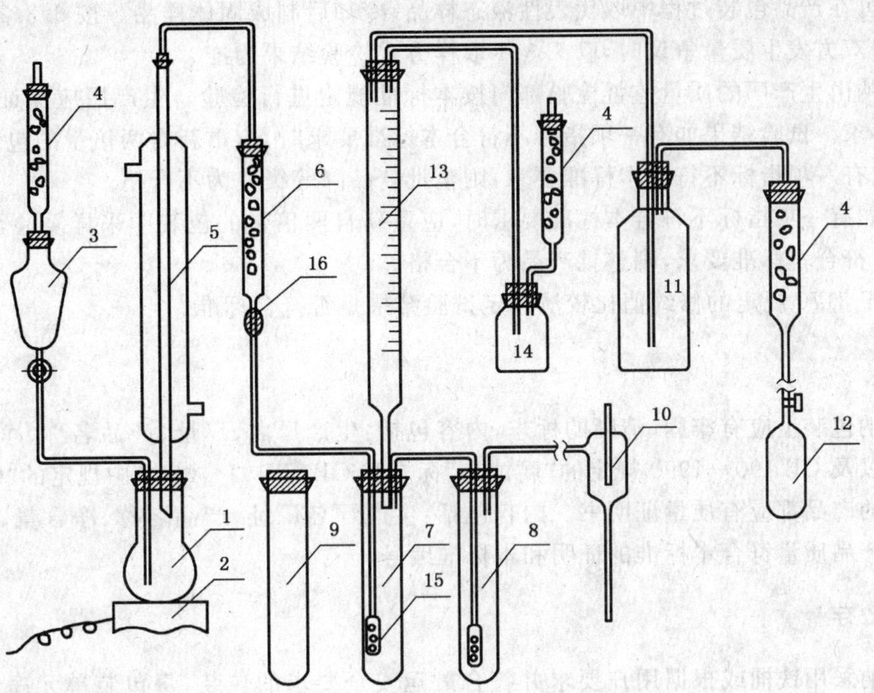

1——250 mL 圆底烧瓶；

2——电炉；

3——分液漏斗；

4——碱石棉管；

5——冷凝管；

6——净化管(内装氧化铜丝)；

7、8——吸收管 ϕ30×250 mm；

9——参比溶液管(同 7、8)；

10——水真空；

11——氢氧化钾标准溶液贮瓶；

12——压气球；

13——25 mL 碱滴定管；

14——回收瓶；

15——气体分配帽(尼龙，孔径小于 0.1 mm)；

16——乙酸铅试纸。

图 1　碳酸钠测定装置

取平行测定结果的算术平均值为测定结果，平行测定结果的绝对差值不大于 0.2%。

7　检验规则

7.1　本标准规定的所有项目为出厂检验项目。

7.2　生产企业用相同材料，基本相同的生产条件，连续生产或同一班组生产的产品为一批，每批产品不超过 60 t。

7.3　取样方法分为固体样品和液体样品，分别按照以下步骤进行：

7.3.1　对于桶装块状产品，从每批中随机选取一桶。剖开桶皮，从上、中、下各取约 100 g 样品，称得硫化钠质量后加水溶解。为加速溶解可加热。溶解完全后继续加水，配成质量分数为 20% 的溶液并称其质量。混匀后在不断搅拌下，取出约 30 g 的液体样品，供当日检验用。

对于袋装片状、粒状硫化钠，从每批中随机选取 3 袋(50 kg 装)或 6 袋(25 kg 装)，深入表面 20 cm 以下采样，每袋取出不少于 50 g 样品按上述方法溶解取样。

7.3.2 生产厂可在产品包装过程中取代表性液态样品，冷却后制成固体样品。按6.3.2的规定制备试验溶液。当供需双方发生质量争议时，以7.3.1取样方式检验结果为准。

7.4 工业硫化钠由生产厂的质量监督检验部门按本标准规定进行检验。生产厂应保证每批出厂产品都符合本标准要求。试验结果如有一项指标不符合本标准要求时，应重新自两倍量的包装中采样复验，复验结果即使只有一项指标不符合本标准要求，则整批产品降等级或为不合格。

7.5 检验结果如有一项指标不符合本标准要求时，应重新自两倍量的包装中采样复验，复验结果即使只有一项指标不符合本标准要求，则整批产品为不合格。

7.6 采用GB/T 8170规定的修约值比较法判定试验结果是否符合标准。

8 标志、标签

8.1 工业硫化钠包装上应有牢固、清晰的标志，内容包括：生产厂名、厂址、产品名称、净含量、类别、等级、本标准编号以及GB 190—1990规定的“腐蚀品”标志和GB/T 191—2008中规定的“怕雨”标志。

8.2 每批出厂的产品都应有质量证明书。内容包括：生产厂名厂址、产品名称、净含量、类别、等级、批号或生产日期、产品质量符合本标准的证明和本标准编号。

9 包装、运输、贮存

9.1 工业硫化钠采用铁桶或根据用户要求并符合贮运安全要求的包装，每包装单元净含量为25 kg、50 kg或150 kg。

9.2 铁桶包装应保证桶盖密封牢固；其他包装方式应保证产品质量的稳定，符合贮运安全的有关规定。

9.3 工业硫化钠产品贮存时应通风良好，防止雨淋、受潮、受热，不得与酸及腐蚀性物品接触。

9.4 工业硫化钠产品运输时应注意防止日晒、雨淋、受热，保持包装完好。

ICS 53.040.10
J 81

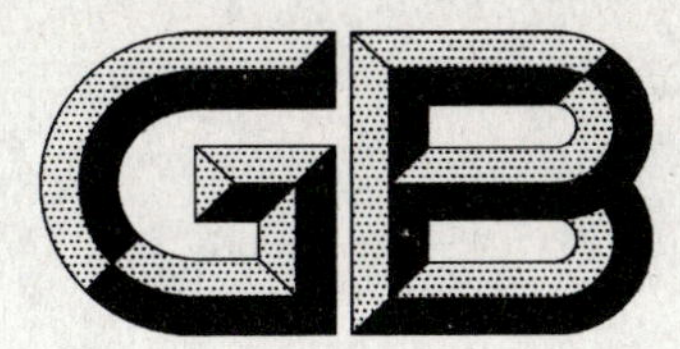

中华人民共和国国家标准

GB/T 10595—2009
代替 GB/T 987—1991,GB/T 988—1991,GB/T 990—1991,GB/T 10595—1989

带式输送机

Belt conveyors

2009-04-02 发布　　　　2009-11-01 实施

中华人民共和国国家质量监督检验检疫总局
中国国家标准化管理委员会　发布

前言

本标准代替GB/T 987—1991《带式输送机　基本参数与尺寸》、GB/T 988—1991《带式输送机　滚筒　基本参数与尺寸》、GB/T 990—1991《带式输送机　托辊　基本参数与尺寸》和GB/T 10595—1989《带式输送机　技术条件》。

本标准与GB/T 987—1991、GB/T 988—1991、GB/T 990—1991和GB/T 10595—1989相比主要区别如下：

——增加了带式输送机包装技术要求；

——增加了滚筒轴承设计寿命的要求；

——增加了输送带的要求；

——增加了胶面滚筒面胶、底胶性能检验；

——增加了输送量的要求和测定；

——托辊辊子的防尘性能和防水性能的前提进行了修改；

——面胶的物理机械性能重新进行了规定；

——滚筒轴探伤质量的要求进行了修改；

——滚筒静平衡试验方法进行了补充；

——输送带连接后长度上的直线度进行了修改；

——托辊辊子的使用寿命进行了修改；

——托辊辊子外圆径向圆跳动值进行了修改；

——托辊辊子旋转阻力的试验方法进行了修改；

——辊子防尘、防水试验中的转速进行了修改。

本标准的附录A为规范性附录。

本标准由中国机械工业联合会提出。

本标准由全国连续搬运机械标准化技术委员会归口。

本标准负责起草单位：北京起重运输机械研究所。

本标准参加起草单位：四川省自贡运输机械有限公司、沈阳矿山机械（集团）有限责任公司、北京约基同力机械制造有限公司、衡阳起重运输机械有限公司、铜陵天奇蓝天机械设备有限公司、山东山矿机械有限公司、唐山冶金矿山机械厂、焦作市科瑞森机械制造有限公司、上海青浦起重运输机械有限公司、安徽攀登机械股份有限公司、马鞍山钢铁股份有限公司输送机械设备制造公司和东莞市隆泰实业有限公司。

本标准主要起草人：张尊敬、张强、黄文林、杨明华、龚欣荣、黄锡良、张晓华、周世昶、于春成、孟凡波、侯天成、李平、李天国、张永丰。

本标准所代替标准的历次版本发布情况为：

——GB 987—1967、GB 987—1977、GB/T 987—1991；

——GB 988—1967、GB 988—1977、GB/T 988—1991；

——GB 989—1967、GB 989—1977；

——GB 990—1967、GB 990—1977、GB/T 990—1991；

——GB 991—1967、GB 991—1977；

——GB 992—1967、GB 992—1977；

——GB 993—1967、GB 993—1977；

——GB 994—1967、GB 994—1977；

——GB 995—1967、GB 995—1977；

——GB 996—1967、GB 996—1977；

——GB/T 10595—1989。

带 式 输 送 机

1 范围

本标准规定了带式输送机(以下简称输送机)的基本参数、技术要求、试验方法、检验规则、标志、包装和贮存。

本标准适用于输送各种块状、粒状等松散物料以及成件物品的输送机。

有特殊要求和特殊型式的输送机,其通用部分亦可参照使用。

2 规范性引用文件

下列文件中的条款通过本标准的引用而成为本标准的条款。凡是注日期的引用文件,其随后所有的修改单(不包括勘误的内容)或修订版均不适用于本标准,然而,鼓励根据本标准达成协议的各方研究是否可使用这些文件的最新版本。凡是不注日期的引用文件,其最新版本适用于本标准。

GB/T 191 包装储运图示标志(GB 191—2008,ISO 780:1997,MOD)

GB/T 528 硫化橡胶或热塑性橡胶拉伸应力应变性能的测定(GB/T 528—1998,eqv ISO 37:1994)

GB/T 531 橡胶袖珍硬度计压入硬度试验方法

GB/T 985 气焊、手工电弧焊及气体保护焊缝坡口的基本形式及尺寸

GB/T 986 埋弧焊焊缝坡口的基本形式与尺寸

GB/T 1184—1996 形状和位置公差 未注公差值(eqv ISO 2768-2:1989)

GB/T 2828.1—2003 计数抽样检验程序 第1部分:按接收质量限(AQL)检索的逐批检验抽样计划(ISO 2859-1:1999,IDT)

GB/T 3323—2005 金属熔化焊焊接接头射线照相

GB/T 3512 硫化橡胶或热塑性橡胶热空气加速老化和耐热试验

GB/T 3767—1996 声学 声压法测定噪声源声功率级 反射面上方近似自由场的工程法(eqv ISO 3744:1994)

GB/T 4323 弹性套柱销联轴器

GB/T 4490 输送带尺寸

GB/T 5014 弹性柱销联轴器

GB/T 5015 弹性柱销齿式联轴器

GB/T 5272 梅花形弹性联轴器

GB/T 6402 钢锻材超声波检验方法

GB 7324—1994 通用锂基润滑脂

GB/T 7984 具有橡胶和塑料覆盖层的普通用途织物芯输送带

GB/T 8923—1988 涂装前钢材表面锈蚀等级和除锈等级(eqv ISO 8501-1:1988)

GB/T 9239.1—2006 机械振动 恒态(刚性)转子平衡品质要求 第1部分:规范与平衡允差的检验

GB/T 9286—1998 色漆和清漆 漆膜的划格试验(eqv ISO 2409:1992)

GB/T 9770 普通用途钢丝绳芯输送带

GB/T 9867 硫化橡胶耐磨性能的测定

GB 11211 硫化橡胶与金属粘合强度的测定 拉伸法

GB 11345—1989 钢焊缝手工超声波探伤方法和探伤结果分级
GB/T 13306 标牌
GB/T 13384 机电产品包装通用技术条件
GB/T 13792 带式输送机托辊用电焊钢管
GB 14784 带式输送机安全规范
JB/T 6406 电力液压鼓式制动器
JB/T 7020 电力液压盘式制动器
JB/T 7330 电动滚筒
JB/T 8869 蛇形弹簧联轴器
JB/T 9000 液力偶合器 通用技术条件
JB/T 9002 运输机械用减速器
JB/T 10061 A 型脉冲反射式超声波探伤仪 通用技术条件

3 基本参数

3.1 带宽

输送机带宽应符合表1的规定。

表 1 单位为毫米

带宽	300、400、500、650、800、1 000、1 200、1 400、1 600、1 800、2 000、2 200、2 400、2 600、2 800

3.2 名义带速

输送机名义带速应符合表2的规定。

表 2 单位为毫米/秒

名义带速	0.2、0.25、0.315、0.4、0.5、0.63、0.8、1.0、1.25、1.6、2.0、2.5、3.15、3.55、4.0、4.5、5.0、5.6、6.3、7.1

3.3 滚筒

3.3.1 输送机滚筒直径应符合表3的规定。

表 3 单位为毫米

滚筒直径	200、250、315、400、500、630、800、1 000、1 250、1 400、1 600、1 800

3.3.2 输送机带宽与滚筒长度和滚筒直径的组合见表4。

表 4 单位为毫米

<table>
<tr><th>带宽 B</th><th>滚筒长度 L</th><th>滚筒直径 D</th></tr>
<tr><td>300</td><td>400</td><td>200、250、315、400</td></tr>
<tr><td>400</td><td>500</td><td rowspan="2">200、250、315、400、500</td></tr>
<tr><td>500</td><td>600</td></tr>
<tr><td>650</td><td>750</td><td>200、250、315、400、500、630</td></tr>
<tr><td>800</td><td>950</td><td>200、250、315、400、500、630、800、1 000、1 250、1 400</td></tr>
<tr><td>1 000</td><td>1 150</td><td rowspan="3">250、315、400、500、630、800、1 000、1 250、1 400、1 600、1 800</td></tr>
<tr><td>1 200</td><td>1 400</td></tr>
<tr><td>1 400</td><td>1 600</td></tr>
<tr><td>1 600</td><td>1 800</td><td rowspan="2">315、400、500、630、800、1 000、1 250、1 400、1 600、1 800</td></tr>
<tr><td>1 800</td><td>2 000</td></tr>
</table>

表 4（续） 单位为毫米

带宽 B	滚筒长度 L	滚筒直径 D
2 000	2 200	500、630、800、1 000、1 250、1 400、1 600、1 800
2 200	2 500	
2 400	2 800	
2 600	3 000	630、800、1 000、1 250、1 400、1 600、1 800
2 800	3 200	
注：滚筒直径 D 是不包括包层厚度在内的名义滚筒直径，与带宽组合为推荐组合。		

3.4 托辊辊子

3.4.1 输送机托辊辊子的名义直径应符合表 5 的规定。

表 5 单位为毫米

托辊名义直径	63.5、76、89、108、133、159、194、219

3.4.2 输送机托辊辊子的基本参数和尺寸应符合表 6 的规定。

表 6 单位为毫米

带宽 B	辊子直径 d	辊子长度 l
300	63.5,76,89	160,380
400		160,250,500
500		200,315,600
650	76,89,108	250,380,750
800	89,108,133,159	315,465,950
1 000	108,133,159,194	380,600,1 150
1 200		465,700,1 400
1 400		530,800,1 600
1 600	133,159,194,219	600,900,1 800
1 800		670,1 000,2 000
2 000		750,1 100,2 200
2 200		800,1 250,2 500
2 400	159,194,219	900,1 400,2 800
2 600		950,1 500,3 000
2 800		1 050,1 600,3 200

4 技术要求

4.1 使用温度

输送机使用环境温度为 −25 ℃～+40 ℃。

4.2 整机性能

4.2.1 输送机应运转平稳，所有辊子应运转灵活。

4.2.2 输送带应在输送机全长范围内对中运行。当带宽不大于 800 mm 时，输送带的中心线与输送机中心线偏差不大于±40 mm；当带宽大于 800 mm 时，其中心线间的偏差不大于带宽的 5%或±75 mm

(取较小值)。

4.2.3 输送机空载噪声值不应大于图1中曲线的规定值。

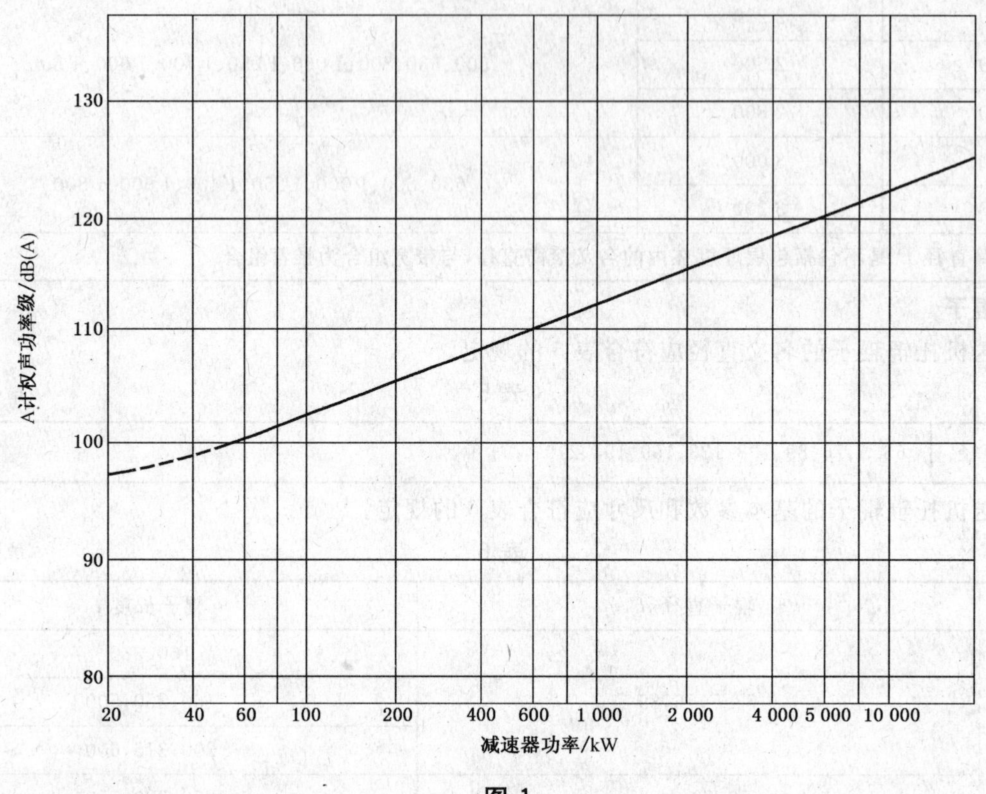

图 1

4.2.4 拉紧装置应调整方便、动作灵活,并应保证输送机启动、制动和运行时的工作要求。

4.2.5 输送机运行时,清扫器应清扫效果好、性能稳定。刮板式清扫器的刮板和输送带的接触应均匀,其调节行程应大于 20 mm。

4.2.6 卸料装置不应出现颤、跳、抖动和撒料现象。

4.2.7 各种机电保护装置应反应灵敏、动作准确可靠。

4.2.8 漏斗和导料栏板应保证输送机在满负荷运转时,不应出现堵塞和撒料现象。

4.2.9 输送机运行时,带速不应小于额定带速的 95%。

4.2.10 输送机运行时,输送量不应低于额定值。

4.3 驱动装置

4.3.1 驱动装置不应渗油。

4.3.2 制动轮装配后,外圆径向圆跳动应符合 GB/T 1184—1996 中 9 级精度的规定。

4.3.3 逆止器安装后,输送机运行时应运转灵活,逆止状态时应安全可靠。

4.3.4 弹性联轴器的安装要求应符合 GB/T 4323、GB/T 5014、GB/T 5015 和 GB/T 5272 的规定。

4.3.5 滑块联轴器两半体径向位移不应大于 1.0 mm,两轴线夹角不应大于 0°30′。

4.3.6 蛇形联轴器安装后应符合 JB/T 8869 的规定。

4.3.7 链式联轴器端面圆跳动和径向圆跳动为 0.10 mm。

4.3.8 鼓式制动器装配后应符合 JB/T 6406 的规定。

4.3.9 盘式制动器装配后应符合 JB/T 7020 的规定。制动时,闸块与制动盘工作接触面积不应小于 80%。

4.3.10 液力偶合器装配后应符合 JB/T 9000 的规定。

4.3.11 运输机械用减速器装配后应符合 JB/T 9002 的规定;其他减速器应符合相关标准的规定。

4.3.12 电动滚筒应符合 JB/T 7330 的规定。

4.4 滚筒

4.4.1 滚筒筒皮最小壁厚 b_1 应符合式(1)的规定。

$$b_1 \geqslant b-1 \quad \cdots\cdots(1)$$

式中：

b——筒皮名义壁厚，单位为毫米(mm)。

4.4.2 滚筒铸钢件接盘应符合下列要求：

a) 不允许存在长度大于 3 倍宽度的线状缺陷；

b) 单个点状缺陷不应大于 ϕ6 mm；

c) 两个相邻点状缺陷的间距大于其中较大缺陷尺寸时，按单个缺陷分开计算，间距小于其中较大缺陷尺寸时，两个缺陷合并计算，其缺陷当量总和不应大于 ϕ6 mm；

d) 密集性缺陷面积不应大于 90 mm²，缺陷总面积不得超过表 7 的规定；

表 7

探伤部位厚度/mm	≤15	>15～40	>40～60
缺陷总面积/mm²	800	1 650	2 700

e) 接盘圆周部分之间的回波高度差应小于 12 dB；

f) 当底波高度比原波高度降低 25%，探测区域大于 50 mm 时，视为内部有较大缺陷，不允许使用。

4.4.3 滚筒轴锻钢件不应有夹层、折叠、裂纹、结疤等缺陷。

4.4.4 滚筒筒体焊缝应符合 GB 11345—1989 中 B 类Ⅱ级或 GB/T 3323—2005 中Ⅲ级要求。

4.4.5 滚筒筒体与接盘的环形角焊缝不应有裂纹和未焊透，其当量灵敏度不得大于 ϕ4 mm。当缺陷小于当量灵敏度 ϕ4 mm，两缺陷间距小于板厚时累计计算。

4.4.6 承受合力大于 80 kN 的滚筒筒体应消除内应力。

4.4.7 滚筒轴探伤质量应符合下列条件：

a) 不允许有裂纹和白点；

b) 单个和密集性缺陷应符合表 8 的规定；

c) 允许存在的单个缺陷最大长度 200 mm；

d) 单个缺陷的间距应大于 100 mm，如果小于 100 mm，则两个缺陷长度与间距之和应小于 400 mm；

e) 在同一截面内，单个缺陷不应超过 3 个。

表 8

滚筒轴直径 D/mm	允许存在单个缺陷最大当量直径/mm		密集性缺陷参数					密集区总面积不大于轴截面面积的百分比/%
			面积/mm²		间距/mm	当量直径/mm		
	A 区	B 区	A 区	B 区		A 区	B 区	
≤200	4	6	10	15	≥80	<3	<4	<5
200<D≤400	6	8	15	25	≥100	<4	<5	<5
>400	8	9	25	35	≥120	<5	<6	<5

注 1：对于阶梯轴，表中 D 表示滚筒轴最大外径；

注 2：A 区表示半径大于 0.25D 圆至滚筒轴外圆中的环形区域，B 区表示半径不大于 0.25D 圆滚筒轴中部圆形区域。

4.4.8 滚筒外圆直径偏差应符合表 9 的规定。

表 9

滚筒直径 D	200～400	500～1 000	1 200～1 800
极限偏差	$^{+1.5}_{0}$	$^{+2.0}_{0}$	$^{+2.5}_{0}$

4.4.9 滚筒为胶面滚筒时，其胶层应与筒皮表面粘合牢固，不允许出现脱层、起泡等缺陷。面胶的物理机械性能应符合表 10 的规定。底胶的物理机械性能应符合表 11 的规定。

表 10

项目		指标
拉伸强度/MPa		≥18
拉断伸长率/%		≥300
拉断永久变形/%		≤25
邵尔 A 型硬度/HS	传动滚筒	60～70
	改向滚筒	50～60
磨耗量/mm^3	传动滚筒	≤90
	改向滚筒	≤100
抗老化性能(在 70 ℃×168 h 老化后)	拉伸强度变化率/%	−25～+25
	拉断伸长率变化率/%	

表 11

项目	指标
拉伸强度/MPa	≥30
拉断伸长率/%	≥300
底胶与金属粘合强度/MPa	≥4.0
热处理后底胶与金属粘合强度/MPa (热处理采用热空气法，温度为 1 452 ℃±2 ℃，时间 150 min)	≥3.2

4.4.10 当带速不小于 2.5 m/s 时滚筒应进行静平衡试验，滚筒静平衡精度等级应符合 GB/T 9239.1—2006 中 G40 的规定。其静平衡补偿可在滚筒接盘上采取添加材料的办法实现。

4.4.11 滚筒装配时，轴承和轴承座油腔中应充入性能不低于 GB 7324—1994 中规定的 2 号锂基润滑脂，轴承充脂量为轴承空隙的 2/3 至 3/4，轴承座油腔中应充满。

4.4.12 滚筒装配后其外圆径向圆跳动应符合表 12 的规定。

表 12

单位为毫米

滚筒直径 D	200～800	1 000～1 600	1 800
无包层滚筒	0.6	1.0	1.5
有包层滚筒	1.1	1.5	2.0

4.4.13 滚筒轴承设计寿命不应小于 50 000 h。

4.5 托辊辊子

4.5.1 托辊辊子用钢管材应不低于 GB/T 13792 中的规定。

4.5.2 托辊辊子装配时，轴承和密封圈(迷宫式密封)中应充入性能不低于 GB 7324—1994 中规定的 2 号锂基润滑脂。轴承充油量应为轴承空隙的 2/3 至 3/4，密封圈之间的空隙应充满。

4.5.3 托辊辊子(除缓冲、梳型等特殊辊子外)外圆径向圆跳动应符合表13的规定。

4.5.4 托辊辊子装配后,在500 N轴向压力作用下,辊子轴向位移量不得大于0.7 mm。

4.5.5 在托辊辊子轴上施加表14规定的轴向载荷后,辊子轴与辊子辊体、轴承座、密封件等不应脱开。

表13

带速/(m/s)	辊子长度/mm			
	<550	≥550～950	>950～1 600	>1 600
≥3.15	0.5	0.7	1.3	1.7
<3.15	0.6	0.9	1.5	1.9

表14

辊子轴径/mm	施加轴向力/N
≤20	10 000
≥25	15 000

4.5.6 托辊辊子装配后,在250 N的径向压力下,辊子以600 r/min旋转,测其旋转阻力,其值不应大于表15中的数值。停止1 h后旋转时,其旋转阻力不应超过表15中数值的1.5倍。

表15

辊子直径/mm		≤108	≥133
旋转阻力/N	防尘辊子	2.5	3.0
	防水辊子	3.6	4.35

4.5.7 托辊辊子按5.4规定的高度进行水平和垂直跌落试验后,辊子零件应满足下列条件:

a) 零件和焊缝不应产生损伤与裂纹,相配合处不得松动;

b) 辊子的轴向位移量不应大于1.5 mm。

4.5.8 托辊辊子以600 r/min旋转时,其防尘性能与防水性能应满足下列条件:

a) 防尘托辊辊子(指非接触型密封)在具有煤尘的容器内,连续运转200 h后,煤尘不得进入轴承润滑脂内。在淋水工况条件下,连续运转72 h,进水量不应超过150 g;

b) 防水托辊辊子(指接触型密封)在浸水工况条件下,连续运转24 h后进水量不应超过5 g。

4.5.9 托辊辊子(不包括缓冲辊子)在转速不大于600 r/min情况下,设计寿命不应少于30 000 h,在寿命期内托辊辊子损坏率不应大于10%。

4.6 输送带

4.6.1 输送带尺寸应符合GB/T 4490的规定。

4.6.2 根据使用条件,所选的输送带应符合GB/T 7984、GB/T 9770等相关标准的规定。

4.6.3 输送带硫化接头应符合GB/T 7984、GB/T 9770的规定。

4.7 输送机用铸钢件

输送机中所用铸钢件的重要部位不应有影响强度的砂眼和气孔。次要部位上的砂眼、气孔的总面积不应超过缺陷所在面面积的5%,凹入深度不应超过该处壁厚的1/5,每个铸件上的缺陷不应超过3处。

4.8 输送机用锻钢件

输送机用主要锻钢件不应有夹层、折叠、裂纹、结疤等缺陷。

4.9 输送机用金属结构件

4.9.1 金属结构件的焊接应符合GB/T 985、GB/T 986的规定。焊缝不应出现烧穿、裂纹、未熔合等缺陷。

4.9.2 输送机头、尾架上安装轴承座的两个对应平面应在同一平面上,其平面度及两边轴承座上对应的孔间距偏差和对角线长度之差应符合表16的规定。

4.9.3 输送机中间架直线度为全长的1/1 000，对角线长度之差不应大于两对角线长度平均值的3/1 000。

4.9.4 输送机的漏斗、护罩等壳体的外表面应平整，不应有明显的锤迹和伤痕。

表16

单位为毫米

带 宽	≤800	>800
对应平面的平面度	1.0	1.5
对应孔间距偏差	±1.5	±2.0
孔对角线长度之差	≤3.0	≤4.0

4.10 安全保护装置

4.10.1 输送机的安全保护装置应符合GB 14784的规定。

4.10.2 在转载站人员作业位置附近，应设紧急停机开关。在输送机人行道沿线，应设拉线保护装置。当输送机两侧设有人行道时，应在输送机两侧沿线同时设拉线保护装置。

4.10.3 输送带跑偏检测装置，宜对称设在输送机头部、尾部或凸弧段两侧机架上。在较长距离输送机中，可在输送机中间段两侧对称增设跑偏检测装置。

4.11 表面涂装

4.11.1 除锈

除锈等级应达到GB/T 8923—1988中的Sa2 $\frac{1}{2}$级或St3级。

4.11.2 涂漆

4.11.2.1 除锈过的表面应在6 h内涂上底漆，涂漆时应在清洁干净的地方进行，环境温度应在5 ℃以上，湿度应在85%以下，工件表面温度不应超过60 ℃。

4.11.2.2 输送机各部件无特殊要求时，应涂底漆一层（不包括保养底漆），面漆两层。不允许有漏漆现象。面漆和底漆油漆颜色应不同。每层油漆干膜厚度为25 μm～35 μm，油漆干膜总厚度不应小于75 μm。

光面滚筒和托辊辊子工作面可只涂一层防锈漆或面漆，托辊内壁涂防锈油漆。

外露加工配合面应涂防护油脂，外露加工非配合面（不包括架体）均应涂面漆或底漆，干膜厚度不应小于35 μm。

4.11.2.3 底漆、中间层漆的涂层不应有针孔、气泡、裂纹、脱落、流挂、漏涂等缺陷；面漆应均匀、光亮、完整。

4.11.3 漆膜附着力

漆膜附着力应符合GB/T 9286—1998中的2级的规定。

4.12 装配与安装

4.12.1 总装配可不在制造厂内进行，但驱动装置应在出厂前组装或试装。

4.12.2 支点浮动式驱动装置的浮动振幅不应大于2.0 mm。

4.12.3 直线布置的输送机机架中心线直线度应符合表17的规定，并应保证在任意25 m长度内的直线度为5 mm。

表17

输送机长度 S/m	$S\leqslant100$	$100<S\leqslant300$	$300<S\leqslant500$	$500<S\leqslant1\,000$	$1\,000<S\leqslant2\,000$	$S>2\,000$
直线度/mm	10	30	50	80	150	200

4.12.4 滚筒轴线与水平面的平行度为滚筒轴线长度的1/1 000。

4.12.5 滚筒轴线对输送机机架中心线的垂直度为滚筒轴线长度的2/1 000。滚筒、托辊中心线对输送机机架中心线的对称度为 3.0 mm。

4.12.6 传动滚筒轴线与减速器低速轴轴线的同轴度应符合所使用联轴器的规定。

4.12.7 同一机架上的两驱动滚筒轴线的平行度为 0.4 mm。

4.12.8 托辊(调心辊子和过渡辊子除外)上表面应位于同一平面上(水平面或倾斜面)或者在一个公共半径的弧面上(输送机凹弧段或凸弧段上的托辊),其相邻三组托辊辊子上表面的高低差不应超过2.0 mm。

4.12.9 钢轨工作面应在同一平面内,每段钢轨的轨顶标高差不应超过 2.0 mm。轨道直线度在 1 m 长度内为 1.0 mm,在 25 m 长度内为 4.0 mm,在全长内为 15 mm。轨缝处工作面高低差不应超过 0.5 mm。轨道接头间隙不应大于 3.0 mm。轨距偏差为±2.0 mm。

4.12.10 车式拉紧装置等的轮子踏面应在同一平面上,其平面度为 2.0 mm。

4.12.11 车式拉紧装置装配后,其拉紧钢绳与滑轮绳槽的中心线和卷筒轴的垂直线内外偏角均应小于 6°。

4.12.12 清扫器安装后,其刮板或刷子与输送带在滚筒轴线方向上的接触长度不应小于 85%。

4.12.13 输送带连接接头处应平直,在以接头为中心 10 m 长度上的直线度为 15 mm。

5 试验方法

5.1 托辊辊子动旋转阻力试验

托辊辊子动旋转阻力试验为:

a) 测试前辊子以 1 450 r/min 的转速跑合 20 min;

b) 测试温度为 20 ℃～25 ℃;

c) 如图 2 所示将辊子装在试验支架上,在辊子轴端安装一力臂杆,力臂杆另一端置于测力计上;

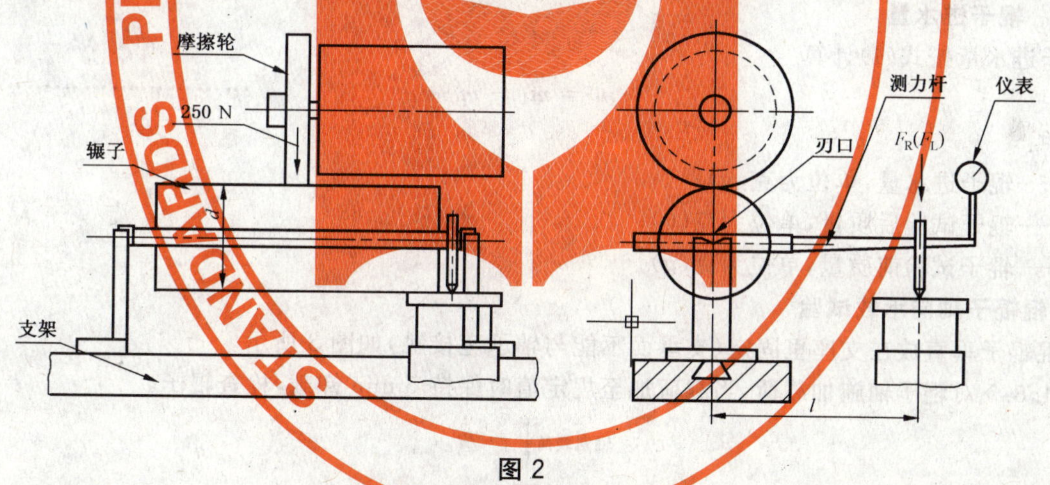

图 2

d) 对辊子施加 250 N 的力,使摩擦轮与辊子母线紧密贴合(辊子转动时应无打滑现象)带动辊子以 600 r/min 向一方向旋转稳定运行 10 min 后,记录下测力计上的读数 F_R;辊子停下 2 min 后,使辊子向另一方向旋转,按上述要求记录下测力计的读数 F_L;按式(2)计算出 F_R 和 F_L 的算术平均值 F_{RL}后,再按式(3)计算辊子的旋转阻力 F。

$$F_{RL} = \frac{F_R + F_L}{2} \qquad \cdots\cdots(2)$$

式中:

F_{RL}——辊子左右旋转的测力计读数的算术平均值,单位为牛(N);

F_R——辊子右向旋转时测力计读数,单位为牛(N);

F_L——辊子右向旋转时测力计读数,单位为牛(N)。

$$F = \frac{2F_{RL}l}{d} \quad \cdots\cdots\cdots\cdots(3)$$

式中：

F——辊子旋转阻力，单位为牛(N)；

F_{RL}——辊子左右旋转的测力计读数的算术平均值，单位为牛(N)；

l——力臂杆长度，单位为毫米(mm)；

d——辊子直径，单位为毫米(mm)。

5.2 托辊辊子防尘和防水性能试验

5.2.1 防尘性能试验

将辊子一端放置在装有粒度小于 0.635 mm 煤尘的密封箱内，煤尘盛入量为尘室容积的 20%。

电动机通过皮带带动托辊辊子以 600 r/min 的转速连续运转 200 h，观看轴承和润滑脂内有无煤尘。

5.2.2 防水性能试验

5.2.2.1 防尘托辊辊子

在防水性能试验台上设模拟雨水的淋水装置(流量 0.45 L/min)。

电动机通过皮带带动辊子以 600 r/min 的转速连续运转 72 h，观察轴承和密封腔内有无进水，并检查进水量。

5.2.2.2 防水托辊辊子

在防水性能试验台上设有存水的水槽，水槽中水面高度为托辊组中水平辊子的中心高。

电动机通过皮带带动辊子以 600 r/min 的转速连续运转 24 h，观察轴承和密封腔内有无进水，并检查进水量。

5.2.2.3 辊子进水量

辊子进水量按式(4)计算

$$m = m_1 - m_0 \quad \cdots\cdots\cdots\cdots(4)$$

式中：

m——辊子进水量，单位为克(g)；

m_1——辊子试验后质量，单位为克(g)；

m_0——辊子试验前质量，单位为克(g)。

5.3 托辊辊子轴向承载试验

托辊辊子垂直放在支座里固定(支承面不能与轴承座接触)如图 3 所示。

按 4.5.5 对辊子轴施加载荷，当载荷加至规定值时保持 5 min 卸载，检查辊子。

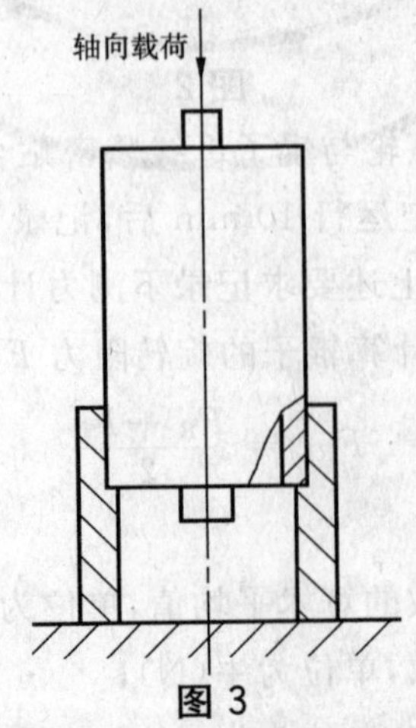

图 3

5.4 托辊辊子跌落试验

如图 4 所示，将辊子放平，托至辊子中心线距混凝土地面高度为 1 m 时自由落下。

如图 5 所示，将辊子竖起，其最低点离开混凝土地面高度为 H 时自由落下，高度 H 按式(5)计算：

$$H = \frac{1\,800}{G_0} \quad \cdots\cdots\cdots\cdots (5)$$

式中：

H——辊子垂直跌落高度，单位为毫米(mm)；

G_0——辊子质量，单位为千克(kg)。

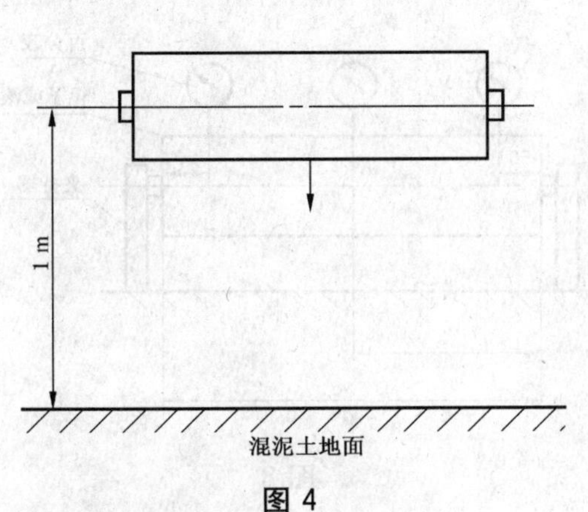

图 4

图 5

5.5 托辊辊子轴向位移量测定

托辊辊子轴向位移量测定为：

a) 将辊子垂直安放在支座里(支承面不能与轴承座接触)，如图 6a)所示，在辊子轴 A 端施加 500 N轴向力，并保持 1 min 后卸载；

b) 使辊子保持被加过轴向力后的状态，掉转 180°垂直安放在支座里，如图 6b)所示，使 A 端紧靠位移传感器测量头，然后在辊子轴 B 端施加 500 N 轴向力，并保持 1 min 后卸载；

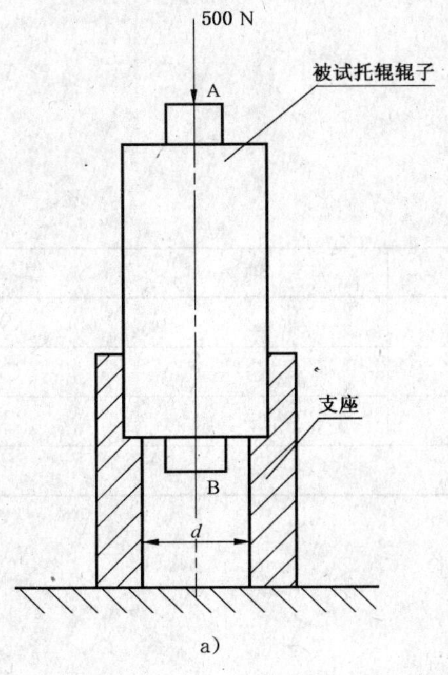

a)

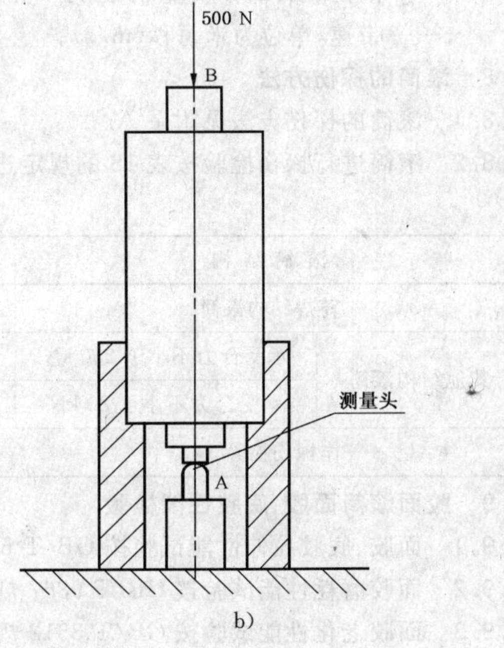

b)

图 6

c) 由位移传感器仪表读出的数值即为托辊辊子轴向位移量。

5.6 制动轮、滚筒、托辊辊子等外圆的径向圆跳动的测定

将被测件作如下处置：

——装配好制动轮的减速器安放在平台上；

——滚筒放在机架上；

——托辊辊子用夹持器夹住。

按图 7 和图 8 的位置，分别将千分表(百分表)测量头垂直接触被测件的外表面，然后转动被测件，从千分表(百分表)上得出各个位置上的圆跳动，取其中最大值。

单位为毫米

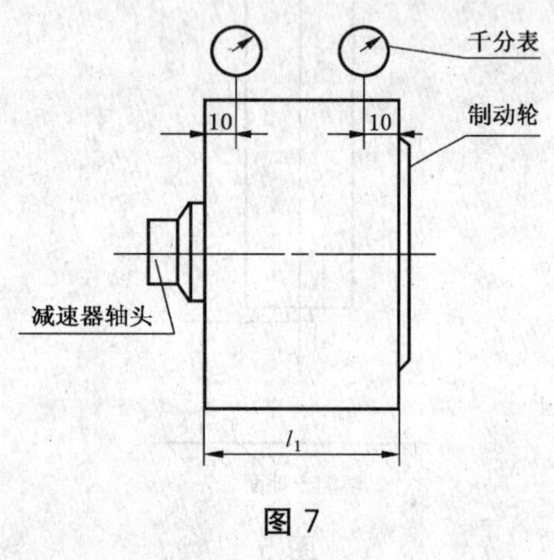

图 7

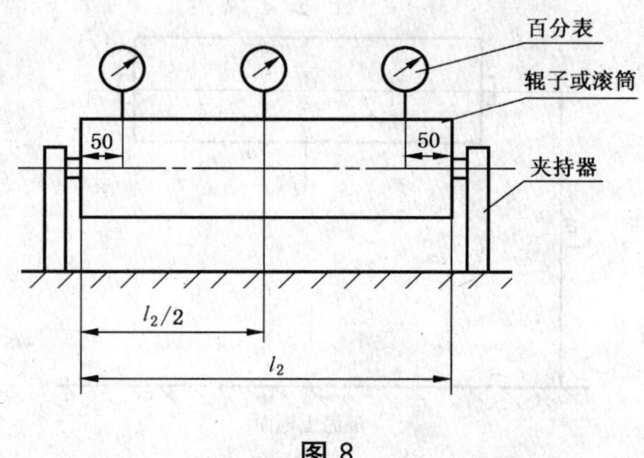

图 8

5.7 滚筒体静平衡试验

将滚筒体置于刃口上按常规方法确定补偿质量，设置在接盘适当位置，直至使滚筒转动平衡精度符合 GB/T 9239.1—2006 中 G40 为止，或按式(6)计算补偿质量 P_0，设置在 0.8 倍滚筒直径的圆周上。

$$P_0 = 0.05\frac{M}{v} \quad \cdots\cdots(6)$$

式中：

M——滚筒旋转部分质量，单位为千克(kg)；

v——带速，单位为米每秒(m/s)。

5.8 滚筒的探伤方法

5.8.1 滚筒的探伤方法见附录 A。

5.8.2 滚筒进行探伤检验按表 18 的规定进行。

表 18

滚筒结构		接盘	轴	焊缝
铸焊结构滚筒		○	○	○
其他结构滚筒	承受合力不小于 250 kN	○	○	○
	承受合力不小于 80 kN	—	—	○
注：○——作探伤检验。				

5.9 胶面滚筒面胶、底胶性能检验

5.9.1 面胶、底胶拉伸性能试验按 GB/T 528 规定进行检验。

5.9.2 面胶磨耗性能试验按 GB/T 9867 规定进行检验。

5.9.3 面胶老化性能试验按 GB/T 3512 规定进行检验。

5.9.4 面胶的邵尔硬度按 GB/T 531 规定进行检验。

5.9.5 底胶与金属粘合强度按 GB 11211 规定进行检验。

5.10 整机噪声测定

测定方法及条件应符合 GB/T 3767—1996 中准工程法的规定，具体条件如下：

a) 在驱动装置部位测定输送机空载噪声；

b) 测点表面平行于基准体对应各面的矩形六面体，测点数量及位置如图 9 所示。测定距离 d 为 1 m，测量高度 H 为减速器中心高度。

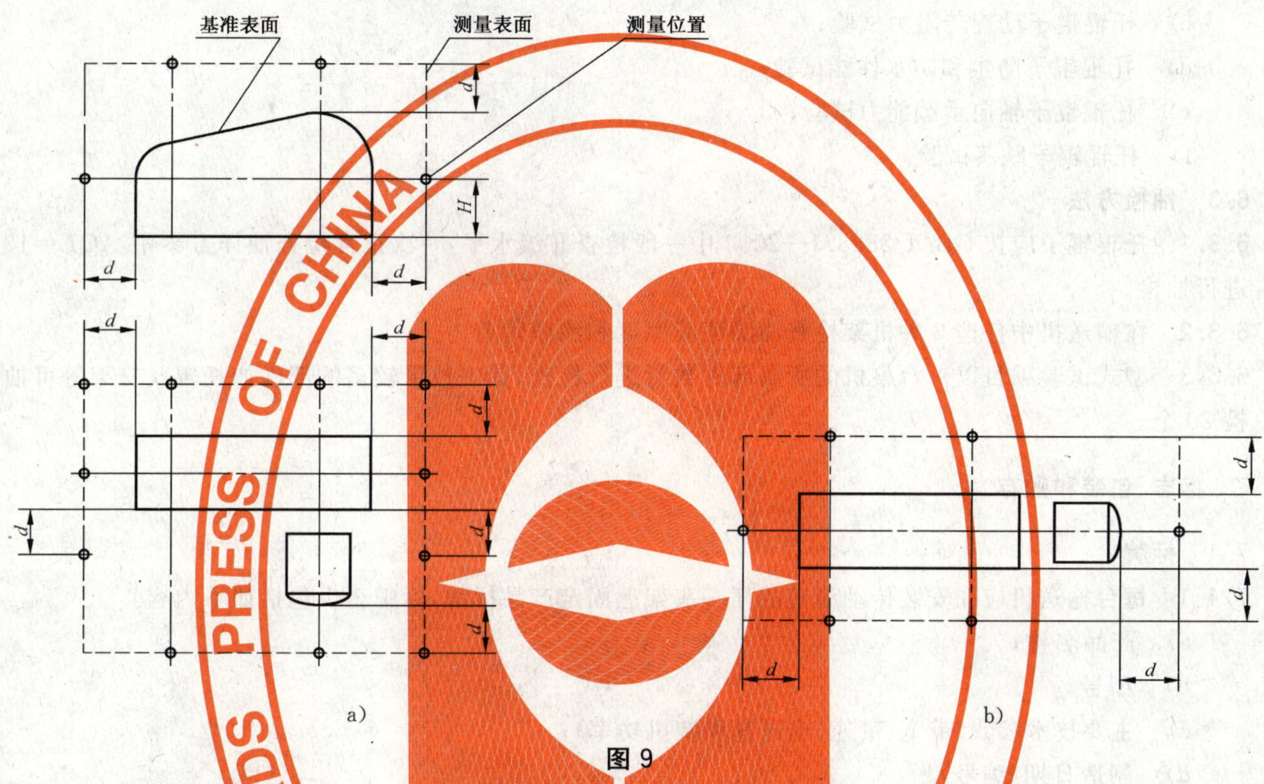

图 9

5.11 输送量测定

输送机满载正常运行后，将输送机停车，沿输送机方向任取不少于三处单位长度上堆积的物料质量，根据实测的带速计算出平均值。

5.12 漆膜附着力检验

漆膜附着力的测量方法应符合 GB/T 9286 的规定。

6 检验规则

6.1 出厂检验

出厂检验项目如下：

a) 滚筒、托辊辊子、制动轮等外圆的圆跳动检查；

b) 滚筒体静平衡检查；

c) 滚筒探伤检查；

d) 托辊辊子轴向位移量检查；

e) 漆膜附着力与厚度检查。

6.2 型式试验

6.2.1 有下述情况之一时应进行型式试验：

a) 新产品或老产品转厂生产的试制定型鉴定；

b) 正式生产后，如结构、材料、工艺有较大改变，可能影响产品性能时；

c) 产品停产达一年以上后恢复生产时；

d) 出厂检验结果与上次型式试验有较大差异时；

e) 国家质量监督检验机构提出型式试验要求时。

6.2.2 型式试验项目如下：

a) 出厂检验项目全部内容；

b) 整机性能检查；

c) 托辊辊子动旋转阻力试验；

d) 托辊辊子防尘和防水性能试验；

e) 托辊辊子轴向承载能力试验；

f) 托辊辊子跌落试验。

6.3 抽检方法

6.3.1 托辊辊子应按 GB/T 2828.1—2003 中一般检查Ⅱ级水平，一次正常检查抽样方案中 AQL＝10 进行抽检。

6.3.2 在输送机中任选 3 种机架检查油漆漆膜厚度和漆膜附着力。

6.3.3 型式试验项目以一台整机的所属部件数量进行检查，其中数量较多的部件如托辊及支架等可抽检 20 个。

7 标志、包装和贮存

7.1 标牌

7.1.1 每台输送机应在安装传动滚筒的任一头架上固定产品标牌，标牌至少包括如下内容：

a) 产品名称；

b) 型号；

c) 主要技术参数(带宽、带速、输送量和装机功率)；

d) 制造日期(编号)；

e) 制造厂名称。

7.1.2 标牌的尺寸和技术要求应符合 GB/T 13306 的规定。

7.1.3 包装储运图示标志应符合 GB/T 191 的有关规定。

产品分箱包装时，箱号采用分数表示，分子为箱号，分母为总箱数。

7.2 包装

7.2.1 基本要求

输送机的包装除应符合 GB/T 13384 的规定外。

7.2.2 部件包装

输送机零部件在箱内放置时，应使重心位置尽可能居中靠下，重心明显偏高的，应采取相应的平衡措施。

7.2.3 驱动装置

7.2.3.1 当订货包括驱动装置底座时，应全套装配好整体发运。零件的外表面应做好防护措施。

7.2.3.2 若电动机功率超过 100 kW 或装配后减速器中心高超过 2 m 时，可分体发运。

7.2.4 托辊

所有托辊辊子都应装箱发运，支架允许捆扎后裸装发运。

7.2.5 滚筒

传动滚筒轴头上应采取防锈和防护措施。滚筒表面应采取防护措施。滚筒单独发运时，应采取措施防止滚筒滚动。

7.2.6 **拉紧装置**

7.2.6.1 螺旋拉紧装置(包括改向滚筒)装在尾架上发运。

7.2.6.2 拉紧装置的钢丝绳、绳夹、改向滑轮、长螺杆等零件装箱发运。

7.2.6.3 车式拉紧装置,其中的绞车装置应全套装配好整体发运。卷筒和支架组装后发运,滑轮和支座组装后发运。其他拉紧装置中的液压油缸、传感器、拉力显示器、钢丝绳和绳夹等零件装箱发运。

7.2.7 **各类保护装置**

各类保护装置均应装箱发运。

7.2.8 **输送带**

输送带在芯轴上缠绕整齐,外包覆盖物包扎牢固。

7.2.9 **出厂文件**

7.2.9.1 输送机必须经制造厂技术检验部门检验合格后方能包装出厂。

7.2.9.2 每台输送机的出厂技术文件一般包括下列各项(根据具体情况允许增加其他内容):

a) 装箱单;

b) 产品合格证明书;

c) 产品使用说明书;

d) 产品安装图;

e) 其他。

7.3 **贮存**

7.3.1 输送机贮存时应采取防雨措施。露天存放时应采用通风良好的不积水的包装,较长时间贮存时要防止锈蚀。

7.3.2 托辊宜封闭存放。所有架体应存放在有遮盖的平坦地面上,防止变形和锈蚀。

附　录　A
（规范性附录）
滚筒探伤方法

A.1　探伤仪器

探伤仪器应符合 JB/T 10061 中的规定。

A.2　探伤方法

A.2.1　铸钢件接盘探伤方法

A.2.1.1　探伤部位“▽”如图 A.1 所示，采用圆形晶片的直探头，频率和直径原则上按表 A.1 的规定。探头主声束应当无双峰，无歪斜。

表 A.1

频率/MHz	0.5～1.25	2～2.5	4～5
直径/mm	20～30	14～30	10～25

A.2.1.2　缺陷用纵波垂直反射法判定，必要时用横波法帮助判定。

A.2.1.3　密集型缺陷以 ϕ6 mm 平底孔直径为定量灵敏度，用半波高度法探测。

A.2.1.4　在焊接端部 50 mm 宽度内密集性气孔和夹杂物应小于壁厚的 20%。可用双晶探头从外圆面进行检测。

A.2.2　滚筒筒体对接纵向焊缝和环形焊缝探伤方法

A.2.2.1　用射线检测时，每条焊缝检测量不小于焊缝长度的 20%。用超声波检测时全检。

A.2.2.2　探伤方法按 GB/T 3323 或 GB 11345 中的规定。

A.2.3　滚筒筒体与接盘的环形角焊缝探伤方法

A.2.3.1　在筒体圆周方向互成 90°间隔，探伤检测不小于 100 mm 长度的焊缝 4 处，其中有 1 处不合格，则全部进行探伤检测。

A.2.3.2　用直探头垂直探测法，在“▽”处探测深度略大于 a，如图 A.2 所示：

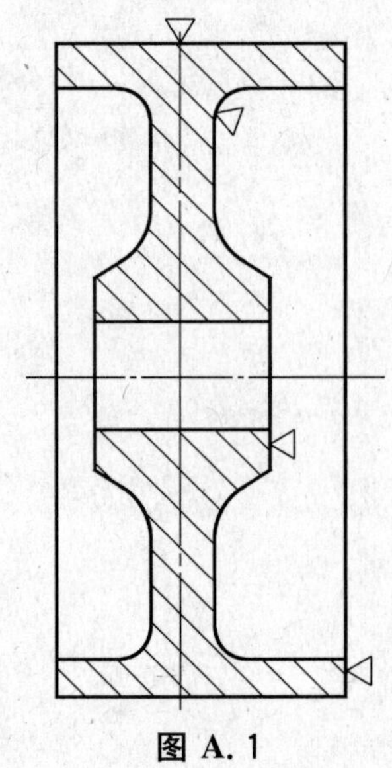

图 A.1

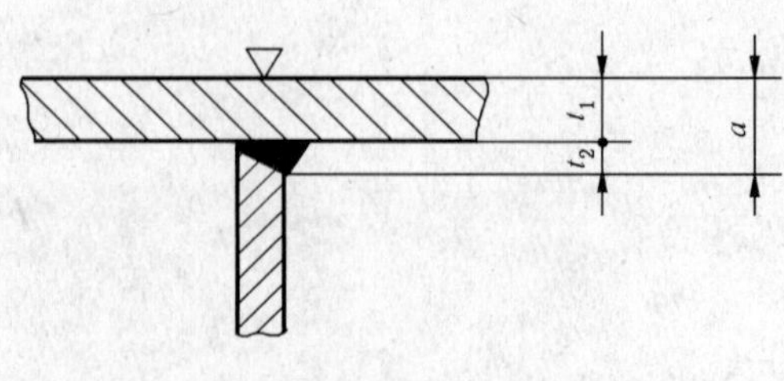

图 A.2

$$a = t_1 + t_2 \tag{A.1}$$

式中：

t_1——筒体钢板厚度，单位为毫米(mm)；

t_2——焊脚高度，单位为毫米(mm)。

A.2.3.3 探伤频率采用 2.5 MHz 或 5 MHz。

A.2.3.4 以 ϕ4 mm 平底孔直径使波高达到 40%～80%。

A.2.4 滚筒轴探伤方法

A.2.4.1 探伤方法按 GB/T 6402 的规定进行。

A.2.4.2 对粗车加工至表面粗糙度为 6.3 μm 的非阶梯轴进行第一次探伤。热处理后的成品轴进行第二次探伤，以第二次探伤质量为准。

ICS 01.100.01
J 04

中华人民共和国国家标准

GB/T 10609.2—2009
代替 GB/T 10609.2—1989

技术制图　明细栏

Technical drawings—Item lists

2009-11-30 发布　　2010-09-01 实施

中华人民共和国国家质量监督检验检疫总局
中国国家标准化管理委员会　发布

前言

GB/T 10609《技术制图》分为以下4部分：

——GB/T 10609.1 技术制图 标题栏；

——GB/T 10609.2 技术制图 明细栏；

——GB/T 10609.3 技术制图 复制图的折叠方法；

——GB/T 10609.4 技术制图 对缩微复制原件的要求。

本部分是对GB/T 10609.2—1989《技术制图 明细栏》的修订。

本部分主要修改的内容有：

——所有的引用GB改为GB/T；

——所有的插图和表格添加相应的图名和表名。

本部分的附录A为规范性附录。

本部分由全国技术产品文件标准化技术委员会(SAC/TC 146)提出并归口。

本部分起草单位：中机生产力促进中心、中国航空综合技术研究所、中国电子科技集团。

本部分主要起草人：杨东拜、夏晓理、张红旗、强毅、庞薇。

本部分所代替标准的历次版本发布情况为：

——GB/T 10609.2—1989。

技术制图 明细栏

1 范围

GB/T 10609 的本部分规定了技术图样中明细栏的基本要求、内容、尺寸与格式。

本部分适用于装配图中所采用的明细栏。其他带有装配性质的技术图样或技术文件也可参照采用。

2 规范性引用文件

下列文件中的条款通过 GB/T 10609 的本部分的引用而成为本部分的条款。凡是注日期的引用文件,其随后所有的修改单(不包括勘误的内容)或修订版均不适用于本部分,然而,鼓励根据本部分达成协议的各方研究是否可使用这些文件的最新版本。凡是不注日期的引用文件,其最新版本适用于本部分。

GB/T 4457.4 机械制图 图样画法 图线(GB/T 4457.4—2002,ISO 128-24:1999,Technical drawings—General principles of presentation—Part 24:Lines on mechanical engineering drawing,MOD)

GB/T 10609.1 技术制图 标题栏

GB/T 10609.4 技术制图 对缩微复制原件的要求

GB/T 14691 技术制图 字体(GB/T 14691—1993,eqv ISO 3098-1:1974,ISO 3098-2:1984)

GB/T 17450 技术制图 图线(GB/T 17450—1998,idt ISO 128-20:1996)

3 基本要求

3.1 装配图中一般应有明细栏。

3.2 明细栏的配置

3.2.1 明细栏一般配置在装配图中标题栏的上方,按由下而上的顺序填写(见附录 A 中的图 A.1 和图 A.2)。其格数应根据需要而定。当由下而上延伸位置不够时,可紧靠在标题栏的左边自下而上延续。

3.2.2 当装配图中不能在标题栏的上方配置明细栏时,可作为装配图的续页按 A4 幅面单独给出(见附录 A 中的图 A.3 和图 A.4)。其顺序应是由上而下延伸。还可连续加页,但应在明细栏的下方配置标题栏。

3.3 当有两张或两张以上同一图样代号的装配图,而又按照 3.2.1 配置明细栏时,明细栏应放在第一张装配图上。

3.4 明细栏中的字体应符合 GB/T 14691 中的要求。

3.5 明细栏中的线型应按 GB/T 17450 和 GB/T 4457.4 中规定的粗实线和细实线的要求绘制。

3.6 需缩微复制的图样,其明细栏应满足 GB/T 10609.4 的规定。

4 内容

4.1 明细栏的组成

明细栏一般由序号、代号、名称、数量、材料、质量(单件、总计)、分区、备注等组成,也可按实际需要增加或减少。

4.2 明细栏的填写

4.2.1 序号:填写图样中相应组成部分的序号。

4.2.2 代号:填写图样中相应组成部分的图样代号或标准编号。

4.2.3 名称:填写图样中相应组成部分的名称。必要时,也可写出其型式与尺寸。

4.2.4 数量:填写图样中相应组成部分在装配中的数量。

4.2.5 材料:填写图样中相应组成部分的材料标记。

4.2.6 质量:填写图样中相应组成部分单件和总件数的计算质量。以千克(公斤)为计量单位时,允许不写出其计量单位。

4.2.7 分区:必要时,应按照有关规定将分区代号填写在备注栏中。

4.2.8 备注:填写该项的附加说明或其他有关的内容。

5 尺寸与格式

5.1 装配图中明细栏各部分的尺寸与格式见附录 A 中的图 A.1 和图 A.2。

5.2 明细栏作为装配图的续页单独给出时,各部分的尺寸与格式见附录 A 中的图 A.3 和图 A.4。

附　录　A
（规范性附录）
明细栏的格式举例

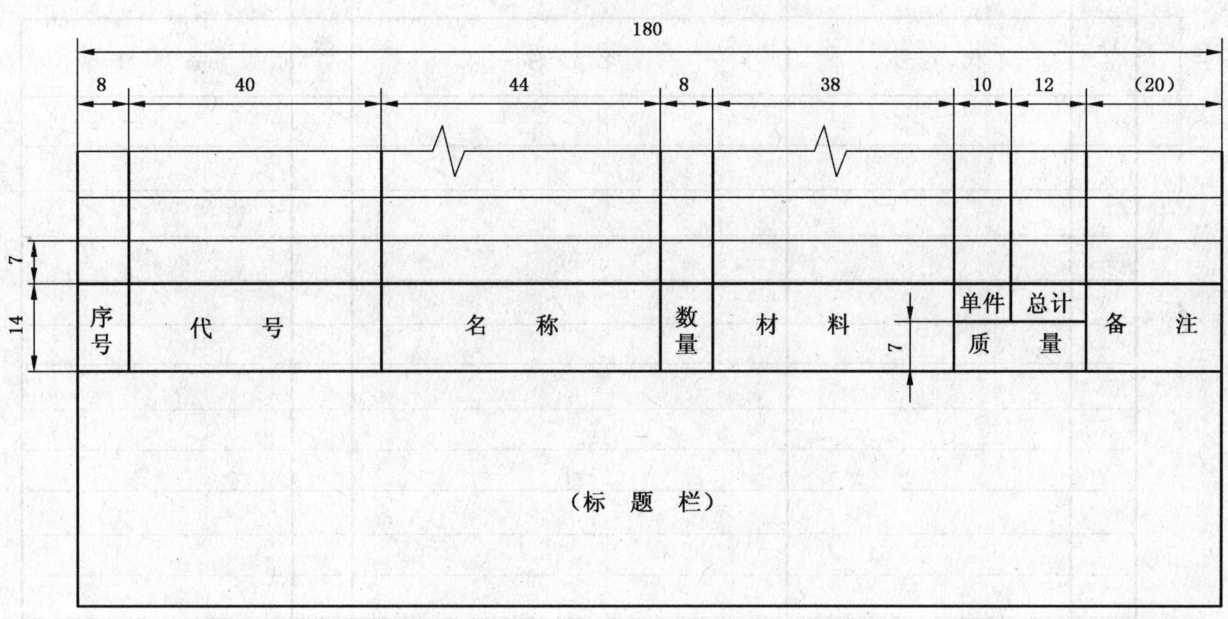

图 A.1　明细栏的格式（一）

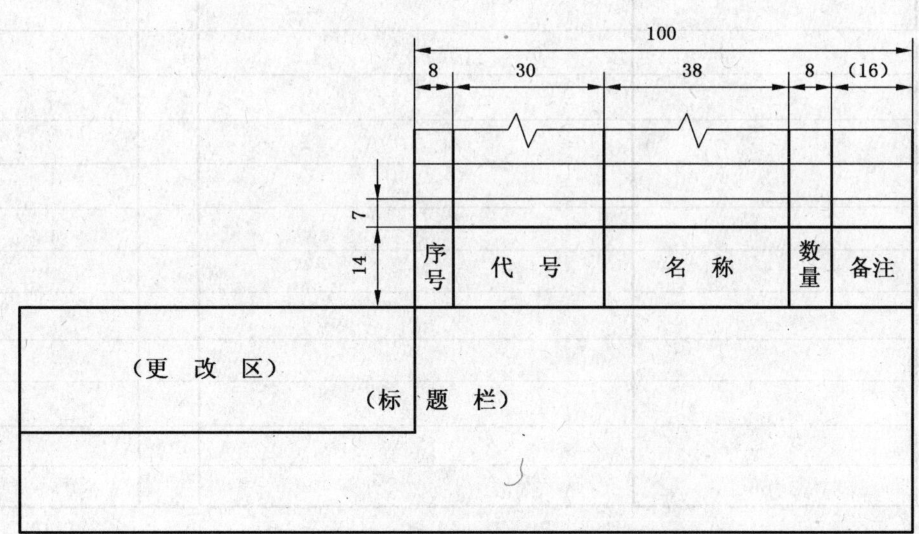

图 A.2　明细栏的格式（二）

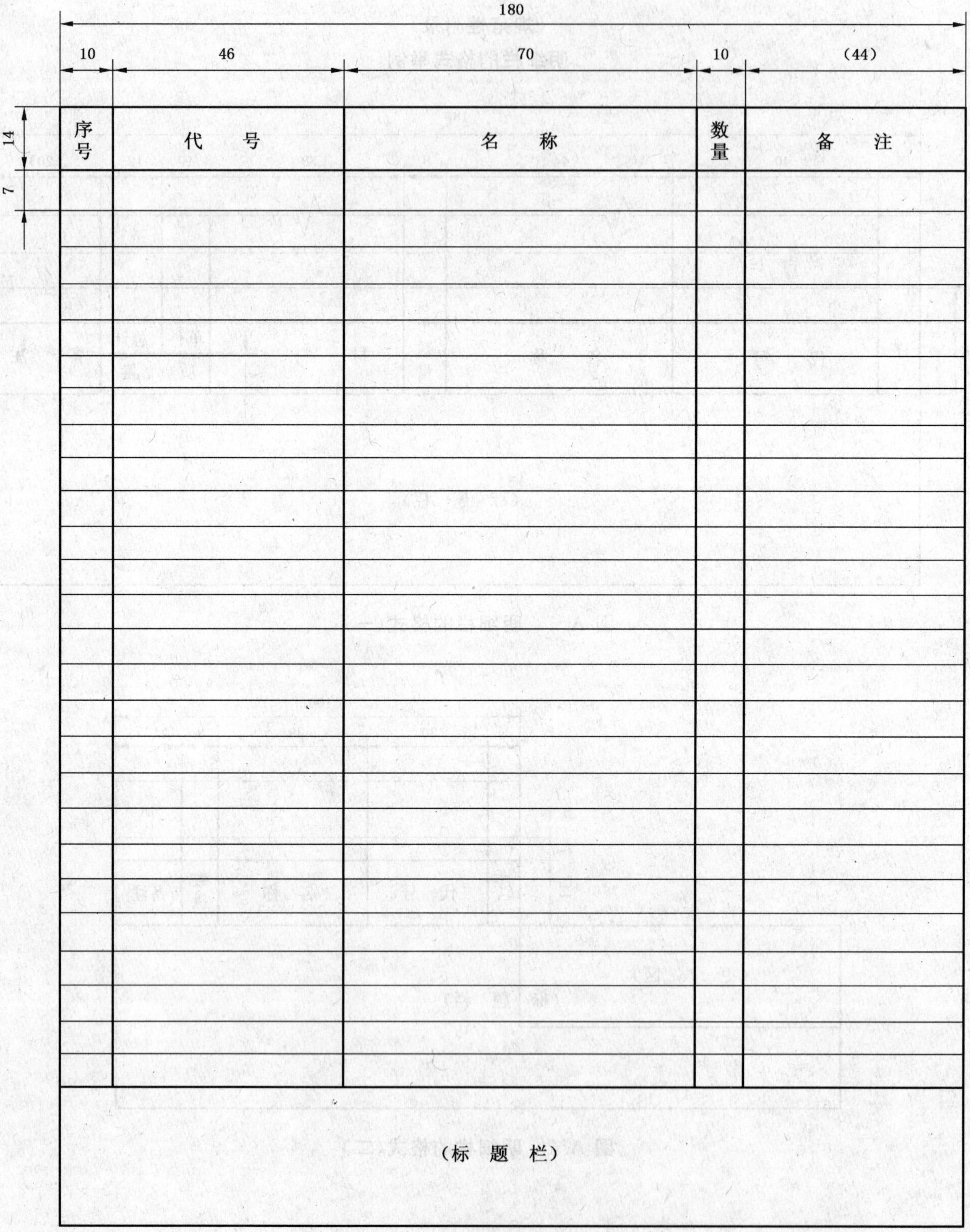

序号	代　号	名　称	数量	备　注
(标　题　栏)				

180; 10; 46; 70; 10; (44); 14; 7

图 A.3　明细栏的格式(三)

180
8
40
44
8
38
10
12
(20)
14
7
序号
代　号
名　称
数量
材　料
质　量
单件
总计
备注
(标　题　栏)
STANDARDS PRESS OF CHINA

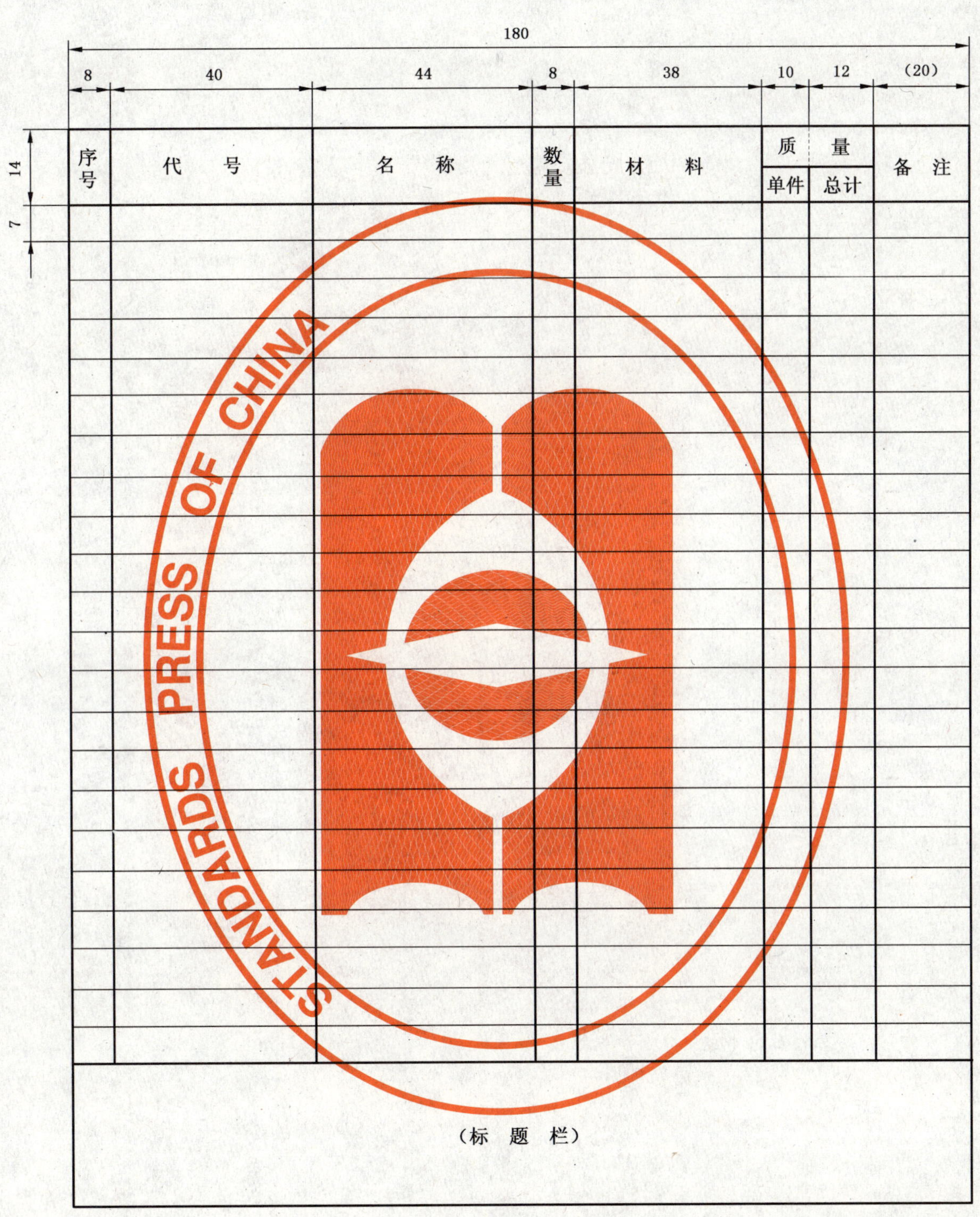

图 A.4　明细栏的格式(四)

ICS 01.100.01
J 04

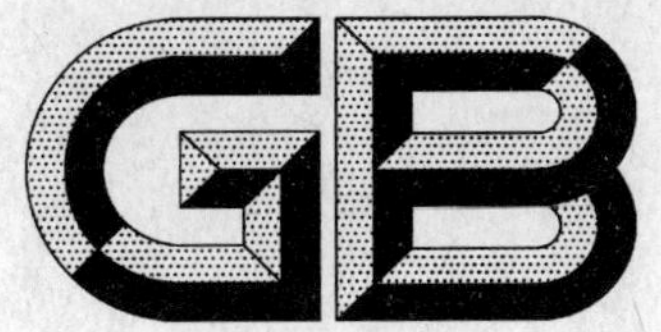

中华人民共和国国家标准

GB/T 10609.3—2009
代替 GB/T 10609.3—1989

技术制图
复制图的折叠方法

Technical drawings—Folding on documents

2009-11-30 发布　　2010-09-01 实施

中华人民共和国国家质量监督检验检疫总局
中国国家标准化管理委员会　发布

前言

GB/T 10609《技术制图》分为以下4部分：

——GB/T 10609.1 技术制图 标题栏；

——GB/T 10609.2 技术制图 明细栏；

——GB/T 10609.3 技术制图 复制图的折叠方法；

——GB/T 10609.4 技术制图 对缩微复制原件的要求。

本部分是对GB/T 10609.3—1989《技术制图 复制图的折叠方法》的修订。

本部分主要修改的内容有：

——所有的引用GB改为GB/T；

——去掉规范性引用文件中的GB/T J 1；

——添加附录A中图A.1的名称；

——图A.1中的“4—ϕ6±0.5”修改为“4×ϕ6±0.5”。

本部分的附录A为规范性附录。

本部分由全国技术产品文件标准化技术委员会(SAC/TC 146)提出并归口。

本部分起草单位：中机生产力促进中心、大连海事大学、西安科技大学。

本部分主要起草人：杨东拜、强毅、庞薇、邹玉堂、李勇。

本部分所代替标准的历次版本发布情况为：

——GB/T 10609.3—1989。

技术制图
复制图的折叠方法

1 范围

GB/T 10609 的本部分规定了技术图样中复制图的折叠方法。

本部分适用于手工折叠或机器折叠的复制图及有关的技术文件，当设计各种归档和管理器具以及设计折叠器时，亦可参照使用。

2 规范性引用文件

下列文件中的条款通过 GB/T 10609 的本部分的引用而成为本部分的条款。凡是注日期的引用文件，其随后所有的修改单(不包括勘误的内容)或修订版均不适用于本部分，然而，鼓励根据本部分达成协议的各方研究是否可使用这些文件的最新版本。凡是不注日期的引用文件，其最新版本适用于本部分。

GB/T 14689 技术制图 图纸幅面和格式(GB/T 14689—2008，ISO 5457:1999，Technical product documentation—Sizes and layout of drawing sheets，MOD)

3 基本要求

3.1 折叠后的图纸幅面一般应有 A4(210 mm×297 mm)或 A3(297 mm×420 mm)的规格。对于需装订成册又无装订边的复制图，折叠后的尺寸可以是 190 mm×297 mm 或 297 mm×400 mm。当粘贴上装订胶带(见附录 A)后，折叠后复制图上的标题栏均应露在外面。

3.2 无论采用何种折叠方法，折叠后复制图上的标题栏均应露在外面。

3.3 根据需要，可从 GB/T 10609 的本部分中任选取一种规定的折叠方法。

4 折叠方法

4.1 需装订成册的复制图

4.1.1 有装订边的复制图

首先沿标题栏的短边方向折叠，然后再沿标题栏的长边方向折叠，并在复制图的左上角折出三角形的藏边，最后折叠成 A4 或 A3 的规格，使标题栏露在外面，如表 1 和表 2 所示。

表 1　折叠成 A4 幅面的方法　　单位为毫米

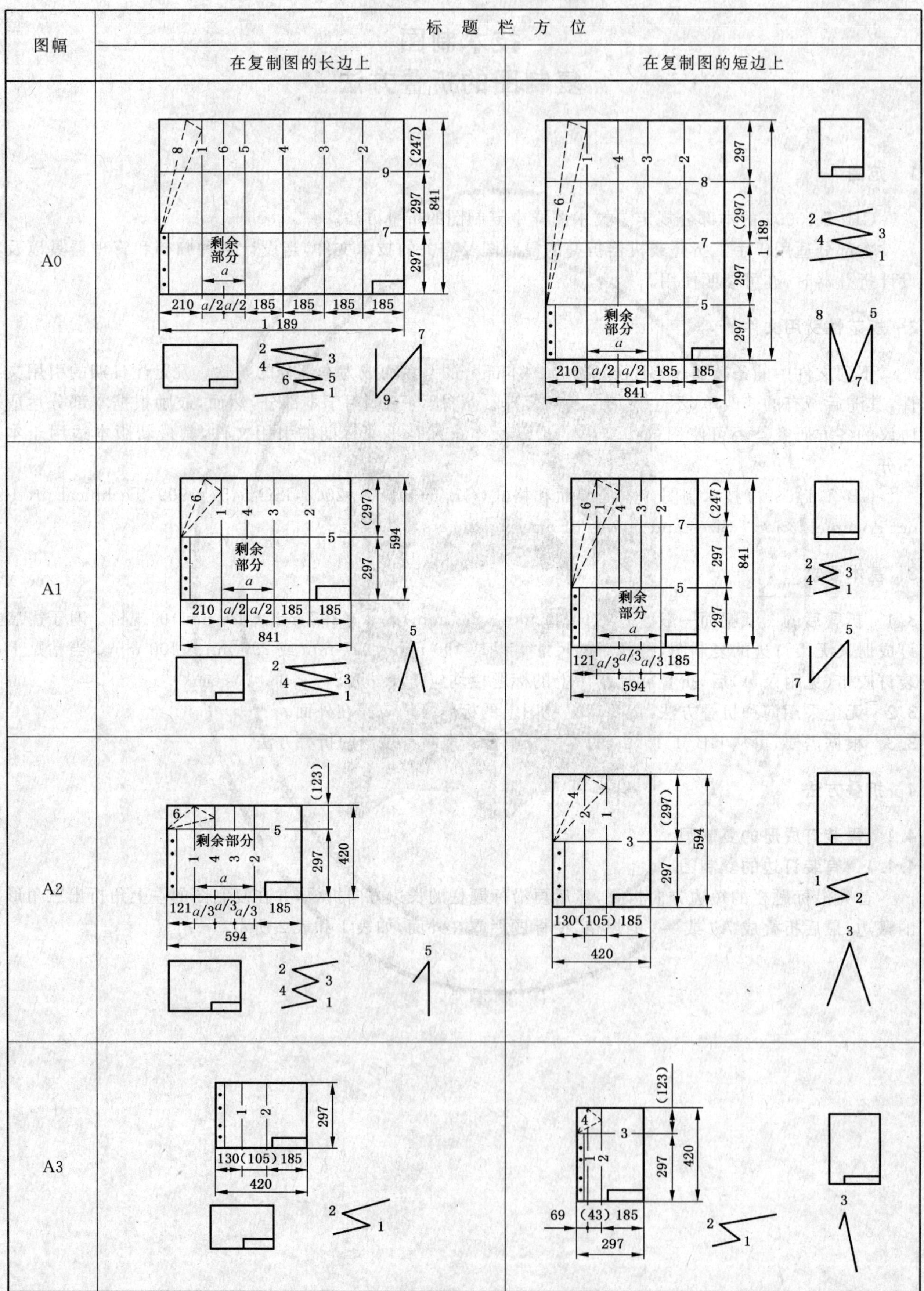

表2 折叠成A3幅面的方法

单位为毫米

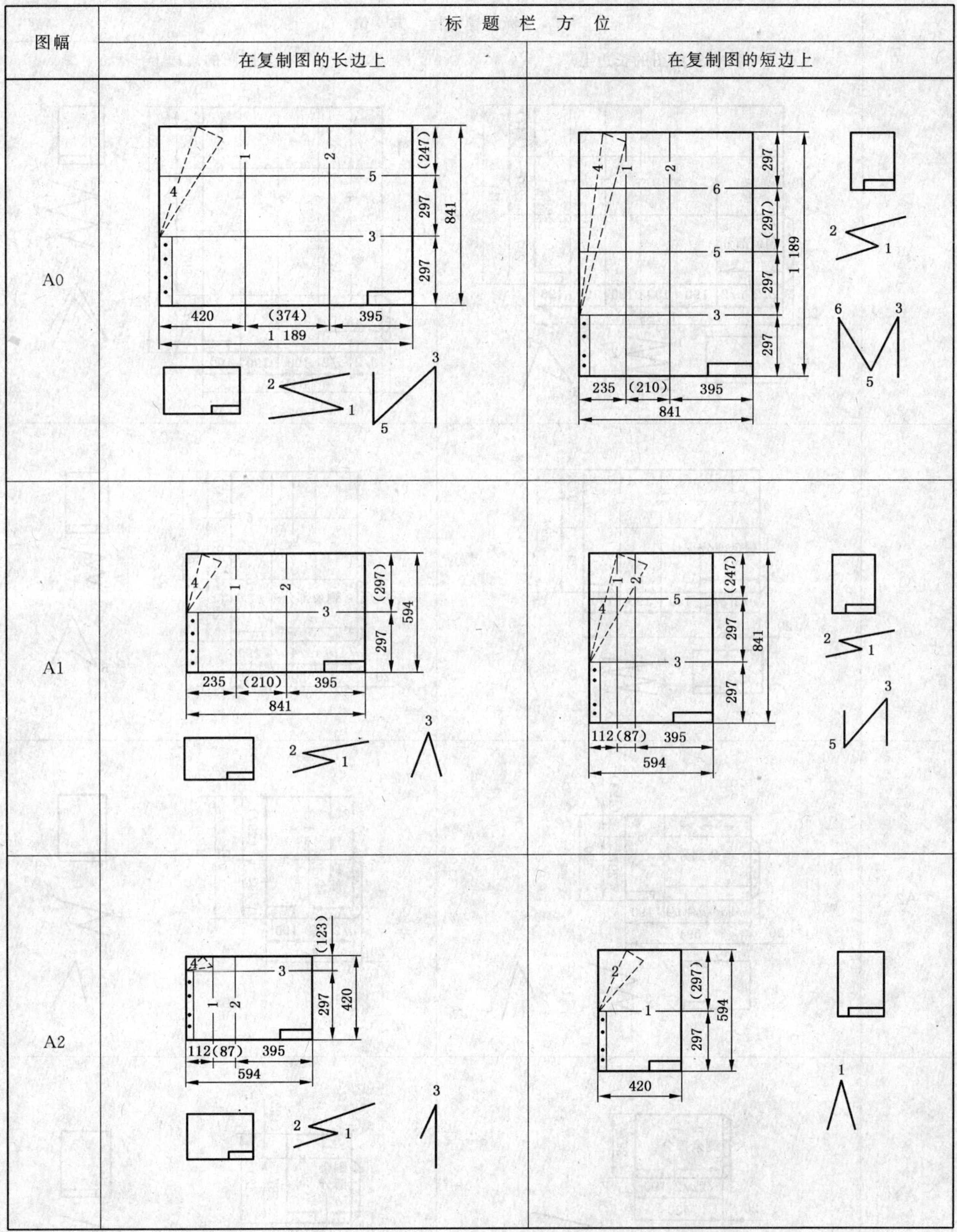

4.1.2 无装订边的复制图

首先沿标题栏的短边方向折叠，然后再沿标题栏的长边方向折叠成 190 mm×297 mm 或 297 mm×400 mm 的规格，使标题栏露在外面，并粘贴上装订胶带，如表 3 和表 4 所示。

表 3　折叠成 A4 幅面的方法

单位为毫米

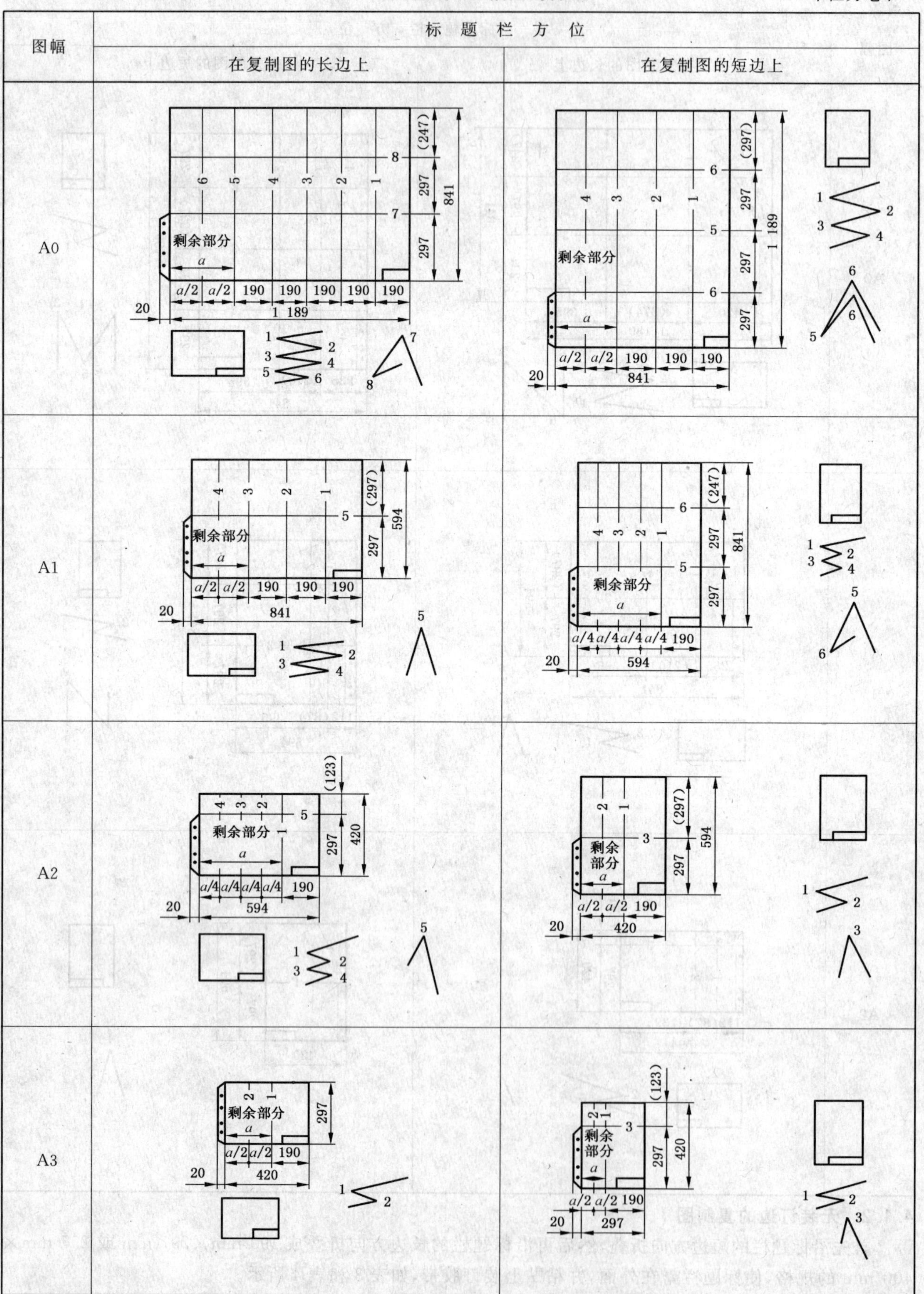

表 4　折叠成 A3 幅面的方法

单位为毫米

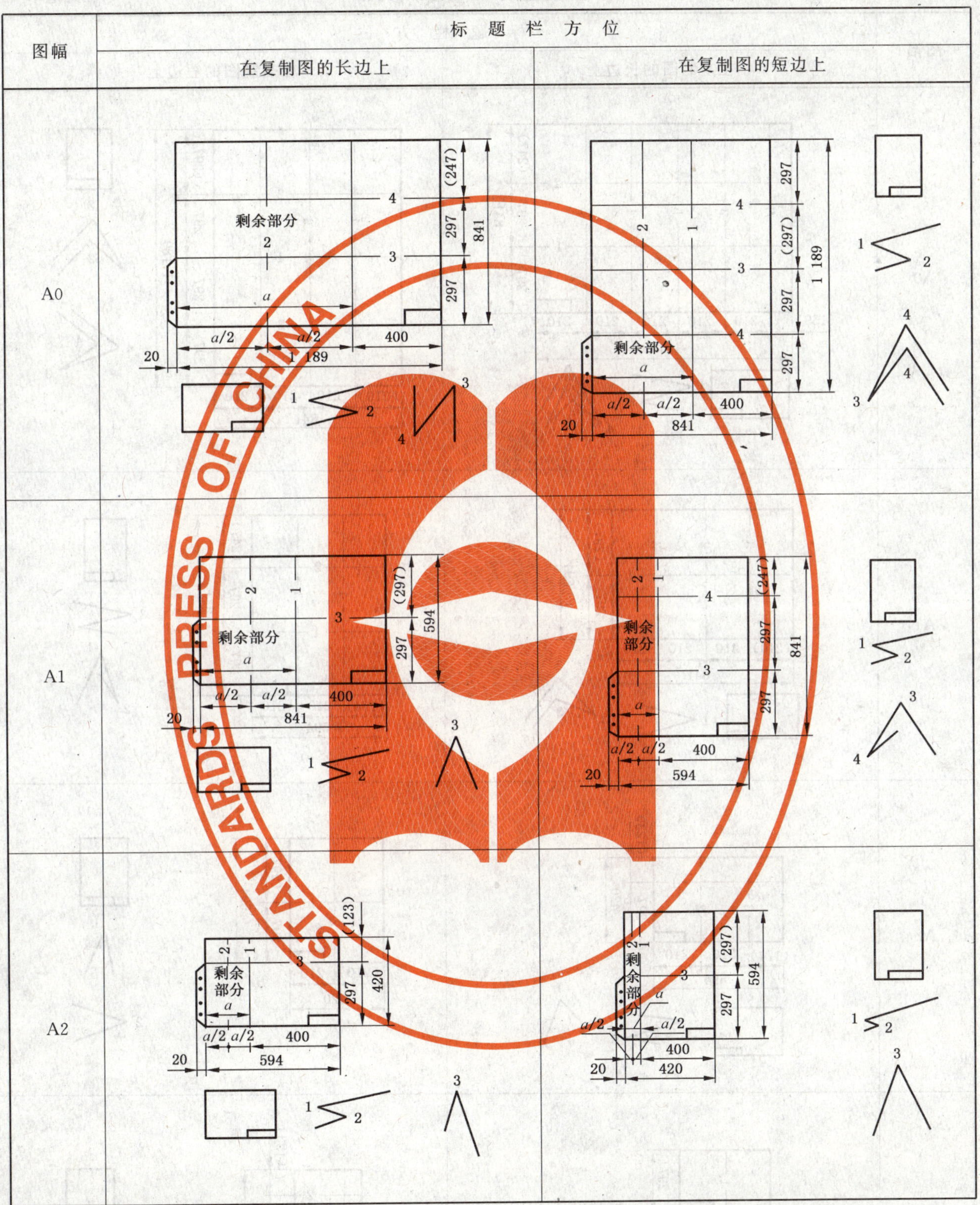

4.2　不装订成册的复制图

不装订成册的复制图的折叠方法有以下两种。

4.2.1　第一种折叠方法

首先沿标题栏的长边方向折叠，然后再沿标题栏的短边方向折叠成 A4 或 A3 的规格，使标题栏露在外面，如表 5 和表 6 所示。

表5　折叠成A4幅面的方法　　单位为毫米

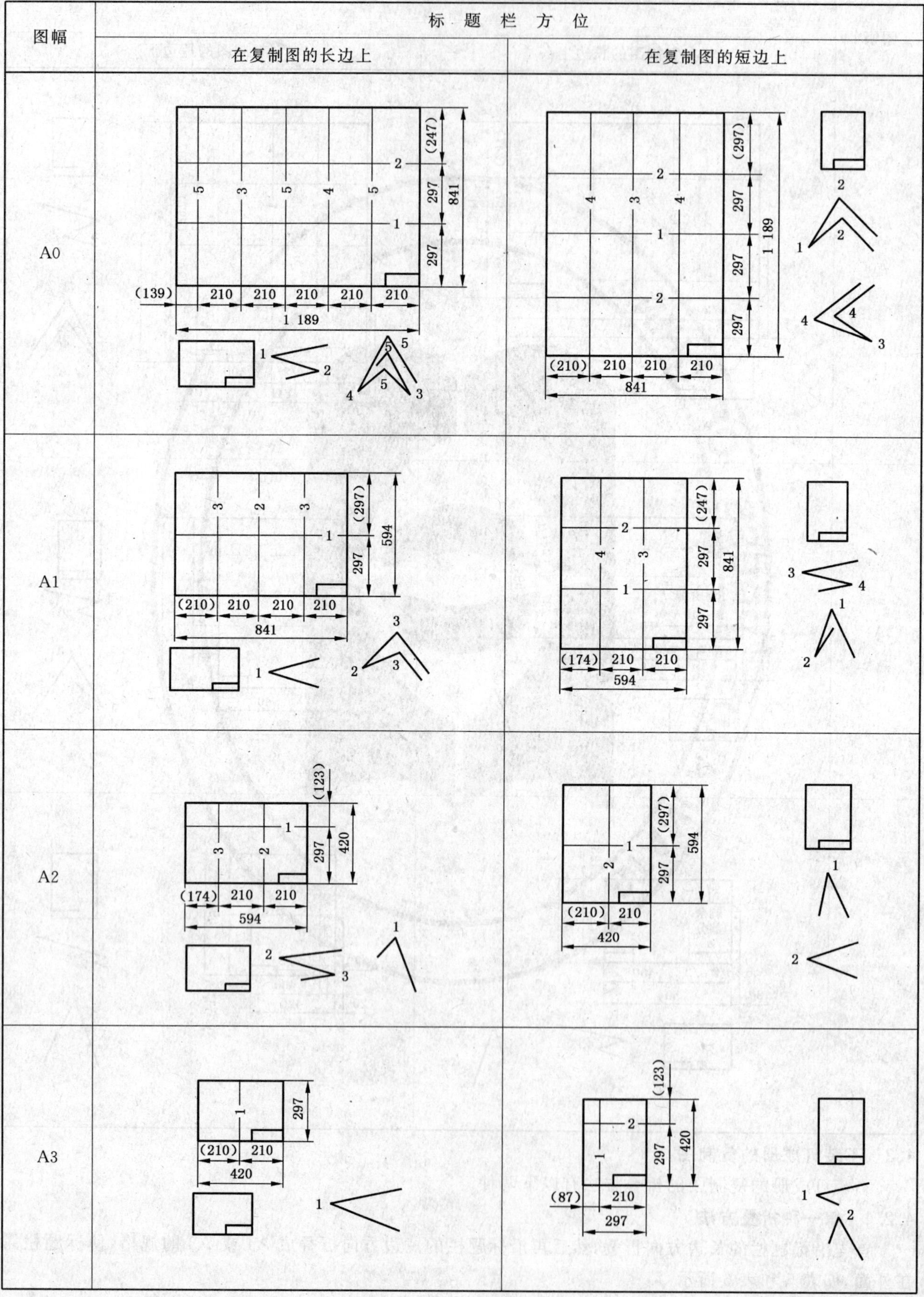

图幅	标题栏方位	
	在复制图的长边上	在复制图的短边上
A0		
A1		
A2		
A3		

表 6 折叠成 A3 幅面的方法

单位为毫米

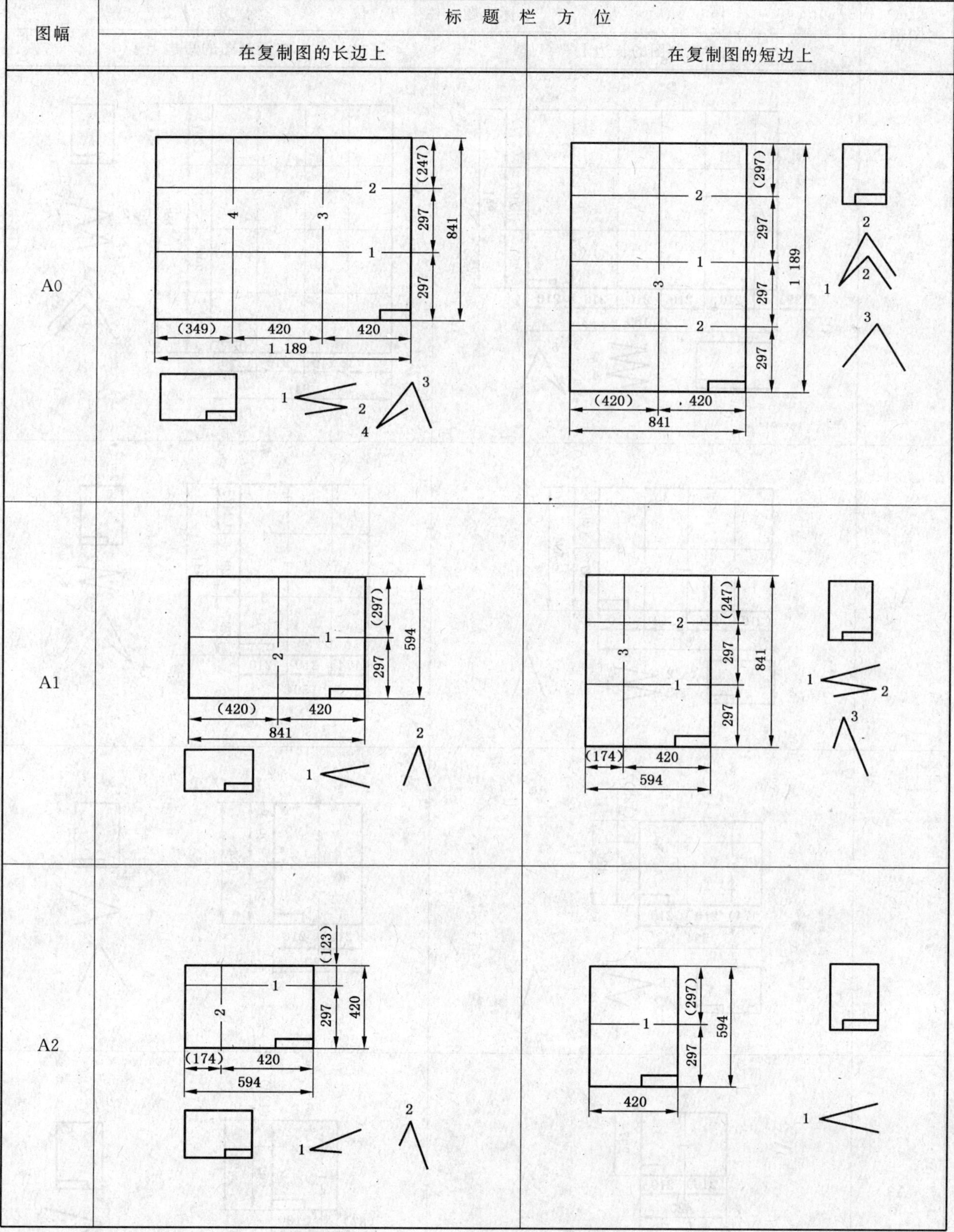

图幅	标题栏方位	
	在复制图的长边上	在复制图的短边上
A0		
A1		
A2		

4.2.2 第二种折叠方法

首先沿标题栏的短边方向折叠，然后再沿标题栏的长边方向折叠成 A4 或 A3 的规格，使标题栏露在外面，如表 7 和表 8 所示。

表 7　折叠成 A4 幅面的方法

单位为毫米

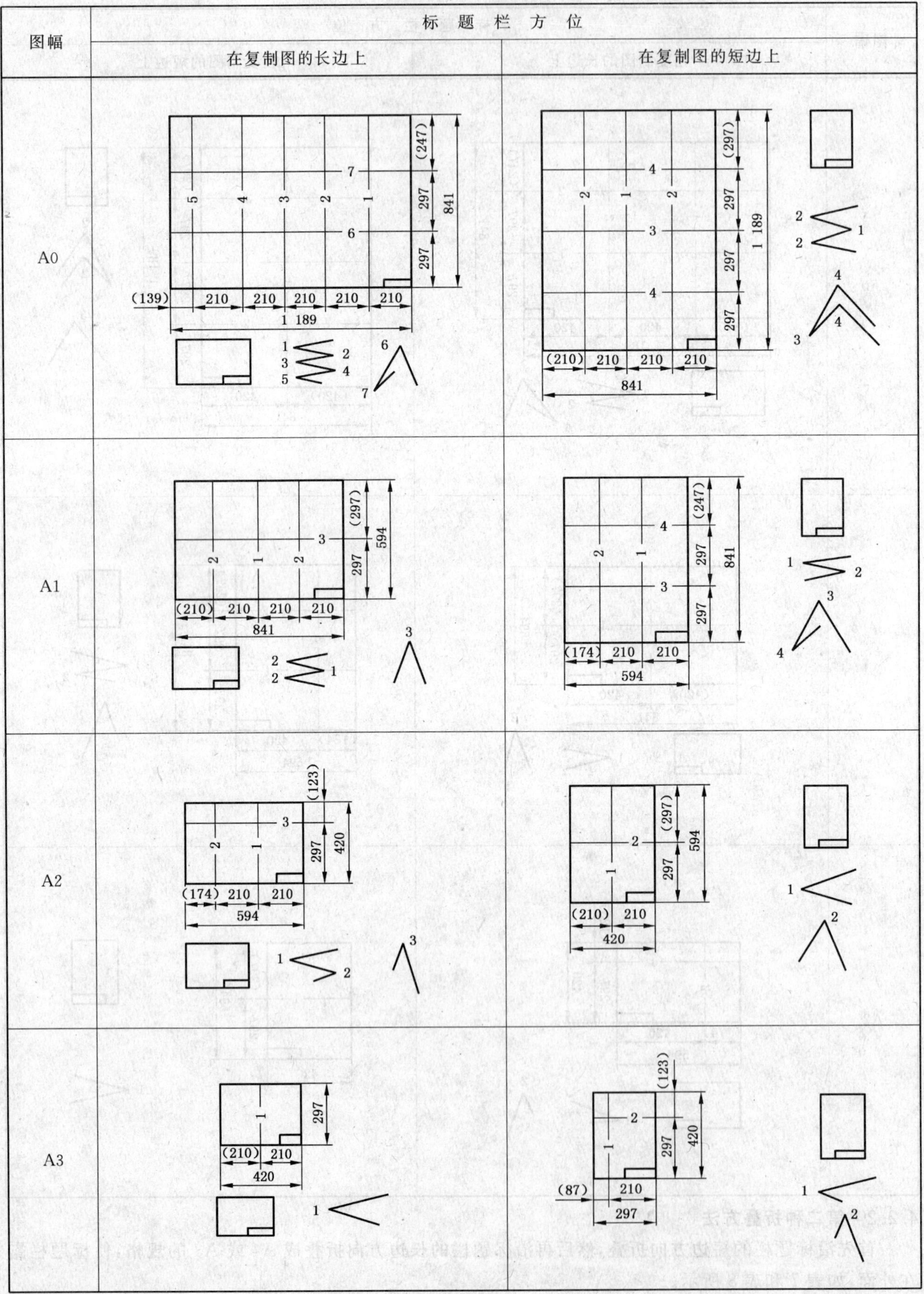

图幅	标题栏方位	
	在复制图的长边上	在复制图的短边上
A0		
A1		
A2		
A3		

表 8　折叠成 A3 幅面的方法

单位为毫米

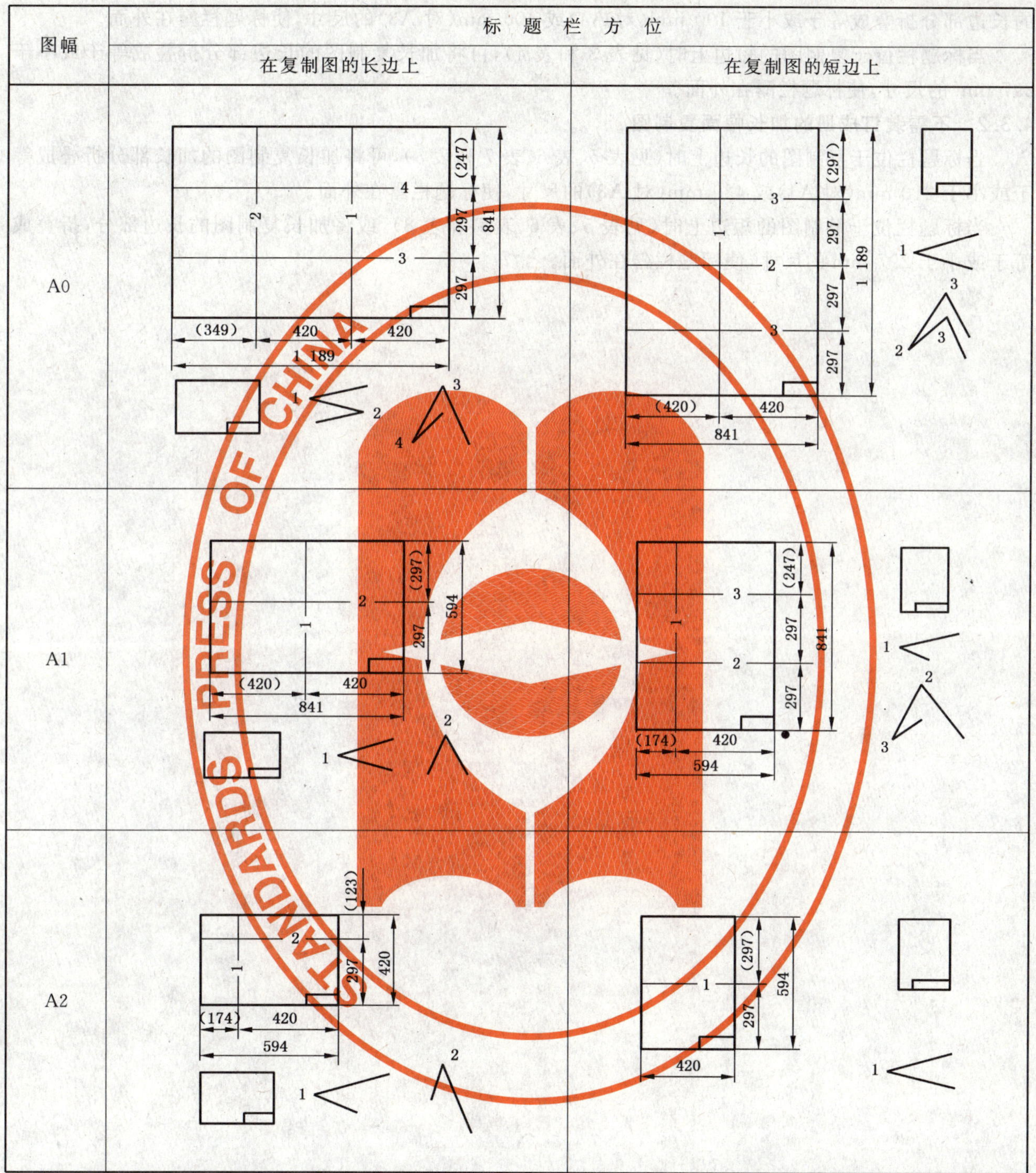

图幅	标题栏方位	
	在复制图的长边上	在复制图的短边上
A0		
A1		
A2		

4.3　加长幅面复制图的折叠方法

根据标题栏在图纸幅面上的方位，可参照前述方法折叠。

4.3.1　需装订成册的加长幅面复制图

有装订边的加长幅面复制图。当标题栏位于复制图的长边时(见表 1 和表 2)，可将加长复制图的长边部分先折出 210 mm(对 A4)或 420 mm(对 A3)，再将其余部分折成等于或小于 185 mm(对 A4)或 395 mm(对 A3)的尺寸，使标题栏露在外面。

当标题栏位于复制图的短边上时(见表 1 和表 2)。可将加长复制图的长边部分折叠成等于或小于 297 mm 的尺寸，使标题栏露在外面。

无装订边的加长幅面复制图。当标题栏位于复制图的长边上时(见表3和表4),可将加长复制图的长边部分折叠成等于或小于190 mm(对A4)或400 mm(对A3)的尺寸,使标题栏露在外面。

当标题栏位于复制图的短边上时(见表3和表4),可将加长复制图的长边部分折叠成等于或小于297 mm的尺寸,使标题栏露在外面。

4.3.2 不需装订成册的加长幅面复制图

当标题栏位于复制图的长边上时(见表5、表6、表7和表8),可将加长复制图的加长部分折叠成等于或小于210 mm(对A4)或420 mm(对A3)的尺寸,使标题栏露在外面。

当标题栏位于复制图的短边上时(见表5、表6、表7和表8),或将加长复制图的长边部分,折叠成等于或小于297 mm的尺寸,使标题栏露在外面。

附 录 A
（规范性附录）
装订胶带的尺寸

装订胶带可按图 A.1 所示的尺寸制作。

单位为毫米

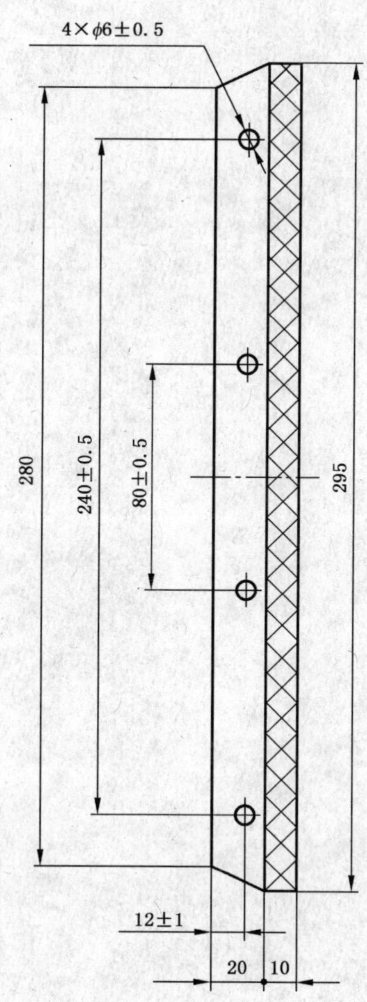

注 1：胶带的厚度可在不易折损的原则下自行规定。

注 2：图中网纹部分，为胶贴的范围。

注 3：图中 φ6 为装订孔的尺寸。

图 A.1 装订胶带的尺寸

ICS 01.100.01
J 04

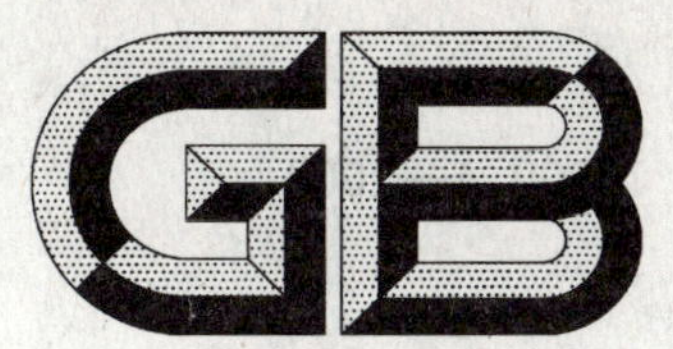

中华人民共和国国家标准

GB/T 10609.4—2009
代替 GB/T 10609.4—1989

技术制图 对缩微复制原件的要求

Technical drawings—Requirements for microcopying

2009-11-30 发布 2010-09-01 实施

中华人民共和国国家质量监督检验检疫总局
中国国家标准化管理委员会 发布

前　言

GB/T 10609《技术制图》分为以下4部分：

——GB/T 10609.1　技术制图　标题栏；

——GB/T 10609.2　技术制图　明细栏；

——GB/T 10609.3　技术制图　复制图的折叠方法；

——GB/T 10609.4　技术制图　对缩微复制原件的要求。

本部分是对GB/T 10609.4—1989《技术制图　对缩微复制原件的要求》的修订。

本部分主要修改的内容有：

——所有的引用GB改为GB/T；

——去掉规范性引用文件中的GB/T J 1；

——所有的插图和表格添加相应的图名和表名；

——3.4 标题剖面改为剖面区域；

——3.5 标题表示方法改为表示法。

本部分的附录A为资料性附录。

本部分由全国技术产品文件标准化技术委员会(SAC/TC 146)提出并归口。

本部分起草单位：中机生产力促进中心、大连海事大学、西安科技大学。

本部分主要起草人：杨东拜、强毅、邹玉堂、李勇、庞薇。

本部分所代替标准的历次版本发布情况为：

——GB/T 10609.4—1989。

技术制图　对缩微复制原件的要求

1　范围

GB/T 10609 的本部分规定了对缩微复制原件(技术图样及技术文件)的基本要求。

本部分适用于缩微拍摄前的技术图样和技术文件,科技文献资料也可参照使用。

2　规范性引用文件

下列文件中的条款通过 GB/T 10609 的本部分的引用而成为本部分的条款。凡是注日期的引用文件,其随后所有的修改单(不包括勘误的内容)或修订版均不适用于本部分,然而,鼓励根据本部分达成协议的各方研究是否可使用这些文件的最新版本。凡是不注日期的引用文件,其最新版本适用于本部分。

GB/T 4458.4　机械制图　尺寸注法

GB/T 6159.1　缩微摄影技术　词汇　第1部分:一般术语(GB/T 6159.1—2003,ISO 6196-1:1993,MOD)

GB/T 14689　技术制图　图纸幅面和格式(GB/T 14689—2008,ISO 5457:1999,Technical product documentation—Sizes and layout of drawing sheets,MOD)

GB/T 14691　技术制图　字体(GB/T 14691—1993,eqv ISO 3098-1:1974,ISO 3098-2:1984)

GB/T 16675.1　技术制图　简化表示法　第1部分:图样画法

GB/T 16675.2　技术制图　简化表示法　第2部分:尺寸注法

GB/T 17450　技术制图　图线(GB/T 17450—1998,idt ISO 128-20:1996)

GB/T 17451　技术制图　图样画法　视图(GB/T 17451—1998,neq ISO/DIS 11947-1:1995)

GB/T 17452　技术制图　图样画法　剖面图和断面图(GB/T 17452—1998,eqv ISO/DIS 11947-2:1995)

GB/T 17453　技术制图　图样画法　剖面区域的表示法(GB/T 17453—2005,ISO 128-50:2001,Technical drawing—General principles of presentation—Part 50:Basic conventions for representing areas on cuts and sections,IDT)

3　基本要求

3.1　图幅及绘制的要求

3.1.1　缩微复制原件的图幅尺寸应符合 GB/T 14689 的有关规定。

3.1.2　缩微复制原件一般应绘制在绘图纸、描图纸或聚脂绘图胶片等光泽度较小的面上。

注:聚脂绘图胶片的厚度不得小于 76 μm。

3.1.3　为了便于缩微摄影时定位和复制,图幅上应有对中符号。其设置方法见 GB/T 14689 的规定。符号的位置误差为±0.5 mm。

3.1.4　图幅上应设有米制参考分度,见附录 A。

3.1.5　缩微复制原件上允许使用涂覆保护层,但应考虑该保护层对缩微复制的影响。

3.2　图线的光密度、宽度和间隙

3.2.1　组成缩微复制原件的图形、符号、字体、表格及其修改等,应采用黑色、光泽度小、密度均匀的线条。

推荐图线的最小反差值为 0.7。

注:反差是图线的光密度和图幅背景的光密度之间的差别。光密度是光传导系数倒数的以 10 为底的对数。

3.2.2 图线的宽度和画法应符合 GB/T 17450 的有关规定。缩微复制原件中的最小图线宽度见表 1。

表 1 缩微复制原件中的最小图线宽度

单位为毫米

图纸基本幅面	最小线宽
A0	0.35
A1	0.35
A2	0.25
A3	0.25
A4	0.25

3.2.3 两平行线之间的间隙应不小于其中所用较粗线宽的两倍，而最小值不得小于 0.7 mm。

3.3 字体

3.3.1 缩微复制原件中的字体应符合 GB/T 14691 的有关规定。

3.3.2 缩微复制原件中采用的最小字体高度见表 2。选择字体高度时，应能满足将缩微拷贝放大制作成比原件幅面小一号或两号复印件的基本要求。

当汉字与字母、数字混合书写时，字体的最小高度应按照汉字的规定书写。

表 2 缩微复制原件中采用的最小字体高度

单位为毫米

字体		图纸幅面				
		A0	A1	A2	A3	A4
汉字(h[a])		7	5	3.5	3.5	3.5
拉丁字母、阿拉伯数字、希腊字母、罗马数字	A 型字体($h=14d$[b])	5	5	3.5	3.5	3.5
	B 型字体($h=14d$[b])	3.5	3.5	2.5	2.5	2.5

a h——汉字、字母和数字的高度。

b d——字母和数字的笔划宽度。

3.3.3 字体的最小字(词)距、行距，以及间隔线(在目录和表格中使用)或基准线与书写字体之间的最小距离见表 3。

当汉字与字母、数字混合书写时，字体的最小字距、行距等应根据汉字的规定书写。

表 3 字体的最小(词)距、行距等

单位为毫米

字 体	最小距离	
汉字 (h)	字距	1.5
	行距	2
	间隔线或基准线书写汉字的间距	1
拉丁字母、阿拉伯数字、希腊字母、罗马数字 ($h=14d/h=10d$)	字符间距	0.35/0.5
	词距	1.05/1.5
	行距	1/1
	间隔线或基准线书写汉字的间距	1/1

3.3.4 当采用打字机或自动绘图设备等方法书写字体时，应使其光密度与原件中其他图线或字体的光密度相类似。另外，字体的型式也应与 GB/T 14691 和表 2、表 3 的有关规定相类似。

3.4 剖面区域

3.4.1 缩微复制原件中的剖面符号或材料图例及画法，应符合 GB/T 17453 的有关规定。

3.4.2 宽度小于或等于 2 mm 的窄剖面，可使用黑色或红色涂匀。在任何情况下，每个涂色或涂黑窄剖面周围的间隙不得小于0.7 mm。

3.5 表示法

3.5.1 缩微复制原件的绘制和尺寸标注，应符合GB /T 16675.1、GB /T 17451、GB /T 17452和GB/T 4458.4的有关规定。

3.5.2 在确定的图幅上绘制技术图样时，应尽量采用较大的绘图比例和采用尽可能大的字体标注尺寸。

3.5.3 为了获得理想的缩微复印品，零、部件或构件等上的细小特征和结构，最好能采用一个或多个局部放大图表示。

3.5.4 图线、剖面线等与尺寸数字、文字说明重合时，应断开绘制。

3.6 铅笔图

当需使用铅笔绘制缩微复制原件时，应采取下列措施。

3.6.1 应采用聚合型铅笔；在绘图纸上绘图时，也可以采用石墨型铅笔。

3.6.2 铅笔图中的图线光密度应符合3.2的规定。

3.6.3 铅笔图中采用的最小字体高度应是表2中规定的字体高度的$\sqrt{2}$倍。

3.6.4 在同一缩微复制原件中，不能混合使用墨水和铅笔绘图、书写字体。

3.7 盖印

在缩微复制原件上盖印时，应使用黑色或红色的印章。

3.8 清除

需要对缩微复制原件的局部进行修改时，应尽量不要损伤原件的表面。

3.9 原件的保管

3.9.1 一般应将缩微复制原件平放或悬挂保管，不允许折叠。

3.9.2 运输时，允许将缩微复制原件卷在直径不小于75 mm的硬质光滑直筒上，也可以置于圆筒内，但将原件卷起后的空心直径不得小于75 mm。运输完毕，应尽快地将原件摊平。

3.9.3 不得采用有可能损伤缩微复制原件的方法对原件作平整或其他处理。

附 录 A
（资料性附录）
米制参考分度

为了便于识别缩微放大和缩小的倍率，应在所有图幅中设置不注数字的米制参考分度，总长度为100 mm，每10 mm为一格，见图A.1。

米制参考分度应对称地设置在图幅下周边内的对中符号两侧，并靠近图框线，其宽度为5 mm，采用最细为0.5 mm的短实线绘制，见图A.1。

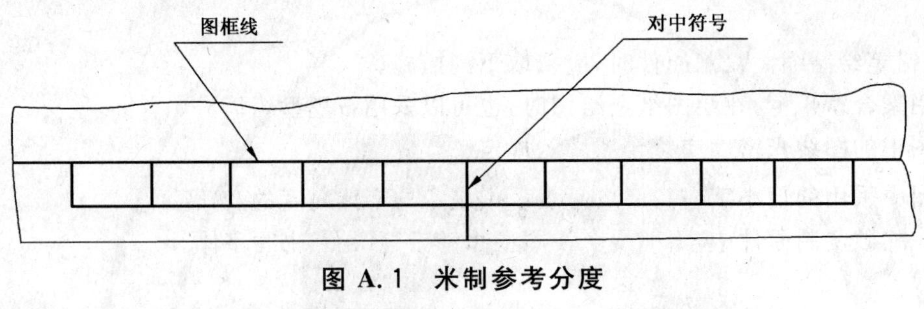

图 A.1 米制参考分度

ICS 17.040.20
J 04

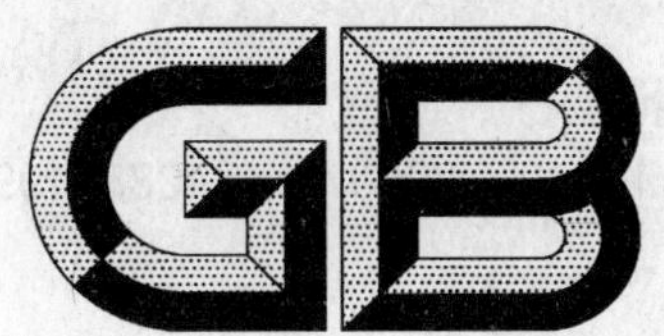

中华人民共和国国家标准

GB/T 10610—2009/ISO 4288:1996
代替 GB/T 10610—1998

产品几何技术规范(GPS)
表面结构　轮廓法
评定表面结构的规则和方法

Geometrical Product Specifications (GPS)—
Surface texture:Profile method—
Rules and procedures for the assessment of surface texture

(ISO 4288:1996,IDT)

2009-03-16 发布　　　　2009-11-01 实施

中华人民共和国国家质量监督检验检疫总局
中国国家标准化管理委员会　发布

前　言

本标准等同采用国际标准 ISO 4288:1996《产品几何技术规范(GPS)　表面结构　轮廓法　评定表面结构的规则和方法》(英文版)。本标准在技术内容上与 ISO 4288:1996 保持一致,仅作如下编辑性修改:

——删除了国际标准的引言;

——在第 2 章“规范性引用文件”中,用采用国际标准的我国标准代替对应的国际标准。

本标准代替 GB/T 10610—1998《产品几何技术规范　表面结构　轮廓法评定表面结构的规则和方法》。

本标准与 GB/T 10610—1998 相比主要变化如下:

——增加了 5 项规范性引用文件;

——修改了 4.1.2、5.2、6.2、7.2.1 条中的个别文字;

——修改了表 1、表 2、表 3 的表题;

——表 3 中 *Rsm* 的单位名称由“μm”改为“mm”;

本标准的附录 A 和附录 B 为资料性附录。本标准在 GPS 体系中的位置在附录 B 中说明。

本标准由全国产品尺寸和几何技术规范标准化技术委员会提出并归口。

本标准起草单位:中机生产力促进中心、哈尔滨量具刃具集团有限责任公司、北京市计量检测科学研究院、中国计量科学研究院、中国计量学院。

本标准主要起草人:王欣玲、郎岩梅、吴迅、王忠滨、高思田、赵军、陈景玉。

本标准所代替标准的历次版本发布情况为:

—— GB/T 10610—1983、GB/T 10610—1998。

产品几何技术规范(GPS)
表面结构 轮廓法
评定表面结构的规则和方法

1 范围

本标准规定了GB/T 3505—2009、GB/T 18618、GB/T 18778.2—2003、GB/T 18778.3—2006中定义的各种表面结构参数的测得值和公差极限相比较的规则。

本标准还规定了应用GB/T 6062规定的触针式仪器测量GB/T 3505—2009定义的粗糙度轮廓参数时选用截止波长 λc 的缺省规则。

2 规范性引用文件

下列文件中的条款通过本标准的引用而成为本标准的条款。凡是注日期的引用文件,其随后所有的修改单(不包括勘误的内容)或修订版均不适用于本标准,然而,鼓励根据本标准达成协议的各方研究是否可使用这些文件的最新版本。凡是不注日期的引用文件,其最新版本适用于本标准。

GB/T 131—2006 产品几何技术规范(GPS) 技术产品文件中表面结构的表示法(ISO 1302:2002,IDT)

GB/T 1031—2009 产品几何技术规范(GPS) 表面结构 轮廓法 表面粗糙度的参数及其数值

GB/T 3505—2009 产品几何技术规范(GPS) 表面结构 轮廓法 术语、定义及表面结构参数(ISO 4287:1997,IDT)

GB/T 6062—2009 产品几何技术规范(GPS) 表面结构 轮廓法 接触(触针)式仪器的标称特性(ISO 3274:1996,IDT)

GB/T 18618—2002 产品几何量技术规范(GPS) 表面结构 轮廓法 图形参数(eqv ISO 12085:1996)

GB/T 18778.1—2002 产品几何量技术规范(GPS) 表面结构 轮廓法 具有复合加工特征的表面 第1部分:滤波和一般测量条件(eqv ISO 13565-1:1996)

GB/T 18778.2—2003 产品几何量技术规范(GPS) 表面结构 轮廓法 具有复合加工特征的表面 第2部分:用线性化的支承率曲线表征高度特性(ISO 13565-2:1996,IDT)

GB/T 18778.3—2006 产品几何技术规范(GPS) 表面结构 轮廓法 具有复合加工特征的表面 第3部分:用概率支承率曲线表征高度特性(ISO 13565-3:1998,IDT)

GB/T 18779.1—2002 产品几何量技术规范(GPS) 工件与测量设备的测量检验 第1部分:按规范检验合格或不合格的判定规则(eqv ISO 14253-1:1998)

GB/Z 20308—2006 产品几何技术规范(GPS)总体规划(ISO/TR 14638:1995,MOD)

3 术语和定义

GB/T 6062—2009、GB/T 3505—2009、GB/T 18618—2002、GB/T 18778.2—2003、GB/T 18778.3—2006标准中所规定的术语和定义适用于本标准。

4 参数测定

4.1 在取样长度上定义的参数

4.1.1 参数测定

仅由一个取样长度测得的数据计算出参数值的一次测定。

4.1.2 平均参数测定

把所有按单个取样长度算出的参数值，取算术平均求得一个平均参数的测定。

当取5个取样长度(缺省值)测定粗糙度轮廓参数时，不需要在参数符号后面作出标记。

如果参数值不是在5个取样长度上测得的，则必须在参数符号后面标记取样长度的个数，例如：Rz_1、Rz_3。

4.2 在评定长度上定义的参数

对于在评定长度上定义的参数：Pt、Rt 和 Wt，参数值的测定是由在评定长度(取GB/T 1031规定的评定长度缺省值)上的测量数据计算得到的。

4.3 曲线及相关参数

对于曲线及相关参数的测定，首先以评定长度为基础求解这曲线，再利用这曲线上测得的数据计算出某一参数数值。

4.4 缺省评定长度

如果在图样上或技术产品文件中没有其他标注，缺省评定长度应遵循以下规定：

——R 参数：按第7章给定的评定长度；

——P 参数：评定长度等于被测特征的长度；

——图形参数：评定长度的规定见GB/T 18618—2002中第5章；

——GB/T 18778.2—2003、GB/T 18778.3—2006中定义的参数，评定长度的规定见GB/T 18778.1—2002中第7章。

5 测得值与公差极限值相比较的规则

5.1 被检特征的区域

被检验工件各个部位的表面结构，可能呈现均匀一致状况，也可能差别很大，这点通过目测表面就能看出。在表面结构看来均匀的情况下，应采用整体表面上测得的参数值与图样上或技术产品文件中的规定值相比较。

如果个别区域的表面结构有明显差异，应将每个区域上测定的参数值分别与图样上或技术产品文件中的规定值相比较。

当参数的规定值为上限值时，应在几个测量区域中选择可能会出现最大参数值的区域测量。

5.2 16%规则

当参数的规定值为上限值(见GB/T 131—2006)时，如果所选参数在同一评定长度上的全部实测值(见注1、注2)中，大于图样或技术产品文件中规定值的个数不超过实测值总数的16%，则该表面合格。

当参数的规定值为下限值时，如果所选参数在同一评定长度上的全部实测值(见注1、注2)中，小于图样或技术文件中规定值的个数不超过实测值总数的16%，则该表面合格。

指明参数的上、下限值时，所用参数符号没有"max"标记。

注1：附录A提供了有关测量值和上、下限值进行比较的简单实用的指导。

注2：若被检表面粗糙度轮廓参数值遵循正态分布，将粗糙度轮廓参数16%的测得值超过规定值作为极限条件，这个判定原则与由 $\mu+\sigma$ 值确定的极限条件一致。其中，μ 为粗糙度轮廓参数的算术平均值，σ 为这些数值的标准偏差。σ 值越大，粗糙度轮廓参数的平均值就偏离规定的极限(上限值)越远(见图1)。

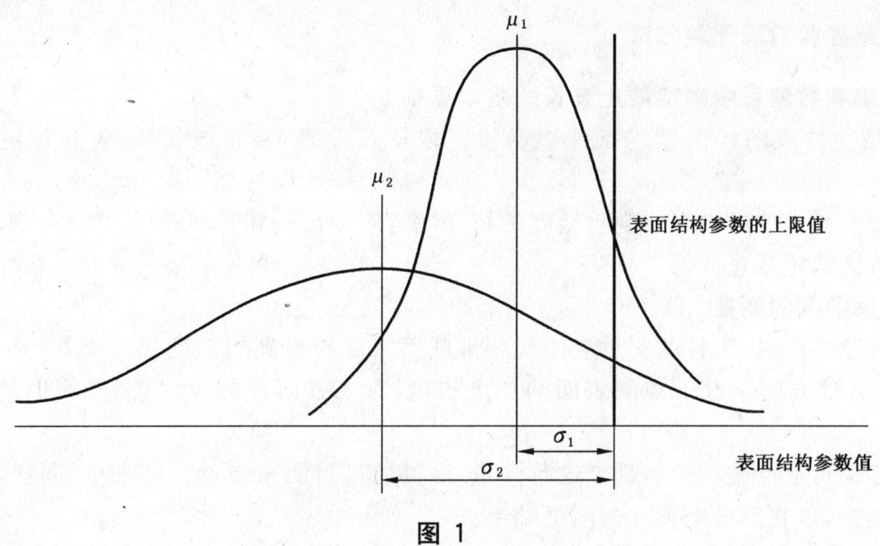

图 1

5.3 最大规则

检验时，若参数的规定值为最大值(见 GB/T 131—2006 中 3.4)，则在被检表面的全部区域内测得的参数值一个也不应超过图样或技术产品文件中的规定值。若规定参数的最大值，应在参数符号后面增加一个“max”标记，例如：Rz_1 max。

5.4 测量不确定度

为了验证是否符合技术要求，将测得参数值和规定公差极限进行比较时，应根据 GB/T 18779.1—2002 中的规定，把测量不确定度考虑进去。在将测量结果与上限值或下限值进行比较时，估算测量不确定度不必考虑表面的不均匀性，因为这在允许 16%超差中已计及。

6 参数评定

6.1 概述

表面结构参数不能用来描述表面缺陷。因此在检验表面结构时，不应把表面缺陷，例如划痕、气孔等考虑进去。

为了判定工件表面是否符合技术要求，必须采用表面结构参数的一组测量值，其中的每组数值是在一个评定长度上测定的。

对被检表面是否符合技术要求判定的可靠性，以及由同一表面获得的表面结构参数平均值的精度取决于获得表面参数的评定长度内取样长度的个数，而且也取决于评定长度的个数，即在表面的测量次数。

6.2 粗糙度轮廓参数

对于 GB/T 3505—2009 定义的粗糙度系列参数，如果评定长度不等于 5 个取样长度，则其上、下限值应重新计算，将其与评定长度等于 5 个取样长度时的极限值联系起来。图 1 中所示每个 σ 等于 σ_5。

σ_n 和 σ_5 的关系由下式给出：

$$\sigma_5 = \sigma_n \sqrt{\frac{n}{5}}$$

式中 n 为所用取样长度的个数(小于 5)。

测量的次数越多，评定长度越长，则判定被检表面是否符合要求的可靠性越高，测量参数平均值的不确定度也越小。

然而，测量次数的增加将导致测量时间和成本的增加。因此，检验方法必须考虑一个兼顾可靠性和成本的折衷方案(参见附录 A)。

7 用触针式仪器检验的规则和方法

7.1 粗糙度轮廓参数测量中确定截止波长的基本原则

当工业产品文件或图样的技术条件中已规定取样长度时，截止波长 λc 应与规定的取样长度值相同。

若在图样或产品文件中没有出现粗糙度的技术规范或给出的粗糙度规范中没有规定取样长度，可由7.2给出的方法选定截止波长。

7.2 粗糙度轮廓参数的测量

没有指定测量方向时，工件的安放应使其测量截面方向与得到粗糙度幅度参数（Ra、Rz）最大值的测量方向相一致，该方向垂直于被测表面的加工纹理，对无方向性的表面，测量截面的方向可以是任意的。

应在被测表面可能产生极值的部位进行测量，这可通过目测来估计。应在表面这一部位均匀分布的位置上分别测量，以获得各个独立的测量结果。

为了确定粗糙度轮廓参数的测得值，应首先观察表面并判断粗糙度轮廓是周期性的还是非周期性的。若没有其他规定，应以这一判断为基础，按7.2.1或7.2.2中规定的程序执行。如果采用特殊的测量程序，必须在技术文件和测量记录中加以说明。

7.2.1 非周期性粗糙度轮廓的测量程序

对于具有非周期粗糙度轮廓的表面应按下列步骤进行测量：

a) 根据需要，可以采用目测、粗糙度比较样块比较、全轮廓轨迹的图解分析等方法来估计被测的粗糙度轮廓参数 Ra、Rz、$Rz_1\max$ 或 Rsm 的数值。

b) 利用a)中估计的 Ra、Rz、$Rz_1\max$ 或 Rsm 的数值，按表1、表2或表3预选取样长度。

c) 用测量仪器按b)中预选的取样长度，完成 Ra、Rz、$Rz_1\max$ 或 Rsm 的一次预测量。

d) 将测得的 Ra、Rz、$Rz_1\max$ 或 Rsm 的数值，与表1、表2或表3中预选取样长度所对应的 Ra、Rz、$Rz_1\max$ 或 Rsm 的数值范围相比较。如果测得值超出了预选取样长度对应的数值范围，则应按测得值对应的取样长度来设定，即把仪器调整至相应的较高或较低的取样长度。然后应用这一调整后的取样长度测得一组参数值，并再次与表1、表2或表3中数值比较。此时，测得值应达到由表1、表2或表3建议的测得值和取样长度的组合。

e) 如果以前在d)步骤评定时没有采用过更短的取样长度，则把取样长度调至更短些获得一组 Ra、Rz、$Rz_1\max$ 或 Rsm 的数值，检查所测得的 Ra、Rz、$Rz_1\max$ 或 Rsm 的数值和取样长度的组合是否亦满足表1、表2或表3的规定。

f) 只要d)步骤中最后的设定与表1、表2或表3相符合，则设定的取样长度和 Ra、Rz、$Rz_1\max$ 或 Rsm 的数值二者是正确的。如果e)步骤也产生一个满足表1、表2或表3规定的组合，则这个较短的取样长度设定值和相对应的 Ra、Rz、$Rz_1\max$ 或 Rsm 的数值是最佳的。

g) 用上述步骤中预选出的截止波长（取样长度）完成一次所需参数的测量。

7.2.2 周期性粗糙度轮廓的测量程序

对于具有周期性粗糙度轮廓的表面应采用下述步骤进行测量：

a) 用图解法估计被测粗糙度表面的参数 Rsm 的数值。

b) 按估计的 Rsm 的数值，由表3确定推荐的取样长度作为截止波长值。

c) 必要时，如在有争议的情况下，利用由b)选定的截止波长值测量 Rsm 值。

d) 如果按照c)步骤得到的 Rsm 值由表3查出的取样长度比b)确定的取样长度较小或较大，则应采用这较小或较大的取样长度值作为截止波长值。

e) 用上述步骤中确定的截止波长（取样长度）完成一次所需参数的测量。

表 1 测量非周期性轮廓(如磨削轮廓)的 *Ra*、*Rq*、*Rsk*、*Rku*、*RΔq* 值及曲线和相关参数的粗糙度取样长度

Ra/μm	粗糙度取样长度 *lr*/mm	粗糙度评定长度 *ln*/mm
(0.006)<*Ra*≤0.02	0.08	0.4
0.02<*Ra*≤0.1	0.25	1.25
0.1<*Ra*≤2	0.8	4
2<*Ra*≤10	2.5	12.5
10<*Ra*≤80	8	40

表 2 测量非周期性轮廓(如磨削轮廓)的 *Rz*、*Rv*、*Rp*、*Rc*、*Rt* 值的粗糙度取样长度

Rz[a]、Rz_1 max[b]/μm	粗糙度取样长度 *lr*/mm	粗糙度评定长度 *ln*/mm
(0.025)<*Rz*、Rz_1 max≤0.1	0.08	0.4
0.1<*Rz*、Rz_1 max≤0.5	0.25	1.25
0.5<*Rz*、Rz_1 max≤10	0.8	4
10<*Rz*、Rz_1 max≤50	2.5	12.5
50<*Rz*、Rz_1 max≤200	8	40

[a] *Rz* 是在测量 *Rz*、*Rv*、*Rp*、*Rc* 和 *Rt* 时使用。

[b] Rz_1 max 仅在测量 Rz_1 max、Rp_1 max、Rv_1 max 和 Rc_1 max 时使用。

表 3 测量周期性轮廓的 *R* 参数及周期性和非周期性轮廓的 *Rsm* 值的粗糙度取样长度

Rsm/mm	粗糙度取样长度 *lr*/mm	粗糙度评定长度 *ln*/mm
0.013<*Rsm*≤0.04	0.08	0.4
0.04<*Rsm*≤0.13	0.25	1.25
0.13<*Rsm*≤0.4	0.8	4
0.4<*Rsm*≤1.3	2.5	12.5
1.3<*Rsm*≤4	8	40

附 录 A
（资料性附录）
粗糙度检验的简化程序

A.1 概述

下面举例说明粗糙度检验的几种程序，标准正文中对检验程序已作详细规定，这里的程序仅作为一种简化的程序。

A.2 目视检查

对于粗糙度与规定值相比明显地好或明显地不好，或者因为存在明显影响表面功能的缺陷，没必要用更精确的方法来检验的工件表面，采用目视法检查。

A.3 比较检查

如果目视检查不能作出判定，可采用与粗糙度比较样块进行触觉和视觉比较的方法。

A.4 测量

如果用比较法检验不能作出判定，应根据目视检查结果，在被测表面上最有可能出现极值的部位进行测量。

A.4.1 在所标注的参数符号后面没有注明“max”（最大值）的要求时，若出现下述情况，工件是合格的并停止检测。否则，工件应判废。

——第1个测得值不超过图样上规定值的70%；

——最初的3个测得值不超过规定值；

——最初的6个测得值中只有1个值超过规定值；

——最初的12个测得值中只有2个值超过规定值。

对重要零件判废前，有时可做多于12次的测量。如测量25次，允许有4个测得值超过规定值。

A.4.2 在标注的参数符号后面有尾标“max”时，一般在表面可能出现最大值处（为有明显可见的深槽处）应至少进行三次测量；如果表面呈均匀痕迹，则可在均匀分布的三个部位测量。

A.4.3 利用测量仪器能获得最可靠的粗糙度检验结果。因此，对于要求严格的零件，一开始就应直接使用测量仪器进行检验。

附 录 B
（资料性附录）
在 GPS 矩阵模型中的位置

GPS 矩阵的全部详情参见 GB/Z 20308—2006。

B.1 本标准的信息及其应用

本标准规定了以下有关问题的规则：

——表面结构参数测得值和极限值之间的比较；

——用触针式仪器测量粗糙度轮廓参数时，λc 缺省值的选择规则；

——粗糙度轮廓和原始轮廓参数及图形参数测得值与规定值的比较原则；

——滤波器截止波长不是按图样，而是根据工件的表面结构来选定；

——包括了 *Ra* 和 *Rz* 以外的各个参数的测定准则。

B.2 在 GPS 矩阵模型中的位置

本标准是 GPS 通用标准，它影响 GPS 通用标准矩阵中粗糙度轮廓和原始轮廓标准链的链环 3 和链环 4，如图 B.1 所述。

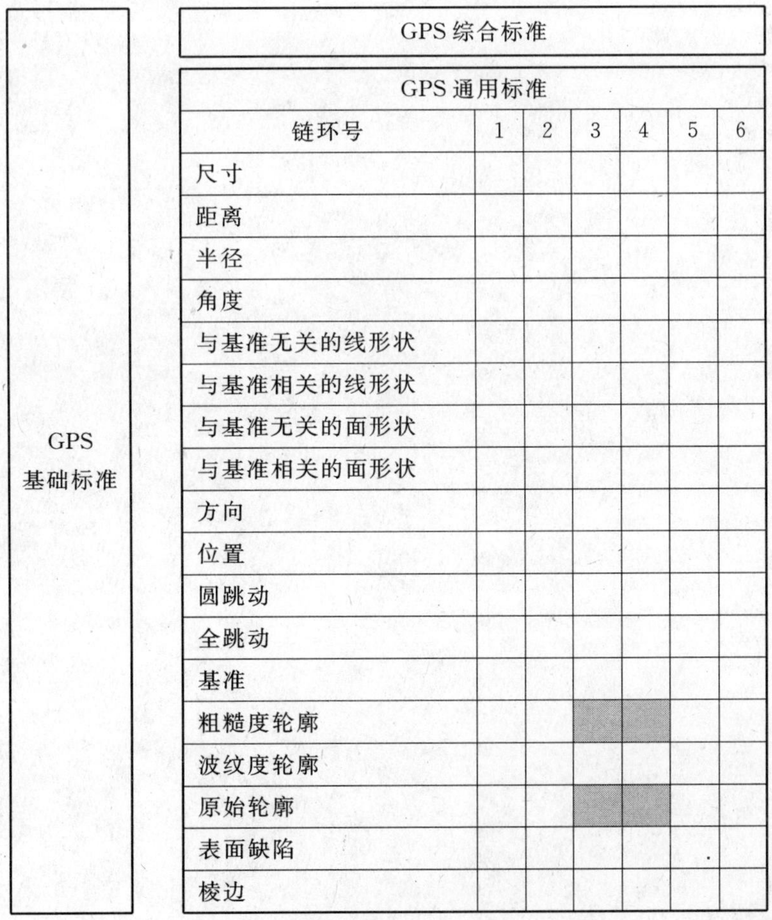

GPS 基础标准

GPS 综合标准

GPS 通用标准						
链环号	1	2	3	4	5	6
尺寸						
距离						
半径						
角度						
与基准无关的线形状						
与基准相关的线形状						
与基准无关的面形状						
与基准相关的面形状						
方向						
位置						
圆跳动						
全跳动						
基准						
粗糙度轮廓						
波纹度轮廓						
原始轮廓						
表面缺陷						
棱边						

图 B.1 在 GPS 矩阵模型中的位置

B.3 相关的标准

相关的标准为图 B.1 所示标准链涉及的标准。

ICS 59.080.01
W 04

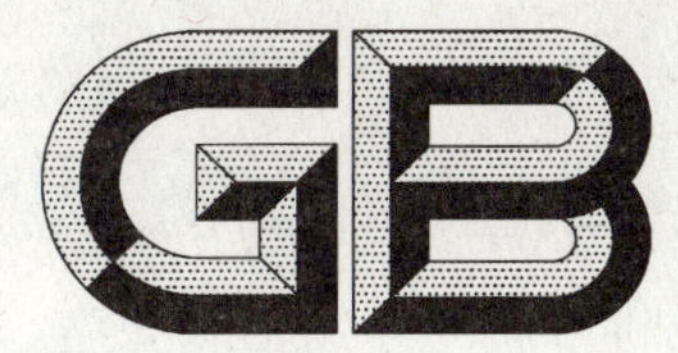

中华人民共和国国家标准

GB/T 10629—2009
代替 GB/T 10629—1989

纺织品 用于化学试验的实验室样品和试样的准备

Textiles—Preparation of laboratory test samples and test specimens for chemical testing

(ISO 5089:1977,MOD)

2009-06-15 发布 2010-01-01 实施

中华人民共和国国家质量监督检验检疫总局
中国国家标准化管理委员会 发布

前　言

本标准使用重新起草法修改采用 ISO 5089:1977《纺织品　用于化学试验的实验室样品和试样的准备》(英文版),与 ISO 5089:1977 相比主要变化如下:

——取消了 ISO 前言;

——修改了术语和定义;

——将第 4、5、6 和 7 四章合并为一章。

本标准代替 GB/T 10629—1989《纺织品　用于化学试验的实验室样品和试样的准备》,与 GB/T 10629—1989 相比主要变化如下:

——增加了引言;

——修改了范围;

——修改了术语和定义;

——对第 4 章的某些条款进行了编辑性修改。

本标准由中国纺织工业协会提出。

本标准由全国纺织品标准化技术委员会基础标准分会(SAC/TC 209/SC 1)归口。

本标准主要起草单位:国家纺织制品质量监督检验中心。

本标准主要起草人:李治恩、李纯、井婷婷。

本标准所代替标准的历次版本发布情况为:

——GB/T 10629—1989。

引　言

在本标准给出的方法中，实验室样品是由从批样的不同部分抽取的许多小样品组成的。因此，从这些实验室样品中获得的样品的任何试验结果仅仅反映批样的平均水平，不能体现批样各个部分间的差异水平。本方法适用于评估诸如批样纤维成分的情况（如测定一个混纺样品中不同纤维所占的比例），不适用于差异性非常显著的情况（如在测定pH值时样品某一部位的pH值与其他部位的pH值是有差异；或者在测定杀菌剂的含量时，样品某一部位的含量较高而其他部位的含量较低）。该方法也不适用于商业质量的测定。

纺织品 用于化学试验的实验室样品和试样的准备

1 范围

本标准规定了从一批纺织品获取的批样中抽取实验室样品的方法，并给出了用于化学试验试样适宜尺寸的制备方法。

本标准未规定从一批纺织品中取样的方法，因为我们假定批样是经过合适的程序筛选得到的，能够代表一批纺织品的真实情况。

2 术语和定义

下列术语和定义适用于本标准。

2.1

批 lot

根据不同目的，按产品原料、生产工艺等划分的计数单位。

2.2

批样 lot sample

按规定从一批产品中随机抽取的一个或多个包装单元，作为实验室样品的来源。

2.3

实验室样品 Laboratory sample

按规定取自批样的产品单元或部分材料，作为试验用试样的来源。

2.4

试样 specimen

取自实验室样品用以进行试验的部分。

3 原理

实验室样品代表了批样，而试样从实验室样品中抽取，因此每个试样都代表了实验室样品。

4 取样方法

4.1 散纤维取样

4.1.1 散纤维

4.1.1.1 如果批样少于 5 kg，则将纤维均匀地铺成一层，在其任意部位随机地抽取实验室样品，每处取一束，每束质量要大致相等，样品的量不得少于 100 束，且总质量能满足实验室样品的需要。

4.1.1.2 如果批样等于或超过 5 kg，则将其分成相等的若干部分。从各部分中抽取数量相等的若干份适量的纤维束，总数要在 100 束以上。

4.1.1.3 如需要，可按试验方法的规定对实验室样品进行预处理。用镊子从经过预处理实验室样品中随机地夹取，每一束的质量大约相当于一个试样的质量。

4.1.2 取向纤维（梳棉棉网、条子、粗纱等）

从批样中随机抽取不少于 10 份的样品，作为实验室样品。每一份的质量大约为 1.0 g，预处理后（如需要的话）10 份放在一起，从中剪取一部分作为试样。

4.2 纱线取样

4.2.1 筒子纱或绞纱

4.2.1.1 如果批样的筒子数等于或少于25只，则所有的筒子都作为实验室样品；如果筒子数超过25只，则随机地取25只。

4.2.1.2 若纱线的线密度以tex表示，记为t，从批样中取得的筒子数是n，则抽取10 g实验室样品需从每个筒子中绕取的纱线长度是：$\frac{10^6}{m}$cm。若nt值过高，比如超过2 000，会卷绕一个较重的绞纱，可将其切断分成两个丝束。

4.2.1.3 用纱框测长器或用其他方法，从每一只筒子或绞纱上绕取同样长度的纱束，使其并排地组成一个绞纱或纱束作为实验室样品。如需用适宜的方法对实验室样品进行预处理，须保证在预处理后样品仍然整齐不乱。

4.2.1.4 从实验室样品中剪取一束适宜质量的等长纱线作为试样，试样应包含实验室样品的所有纱线。

4.2.2 经纱

从经纱的一端切割一段，作为实验室样品，其长度至少20 cm。除边纱外，所有的经纱都要取到。在切下的纱束的一端附近打个结以防样品散乱。如样品太大，为了预处理方便，可将样品分成两份或多份，分别预处理后，再重新组合，从实验室样品上无结头一端剪取适当长度作为试样。对于线密度为t(tex)，根数为N的经纱，质量为1 g的试样长度是：$\frac{10^5}{Nt}$cm。

4.3 织物取样

4.3.1 从由单个长度不超过1 m的样品所组成的批样中取样。

4.3.1.1 除去布边，沿布样对角裁一个对角线布条作为实验室样品。如布条的质量为Xg（根据需要自定），则布条的面积为：$\frac{X10^4}{M}$cm^2，其中M为织物单位面积的质量，单位为克每平方米(g/m^2)。

4.3.1.2 根据计算结果裁取实验室样品，预处理后将其分成四等份，重叠在一起，从中裁取试样，并保证每一层试样的长度一致。

4.3.2 从由单个长度超过1 m的样品所组成的批样中取样。

4.3.2.1 从批样的两端分别截取一段不多于1 m的全幅布样，将这两块布样沿其经向分成两等份，剪切线左右两部分打上标记。

4.3.2.2 把一块布样的左半部分与另一块布样的右半部分拼在一起，且使剪切线重合。去掉布边，沿一块布样的下方角到另外一块布样的上方角剪取一对角线布条。按4.3.1处理这两个半幅组成的对角线布条。

4.3.3 从由不同长度的样品所组成的批样中取样。

按4.3.1或4.3.2条处理每个样品，每个样品试验结果应在报告中写明。

4.3.4 从带有纱线分布图案的织物中取样。

4.3.4.1 如在批样中有一个完整的图案单元，且批样长度不超过1 m，则按4.3.1条取样。如批样长度超过1 m，则按4.3.2条取样。若图案循环较大或不对称，可将其剪成小碎片，充分混合后按4.1.1条规定的方法取样。

4.3.4.2 如批样中未包含一个完整的图案单元，应在试验报告中说明。

4.4 成品取样

批样通常是一些完整的成品，或是能代表这些成品的一部分。首先确定成品的各个部分是否具有相同的成分，若相同，则把成品的所有部分作为一个批样，从中抽取能够代表批样的实验室样品；若不同，则将成品每个部分单独作为一个批样对待，从中抽取能够代表批样的实验室样品。

5 试验报告

试验报告包括下列内容：

a） 取样是按本标准进行的；

b） 批样的尺寸和数量；

c） 实验室样品的尺寸和数量；

d） 试样的尺寸和数量。

ICS 29.140.30
K 71

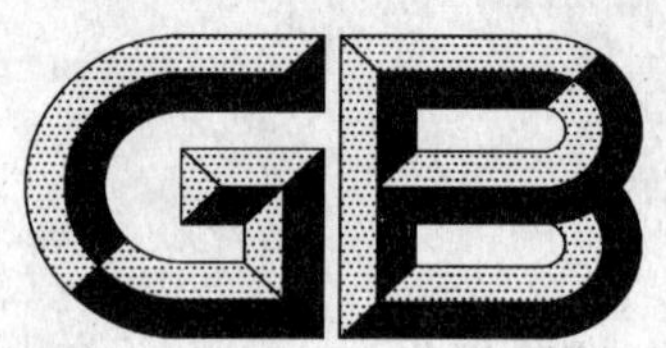

中华人民共和国国家标准

GB/T 10681—2009
代替 GB/T 10681—2004

家庭和类似场合普通照明用钨丝灯性能要求

Tungsten filament lamps for domestic and similar general lighting purposes—Performance requirements

(IEC 60064:2005 A4:2007,NEQ)

2009-09-30 发布　　2010-02-01 实施

中华人民共和国国家质量监督检验检疫总局
中国国家标准化管理委员会　发布

前　言

本标准对应于 IEC 60064:2005 A4:2007《家庭和类似场合普通照明用钨丝灯　性能要求》(英文版)。

本标准与 IEC 60064:2005 A4:2007 的一致性程度为非等效。

——本标准根据 IEC 60064:2005 A4:2007 重新起草。

本标准代替 GB/T 10681—2004《家庭和类似场合普通照明用钨丝灯性能要求》。

本标准与 GB/T 10681—2004 的主要差异如下：

——在第 3 章中增加了"光效"的定义；

——在 4.2.4.2 中增加了以"初始光通量和光效"的考核要求；

——在第 5 章符合性情况的符合性评定中增加了初始光通量和光效同时评定的要求；

——在第 9 章"灯参数表"中增加了以"额定光通量和光效"同时表达的参数；

——在附录 C 的 C.3.2 中增加了以"额定光通量和光效"同时评定的要求。

本标准的附录 A、附录 B、附录 C、附录 D、附录 E 和附录 F 是规范性附录。

本标准由中国轻工业联合会提出。

本标准由全国照明电器标准化技术委员会(SAC/TC 224)归口。

本标准起草单位：国家电光源质量监督检验中心(上海)、北京电光源研究所。

本标准主要起草人：陆荣树、赵秀荣、江姗、段彦芳。

本部分所代替标准的历次版本发布情况为：

——GB 10681—1989；

——GB/T 10681—2004。

引　言

本标准介绍了产品的主要技术要求，规定了产品基本要求和符合性条件等。

本标准所参照的 IEC 60064 的技术内容包括 E26 灯头和低于 220 V 电压的内容。但是考虑到中国目前使用的是 E27 和 B22d 灯头，故在本标准中对 E26 灯头的内容和低于 220 V 电压的内容予以删除。又由于普通照明用涂白灯泡在市场日益重要，因此本标准对此也做了规定。

最新 IEC 60064 修订的目的是完善各灯种信息的分类。例如：所有的要求都被列入标准的一个章节中，由于这些要求都非常重要，因此放于该章节的前面。同样的，所有测试程序都被列在同一个附录中。特定的灯的要求在特定的灯参数表中得以反映。本标准在编写中采用了 IEC 60064 的主要内容。

对于全部产品评定的指导原则，IEC 标准的性能要求和安全要求没什么区别。按照 IEC 60064 的内容，在本标准中列入了制造商的测试数据和为全部产品评定而设定的市场样本以及产品性能要求。

家庭和类似场合普通照明用钨丝灯
性能要求

1 范围

本标准规定了家庭和类似场合普通照明用钨丝灯(以下简称灯)的性能要求、测试方法、合格判定方法以及与制造商成品测试记录相关的对全部产品评定的方法。本标准的评定方法可用于认证。本标准对批次产品的测试程序适用于对特定批次的评定但不能用于认证。

本标准适用于符合 GB 14196.1—2008 的普通照明用钨丝白炽灯,其类型包括:

——额定功率:15 W～200 W(含 200 W);

——额定电压:220 V 和 230 V;

——A 型或 PS 型玻壳;

——透明、磨砂、类似于磨砂效果的涂层或内涂白玻壳;

——B22d,E27 灯头。

本标准的第 9 章列出了具体的灯类型。

2 规范性引用文件

下列文件中的条款通过本标准的引用而成为本标准的条款。凡是注日期的引用文件,其随后所有的修改单(不包括勘误的内容)或修订版均不适用于本标准,然而,鼓励根据本标准达成协议的各方研究是否可使用这些文件的最新版本。凡是不注日期的引用文件,其最新版本适用于本标准。

GB/T 1406.1　灯头的型式和尺寸　第 1 部分:螺口式灯头(GB/T 1406.1—2008,IEC 60061-1:2005,Lamp caps and holders together with gauges for the control of interchangeability and safety—Part 1:Lamp caps,MOD)

GB/T 1406.5　灯头的型式和尺寸　第 5 部分:卡口式灯头(GB/T 1406.5—2008,IEC 60061-1:2005,Lamp caps and holders together with gauges for the control of interchangeability and safety—Part 1:Lamp caps,MOD)

GB/T 1483.1　灯头、灯座检验量规　第 1 部分:螺口式灯头、灯座的量规(GB/T 1483.1—2008,IEC 60061-3:2004,Lamp caps and holders together with gauges for the control of interchangeability and safety—Part 3:Gauges,MOD)

GB/T 7249　白炽灯的最大外形尺寸(GB/T 7249—2008,IEC 60630:2005,IDT)

GB 14196.1—2008　白炽灯安全要求　第 1 部分:家庭和类似场合普通照明用钨丝灯(IEC 60432-1:2005,IDT)

IEC 60887　灯泡的玻壳命名系统

3 术语和定义

下列术语和定义适用于本标准。

3.1

型号　type

与灯头型号无关,具有相同光电参数的灯泡。

3.2

一组 group

属于同一灯参数表,额定功率相同,额定电压在相同电压范围内的灯泡。

3.3

涂白灯泡 white finish

能提供弥散光的内涂白低耗灯泡。

3.4

制造商 manufacturer

按照本标准生产灯泡的一个或多个不同名称的工厂的组织,这些工厂不一定在一个国家内,但应有共同的质量管理。

3.5

产量 production

一个工厂在12个月内生产出的符合本标准要求的灯泡数量。

3.6

总产量 total production

同一制造商所有工厂在12个月内生产的符合本标准要求的灯泡数量。

3.7

全部产品 whole production

制造商在12个月内生产的属于本标准产品种类范围内的列于提交认证机构清单中的所有型号的灯泡。该份清单应列入有关部门证书内。

3.8

批次 batch

一次提交验收的同一型号的全部灯泡。

3.9

光中心高度 light center length

在灯参数表中规定的自灯丝的几何中心至灯头顶部接触片(包括焊锡)之间的距离。

注:该定义不考虑灯头类型,仅适用于透明灯泡。

3.10

检验测试数量 inspection test quantity(ITQ)

为确定全部或一批产品尺寸是否合格而进行检验时所要求的灯泡数量。

3.11

等级测试数量 rating test quantity(RTQ)

为确定全部或一批产品初始值是否合格而进行检验时所要求的灯泡数量。

3.12

寿命测试数量 life test quantity(LTQ)

为确定全部或一批产品寿命是否合格而进行检验时所要求的灯泡数量。

3.13

初始值 initial readings

灯泡老炼之后测试的光电参数值。

3.14

额定电压　rated voltage

由相关灯泡标准或制造商或经销商指定的电压或电压范围。

注：如果灯泡标注的是电压范围，那么可以理解为在这个电压范围内的任何电压都是适用的。

3.15

试验电压　test voltage

如无其他规定则为额定电压。如果灯标注了电压范围，试验电压应取其平均值。但另有规定时除外。

3.16

额定功率　rated wattage

由相关灯泡标准或制造商或经销商指定的功率。

3.17

额定光通量(单位：lm)　rated luminous flux

制造商声称的光通量。

3.18

额定光效(单位：lm/W)　luminous efficiency

灯泡实测的光通量与其灯的实际功率之比。

3.19

光通维持率　lumen maintenance

燃点至规定时间时的光通量与初始光通量的比率，用百分比表示。

3.20

寿命　life

从灯泡开始工作至无法使用的总时间，或该标准中规定的其他寿命指标。

3.21

额定寿命　rated life

灯参数表规定的寿命值。在本标准对寿命测试方法的描述中，它表示截止了的寿命分布的平均值。

注：由于本标准规定的寿命测试方法是一个截止的寿命测试方法，所有那些取全寿命的算术平均值为商业额定寿命的灯泡应重新定义其额定寿命。利用正态分布统计因素将算术平均寿命校正为截止的平均寿命值。考虑到4.2.6.2对单个灯泡寿命下限的规定，附录E中的统计概念是在截止的寿命值的125%的情况下进行试验的，截止的寿命值大约是算术平均寿命值的90%(例如：E27 60 W灯的额定寿命为1 000 h，那么其截止寿命的额定值为900 h)。

3.22

正常寿命测试　normal life test

灯泡在额定电压下进行的寿命测试。

3.23

加速寿命测试　accelerated life test

灯泡在超过额定电压下的寿命测试，其结果可转换为额定电压下的对应数值。

3.24

截止寿命测试　truncated life test

在灯达到125%额定寿命时结束试验的寿命测试。

3.25

玻壳形状　bulb shape

本标准规定的用于灯泡密封的玻壳，其术语见IEC 60887。

4 灯的特性和要求

4.1 灯的特性和要求见第9章(灯参数表)。

4.1.1 各种灯参数表利用灯的特性和极限值来定义灯的“分类”。其内容包括:尺寸、额定光通量和光效、光通维持率、额定寿命和灯具的设计数据。

4.1.2 灯参数表的顺序按细分的功率类别进行排序,见表1。

表1 灯的种类和相应参数表编号

类别	参数表页号
保留页	3 000～3 999
额定寿命为1 000 h的带B22d灯头的灯泡	4 000～4 999
额定寿命为1 000 h的带E27灯头的灯泡	5 000～5 999
保留页	6 000～6 999

4.2 灯的一般要求、尺寸、光电参数和寿命要求

4.2.1 灯的一般要求

符合本标准的灯泡应符合GB 14196.1—2008的要求。

4.2.1.1 灯泡的设计应确保在正常或可接受的情况下性能可靠。一般只要符合本章的要求即可。

4.2.1.2 灯泡应按附录A的测试程序进行测量。

4.2.2 标志

4.2.2.1 灯泡上的标志应符合第8章的要求。涂白灯泡的标识信息可标注在灯上,也可标注在包装上。

4.2.2.2 合格性按GB 14196.1—2008中附录A规定的方法检验。

4.2.3 尺寸

4.2.3.1 灯泡应符合相应的灯参数表的尺寸要求。

4.2.3.2 带E27灯头的灯泡应满足GB/T 1483.1中的接触式量规测试要求的规定。

4.2.4 灯的特性及初始值误差

4.2.4.1 功率

单个灯泡的初始功率应不超过相应灯参数表规定的额定功率的104%加0.5 W。

4.2.4.2 初始光通量和光效

4.2.4.2.1 灯泡的额定光通量和光效应不小于相应灯参数表规定的数值。

4.2.4.2.2 单个透明灯泡的初始光通量和光效应不小于额定值的93%。

4.2.4.2.3 单个磨砂、类似磨砂效果涂层灯泡的初始光通量和光效应不小于额定值的91%。

4.2.4.2.4 单个涂白灯泡的初始光通量和光效应不小于额定值的85%。

4.2.5 光通维持率

单个灯泡75%额定寿命时的光通维持率应不小于相应灯参数表规定的最小值。

注:如果灯泡不符合5.1.2.6、5.1.3.3、5.2.3,则认为灯泡失效。

4.2.6 寿命测试要求

4.2.6.1 用第B.1章的方法进行计算时,正常寿命测试中的截止的平均寿命或对应的加速寿命测试中的截止的平均寿命应不小于第B.2章规定的额定寿命及LTQ的有关极限值。

4.2.6.2 个别灯泡寿命应不小于额定寿命的70%。

5 符合性情况

5.1 制造商的全部产品

根据以下内容评定产品是否满足4.2要求。

5.1.1 认证用的预符合性测试

注：附录C推荐了一个认证用的预符合性测试。例如第C.1章给出了供应商作临时认可用的试验方法。

5.1.2 制造商测试数据的符合性

5.1.2.1 应对符合5.1.2.3要求、组合在一起并在同一质量管理下的所有指定的制造商记录的测试数据进行评定。为了认证，一份证书可以涵盖所有指定的工厂，但认证当局有权参观每家工厂，以便检查局部记录和成品质量控制程序。

5.1.2.2 为了认证，制造商应提交一份其生产的在本标准范围内的所有灯泡的型号和来源标注的清单，并可以随时发出补充或删除通知书。

5.1.2.3 如6.2.2所述，当有不少于全部产品型号数量的75%的产品的测试数据符合5.1.2.4、5.1.2.5和5.1.2.6时，可认为制造商的全部产品满足本标准的要求。

5.1.2.4 尺寸

当某种型号灯泡的尺寸不符合4.2.3要求的记录数不超过附录D中表D.2所列的极限值时，可认为该型号灯泡尺寸符合标准(灯泡数量由制造商提供的数据来确定)。

5.1.2.5 初始值

当满足以下条件时，可认为该型号灯泡初始值满足本标准。

a) 制造商记录灯泡的功率超过4.2.4.1所限定的记录数不超过附录D中表D.3所列数值。

b) 制造商记录的光通量和光效低于4.2.4.2.2或4.2.4.2.3或4.2.4.2.4所限定的记录数不超过附录D中表D.3所列数值。

5.1.2.6 寿命及光通维持率

当满足以下条件时，可认为该型号灯泡的寿命及光通维持率满足本标准。

a) 制造商记录的截止平均寿命值满足4.2.6.1要求。

b) 不满足4.2.6.2要求的灯泡与不满足4.2.5要求的灯泡总数不超过附录D中表D.4所列数值。

5.1.2.7 过去符合、但现在不符合5.1.2.4、5.1.2.5和5.1.2.6所规定的合格水平的制造商，只要能做到以下任何一条，就不取消其名义符合的资格。

a) 迅速采取补救措施并在六个月内重新达到本标准合格水平。当采取纠正措施后，对其符合性评定数据不包括12个月内不符合期的测试记录时。这样的数据应保留在记录中。

b) 或将不符合本标准合格水平的型号从申报符合本标准的灯泡清单中删除。

5.1.2.8 根据5.1.2.7要求从清单中删除了的灯泡型号，如果有相当于不少于12个月样本灯泡根据5.1.2.4、5.1.2.5和5.1.2.6进行测量并取得理想的测试结果时，那么该型号可被重新列于清单中。这样的样品可在一较短时间内收集。

5.1.3 对比性测试的符合性

根据6.2.3所规定的方法选取对比性测试的样品。对于各种情况，各种型号的灯应区别对待。

5.1.3.1 尺寸

按照4.2.3要求计算的不合格灯泡的百分比 p 应列入制造商的记录中。通过 p 从附录D中的表D.1查出市场抽样不合格数的允许值。如果实际市场抽样的不合格数超过允许值，则表示市场抽样与制造商记录不相符。

5.1.3.2 初始值

采用与5.1.3.1相同的程序，对功率、光通量和光效分别进行评定。功率不合格是指不符合4.2.4.1要求。光通量和光效不合格是指不符合4.2.4.2.2或4.2.4.2.3或4.2.4.2.4要求。

5.1.3.3 寿命及光通维持率

根据5.1.3.1程序，不合格灯泡是指那些不符合4.2.6.2寿命条款要求及4.2.5光通维持率条款要求的产品。

5.2 个别批次的符合性

个别批次的抽样应符合 6.3 要求。当个别批次灯泡符合 5.2.1、5.2.2 和 5.2.3 时，可认为该批次符合本标准要求。若不符合其中的任何一条时则认为该批次不符合本标准。

5.2.1 尺寸

如果不符合 4.2.3 的个别批次灯泡数量不大于 4 只，则认为该批次符合本标准的尺寸要求。

5.2.2 初始值

如果个别批次满足以下要求，则认为该批次符合本标准初始值要求：

a) 灯泡功率超过 4.2.4.1 规定的最大值的数量不大于 12 只。

b) 灯泡光通量和光效低于 4.2.4.2.2 或 4.2.4.2.3 或 4.2.4.2.4 最小值的数量不大于 12 只。

5.2.3 寿命及光通维持率

如果个别批次满足以下要求，则认为该批次符合本标准寿命要求：

a) LTQ 的截止平均寿命满足 4.2.6.1 要求。

b) 不符合 4.2.6.2 要求的灯泡与不符合 4.2.5 要求的灯泡的总数不大于 8 只。

5.2.4 个别批次符合性条件的总结(见表 2)

表 2 个别批次符合性条件

	抽样样本数	合格限制
ITQ 尺寸要求	50	4
RTQ 功率	100	12
RTQ 光通量和光效	100	12
LTQ 平均寿命	50	额定寿命的 98%
LTQ 寿命小于额定寿命 70% 的数量＋光通维持率小于参数表最低值的数量	50	8

6 抽样

6.1 抽样原则

被测灯泡应恰当选取以确保其具有代表性。

注①：首先应确定额定光通量与相关参数表的要求相一致。

灯在发生意外破损时，如果不替换也不影响试验结果(试验结果被批准或驳回)，并且灯的数量符合下面的试验要求，则不必进行替换。如果替换了，这些破损灯在计算结果时可忽略不计。

注②：意外破损的灯泡，例如：装卸和运输时损坏的灯泡，与特定测试用途无关而受损的灯泡。

进行个别批次和对比性测试时，除试验灯外还应抽取一定数量的备用灯。如果有必要补足试验用灯数量时，这些灯仅用来代替试验灯的数量。

6.2 全部产品测试的抽样

6.2.1 认证用预符合性测试

预符合性测试抽样见第 C.2 章。

6.2.2 制造商的测试数据

制造商应取得其有效的所有成品灯的测试数据。这些测试数据应与所提交的灯泡型号清单和本标准要求相符合。

这些测试数据应在覆盖制造商 12 个月期间的足够数量的灯中选取以确保能代表全部产品。为满足该要求应做到：

a) 就每个工厂而言，其测试数据应：

i. 对于四个最大的分组(若不到四个分组则为全部分组)，其 ITQ,RTQ,LTQ 总数分别至少为 200 只、300 只、200 只灯泡，进行 ITQ、RTQ 和 LTQ 测试时每组分别不少于 40 只、60 只、40 只被测灯泡。如进行 LTQ 测试时代表的 200 只灯泡超过了 0.01%的产量，则仅测试40 只灯或 0.01%产量的灯泡即可。

ii. 另外各组和最大的四个组组合在一起的灯泡总数不少于产量的 75%时，进行 ITQ、RTQ 和 LTQ 测试时被测灯泡应分别不少于 20 只、30 只、20 只。

iii. 对于几个型号构成一组的情况，测试数量应从那些产量在组内至少占 50%的型号中选取。

iv. 对于每个须提供数据以满足上述要求的型号，ITQ、RTQ 和 LTQ 被测灯泡最少分别为 20 只、30 只、20 只。

b) 就制造商的所有工厂而言：

i. 如果选取的型号未能达到最低标准即制造商全部产品 75%时，就应另选一些型号以满足要求。

ii. 如果已经满足了以上要求，就无须考虑 ITQ、RTQ 和 LTQ 被测灯泡数量分别不少于 20 只、30 只、20 只的规定。

iii. 对同一灯泡不需进行所有测试。和 ITQ 相比 RTQ 可能包含其他要求，而 LTQ 应从已通过等级测试的灯泡中随机抽取样品单独进行测试。

iv. 鉴于在抽样时预测一种型号 12 个月的生产情况是很困难的，作为总体的一部分，如果制造商选择的测试样品具有足够的代表性并达到最低的测试数量要求，本章节的百分值则被认为是指导性的，并允许有一些出入。

v. 当工厂产品型号发生重大改变，并导致无法达到 12 个月内的最低测试数量时，应有充分证据显示当时的测试比率是符合该条款要求的。

6.2.3 对比性测试抽样

6.2.3.1 就独立的测试机构而言，在进行认证时，应在生产年度内用代表性方法在公开的市场选取三种不同类型的 20 只灯泡。首先应对 20 只灯泡进行测试以检查制造商自己测试数据的有效性。制造商应向测试机构提供工厂所采用的测试方法和大约的制造日期。

注：为确保市场样品是随机抽取的，建议至少从两个销售渠道在一年内等间隔地抽取样品。如果不按照以上方法抽取样本则认为不是随机抽取样本而且市场抽样的结果不能和制造商的记录相比较。

6.2.3.2 经过 6.2.3.1 之后的灯泡应提交检验测试(ITQ)。

6.2.3.3 经过 6.2.3.1 之后的灯泡应提交等级测试(RTQ)。

6.2.3.4 经过 6.2.3.1 之后的灯泡应提交寿命测试(LTQ)。

6.3 批次测试的抽样

6.3.1 进行 ITQ 测试的 50 只灯泡应随机抽样。

6.3.2 进行 RTQ 测试的 100 只灯泡应随机抽样。进行 ITQ 测试的灯泡可作为 RTQ 测试灯泡组成的一部分。

6.3.3 从已通过等级测试(RTQ)的灯泡中随机抽取 50 只灯泡进行 LTQ 测试。

7 尺寸的标注原则

7.1 带 B22d 和带 E27 灯头的 A 型或 PS 型白炽灯泡尺寸标注原则

7.1.1 第 9 章灯参数表列出的所有尺寸以毫米(mm)为单位。

7.1.2 图 1 为 B22d 灯头的白炽灯泡尺寸编号的图解定义。图 2 为螺口灯头白炽灯的尺寸编号的图解定义。

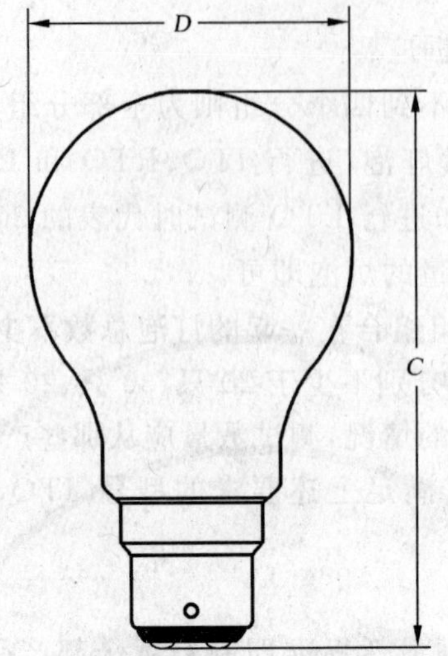

图 1 B22d 灯头的灯泡外形

图 2 螺口灯头的灯泡外形

7.1.3 在灯参数表的玻壳命名中，数字表示名义上的玻壳直径，不用于评定灯泡尺寸合格与否。

8 标志、包装、运输和贮存

8.1 每只灯泡的明显位置上应有下列清晰而牢固的标志：

a) 来源标志（商标、生产厂名称或经销商名称）；

b) 产品型号或额定功率和额定电压（或电压范围）；

c) 生产日期；

d) 其他标志。

8.2 每只灯用纸盒包装，然后再用包装箱集装。包装应安全可靠，包装箱内应附有产品合格证。包装盒和包装箱上应注明：

a) 制造商名称、地址和商标；

b) 产品名称；

c) 产品型号或额定功率和额定电压（或电压范围）；

d) 包装箱内灯的数量；

e) 产品标准编号；

f) 其他有关标志。

8.3 灯应贮存在相对湿度不大于85%的通风室内，空气中不应有腐蚀性气体。

8.4 灯在运输过程中应避免雨雪淋袭和强烈的机械振动。

9 灯的参数表

9.1 灯参数表分组见表3。

9.2 各种灯参数见参数表 GB/T 10681-4005-1～ GB/T 10681-5115-1。

表中灯头的型式和尺寸见GB/T 1406.1和GB/T 1406.5。

表3 灯参数分组表

灯参数表编号	功率/W	玻壳型号	灯头	玻壳种类	寿命/h	光通量
GB/T 10681-4005	15	A60. PS60	B22d/25X26	C,F,W	1 000	N
GB/T 10681-4010	25	A60. PS60	B22d/25X26	C,F,W	1 000	H
GB/T 10681-4015	25	A60. PS60	B22d/25X26	C,F,W	1 000	N
GB/T 10681-4030	40	A60. PS60	B22d/25X26	C,F,W	1 000	H
GB/T 10681-4035	40	A60. PS60	B22d/25X26	C,F,W	1 000	N
GB/T 10681-4050	60	A60. PS60	B22d/25X26	C,F,W	1 000	H
GB/T 10681-4055	60	A60. PS60	B22d/25X26	C,F,W	1 000	N
GB/T 10681-4060	75	A60. PS60	B22d/25X26	C,F,W	1 000	H
GB/T 10681-4070	100	A60. PS60	B22d/25X26	C,F,W	1 000	H
GB/T 10681-4075	100	A60. PS60	B22d/25X26	C,F,W	1 000	N
GB/T 10681-4090	150	A68. PS68	B22d/25X26	C,F,W	1 000	H
GB/T 10681-4095	150	A80. PS80	B22d/25X26	C,F,W	1 000	N
GB/T 10681-4110	200	A80. PS80	B22d/25X26	C,F,W	1 000	H
GB/T 10681-4115	200	A80. PS80	B22d/25X26	C,F,W	1 000	N
GB/T 10681-5005	15	A60. PS60	E27/27	C,F,W	1 000	N
GB/T 10681-5010	25	A60. PS60	E27/27	C,F,W	1 000	H
GB/T 10681-5015	25	A60. PS60	E27/27	C,F,W	1 000	N
GB/T 10681-5030	40	A60. PS60	E27/27	C,F,W	1 000	H
GB/T 10681-5035	40	A60. PS60	E27/27	C,F,W	1 000	N
GB/T 10681-5050	60	A60. PS60	E27/27	C,F,W	1 000	H
GB/T 10681-5055	60	A60. PS60	E27/27	C,F,W	1 000	N
GB/T 10681-5060	75	A60. PS60	E27/27	C,F,W	1 000	H
GB/T 10681-5070	100	A60. PS60	E27/27	C,F,W	1 000	H
GB/T 10681-5075	100	A60. PS60	E27/27	C,F,W	1 000	N
GB/T 10681-5090	150	A68. PS68	E27/27	C,F,W	1 000	H
GB/T 10681-5095	150	A80. PS80	E27/27	C,F,W	1 000	N
GB/T 10681-5110	200	A80. PS80	E27/27	C,F,W	1 000	H
GB/T 10681-5115	200	A80. PS80	E27/27	C,F,W	1 000	N
注：C表示透明；F表示磨砂或表示类似于磨砂效果的涂层；W表示涂白；N表示正常光通量；H表示高光通量。						

正常光通量

白炽灯参数表

B22d 15 W 1 000 h

单位为毫米

玻壳型号:A60 或 PS60

玻壳类型:透明、磨砂、涂白

灯头:B22d/25×26

额定功率(W):15

尺寸:见第 7 章

见 4.2.3 所述要求

C max.	*D* max.
108.5	62

额定寿命(h):1 000

见 4.2.6 所述要求

光通维持率(%):74%(200 V～250 V)

见 4.2.5 所述要求

额定光通量和光效:

见 4.2.4 所述要求

V	lm	lm/W	V	lm	lm/W
220	104	6.93	230	104	6.93

灯具设计数据:

见 GB/T 7249 白炽灯的最大外形尺寸:表 GB/T 7249-1010

GB/T 10681-4005-1

高光通量
白炽灯参数表

B22 25 W 1 000 h

单位为毫米

玻壳型号:A60 或 PS60

玻壳类型:透明、磨砂、涂白

灯头:B22d/25×26

额定功率(W):25

尺寸:见第 7 章
见 4.2.3 所述要求

C max.	D max.
108.5	62

额定寿命(h):1 000
见 4.2.6 所述要求

光通维持率(%):74%(200 V~250 V)
见 4.2.5 所述要求

额定光通量和光效:
见 4.2.4 所述要求

V	lm	lm/W	V	lm	lm/W
220	223	8.92	230	223	8.92

灯具设计数据:
见 GB/T 7249 白炽灯的最大外形尺寸:表 GB/T 7249-1010

GB/T 10681-4010-1

	正常光通量 白炽灯参数表 B22d　　25 W　　1 000 h	

单位为毫米

玻壳型号：A60 或 PS60

玻壳类型：透明、磨砂、涂白

灯头：B22d/25×26

额定功率(W)：25

尺寸：见第 7 章
见 4.2.3 所述要求

C max.	*D* max.
108.5	62

额定寿命(h)：1 000
见 4.2.6 所述要求

光通维持率(%)：74%(200 V～250 V)
见 4.2.5 所述要求

额定光通量和光效：
见 4.2.4 所述要求

V	lm	lm/W	V	lm	lm/W
220	201	8.04	230	201	8.04

灯具设计数据：
见 GB/T 7249 白炽灯的最大外形尺寸：表 GB/T 7249-1010

GB/T 10681-4015-1

高光通量
白炽灯参数表

B22　　40 W　　1 000 h

单位为毫米

玻壳型号:A60 或 PS60

玻壳类型:透明、磨砂、涂白

灯头:B22d/25×26

额定功率(W):40

尺寸:见第 7 章
见 4.2.3 所述要求

C max.	*D* max.
108.5	62

额定寿命(h):1 000
见 4.2.6 所述要求

光通维持率(%):85%
见 4.2.5 所述要求

额定光通量和光效:
见 4.2.4 所述要求

V	lm	lm/W	V	lm	lm/W
220	402	10.05	230	402	10.05

灯具设计数据:
见 GB/T 7249 白炽灯的最大外形尺寸:表 GB/T 7249-1010

GB/T 10681-4030-1

正常光通量
白炽灯参数表

B22d　　40 W　　1 000 h

单位为毫米

玻壳型号:A60 或 PS60

玻壳类型:透明、磨砂、涂白

灯头:B22d/25×26

额定功率(W):40

尺寸:见第 7 章
见 4.2.3 所述要求

C max.	D max.
108.5	62

额定寿命(h):1 000
见 4.2.6 所述要求

光通维持率(%):85%
见 4.2.5 所述要求

额定光通量和光效:
见 4.2.4 所述要求

V	lm	lm/W	V	lm	lm/W
220	330	8.25	230	318	7.95

灯具设计数据:
见 GB/T 7249 白炽灯的最大外形尺寸:表 GB/T 7249-1010

GB/T 10681-4035-1

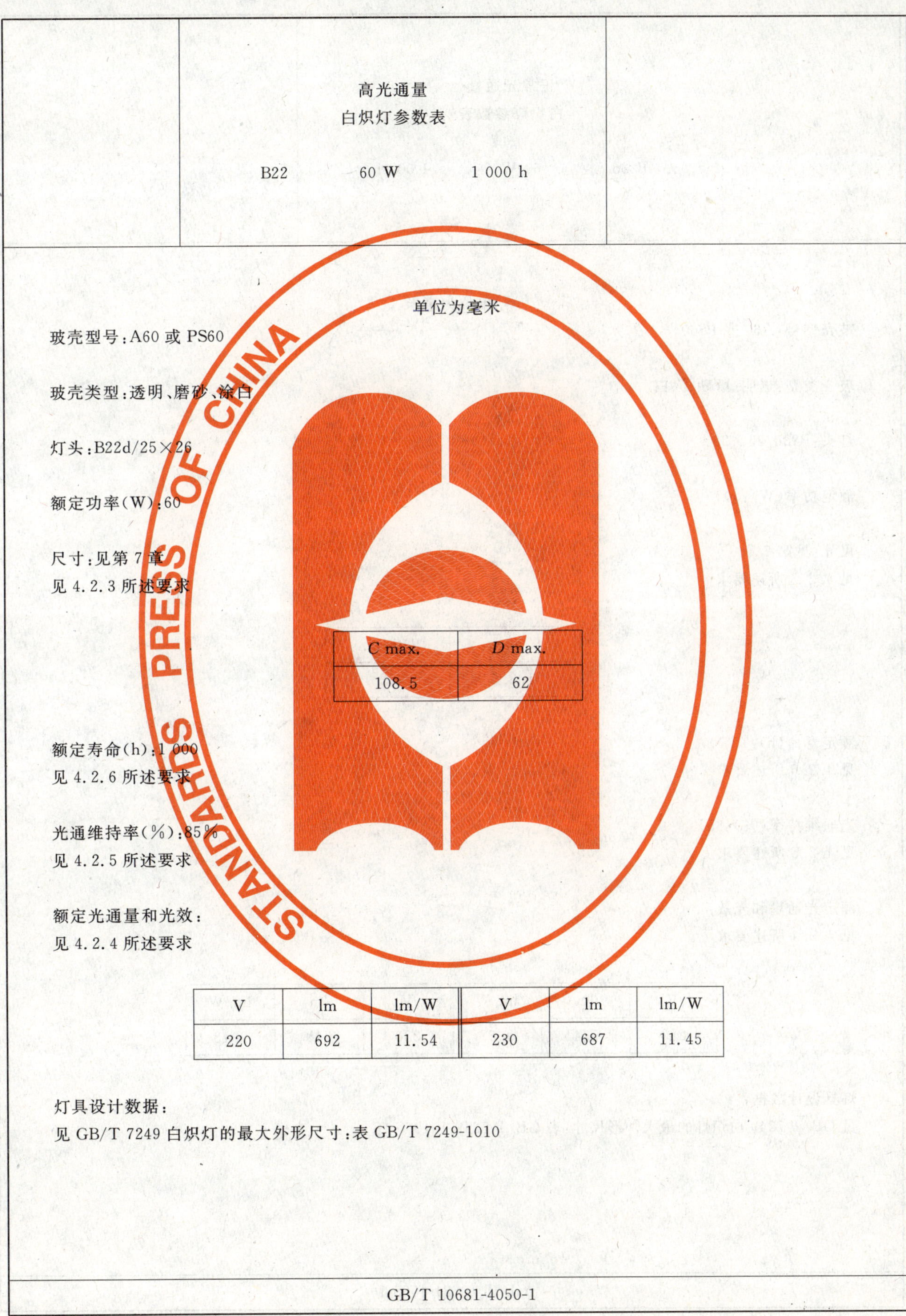

高光通量
白炽灯参数表

B22 60 W 1 000 h

单位为毫米

玻壳型号:A60 或 PS60

玻壳类型:透明、磨砂、涂白

灯头:B22d/25×26

额定功率(W):60

尺寸:见第 7 章
见 4.2.3 所述要求

C max.	D max.
108.5	62

额定寿命(h):1 000
见 4.2.6 所述要求

光通维持率(%):85%
见 4.2.5 所述要求

额定光通量和光效:
见 4.2.4 所述要求

V	lm	lm/W	V	lm	lm/W
220	692	11.54	230	687	11.45

灯具设计数据:
见 GB/T 7249 白炽灯的最大外形尺寸:表 GB/T 7249-1010

GB/T 10681-4050-1

正常光通量
白炽灯参数表

B22d 60 W 1 000 h

单位为毫米

玻壳型号:A60 或 PS60

玻壳类型:透明、磨砂、涂白

灯头:B22d/25×26

额定功率(W):60

尺寸:见第 7 章
见 4.2.3 所述要求

C max.	D max.
108.5	62

额定寿命(h):1 000
见 4.2.6 所述要求

光通维持率(%):85%
见 4.2.5 所述要求

额定光通量和光效:
见 4.2.4 所述要求

V	lm	lm/W	V	lm	lm/W
220	574	9.57	230	548	9.13

灯具设计数据:
见 GB/T 7249 白炽灯的最大外形尺寸:表 GB/T 7249-1010

GB/T 10681-4055-1

高光通量
白炽灯参数表

B22　　75 W　　1 000 h

单位为毫米

玻壳型号：A60 或 PS60

玻壳类型：透明、磨砂、涂白

灯头：B22/25×26

额定功率(W)：75

尺寸：见第 7 章
见 4.2.3 所述要求

C max.	D max.
108.5	62

额定寿命(h)：1 000
见 4.2.6 所述要求

光通维持率(%)：85%
见 4.2.5 所述要求

额定光通量和光效：
见 4.2.4 所述要求

V	lm	lm/W	V	lm	lm/W
220	907	12.09	230	905	12.07

灯具设计数据：
见 GB/T 7249 白炽灯的最大外形尺寸：表 GB/T 7249-1010

GB/T 10681-4060-1

	高光通量 白炽灯参数表 B22　　100 W　　1 000 h	

单位为毫米

玻壳型号:A60 或 PS60

玻壳类型:透明、磨砂、涂白

灯头:B22d/25×26

额定功率(W):100

尺寸:见第 7 章
见 4.2.3 所述要求

C max.	*D* max.
108.5	62

额定寿命(h):1 000
见 4.2.6 所述要求

光通维持率(%):85%
见 4.2.5 所述要求

额定光通量和光效:
见 4.2.4 所述要求

V	lm	lm/W	V	lm	lm/W
220	1 306	13.06	230	1 297	12.97

灯具设计数据:
见 GB/T 7249 白炽灯的最大外形尺寸:表 GB/T 7249-1010

GB/T 10681-4070-1

正常光通量
白炽灯参数表

B22d　100 W　1 000 h

单位为毫米

玻壳型号：A60 或 PS60

玻壳类型：透明、磨砂、涂白

灯头：B22d/25×26

额定功率(W)：100

尺寸：见第 7 章
见 4.2.3 所述要求

C max.	D max.
108.5	62

额定寿命(h)：1 000
见 4.2.6 所述要求

光通维持率(%)：85%
见 4.2.5 所述要求

额定光通量和光效：
见 4.2.4 所述要求

V	lm	lm/W	V	lm	lm/W
220	1 179	11.79	230	1 152	11.52

灯具设计数据：
见 GB/T 7249 白炽灯的最大外形尺寸：表 GB/T 7249-1010

GB/T 10681-4075-1

高光通量
白炽灯参数表

B22 150 W 1 000 h

单位为毫米

玻壳型号:A68 或 PS68

玻壳类型:透明、磨砂、涂白

灯头:B22d/25×26

额定功率(W):150

尺寸:见第7章
见 4.2.3 所述要求

C max.	D max.
128.5	70

额定寿命(h):1000
见 4.2.6 所述要求

光通维持率(%):85%
见 4.2.5 所述要求

额定光通量和光效:
见 4.2.4 所述要求

V	lm	lm/W	V	lm	lm/W
220	2 110	14.07	230	2 090	13.93

灯具设计数据:
灯泡的最大外形尺寸:待定

GB/T 10681-4090-1

正常光通量
白炽灯参数表

B22d 150 W 1 000 h

单位为毫米

玻壳型号:A80 或 PS80

玻壳类型:透明、磨砂、涂白

灯头:B22d/25×26

额定功率(W):150

尺寸:见第 7 章
见 4.2.3 所述要求

C max.	*D* max.
165	82

额定寿命(h):1 000
见 4.2.6 所述要求

光通维持率(%):85%
见 4.2.5 所述要求

额定光通量和光效:
见 4.2.4 所述要求

V	lm	lm/W	V	lm	lm/W
220	1 971	13.14	230	1 865	12.43

灯具设计数据:
见 GB/T 7249 白炽灯的最大外形尺寸:表 GB/T 7249-1030

GB/T 10681-4095-1

高光通量
白炽灯参数表

B22 200 W 1 000 h

单位为毫米

玻壳型号:A80 或 PS80

玻壳类型:透明、磨砂、涂白

灯头:B22d/25×26

额定功率(W):200

尺寸:见第 7 章
见 4.2.3 所述要求

C max.	*D* max.
165	82

额定寿命(h):1 000
见 4.2.6 所述要求

光通维持率(%):85%
见 4.2.5 所述要求

额定光通量和光效:
见 4.2.4 所述要求

V	lm	lm/W	V	lm	lm/W
220	2 990	14.95	230	2 942	14.71

灯具设计数据:
见 GB/T 7249 白炽灯的最大外形尺寸:表 GB/T 7249-1030

GB/T 10681-4110-1

正常光通量
白炽灯参数表

B22d　　200 W　　1 000 h

单位为毫米

玻壳型号：A80 或 PS80

玻壳类型：透明、磨砂、涂白

灯头：B22d/25×26

额定功率(W)：200

尺寸：见第 7 章
见 4.2.3 所述要求

C max.	*D* max.
165	82

额定寿命(h)：1 000
见 4.2.6 所述要求

光通维持率(%)：85%
见 4.2.5 所述要求

额定光通量和光效：
见 4.2.4 所述要求

V	lm	lm/W	V	lm	lm/W
220	2 819	14.10	230	2 742	13.71

灯具设计数据：
见 GB/T 7249 白炽灯的最大外形尺寸：表 GB/T 7249-1030

GB/T 10681-4115-1

正常光通量
白炽灯参数表

E27　　15 W　　1 000 h

单位为毫米

玻壳型号:A60 或 PS60

玻壳类型:透明、磨砂、涂白

灯头:E27/27

额定功率(W):15

尺寸:见第 7 章
见 4.2.3 所述要求

C max.	D max.
110	62

额定寿命(h):1 000
见 4.2.6 所述要求

光通维持率(%):74%(200 V~250 V)
见 4.2.5 所述要求

额定光通量和光效:
见 4.2.4 所述要求

V	lm	lm/W	V	lm	lm/W
220	104	6.93	230	104	6.93

灯具设计数据:
见 GB/T 7249 白炽灯的最大外形尺寸:表 GB/T 7249-1020

GB/T 10681-5005-1

高光通量
白炽灯参数表

E27 25 W 1 000 h

单位为毫米

玻壳型号:A60 或 PS60

玻壳类型:透明、磨砂、涂白

灯头:E27/27

额定功率(W):25

尺寸:见第 7 章
见 4.2.3 所述要求

C max.	*D* max.
110	62

额定寿命(h):1 000
见 4.2.6 所述要求

光通维持率(%):74%(200 V~250 V)
见 4.2.5 所述要求

额定光通量和光效:
见 4.2.4 所述要求

V	lm	lm/W	V	lm	lm/W
220	223	8.92	230	223	8.92

灯具设计数据:
见 GB/T 7249 白炽灯的最大外形尺寸:表 GB/T 7249-1020

GB/T 10681-5010-1

正常光通量
白炽灯参数表

E27　　25 W　　1 000 h

单位为毫米

玻壳型号:A60 或 PS60

玻壳类型:透明、磨砂、涂白

灯头:E27/27

额定功率(W):25

尺寸:见第 7 章
见 4.2.3 所述要求

C max.	D max.
110	62

额定寿命(h):1 000
见 4.2.6 所述要求

光通维持率(%):74%(200 V~250 V)
见 4.2.5 所述要求

额定光通量和光效:
见 4.2.4 所述要求

V	lm	lm/W	V	lm	lm/W
220	201	8.04	230	201	8.04

灯具设计数据:
见 GB/T 7249 白炽灯的最大外形尺寸:表 GB/T 7249-1020

GB/T 10681-5015-1

高光通量
白炽灯参数表

E27 40 W 1 000 h

单位为毫米

玻壳型号：A60 或 PS60

玻壳类型：透明、磨砂、涂白

灯头：E27/27

额定功率(W)：40

尺寸：见第 7 章
见 4.2.3 所述要求

C max.	*D* max.
110	62

额定寿命(h)：1 000
见 4.2.6 所述要求

光通维持率(%)：85%
见 4.2.5 所述要求

额定光通量和光效：
见 4.2.4 所述要求

V	lm	lm/W	V	lm	lm/W
220	402	10.05	230	402	10.05

灯具设计数据：
见 GB/T 7249 白炽灯的最大外形尺寸：表 GB/T 7249-1020

GB/T 10681-5030-1

正常光通量
白炽灯参数表

E27 40 W 1 000 h

单位为毫米

玻壳型号:A60 或 PS60

玻壳类型:透明、磨砂、涂白

灯头:E27/27

额定功率(W):40

尺寸:见第 7 章
见 4.2.3 所述要求

C max.	D max.
110	62

额定寿命(h):1 000
见 4.2.6 所述要求

光通维持率(%):85%
见 4.2.5 所述要求

额定光通量和光效:
见 4.2.4 所述要求

V	lm	lm/W	V	lm	lm/W
220	330	8.25	230	318	8.25

灯具设计数据:
见 GB/T 7249 白炽灯的最大外形尺寸:表 GB/T 7249-1020

GB/T 10681-5035-1

高光通量
白炽灯参数表

E27 60 W 1 000 h

单位为毫米

玻壳型号:A60 或 PS60

玻壳类型:透明、磨砂、涂白

灯头:E27/27

额定功率(W):60

尺寸:见第 7 章
见 4.2.3 所述要求

C max.	D max.
110	62

额定寿命(h):1 000
见 4.2.6 所述要求

光通维持率(%):85%
见 4.2.5 所述要求

额定光通量和光效:
见 4.2.4 所述要求

V	lm	lm/W	V	lm	lm/W
220	692	11.53	230	687	11.45

灯具设计数据:
见 GB/T 7249 白炽灯的最大外形尺寸:表 GB/T 7249-1020

GB/T 10681-5050-1

正常光通量
白炽灯参数表

E27 60 W 1 000 h

单位为毫米

玻壳型号:A60 或 PS60

玻壳类型:透明、磨砂、涂白

灯头:E27/27

额定功率(W):60

尺寸:见第 7 章
见 4.2.3 所述要求

C max.	D max.
110	62

额定寿命(h):1 000
见 4.2.6 所述要求

光通维持率(%):85%
见 4.2.5 所述要求

额定光通量和光效:
见 4.2.4 所述要求

V	lm	lm/W	V	lm	lm/W
220	574	9.57	230	548	9.13

灯具设计数据:
见 GB/T 7249 白炽灯的最大外形尺寸:表 GB/T 7249-1020

GB/T 10681-5055-1

	高光通量 白炽灯参数表 E27　　　75 W　　　1 000 h	

单位为毫米

玻壳型号：A60 或 PS60

玻壳类型：透明、磨砂、涂白

灯头：E27/27

额定功率(W)：75

尺寸：见第 7 章
见 4.2.3 所述要求

C max.	D max.
110	62

额定寿命(h)：1 000
见 4.2.6 所述要求

光通维持率(%)：85%
见 4.2.5 所述要求

额定光通量和光效：
见 4.2.4 所述要求

V	lm	lm/W	V	lm	lm/W
220	907	12.09	230	905	12.07

灯具设计数据：
见 GB/T 7249 白炽灯的最大外形尺寸：表 GB/T 7249-1020

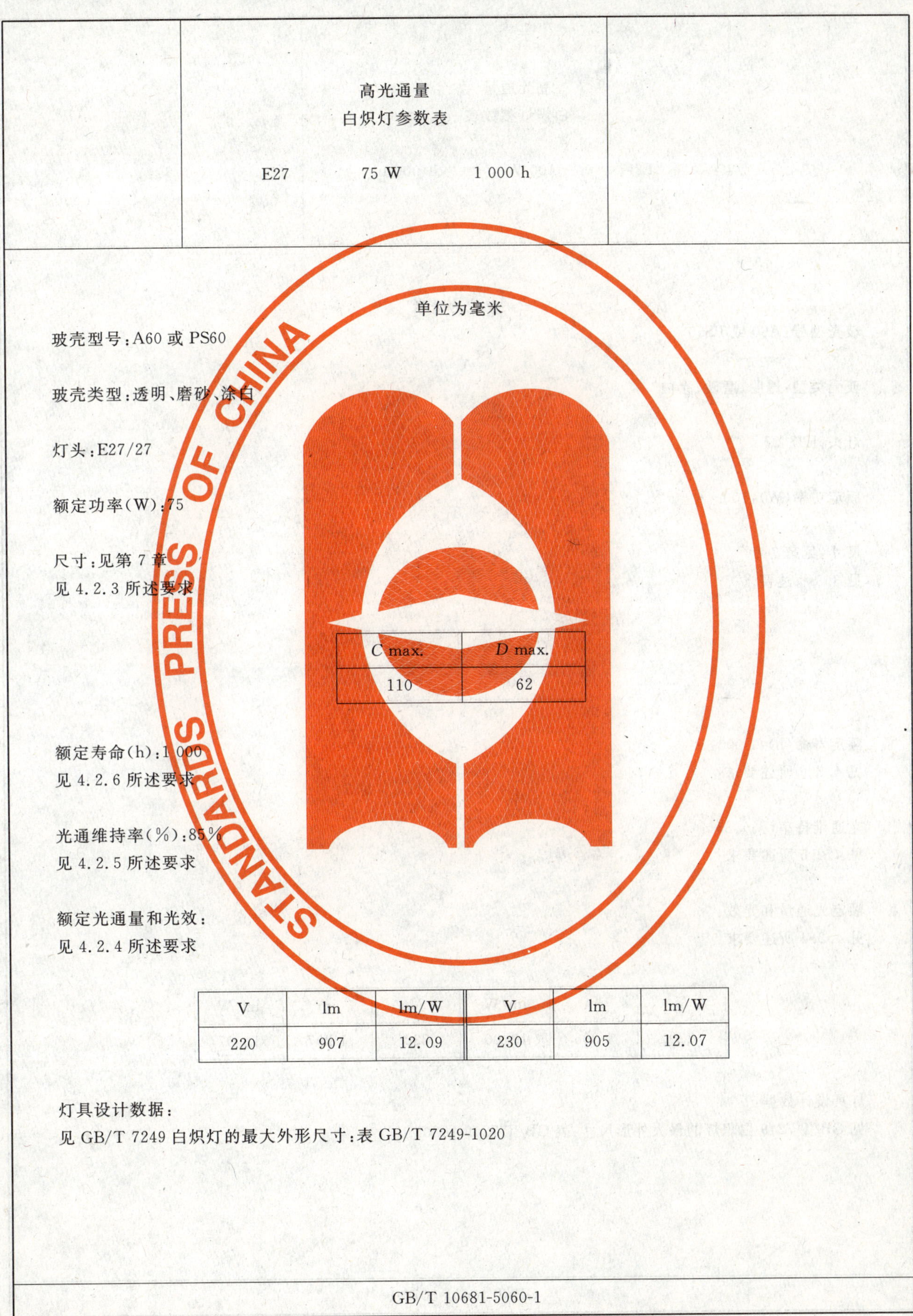

GB/T 10681-5060-1

	高光通量 白炽灯参数表 E27　　100 W　　1 000 h	

单位为毫米

玻壳型号:A60 或 PS60

玻壳类型:透明、磨砂、涂白

灯头:E27/27

额定功率(W):100

尺寸:见第 7 章

见 3.3 所述要求

C max.	D max.
110	62

额定寿命(h):1 000

见 4.2.6 所述要求

光通维持率(%):85%

见 4.2.5 所述要求

额定光通量和光效:

见 4.2.4 所述要求

V	lm	lm/W	V	lm	lm/W
220	1 306	13.06	230	1 297	12.97

灯具设计数据:

见 GB/T 7249 白炽灯的最大外形尺寸:表 GB/T 7249-1020

GB/T 10681-5070-1

正常光通量
白炽灯参数表

E27 100 W 1 000 h

单位为毫米

玻壳型号:A60 或 PS60

玻壳类型:透明、磨砂、涂白

灯头:E27/27

额定功率(W):100

尺寸:见第 7 章
见 4.2.3 所述要求

C max.	*D* max.
110	62

额定寿命(h):1 000
见 4.2.6 所述要求

光通维持率(%):85%
见 4.2.5 所述要求

额定光通量和光效:
见 4.2.4 所述要求

V	lm	lm/W	V	lm	lm/W
220	1 179	11.79	230	1 152	11.52

灯具设计数据:
见 GB/T 7249 白炽灯的最大外形尺寸:表 GB/T 7249-1020

GB/T 10681-5075-1

高光通量
白炽灯参数表

E27 150 W 1 000 h

单位为毫米

玻壳型号:A68 或 PS68

玻壳类型:透明、磨砂、涂白

灯头:E27/27

额定功率(W):150

尺寸:见第 7 章
见 4.2.3 所述要求

C max.	D max.
130	70

额定寿命(h):1 000
见 4.2.6 所述要求

光通维持率(%):85%
见 4.2.5 所述要求

额定光通量和光效:
见 4.2.4 所述要求

V	lm	lm/W	V	lm	lm/W
220	2 110	14.07	230	2 090	13.93

灯具设计数据:
灯泡最大外形尺寸:待定

GB/T 10681-5090-1

正常光通量
白炽灯参数表

E27 150 W 1 000 h

单位为毫米

玻壳型号:A80 或 PS80

玻壳类型:透明、磨砂、涂白

灯头:E27/27

额定功率(W):150

尺寸:见第 7 章
见 4.2.3 所述要求

C max.	D max.
166.5	82

额定寿命(h):1 000
见 4.2.6 所述要求

光通维持率(%):85%
见 4.2.5 所述要求

额定光通量和光效:
见 4.2.4 所述要求

V	lm	lm/W	V	lm	lm/W
220	1 971	13.14	230	1 865	12.43

灯具设计数据:
见 GB/T 7249 白炽灯的最大外形尺寸:表 GB/T 7249-1040

GB/T 10681-5095-1

高光通量
白炽灯参数表

E27 200 W 1 000 h

单位为毫米

玻壳型号:A80 或 PS80

玻壳类型:透明、磨砂、涂白

灯头:E27/27

额定功率(W):200

尺寸:见第 7 章
见 4.2.3 所述要求

C max.	D max.
166.5	82

额定寿命(h):1 000
见 4.2.6 所述要求

光通维持率(%):85%
见 4.2.5 所述要求

额定光通量和光效:
见 4.2.4 所述要求

V	lm	lm/W	V	lm	lm/W
220	2 990	14.95	230	2 942	14.71

灯具设计数据:
见 GB/T 7249 白炽灯的最大外形尺寸:表 GB/T 7249-1040

GB/T 10681-5110-1

正常光通量
白炽灯参数表

E27　　200 W　　1 000 h

单位为毫米

玻壳型号:A80 或 PS80

玻壳类型:透明、磨砂、涂白

灯头:E27/27

额定功率(W):200

尺寸:见第 7 章
见 4.2.3 所述要求

C max.	*D* max.
166.5	82

额定寿命(h):1 000
见 4.2.6 所述要求

光通维持率(%):85%
见 4.2.5 所述要求

额定光通量和光效:
见 4.2.4 所述要求

V	lm	lm/W	V	lm	lm/W
220	2 819	14.10	230	2 742	13.71

灯具设计数据:
见 GB/T 7249 白炽灯的最大外形尺寸:表 GB/T 7249-1040

GB/T 10681-5115-1

附 录 A
(规范性附录)
测 试 程 序

A.1 测试电压

定期测量应在被测灯泡的额定电压下进行。标有电压范围的灯泡应取电压范围的中间值进行测量。

A.2 老炼程序

在读取初始值之前,灯泡应在额定电压和110%额定电压的范围内进行老炼,老炼时间为额定寿命的0.04%~0.1%。

A.3 光度测试程序

测试时应使用合适的积分光度计读取初始值和光通维持率。当进行光度测试时,测试电压应调整到额定电压±0.2%的范围内。

A.4 光通维持率和寿命的测试程序

A.4.1 位置

灯泡应垂直方向、灯头在上燃点。测试架上的灯座轴线与垂直方向的偏离度应不超过5°。

A.4.2 机械稳定性

灯泡燃点时应没有明显的振动。当接触灯座时无论在燃点期间还是在开或关状态下都不应有振动或撞击。

A.4.3 灯座

A.4.3.1 寿命测试架上的灯座应结构坚固,并应恰当设计以确保良好的电接触及避免过热。

A.4.3.2 测试电压和灯头接触间的压降应不超过测试电压的0.1%。

A.4.3.3 卡口灯座应有接地金属管。

A.4.3.4 灯座的设计应确保在插入或取出灯泡时所需的扭矩不超过GB 14196.1规定的数值。

A.4.4 工作温度

A.4.4.1 在燃点期间灯头温升不应超过GB 14196.1—2008中表K.1的最大灯头工作温度。

A.4.4.2 灯泡不能在温度过高的环境中燃点,并不应受到其他灯泡不适当的加热。

A.4.5 寿命测试电压

寿命测试应在额定或略高于额定电压的条件下进行。根据A.4.7所述,测试电压应为额定电压的100%至大约110%范围内的某一稳定值。如为认证用,寿命测试电压应协商决定。

注:通常由于经济原因,测试在高于额定电压的电压下进行。

A.4.6 额定电压下的等值寿命

加速寿命测试的额定电压下的等值寿命按式(A.1)计算:

$$L_0 = L\left(\frac{U}{U_0}\right)^n \quad \cdots\cdots\cdots\cdots(\text{A.1})$$

式中:

L_0——额定电压下的寿命;

L——测试电压下的寿命;

U_0——额定电压；

U——测试电压；

n——真空泡取 13,充气泡取 14。

A.4.7 电源电压的控制

灯泡应在 50 Hz 频率的交流电源下工作。

测试架上的电压变化应不超过测试电压的 1%。

注 1：一般应提供稳压设备,在一个稳压器服务多组灯泡时,应对每组灯泡进行电压微控以抵补负载变化造成的电压波动。电压的检测和测试电压复位最好尽可能每天进行,间隔不能超过 100 h。

注 2：稳压器对电源电压的变化应有以下反应:大于 1%的电压变化应在 1 min 内纠正。

注 3：关于高压短浪涌情况见附录 F。

注 4：测试架连接主电源时,主电源的电阻和电感与测试架的电阻和电感是相关联的。当测量这些电阻和电感时,应在线路中接入电源稳压器和电源调整设备并且设定在灯的近似正常值。如为达到规定值需加入一些小的电阻或电感时,则应适当地接入。

A.4.8 试验周期

灯泡应每天关两次,每次不少于 15 min。关闭时间不应记入灯泡的寿命。

A.4.9 测试架电路特性

测试架电路应具有附录 F 所述特性。

A.4.10 中期测量

寿命试验的灯泡应在额定电压下测试光通量,测试时间为额定寿命的 75%±2.5%或加速测试时的对应值。

A.4.11 测试终止

在额定寿命的 125%或到加速寿命测试中的对应值时,可认为寿命试验终止。

附　录　B
（规范性附录）
寿命计算和极限值

B.1　通过各个灯泡寿命之和除以灯泡数量可得到截止的平均寿命或等同于截止的平均寿命值。根据A.4.11要求，测试结束后仍在工作的灯泡的寿命定为额定寿命的125％。

B.2　截止的平均寿命的最低极限值见表B.1。

表 B.1　截止的平均寿命的最低极限值

LTQ	最低截止的平均寿命值 取额定寿命的百分比
20～24(含24)	96％
25～249(含249)	98％
250及250以上	100％

附 录 C
（规范性附录）
推荐的认证用预符合性测试

C.1 范围

为了在参考制造商全部产品的测试数据之前，使检验机构和制造商建立信任关系，本附录推荐下述认证用预符合性测试方法。

C.2 抽样

C.2.1 抽样应由测试机构和制造商协商抽取，并应能代表制造商12个月内的产量。

C.2.2 应该测试大批量生产的型号产品。

C.2.3 被测灯泡的型号应恰当选取以尽可能均匀分布于连续的12个月内。

C.2.4 被测灯泡应同时选取，一部分供制造商测量用，另一部分供测试机构测量用。

C.2.5 进行ITQ、RTQ、LTQ试验，所选的产品数量分别为60个样品。

C.3 符合性条件

如果所选产品满足C.3.1、C.3.2、C.3.3的要求，可认为预符合性测试满足本标准要求。若产品不符合其中任何一项要求，则认为产品不符合本标准。

C.3.1 尺寸

如果不符合4.2.3要求的产品数量不超过5，则认为该预符合性测试产品尺寸满足要求。

C.3.2 初始值

如果产品满足以下条件，则认为预符合性测试产品初始值满足要求：

a） 产品功率超过4.2.4.1规定的最大值的数量不大于8只。

b） 产品光通量和光效低于4.2.4.2.2或4.2.4.2.3或4.2.4.2.4规定的最小值的数量不大于8只。

C.3.3 寿命和光通维持率

如果满足以下条件，则认为预符合性测试产品寿命和光通维持率满足要求：

a） LTQ的截止平均寿命满足B.1.2所规定数值。

b） 不符合4.2.6.2要求与不符合4.2.5要求的灯泡总数不大于9只。

C.3.4 预符合性测试要求

预符合性测试要求见表C.1。

表 C.1 预符合性测试要求

	特性	样品数量 n	合格限值 c
ITQ	尺寸要求	60	5
RTQ	功率	60	8
	光通量和光效		8
LTQ	平均寿命	60	额定寿命的98%
	寿命小于额定寿命70%+光通维持率小于参数表中最低值	60	9

C.3.5 预符合可比性测试

C.3.5.1 尺寸

不符合 4.2.3 要求的产品数量 K_1 应记录在制造商的测试结果中。根据 C.2 表的 K_1 值决定测试机构测试结果中允许的不合格产品数量 K_2。如果实际不合格产品数量超过允许值,则认为测试机构的测试结果与制造商的测试结果不相符。

C.3.5.2 初始值

采用 C.3.5.1 同样的程序。

应分别评定功率与光通量和光效。产品功率不合格是指不符合 4.2.4.1 要求。产品光通量和光效不合格是指不符合 4.2.4.2.2 或 4.2.4.2.3 或 4.2.4.2.4 要求。

C.3.5.3 寿命

采用 C.3.5.1 的程序。

不合格灯泡是指那些寿命不符合 4.2.6.2 要求和那些光通量和光效不符合 4.2.5 要求的灯泡。

表 C.2 检验机构允许的不合格数

制造商测试结果中的不合格数[a] K_1	测试机构测试结果中的不合格数[a] K_2
0	6
1	8
2	10
3	11
4	13
5	14
6	15
7	16
8	17
9	18
10	20

[a] 选择这些极限值是为了制造商与测试机构的测试结果尽可能保持一致性,当双方的灯泡来自同一批产品时一致性应至少达到 0.975。

在评定所选型号的产品时应做五项评定。根据概率论,尽管制造商和测试机构在数据上存在一致性但仍有可能出现无法比较的情况。在一整套测试中,应允许出现单项不符合(对该单项测试允许的最大值尚在考虑中)。

附　录　D
（规范性附录）
符合性统计表

D.1　市场抽样20只灯泡时不合格数的允许值(见表D.1)

表D.1　市场抽样20只灯泡时不合格数的允许值

制造商记录中不合格灯泡的百分比[a]	市场样品不合格灯泡的允许值[b]
0	1
1	1
2	1
3	2
4	2
5	3
6	3
7	4
8	4
9	4
10	5
11	5
12	5
13	5
14	6
15	6

[a] 在计算出现分数时，进位取整。

[b] 选择这些极限值是为了制造商的测试结果与市场抽样测试结果保持一致性，当双方的灯泡来自同一批产品时，一致性概率应尽可能达到0.975。一般情况下实际概率值在0.940和0.991之间，其中的90%在0.96和0.99之间。在评定三个市场样品时，应做15项测试评定。根据概率论，尽管制造商测试结果与市场样本测试结果存在一致性，但仍有可能出现无法比较的情况。在对三个市场样本的一整套测试中，允许有两个测试项目出现不符合情况。

D.2　尺寸要求(见表D.2)

表D.2　尺寸要求

制造商记录中的灯泡数量	合格限值
20～34	2
35～54	3
55～74	4
75～95	5

表 D.2（续）

制造商记录中的灯泡数量	合格限值
96～116	6
117～138	7
139～161	8
162～184	9
185～208	10
209～231	11
232～257	12
258～281	13
282～307	14
308～332	15
333～357	16
358～383	17
384～409	18
410～436	19
437～461	20
462～488	21
489～515	22
516～542	23
543～569	24
570～596	25
597～623	26
624～650	27
651～677	28
678～706	29
707～733	30
734～761	31
762～789	32
790～817	33
818～845	34
846～873	35
874～901	36
902～929	37
930～958	38
959～987	39
988～1 016	40
1 017 及 1 017 以上	见附录 E 的规定
注：根据附录 E 统计本表。	

D.3　初始值(见表 D.3)

表 D.3　初始值

制造商记录中灯泡数	合格限值	制造商记录中灯泡数	合格限值
30～34	4	487～498	45
35～41	5	499～510	46
45～50	6	511～523	47
51～60	7	524～535	48
61～70	8	536～547	49
71～80	9	548～560	50
81～90	10	561～573	51
91～101	11	574～586	52
102～111	12	587～599	53
112～122	13	600～611	54
123～133	14	612～624	55
134～144	15	625～637	56
145～154	16	638～649	57
155～165	17	650～661	58
166～177	18	662～674	59
178～188	19	675～687	60
189～200	20	688～699	61
201～211	21	700～712	62
212～223	22	713～725	63
224～234	23	726～737	64
235～246	24	738～749	65
247～258	25	750～762	66
259～270	26	763～775	67
271～282	27	776～787	68
283～293	28	788～799	69
294～305	29	800～811	70
306～317	30	812～824	71
318～329	31	825～837	72
330～340	32	838～849	73
341～353	33	850～862	74
354～365	34	863～874	75
366～376	35	875～887	76
377～389	36	888～899	77
390～401	37	900～912	78
402～413	38	913～924	79
414～425	39	925～938	80
426～437	40	939～951	81
438～449	41	952～964	82
450～461	42	965～977	83
462～473	43	978～990	84
474～486	44	991～1 003	85
		1 004 以上	见附录 E 的规定
注：根据附录 E 统计本表。			

D.4 寿命试验(见表 D.4)

表 D.4 寿命试验

制造商记录中灯泡数	合格限值	制造商记录中灯泡数	合格限值	制造商记录中灯泡数	合格限值
20～28	4				
29～36	5	342～352	37	690～700	69
37～44	6	353～363	38	701～711	70
45～53	7	364～373	39	712～722	71
54～61	8	374～384	40	723～733	72
62～70	9	385～394	41	734～744	73
71～79	10	395～405	42	745～755	74
80～89	11	406～415	43	756～767	75
90～98	12	416～426	44	768～778	76
99～107	13	427～437	45	779～789	77
108～117	14	438～447	46	790～800	78
118～127	15	448～458	47	801～811	79
128～137	16	459～469	48	812～822	80
138～146	17	470～480	49	823～833	81
147～156	18	481～491	50	834～844	82
157～165	19	492～502	51	845～855	83
166～175	20	503～513	52	856～867	84
176～185	21	514～523	53	868～878	85
186～195	22	524～535	54	879～889	86
196～205	23	536～547	55	890～901	87
206～216	24	548～557	56	902～912	88
217～226	25	558～567	57	913～924	89
227～236	26	568～578	58	925～935	90
237～247	27	579～589	59	936～947	91
248～257	28	590～601	60	948～958	92
258～268	29	602～612	61	959～969	93
269～278	30	613～623	62	970～980	94
279～288	31	624～633	63	981～991	95
289～299	32	634～644	64	992～1 002	96
300～310	33	645～655	65	1 003 以上	见附录 E 的规定
311～320	34	656～667	66		
321～331	35	668～678	67		
332～341	36	679～689	68		

注：根据附录 E 统计本表。

附　录　E
（规范性附录）
本标准的统计原理和基础

本标准所述的各种尺寸和性能参数，有些可方便地用标准规进行检查。而有些则以一个特定的数值表示。为了提供统一的方法，如果灯不能通过标准规，或低于（或高于）特定值，那么都可判为不符合。所有的测试结果可用"符合"和"不符合"来判别，各个测试数据的符合性参照各表中的极限值来评定。

在选择 AQL 值和各参数的极限值时，可以取一个与特殊规定的极限值相关的低些的 AQL 值，也可以取一个高些的 AQL 值和更接近于平均值的极限值。如果被评定的参数接近于高斯（正态）分布，在质量控制过程中用较严的极限值但同时也是更合理的较高的 AQL 值来运作是更为有效的。

本标准中已多年采用此方法。其原因之一是有些试验过程很长或具有破坏性，使统计抽样过程变得至关重要。因此，如果一个特定的灯泡被记录为"不合格"，但它也可能仍然是一个正常的灯泡，而且不能使用的可能性是非常低的。

合格极限值给出了样本所属产品总量具有 97.5%的符合性，大约包括：

a） 3%产品单个尺寸不符合要求；

b） 7%产品初始值不符合要求的任何一条；

c） 8%产品个别寿命不符合要求。

注：由于 97.5%符合性几率适用于独立的各个条件，所以在特定的质量水平下，总的符合性要低些（不能精确估算低多少）。

关于附录 D 中相应表中给定的样品数量，其合格限值用式（E.1）计算：

$$QL=\frac{AN}{100}+1.96\sqrt{\frac{AN}{100}} \quad \cdots\cdots\text{(E.1)}$$

式中：

A——适当的百分数；

N——记录中的灯泡数量；

QL——合格限值。

当结果为分数时，则四舍五入至整数。

附　录　F
（规范性附录）
测试架电路特性

200 V～250 V 灯泡的测试架电路特性见表 F.1。

表 F.1　200 V～250 V 灯泡的测试架电路特性

项　　目		200 V～250 V
阻抗	Ω	0.5±0.1
感抗	μH	500±100[a b]
单独外接保险丝（最小值）	A	10 慢速断开
浪涌极限值	V	600[c]

[a] 如果总阻抗不超过 0.7 Ω，制造商自己试验时可采用高一级的阻抗。

[b] 对于 200 V～250 V 的测试架电路，开关时最大负载灯电流为 16 A。

[c] 给出这数值是为了确保选定一个可校正量程的浪涌极限平均值装置。选择 600 V 这一平均值装置是考虑到这种浪涌极限平均值的实际公差以确保抑制大于 900 V 的突发峰值。

ICS 67.220.20
X 42

中华人民共和国国家标准

GB 10794—2009
代替 GB 10794—1989

食品添加剂 L-赖氨酸盐酸盐

Food additive—L-lysine monohydrochloride

2009-01-19 发布 2009-08-01 实施

中华人民共和国国家质量监督检验检疫总局
中国国家标准化管理委员会 发布

前言

本标准的4.2为强制性的，其余条款为推荐性的。

本标准理化指标参考了美国《食品化学品法典》(FCC Ⅴ)及日本公定书第八版相应技术要求。

本标准代替GB 10794—1989《食品添加剂 L-赖氨酸盐酸盐》。

本标准与GB 10794—1989相比主要变化如下：

——加严比旋光度要求；

——规定含量指标范围；

——以铅指标代替重金属要求；

——增加铵盐指标；

——分析方法做相应调整。

本标准的附录A为规范性附录。

本标准由全国食品添加剂标准化技术委员会提出。

本标准由全国食品添加剂标准化技术委员会归口。

本标准起草单位：中国食品发酵工业研究院、广东肇庆星湖生物科技股份有限公司。

本标准主要起草人：张蔚、篮伟松、陆琴英、常珠侠、郭新光、郑凝坚。

本标准所代替标准的历次版本发布情况为：

——GB 10794—1989。

食品添加剂　L-赖氨酸盐酸盐

1　范围

本标准规定了L-赖氨酸盐酸盐的要求、试验方法、检验规则及标志、包装、运输、贮存、保质期。

本标准适用于由淀粉质或糖质原料，经发酵提纯制得的L-赖氨酸盐酸盐产品。

2　规范性引用文件

下列文件中的条款通过本标准的引用而成为本标准的条款。凡是注日期的引用文件，其随后所有的修改单(不包括勘误的内容)或修订版均不适用于本标准，然而，鼓励根据本标准达成协议的各方研究是否可使用这些文件的最新版本。凡是不注日期的引用文件，其最新版本适用于本标准。

GB/T 601　化学试剂　标准滴定溶液的制备

GB/T 5009.11—2003　食品中总砷及无机砷的测定

GB/T 5009.12　食品中铅的测定

GB/T 6682　分析实验室用水规格和试验方法(GB/T 6682—2008,ISO 3696:1987,MOD)

3　化学名称、分子式、结构式、相对分子质量

3.1　化学名称：L-2,6-二氨基己酸盐酸盐。

3.2　分子式：$C_6H_{14}N_2O_2 \cdot HCl$。

3.3　相对分子质量：182.65。

3.4　结构式：

$$\begin{array}{c} NH_2(CH_2)_4CCOOH \cdot HCl \\ \quad\quad\quad H \diagup \ \diagdown NH_2 \end{array}$$

4　要求

4.1　感官要求

本品为白色结晶或结晶性粉末；无臭。易溶于水，极微溶于乙醇，不溶于乙醚；无肉眼可见杂质。

4.2　理化要求

应符合表1的要求。

表1　L-赖氨酸盐酸盐理化要求

项　　目		要　　求
比旋光度$[\alpha]_D^{20}$		+20.3°～+21.5°
含量(以干物质计)/%		98.5～101.5
透光率/%	≥	95.0
干燥失重/%	≤	1.0
pH		5.0～6.0
灰分/%	≤	0.2
铅(以Pb计)/(mg/kg)	≤	5
砷(以As计)/(mg/kg)	≤	1
铵盐/%	≤	0.02

5 试验方法

本标准中所用的水，在未注明其他要求时，均指符合 GB/T 6682 中的要求。

本标准中所用的试剂，在未注明规格时，均指分析纯(AR)。若有特殊要求另作明确规定。

本标准中所用溶液在未注明用何种溶剂配制时，均指水溶液。

5.1 感官检查

将样品撒在白色滤纸上，肉眼观察、嗅闻，结果应符合 4.1 的规定。

5.2 比旋光度

5.2.1 仪器

自动旋光仪。

5.2.2 试剂

盐酸溶液(6 mol/L)。

5.2.3 分析步骤

称取于 105 ℃烘干至恒重的试样 5 g(精确至 0.000 1 g)，用 6 mol/L 盐酸溶液溶解，并转入 50 mL 容量瓶中，加 6 mol/L 盐酸溶液至接近刻度，将溶液温度调至 20 ℃，用 6 mol/L 盐酸溶液定容至 50 mL，混匀。用长 2 dm 的旋光管测定其旋光度。同时记录样液温度。

5.2.4 计算

若采用钠光谱 D 线，2 dm 旋光管，在样液温度 20 ℃测定时，按式(1)计算样品的比旋度：

$$[\alpha]_D^{20} = \frac{\alpha_1 \times 50}{2m} \qquad (1)$$

式中：

$[\alpha]_D^{20}$——20 ℃时样品的比旋度，单位为度(°)；

α_1——20 ℃时测得的样品溶液旋光度，单位为度(°)；

2——旋光管的长度，单位为分米(dm)；

m——称取干燥后的 L-赖氨酸盐酸盐的质量，单位为克(g)。

若采用钠光谱 D 线，2 dm 旋光管，在样液温度 t ℃测定时，按式(2)、式(3)计算样品的比旋度：

$$[\alpha]_D^{t} = \frac{\alpha_2 \times 50}{2m} \qquad (2)$$

$$[\alpha]_D^{20} = [\alpha]_D^{t} - 0.02(20 - t) \qquad (3)$$

式中：

$[\alpha]_D^{t}$——t ℃时样品的比旋度，单位为度(°)；

t——测定时样品溶液的温度，单位为摄氏度(℃)；

α_2——t ℃时测得样品溶液的旋光度，单位为度(°)；

2——旋光管的长度，单位为分米(dm)；

m——称取 L-赖氨酸盐酸盐的质量，单位为克(g)；

$[\alpha]_D^{20}$——20 ℃时样品的比旋度，单位为度(°)；

0.02——L-赖氨酸盐酸盐温度校正系数。

结果保留至一位小数。

5.2.5 允许差

同一样品测定结果，相对平均偏差不得超过 0.3%。

5.3 含量

5.3.1 试剂和溶液

5.3.1.1 甲酸。

5.3.1.2　冰乙酸。

5.3.1.3　乙酸汞-乙酸溶液(6%)：称取 6.0 g 乙酸汞，加 100 mL 乙酸溶解，混匀。

5.3.1.4　α-萘酚苯基甲醇指示液(0.2%)：称取 α-萘酚苯基甲醇 0.2 g，加 100 mL 冰乙酸溶解，混匀，备用。

5.3.1.5　高氯酸标准溶液(0.1 mol/L)：按 GB/T 601 配制与标定。

5.3.2　分析步骤

称取于 105 ℃烘干至恒重的试样 0.2 g(精确至 0.000 1 g)，加甲酸 3 mL，溶解后，加冰乙酸50 mL，乙酸汞-乙酸溶液(5.3.1.3)5 mL，再加入 10 滴指示液(5.3.1.4)，用标定好的高氯酸标准溶液(5.3.1.5)滴定至溶液显绿色，记录消耗的高氯酸标准溶液的体积，同时做空白滴定试验。

注：若滴定样品与标定高氯酸溶液时的温度差超过 10 ℃，则须重新标定高氯酸溶液的浓度，若滴定样品与标定高氯酸溶液时的温度差不超过 10 ℃，按式(4)校正高氯酸溶液的浓度。

$$c = \frac{c_0}{1 + 0.001\,1 \times (t_1 - t_0)} \qquad \cdots\cdots(4)$$

式中：

c——滴定样品时高氯酸溶液的浓度，单位为摩尔每升(mol/L)；

c_0——标定时高氯酸溶液的浓度，单位为摩尔每升(mol/L)；

0.001 1——乙酸的膨胀系数；

t_1——滴定样品时高氯酸溶液的温度，单位为摄氏度(℃)；

t_0——标定时高氯酸溶液的温度，单位为摄氏度(℃)。

5.3.3　计算

L-赖氨酸盐酸盐的含量按式(5)计算：

$$X_1 = \frac{c_1(V - V_0) \times 0.091\,32}{m_1} \times 100 \qquad \cdots\cdots(5)$$

式中：

X_1——L-赖氨酸盐酸盐的含量，%；

c_1——高氯酸标准溶液的当量浓度，单位为摩尔每升(mol/L)；

V——试样滴定所耗高氯酸标准滴定溶液的体积，单位为毫升(mL)；

V_0——空白滴定所耗高氯酸标准滴定溶液的体积，单位为毫升(mL)；

0.091 32——与 1 mmol 高氯酸相当的以克表示的 L-赖氨酸盐酸盐的质量数，单位为克(g)；

m_1——试样质量，单位为克(g)。

结果保留至一位小数。

5.3.4　允许差

同一试样两次测定结果的绝对差值不得超过算术平均值的 0.2%。

5.4　透光率

5.4.1　仪器

5.4.1.1　容量瓶：100 mL。

5.4.1.2　分光光度计。

5.4.2　分析步骤

称取 5 g 试样(精确至 0.01 g)，加水溶解，定容至 100 mL，摇匀；用 1 cm 比色皿，以水为空白对照，在波长 430 nm 下测定样液的透光率，记录读数。

5.4.3　允许差

同一试样两次测试结果的绝对差值不得超过算术平均值的 0.2%。

5.5 干燥失重

5.5.1 仪器

5.5.1.1 电热干燥箱。

5.5.1.2 分析天平:感量 0.1 mg。

5.5.1.3 称量瓶:50 mm×30 mm。

5.5.1.4 干燥器:用变色硅胶作干燥剂。

5.5.2 分析步骤

称取试样 2 g(精确至 0.000 2 g)于已烘至恒重的称量瓶中,放入 105 ℃±2 ℃电热干燥箱内烘干 3 h,取出加盖,置于干燥器内,冷却 30 min,称量。

5.5.3 计算

样品的干燥失重按式(6)计算:

$$X_2 = \frac{m_3 - m_4}{m_3 - m_2} \times 100 \qquad \cdots\cdots(6)$$

式中:

X_2——样品的干燥失重,%;

m_3——烘干前瓶加样品的质量,单位为克(g);

m_4——烘干后瓶加样品的质量,单位为克(g);

m_2——称量瓶的质量,单位为克(g)。

5.5.4 允许差

同一试样两次测定结果的绝对差值不得超过算术平均值的 1%。

5.6 pH

5.6.1 仪器

酸度计(pH 计)。

5.6.2 分析步骤

称取试样 5 g(精确至 0.02 g),加 50 mL 水溶解,用酸度计测定溶液 pH。

5.6.3 允许差

同一试样两次测定结果的绝对差值不超过 0.02pH。

5.7 灰分

5.7.1 仪器

5.7.1.1 马福炉:550 ℃±25 ℃。

5.7.1.2 瓷坩埚。

5.7.1.3 干燥器:用变色硅胶作干燥剂。

5.7.2 分析步骤

用灼烧至恒重的坩埚称取试样 1 g(精确至 0.000 1 g),置于电炉上缓缓加热,小心炭化,冷却。加 1 mL~2 mL 浓硫酸,加热直至无烟,再移入马福炉内,于 550 ℃±25 ℃灼烧 2 h,待炉温降至 300 ℃左右,取出坩埚,加盖,放入干燥器中,冷却至室温,称量。再移入马福炉内灼烧 1 h,取出,冷却,称量,重复上述操作,直至恒重。

5.7.3 计算

样品的灰分按式(7)计算:

$$X_3 = \frac{m_7 - m_5}{m_6 - m_5} \times 100 \qquad \cdots\cdots(7)$$

式中:

X_3——样品的灰分,%;

m_6——灼烧前坩埚加样品的质量，单位为克(g)；

m_7——灼烧至恒重，坩埚加灼烧残渣的质量，单位为克(g)；

m_5——坩埚的质量，单位为克(g)。

结果保留至一位小数。

5.7.4 允许差

同一试样两次测定结果的绝对差值不得超过算术平均值的1%。

5.8 铅

称取样品 1 g(精确至 0.01 g)，加水溶解并定容至 50 mL，摇匀，不经消化，作为试液。以下按 GB/T 5009.12测定。

5.9 砷

按 GB/T 5009.11—2003 中第二法测定。

5.10 铵盐

5.10.1 试剂和溶液

5.10.1.1 标准氯化铵溶液：称取氯化铵 31.5 mg，置 1 000 mL 量瓶中，加水适量使溶解并稀释至刻度，摇匀，即得每 1mL 相当于 10 μg 的 NH_4^+ 溶液。

5.10.1.2 氢氧化钠溶液(1 mol/L)。

5.10.1.3 氧化镁。

5.10.1.4 盐酸溶液：量取 23.41 mL 的浓盐酸，加水稀释至 100 mL。

5.10.1.5 碱性碘化汞钾试液：取碘化钾 10 g，加水 10 mL 溶解后，缓慢加入二氯化汞的饱和水溶液，随加随搅拌，至生成的红色沉淀不再溶解，加氢氧化钾 30 g，溶解后，再加二氯化汞的饱和溶液和水溶液 1 mL 或 1 mL 以上，并用适量的水稀释使成 200 mL，静置，使沉淀，即得。用时倾取上层的清液应用。

5.10.2 仪器

5.10.2.1 蒸馏瓶：500 mL。

5.10.2.2 纳氏比色管：50 mL。

5.10.3 分析步骤

称取样品 0.10 g，置蒸馏瓶中，加无氨蒸馏水 200 mL，加氧化镁 1 g，加热蒸馏，馏出液导入加有盐酸溶液 1 滴与无氨蒸馏水 5 mL 的 50 mL 纳氏比色管中，馏出液达 40 mL 时，停止蒸馏，加氢氧化钠试液 5 滴，加无氨蒸馏水至 50 mL，加碱性碘化汞钾试液 2 mL，摇匀，放置 15 min，如显色，与标准氯化铵溶液 2 mL 按上述方法制成的对照液比较，颜色不得更深。

6 检验规则

6.1 组批

同工艺、在一定时间间隔内，连续生产的均质产品为一批。

6.2 取样

6.2.1 按表 2 抽取样本。

表 2 抽样表

批量范围/袋	样本大小/袋
≤25	3
26～150	8
151～500	13
>500	20

6.2.2 将取样钎插入每个样本 5/6 处，抽取不少于 100 g 样品，每批抽取总样品量不少于 1 kg。将抽

取的样品迅速混匀，用四分法缩分后，分别装入两个干燥、洁净的容器中，贴上标签。1份进行理化分析，另1份留存备查。

6.3 出厂检验

6.3.1 产品出厂前，按本标准规定逐批进行检验。

6.3.2 出厂检验项目：比旋光度、含量、透光率、干燥失重、pH、灰分、铵盐。

6.4 型式检验

6.4.1 型式检验项目：除出厂检验项目外，还有鉴别试验、砷、铅。

6.4.2 产品在正常生产情况下，型式检验半年一次，遇有下列情况之一时，亦须进行：

——正常生产时，如原料、配方或工艺有较大改变，可能影响产品质量时；

——产品长期停产，又恢复生产时；

——出厂检验结果与正常生产有较大差别时；

——国家质量监督检验机构提出要求时。

6.5 判定规则

6.5.1 当检验结果中，有一项检验项目不合格时，应重新自同批产品中抽取两倍量样本进行复验，以复验结果为准。如有一项不合格，则判整批为不合格品。

6.5.2 当供需双方对产品质量发生异议时，由双方协商选定仲裁单位，按本标准进行复验。

7 标志、包装、运输、贮存和保质期

7.1 标志

食品添加剂必须有包装标志和产品说明书，标志内容可包括：品名、产地、厂名、卫生许可证号、生产许可证号、规格、生产日期、批号或者代号、保质期限等，并在标志上明确标示“食品添加剂”字样。

7.2 包装

7.2.1 产品的包装应采用国家批准的、并符合相应的食品包装用卫生标准的材料。

7.2.2 包装要求：内包装封口严密，不得透气，外包装不得受到污染。

7.3 运输

产品在运输过程中不得与有毒、有害及污染物质混合载运，避免雨淋日晒等。

7.4 贮存

产品应贮存在通风、清洁、干燥的地方，不得与有毒、有害及有腐蚀性等物质混存。

7.5 保质期

产品自生产之日起，在符合上述储运条件、原包装完好的情况下，保质期应不少于6个月。

附 录 A
（规范性附录）
L-赖氨酸盐酸盐的鉴别试验

A.1 氨基酸的确认

A.1.1 试剂和溶液

茚三酮溶液(0.1%)：HG3-984。

A.1.2 分析步骤

a) 称取试样 0.1 g(精确至 0.01 g)，加水溶解并稀释至 100 mL；

b) 吸取样液[a)]5 mL，加 1 mL 茚三酮溶液，混匀，在水浴中加热 3 min。

A.1.3 结果的判定

若最终溶液呈紫色，则确认为氨基酸。

A.2 氯化物的确认

A.2.1 试剂和溶液

A.2.1.1 硝酸。

A.2.1.2 硝酸银溶液(0.1 mol/L)：称取 17.5 g 硝酸银，加水溶解并稀释至 1 000 mL。

A.2.1.3 氨水溶液(10%)。

A.2.2 分析步骤

a) 称取试样 1 g(准确至 0.1 g)，加水溶解；

b) 向上述溶液[a)]中加入硝酸银溶液(A.2.1.2)5 mL，混匀。

A.2.3 结果的判定

若立即生成白色乳浊沉淀，沉淀物不溶于硝酸，而微溶于过量的氨水中，则判定含氯化物。

ICS 81.060.20
Y 24

中华人民共和国国家标准

GB/T 10814—2009
代替 GB/T 10814—1989

建白日用细瓷器

Domestic porcelain ware of ivory white of dehua

2009-02-17 发布　　2009-07-01 实施

中华人民共和国国家质量监督检验检疫总局
中国国家标准化管理委员会　发布

前　言

本标准代替 GB/T 10814—1989《建白高级日用细瓷器》。

本标准与 GB/T 10814—1989 相比主要变化如下：

——标准名称由“建白高级日用细瓷器”修改为“建白日用细瓷器”；

——修改了铅、镉溶出量技术要求；

——增加了微波炉适应性、冰箱到微波炉适应性、冰箱到烤箱适应性、抗热冲击性以及白瓷白度、釉面光泽度、釉面色差技术要求和试验方法；

——修改了外观缺陷要求；

——增加了产品检验规则。

本标准由中国轻工业联合会提出。

本标准由全国陶瓷标准化中心归口。

本标准起草单位：中国轻工业陶瓷研究所、福建省德化协发光洋陶器有限公司、福建省德化县标准计量所。

本标准主要起草人：吴先益、许庆水、张宾、李硕、范灿明、连凤清、瞿凤珍。

本标准所代替标准的历次版本发布情况为：

——GB/T 10814—1989。

建白日用细瓷器

1 范围

本标准规定了建白日用细瓷器的产品分类、技术要求、试验方法、检验规则和标志、包装、运输、贮存规则。

本标准适用于建白日用细瓷器。

2 规范性引用文件

下列文件中的条款通过本标准的引用而成为本标准的条款。凡是注日期的引用文件，其随后所有的修改单(不包括勘误的内容)或修订版均不适用于本标准，然而，鼓励根据本标准达成协议的各方研究是否可使用这些文件的最新版本。凡是不注日期的引用文件，其最新版本适用于本标准。

GB/T 2828.1—2003 计数抽样检验程序 第1部分：按接收质量限(AQL)检索的逐批检验抽样计划(ISO 2859-1:1999,IDT)

GB/T 2829—2002 周期检验计数抽样程序及表(适用于对过程稳定性的检验)

GB/T 3295 陶瓷制品45°镜向光泽度试验方法

GB/T 3298 日用陶瓷器抗热震性测定方法

GB/T 3299 日用陶瓷器吸水率测定方法

GB/T 3300 日用陶瓷器变形检验方法

GB/T 3301 日用陶瓷的容积、口径误差、高度误差、重量误差、缺陷尺寸的测定方法

GB/T 3302 日用陶瓷器包装、标志、运输、贮存规则

GB/T 3303 日用陶瓷器缺陷术语

GB/T 3534 日用陶瓷器铅、镉溶出量的测定方法(neq ISO 6486-1:1999,Ceramic ware,glass-ceramic ware and glass dinnerware in contact with food—Release of lead and cadmium—Part 1:Test method)

GB/T 5000 日用陶瓷名词术语

GB 12651 与食物接触的陶瓷制品铅、镉溶出量允许极限(ISO 6486-2:1999,Ceramic ware,glass-ceramic ware and glass dinnerware in contact with food—Release of lead and cadmium—Part 2:Permissible limits,NEQ)

QB/T 1503 日用陶瓷白度测定方法

3 术语和定义

GB/T 5000、GB/T 3303所确立的术语和定义适用于本标准。

4 产品分类

4.1 按产品的用途分为盘碟类、碗类、杯类和壶类及其他器物类。

4.2 按产品的器型分为扁平制品、小空心制品、大空心制品。

4.3 按产品的规格分为小型、中型、大型、特型。其规格范围见表1。

4.4 按产品的等级分为优等品、一等品、合格品。

表 1

类别	型式			
	小型	中型	大型	特型
盘碟类口径/mm	＜128	128～＜228	228～350	＞350
碗类口径/mm	＜110	110～＜175	175～250	＞250
杯类口径/mm	＜60	60～＜100	100～140	＞140
壶类容量/mL	＜250	250～＜1 000	1 000～2 400	＞2 400
其他器物类	视其外形相似情况,分别按上述各类定型			

5 技术要求

5.1 吸水率

吸水率不大于 0.5%。

5.2 抗热震性

5.2.1 成套或系列产品

餐具以中型盘、碗类产品为代表件,茶、咖啡具以杯、盅类产品为代表件,180 ℃至 20 ℃热交换一次不裂。

5.2.2 非成套或系列产品

小、中型产品 180 ℃至 20 ℃热交换一次不裂;大、特型产品 160 ℃至 20 ℃热交换一次不裂。

5.3 铅、镉溶出量

铅、镉溶出量允许极限应符合 GB 12651 规定。

5.4 白瓷白度、釉面光泽度及釉面色差

5.4.1 白瓷白度应符合表 2 规定。

5.4.2 釉面光泽度应符合表 2 规定。

5.4.3 釉面色差应符合表 2 规定。

表 2

项目	白度	光泽度	色差
数值	≥75.0	≥85.0	≤1.0

5.5 微波炉适应性

产品标明微波炉适用时,按 6.6 规定的试验方法,一次循环不裂和无电弧产生。

5.6 冰箱到微波炉适应性

产品标明微波炉适用时,按 6.7 规定的试验方法,一次循环不裂和无电弧产生。

5.7 冰箱到烤箱适应性

产品标明烤箱适用时,按 6.8 规定的试验方法,一次循环不裂。

5.8 抗热冲击性

按 6.9 规定的试验方法,一次循环不裂。

5.9 产品规格误差

5.9.1 口径误差

口径大于 200 mm 的误差允许±1.0%,口径在 60 mm～200 mm 之间的误差允许±1.5%,口径小于 60 mm 的误差允许±2.0%。

5.9.2 高度误差

高度误差允许±1.5%。

5.9.3　**质量误差**

质量误差允许±5.0%。

5.10　**外观质量**

5.10.1　产品不允许有炸釉、磕碰、裂穿和渗漏缺陷。

5.10.2　釉面滋润如玉，白中泛微黄色，透明度好，呈象牙质感。

5.10.3　成套产品的釉色、花面色泽应基本一致。

5.10.4　产品的底沿应磨光，放在平面上应平稳。

5.10.5　有盖产品的盖与口要吻合。壶类在倾斜75°时，盖子不许脱落。当盖子向一方移动时盖子与壶口不得有缝隙。壶嘴的口部不得低于壶口3 mm。

5.10.6　底部标志应正确、清晰，不得有明显歪斜与偏心。

5.10.7　产品各等级的外观缺陷应符合表3规定，并应符合下列要求：

a)　优等品每件产品不得超过2种缺陷；

b)　一等品每件产品不得超过4种缺陷；

c)　合格品每件产品不得超过6种缺陷。

表 3

序号	缺陷名称	测量单位	产品规格	优等品	一等品	合格品
1	变形	高度 mm	盘碟类口径			
			＜128	不大于0.5	不大于1.0	不大于1.5
			128～＜205	不大于1.0	不大于1.5	不大于2.0
			205～＜280	不大于1.5	不大于2.0	不大于3.0
			280～＜360	不大于2.0	不大于3.0	不大于4.0
			≥360	不大于口径的0.5%	不大于口径的0.7%	不大于口径的1.0%
			鱼盘类口径			
			＜200	不大于1.0	不大于1.5	不大于2.0
			200～＜240	不大于2.0	不大于2.0	不大于3.0
			240～＜320	不大于3.0	不大于3.0	不大于4.0
			≥320	不大于长径的0.5%	不大于长径的0.7%	不大于长径的1.5%
			碗类口径			
			＜110	不大于0.5	不大于1.0	不大于2.0
			110～＜175	不大于1.0	不大于1.5	不大于3.0
			175～＜250	不大于1.5	不大于2.0	不大于4.0
			≥250	不大于口径的0.5%	不大于口径的0.7%	不大于口径的1.0%
		口径 mm	杯类			
			小型	不大于0.5	不大于1.0	不大于2.0
			中型	不大于0.5	不大于1.0	不大于2.5
			大型	不大于1.0	不大于1.5	不大于3.0
			特型	不大于口径的1.5%	不大于口径的2.0%	不大于口径的2.5%
			壶类口径			
			＜60	不大于1.0	不大于1.5	不大于2.0
			≥60	不大于1.5	不大于2.0	不大于3.0

表 3（续）

序号	缺陷名称	测量单位	产品规格	优等品	一等品	合格品
2	落渣[a]	直径 mm	小、中型	不允许	显见面不大于 0.5 限 1 个，非显见面不大于 0.5 限 2 个	显见面不大于 0.5 限 2 个，非显见面不大于 1.0 限 2 个
			大、特型	不允许	显见面不大于 0.5 限 2 个，非显见面不大于 1.0 限 2 个	显见面不大于 1.0 限 2 个，非显见面不大于 1.0 限 3 个
3	毛孔	直径 mm	小型	显见面不允许，非显见面不大于 0.5 限 1 个	不大于 0.5 限 2 个	不大于 1.0 限 4 个
			中型	显见面不允许，非显见面不大于 0.5 限 2 个	不大于 0.5 限 4 个	不大于 1.0 限 6 个
			大型	显见面不允许，非显见面不大于 0.5 限 3 个	不大于 0.5 限 5 个	不大于 1.0 限 8 个
			特型	显见面不允许，非显见面不大于 0.5 限 4 个	不大于 0.5 限 7 个	不大于 1.0 限 10 个
4	斑点	直径 mm	小型	不允许	不大于 0.5 限 1 个	不大于 1.0 限 1 个
			中型		不大于 0.5 限 1 个	不大于 1.0 限 2 个
			大型		不大于 0.5 限 2 个	不大于 1.0 限 3 个
			特型		不大于 1.0 限 2 个	不大于 1.0 限 4 个
5	色脏	面积 mm^2	各型	不允许	显见面不大于 2.0，非显见面不大于 5.0	显见面不大于 5.0，非显见面不大于 12.0
6	熔洞、石膏脏	直径 mm	小型	不允许	显见面不允许，非显见面不大于 0.5 限 1 个	不大于 1.0 限 2 个
			中型		显见面不允许，非显见面不大于 1.0 限 1 个	不大于 1.5 限 2 个
			大型		显见面不允许，非显见面不大于 1.5 限 1 个	不大于 2.0 限 2 个
			特型		显见面不允许，非显见面不大于 1.5 限 2 个	不大于 2.5 限 2 个
7	疙瘩	直径 mm	各型	显见面不允许，非显见面不大于 0.5 限 2 个	不大于 1.0 限 2 个	不大于 3.0 限 4 个
8	坯泡	直径 mm	各型	不允许	不大于 1.0 限 2 个	不大于 3.0 限 4 个

表 3（续）

序号	缺陷名称	测量单位	产品规格	优等品	一等品	合格品
9	泥渣	面积 mm^2	小型	显见面不允许,非显见面不大于 1.0	不大于 4.0	不大于 24.0
			中型	显见面不允许,非显见面不大于 2.0	不大于 6.0	不大于 36.0
			大型	显见面不允许,非显见面不大于 4.0	不大于 10.0	不大于 48.0
			特型	显见面不允许,非显见面不大于 8.0	不大于 16.0	不大于 60.0
10	釉泡[b]	直径 mm	小型	不允许	不大于 0.5 限 1 个	不大于 1.0 限 2 个
			中型		不大于 0.5 限 2 个	不大于 1.0 限 3 个
			大型		不大于 0.5 限 3 个	不大于 1.0 限 4 个
			特型		不大于 0.5 限 4 个	不大于 1.0 限 5 个
11	缺釉（包括压釉、缩釉）	长度 mm 面积 mm^2	各型	不允许	压釉长不大于 3.0,底内沿长不大于 6.0,其他缺釉不允许。 底足缩釉:小、中型面积不大于 2.0,大、特型面积不大于 3.0	压釉长不大于 5.0,底内沿长不大于 8.0,其他缺釉面积不大于 2.0。 底足缩釉:小、中型面积不大于 3.0,大、特型面积不大于 5.0
12	裂纹[c]	长度 mm	小型	不允许	显见面不允许,非显见面阴裂不大于 2.0	阴裂不大于 4.0
			中型		显见面不允许,非显见面阴裂不大于 3.0	阴裂不大于 6.0
			大型		显见面不允许,非显见面阴裂不大于 4.0	阴裂不大于 8.0
			特型		显见面不允许,非显见面阴裂不大于 5.0	阴裂不大于 10.0
13	底沿粘渣	面积 mm^2	各型	不允许	外沿不允许,内沿不大于底径的 15%,宽度不大于 1.0	外沿不大于底径的 30%,内沿不大于底径的 50%
14	烤花粘釉	面积 mm^2	各型	不允许	不允许	口沿不允许,其他部位不大于 10.0

表 3（续）

序号	缺陷名称	测量单位	产品规格	优等品	一等品	合格品
15	缺泥	面积 mm^2	小型	显见面不允许，非显见面不大于 10.0	不大于 15.0（其中口沿不大于 2.0）	不大于 40.0（其中口沿不大于 5.0）
			中型	显见面不允许，非显见面不大于 15.0	不大于 20.0（其中口沿不大于 2.0）	不大于 60.0（其中口沿不大于 5.0）
			大型	显见面不允许，非显见面不大于 20.0	不大于 25.0（其中口沿不大于 3.0）	不大于 80.0（其中口沿不大于 7.0）
			特型	显见面不允许，非显见面不大于 25.0	不大于 30.0（其中口沿不大于 3.0）	不大于 100.0（其中口沿不大于 7.0）
16	画线缺陷[d]	直径 mm	各型	不允许	断口不大于 2.0	断口不大于 5.0
17	画面缺陷[e]	面积 mm^2	各型	不大于 1.0 限 1 处	不大于 2.0 限 2 处或不超 3.0 限 1 处	不严重
18	釉面擦伤	面积 mm^2	各型	不允许	不明显	不严重
19	釉薄、桔釉	—	各型	显见面不允许，非显见面很不明显	不明显	不严重
20	嘴、耳把接头泥色差	—	各型	很不明显	不太明显	不严重
21	嘴耳把歪	直径 mm	各型	不允许	不明显	不明显
22	釉缕	直径 mm	各型	很不明显	不明显	不严重
23	水泡边	—	各型	不允许	不允许	不允许
24	烟熏	—	各型	不允许	不允许	不允许
25	火刺	—	各型	不允许	不允许	不允许
26	粘疤	—	各型	不允许	不允许	不允许

表中缺陷折算规定：

① 标准未能包括的缺陷，根据其形态，可按类似缺陷处理。

② 除已明确规定者外，本表所规定的缺陷允许范围均指显见面，非显见面的缺陷均可按显见面规定的尺寸加大 50%，毛孔尺寸按规定不变，数量以 2 个折算 1 个。

③ 凡未规定处数和个数者均可按尺寸相加计算。

④ 凡是直径小于 0.3 mm，长度不大于 0.5 mm，面积不大于 1 mm^2，颜色清淡的微小缺陷及其他不明显缺陷，可不作缺陷计。

表 3（续）

序号	缺陷名称	测量单位	产品规格	优等品	一等品	合格品
a 一等品、合格品口沿边落渣不允许，其他部位落渣应不刺手。 b 开口釉泡一等品不允许，合格品口沿开口釉泡不允许。 c 一等品耳把和壶内扎眼处等隐蔽处坯釉皆裂不大于 1.5，限 1 处；合格品坯釉皆裂（不透）小、中型不大于 2.0，大、特型不大于 4.0，耳把和壶内扎眼处等隐蔽处坯釉皆裂不大于 1.5 限 2 处。 d 一等品蓝金、线边色差，宽线边粗细不匀不明显，合格品蓝金、线边色差，粗细不匀不太严重。 e 满花各等级加一处；薄膜迹优等品很不明显，一等品不明显，合格品不太明显；人物、飞禽走兽的头部、手、足，装饰中的文字符号优等品、一等品不允许残缺，合格品残缺不明显。						

6 试验方法

6.1 吸水率测定

吸水率试验方法按 GB/T 3299 执行。

6.2 抗热震性测定

抗热震性试验方法按 GB/T 3298 执行。

6.3 铅、镉溶出量测定

铅、镉溶出量试验方法按 GB/T 3534 执行。

6.4 白度、色差测定

白度、色差试验方法按 QB/T 1503 执行。

6.5 光泽度测定

光泽度试验方法按 GB/T 3295 执行。

6.6 微波炉适应性测定

6.6.1 设备

微波输出功率不小于 600 W 的微波炉一台。

6.6.2 测定

样品浸入温度为(20±3)℃的水中 1 h，取出用布将表面擦干。迅速将样品放在微波炉转盘中心进行微波加热[微波炉内的两角落分别放置 1 个装有(125±2.5)mL 水的容器，确保不会碰到转盘]，加热能量为 72 000 J，加热时间由能量除功率得出，精确到秒，加热完成后取出样品放在传热性能较差的材料上冷却至室温，检查样品是否开裂。若试验过程中出现电弧，立即终止试验，并在报告中说明试验终止的原因是产生了电弧。

6.7 冰箱到微波炉适应性测定

6.7.1 设备

6.7.1.1 微波输出功率不小于 600 W 的微波炉一台。

6.7.1.2 可控制工作区域的温差在±3 ℃之内的冷冻箱一台。

6.7.2 测定

样品浸入温度为(20±3)℃的水中 1 h，取出用布将表面擦干。将已浸水、尺寸约为样品底部平面一半的海绵(形状与样品底部一致，厚度不小于 15 mm)放置在样品上，迅速放入温度为－8 ℃的冷冻柜，待温度到达后保温 16 h，取出样品在 45 s 内放在微波炉转盘中心进行微波加热[微波炉内的两角落分别放置 1 个装有(125±2.5)mL 水的容器，确保不会碰到转盘]，加热能量为 72 000 J，加热时间为能量除功率得出，精确到秒，加热完成后在 45 s 内放入温度为－8 ℃的冷冻柜，待温度到达后保温 16 h，取出样品至室温，检查样品是否开裂。若试验过程中出现电弧，立即终止试验，并在报告中说明试验终止的原因是产生了电弧。

6.8 冰箱到烤箱适应性测定

6.8.1 设备

6.8.1.1 具有足够的升温速度能保证放入试样后在 15 min 内回升到测试温度，可控制工作区域的温差在±5 ℃之内的加热炉一台。

6.8.1.2 可控制工作区域的温差在±3 ℃之内的冷冻箱一台。

6.8.2 测定

样品浸入温度为(20±3)℃的水中 1 h，取出用布将表面擦干。将已浸水、尺寸约为样品底部平面一半的海绵(形状与样品底部一致，厚度不小于 15 mm)放置在样品上，迅速放入温度为－8 ℃的冷冻柜，待温度到达后保温 16 h，取出样品在 45 s 内放入温度为 200 ℃的炉内，待温度到达后保温 20 min，取出样品放在传热性能较差的材料上冷却至室温，检查样品是否开裂。

6.9 抗热冲击性测定

6.9.1 冷冻柜设备要求

可控制工作区域的温差在±3 ℃之内的冷冻箱一台。

6.9.2 测定

样品浸入温度为(20±3)℃的水中 1 h，取出用布将表面擦干。迅速放入温度为－8 ℃的冷冻柜，待温度到达后保温 2 h，取出按正常使用状态摆放，立即注满沸水，放置 10 min 后检查样品是否开裂。

6.10 变形测定

变形试验方法按 GB/T 3300 执行。

6.11 产品规格误差、缺陷尺寸测定

产品规格误差、缺陷尺寸试验方法按 GB/T 3301 执行。

7 检验规则

7.1 检验分类

产品检验分交收检验和型式检验，采用每百单位不合格品数(计件法)检验。

7.2 交收检验

7.2.1 每件产品应经制造厂检验部门全数检验并经交收检验合格后方可出厂。

7.2.2 交收检验项目为 5.9、5.10 所规定的内容。

7.2.3 交收检验按 GB/T 2828.1—2003 的各项规定执行。各检验项目的不合格分类、接收质量限、检验水平及抽样方案见表 4。正常检验一次抽样及判定按表 5 进行。

表 4

<table>
<tr><th>检查项目</th><th>不合格分类</th><th>接收质量限(AQL)</th><th>检验水平(IL)</th><th>抽样方案</th></tr>
<tr><td>5.10.1</td><td>A</td><td>0.25</td><td>一般检验水平Ⅱ</td><td rowspan="8">一次抽样(从正常检验一次抽样开始，按转移规则进行)</td></tr>
<tr><td>5.9</td><td rowspan="7">B</td><td rowspan="7">4.0</td><td>特殊检验水平 S-3</td></tr>
<tr><td>5.10.2</td><td rowspan="6">一般检验水平Ⅱ</td></tr>
<tr><td>5.10.3</td></tr>
<tr><td>5.10.4</td></tr>
<tr><td>5.10.5</td></tr>
<tr><td>5.10.6</td></tr>
<tr><td>5.10.7</td></tr>
</table>

表 5

批量范围	一般检验水平Ⅱ						特殊检验水平 S-3		
	AQL 为 0.25			AQL 为 4.0			AQL 为 4.0		
	样本量	Ac	Re	样本量	Ac	Re	样本量	Ac	Re
2～8	50	0	1	3	0	1	3	0	1
9～15	50	0	1	3	0	1	3	0	1
16～25	50	0	1	3	0	1	3	0	1
26～50	50	0	1	13	1	2	3	0	1
51～90	50	0	1	13	1	2	3	0	1
91～150	50	0	1	20	2	3	3	0	1
151～280	50	0	1	32	3	4	13	1	2
281～500	50	0	1	50	5	6	13	1	2
501～1 200	50	0	1	80	7	8	13	1	2
1 201～3 200	200	1	2	125	10	11	13	1	2
3 201～10 000	200	1	2	200	14	15	20	2	3
10 001～35 000	315	2	3	315	21	22	20	2	3
35 001～150 000	500	3	4	315	21	22	32	3	4
150 001～500 000	800	5	6	315	21	22	32	3	4
≥500 001	1 250	7	8	315	21	22	50	5	6

7.2.4 受检产品可按单件、套具、等级、花面、器型等形成批，必要时还可细分。

7.2.5 样本的抽取按以下要求进行：

a) 单件产品按表 4 的规定从交货批中直接随机抽取样本量。

b) 成箱配套产品根据交货批产品数量对照表 4 的要求查出相应的样本量，用样本量除以每箱内的产品数，其商若是整数则以此数值为抽取的箱数；其商若含小数，则去除小数，在整数位加 1 为抽取的箱数。从交货批产品中随机抽取确定箱数的成箱配套产品，然后从抽取的箱中随机抽取该批产品的样本量(每箱中抽出的样本数应大致相等)。

c) 当交货批小于或等于样本量时，则全部抽取。

7.2.6 检验的各个项目中，如有一项不合格则判该产品不合格。该批产品由交货方返工后方可再次提交检验。

7.3 型式检验

7.3.1 型式检验项目为本标准技术要求的全部内容，其中铅、镉溶出量及抗热震性每季度不少于一次，其他项目每半年不少于一次，遇有下列情况之一时亦应进行型式检验：

a) 产品原料改变时；

b) 生产工艺方法变更可能影响产品性能时；

c) 停产 6 个月以上再恢复生产时；

d) 生产工艺过程发生重大品质变异及事故时；

e) 有合同要求时。

7.3.2 型式检验的样本应从本周期制造的并经过批检查合格的某个批或若干个批中抽取。抽取样本的方法要保证所得到的样本能代表本周期的实际技术水平。

7.3.3 型式检验按 GB/T 2829—2002 的规定进行。各检验项目的不合格分类、不合格质量水平、判别水平、不合格判定数及抽样方案见表6。有合同要求时,可由合同双方协商确定。

表6

<table>
<tr><th>检验项目</th><th>不合格分类</th><th>不合格质量水平(RQL)</th><th>判别水平(DL)</th><th>抽样方案</th><th>样本量</th><th>Ac</th><th>Re</th></tr>
<tr><td>5.10.1</td><td>A</td><td>6.5</td><td rowspan="2">Ⅲ</td><td rowspan="2">一次</td><td>32</td><td>0</td><td>1</td></tr>
<tr><td>5.9、5.10.2、5.10.3、5.10.4、5.10.5、5.10.6、5.10.7</td><td>B</td><td>20</td><td>32</td><td>3</td><td>4</td></tr>
<tr><td>5.3</td><td rowspan="5">A</td><td>15</td><td rowspan="5">Ⅰ</td><td rowspan="5">一次</td><td>6</td><td>0</td><td>1</td></tr>
<tr><td>5.5</td><td rowspan="4">30</td><td rowspan="4">3</td><td rowspan="4">0</td><td rowspan="4">1</td></tr>
<tr><td>5.6</td></tr>
<tr><td>5.7</td></tr>
<tr><td>5.8</td></tr>
<tr><td>5.2</td><td rowspan="5">B</td><td>25</td><td rowspan="5">Ⅰ</td><td rowspan="5">二次</td><td>$n_1=5$
$n_2=5$</td><td>0
1</td><td>2
2</td></tr>
<tr><td>5.1</td><td rowspan="4">40</td><td rowspan="4">$n_1=3$
$n_2=3$</td><td rowspan="4">0
1</td><td rowspan="4">2
2</td></tr>
<tr><td>5.4.1</td></tr>
<tr><td>5.4.2</td></tr>
<tr><td>5.4.3</td></tr>
</table>

7.3.4 检验的各个项目中,如有一项不合格,则判该周期型式检验不合格。

8 包装、标志、运输和贮存

8.1 产品的标志、包装、运输和贮存按GB/T 3302规定执行。

8.2 除无法标识外,微波炉适用瓷、烤箱适用瓷应在每件产品底部及包装箱上标识。

8.3 成套产品包装时要求配套无差错。

ICS 83.160.99
G 41

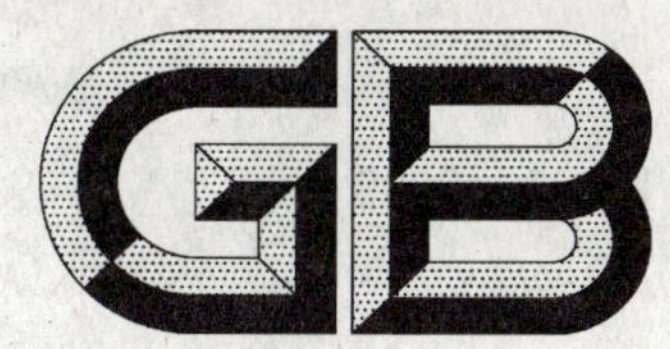

中华人民共和国国家标准

GB/T 10823—2009
代替 GB/T 10823—1996

充气轮胎轮辋实心轮胎规格、尺寸与负荷

Size designation, dimensions and load capacity of solid tyres for pneumatic tyres rims

2009-04-24 发布　　　　2009-12-01 实施

中华人民共和国国家质量监督检验检疫总局
中国国家标准化管理委员会　发布

前　言

本标准代替 GB/T 10823—1996《充气轮胎轮辋实心轮胎系列》。

本标准与 GB/T 10823—1996 的主要差异如下：

——将所有轮胎分成 3 类：普通断面、宽断面、公制系列(本版的表 1～表 3)；

——增加了 33 个规格；删去了部分淘汰的少量轮胎规格(1996 版的表 1、表 2；本版的表 1～表 3)；

——取消了断面宽度偏差的规定(1996 版表 1 注)；

——取消了负荷下静半径(1996 版的表 1、表 2)；

——增加了其他工业车辆在静止时、6 km/h、10 km/h、25 km/h 对应的负荷能力(本版的表 1～表 3)；

——取消了其他工业车辆在 16 km/h 对应的负荷能力(本版的表 1～表 3)。

本标准由中国石油和化学工业协会提出。

本标准由全国轮胎轮辋标准化技术委员会(SAC/TC 19)归口。

本标准起草单位：贵州前进橡胶有限公司、杭州中策橡胶有限公司、上海华向实芯轮胎有限公司。

本标准主要起草人：邱毅、谭德征、张水明、陈亚洲。

本标准所代替标准的历次版本发布情况为：

——GB/T 10823—1989、GB/T 10823—1996。

充气轮胎轮辋实心轮胎规格、尺寸与负荷

1 范围

本标准规定了充气轮胎轮辋实心轮胎规格术语和定义、轮胎规格表示、要求。

本标准适用于平衡重式叉车、起升机、牵引车、装载机、平板车和固定平台搬运车等车辆上使用充气轮胎轮辋的实心轮胎。

2 规范性引用文件

下列文件中的条款通过本标准的引用而成为本标准的条款。凡是注日期的引用文件，其随后所有的修改单(不包括勘误的内容)或修订版均不适用于本标准，然而，鼓励根据本标准达成协议的各方研究是否可使用这些文件的最新版本。凡是不注日期的引用文件，其最新版本适用于本标准。

GB/T 10824　充气轮胎轮辋实心轮胎技术规范

GB/T 6326　轮胎术语及其定义(GB/T 6326—2005，ISO 4223-1:2002，Definitions of some terms used in tyre industry—Part 1:Pneumatic tyres，NEQ)

3 术语和定义

GB/T 6326 确立的术语和定义适用于本标准。

4 轮胎规格表示

4.1 普通断面表示的轮胎规格

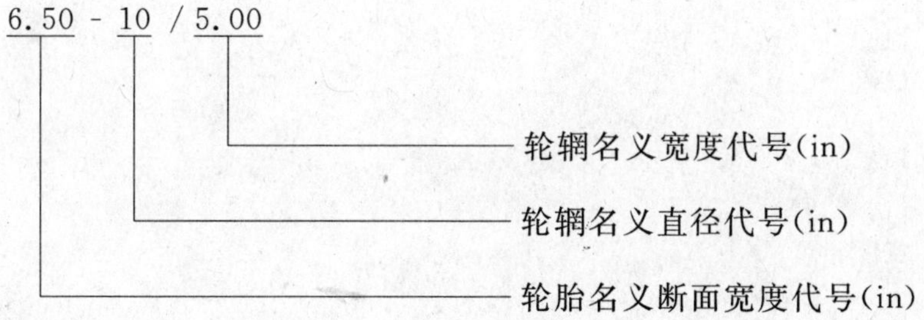

4.2 宽断面表示的轮胎规格

示例 1：

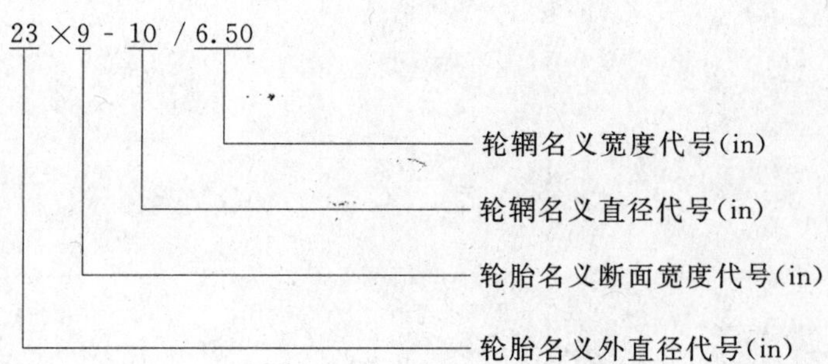

示例 2：

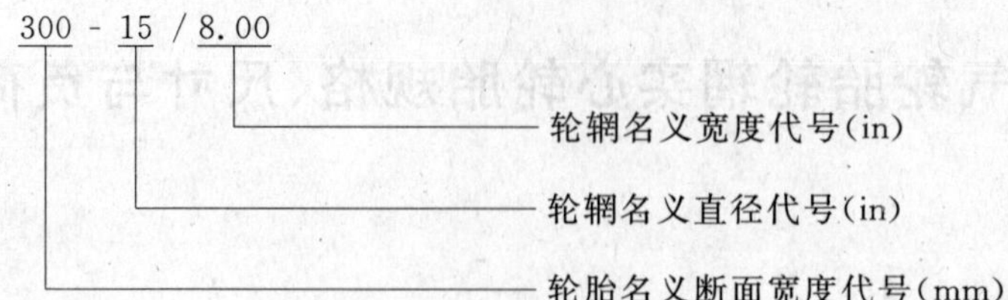

4.3 公制系列表示的轮胎规格

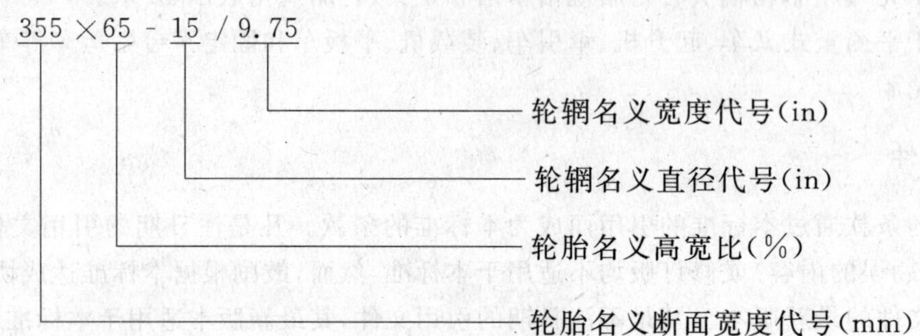

5 要求

5.1 凡按本标准设计生产的轮胎，其要求、试验方法和标志应符合 GB/T 10824 的规定。

5.2 轮胎规格、尺寸与负荷应符合表 1～表 3 的规定。

表 1　普通断面充气轮胎轮辋实心轮胎

轮胎规格	允许使用轮辋	新胎尺寸/mm		负荷能力[a]/kg									
				平衡重式叉车						其他工业车辆			
		外直径	断面宽	10 km/h		16 km/h		25 km/h[b]		静止	6 km/h	10 km/h	25 km/h
				驱动轮	转向轮	驱动轮	转向轮	驱动轮	转向轮				
4.00-8/2.50	2.50C-8	423	121	910	700	830	640	765	590	945	765	695	590
4.00-8/3.00	3.00D-8	423	121	1 090	840	995	765	925	710	1 135	925	840	710
4.00-8/3.75	3.75-8	423	125	1 175	905	1 080	830	1 000	770	1 230	1 000	910	770
5.00-8/3.00	3.00D-8	469	146	1 255	965	1 145	880	1 060	815	1 305	1 060	960	815
5.00-8/3.25	3.25I-8	469	146	1 360	1 045	1 235	950	1 150	885	1 415	1 150	1 045	885
5.00-8/3.50	3.50D-8	469	146	1 465	1 125	1 335	1 025	1 235	950	1 520	1 235	1 120	950
6.00-9/4.00	4.00E-9	545	160	1 975	1 520	1 805	1 390	1 675	1 290	2 065	1 675	1 520	1 290
7.00-9/5.00	5.00S-9	578	186	2 670	2 055	2 440	1 875	2 260	1 740	2 785	2 260	2 055	1 740
6.50-10/5.00	5.00F-10	597	178	2 715	2 090	2 485	1 910	2 310	1 775	2 840	2 310	2 095	1 775
7.00-12/5.00	5.00S-12	683	192	3 105	2 390	2 835	2 180	2 635	2 025	3 240	2 635	2 390	2 025
8.25-12/5.00	5.00S-12	735	236	3 425	2 635	3 125	2 405	2 905	2 235	3 575	2 905	2 635	2 235
7.00-15/5.50	5.5-15	759	204	3 700	2 845	3 375	2 595	3 135	2 410	3 855	3 135	2 845	2 410
7.50-15/5.50	5.5-15	774	215	3 805	2 925	3 470	2 670	3 225	2 480	3 970	3 225	2 925	2 480
7.50-15/6.00	6.0-15	774	215	4 145	3 190	3 785	2 910	3 510	2 700	4 320	3 510	3 185	2 700
7.50-15/6.50	6.5-15	774	215	4 490	3 455	4 100	3 155	3 810	2 930	4 690	3 810	3 455	2 930
8.25-15/5.50	5.5-15	847	236	4 305	3 310	3 925	3 020	3 640	2 800	4 480	3 640	3 305	2 800
8.25-15/6.50	6.5-15	847	236	5 085	3 910	4 640	3 570	4 310	3 315	5 304	4 310	3 910	3 315
6.00-16/4.50	4.50E-16	711	167	2 685	2 065	2 450	1 885	2 275	1 750	2 800	2 275	2 065	1 750
6.50-16/5.50	5.50F-16	749	187	3 545	2 725	3 235	2 490	3 005	2 310	3 695	3 005	2 725	2 310
7.50-16/5.50	5.50F-16	820	220	4 035	3 105	3 685	2 835	3 425	2 635	4 215	3 425	3 110	2 635
7.50-16/6.00	6.00G-16	820	230	4 400	3 385	4 025	3 095	3 730	2 870	4 590	3 730	3 385	2 870
7.50-16/6.50	6.50H-16	820	230	4 770	3 670	4 355	3 350	4 045	3 110	4 975	4 045	3 670	3 110
8.00-16/5.50	5.50F-16	825	220	4 070	3 130	3 720	2 860	3 450	2 655	4 250	3 450	3 135	2 655

表 1（续）

轮胎规格	允许使用轮辋	新胎尺寸/mm		负荷能力[a]/kg									
				平衡重式叉车						其他工业车辆			
		外直径	断面宽	10 km/h		16 km/h		25 km/h[b]		静止	6 km/h	10 km/h	25 km/h
				驱动轮	转向轮	驱动轮	转向轮	驱动轮	转向轮				
9.00-16/5.50	5.50F-16	884	259	4 480	3 445	4 090	3 145	3 795	2 920	4 670	3 795	3 445	2 920
9.00-16/6.50	6.50H-16	884	259	5 290	4 070	4 830	3 715	4 485	3 450	5 520	4 485	4 070	3 450
8.25-20/6.5	6.5-20	992	236	5 165	4 305	4 715	3 930	4 380	3 650	5 475	4 745	3 980	3 650
8.25-20/7.0	7.0-20	992	236	5 335	4 445	4 870	4 060	4 525	3 770	5 655	4 900	4 110	3 770
9.00-20/6.5	6.5-20	1 038	259	6 160	5 135	5 630	4 690	5 225	4 355	6 535	5 660	4 745	4 355
9.00-20/7.0	7.0-20	1 038	259	6 365	5 305	5 815	4 845	5 400	4 500	6 750	5 850	4 905	4 500
10.00-20/7.0	7.0-20	1 073	278	6 845	5 705	6 260	5 215	5 815	4 845	7 270	5 815	5 280	4 845
10.00-20/7.5	7.5-20	1 073	278	7 075	5 895	6 460	5 385	6 000	5 000	7 500	6 500	5 450	5 000
10.00-20/8.0	8.0-20	1 073	278	7 300	6 085	6 670	5 560	6 200	5 165	7 750	6 715	5 630	5 165
11.00-20/7.5	7.5-20	1 095	300	7 470	6 225	6 820	5 685	6 330	5 275	7 915	6 860	5 750	5 275
11.00-20/8.0	8.0-20	1 095	300	7 715	6 430	7 045	5 870	6 540	5 450	8 175	7 085	5 940	5 450
11.00-20/8.5	8.5-20	1 095	300	7 970	6 640	7 270	6 060	6 755	5 630	8 445	7 320	6 135	5 630
12.00-20/8.0	8.0-20	1 180	310	8 640	7 200	7 885	6 570	7 320	6 100	9 150	7 930	6 650	6 100
12.00-20/8.5	8.5-20	1 180	310	8 920	7 435	8 140	6 785	7 560	6 300	9 450	8 190	6 865	6 300
12.00-20/10.0	10.0-20	1 180	350	9 190	7 660	8 390	6 990	7 795	6 495	9 745	8 445	7 080	6 495
12.00-24/8.5	8.5-24	1 247	315	9 125	7 605	8 335	6 945	7 740	6 450	9 675	8 385	7 030	6 450
12.00-24/10.0	10.0-24	1 247	350	9 445	7 870	8 630	7 190	8 010	6 675	10 015	8 675	7 275	6 675
14.00-24/10.0	10.0-24	1 368	375	12 165	10 135	11 105	9 255	10 315	8 595	12 890	11 175	9 370	8 595

注 1：用于间歇作业，单个作业行程最大距离为 2 000 m。

注 2：轮胎外直径下偏差为表中外直径的 5%，上偏差为 0。

[a] 仅对间断使用有效，不包括由充气轮胎换成实心轮胎时增加的质量。

[b] 空载叉车的最高速度。

表 2　宽断面充气轮胎轮辋实心轮胎

轮胎规格	允许使用轮辋	新胎尺寸/mm		负荷能力[a]/kg									
				平衡重式叉车						其他工业车辆			
		外直径	断面宽	10 km/h		16 km/h		25 km/h[b]		静止	6 km/h	10 km/h	25 km/h
				驱动轮	转向轮	驱动轮	转向轮	驱动轮	转向轮				
15×4½-8/2.50	2.50C-8	380	114	840	645	765	590	710	545	870	710	645	545
15×4½-8/3.00	3.00D-8	380	114	1 005	775	915	705	850	655	1 050	850	775	655
15×4½-8/3.25	3.25I-8	380	114	1 090	840	995	765	925	710	1 135	925	835	710
16×6-8/4.33	4.33R-8	418	162	1 545	1 190	1410	1 085	1 305	1 005	1 610	1 305	1 185	1 005
18×7-8/4.33	4.33R-8	457	170	2 430	1 870	2 215	1 705	2 060	1 585	2 535	2 060	1 870	1 585
18×9-8/7.00	7.00E-8	460	210	2 845	2 190	2 600	2 000	2 410	1 855	2 970	2 410	2 190	1 855
21×8-9/6.00	6.00E-9	535	207	2 890	2 225	2 645	2 035	2 455	1 890	3 025	2 455	2 230	1 890
23×9-10/6.50	6.50F-10	595	225	3 730	2 870	3 405	2 620	3 160	2 430	3 890	3 160	2 865	2 430
23×10-12/8.00	8.00G-12	595	261	4 450	3 425	4 060	3 125	3 770	2 900	4 640	3 770	3 420	2 900
27×10-12/8.00	8.00G-12	683	261	4 595	3 535	4 200	3 230	3 900	3 000	4 800	3 900	3 540	3 000
28×9-15/7.0[c]	7.0-15	706	225	4 060	3 125	3 710	2 855	3 445	2 650	4 240	3 445	3 125	2 650
28×12.5-15/9.75	9.75-15	730	317	6 200	4 770	5 660	4 355	5 260	4 045	6 470	5 260	4 775	4 045
250-15/7.0	7.0-15	735	250	5 220	4 015	4 770	3 670	4 425	3 405	5 450	4 425	4 015	3 405
250-15/7.5	7.5-15	735	250	5 595	4 305	5 110	3 930	4 745	3 650	5 840	4 745	4 305	3 650
300-15/8.0	8.0-15	838	300	6 895	5 305	6 300	4 845	5 850	4 500	7 200	5 850	5 310	4 500
350-15/9.75	9.75-15	842	330	—	—	—	—	7 085	5 450	8 720	7 085	6 430	5 450
30×10-20/7.5	7.5-20	752	244	—	—	—	—	—	—	3 990	3 458	2 900	2 660
31×10-20/7.5	7.5-20	790	252	—	—	—	—	—	—	4 200	3 640	3 050	2 800
33×10.75-20/7.5	7.5-20	824	272	—	—	—	—	—	—	4 425	3 835	3 215	2 950
33×12-20/7.5	7.5-20	842	292	—	—	—	—	—	—	4 650	4 030	3 380	3 100

表 2（续）

轮胎规格	允许使用轮辋	新胎尺寸/mm		负荷能力[a]/kg									
				平衡重式叉车						其他工业车辆			
		外直径	断面宽	10 km/h		16 km/h		25 km/h[b]		静止	6 km/h	10 km/h	25 km/h
				驱动轮	转向轮	驱动轮	转向轮	驱动轮	转向轮				

注 1：用于间歇作业，单个作业行程最大距离为 2 000 m。

注 2：轮胎外直径下偏差为表中外直径的 5%，上偏差为 0。

[a] 仅对间断使用有效，不包括由充气轮胎换成实心轮胎时增加的质量。

[b] 空载叉车的最高速度。

[c] 也可标注为 8.15-15/7.0。

表 3　公制系列充气轮胎轮辋实心轮胎

轮胎规格	允许使用轮辋	新胎尺寸/mm		负荷能力[a]/kg									
				平衡重式叉车						其他工业车辆			
		外直径	断面宽	10 km/h		16 km/h		25 km/h[b]		静止	6 km/h	10 km/h	25 km/h
				驱动轮	转向轮	驱动轮	转向轮	驱动轮	转向轮				
140/55-9/4.00	4.00E-9	375	147	1 380	1 060	1 260	970	1 170	900	1 440	1 170	1 060	900
200/50-10/6.50	6.50F-10	460	221	2 910	2 240	2 665	2 050	2 470	1 900	3 040	2 470	2 240	1 900
355/65-15/9.75	9.75-15	826	372	—	—	—	—	7 800	6 000	9 600	7 085	6 430	5 450
355/50-20/10.0	10.0-20	847	367	—	—	—	—	8 970	6 900	10 350	8 970	7 520	6 900

注 1：用于间歇作业，单个作业行程最大距离为 2 000 m。

注 2：轮胎外直径下偏差为表中外直径的 5%，上偏差为 0。

[a] 仅对间断使用有效，不包括由充气轮胎换成实心轮胎时增加的质量。

[b] 空载叉车的最高速度。

ICS 23.020.30
J 76

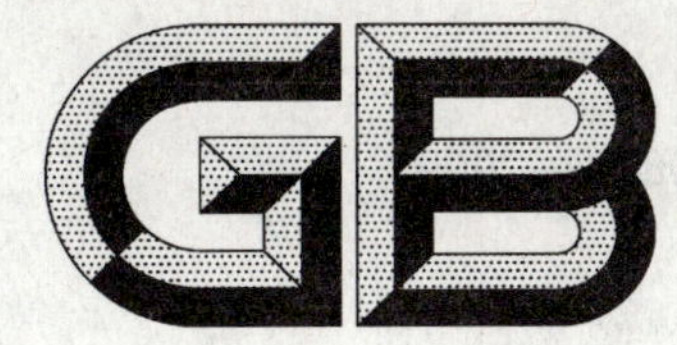

中华人民共和国国家标准

GB 10879—2009
代替 GB 10879—1989

溶解乙炔气瓶阀

Valves for dissolved acetylene cylinders

2009-06-25 发布　　　　2010-04-01 实施

中华人民共和国国家质量监督检验检疫总局
中国国家标准化管理委员会　发布

前 言

本标准的全部技术内容为强制性。

本标准代替 GB 10879—1989《溶解乙炔气瓶阀》。

本标准与 GB 10879—1989 相比，主要增加和更改了以下内容：

——增加了阀的型号；

——增加了阀体总高、方身厚度、颈部、锥螺纹颈部等基本尺寸；

——增加了阀的材料力学性能的要求、试验方法和阀体材料耐应力腐蚀试验的要求；

——增加了阀的质量要求；

——易熔合金塞的动作温度由原来的 95 ℃±5 ℃改为 100 ℃±5 ℃；

——耐温性由原来的－40 ℃～＋65 ℃改为－40 ℃～＋60 ℃；

——耐压性试验压力由原来的 2 倍公称工作压力改为 15 倍公称工作压力；

——增加了阀的安装性能和试验方法；

——阀的标志上增加了制造许可证编号；

——根据 GB/T 1.1—2000 和 GB/T 1.2—2002 标准的要求，对本标准的内容、结构及文字进行了修改。

本标准由全国气瓶标准化技术委员会(SAC/TC 31)提出并归口。

本标准起草单位：上海气体阀门总厂、象山制阀有限公司、上海高压容器有限公司。

本标准主要起草人：钱发祥、翁国栋、毛冲霓、顾秋华、陈伟明。

本标准所代替标准的历次版本发布情况为：

——GB 10879—1989。

溶解乙炔气瓶阀

1 范围

本标准规定了溶解乙炔气瓶阀的型号、基本型式及尺寸、技术要求、检查与试验方法、检验规则、标志、包装、贮运等。

本标准适用于环境温度为－40 ℃～＋60 ℃，公称工作压力为3 MPa的溶解乙炔气瓶阀(以下简称阀)。

注：本标准的压力均指表压。

2 规范性引用文件

下列文件中的条款通过本标准的引用而成为本标准的条款。凡是注日期的引用文件，其随后所有的修改单(不包括勘误的内容)或修订版均不适用于本标准，然而，鼓励根据本标准达成协议的各方研究是否可使用这些文件的最新版本。凡是不注日期的引用文件，其最新版本适用于本标准。

GB/T 228 金属材料 室温拉伸试验方法(GB/T 228—2002,eqv ISO 6892:1998)

GB/T 1220 不锈钢棒

GB/T 1804 一般公差 未注公差的线性和角度尺寸的公差(GB/T 1804—2000,eqv ISO 2768-1:1989)

GB/T 4423 铜及铜合金拉制棒

GB/T 5121.1 铜及铜合金化学分析方法 铜含量的测定(GB/T 5121.1—2008,ISO 1554:1976,ISO 1553:1976,Wrought and cast copper alloys and unalloyed copper containing not less than 99,90% of copper—Determination of copper content—Electrolytic method,MOD)

GB/T 5121.3 铜及铜合金化学分析方法 铅含量的测定(GB/T 5121.3—2008,ISO 4749:1984,Copper alloys—Determination of lead content—Flame atomic absorption spectrometric method,MOD)

GB/T 5121.9 铜及铜合金化学分析方法 铁含量的测定(GB/T 5121.9—2008,ISO 4748:1984,ISO 1812:1976,Copper alloys—Determination of iron content,MOD)

GB/T 5231 加工铜及铜合金化学成分和产品形状

GB 8335 气瓶专用螺纹

GB/T 8336 气瓶专用螺纹量规

GB 8337 气瓶用易熔合金塞

GB/T 10567.2 铜及铜合金加工材残余应力检验方法 氨薰试验法

HG/T 2349 聚酰胺1010树脂

HG/T 2902 模塑用聚四氟乙烯树脂

3 型号

阀的代号用介质汉语拼音首个大写字母“RYF”表示，出气口结构型式为夹箍式，用阿拉伯数字“1”表示，产品改型序号用大写英文字母依次按顺序表示。

示例：

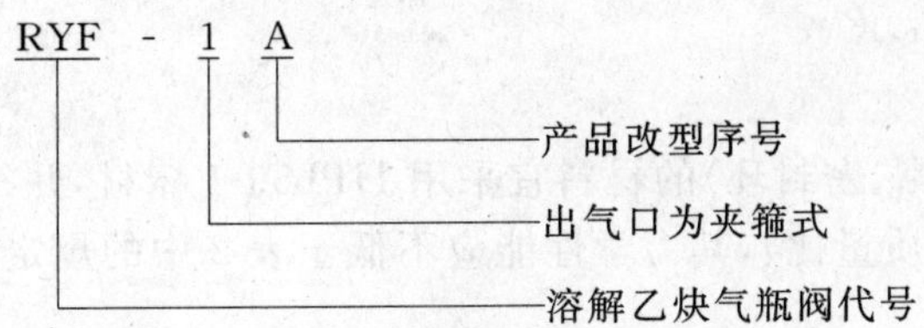

4 基本型式及尺寸

4.1 阀的基本型式及尺寸按图 1、表 1 的规定。

单位为毫米

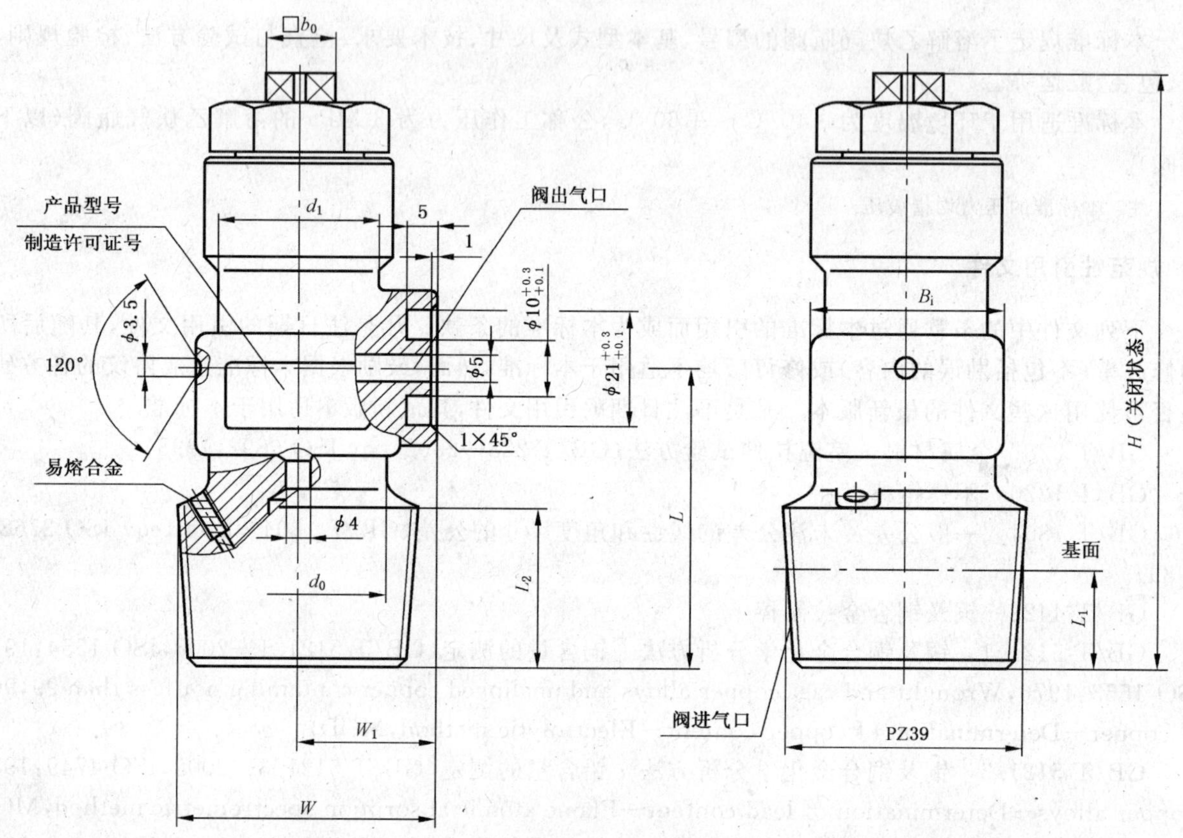

图 1 阀的基本型式

表 1 阀的基本尺寸

单位为毫米

锥螺纹 PZ	公称通径 D_g	基本尺寸									
		H	W	W_1	L	L_1	L_2	B_1	□b_0	d_1	d_0
39	$\phi 4$	＞97～107	41～42	21	50	17.67	29	30^{0}_{-1}	9.5	$\phi 26$	$\phi 30$

4.2 阀的进气口为 PZ39 规格的锥螺纹，其型式、尺寸和制造精度应符合 GB 8335 的规定。

4.3 阀的出气口连接型式为夹箍式，其型式和尺寸见图 1。

4.4 易熔合金塞喷出口直径应不小于阀的公称通径。

5 技术要求

5.1 材料

5.1.1 金属材料

阀的主要零件（阀体、压帽、密封环）的材料宜采用 HPb59-1 棒材，并符合表 2 的规定。如采用其他材料时，含铜量应小于 70%（质量比），其力学性能应不低于表 2 中的规定，且与介质相容。

表 2　阀的主要零件的金属材料

序号	项　　目	内　　容		
1	力学性能（GB/T 4423 的规定）	棒材直径或对边距离/mm	抗拉强度 R_m/(N/mm²)	伸长率 A/%
		5～20	不小于 420	不小于 12
		>20～40	不小于 390	不小于 14
2	化学成分（GB/T 5231 的规定）	Cu/%	Pb/%	Fe/%
		57.0～60.0	0.8～0.9	0.5

阀体材料除符合上述规定外，还必须经耐应力腐蚀试验，试验后应无裂纹。

阀杆材料宜采用 2Cr13，其化学成分和力学性能应符合 GB/T 1220 的规定。

易熔合金塞材料的配制宜采用铋、铅和锡等元素，应符合 GB 8337 的规定。

阀的进气口内孔应设置过滤气体用的零件，其材料的性能应与介质相容。

5.1.2　**非金属材料**

阀的非金属材料应符合表 3 的规定。

表 3　阀的非金属材料

零件名称	材　　料	符合标准
密封圈	聚酰胺 1010 聚四氟乙烯	HG/T 2349 HG/T 2902

5.2　**加工要求**

5.2.1　阀体应锻压成型。阀体表面应无裂纹、折皱、夹杂物、未充满等有损阀性能的缺陷。如采用钝化，表面应色泽均匀、光泽、无露底现象。若采用喷丸处理，表层的凹坑大小、深浅应均匀。

5.2.2　未注尺寸公差按 GB/T 1804 标准中 m 级加工。

5.2.3　阀的设计质量为 630 g。同一种型号、规格、商标的阀的质量应相同，阀组装后的实际质量与阀的设计质量允差不超过 5%。

5.3　**性能要求**

5.3.1　**启闭性**

在公称工作压力下，阀的启闭力矩应不大于 10 N·m。

5.3.2　**气密性**

在公称工作压力下，阀处于关闭和任意开启状态下应无泄漏。

5.3.3　**耐振性**

在公称工作压力下，阀应能承受位移幅值 2 mm(P-P)，频率为 33.3 Hz，时间为 30 min，沿任一方向的振动，阀上各螺纹连接处应不松动，且无泄漏。

5.3.4　**易熔合金塞动作温度**

易熔合金塞的动作温度为 100 ℃±5 ℃。

5.3.5　**耐温性**

在公称工作压力下，阀在－40 ℃～＋60 ℃的温度范围内应无泄漏。

5.3.6　**阀体耐压性**

在 15 倍公称工作压力下，阀体应无渗漏和可见的变形。

5.3.7　**耐用性**

在公称工作压力下，阀全行程启闭 2 500 次，应无泄漏和其他异常现象。

5.3.8 安装性能

阀安装在钢瓶上允许承受的力矩为 500 N·m,安装后阀应无泄漏及肉眼可见的变形和损坏。

6 检查与试验方法

6.1 阀体金属材料力学性能试验、化学成分分析方法及耐应力腐蚀试验

阀体金属材料拉伸试验试样和试验方法按 GB/T 228,化学成分分析方法按 GB/T 5121 相关部分,阀体材料耐应力腐蚀试验方法按 GB/T 10567.2,其结果应符合 5.1.1 的规定。

6.2 外观检查

阀外观采用目视的方法检查。阀体检查应符合 5.2.1 的规定。螺纹外表面及其他金属零件均应无毛刺、磕碰伤、划痕等现象。

6.3 进出气口螺纹尺寸检查

阀进气口锥螺纹采用符合 GB/T 8336 标准制造的量规检查,应符合 4.2 的规定。

阀出气口尺寸按图 1 检查,应符合 4.3 的规定。

6.4 质量检查

将组装后的阀放在秤量为 0～1 000 g,感量不超过 1 g 的天平上称量,应符合 5.2.3 的规定。

6.5 启闭性试验

将阀装在专用装置上(专用装置均见图 2),按 5.3.1 规定的力矩关闭阀。然后,往阀的进气口充入氮气或空气至公称工作压力,在此压力下,不得有泄漏。然后,在有气压的情况下,用扭力扳手开启阀,此时所测得的开启力矩应不大于 10 N·m。

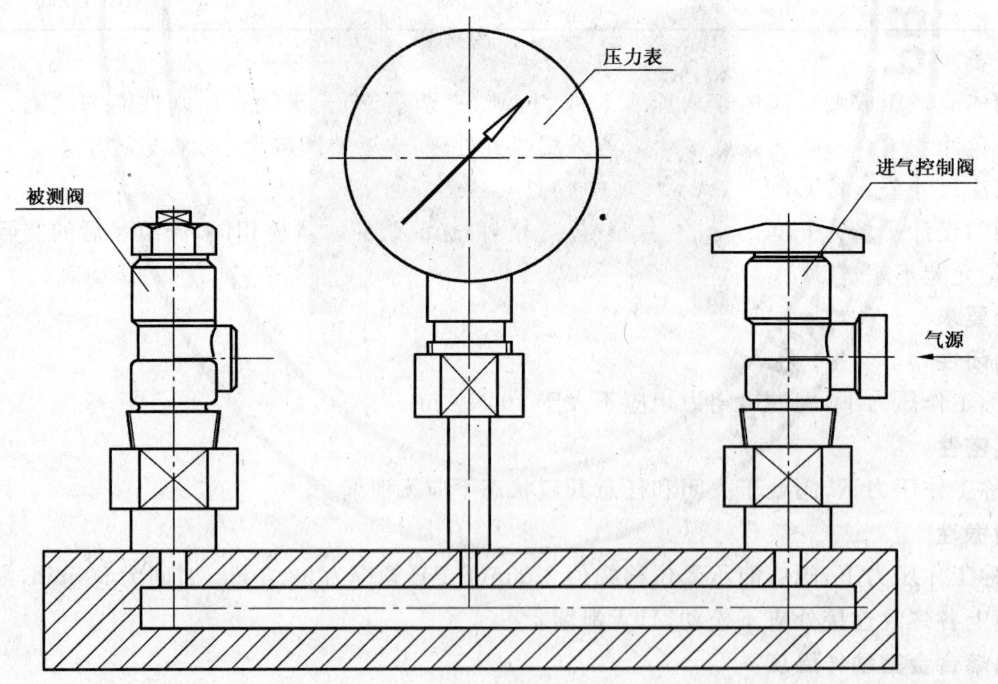

图 2 专用装置结构示意图

6.6 气密性试验

将阀装在专用装置上,分别使阀处于关闭和任意开启状态(当阀处于开启状态时应封堵出气口)。然后,往阀的进气口充入氮气或空气至公称工作压力,浸入水中,各持续 1 min,其结果应符合5.3.2的规定。

6.7 耐振性试验

将阀装在专用装置上，按5.3.1规定的力矩关闭阀，往阀的进气口充入氮气或空气至公称工作压力。然后，将专用装置安装在振动试验台上，做位移幅值为2 mm(P-P)，频率为33.3 Hz，时间为30 min，沿任一方向的振动，其结果应符合5.3.3的规定。

6.8 易熔合金塞动作温度试验

将阀装在专用装置上，按5.3.1规定的力矩关闭阀，往阀的进气口充入氮气或空气至0.35 MPa的压力。然后，将专用装置放入盛有甘油的槽内，以2 ℃/min～3 ℃/min的速率升温，当阀上的易熔合金塞熔化使气体泄漏时，此时测得甘油槽内的温度应符合5.3.4的规定。

6.9 耐温性试验

将阀装在专用装置上，封堵阀的出气口，打开阀，往阀的进气口充入氮气或空气至公称工作压力，放入恒温箱内以2 ℃/min～3 ℃/min的速率逐渐升温至60 ℃±2 ℃，保温2 h(启、闭各1 h)，在空冷至室温后放入低温箱内以2 ℃/min～3 ℃/min的速率逐渐降温至－40 ℃±2 ℃，保温2 h(启、闭各1 h)，其结果应符合5.3.5的规定。

6.10 耐用性试验

将阀装在专用装置上，封堵阀的出气口，往阀的进气口充入氮气或空气至公称工作压力，然后，将专用装置安装在寿命试验机上，以8次/min～15次/min的频率和不大于10 N·m的启闭力矩，全行程(行程应不大于1/4阀座孔径)进行2 500次启闭阀的试验。试验后，再按6.6的规定进行气密性试验，其结果应符合5.3.2的规定。

6.11 阀体耐压性试验

封堵阀体与外界各通气口(除锥螺纹进气口外)，将阀体进气口与水压泵相连接，通过水压泵往阀体内充水至15倍公称工作压力，保压3 min，其结果应符合5.3.6的规定。

注：试验介质为水或黏度不大于水的其他适宜液体，试验用压力表的精度等级应不低于1.5级，压力表的量程应为测试压力的(1.5～2)倍。

6.12 安装性能试验

将阀装在专用装置上，并用扭力扳手扳紧，其结果应符合5.3.8的规定。

7 检验规则

7.1 材料检验

7.1.1 材料与零件进厂必须具有质量合格证书。

7.1.2 铜材力学性能(R_m、A)和化学成分(Cu、Pb、Fe)按原材料进厂的批号进行复验。

7.2 出厂检验

7.2.1 逐个检验

逐个检验应包括下列内容：

a) 外观检查；

b) 进出气口螺纹检查；

c) 气密性试验。

7.2.2 批量抽样检验

批量抽样检验内容除逐个检验项目外，还应增加下列内容：

a) 质量检查；

b) 易熔合金塞动作温度试验。

7.2.3 抽检方法及判定

阀的抽检应在每批连续生产的经逐个检验合格的产品中抽取，每生产满5 000个为一批，每批抽取试样3个，批成品数不足5 000个时，同样抽取试样3个。在检验过程中，如有一个阀不符合本标准某一项之要求，则加倍抽取，重新检测如仍有项目不合格，则该批阀为不合格品或再进行逐个检验。

7.3 型式试验

7.3.1 在下列情况下阀必须进行型式试验：

a) 新产品试制定型鉴定；

b) 结构、工艺、材料等有重大改变时；

c) 产品停产超过一年再生产时；

d) 许可证申领、复查及质量监督检验机构提出要求时。

7.3.2 阀的型式试验项目、试验顺序、数量见表4。

7.3.3 型式试验用阀应从检验合格的产品中抽取，判定按7.2.3的规定。

表4 型式试验项目

试件名称		试验顺序	试验项目	样品数
材料		1	7.1.2 铜材力学性能(R_m、A)；化学成分(Cu、Pb、Fe)检测	3
		2	6.1 阀体材料耐应力腐蚀试验	3
被测阀	A	1	4.1 阀的基本尺寸检查(按表1的要求)	1
		2	6.2 外观检查	
		3	6.3 进出气口螺纹尺寸检查	
		4	6.4 质量检查	
		5	6.5 启闭性试验	
		6	6.6 气密性试验	
		7	6.7 耐振性试验	
		8	6.8 易熔合金塞动作温度试验	
	B	1	4.1 阀的基本尺寸检查(按表1的要求)	1
		2	6.2 外观检查	
		3	6.3 进出气口螺纹尺寸检查	
		4	6.4 质量检查	
		5	6.5 启闭性试验	
		6	6.6 气密性试验	
		7	6.7 耐振性试验	
		8	6.9 耐温性试验	
		9	6.11 阀体耐压性试验	
	C	1	4.1 阀的基本尺寸检查(按表1的要求)	1
		2	6.2 外观检查	
		3	6.3 进出气口螺纹尺寸检查	
		4	6.4 质量检查	
		5	6.5 启闭性试验	
		6	6.6 气密性试验	
		7	6.7 耐振性试验	
		8	6.10 耐用性试验	
		9	6.12 安装性能试验	

8 标志、包装、贮运

8.1 标志

阀上应有下列永久性的标志：

a) 阀的型号；

b) 阀的公称工作压力；

c) 制造厂商或商标；

d) 生产年月或批号；

e) 制造许可证编号；

f) 检验合格标记。

8.2 包装

包装前应清除残留在阀内的水分，包装时应保持阀的清洁，进出气口螺纹不受损伤，包装箱内应附有产品合格证、装箱单和使用说明书。

8.2.1 包装箱上应有下列标志：

a) 制造厂名；

b) 阀的名称、型号；

c) 必要的作业要求符号；

d) 数量和毛重；

e) 体积(长×宽×高)；

f) 生产日期或批号；

g) 制造许可证编号。

8.2.2 产品合格证应注明下列内容：

a) 阀的名称、型号；

b) 公称通径；

c) 公称工作压力；

d) 阀的批号；

e) 产品执行的标准代号；

f) 检验日期；

g) 质检部门盖章；

h) 阀的设计质量。

8.2.3 装箱单应注明下列内容：

a) 制造厂名称、地址；

b) 阀的名称、型号；

c) 数量、毛重、净重；

d) 装箱员标志；

e) 装箱日期。

8.2.4 使用说明书应注明下列内容：

a) 使用方法；

b) 使用要求；

c) 注意事项。

8.3 贮运

阀应放在通风、干燥、清洁的室内。运输装卸时，应轻装轻放，防止重压及碰撞。

ICS 25.120.10
J 62

中华人民共和国国家标准

GB/T 10923—2009
代替 GB/T 10923—1989

锻压机械　精度检验通则

Test code of accuracy for metalforming machine

(ISO 230-1:1996,NEQ)

2009-03-16 发布　　2009-11-01 实施

中华人民共和国国家质量监督检验检疫总局
中国国家标准化管理委员会　发布

前言

本标准与 ISO 230-1:1996《机床检验通则　第1部分:在无负荷或精加工条件下机床的几何精度》的一致性程度为非等效。

本标准代替 GB/T 10923—1989《锻压机械　精度检验通则》。

本标准与 GB/T 10923—1989 相比,主要技术内容变化如下:

——修改了引用标准;

——增加了不确定度的要求;

——增加了公差准则;

——增加了重复定位公差;

——修改和增加了直线度检验方法;

——修改了直线运动的定义,增加了直线运动检验方法;

——修改和增加了平面度检验方法;

——修改和增加了平行度、等距度、重合度检验方法;

——修改和增加了垂直度检验方法;

——修改了附录 A,增加了平尺、角尺和激光干涉仪的要求。

本标准的附录 A 为规范性附录。

本标准由中国机械工业联合会提出。

本标准由全国锻压机械标准化技术委员会(SAC/TC 220)归口。

本标准起草单位:济南铸锻所捷迈机械有限公司、济南铸造锻压机械研究所、山东省机械设计研究院。

本标准主要起草人:马立强、陈汝昌、王艾泉。

本标准所代替标准的历次版本发布情况为:

GB/T 10923—1989。

锻压机械　精度检验通则

1　范围

本标准规定了锻压机械的几何精度和工作精度的检验方法、公差和检具的使用、检验前的准备等。

本标准适用于各类锻压机械的几何精度和工作精度的检验。不适用于锻压机械的运转和参数检验。

2　规范性引用文件

下列文件中的条款通过本标准的引用而成为本标准的条款。凡是注日期的引用文件，其随后所有的修改单(不包括勘误的内容)或修订版均不适用于本标准，然而，鼓励根据本标准达成协议的各方研究是否可使用这些文件的最新版本。凡是不注日期的引用文件，其最新版本适用于本标准。

GB/T 1219—2008　指示表

GB/T 1800.2　极限与配合　基础　第2部分：公差、偏差和配合的基本规定(GB/T 1800.2—1998,eqv ISO 286-1:1988)

GB/T 1800.3　极限与配合　基础　第3部分：标准公差和基本偏差数值表(GB/T 1800.3—1998,eqv ISO 286-1:1988)

GB/T 1800.4　极限与配合　标准公差等级和孔、轴的极限偏差表(GB/T 1800.4—1999,eqv ISO 286-2:1988)

GB/T 6092　直角尺(GB/T 6092—2004,JIS B 7526:1995,NEQ)

GB/T 6093　几何量技术规范(GPS)　长度标准　量块(GB/T 6093—2001,eqv ISO 3650:1998)

GB 6315—2008　游标、带表和数显万能角度尺

GB/T 8177　两点内径千分尺(GB/T 8177—2004,ISO/DIS 9121:1996,NEQ)

GB/T 16455　条式和框式水平仪

GB/T 20428　岩石平板(GB/T 20428—2006,ISO 8512-2:1990,MOD)

3　总则

3.1　检验方法和检具的使用

3.1.1　检验锻压机械的精度可以用检验其是否超差的方法(如用极限量规检验)或用实测误差的方法。

3.1.2　检验时必须考虑检具和检验方法所引起的测量不确定度。检具总误差应与被检项目的公差相适应，不同检验场所采用不同检具其精度会有变化，检具必须附有精度校准单。锻压机械的精度检验用工具和装置见附录A。

3.1.3　检验时应防止气流、光线和热辐射(如阳光或太近的灯光等)的干扰。检具在使用前应与环境温度平衡、等温。

3.1.4　应重复数次的检验，取测量数值的平均值为检验结果。每次测得的数据不应相差过大，否则应从检验方法、检具或锻压机械本身去寻找原因。

3.2　公差

3.2.1　锻压机械精度检验中的公差

公差是限制尺寸、形状、位置和位移所不能超过的变动量。

3.2.1.1　计量单位和测量范围

在确定公差时应规定：

——所使用的计量单位；

——测量范围。

公差和测量范围应采用同一单位制。凡不能直接用有关标准确定零部件公差，特别是尺寸公差时，应对其详加说明。对于角度公差应采用角度单位或正切值。

当一规定的测量范围的公差确定时，则实测范围的公差可用比例定律确定，但对于与规定的测量范围相差很大的实测范围，则不能用比例定律。对于小测量范围的公差应该比按比例定律得出的公差大，对于大测量范围的公差应该比按比例定律得出的公差小。但其公差值应不小于各类锻压机械精度标准中规定的最小公差值。

3.2.1.2　公差准则

公差包括所使用的检具与检验方法固有的不确定度。因此测量的不确定度包括在允差之内，例如：

——跳动公差：x mm；

——检具的不确定度和测量误差：y mm；

——检验时的最大允许读数差：$(x-y)$mm。

由于计量比较产生的不确定度、用作参考表面的锻压机械零部件的形状不确定度以及测量工具测头或支座接触表面的形状不确定度所引起的误差应予以考虑。

由于存在上述原因所造成的误差，实际偏差应为数次读数的算术平均值。

选作参考基准的线和面应直接与锻压机械有关(如压力机的工作台面)。

3.2.2　公差分类

3.2.2.1　试件和锻压机械上部件的公差

在锻压机械的加工图样上应反映满足锻压机械的零部件几何精度相应标准所规定的公差规则。

3.2.2.1.1　尺寸公差

本标准中规定的尺寸公差仅适用于试件尺寸、锻压机械上工、模具或检具安装连接部位的配合尺寸，是允许偏离名义尺寸的极限。尺寸公差用长度单位表示。偏差应用数字表示或用 GB/T 1800.2、GB/T 1800.3、GB/T 1800.4 的规定表示。如 80j6。

3.2.2.1.2　形状公差

形状公差是限制被测几何形状(如平面、直线、圆柱面等)偏离理论几何形状的允许偏差。

形状公差用长度或角度单位表示。因为测头或支座都有一定的面积，所以实际仅能测得形状误差的一部分。测头的表面形状必须与被测表面的微观几何形状相适应。

3.2.2.1.3　位置公差

位置公差是限制一个部件相对于一条直线、一个平面或另一部件的位置的允许偏差(如平行度、垂直度、重合度等)，位置公差用长度或角度单位表示。

3.2.2.1.4　形状误差对确定位置误差的影响

在测量两个平面或两条线的相对位置误差时，测量工具的读数包括了一定的形状误差。检具的读数为综合误差值，它包含了被测线或面的形状误差(预检可以确定线和面的形状误差及其部位)。总公差应考虑所涉及表面的形状公差。

3.2.2.1.5　局部公差

形状公差和位置公差通常是指整个形状或位置上的公差。它不能满意地限制局部长度上的允许偏差。为此，可建立一个针对全长上的一部分而言的局部公差来达到目的。

局部误差是指在一条线或一个部件的轨迹的局部长度上，平行于该局部长度的总方向的两条平行线之间的距离，这一距离也就是该局部长度具有的最大局部误差(见图 1)。

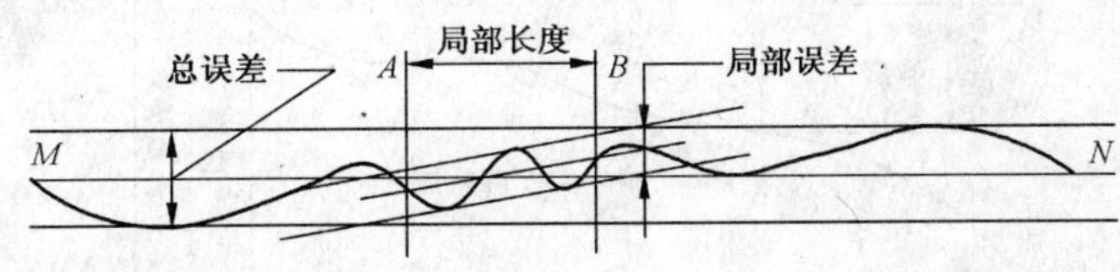

图 1

局部公差($T_{局部}$)的数值按以下方式确定：

——从有关机床特定检验的标准中；

——与公差($T_{总}$)成比例，但算得的局部公差的最小值应有所限定(通常为 0.001 mm)。

实际上，由于测量工具的支承面或探测面覆盖了局部缺陷，局部缺陷不会被显露。但是，当探测面(指示器或测微仪的测头)较小时，应使测量工具的测头在光滑的表面(平尺、检验棒等)上移动。

3.2.2.2 锻压机械部件位移的公差

3.2.2.2.1 定位公差

定位公差是限制运动部件上的一个点在移动后的实际位置偏离其应到达的位置的允许偏差。例如：弯管机回转架回转后的实际位置与应到达的位置的偏差为 Δ(见图 2)。

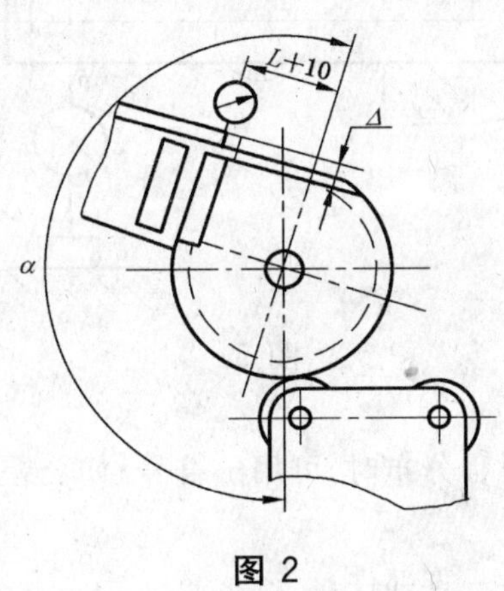

图 2

3.2.2.2.1.1 重复定位公差

重复定位公差限制了在同一或相反方向上重复趋近目标时各次偏差不超过的范围。

3.2.2.2.2 轨迹形状公差

轨迹形状公差是限制运动部件上一个点的实际轨迹相对于理论轨迹的偏差(见图 3)。该公差用长度单位表示。

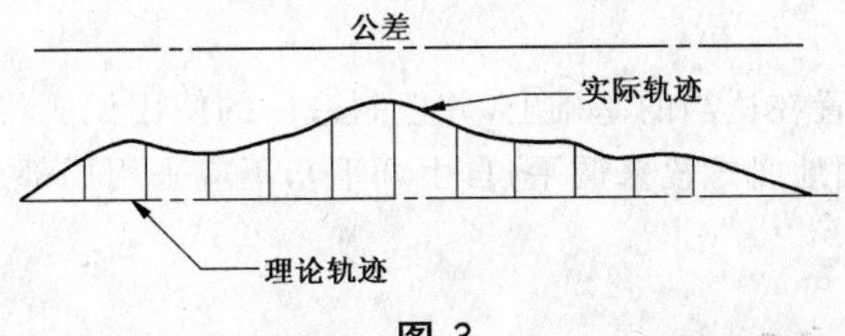

图 3

3.2.2.2.3 直线运动的相对位置公差(见图 4)

直线运动的相对位置公差是限制运动部件上的一个点的轨迹与规定的轨迹方向之间的允许偏差(如运动轨迹和一条直线或一个平面间的平行度或垂直度公差)。用长度单位全长 L 上或任意测量长度 l 上表示(见图 4)。

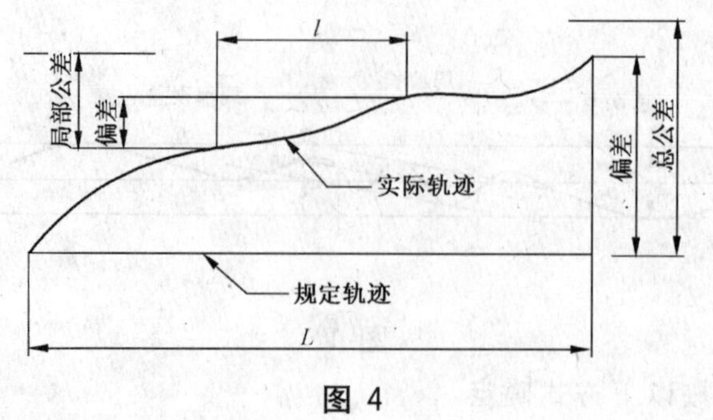

图 4

3.2.2.2.4 部件移动的局部公差

形状和位置公差通常与部件移动的整个范围有关。当要求局部公差时，应符合 3.2.2.1.5 的要求。

3.2.2.3 综合公差

综合公差是限制各种偏差的复合量，可以一次测得而不需区分各个偏差值。例如：轴的径向跳动偏差综合了形状偏差(测头触及 *a*-*b* 截面处周线的跳动)、位置偏差(轴的几何轴线对其回转轴线的不重合)和轴承孔的跳动偏差(见图 5)。

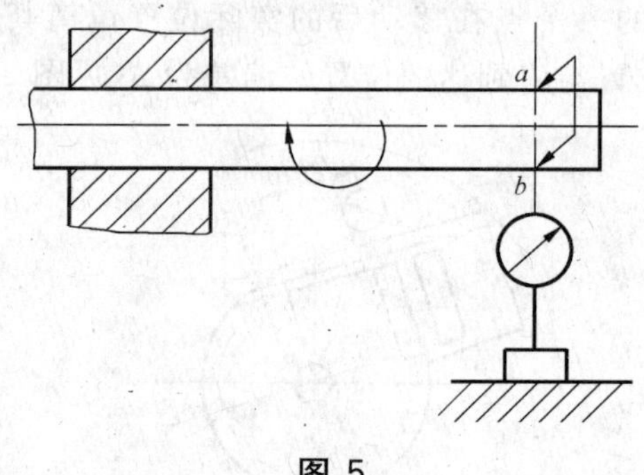

图 5

3.2.2.4 位置公差的符号和方向

当公差方向相对于名义位置呈对称分布时，可用±符号；如公差方向呈不对称分布时；则应用文字加以说明。如：

——相对于锻压机械或其上的某一零部件；

——相对于操作者。

3.2.2.5 零部件运动和轴线旋转方向的表示方法

锻压机械零部件运动和轴线旋转方向应用文字表明或符号标志。

4 检验前的准备工作

4.1 安装和调平

检验前，应将锻压机械安置在适当的基础上，并按制造厂的使用说明将其调平，以利其后的测量。

只应使用垫铁和均匀紧固地脚螺栓来调平(自由调平)，不应采用局部加压的方法使其强制变形(强制调平)。

4.2 锻压机械的状态

4.2.1 零部件的拆卸

锻压机械的检验，原则上在制造完工的成品上进行；对某些装配后不便检验的零件也可在装配前进行(如为了检验导轨而拆卸压力机的滑块)。需拆卸零件时，应按制造厂规定的办法进行。

4.2.2 检验前某些零部件的温度条件

检验几何精度和工作精度时，锻压机械应尽可能处于正常工作状态，应按使用条件和规定将机器空运转，使锻压机械的零部件达到合适的温度。

4.2.3 运转和加载

锻压机械的几何精度检验,应在空运转后的静态下进行或在空运转时进行。需加载检验的应按有关规定执行。

5 几何精度检验

5.1 一般说明

几何精度的检验是指最终影响锻压机械工作精度或工模具寿命的那些零部件的精度检验,对锻压机械规定的线和面的形状特征、位置或位移进行检验,包括:

——直线度(见 5.2);

——平面度(见 5.3);

——平行度、等距度和重合度(见 5.4);

——垂直度(见 5.5);

——旋转(见 5.6)。

本标准对锻压机械最普遍的几何精度检验项目规定了定义、检验方法和确定公差的方法。对每项检验至少提供一种检验方法,并指出使用的测量工具。

当用其他检验方法时,其精度应不低于本标准所示检验方法的精度。

5.2 直线度

直线度的几何精度检验包括:

——一条线在一个平面或空间内的直线度,见 5.2.1;

——部件的直线度,见 5.2.2;

——运动的直线度,见 5.2.3。

5.2.1 一条线在一个平面或空间内的直线度

5.2.1.1 定义

5.2.1.1.1 一条线在一个平面内的直线度(见图 6)

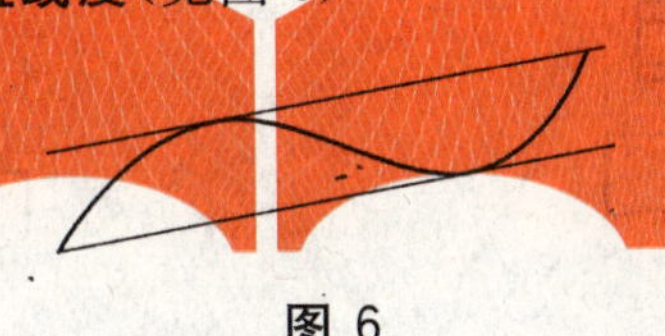

图 6

在平面内的一条给定长度的线,当其上所有的点均包含在平行于该线的总方向且相对距离与允差相等的两条直线内时,则该线被认为是直线。直线的总方向(代表线)的确定,应确保该直线的偏差为最小。按经验由下列两者中选定之一:

——适当地连接靠近被检线两端的两个点(多数情况下两端部分不考虑);

——由若干个测量点计算出的直线(如最小二乘法)。

当一条规定长度线上的各点到平行于该线总方向的两个相互垂直平面的距离变化均分别小于规定值时,则认为该线是直的。

该线的总方向为靠近被检线两端、经适当选择的两点连线。

5.2.1.1.2 在空间内的一条线的直线度(见图 7)

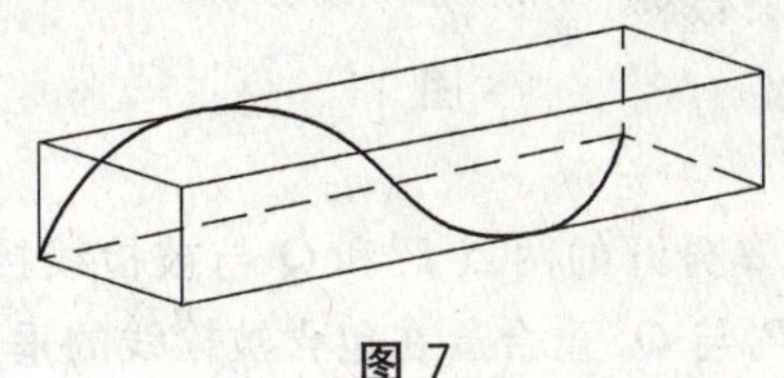

图 7

在空间内一条给定长度的线，当其在给定的平行于该线的总方向的两个相互垂直平面上的投影满足5.2.1.1.1的直线度要求时，则该空间线被认为是直线。

5.2.1.2 **直线度的检验方法**

直线度的实际基准可为实体的基准(平尺)或通过与精密水平仪、光束等给定的基准线进行比较。可通过长度测量或角度测量获得。

当测量长度小于或等于1 600 mm时，推荐用精密水平仪或实体基准(平尺)检验。当测量长度大于1 600 mm时，推荐用精密水平仪、自准直仪或其他光学仪器检验。

5.2.1.2.1 **长度测量法**

作为基准的实体(直线度基准)应置于有关被检线的合适位置上(见图8)。测量工具提供被检线相对于直线度基准的偏差读数，读数可在被检线全长的若干位置获得。

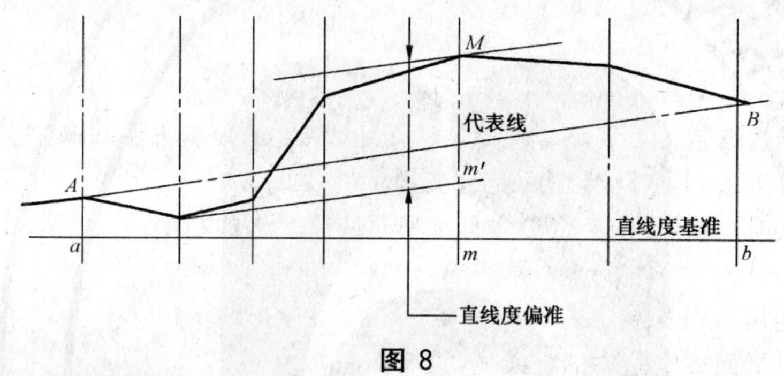

图8

直线度基准位置的两端点读数应基本相同。

通过确定一条代表线(见5.2.1.1.1)来处理检测结果，线段Mm'所代表的数值为直线度偏差。当代表线的斜度大时应考虑垂向倍率。

5.2.1.2.1.1 **用平尺、量块(或指示器)检验**(见图9、图10)

图9　　图10

在被检平面上放置两等高量块，平尺安置其上(支承在挠度最小点)，用量块(或指示器)检验被检线与平尺检验面之间的间隙。在测量长度上量块测到的间隙最大差值或指示器读数的最大差值为直线度数值。

5.2.1.2.1.2 **激光干涉法**

按激光干涉仪的使用说明书的规定，用激光干涉仪和专用光学组件来测定(见图11)。

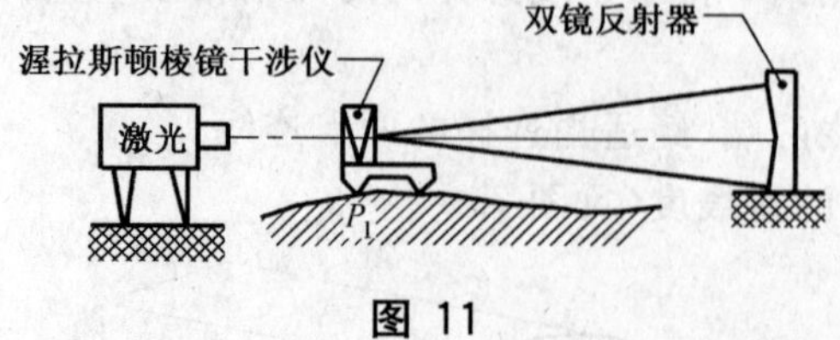

图11

5.2.1.2.2 **角度测量法**

一个可移动的检具支座以距离d分开的两点P和Q与被检线接触(见图12)，该检具支座先后处在P_0Q_0和P_1Q_1两连接的位置上，P_1与Q_0重合。在包含被检线的垂直平面内放置检具于支座上，并测量出支座相对于测量基准的角度α_0和α_1。

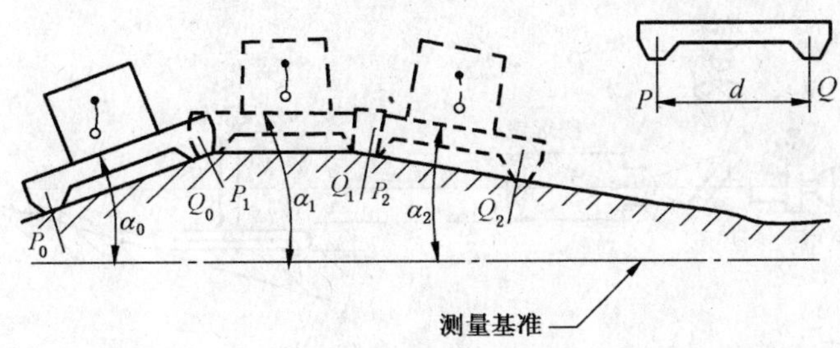

图 12

结果按下述要求获得(见图 13)。按适当比例将下列参数图形化:

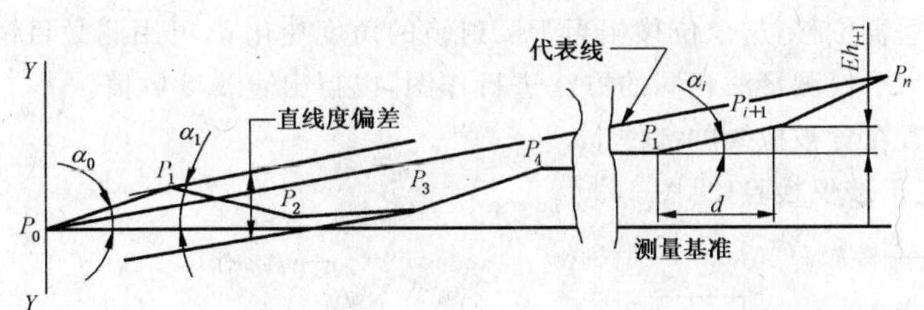

图 13

——在横坐标中,支脚距离 d 与被检线对应;

——在垂直坐标中,针对测量基准的相对高度差,相对高度差 Eh_{i+1} 为 $d\tan\alpha_i$;

——被检线上的不同点 P_0、P_1、P_2……P_n 可按预期的比例放大绘制。

代表线由这条线本身确定,如通过 P_0、P_n 两个点。直线度偏差由平行于代表线且触及曲线高点和低点的两条直线间沿 YY 轴线的距离确定的。

5.2.1.2.2.1 用精密水平仪检验

用精密水平仪检验时,其基准面即水平仪所确定的水平面(见图 12),精密水平仪按 5.2.1.2.2 的要求沿被检线依次放置。

如果被检线不是水平的,则水平仪应安装在具有合适角度的支承块上(见图 14)。当检查线段 AB 时,与水平仪连为一体的支承应保持恒定方向(如通过导向平尺,见图 14)。

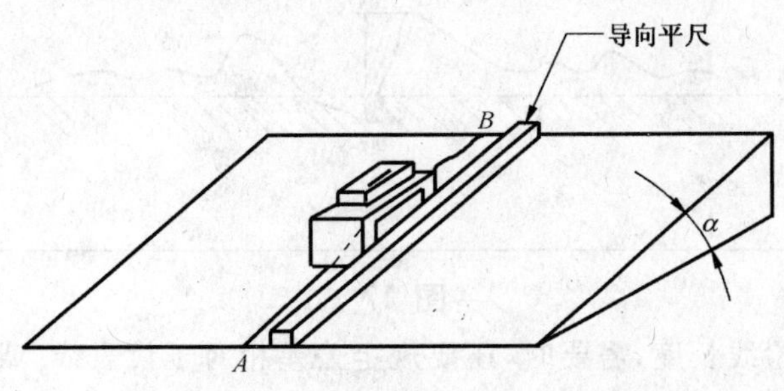

图 14

水平仪支脚间距为 d,$d=(0.1\sim0.2)L$,L 为被检件轮廓尺寸,d 值不得大于 500 mm。将得出的所有数值通过作图法作出误差曲线。连接误差曲线上两端点为被检线的直线度的评定基准。平行于评定基准且与误差曲线分别相切于高点和低点的两条直线间沿纵坐标的距离,即为该线的直线度数值。

为消除测量过程中的局部误差,应采用基面为中空状的水平仪,或将水平仪放在跨距为 d 的桥板上。

5.2.1.2.2.2 **用自准直仪检验**(见图 15)

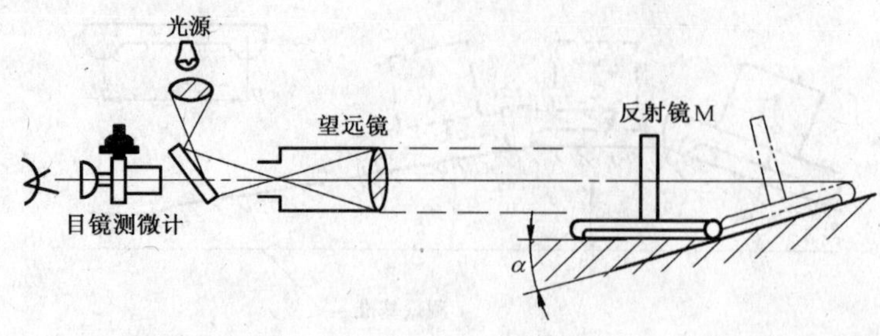

图 15

在用自准直仪检验时,其基准线是由十字线中心所确定的望远镜光学轴线光束构成。

使用一同轴安装的自准直仪(见图 15),移动反射镜 M 围绕水平轴线的任何转动都可引起在焦距平面内十字线成像的垂直位移,这个位移相当于反射镜的角度变化 α,可用测微目镜测得。

测得数据后用与水平仪测量法相同的方法进行作图,以得出直线度数值。

自准直仪最好放置在含被检线的部件上。

5.2.1.2.2.3 **用激光干涉仪检验**(见图 16)

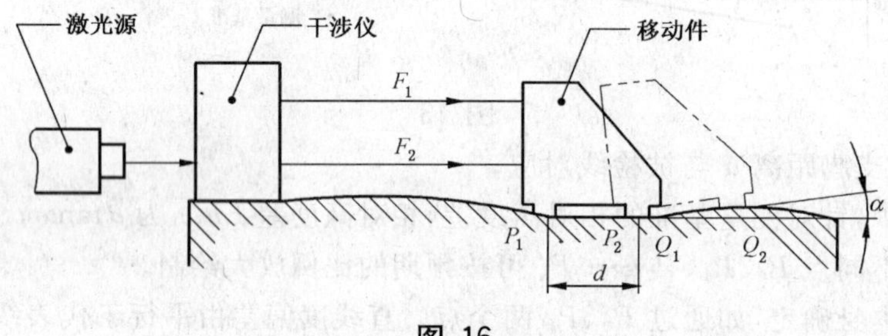

图 16

激光干涉仪最好放置在含被检线的同一部件上,测量基准由干涉仪射出的两条平行光束 F_1 和 F_2 组成。

5.2.1.3 **公差**

在测量平面内公差 t 由通过两条相隔距离为 t 且平行于代表线 AB 的两条直线来限定(图 17),图中的最大偏差为 MN。

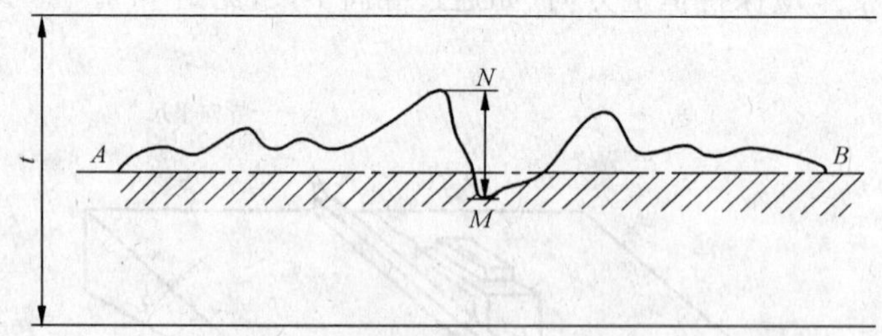

图 17

应规定测量范围,如被检线长度,需要时,还要规定公差相对于代表线(或平面)的位置(仅凸或凹)。

每端的不检验长度应尽可能小,最大不应超过每次测量的移动距离之半。

公差的表示方法:在……mm 范围内为……mm,长度每增加……mm,公差增加……mm,最大不大于……mm;或列表,按尺寸分段给出不同公差值。

用给定长度表示时应写成:在……mm 测量长度上为……mm。

5.2.2 **直线运动**

5.2.2.1 **定义**

部件的直线运动是指部件上某个点的轨迹平行于与运动总方向平行的基准线。

锻压机械的直线运动的精度以部件上某个点的轨迹来表示，它综合反映了可能影响运动的所有因素。

直线运动包含6个偏差因素（见图18）：

图 18

——在运动方向上的位置偏差；

——运动部件上一点轨迹的两个线性偏差；

——运动部件的三个角度偏差。

5.2.2.1.1 位置偏差

位置偏差按3.2.2.2.1及相应条处理。

5.2.2.1.2 线性偏差

由运动部件的作用点或有代表性的点的轨迹的直线度来表述。如：滑块底面的中心点可作为有代表性的点。

5.2.2.1.3 角度偏差

部件运动的角度偏差包括倾斜、俯仰和偏摆。见图18。所有这些偏差都影响直线运动。当测量一个有代表性的点的轨迹的直线运动时，测量结果包含角度偏差的影响。

5.2.2.2 检验方法

5.2.2.2.1 线性偏差的检验

为了给出运动部件作用点的轨迹图，可采用以下方法：

——平尺和指示器法（见5.2.1.2.1.1）。

——激光干涉仪法（见5.2.1.2.1.2）。

5.2.2.2.2 角度偏差的检验

角度偏差得检验可采用以下方法：

——精密水平仪法（见5.2.1.2.2.1），当在水平面内测量时，应将其安放在运动部件上。使该部件作增量式移动，记录水平仪每次移动后的读数；

——自准直仪法（见5.2.1.2.2.2），反射镜安放在运动部件上，且与自准直仪处在基准线上；

——激光干涉仪法（见5.2.1.2.2.3），外置干涉仪及光束转向器安装在基准线上，激光反射器安放在运动部件上。

5.2.2.3 公差

5.2.2.3.1 直线运动的线性偏差的公差

公差限定了运动部件上一作用点或有代表性的点的轨迹的直线运动相对代表线(该轨迹的总方向)允许偏差;两个线性偏差的公差可以是不相同的。

5.2.2.3.2 直线运动的角度偏差的公差

公差限定了一个部件直线运动的允许角度偏差。对倾斜、俯仰和偏摆三个分量而言,其允差可以是不相同的。

5.3 平面度

5.3.1 定义

在规定测量范围内,若被检面上的各点被包含在与该平面的总方向平行并相距给定值的两平面内时,则认为该面是平的。该总方向由被测表面上最远的三点来确定。

5.3.2 检验方法

5.3.2.1 用平板检验

在被检平面上涂以用轻油稀释的氧化铬或红舟,将平板放在被检平面上,并适当地往复移动,取下平板并记录被检面上每单位面积的接触点的分布情况。在整个表面内,接触点应分布均匀,且不少于规定值。此方法仅适用于小尺寸的较精密的刮研平面。

5.3.2.1.1 用平板和指示器检验

测量装置由平板和指示器组成,指示器装在有基座的支架上,基座在平板上运动。有两种测量方法:

a) 被测部件放在平板上(见图 19);

b) 平板与被侧面相对放置(见图 20)。

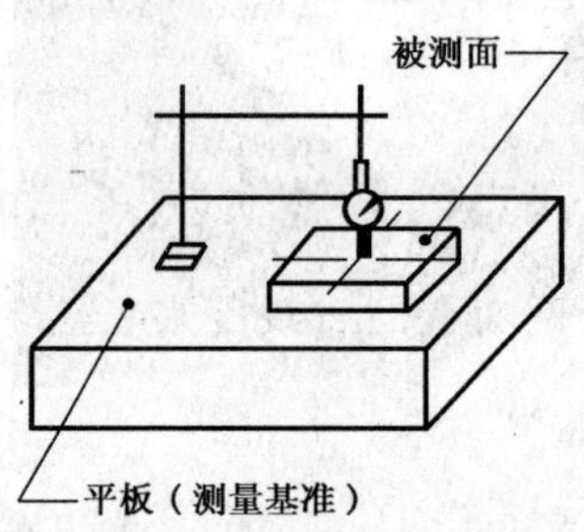

图 19

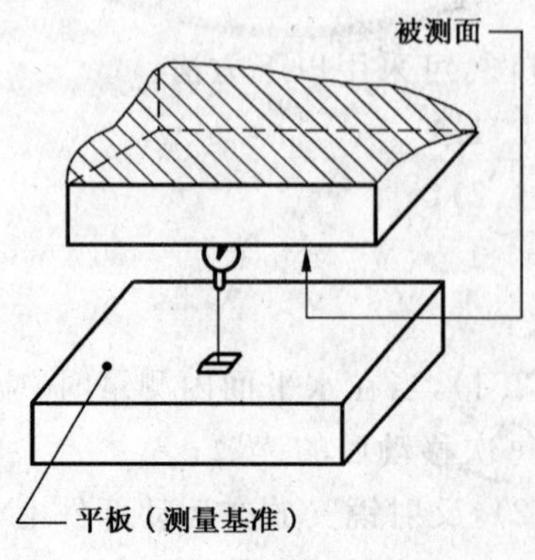

图 20

5.3.2.2 用平尺检验

5.3.2.2.1 用平尺量块检验

此方法一般用于长度尺寸小于或等于 1 600 mm 的平面。

在被检平面上选择相距最远的 a、b、c 三点作为测量基准(零位标记),将三个等高量块放在这三点上,这些量块的上表面确定了作为比较理想的基准平面(见图 21)。

将平尺放在 a 和 c 点上,被检平面的 e 点处放一可调量块,使其与平尺的下表面接触,再将平尺放在 b 和 e 点上,在 d 点处放一可调量块,使其与平尺的下表面接触,再将平尺放在 b 和 e 点上,在 d 点处放一可调量块,使其与平尺的下表面接触,这时 a、b、c、d 的上表面都已处在同一平面内,将平尺放至任意两点上即可测得被检测面上各点的偏差。

对于中心有孔的平面使用本方法时可通过孔周围的过渡点按同样方法测量(见图 22)。

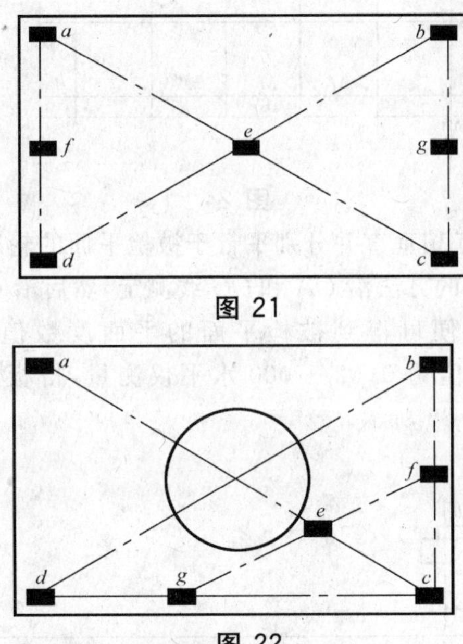

图 21

图 22

5.3.2.3 用平尺、量块、精密水平仪和指示器检验

此方法适用于中心有大孔的平面的检验(见图 23)。测量基准由两根借助于精密水平仪达到平行放置的平尺提供。

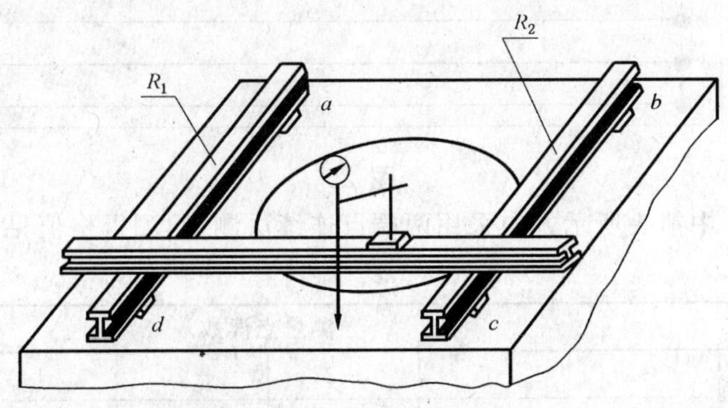

图 23

将两根等厚的支承平尺 R_1 和 R_2 分别放在 a、b、c、d 4 个量块上,其中 a、b、c 是等高量块,d 为可调量块,将检验平尺 R 放在两支承平尺 R_1 和 R_2 上,通过可调量块和水平仪将两平尺的上表面调整在同一平面内,平尺 R 前后方向移动,用指示器测量平尺 R 检验面至被检面间的距离,指示器读数的最大差值就是平面度数值。

5.3.2.4 用水平仪检验

用角度偏差方法测量一条线的直线度是这项测量的基础，此方法一般用于大的平面的检验。

5.3.2.4.1 矩形平面的检验

用水平仪检验时，由两条直线 OmX 和 $OO'Y$ 确定测量基准面（见图 24）。

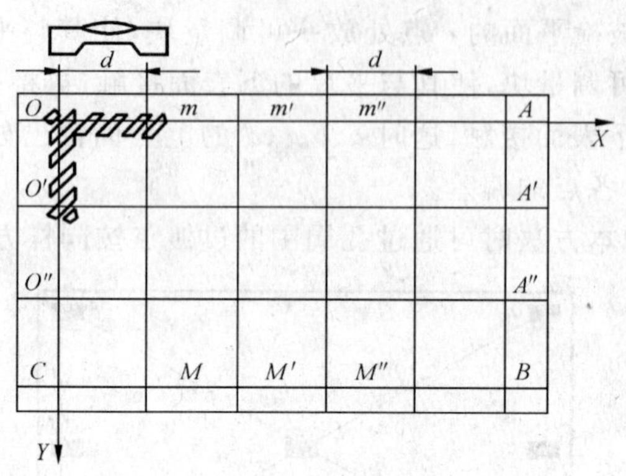

图 24

直线 OX 和 OY 最好选择成互相垂直并分别平行于被检平面的轮廓边。检验从被检平面上的角点 O 沿 OX 方向开始，按 5.2.1.2.2 的方法沿 OA 和 OC 线测定，然后沿 $O'A'$、$O'A''$……和 CB 线测定。

将测得数值进行数据处理，便可得到被检平面的平面度数值。示例：一矩形工作台尺寸为 3 600 mm×1 400 mm，采用刻度值为 0.02/1 000 水平仪测量，桥板跨距分别为 $L_1=500$ mm，$L_2=250$ mm，按网格法布点测量，如图 25 所示。

图 25

从 A 点开始按图 25 中箭头所示方向采用两端点连续法测量，测得格值见表 1。

表 1

单位为格

测量线	测量点读数							
A—B	0	−3	−5	−3	−2	1	2.5	2.5
A_1—B_1	2	−2	−3	−2.5	−1	1.5	3	3.5
A_2—B_2	3	−2	−1	−1.5	−2	0.5	2	2.5
A_3—B_3	3	−2.5	−4	−3.5	−2	0.5	1.5	2
A_4—B_4	2.5	−2	−4	−4	−3	−0.5	1	2
D—C	6	−1.5	−4.5	−4	−3	−1	1	1.5

将水平仪的格值数转换为线性值，各测点相对于通过 A 点的水平面的高度差见表 2 所示。

表 2

单位为微米

各测点相对于通过 A 点的水平面的高度差							
0	−30	−80	−110	−130	−120	−95	−70
10	−10	−40	−65	−75	−60	−30	5
25	5	−5	−20	−40	−35	−15	10
40	15	−25	−60	−80	−75	−60	−40
52	32	−7.5	−47.5	−77.5	−82.5	−72.5	−52.5
82	67	22.5	−17.5	−47.5	−57.5	−47.5	−32.5

按三点法原则评定该面的平面度误差时，需将表 2 中的原始数据绕假想的轴偏转，使其达到评定基准的位置，一次偏转后数值见表 3。

表 3

单位为微米

一次偏转后数值							
0	−20	−60	−80	−90	−70	−35	0
10	0	−20	−35	−35	−10	30	75
25	15	15	10	0	15	45	80
40	25	−5	−30	−40	−25	0	30
52	42	12	17	−37	−32	−12	17
82	77	42	12	−7	−7	12	37

二次偏转后数值见表 4，表中数值为该面各测点相对于基准平面的偏差。

表 4

单位为微米

各测点相对于基准平面的偏差							
0	−20	−60	−80	−90	−70	−35	0
−6	−16	−36	−51	−51	−26	14	59
−8	−18	−18	−23	−33	−18	12	47
−9	−24	−54	−79	−89	−74	−49	−19
−13	−23	−53	−83	−103	−98	−78	−48
0	−5	−40	−70	−90	−90	−70	−45

从表 4 中的数据可得出该面的平面度误差为：

$$\Delta = 59 - (-103) = 162\ \mu m$$

5.3.2.4.2 狭长平面的检验

对于长宽比大于 5 的狭长平面，需在其长宽两个方向分别检验(见图 26)。长度方向(纵向)用水平仪按 5.2.1.2.2 的方法测量其直线度；宽度方向(横向)以一定间隔安放水平面仪，取读数的代数差为其扭曲度。平面度误差由两个方向的误差综合确定。

注：对于宽度方向的尺寸小于 80 mm 的狭长平面，可仅检测长度方向的直线度。

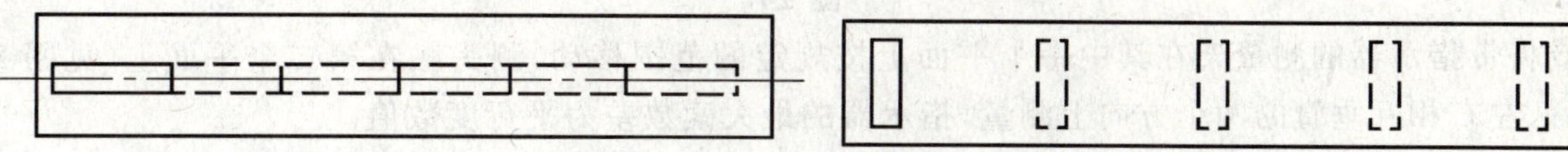

图 26

5.3.2.5 用坐标测量机检验

平面度可通过坐标测量机测量，基准平面可由符合5.3.1要求的坐标测量机软件来建立，并依据这个平面确定平面度误差。

5.3.3 公差

平面度公差带用相隔距离为t，且平行于该平面总方向的两个平面限定。测量范围及公差相对于代表平面的位置应予规定。

平面度公差按被检平面的长度给定，公差表示方法同直线度，平面度公差表述可如下：

——平面度公差，……mm；当表面两端点间允许凸或凹时；

——凸(或凹)，……mm；当表面两端点间只允许凸(或凹)时；

——局部公差，……mm；对……mm×……mm。

注：被检平面边缘或中心孔边缘不检部分一般分别不得超过被检面轮廓尺寸的1/20和1/40，最大不得超过100 mm和50 mm。

5.4 平行度、等距度和重合度

检验包括：

——线和面的平行度；

——运动的平行度；

——等距度；

——同轴度或重合度。

5.4.1 线和面的平行度

5.4.1.1 定义

当测量一条线上若干点到一个面与通过该线的法向平面相交的代表线的距离时，如在规定的范围内所测得的最大偏差不超过规定值，则认为这条线平行于该平面。

当测量一平面的代表平面(至少需在两个方向上)至另一平面的距离时，如果在规定的长度范围内测得的最大差值不超过规定值，则认为两个平面是平行的。

在规定平面的规定长度上(如在300 mm上或在整个平面上)测定差值。

5.4.1.2 检验方法

5.4.1.2.1 两平面平行度的检验

5.4.1.2.1.1 平尺和指示器法

指示器安装在具有平底面的支架上，将被测零件放在检验平板上(见图27)，在整个被测表面上按规定测量线进行测量，指示器的最大读数差为平行度数值。

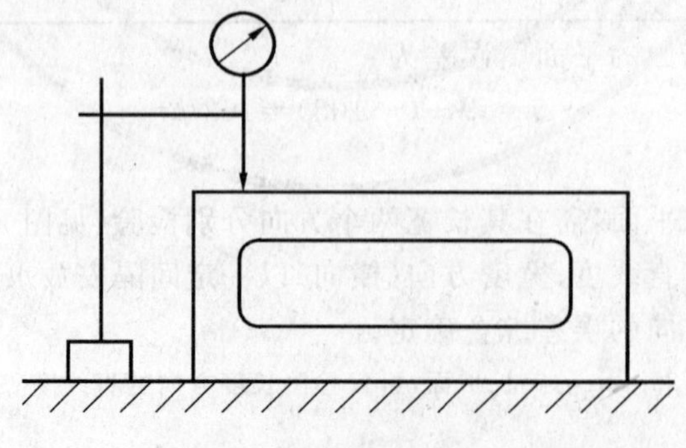

图 27

或将带指示器的测量架在其中一个平面上按规定的范围移动，测头触在第二个平面上(见图28)，在前后、左右相互垂直的两个方向上测量，指示器的最大读数差为平行度数值。

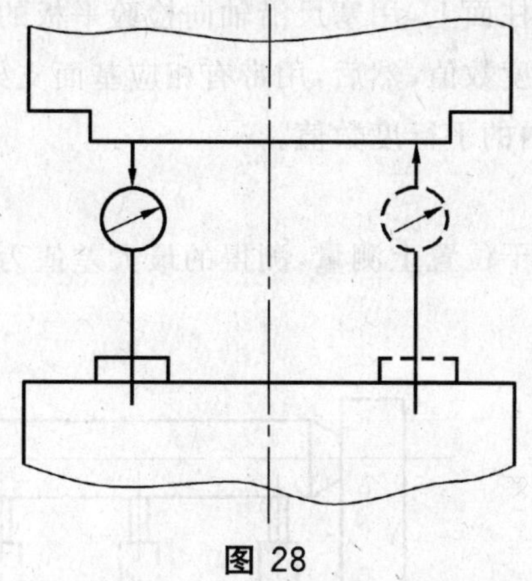

图 28

5.4.1.2.1.2　用精密水平仪检验

水平仪放在跨联的两个被比较的平面上的桥板上。沿两平面移动依次读数，取读数中的最大差值作为角度平行度误差，沿后再乘以 l 变为线值的平行度误差(见图 29)。如在两平面上难以跨接，就不能使用桥板，而读数是沿每个平面移动时，参照作为测量基准的水平面而得到的(见 5.2.1.2.2)。将各对应位置的读数进行比较，从而求得平行度误差。

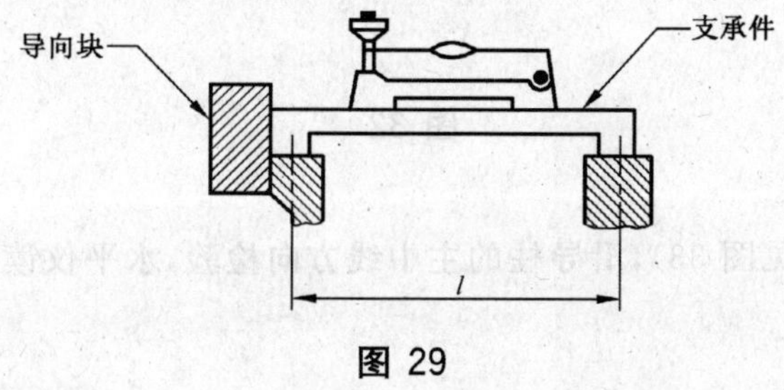

图 29

5.4.1.2.2　两轴线平行度的检验

检验轴线的平行度时，轴线应由形状精度高、有相应的表面粗糙度和足够长度的圆柱面来代表；如果被检验轴的表面不满足这些条件，或是一个内表面不能使用测头时，可采用一个辅助的圆柱面——检验棒。

安装检验棒代表旋转轴线时，应消除检验轴线与旋转轴线不重合的影响。

两轴线的平行度检验应在两个相互垂直的平面内进行。即通过两轴线的第一平面和垂直第一平面的第二平面。

5.4.1.2.2.1　用平板、塞尺和指示器检验(见图 30 和图 31)

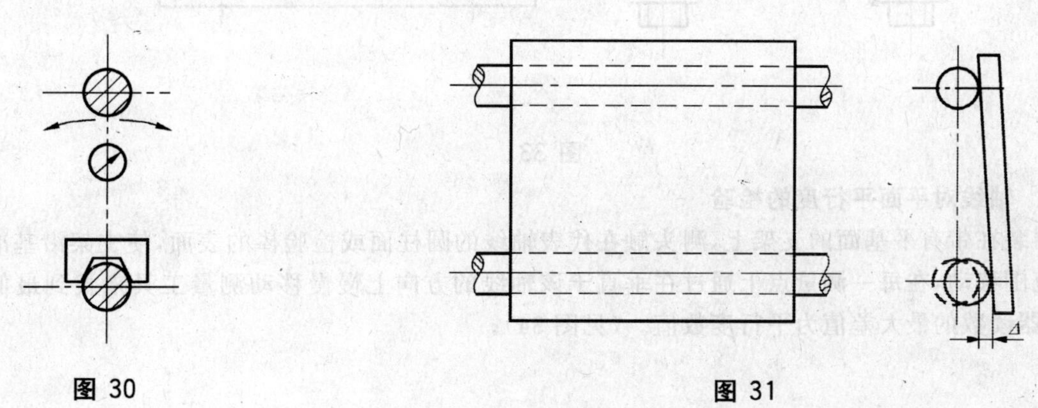

图 30　　　　图 31

将平板贴靠在代表轴线的两圆柱面上，用塞尺沿轴向检验平板的一端与圆柱面之间的间隙，测得最大间隙值为两轴线水平面内的平行度数值；然后，用带有相应基面支架的指示器在通过两轴线的垂直平面内测量，指示器读数差为该平面内的平行度数值。

5.4.1.2.2.2 **用内径千分尺检验**

用内径千分尺在两轴线间的若干位置上测量，测得的最大差值为两轴线的平行度数值(见图 32)。

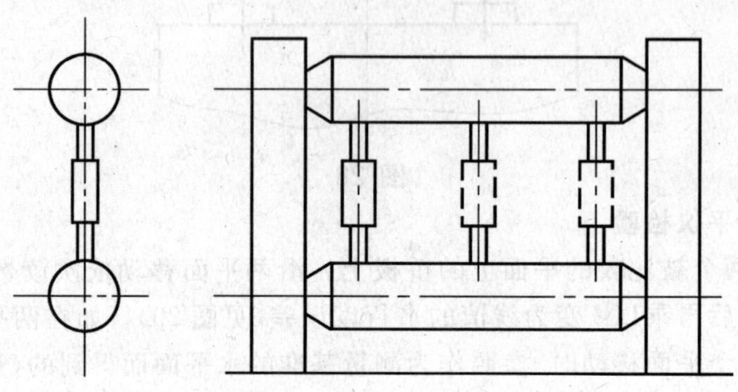

图 32

5.4.1.2.2.3 **用水平仪检验**

将水平仪贴放在导柱上(见图 33)，沿导柱的主中线方向检验，水平仪读数的代数差为平行度数值。

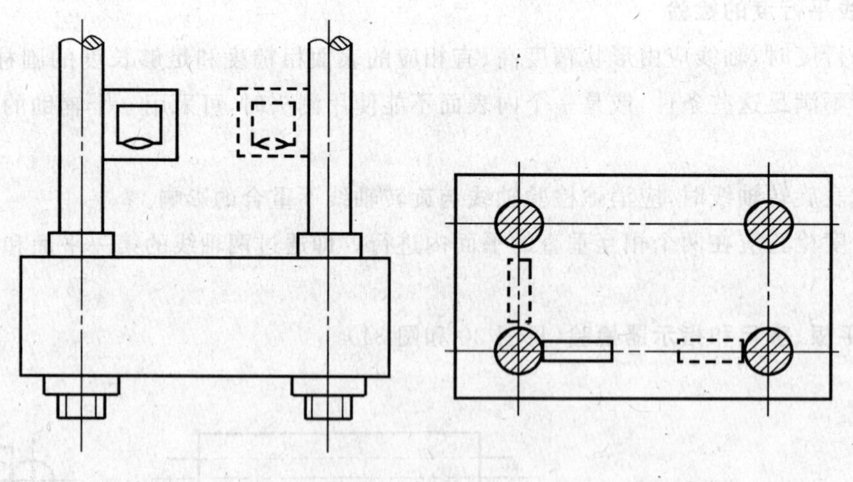

图 33

5.4.1.2.3 **轴线对平面平行度的检验**

指示器装在带有平基面的支架上，测头触在代表轴线的圆柱面或检验棒的表面，使支架沿基准平面按规定的范围移动，在每一测量点上通过在垂直于该轴线的方向上慢慢移动测量工具来找到最低点的读数，指示器读数的最大差值为平行度数值。(见图 34)。

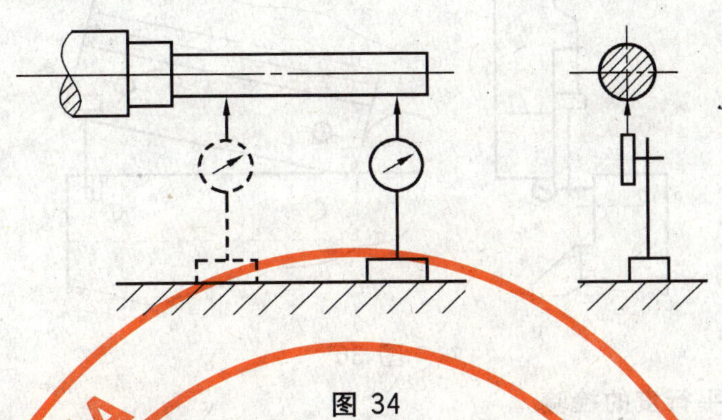

图 34

5.4.1.3 公差

线和面的平行度公差表示方法:平行度公差……mm。

若平行度仅在某长度上检验,则该长度应表示出来,如:300 mm 上为 0.02 mm。

通常,平行度的偏差方向不需规定,如果偏差方向有要求时则需用文字加以说明。

平行度公差也包括有相应的线和面的形状公差,而且检验的结果取决于检具的接触面情况,需要时应加以说明。

5.4.2 运动轨迹的平行度

5.4.2.1 定义

运动(轨迹)的平行度是锻压机械的运动部件上一点的轨迹相对于一个平面或一条直线的平行度。

5.4.2.2 检验方法

测量方法与测量线和面的平行度方法一般相同。

5.4.2.2.1 轨迹和平面的平行度的检验

5.4.2.2.1.1 平面在运动部件上

指示器装在固定件上,其测头垂直触及按规定范围移动的运动件的被检平面(见图 35)。指示器读数的最大差值为平行度数值。

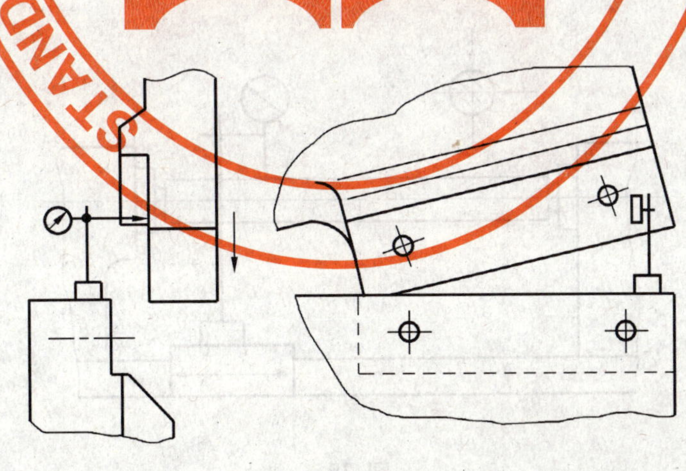

图 35

5.4.2.2.1.2 平面不在运动部件上

指示器固定在运动部件上并随其按规定范围移动,测头垂直触及被检平面并沿该面滑动(见图 36)。指示器读数的最大差值为平行度数值。如测头不能直接触及被测面时,可使用辅助装置或适当形状的附件。

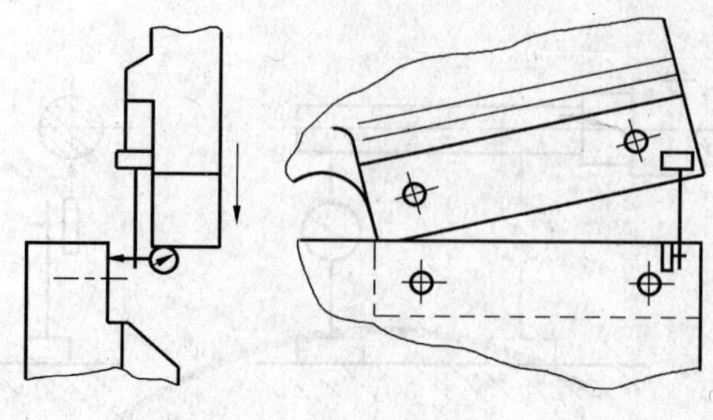

图 36

5.4.2.2.2 **轨迹对轴线平行度的检验**

运动在轴线上,指示器装在固定件上,测头垂直触及按规定范围移动的代表轴线的圆柱面或检验棒表面上,在相互垂直的两个平面内测量(见图 37),指示器的最大读数差为平行度数值。

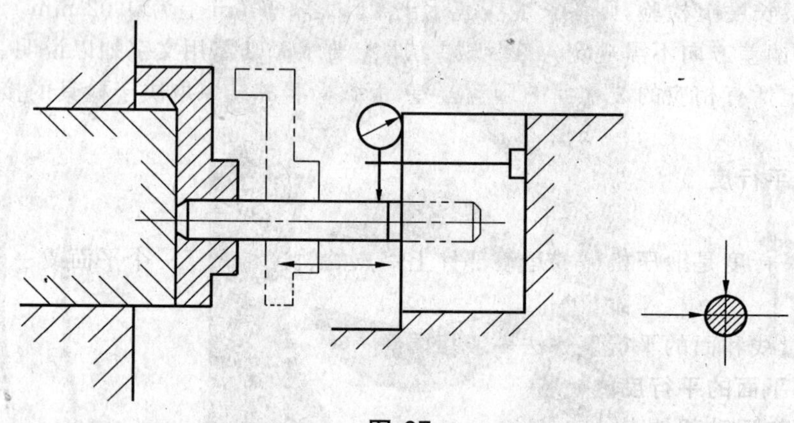

图 37

运动不在轴线上,指示器固定在运动件上,并随其按规定的范围移动,测头触在代表轴线的圆柱面或检验棒的表面并沿此面滑动(见图 38),在相互垂直的两个平面内测量,指示器的最大读数差为平行度数值。

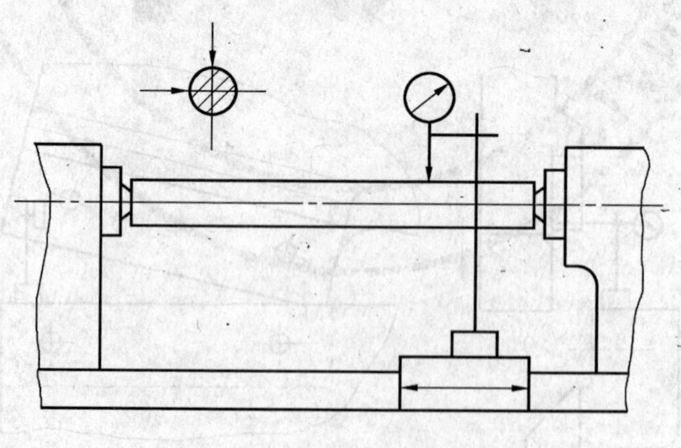

图 38

5.4.2.3 **公差**

运动的平行度公差就是运动部件上一点的轨迹对一平面、一直线在规定长度内最小距离的允许偏差。

确定公差的表示方法见 5.4.1.3。

5.4.3 等距度

5.4.3.1 定义

等距度指的是几根轴线与一基准平面间的距离，若通过几根轴线的平面平行于基准平面时，则这几根轴线与基准平面等距。

5.4.3.2 检验方法

检验方法与包含几根轴线的平面对一基准平面的平行度的检验相同。

两轴线对一平面的等距度检验，首先应检验两轴线对平面的平行度，然后，再用同一指示器在代表该两轴线的圆柱体上，检验它们与该平面的距离是否相等(见图39)，指示器读数的代数差为等距度数值，等高度为等距度的特例，是两轴线对基准平面在垂直平面内的距离差值。

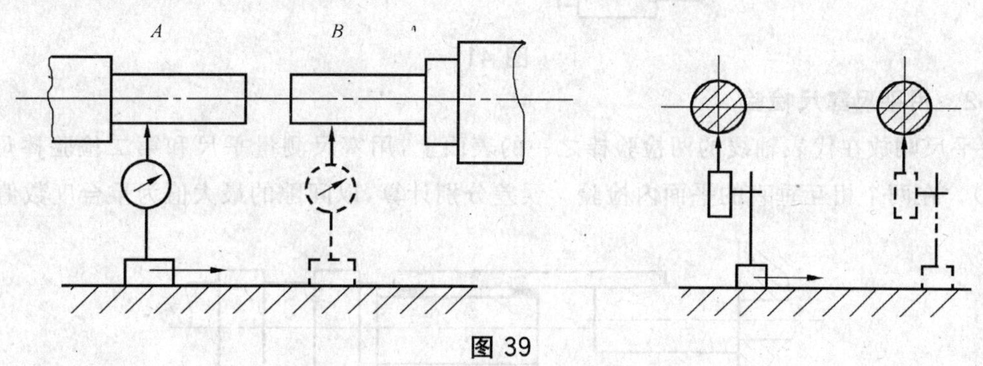

图39

5.4.3.3 公差

等距度公差前不加符号，表示可在平行于基准平面的任意方向。

如果公差仅允许一个方向，则该方向应予规定。如：轴线1高于轴线2。

5.4.4 同轴度或重合度

5.4.4.1 定义

在两轴线(或平面)的规定长度位置测量该轴线(或平面)的相对距离，当这个距离不超过规定值时，则认为这两轴线同轴(或平面是重合)的。测量可位于实际线(或面)上，或它们的延伸部位上。

5.4.4.2 检验方法

5.4.4.2.1 两轴线的重合度(同轴度)的检验

5.4.4.2.1.1 用指示器检验

指示器装在一个支架上，并围绕一轴线回转360°，测头触至代表第二根轴线的圆柱体表面进行测量，测量若干截面，各截面读数差中最大值之半为该两轴线的重合度(同轴度)数值(见图40)；当两轴线之一是旋转轴线时，装指示器的支架可固定在代替旋转轴线的检验棒上，如果要求测量工具围绕固定圆柱体旋转时，则它应装在一个具有最小间隙和足够长度的旋转套上，以保证读数不受套的间隙的影响(见图41)；指示器转动一圈时的最大读数差值之半为重合度(同轴度)数值。

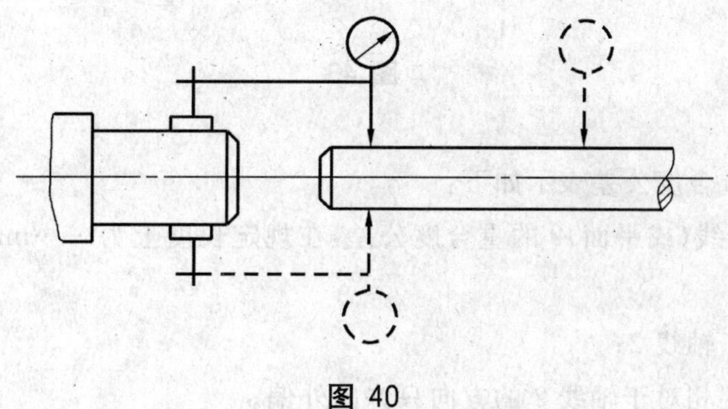

图40

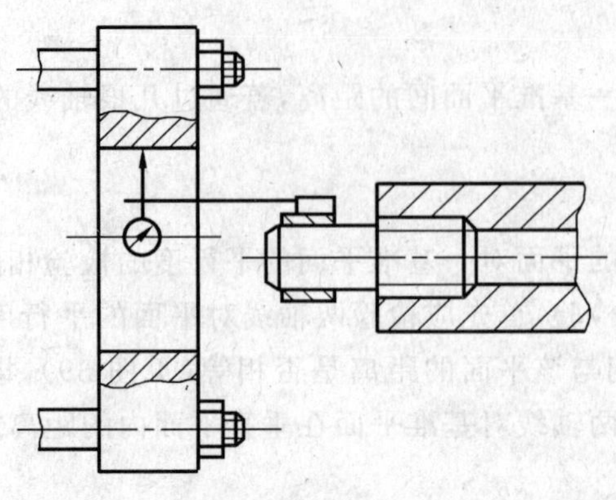

图 41

5.4.4.2.1.2 用平尺塞尺检验

将检验平尺贴放在代表轴线的两检验棒之一的表面上，用塞尺测量平尺和第二检验棒母线间的间隙（见图 42）。在两个相互垂直的平面内检验。误差分别计算，以间隙的最大值为重合度数值。

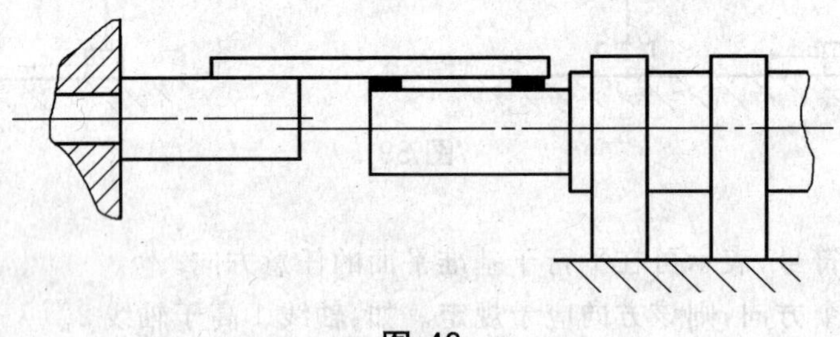

图 42

5.4.4.2.2 两平面的重合度的检验

在两平面中的一个平面上放置一平尺，用塞尺测量平尺检验面与另一平面之间的间隙（见图 43），间隙的最大值为重合度数值。

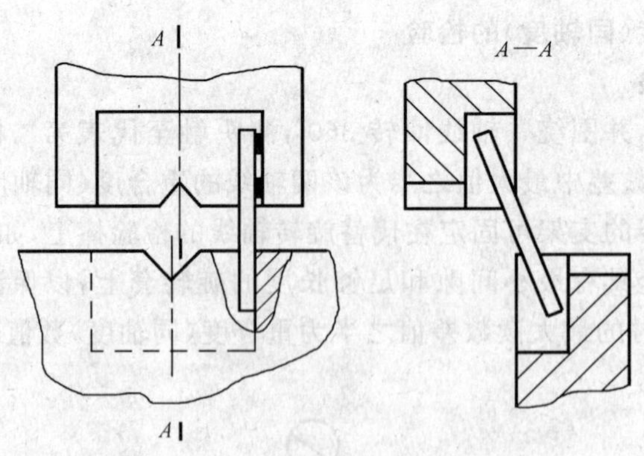

图 43

5.4.4.3 公差

两轴线（或平面）的重合度公差表示如下：

轴线（或平面）1 对轴线（或平面）2 的重合度公差：在规定长度上为……mm。有偏差方向要求时应给予附加说明，如：

——轴线 1 只许高于轴线 2；

——轴线 1 的自由端相对于轴线 2 的方向只许向外偏。

某些情况下，除两轴线(或平面)重合度公差外，可增加一个平行度要求(见图 44)：

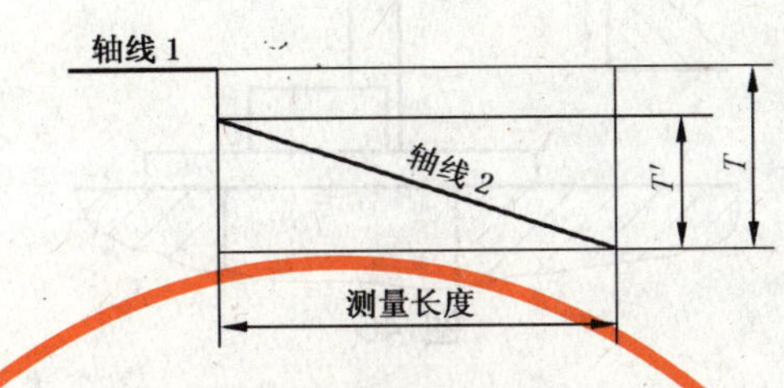

图 44

a) 轴线(或平面)2 对轴线(或平面)1 的重合度公差，在规定长上为 T mm；

b) 轴线(或平面)2 对轴线(或平面)1 的平行度公差，在规定长度上为 T' mm($T'<T$)。

5.5 垂直度

检验包括如下：

直线和平面的垂直度；

运动(轨迹)的垂直度。

5.5.1 直线和平面的垂直度

5.5.1.1 定义

当测量两个平面、两条直线或一直线和一平面在规定范围内相对于标准角尺的平行度偏差不超过规定值时，则认为它们是垂直的。基准角尺可以是角尺或框式水平仪，也可由运动的平面或直线构成。

5.5.1.2 检验方法

垂直度检验实际上是平行度检验。

5.5.1.2.1 两平面垂直度的检验

将平尺放在其中的一个平面上，在平尺上安放直角尺，使其长边靠向另一平面，用塞尺检验直角尺测量面与被检面间的间隙(见图 45)，间隙的最大值为垂直度数值。也可以用直角尺和指示器进行检验(见图 46)。

也可以用圆柱角尺和指示器进行检验(见图 47)。将圆柱角尺放在一平面上，指示器沿另一平面移动，在规定距离内记录读数，圆柱角尺转 180°重新测量并记录读数，取两次测得的读数的平均值。

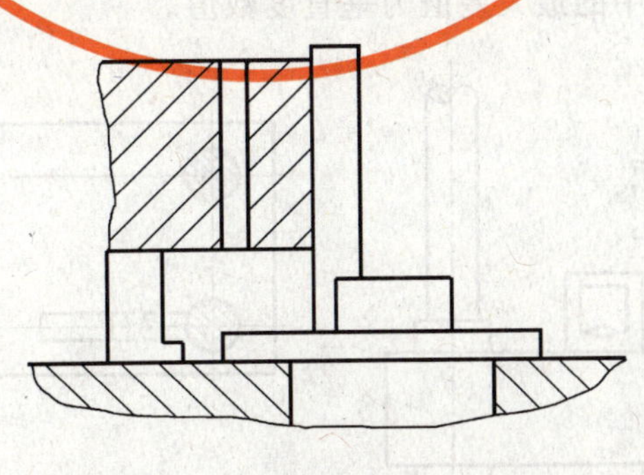

图 45

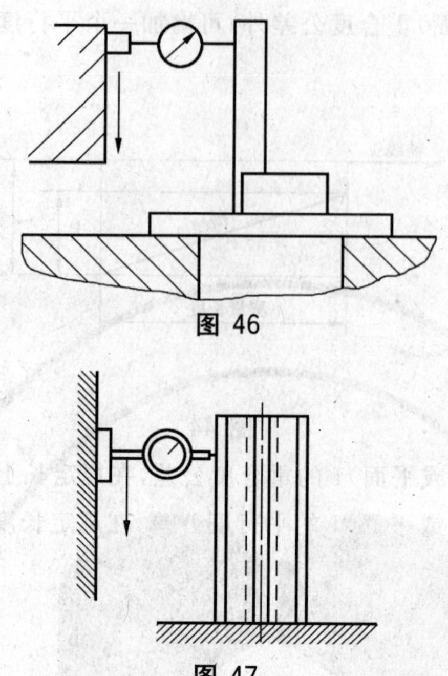

图 46

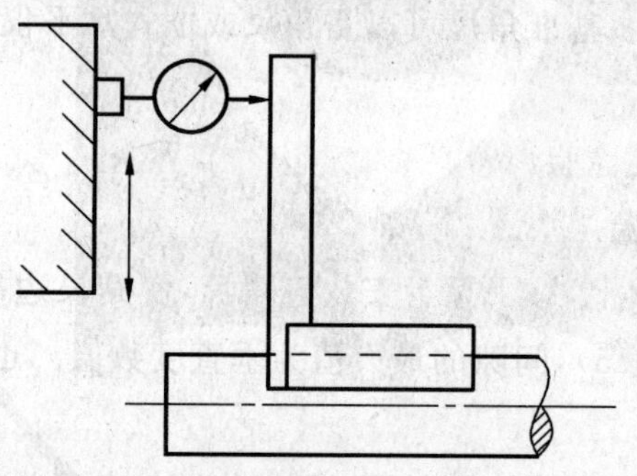

图 47

5.5.1.2.2 轴线对平面垂直度的检验

5.5.1.2.2.1 轴线为固定轴线

用角尺和指示器检验，将具有相应基座的角尺贴靠在代表轴线的圆柱面上(见图 48)，按 5.4.1.2.1 的方法，在相互平行的两个平面内检验，指示器读数的最大差值为垂直度数值。

图 48

用水平仪检验，将框式水平仪放在检验平面和贴靠在轴的表面的若干位置上(见图 49)，在相互垂直的两个方向上分别读数，取其中的最大差值为垂直度数值。

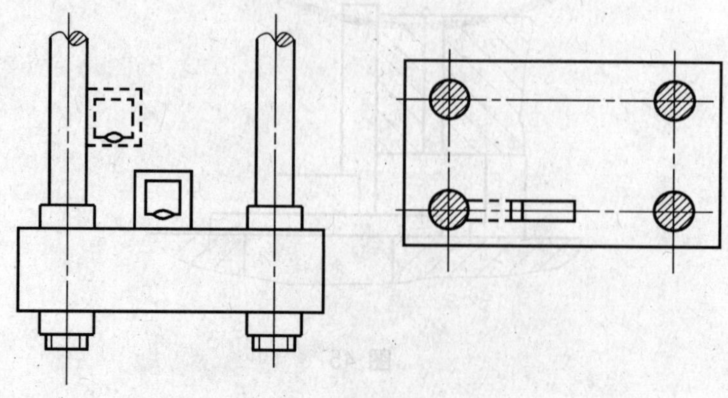

图 49

用检验棒、角尺和塞尺检验，将检验棒无间隙配合地插入孔内，角尺基面平放在被检平面上，其测量面贴靠在代表轴线的检验棒的表面，用塞尺在相互垂直的两个方向上检验角尺与检验棒表面间的间隙（见图 50），间隙的最大值为垂直度数值。

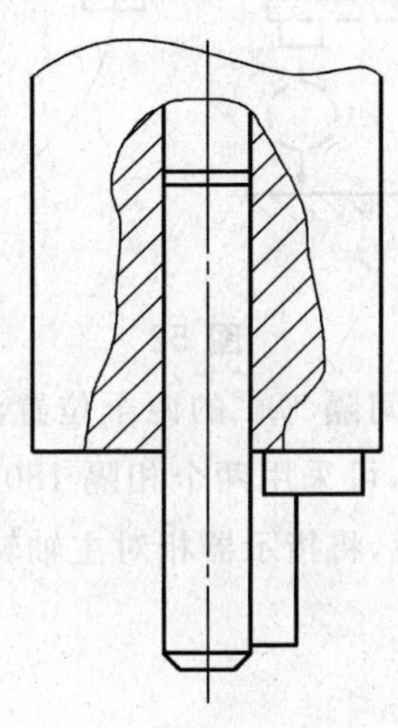

图 50

用专用测量装置检验，当支承面的端面尺寸受到限制时，可以用孔作为定位基准，使用专用测量装置进行测量，专用测量装置由带两个定位桥 1 的座架 4 和带刚性支架 2 及指示器的横杆 3 组成，检验时将测量装置绕轴 4 轴转动 360°（见图 51），指示器最大读数差值为垂直度数值。

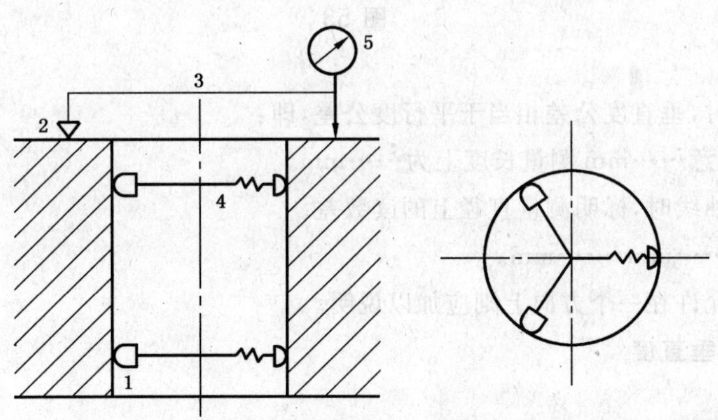

图 51

5.5.1.2.2.2 轴线为旋转轴线

将带有指示器的臂装在主轴上，指示器测头调至与轴线平行。当主轴旋转时，指示器的测头便画出一个圆，该圆形成的平面垂直于旋转轴线。指示器测头触及被测平面就可以确定该平面与圆平面面间的平行度误差，即轴线与被检平面的垂直度误差（见图 52）（要标明旋转圆的直径）。

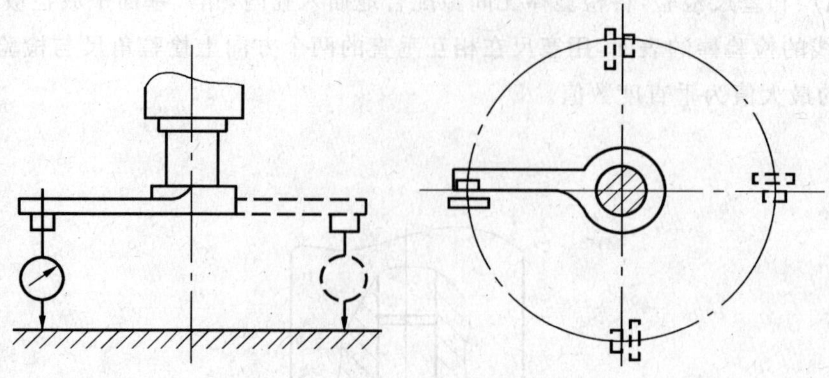

图 52

用指示器在相互垂直的两个平面内间隔 180°的两个位置测量，以其最大读数差值为垂直度数值。为消除主轴轴向窜动对检验精度的影响，可采用两个相隔 180°安装的指器取它们读数的平均值，当仅用一个指示器检验时，应在第一次检验后，将指示器相对主轴转 180°重复检验一次，取两次读数的代数和之半计。

5.5.1.2.3 两轴线的垂直度检验

将具有基座的直角尺放在代表其中一轴的圆柱面上（见图 53），用有关平行度的测量方法测量。

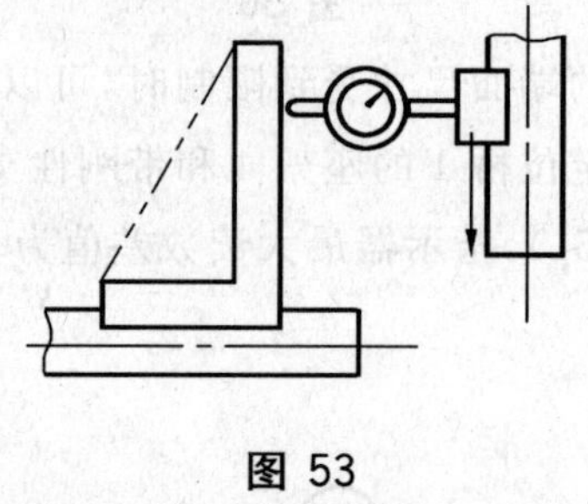

图 53

5.5.1.3 公差

当使用基准角尺时，垂直度公差相当于平行度公差，即：

垂直度公差：在任意……mm 测量长度上为……mm。

当垂直度涉及到轴线时，标明测量直径上的读数差。

即：垂直度公差：……mm/……mm。

当垂直度偏差仅允许在一个方向上则应加以说明。

5.5.2 运动（轨迹）的垂直度

5.5.2.1 定义

运动（轨迹）的垂直度是指机器的运动部件上一点的轨迹与下列要素的垂直度：

——一个平面；

——一条直线；

——另一移动部件一点的轨迹。

5.5.2.2 检验方法

运动的垂直度测量可用符合条件的角尺变成平行度测量（见 5.4.2）。

5.5.2.2.1 运动（轨迹）对平面垂直度的检验

将角尺放在被检平面上（见图 54），使固定在运动部件上的指示器的测头垂直触及角尺的测量面上，在相互垂直的两个方向上检验，取测量长度内指示器读数的最大差值为垂直度数值。

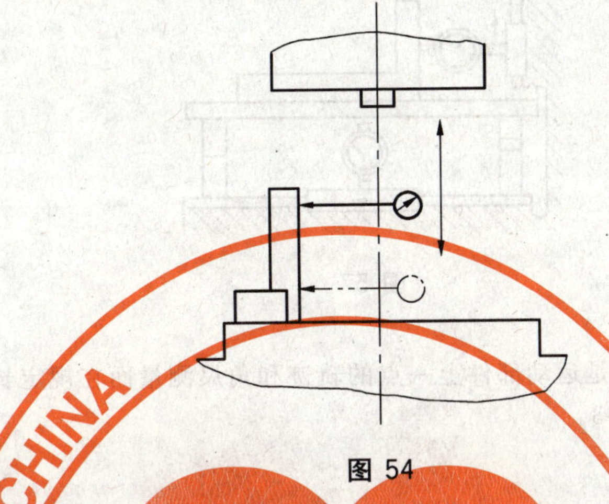

图 54

5.5.2.2.2　**运动(轨迹)对轴线的垂直度的检验**

将带直垂直端面的检验棒装入孔内，在运动件运动的极限位置，用塞尺检验运动件与检验棒端面的间隙(见图 55)。两个极限位中的间隙的差值为垂直度数值。

图 55

也可用直角尺和指示器检验。将具有基座的直角尺贴靠在代表轴线的圆柱上(见图 56)，测量直角尺一边与运动之间的平行度。

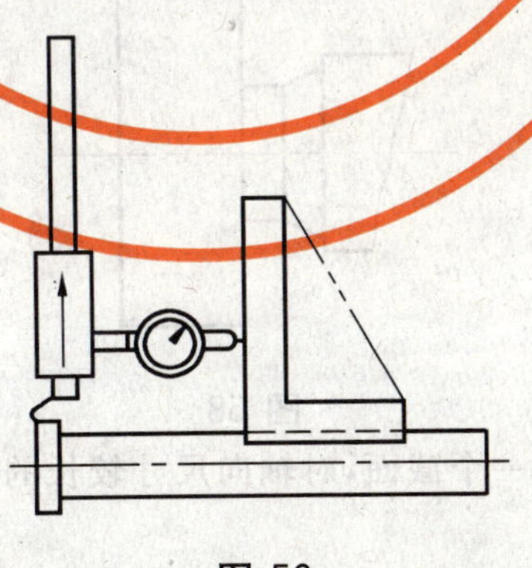

图 56

5.5.2.2.3　**两轨迹间的垂直度**

用安装在量块和平尺上的直角尺来比较两条轨迹(见图 57)，用指示器调整直角尺的一边与轨迹Ⅰ精确的平行，然后按 5.4.2 测量轨迹Ⅱ。

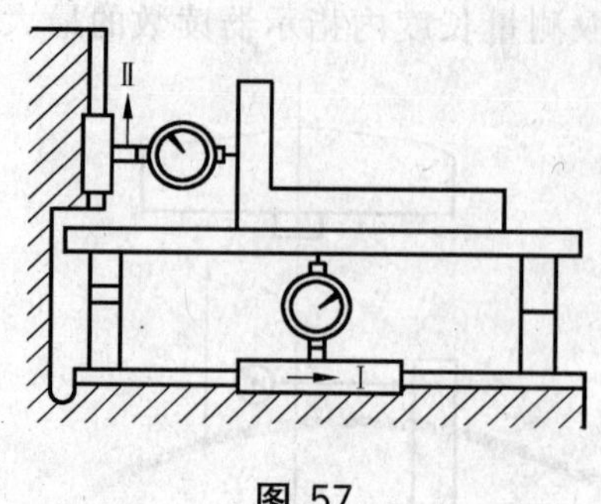

图 57

5.5.2.3 公差

运动(轨迹)的垂直度公差就是运动部件上一点的轨迹和角尺测量面在规定长度内最小距离的允许偏差。公差的表示方法见 5.5.1.3。

5.6 旋转

旋转检验包括:

——径向跳动;

——周期性轴向窜动;

——端面跳动。

5.6.1 径向跳动

5.6.1.1 在规定截面内的实际径向跳动

一般实测的径向跳动是由下列误差组成:轴线的径向偏摆,零部件的圆度误差和轴承的误差。

5.6.1.2 检验方法

5.6.1.2.1 检验前事项

检验前应使被检验件旋转达到正常的运转温度。

5.6.1.2.2 外表面的检验

将指示器的测头垂直触至被检件的旋转表面上(见图 58),缓慢转动被检件,记录指示器读数的最大差值为径向跳动数值。

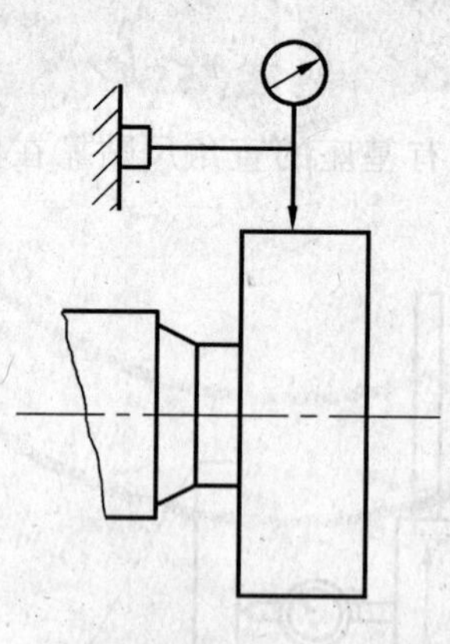

图 58

对于轴向尺寸短的外表面,仅检一个截面,对轴向尺寸较长的表面,需检几个截面,但截面的位置及间隔应予规定。

每次检验应在垂直和水平的轴向平面内分别进行。

5.6.1.2.3 内表面的检验

指示器的测头触至被检件的环形槽面上(见图 59),缓慢地转动被检件,取指示器读数的最大差值为径向跳动数值。

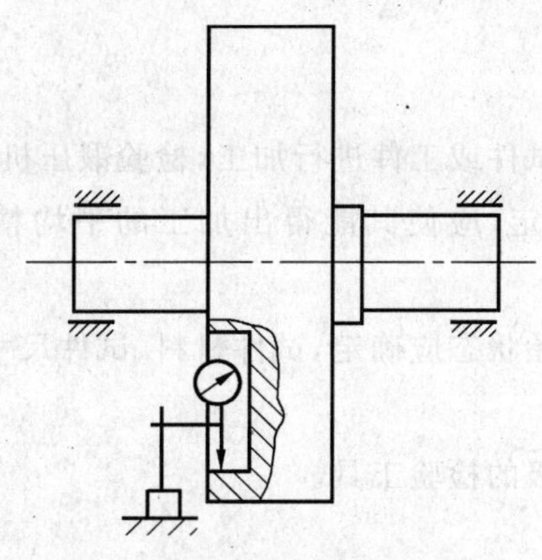

图 59

当不能直接检验较小的轴孔时，可在孔内装入检验棒，按 5.6.1.2.2 的方法进行检验。

为了消除插入孔内时的安装误差，每测量一次需将检验棒相对于主轴孔旋转 90°重新插入，测量四次，误差以四次读数的算术平均值计。

每次检验应在垂直和水平的轴向平面内分别进行。

5.6.1.3　公差

径向跳动公差是指旋转表面某截面上各点轨迹的允许偏差，允差前不加符号。

径向跳动公差包括了旋转表面的圆度（形状误差），该表面的轴线相对于旋转轴线的偏摆（位置误差）以及由于轴颈表面或孔不圆而引起的旋转轴线的偏移（轴承误差）。

5.6.2　端面跳动

5.6.2.1　绕轴线旋转平面的端面跳动

端面跳动是表面和旋转轴线各种误差的综合：表面的平面度误差；表面与旋转轴线的垂直度误差；轴线的周期性轴向位移。

5.6.2.2　检验方法

端面跳动是检验一个旋转的平面，一般在距轴线最远的圆周上检验，使轴作缓慢转动，指示器测头垂直触及被检表面上规定处，在圆周相隔一定间隔的若干位置上检验，以各点读数的最大差值为端面跳动值（见图 60）。

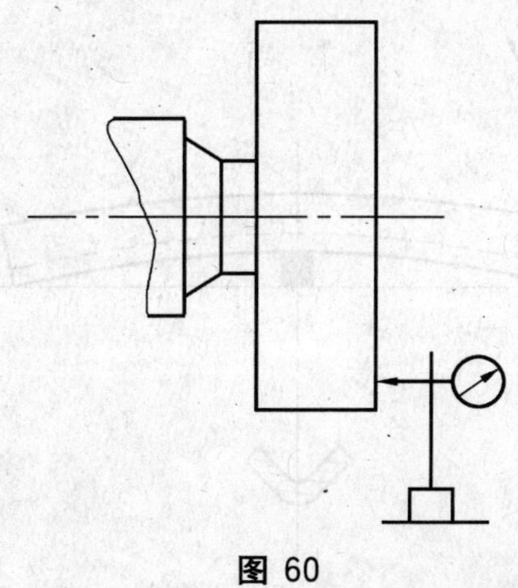

图 60

5.6.2.3　公差

端面跳动公差是相对于垂直于旋转轴线的一个平面的所给定的公差，是指在被检平面规定圆周上各点轨迹的最大允许偏差。包括了端面的形状误差、端面相对于旋转轴线的垂直度和主轴的周期性轴向窜动。

6 工作精度检验

6.1 一般说明

工作精度检验是通过对规定的试件或工件进行加工，检验锻压机械是否符合规定的设计要求。

工件或试件的数目应视情况而定，应使其能得出加工的平均精度。必要时，应考虑模具或刀具的磨损。

用于工作精度检验的试件的原始状态应确定，试件材料、试件尺寸和要达到的精度等级及工作条件应符合要求。

试件的检查应选用所需精度等级的检验工具。

6.2 试件的检验

6.2.1 试件的直线度检验

6.2.1.1 用平尺、塞尺检验

将检验平尺的检验面贴在剪切试件的检验线上，用塞尺测量平尺检验面与试件检验线间的间隙，取其最大间隙为试件的直线度数值(见图 61)。

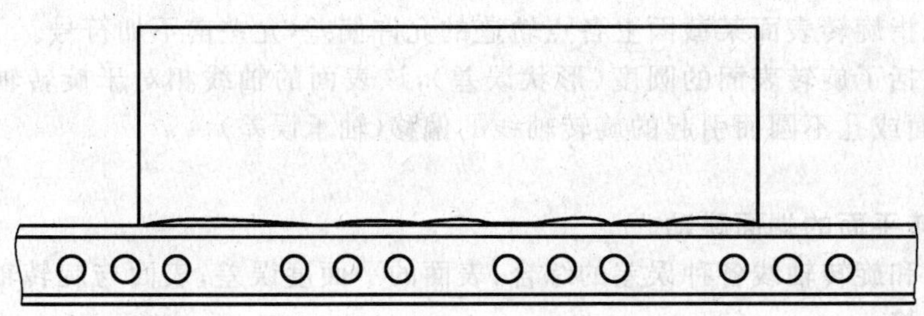

图 61

6.2.1.2 用塞尺检验

将折曲 90°后的工件放到平台上，使其开口向上，用塞尺测量工件棱线与平台间的间隙，其最大间隙为试件的直线度数值(见图 62)。

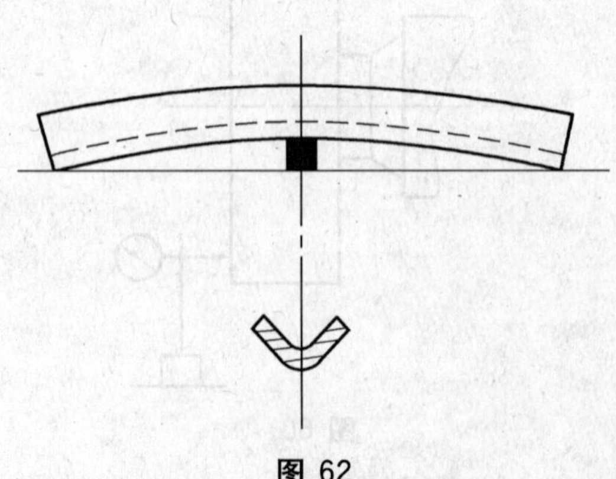

图 62

将两试件按要求加工后，按同一进给方向的两剪切面并合在一起(见图 63)，用塞尺在整个内表面的全长上测量间隙，取最大间隙值的 1/2 为试件的直线度数值。

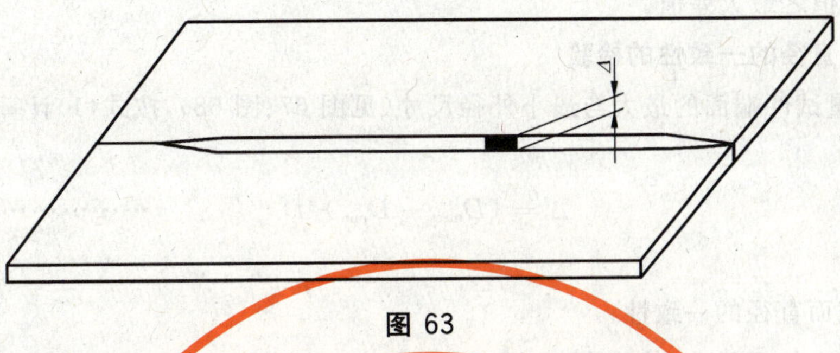

图 63

6.2.2 **试件的平行度检验**

按要求加工试件，用游标卡尺在被检面的全长的若干位置上测取剪切面与基准面(或另一剪切面)之间的距离(见图 64)，其最大差值为平行度数值。

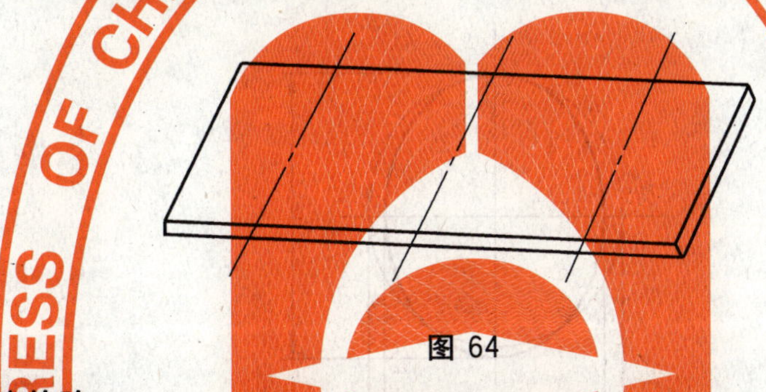

图 64

6.2.3 **试件的角度检验**

用万能角度尺检验被剪切的型材或折弯板料的角度(见图 65、图 66)。

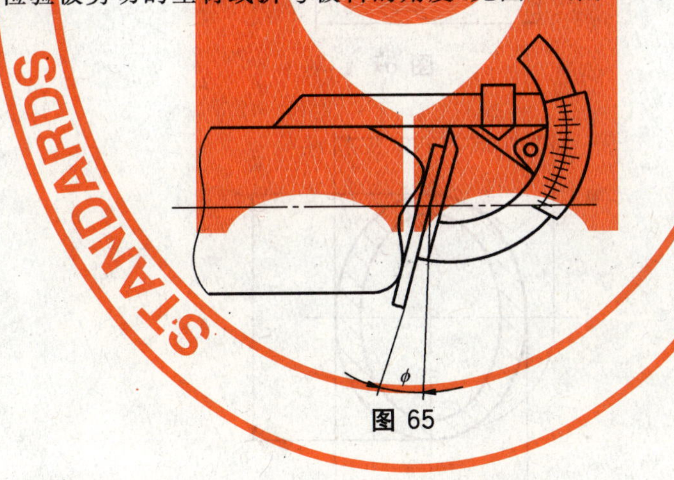

图 65

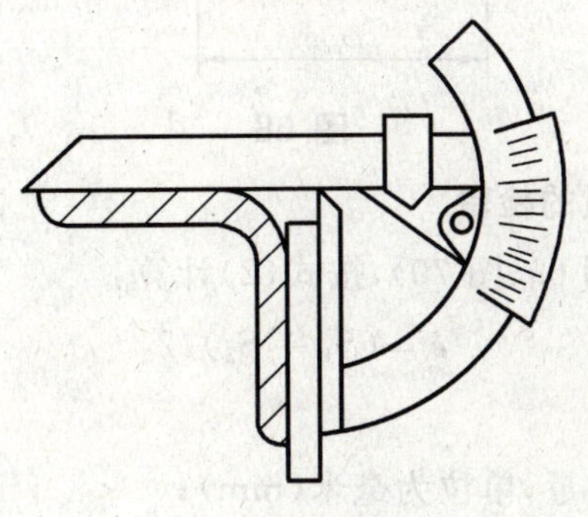

图 66

检验时，将万能角度尺的直尺贴靠在试件的一个表面，角度尺的基尺靠在与试件另一面贴合的直尺上，取测得值与规定值之最大差值。

6.2.4　**试件横截面直径的一致性的检验**

用游标卡尺测量试件端面的最大与最小外径尺寸(见图 67、图 68)，按式(1)计算：

$$\Delta = (D_{max} - D_{min})/D \quad\cdots\cdots\cdots\cdots(1)$$

式中：

Δ——试件横截面直径的一致性；

D_{max}——端面的最大外径尺寸，单位为毫米(mm)；

D_{min}——端面的最小外径尺寸，单位为毫米(mm)；

D——端面的公称外径尺寸，单位为毫米(mm)。

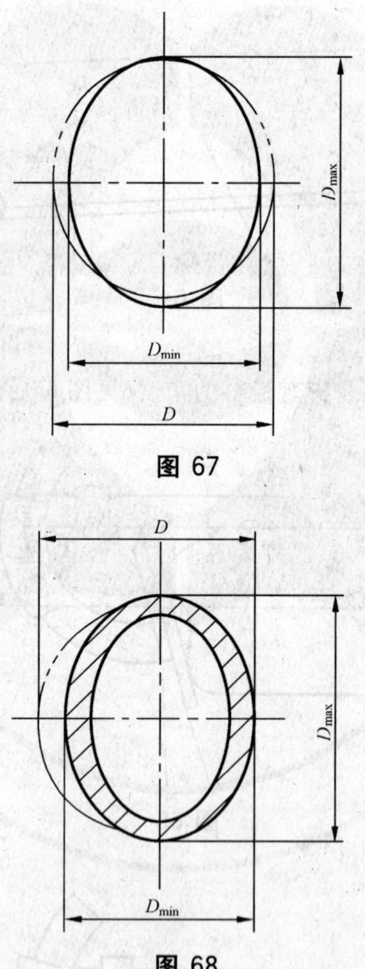

图 67

图 68

6.2.5　**试件头部与杆部中心偏移量的检验**

用游标卡尺或深度尺测量(见图 69、图 70)，按式(2)计算：

$$e = (S_1 - S_2)/2 \quad\cdots\cdots\cdots\cdots(2)$$

式中：

e——试件头部与杆部中心偏移量，单位为毫米(mm)；

S_1——头部的最大偏移尺寸，单位为毫米(mm)；

S_2——头部的最小偏移尺寸，单位为毫米(mm)。

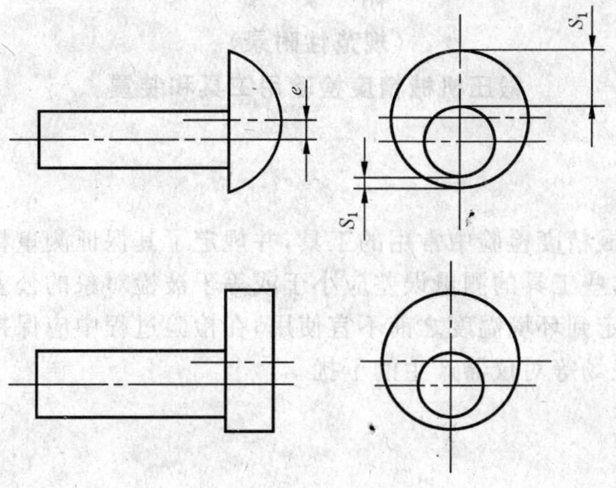

图 69

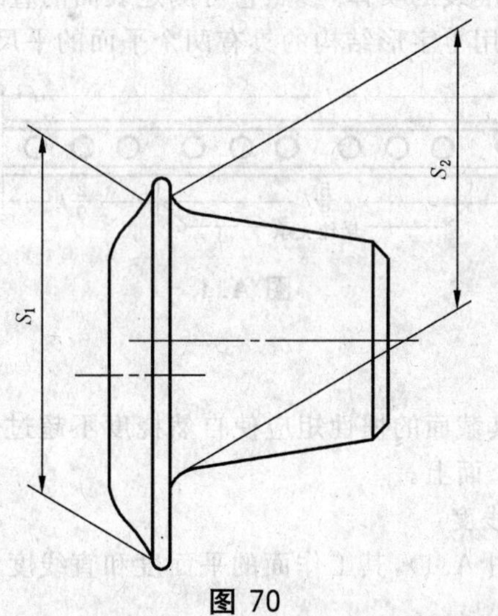

图 70

附 录 A
（规范性附录）
锻压机械精度检验用工具和装置

A.1 一般说明

A.1.1 本附录涉及锻压机械精度检验中常用的工具，并规定了其保证测量精度所应达到的技术要求。

A.1.2 实际测量工作中，这些工具的测量误差应小于或等于被检对象的公差带的10%。

A.1.3 测量装置在其未稳定到环境温度之前不宜使用，在检验过程中应保持环境温度的稳定。

A.1.4 应注意防止振动、磁场等对仪器产生的干扰。

A.2 平尺

A.2.1 说明

平尺是具有一定精度平直基准线的实体，参照它可测定表面的直线度或平面度偏差。

锻压机械精度检验一般应采用Ⅰ字形结构的具有两个平面的平尺（见图A.1）。

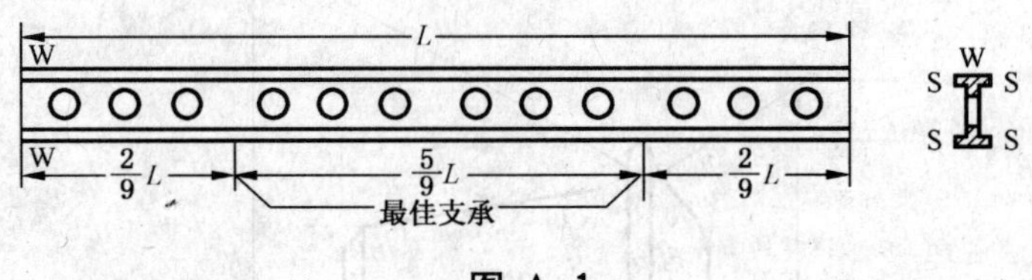

图 A.1

A.2.2 精度

A.2.2.1 允许的挠度值

置平尺于两端的支承上时，其截面的惯性矩应使自然挠度不超过每米0.01 mm。平尺最大自然挠度的精确值，应标注在平尺的一个面上。

A.2.2.2 工作面的平面度和直线度

当平尺支承最佳位置时（见图A.1），其工作面的平面度和直线度误差不应超过$(2+0.01L)/1\ 000$，L是以毫米为单位的工作长度。

此外，任意300 mm长度上的误差不应超过0.005 mm。

A.2.2.3 工作面的平行度

具有两个平行面的平尺，工作面的平行度误差（以毫米为单位）不应超过直线度公差的1.5倍。即$1.5(2+0.01L)/1\ 000$。

A.2.2.4 工作面的最后加工

测量用的工作面应经精磨或精刮。

A.2.2.5 平尺的宽度

当平尺和水平仪同时使用时，工作面宽度不应小于35 mm。

A.2.3 使用注意事项

平尺通常是水平使用，或依靠其侧面使工作面垂直，或依靠支承使其工作面水平。在后一种情况下，支承位置应选择使自然挠度最小。对均匀横截面的平尺，其支承应相隔$5L/9$，并位于距两端$2L/9$处（见图A.1）。

A.3 检验棒

A.3.1 说明

检验棒作为测量基准的圆柱体，用以代表在规定范围内需检验的轴线，检验棒的轴线应是直的，并具备理想的柱形表面。检验棒一般采用无缝钢管制成,其结构见图 A.2。

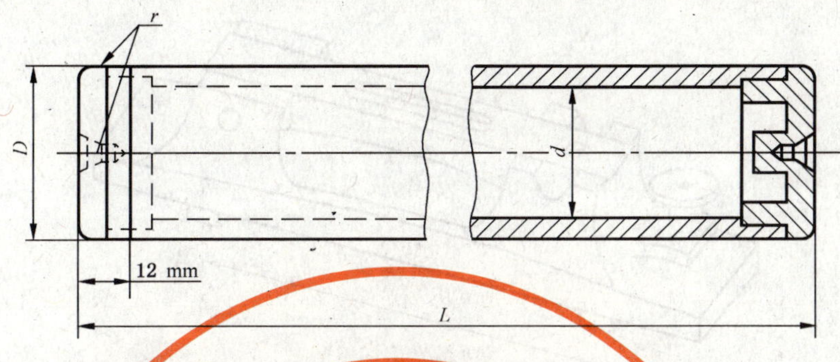

图 A.2

A.3.2　精度

A.3.2.1　适应于在锻压机械上所要进行的大多数检验的四种尺寸范围的检验棒的精度应符合表 A.1 的规定。

表 A.1

总长度 L mm	外径 D mm	内径 d mm	不带端部堵头的重量 kg	自然挠度 μm	精度 mm		表面最后加工
					等径度	径向跳动	
150～300	40	0	1.5～3	0.02～0.04	0.003	0.003	精磨
301～500	63	50	2.7～4.5	0.1～0.7	0.003	0.003	精磨
501～1 000	80	61	8.3～16.5	0.5～0.8	0.004	0.007	精磨
1 001～1 600	125	105	28.2～45	3～19	0.005	0.010	精磨
注:$E=206\ kN/mm^2$。							

A.3.2.2　300 mm 以上的检验棒应是管状的,壁厚的选择要使重量减轻,但不应降低刚性。

A.3.3　使用注意事项

为检查平行度,在检验棒圆柱体表面上的一条母线上测取读数,然后将检验棒旋转 180 度,在相对的母线上测取读数,将检验棒掉头后在同样的两条母线上再重复检验一遍。平行度误差以四次读数的平均值计。这种测量方法可以消除因检验棒本身不精确而引起的大部分偏差。

A.4　角尺

A.4.1　说明

锻压机械精度检验一般采用符合 GB/T 6092 要求的直角尺或圆柱形角尺、矩形角尺等。

A.4.2　精度

角尺的精度应符合以下要求。

A.4.2.1　平面度和直线度公差

角尺的平面度和直线度公差不超过(2+0.01L)/1 000,L 为以毫米为单位的工作长度值。

A.4.2.2　垂直度公差

任意 300 mm 测量长度上为 0.005 mm。

A.5　精密水平仪

精密水平仪有两种基本型式:气泡水平仪(见图 A.3)和电子水平仪(见图 A.4)。这两种水平仪有两个主要功能：

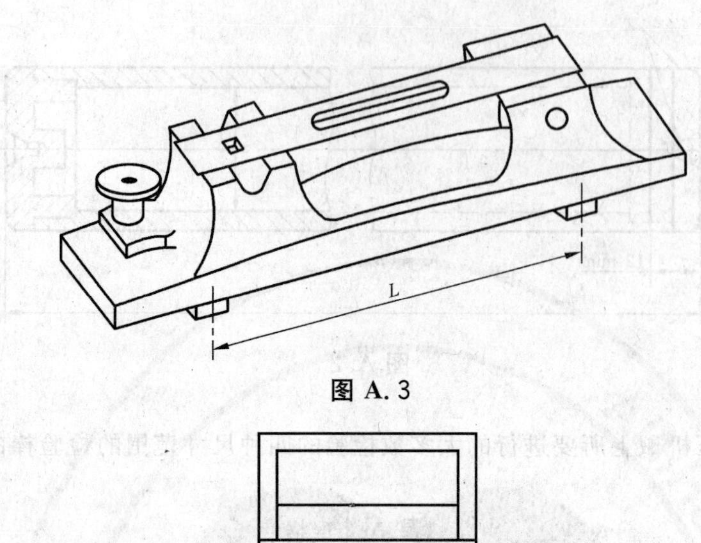

图 A.3

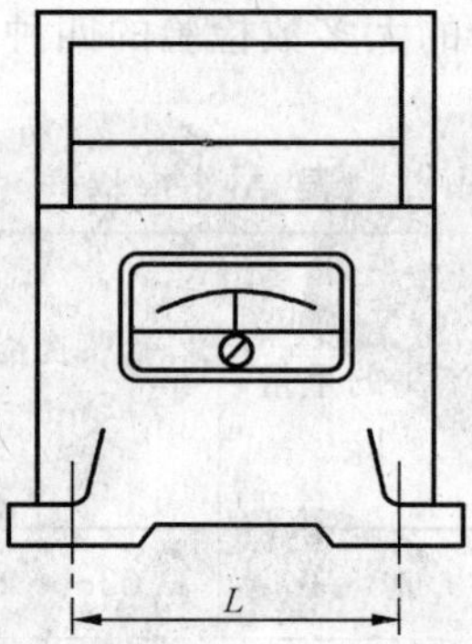

图 A.4

——确定绝对水平；

——比较角度或斜率的微小变化。

A.5.1 气泡水平仪

在检验锻压机械时，推荐采用精度为 0.005 mm/1 000 mm 至 0.02 mm/1 000 mm 及在角度变化不大于 0.05 mm/1 000 mm 时，气泡至少要移动一个刻度格的水平仪。

当 $L \leqslant 250$ mm 时，基座的平面度不大于 0.004 mm；当 $L > 250$ mm～500 mm 时，基座的平面度不大于 0.006 mm。

A.5.2 电子水平仪

电子水平仪的放大倍数是可调的。其应符合测量的精度需求。

A.6 指示器

锻压机械精度检验使用的指示器精度应和检验所要求的精度相适应，公差精确到小数点后两位的，应采用分辨率为 0.01 mm 的指示器测量；公差精确到小数点后三位数的，应采用分辨率为 0.001 mm 的指示器测量。

指示器精度等要求应符合 GB/T 1219 的规定。

选用行程小、特别是回程误差小和测力小的指示器配用刚性好的支架。

有关指示器的详细说明，参见相关的检定规程。

A.7 激光干涉仪

A.7.1 说明

激光干涉仪的开发，给锻压机械提供了高精度的检测工具，它可用于各种型号和规格的锻压机械。

A.7.2 精度

激光干涉仪的精度是由激光的波长来定的，其精度可达到百万分之0.5。

激光干涉仪可以测出六个自由度中的五个：线性定位、水平面内的直线度、垂直面内直线度、俯仰和偏摆。也可测量两轴之间的垂直度。由于不应有的角位移或直线度误差可能大于一个坐标轴上的线性定位误差。因此，所有六个自由度是同等重要。

在开始测量前，应考虑的另一些误差源是：

a) 环境误差

对于现行测量有必要了解激光干涉仪的绝对精度，它取决于周围条件精确程度并且还取决于其稳定程度。周围温度每产生1 ℃的变化，绝对压力每产生2.5 mm 汞柱和相对湿度每产生30%的误差时，将会导致大约百万分之一的测量误差。这些误差可用人工补偿或用连接在激光显示器上的自动补偿装置来部分克服。

b) 锻压机械表面温度

另外，一个显著影响锻压机械评定的误差源也值得注意，这就是锻压机械本身温度变化的影响。对于用钢制丝杠确定工作部件位置的锻压机械，丝杠温度每升高1 ℃，它将膨胀0.000 010 8 mm/mm。

如果整个部件移动了1 000 mm，丝杠的温度每变化1 ℃，丝杠可能变化0.010 8 mm。

c) 死行程误差

死行程误差是一种在测量期间与环境条件的变化有关联的误差。简单说，这个误差是由于当围绕激光束的大气压发生改变(引起了激光波长变化)时以及当固定有光学干涉仪和目标反射镜的材料温度发生变化(引起干涉仪和反射镜之间的距离增加或减少)时，激光束行程长度得不到补偿而造成的(见图A.5)。

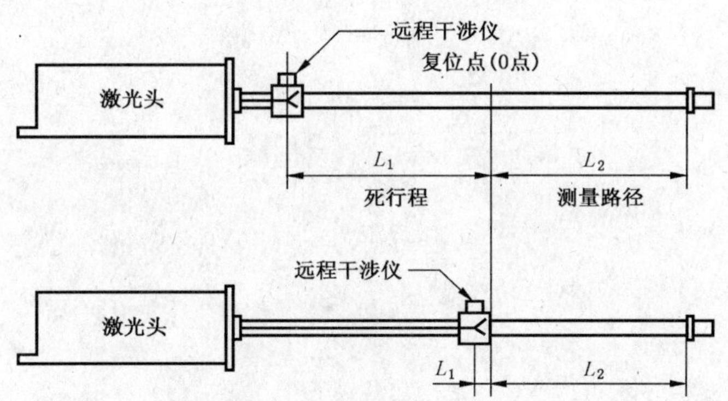

图 A.5 使死行程误差最小化的修正布局

激光测量行程的死行程是指光学干涉仪与测量复位点(0点)位置间的距离(L_1)。如果激光干涉仪和角隅棱镜(反射镜)间没有运动，围绕激光束行程的大气压条件发生变化，则遍于整个光路(L_1+L_2)的波长将发生变化。如果用光速率补偿值进行修正使它适应新的环境条件，激光测量系统将修正用于改变L_2的激光波长，但对死行程长L_1不能修正。

d) 余弦误差

激光束路径对运动轴线如未对准，将在测量长度同实际移动长度间产生一个误差。由于这个误差与光束和运动间未对准角的余弦成正比例，所以未对准误差通常称为余弦误差。

当激光测量系统与移动轴线未对准时，余弦误差将使测量长度小于实际长度(见图 A.6)。

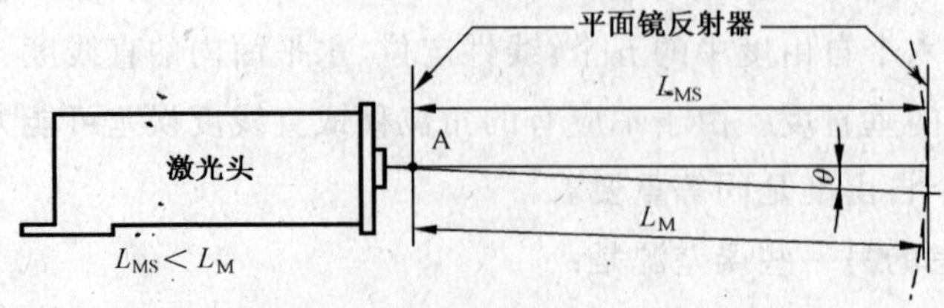

图 A.6

当锻压机械的实际移动长度为 L_M 时，激光测量系统测得的长度为 L_{MS}。以 A 为原点，L_{MS} 为半径画弧，很容易看出，L_{MS} 比 L_M 短。

消余弦误差的唯一方法是在安装时确保良好的对准。

A.7.3 使用注意事项

用激光测量系统对锻压机械进行评价时，应遵守下面三个原则：

——选择适当的配置来测量所需的参数；

——使潜在的误差源(对准、补偿、死行程)最小；

——尽可能模拟锻压机械的实际工作情况。

A.8 其他检具

锻压机械检验中使用的其他检具应分别符合 GB/T 6093、GB/T 8177、GB/T 16455、GB/T 20428 和有关标准的规定。

ICS 25.120.10
J 62

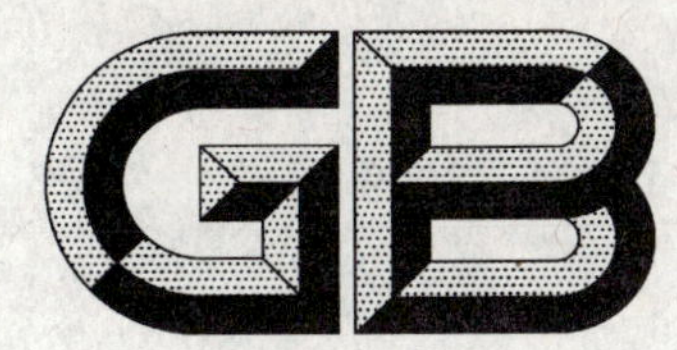

中华人民共和国国家标准

GB/T 10924—2009
代替 GB/T 10924—1989,GB/T 10933—1989

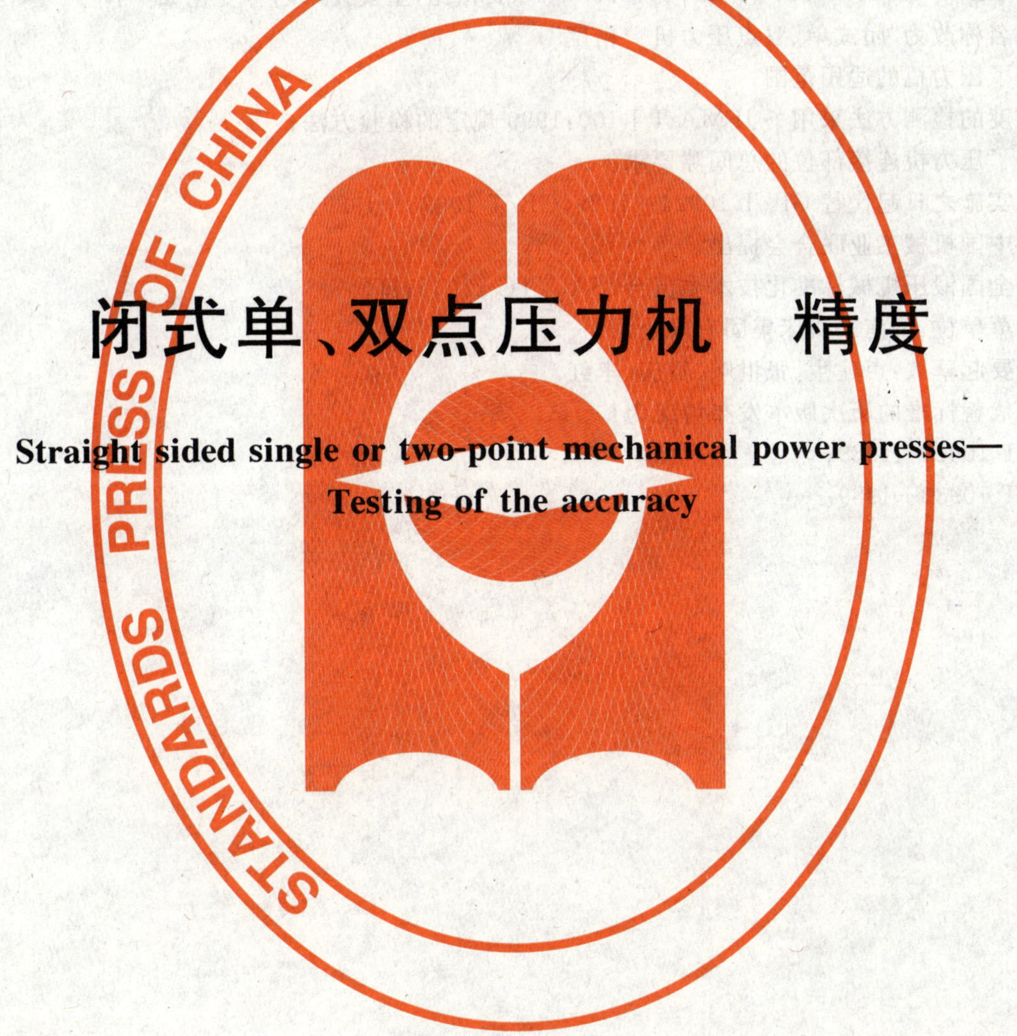

闭式单、双点压力机 精度

Straight sided single or two-point mechanical power presses—Testing of the accuracy

2009-04-02 发布　　2009-11-01 实施

中华人民共和国国家质量监督检验检疫总局
中国国家标准化管理委员会　发布

前　言

本标准参考了日本锻压机械工业协会标准 JFMA TⅠ100:1999《机械压力机精度检查》。

本标准是对 GB/T 10924—1989《闭式单点压力机　精度》和 GB/T 10933—1989《闭式双点压力机精度》的修订。

本标准与 GB/T 10924—1989 和 GB/T 10933—1989 相比，主要技术内容变化如下：

——标准名称改为“闭式单、双点压力机　精度”；

——明确了压力机的适用范围；

——垂直度的检测方法采用了 JFMA TⅠ100:1999 规定的检验方法；

——增加了压力机连接部位的总间隙要求。

本标准自实施之日起代替 GB/T 10924—1989、GB/T 10933—1989。

本标准由中国机械工业联合会提出。

本标准由全国锻压机械标准化技术委员会(SAC/TC 220)归口。

本标准起草单位：济南二机床集团有限公司。

本标准主要起草人：卢建生、张世顺、贺庆、李红。

本标准所代替标准的历次版本发布情况为：

——GB/T 10924—1989；

——GB/T 10933—1989。

闭式单、双点压力机　精度

1　范围

本标准规定了闭式单、双点压力机的精度、允差及其检验方法。

本标准适用于一般用途的闭式单动机械压力机，如金属材料的落料、弯曲、成型以及拉伸加工等工序中使用的曲轴式及偏心式压力机(以下简称压力机)。

本标准不适用于锻造用压力机、多连杆压力机以及特殊结构的专用压力机(如粉末成型压力机)。

2　规范性引用文件

下列文件中的条款通过本标准的引用而成为本标准的条款。凡是注日期的引用文件，其随后所有的修改单(不包括勘误的内容)或修订版均不适用于本标准，然而，鼓励根据本标准达成协议的各方研究是否可使用这些文件的最新版本。凡是不注日期的引用文件，其最新版本适用于本标准。

GB/T 1219　指示表

GB/T 6092—2004　直角尺

GB/T 6093—2001　几何量技术规范(GPS)长度标准　量块

GB/T 8170　数值修约规则与极限数值的表示和判定

GB/T 10923　锻压机械精度检验通则

GB/T 16455—1996　条式和框式水平仪

JB/T 7977—1999　铸铁平尺

3　精度

3.1　一般要求

3.1.1　精度检验前，应调整压力机的安装水平，在工作台板中间位置，沿压力机纵向和横向放置水平仪测量安装水平，均不应超过 0.20/1 000 mm。

3.1.2　工作台板上平面为压力机精度检验的基准面。

3.1.3　在检验矩形平面时，当边长 L 等于或小于 1 000 mm 时，在距边缘 $0.1L$ 的范围内不检测；当边长 L 大于 1 000 mm 时，在距边缘 100 mm 的范围内不检测。

3.1.4　本标准的精度检验顺序并不表示实际检验次序。为了装拆检验工具和检验方便，可按任意次序进行检验。

3.1.5　检验项目的精度允差值应按实际检验长度计算。计算结果按 GB/T 8170 修约至微米位数。

3.1.6　在 3.2.3、3.2.4 项的精度检验过程中，滑块平衡机构应处于工作状态。

3.2　精度检验

3.2.1　压力机几何精度检验一般应在无负荷(即空载)状态下，按照 GB/T 10923 的规定进行检验。检验过程中，不允许对影响精度的机构和零件进行调整。导轨间隙应保证滑块不卡住，摩擦部位温度符合要求。

3.2.2　工作台板上平面及滑块下平面的平面度

3.2.2.1　检验方法

当测量长度小于或等于 1 600 mm 时，采用平尺检验；当测量长度大于 1 600 mm 时，采用水平仪检验。

3.2.2.1.1 用平尺、量块检验

在被检平面上选择 A、B 和 C 三点作为测量基准(见图 1),将三个等高量块分别放在这三点上,这些量块的上表面就是用作与被检平面相比较的基准平面。将平尺放在 A 和 C 点上,在被检平面的 E 点处放一可调量块,使其与平尺的下表面接触,这时 A、B、C 和 E 量块的上表面处在同一平面内。再将平尺放在 B 和 E 点上,在 D 点处放一可调量块,使其与平尺的下表面接触。将平尺分别放在 A 和 D、B 和 C、A 和 B、D 和 C 上进行测量,可测得被检面上各点的偏差。平面度误差以各测量点的最大代数差计。

3.2.2.1.2 用水平仪检验

通过被检面上的 A、B、D 三点的平面作为基准平面(见图 2)。被检面上的各测点到基准平面的坐标值,即为各测点相对于基准平面的偏差。平面度误差以各测量点偏差的最大代数差计。

采用分度值 0.02 mm/m 的水平仪及桥板,按网格布点进行测量,从 A 点开始按图 2 所示箭头方向依次移动测量距离 d(≤500 mm),将 A-B、A-D、A_1-B_1、A_2-B_2、A_3-B_3、……D-C 上测得的水平仪读数按作图法或计算法求出平面度误差。

3.2.2.1.3 滑块下平面的平面度检验说明

滑块下平面的平面度检验允许在加工完成后(装配前)按上述方法进行测量。

3.2.2.2 检验示意图

检验示意图见图 1、图 2。

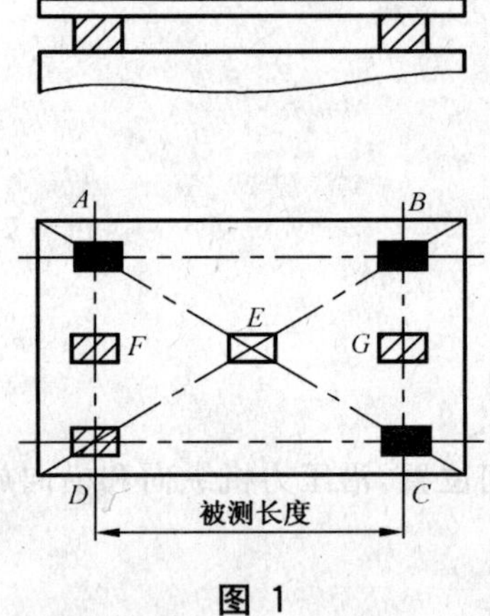

图 1

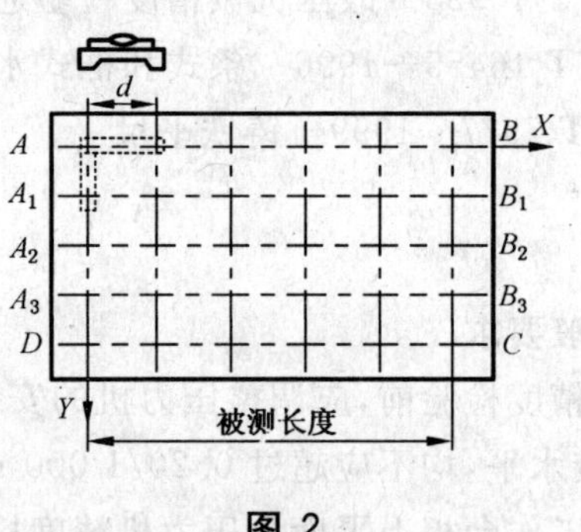

图 2

3.2.2.3 允差值

工作台板上平面及滑块下平面的平面度允差值见表 1。

表 1

单位为毫米

检 验 项 目	允 差
工作台板上平面的平面度	$\frac{0.10}{1\,000}L_1$
滑块下平面的平面度	$\frac{0.10}{1\,000}L_2$
注 1:L_1 为工作台板长边被测长度。L_2 为滑块长边被测长度。	

3.2.3 滑块下平面对工作台板上平面的平行度

3.2.3.1 检验方法

在工作台板上放一长度不大于 500 mm 的平尺,平尺上放一带表架的指示表,使指示表测头顶在滑块下平面上(见图 3)。当滑块在最大和最小装模高度时,滑块行程位于下死点或中间位置,按图示规定移动指示表(平尺)测量。若装模高度调节量大于 500 mm,应增加滑块在调节量中间位置的测量。闭式单点压力机的平行度误差分别在图示的前后、左右方向上用指示表测量,以指示表在两端点的读数差值计。闭式双点压力机的平行度误差分别在图示的前后、左右方向上用指示表测量，以指示表在前后方向两端处，左右方向三处的读数差值计。

注：操作者一边为“前”，其右边为“右”，对应边为“后”、“左”。

3.2.3.2 检验示意图

检验示意图见图3。

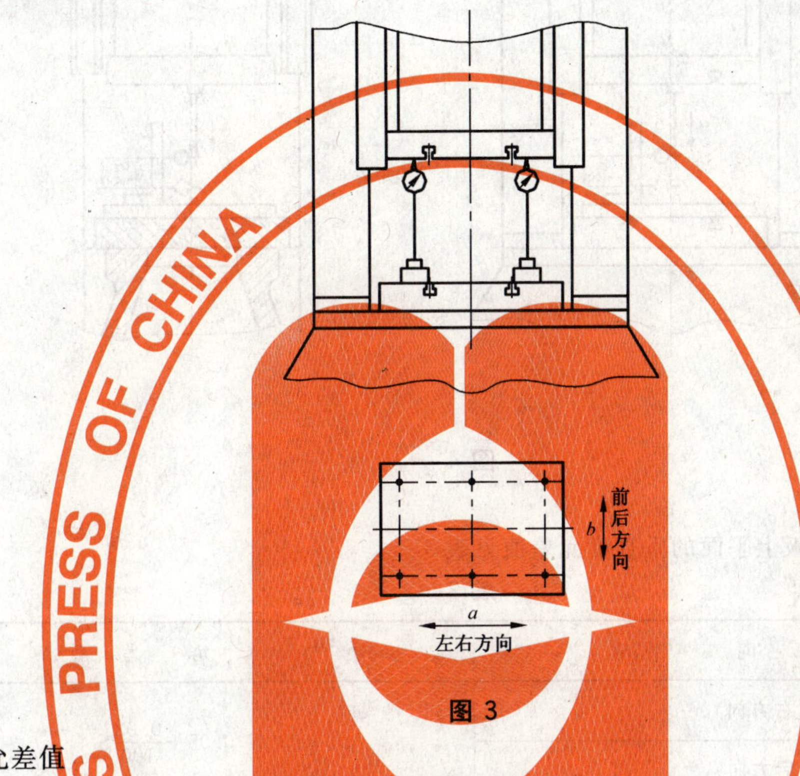

图3

3.2.3.3 允差值

滑块下平面对工作台板上平面的平行度允差值见表2。

闭式单点压力机允差值以滑块行程位于下死点位置时检测值计；闭式双点压力机允差值应以在滑块行程位于下死点和中间位置时检测值计。

表2

单位为毫米

滑块行程位置	允	差
滑块行程位于下死点	a(左右)	$0.08+\frac{0.15}{1\,000}L_3$
	b(前后)	
滑块行程位于中间位置	a(左右)	$0.16+\frac{0.30}{1\,000}L_3$
	b(前后)	
注：L_3 为滑块下平面的被测长度。		

3.2.4 滑块行程对工作台板上平面的垂直度

3.2.4.1 检验方法

在工作台板中间位置上放一检验平尺，角尺放在平尺上，指示表紧固在滑块下平面，使指示表测头触及角尺的检验面上(见图4)。当滑块在最大和最小装模高度时，滑块上下运行，在通过工作台板中心的两个相互垂直的方向上进行测量。若装模高度调节量大于500 mm，应增加滑块在调节量中间位置的测量。误差按指示表在下部1/2行程内的读数差值计。

3.2.4.2 检验示意图

检验示意图见图4。

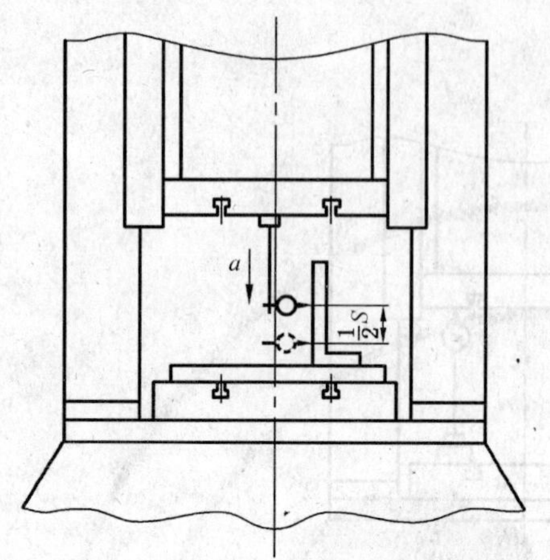

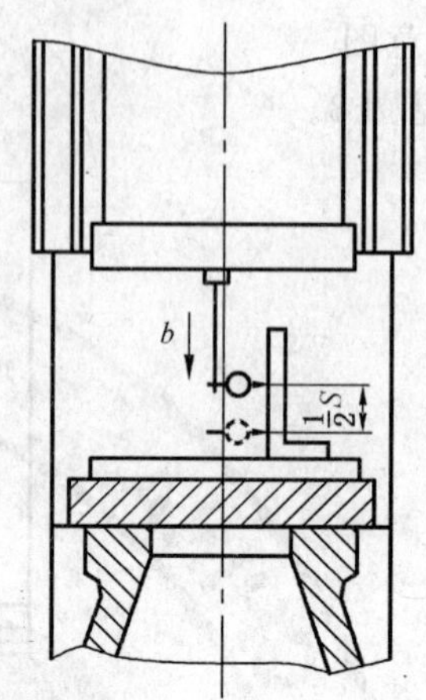

图 4

3.2.4.3 允差值

滑块行程对工作台板上平面的垂直度允差值见表 3。

表 3

单位为毫米

方　向	允　差
a（左右方向）	$0.05+\frac{0.02}{100}S$
b（前后方向）	
注：*S* 为滑块行程。	

3.2.5 连接部位的总间隙

3.2.5.1 检验方法

3.2.5.1.1 有平衡装置的压力机(见图 5)

装模高度调节在中间位置，滑块行程应位于下死点，按压力机公称力约 5%调整平衡力，向平衡器通入气压，以指示表读数不再变化时为止，然后把平衡器气压完全排掉，以排气前后指示表的读数差为测定值。

3.2.5.1.2 无平衡装置的压力机(见图 6)

装模高度调节在中间位置，滑块行程应位于下死点，在工作台板中间位置放置加载器或带指示表的液压千斤顶，按压力机公称力约 5%进行加载。以加载前后指示表的读数差为测定值。

3.2.5.1.3 总间隙计算

压力机应在靠近每个连杆中心线的滑块下平面上放一指示表，总间隙按加载前后指示表的读数差值计(每个指示表读数分别计算)。

3.2.5.2 检验示意图

检验示意图见图 5、图 6。

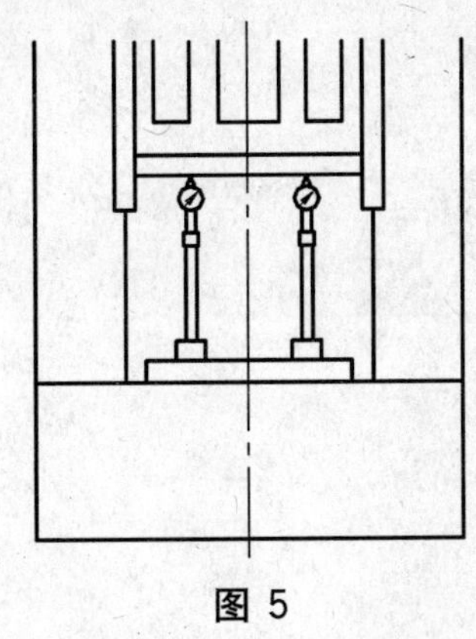

图 5

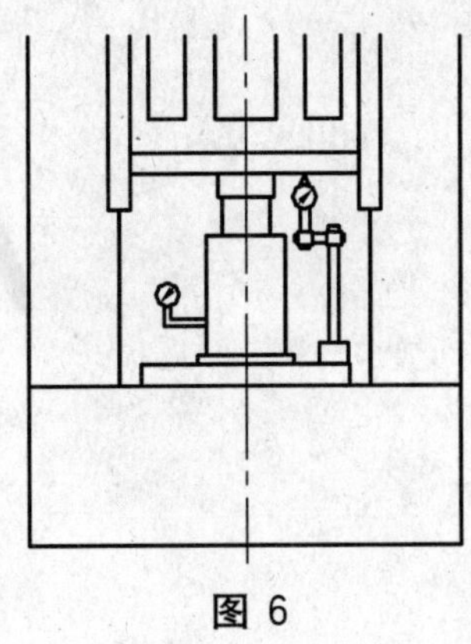

图 6

3.2.5.3 允差值

连接部位的总间隙允差值见表 4。

表 4

单位为毫米

结构形式	允差
曲轴式	$0.4+\frac{1.27\sqrt{P}}{100}$
偏心式	$1.6+\frac{3.16\sqrt{P}}{100}$
注：式中 P 为压力机公称力，单位为 kN。	

3.2.6 检验工具

平尺、等高量块、水平仪、直角尺、指示表、液压加载器(或千斤顶)和其他辅助工具。

铸铁平尺采用 JB/T 7977—1999 规定的一级平尺；水平仪采用 GB/T 16455—1996 中分度值为 0.02 mm/m的框式水平仪；直角尺采用 GB/T 6092—2004 规定的一级宽座直角尺；指示表采用示值不低于 1/100 mm 的百分表测量，其精度等要求应符合 GB/T 1219 的规定；量块采用 GB/T 6093—2001 规定的 3 级 5 等量块。

ICS 37.020
N 35

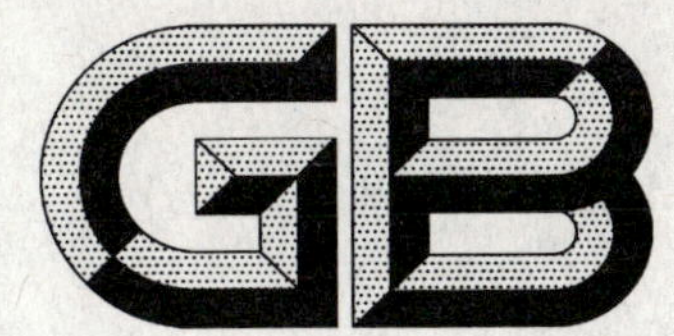

中华人民共和国国家标准

GB/T 10987—2009
代替 GB/T 10987—1989

光学系统　参数的测定

Optical systems—Determination of parameters

2009-09-30 发布　　2009-12-01 实施

中华人民共和国国家质量监督检验检疫总局
中国国家标准化管理委员会　发布

前言

本标准代替 GB/T 10987—1989《光学系统　参数的测定》。

本标准与 GB/T 10987—1989 的主要差异为：

——删除了 GB/T 10987—1989 第 2 章标题中的“术语”两字；

——将 GB/T 10987—1989 第 3 章、第 4 章、第 5 章和第 6 章归入同一章，标题改为“参数的测定”；

——删除了 GB/T 10987—1989 第 7 章。

本标准由中国机械工业联合会提出。

本标准由全国光学和光子学标准化技术委员会(SAC/TC 103)归口。

本标准负责起草单位：上海理工大学。

本标准参加起草单位：南京江南永新光学有限公司、宁波永新光学股份有限公司、苏州一光仪器有限公司。

本标准主要起草人：冯琼辉、章慧贤。

本标准所代替标准的历次版本发布情况为：

——GB/T 10987—1989。

光学系统　参数的测定

1　范围

本标准规定了光学系统焦距、视场、放大率和孔径(相对孔径和数值孔径)四项光学参数的测量方法、测量装置和测量的基本要求。

本标准适用于在可见光谱区应用的显微镜、望远镜以及照相、投影、制版物镜等光学参数的测量。

2　符号

a)　焦距 f';

b)　目镜焦距 f'_E;

c)　平行光管物镜焦距 f'_O;

d)　物高 y;

e)　像高 y';

f)　物方视场角 2ω;

g)　像方视场角 $2\omega'$;

h)　显微镜物镜放大率 M_O;

i)　角放大率 γ;

j)　显微镜视觉总放大率 M_{TOTVIS};

k)　目镜放大率 M_E;

l)　入瞳直径 D;

m)　相对孔径 D/f';

n)　数值孔径 $N\Lambda$。

3　参数的测定

3.1　焦距

3.1.1　测量方法

3.1.1.1　放大率法(PORRO 法)

如图 1 所示,均匀照明平行光管物镜焦面上刻有多组线对的分划板,分划板上的每一线对应与物镜光轴对称分布,线对间距 y 以及平行光管物镜焦距 f'_O 应预先精确测定。

由平行光管发出的平行光束,通过被测物镜在其像方焦面上成像,用带十字分划板的显微镜瞄准,并沿焦面移动显微镜,由长度测量机构直接测出其移动值,即被测物镜后焦面上的像高 y',按式(1)计算被测物镜焦距 f':

$$f' = f'_O \cdot \frac{y'}{y} \quad \cdots\cdots(1)$$

也可用带测微目镜的显微镜瞄准测量,由目镜测微器测量出显微镜中间像面上像高 y'',并按式(2)计算被测物镜的焦距 f':

$$f' = f'_O \cdot \frac{y''}{M_O y} \quad \cdots\cdots(2)$$

M_O 应预先精确测定。由于 f'_O、y 及 M_O 为已知数,$\frac{f'_O}{M_O y}$ 可作为常数项代入式(2)计算。

在测量负焦距时，显微镜的工作距离应大于被测物镜后表面到像方焦面的距离。测量方向应垂直于分划板线对的刻线方向。

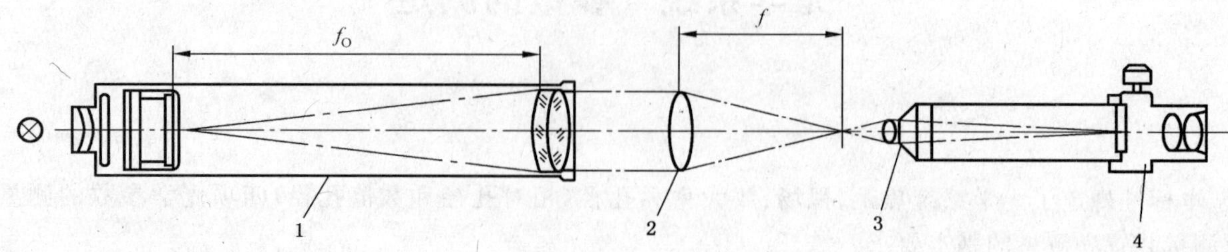

1——平行光管；

2——被测透镜；

3——显微镜物镜；

4——目镜测微器。

图 1

3.1.1.2 精密测角法

如图 2 所示，分划板应精确地调焦在被测物镜的焦面上，分划板上有一对与物镜光轴对称的刻线，其间距为 y 并预先精确测定，在像方用精密测角仪或经纬仪测出对应的角度 2ω，用式(3)计算被测物镜焦距 f'：

$$f' = \frac{y}{2\tan\omega/2} \qquad (3)$$

在 3.1.1.1 中所叙述的用放大率法测焦距，作为基准用的平行光管物镜，其焦距建议采用精密测角法测量，以获得更高的准确度。

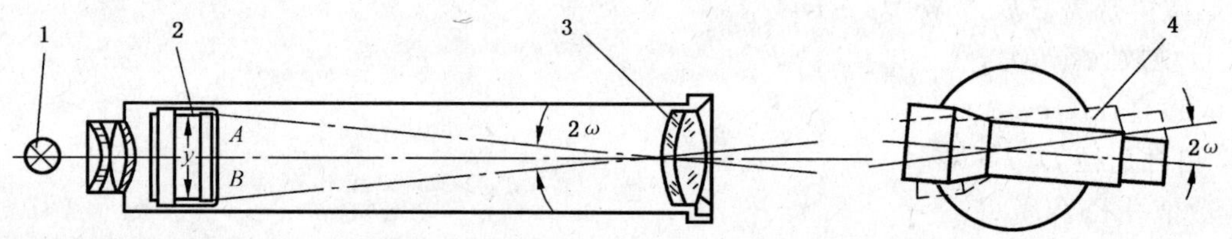

1——光源；

2——分划板；

3——被测物镜；

4——经纬仪。

图 2

3.1.2 测量装置和测量的基本要求

3.1.2.1 照明条件

照明的光谱特性及孔径应与被测物镜使用要求相适应。

3.1.2.2 平行光管

3.1.2.2.1 平行光管物镜焦距为被测物镜焦距的 2 倍～5 倍。

3.1.2.2.2 平行光管物镜焦距及焦面位置，应根据测量的光谱特性要求予以标定。

3.1.2.2.3 平行光管物镜像差应经过良好校正。

3.1.2.3 分划板

3.1.2.3.1 分划板应精确地调节在平行光管物镜或被测物镜的焦面上。

3.1.2.3.2 在有效视场范围内应选取间距大的线对进行测量，有利于减小测量相对误差。

3.1.2.4 被测物镜的调节

调节被测物镜光轴，使之与平行光管物镜光轴、显微镜或经纬仪望远镜的瞄准轴线基本重合。

3.1.2.5 **调焦**

测量时用显微镜或望远镜对目标像调焦，应遵循消视差原则。

3.2 **视场**

3.2.1 **测量方法**

3.2.1.1 **望远镜视场测量方法**

望远镜视场以能见到的物空间的边缘对入瞳中心的张角 2ω 来表示。

a) 用视场仪测量视场角

视场仪是一种大视场的平行光管，它的物镜常采用成像质量良好的广角照相物镜，在焦面上装有标注角度分划的十字分划板。

如图 3 所示，测量时将被测望远镜对准视场仪，人眼大致位于眼点位置，通过望远镜直接观察视场仪分划板上的分划线，望远镜所能见到的视场仪分划线左右两边最大读数之和就是望远镜的视场。测量时应调节视场仪或被测物镜的高低角，使十字分划像的横线通过被测视场的中心。

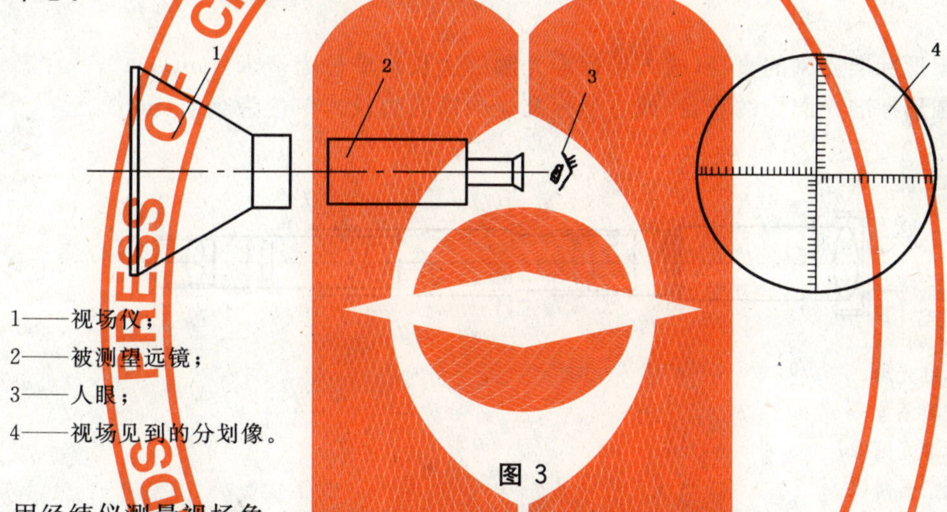

1——视场仪；
2——被测望远镜；
3——人眼；
4——视场见到的分划像。

图 3

b) 用经纬仪测量视场角

如图 4 所示，从被测望远镜目镜方向照明，用经纬仪在物镜方向观测，水平转动经纬仪，先后对准视场光阑两个边缘，两次读数之差就是望远镜的视场。

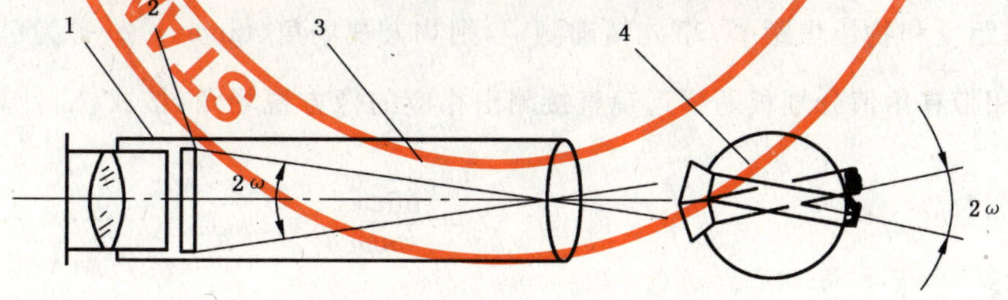

1——分划板；
2——视场光阑；
3——被测望远镜；
4——经纬仪。

图 4

3.2.1.2 **显微镜视场测量方法**

显微镜视场是以物平面上能观察到的最大直径来表示，通常称为线视场。

测量时在载物台上安放一标准刻尺，人眼通过被测显微镜直接观测，在视场中所能见到的刻尺范围就是显微镜的视场大小。

3.2.2 测量装置和测量的基本要求

3.2.2.1 照明条件

采用白光照明。照明光束应均匀充满被测视场，不应产生光束切割现象。

3.2.2.2 物平面

被测显微镜的物平面应垂直于物镜光轴，保证视场边缘两侧的像同时清晰。

3.3 放大率

3.3.1 测量方法

3.3.1.1 望远镜(视)角放大率测量方法

a) 以测量出瞳直径计算放大率

如图5所示，将已知尺寸的标准光阑(圆形或方形)套在被测系统的物镜框上，在目镜一侧用倍率计测出标准光阑像的大小，用式(4)计算被测望远镜的角放大率 γ：

$$\gamma = \frac{a}{a'} \qquad \cdots\cdots(4)$$

式中：

a——圆形标准光阑的直径(或方形标准光阑的边长)，单位为毫米(mm)；

a'——圆形标准光阑像的直径(或方形标准光阑像的边长)，单位为毫米(mm)。

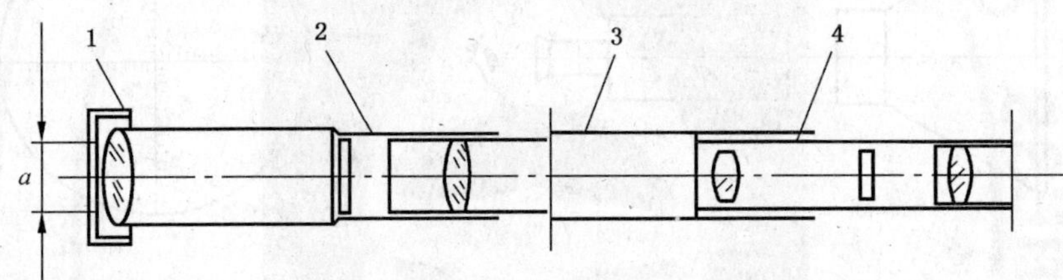

1——标准光阑；

2——被测系统；

3——标准光阑像；

4——低倍显微镜。

图5

b) 以测量像方视场角计算放大率

如图6所示，被测系统物方对准平行光管，在平行光管物镜的焦面上安装分划板，分划板上的线对间距 y 和物镜焦距 f'_O 事先精确测定，则物方视场角($\tan\omega = \frac{0.5y}{f'_O}$)为已知，在被测系统的像方，用带有角值分划板的望远镜直接测出相应的像方视场角，按式(5)计算被测系统的角放大率 γ：

$$\gamma = \frac{\tan\omega'}{\tan\omega} \qquad \cdots\cdots(5)$$

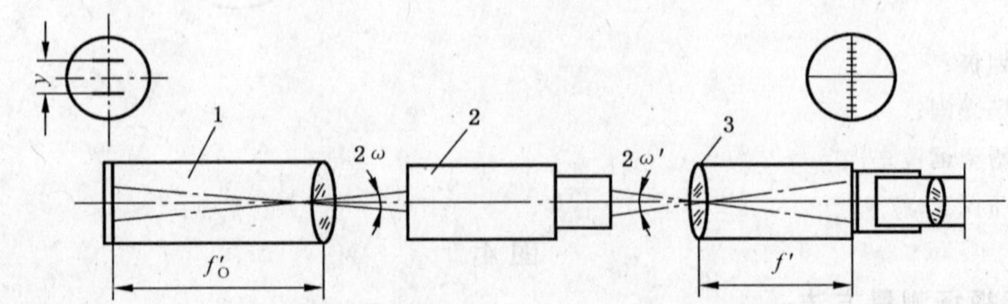

1——平行光管；

2——被测系统；

3——测量角值望远镜。

图6

c) 以测量物方视场角计算放大率

将被测系统的像方对向视场仪，视场仪的角度分划值作为已知的像方视场，在物方用经纬仪测出对应的物方视场角，按式(5)计算被测系统的角放大率。

3.3.1.2 显微镜放大率测量方法

a) 物镜放大率

按规定的机械筒长装入被测物镜和观察用目镜，并对载物台上的测微尺调焦，直到测微尺像清晰为止，然后取出观察用目镜，装上测微目镜，在保证物距不变的条件下，调节显微镜抽筒，使测微目镜的分划板与原来已调好的物镜像面重合。测微尺的间距为 y，用测微目镜测出测微尺像间距为 y'，按式(6)计算物镜放大率 M_{O}：

$$M_{\mathrm{O}} = \frac{y'}{y} \qquad \cdots\cdots(6)$$

b) 目镜放大率

按式(7)计算目镜放大率 M_{E}：

$$M_{\mathrm{E}} = \frac{250}{f'_{\mathrm{E}}} \qquad \cdots\cdots(7)$$

目镜焦距 f'_{E} 根据 3.1.1.1 所叙述的方法测量。

c) 系统视觉总放大率

方法一：

按式(8)计算系统视觉总放大率 M_{TOTVIS}：

$$M_{\mathrm{TOTVIS}} = M_{\mathrm{O}} \cdot M_{\mathrm{E}} \qquad \cdots\cdots(8)$$

注：式(8)适用于在无镜筒透镜情况下。

方法二：

如图 7 所示，在被测系统的物平面上安放测微尺，并调焦到像清晰为止，然后在被测系统目镜一侧用带有分划板或测微目镜的低倍望远镜测量像高，按式(9)计算系统视觉总放大率 M_{TOTVIS}：

$$M_{\mathrm{TOTVIS}} = \frac{250y''}{yf'} \qquad \cdots\cdots(9)$$

式中：

y——测微尺间距，单位为毫米(mm)；

y''——测微尺像间距，单位为毫米(mm)；

f'——望远镜物镜焦距(预先测定，为已知数)，单位为毫米(mm)。

如果望远镜分划板是以 f' 大小标注角度的分划，则直接测出测微尺两条刻线经被测系统后出射光束的角度 ω'，可按式(10)计算系统视觉总放大率 M_{TOTVIS}：

$$M_{\mathrm{TOTVIS}} = \frac{250}{y}\tan\omega' \qquad \cdots\cdots(10)$$

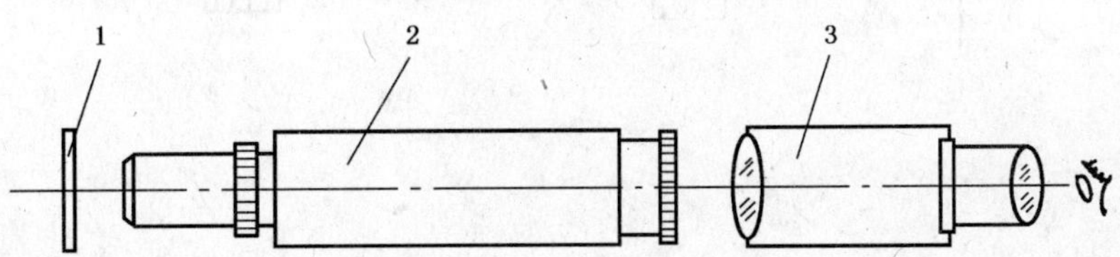

1——测微尺；

2——被测系统；

3——低倍望远镜。

图 7

3.3.1.3 投影仪放大率测量方法

投影仪物镜放大率的测量,可在投影仪工作台上安放标尺,并对标尺调焦,直到在投影屏上标尺像清晰为止,然后用另一标尺直接在投影屏测出标尺像的大小,按式(6)计算物镜的放大率。

测量时应按规定在投影屏不同部位和相互垂直方向测量放大率是否符合要求。

3.3.2 测量装置和测量的基本要求

3.3.2.1 照明条件

采用白光照明,照明光束应均匀并充满被测视场。

3.3.2.2 调焦

对于望远镜的测量,应对无穷远目标调焦,目镜如系可调视度,应调在零屈光度位置。

对目标像的调焦应遵循消视差原则。

3.3.2.3 共轭距

对于有限远物像距系统应保证正确的共轭距,物平面与像平面均应垂直于被测系统光轴。

3.4 孔径(相对孔径和数值孔径)

3.4.1 测量方法

3.4.1.1 相对孔径测量方法

物镜的相对孔径用入瞳直径与焦距的比值来表示,即$\frac{D}{f'}$。按式(11)表示照相物镜常用F数:

$$F=\frac{f'}{D} \qquad (11)$$

F数即为照相物镜相对孔径的倒数,亦称光阑指数或光圈。

物镜焦距可按照3.1.1.1所叙述的方法测量。

测量照相物镜入瞳直径如图8所示,用测量显微镜测量光阑在物空间所成像(即入瞳)的直径。

测量时从像方漫射照明光阑,在物方用显微镜对光阑像调焦,移动显微镜用十字分划,先后瞄准光阑像的左右边缘,显微镜读数机构两次读数之差就是入瞳直径的大小。

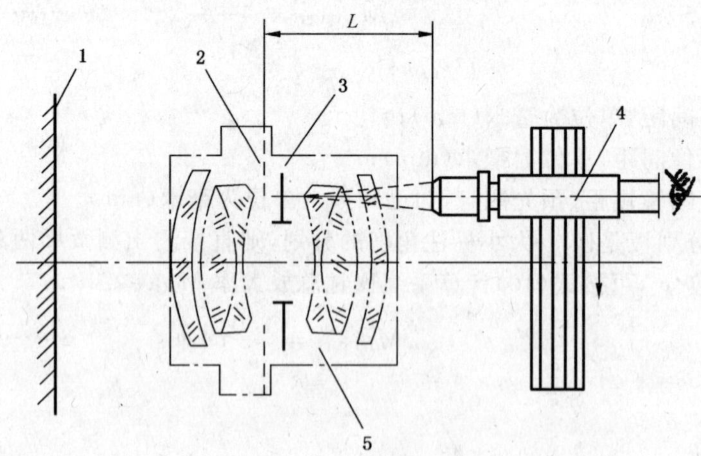

1——漫射屏;

2——入瞳;

3——孔径光阑;

4——测量显微镜;

5——被测照相物镜。

图8

3.4.1.2 数值孔径测量方法

按式(12)表示数值孔径 NA：

$$NA = n\sin U \tag{12}$$

式中：

n——物空间介质折射率；

U——物方半径孔径角。

数值孔径 NA 用数值孔径计测量，孔径计玻璃圆柱体表面有两圈刻度线，内圈刻度线为 U 值，外圈刻度线为 NA 值。

孔径计的大致结构如图 9 所示，在金属框上面位于玻璃圆柱面处装有带十字分划板的小平行光管，作为无限远目标，并与指标线一起沿玻璃圆柱面滑动。

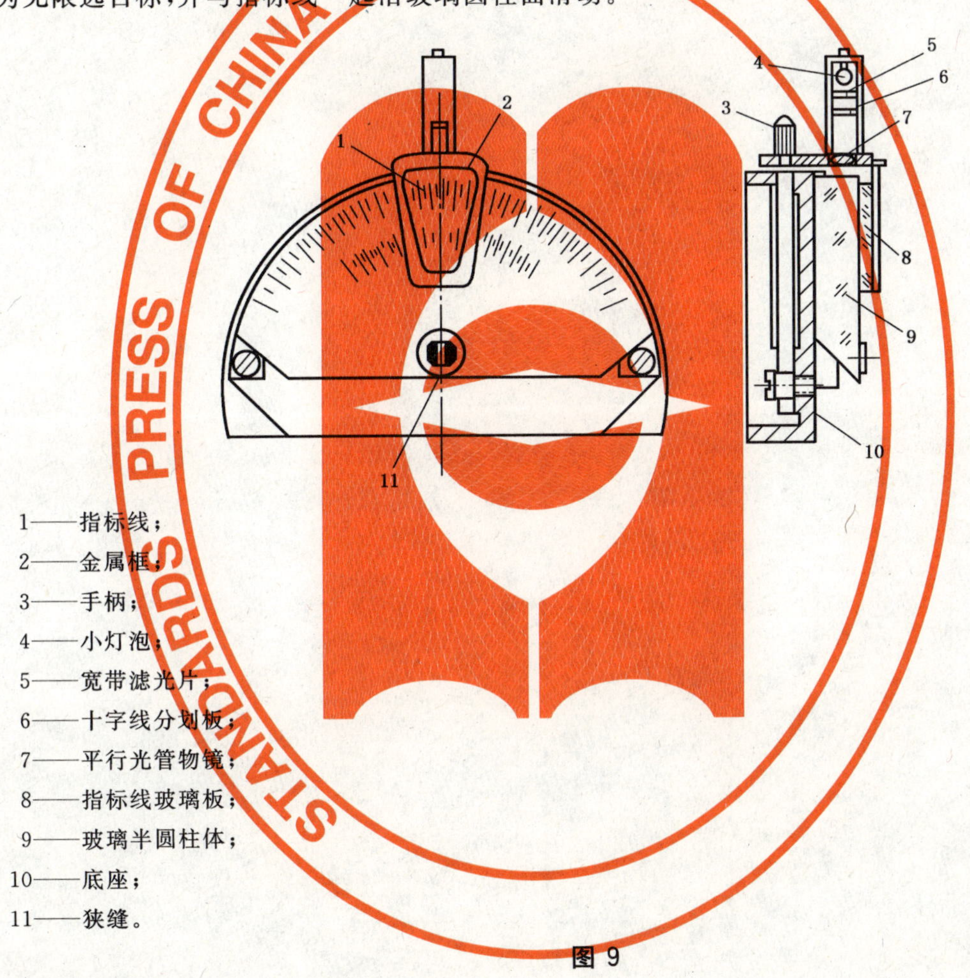

1——指标线；
2——金属框；
3——手柄；
4——小灯泡；
5——宽带滤光片；
6——十字线分划板；
7——平行光管物镜；
8——指标线玻璃板；
9——玻璃半圆柱体；
10——底座；
11——狭缝。

图 9

测量时按规定的机械筒长装入被测物镜和观察用目镜。将孔径计置于显微镜载物台上，显微镜对孔径计表面的狭缝调焦，直到狭缝像清晰为止；在保证物距不变的条件下，取下观察用目镜代之装上低倍显微系统，并对被测物镜后焦面上的十字像调焦，用手柄滑动平行光管，直到十字像的中心与孔径直径方向左右边缘相交，两次读数的平均值就是被测物镜的数值孔径值。

对于低倍物镜的测量，可用小孔光阑取代观察用目镜，人眼通过小孔光阑直接观测。

3.4.2 测量装置和测量的基本要求

3.4.2.1 照明条件

入瞳直径的测量采用白光照明。数值孔径计的无限远十字目标，应通过中心波长为 546 nm 的宽带滤光片照明。

3.4.2.2 浸液

对于显微镜浸液物镜 NA 的测量，应按规定在物镜前表面与孔径计狭缝之间注入相应的浸液介质。

3.4.2.3 工作距离

在测量照相物镜入瞳直径时，测量显微镜的工作距离，应能保证对入瞳调焦。

3.4.2.4 入瞳直径测量结果

由于照相物镜光阑的形状不是规则的圆形，因此应选取多个直径方向测量，并取其平均值作为测量结果。对入瞳不是圆形的物镜，应以等效面积的圆直径计算之。

ICS 37.020
N 30

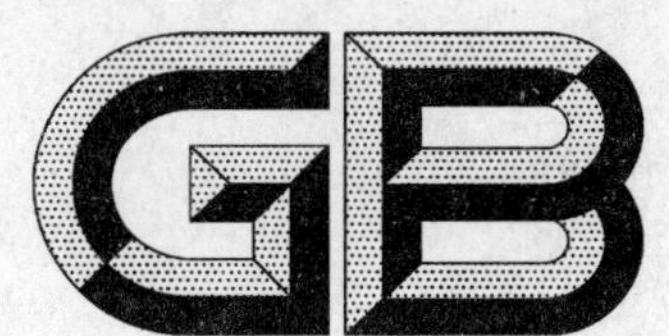

中华人民共和国国家标准

GB/T 10988—2009
代替 GB/T 10988—1989

光学系统杂(散)光测量方法

Veiling glare of optical systems—Methods of measurement

(ISO 9358:1994, Veiling glare of image-forming systems—Definitions and methods of measurement, MOD)

2009-09-30 发布　　2009-12-01 实施

中华人民共和国国家质量监督检验检疫总局
中国国家标准化管理委员会　发布

前 言

本标准修改采用 ISO 9358:1994《成像系统的杂散光 定义和测量方法》。

本标准与 ISO 9358:1994 的主要技术差异为：

——对第 1 章作了适当修改；

——第 2 章增加了黑斑和白斑的定义；

——采用文字形式代替表 2；

——“本国际标准”一词改为“本标准”；

——删除国际标准的前言。

本标准代替 GB/T 10988—1989《光学系统杂(散)光测量方法》。

本标准与 GB/T 10988—1989 的主要差异为：

——增加了杂光分布函数和辐射强度的杂光分布函数的定义、测量方法及测试结果表示；

——第 4 章增加了两个半球法的杂光测量装置；

——第 5 章增加了杂光系数测量时试验共轭物的试验条件；

——第 7 章增加了归一化的内容；

——第 8 章增加了测量不确定度的评估。

本标准由中国机械工业联合会提出。

本标准由全国光学和光子学标准化技术委员会(SAC/TC 103)归口。

本标准负责起草单位：上海理工大学、华东师范大学。

本标准主要起草人：章慧贤、冯琼辉、王蔚生。

本标准所代替标准的历次版本发布情况为：

——GB/T 10988—1989。

光学系统杂(散)光测量方法

1 范围

本标准规定了以杂光系数和杂光分布函数来评价光学和电子光学成像系统杂光特性以及杂光系数和杂光分布函数测量的方法和结果表达方式。

本标准适用于可见光谱区域内使用的光学系统,对邻近光谱区域内使用的系统可参照使用。

2 术语和定义

下列术语和定义适用于本标准。

2.1

杂光 veiling glare

由进入光学或电子光学系统的部分辐射所引起的在该系统像面上的有害光照度。此辐射可以来自该系统视场的外部或内部。

2.2

黑斑(黑带) black area

积分球壁上的一个吸收腔。

2.3

白斑(白带) white area

具有积分球壁内表面反射特性的圆斑(狭带)。

2.4

杂光系数 veiling glare index;VGI

在均匀亮度的扩展视场中放置一个黑斑,经被测样品成像后,其像中心区域上的光照度与移去黑斑放上白斑后在像面上同一处的光照度之比。VGI以百分比表示。

注:应规定黑斑及其周围场的尺寸和用于测量的黑斑的比例。

2.5

带状目标物的杂光系数 veiling glare index-band target;VGIB

在均匀亮度的扩展视场中放置一个狭窄的理想黑带,经被测样品成像后,其像中心区域上的光照度与移去黑带后在像面上同一点的光照度之比。VGIB以百分比表示。

注:黑带或黑条将延伸横扫过像幅的对角线,应规定黑带或黑条的宽度和长度,以及周围视场的尺寸和用于测量的黑斑的比例。

2.6

杂光分布函数 glare spread function;GSF

由小的物光源在像面上的杂光照度与小光源轴上光源像的总通量之比,其表达方式见式(1):

$$GSF = \frac{杂光照度}{光源像上的总通量} \qquad \cdots\cdots(1)$$

式中:

GSF——杂光分布函数,单位:m^{-2}。

2.7

辐射强度的杂光分布函数 glare spread function-radiant intensity;GSFR

在试验系统出瞳处,相当于杂光源的像空间的辐射强度与实际照明光源轴上像的总通量之比,其表达方式见式(2):

$$GSFR = \frac{\text{相当于杂光源的辐射强度}}{\text{实际照明光源轴上像的总通量}} \qquad \cdots\cdots(2)$$

式中:

$GSFR$——辐射强度的杂光分布函数,单位:sr^{-1}。

当涉及通过焦点的系统时,通常优先采用 $GSFR$。

3 被测样品分类

3.1 总则

根据物距和物方区域以及像距和像方区域的不同情况对被测样品进行分类,分类的举例见表 1。

3.2 物方空间

3.2.1 分类 A 为物体在无限远或接近无限远,从整个半无限空间(无限物区)来的光辐射,照射到被测样品。

3.2.2 分类 B 为物距和物区域是有限的,光源只与所使用的最大物方区域相符合。

3.2.3 分类 C 为物距和物方区域是有限的,该物体不能靠近,例如用玻璃罩覆盖。

3.3 像方空间

3.3.1 分类 a 为像面在无限远或接近无限远。

3.3.2 分类 b 为像面在有限距和有限区域。

3.3.3 分类 c 为像面在有限距,但不能靠近,例如用玻璃罩覆盖。

表 1

物距分类		像距分类		
		无限远像距或大于 10 倍焦距	有限像距	有限像距但不能靠近
A	物在无限远或大于 10 倍焦距(无限物区)	望远镜	投影镜头	电视系统、照相机、电影摄影机
B	有限物距(有限物区)	投影镜头、放大镜、显微镜	放大镜头、制版镜头、摄影镜头、带有纤维平板的转像管	电视显微镜
C	有限物距但不能靠近(有限物区)	(显微镜)	—	带有玻璃圆盘的像转换管(电视显微镜)

4 测量方法

4.1 杂光系数

4.1.1 一般方法

图 1 是用于测量透镜系统 VGI 的典型装置。

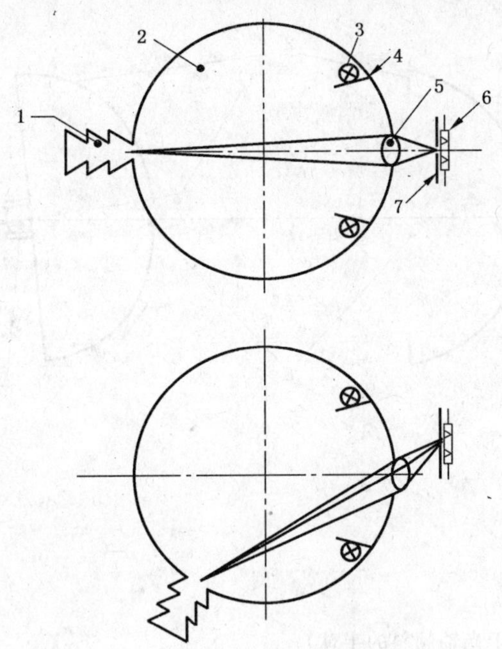

1——吸收腔；
2——积分球；
3——灯；
4——屏；
5——被测样品；
6——检测器；
7——小孔光阑。

图1 无限物场的杂光测量

扩展的亮视场(2π立体角)是由若干灯泡透过相应窗口照明积分球的内壁所构成。

积分球上黑斑可用白斑置换。

被测镜头放置在和黑斑相对方向的出口处，其前端应伸入积分球内壁。

黑斑像的光照度用光电检测器(附有小孔光阑和散射器)来测量。上述检测信号与用白斑取代黑斑时所测到的检测信号之比即为杂光系数。如黑斑不能用一块白斑取代时，可将光阑和检测器移至黑斑像邻近的位置进行测量。

根据被测样品的分类选择测量装置。对带状目标物的杂光系数(VGIB)适合用一般方法。

扩展光源和检测器系统的测量装置和方法见4.1.2、4.1.3。

4.1.2 扩展光源和黑斑

4.1.2.1 物在无限远(分类A)

扩展光源的理想张角为2π立体角，扩展光源和黑斑应处于无限远，也允许采用模拟装置，它所提供的VGI测量结果和物距为无限远的测量结果应相同。

若被测样品是电子光学系统(如夜视观察仪)或无焦系统，采用物距大于被测镜头或物镜的10倍焦距；若被测镜头与系统的其余部分连在一起(如带照相机机身的被测镜头)，物距还应远大于系统的最小调焦距离。

本标准推荐四种适用于不同测量条件的装置，有关技术性能将在第5章中叙述。

4.1.2.1.1 单个积分球法

焦距较短的透镜组可使用图1所示的单个积分球装置，在被测光学系统视场的不同位置都可安置黑斑。

4.1.2.1.2 两个半球法

无限物场和无限远物距的杂光测量装置见图2。

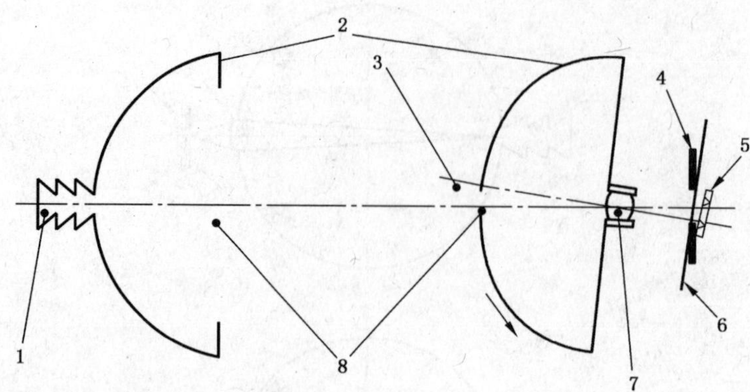

1——吸收腔；
2——半球，可变距离；
3——可转动球孔径；
4——小孔光阑；
5——检测器；
6——像平面；
7——被测样品(被测样品和对于光轴倾斜的半球)；
8——可变球孔径。

注：用第二个半球获得无限远物距。

图2　无限物场和无限远物距的杂光测量

该方法使用一个照明均匀的半球靠近被测样品，提供2 π立体角的大部分光照度。因第二半球在要求的包含黑斑(吸收腔)的物距上以及包含有扩展光源 2π 立体角的其余部分。可以通过第一个半球的孔看到第二个半球，其直径应不使被测样品的孔产生光晕。对黑斑像，有限物场稍少于由第二个半球包含的区域。

对于轴外测量，第一个半球和被测样品必须有倾斜装置，且该半球的孔应可转动。

半球的有效辐射率必须是恒等的。

4.1.2.1.3　积分球和准直仪法

若被测样品焦距很长，可用带有准直仪的单个积分球代替两个半球，如图3所示。图3是无限物场使用辅助透镜的杂光测量。对于轴外测量，被测样品应绕入瞳中心旋转。

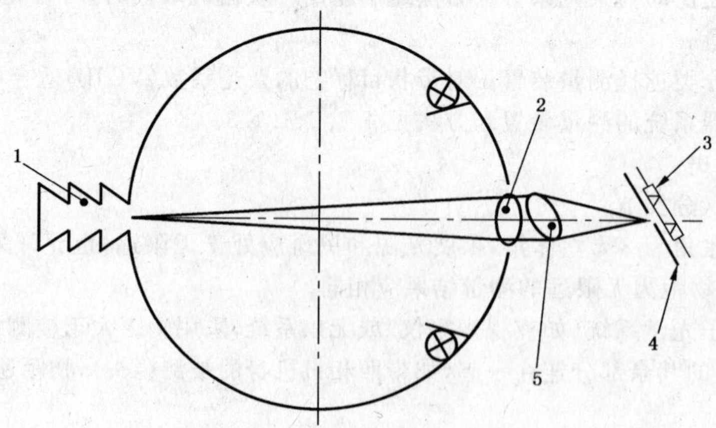

1——吸收腔；
2——准直物镜；
3——检测器；
4——小孔光阑；
5——被测样品。

注：像场是轴外的。

图3　关于无限物场使用辅助透镜的杂光测量

使用任何辅助光组(如准直仪)时,需特别注意不能引入影响测量准确度的杂光(见第5章)。

4.1.2.1.4 矩形箱法

用一个满足第5章中光照度规定的矩形箱积分腔代替单个积分球,如图4所示。

这种积分腔中的圆形黑斑适用于VGI的测量,带状黑条适用于VGIB的测量。带状黑条装在视场中心的转轴上,转动时可扫过整个视场。这种装置和位于像面上的列阵检测器连用,可快速测量不同成像位置的VGI。

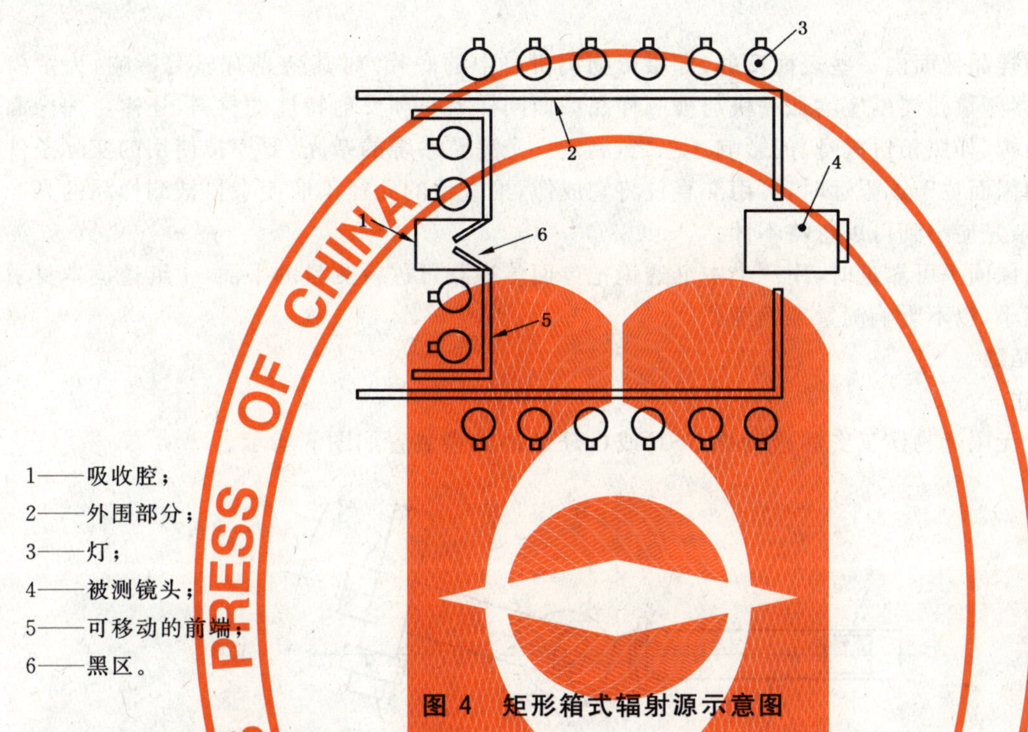

1——吸收腔;
2——外围部分;
3——灯;
4——被测镜头;
5——可移动的前端;
6——黑区。

图4 矩形箱式辐射源示意图

4.1.2.2 物在有限距,有限物区(分类B)

测量所用的扩展光源的形状和大小与被测样品物方视场的形状和大小相适应。

图5是这种测量VGI的装置。扩展光源是一个均匀照明的漫射透光屏,其大小和形状与被测样品物方视场的形状和大小相同。测量VGI时所用的黑区是一不透明的圆斑,通常可以移到视场的不同区域,不透明的黑色狭带用于测量VGIB。

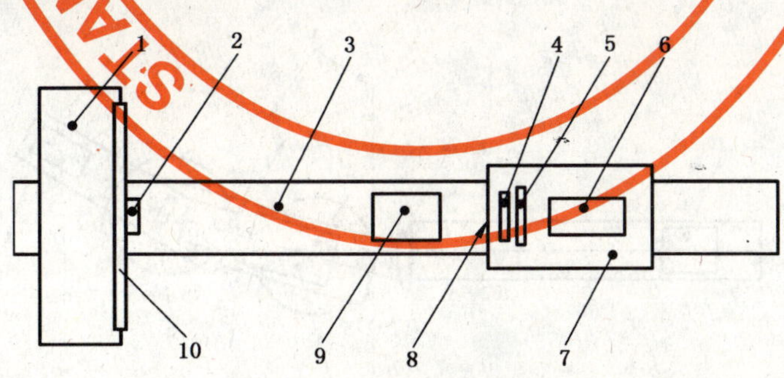

1——扩展光源;
2——黑区;
3——光学台;
4——滤色片;
5——漫射屏;
6——光电倍增管;
7——检测器组;
8——孔;
9——被测光学系统;
10——漫射屏。

图5 有限物距杂光的测量装置

4.1.2.3 不可靠近的物面(分类C)

当物面不可靠近(物区为有限大小)时,通常用辅助光组将扩展光源和黑斑投影到物面上,装置和4.1.2.2相似,只附加一个投影系统。

辅助光组引入的杂光应尽可能小,以不影响测量准确度。

4.1.3 检测器系统

检测器系统通常包括小孔光阑、滤色片座和检测器,要求检测器在接收光辐射的整个角度范围内响应均匀。

由于在被测样品像面内一些表面反射(如摄影物镜机身中的底片)对其杂光有显著影响,为了模拟这种影响,检测器测量孔周围应增加一块与被测样品像面同样大小和反射特性的材料,还需考虑像面区域内使用机械结构(如照相机机身)的影响。总之,测量一个完整系统的杂光,要模拟使用的实际条件。

当被测样品像面位于无限远时,可用准直仪将它成像,准直仪的孔径不应使来自被测样品的光产生光晕,其本身的杂光应小到可以忽略不计。

当被测样品像面不可靠近时,用一个中继透镜把像面传递到可进行测量的平面,中继透镜本身引入的杂光应尽可能小,以不影响测量准确度。

4.2 杂光分布函数

4.2.1 一般方法

用于测量对无限远物体工作的透镜的GSF或$GSFR$的典型装置如图6所示。

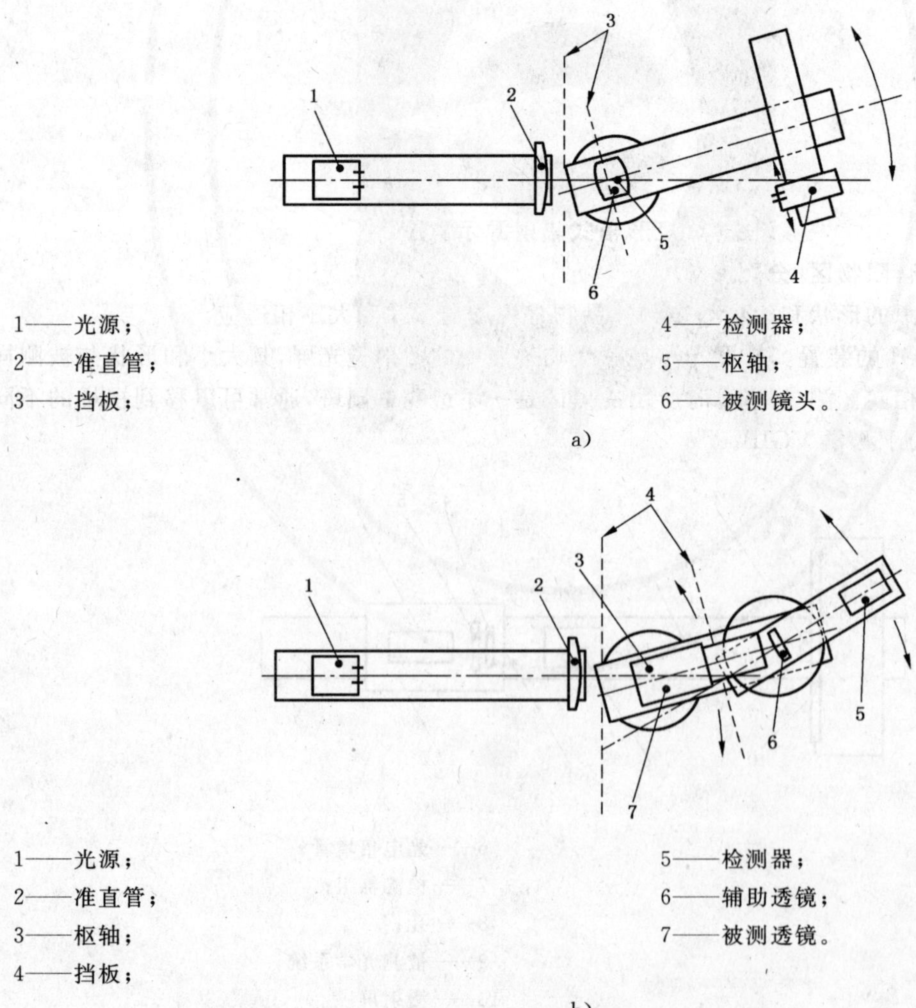

1——光源;
2——准直管;
3——挡板;
4——检测器;
5——枢轴;
6——被测镜头。

a)

1——光源;
2——准直管;
3——枢轴;
4——挡板;
5——检测器;
6——辅助透镜;
7——被测透镜。

b)

图6 杂光分布函数测量装置

在准直仪的焦点上安置一个小的均匀发光的圆形光源，且均匀照明其孔径。被测样品置于来自准直仪的光束中，并使其可以转动以改变光源在其视场中的角度位置，而同时被测样品的入射孔径保持完整的视场。需要用适当的方法(如挡板等)阻挡通过被测系统的任何辐射并使用检测器测量。通常使用以小孔、调节光源光谱内容的滤色片和光电检测器组成的检测器组合装置测量在像面上光照度的分布状态。检测器组合装置的安装应能使其置于被测样品像场中的任何地方。

测量 *GSF* 的特别条件是检测系统必须有一个大的动态的光照度范围，通常这可以是 $10^4 \sim 10^6$ 或更大，这由被测透镜和系统的型式决定。要容纳如此大的动态量程，通常检测系统设计为对数式响应。采用中性密度滤色片插入光源或插入置于适当测量台上的检测器组合装置，可以减少所需的动态量程。

为归化光照度分布以获得 *GSF*，前者将在光源轴上像上的总通量作为除数。如检测器孔径小于光源像，则总通量采用光源像上光照度的平均值与光源像面积的乘积。若光源光照度是均匀的，则较容易测定。

如检测器孔径大于光源像，当光源像位于检测器孔中央时，获得的检测器信号可直接测量总通量。在此情况下，光源像上光照度的均匀性是不重要的。

这两个情况的归一化过程如图 7 所示。类似的考虑应用于 *GSFR* 的测量和归一化过程如图 8 所示。

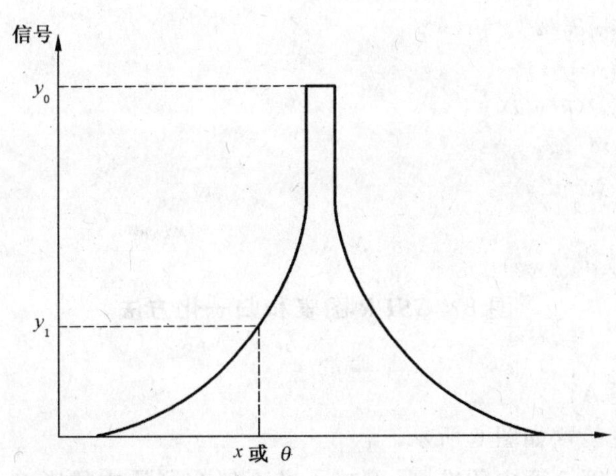

A——光源像的面积；

a——检测器孔的面积；

k——通量/信号；

x——像面距离(线测量)；

θ——像面距离(角测量)。

1. 检测器孔径<光源像

光照度	ky_1/a
在像上的通量	ky_0A/a
每单元光照度	$y_1/(y_0A)$

2. 检测器孔径>光源像

光照度	ky_1/a
在像上的通量	ky_0
每单元光照度	$y_1/(y_0a)$

图 7　*GSF* 图表和归一化方法

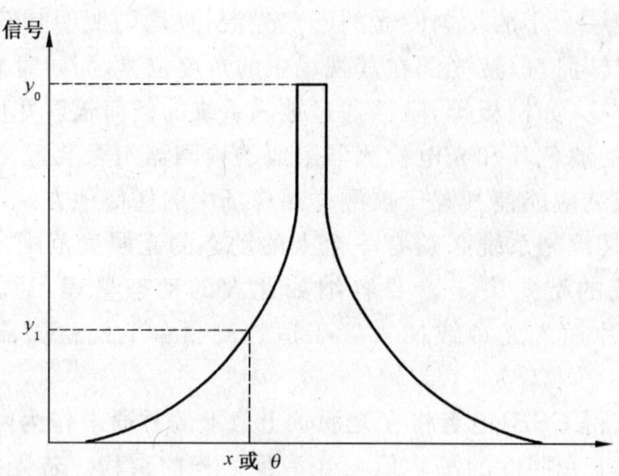

k——通量/信号；

A——光源像的面积；

a——检测器孔的面积；

d——检测器至出瞳的距离；

x——像面距离(线测量)；

θ——像面距离(角测量)。

1. 检测器孔径<光源像

瞳孔处强度	ky_1d^2/a
在像上的通量	ky_0A/a
每单元通量强度	$y_1/(d^2y_0a)$

2. 检测器孔径>光源像

强度	$ky_1/(d^2a)$
在像上的通量	ky_0
每单元通量强度	$y_1d^2/(y_0a)$

图 8 *GSFR* 图表和归一化方法

4.2.2 光源

4.2.2.1 物在无限远(分类 A)

用于物距无限远的测量装置如图 6 所示。

准直仪的选择必须满足第 5 章中的准则，以减小准直仪在测量中的影响。如要求光照度是均匀的，光源本身应是一个发光的孔，其系统如图 9a)或图 9b) 所示。

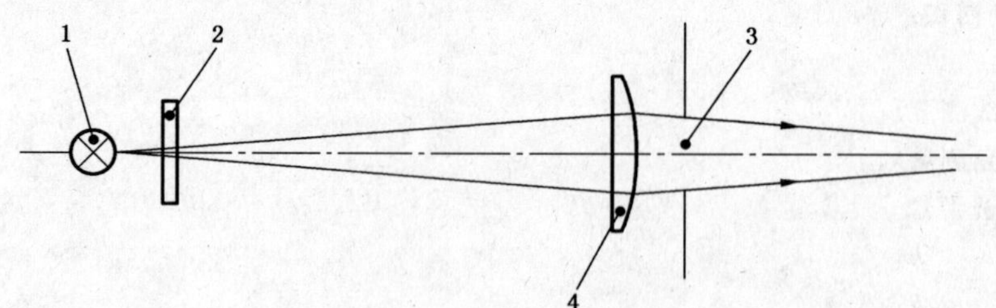

1——光源；

2——半漫射屏；

3——孔；

4——中继透镜(将漫射屏的像成于平行光管入瞳处)。

a)

图 9 光源系统

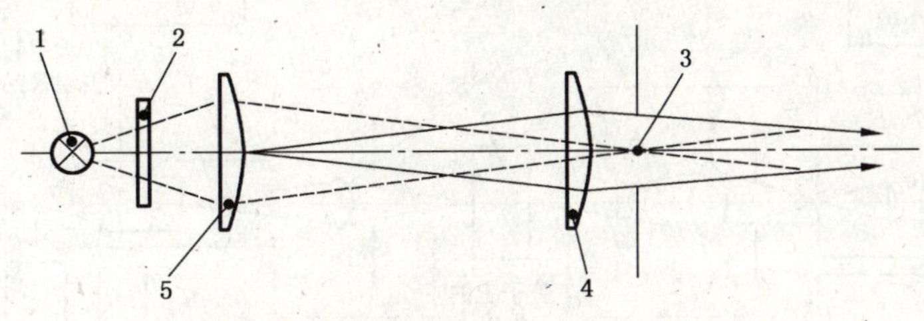

1——光源；

2——半漫射屏；

3——孔；

4——中继透镜(将漫射屏的像成于平行光管入瞳处)；

5——聚光透镜。

b)

图 9(续)

4.2.2.2 **物在有限距,有限物区(分类 B)**

用于此类测量的装置如图 10 所示,光源装置应能在被测样品的物面和幅面内移至任何位置上。由被照明的孔形成光源,为均匀照明在整个视场位置上的被测样品的进光孔,必需用一个灯照明透光漫射屏形成的光源或采用图 9 中的一个装置。

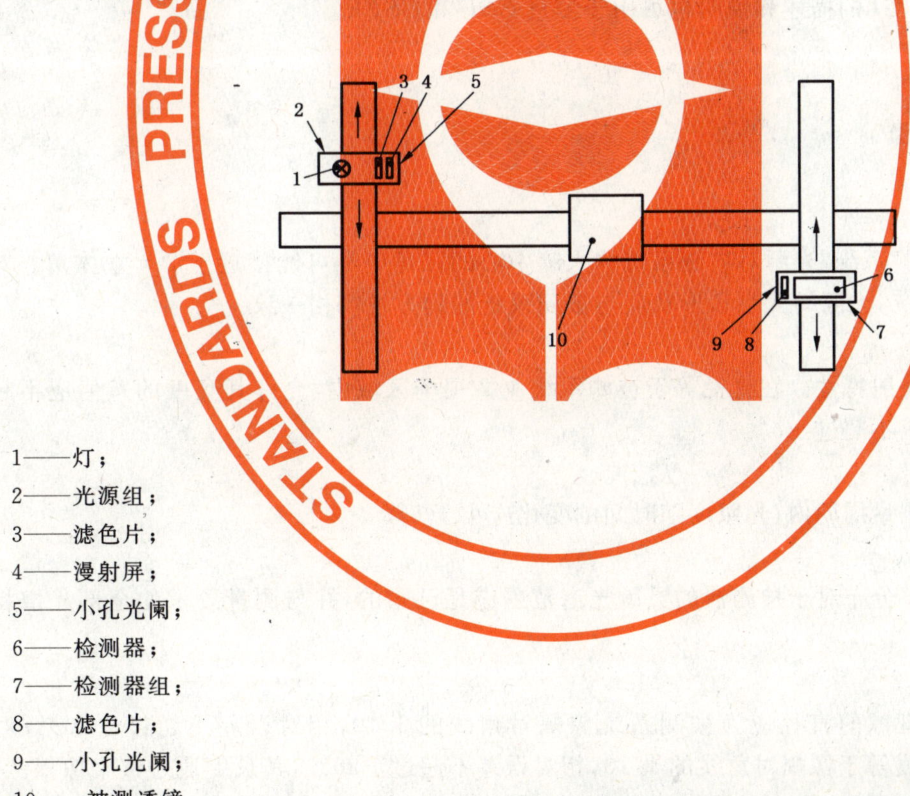

1——灯；

2——光源组；

3——滤色片；

4——漫射屏；

5——小孔光阑；

6——检测器；

7——检测器组；

8——滤色片；

9——小孔光阑；

10——被测透镜。

图 10 有限物距镜头的 *GSF* 或 *GSFR* 的测量装置

4.2.2.3 **不可靠近的物面(分类 C)**

类似于 4.2.2.2 的装置适用于该类测量,用附加的辅助透镜系统将光源像投射到被测样品的物面上。用于测量像增强管的 *GSF* 的测量装置如图 11 所示。

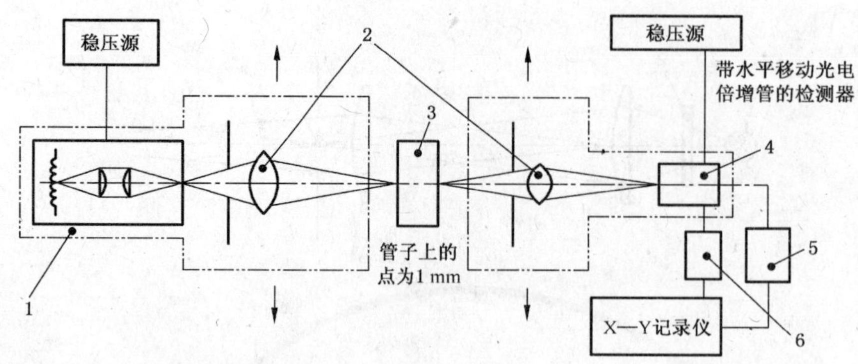

1——孔径一般为 0.3 mm 的钨卤素光源组；

2——中继透镜；

3——增强管；

4——孔(孔径一般 1 mm)；

5——对数放大器；

6——变换器。

图 11 像增强管的 *GSF* 测量装置

可以忽略不计辅助透镜的杂光。

4.2.3 检测器系统

4.1.3 中关于测量 VGI 的描述和说明也可用于测量 *GSF* 和 *GSFR*。

5 试验条件

5.1 VGI 和 VGIB 的测量

5.1.1 扩展光源

5.1.1.1 大小

对于分类为 A 的被测系统，光源对被测系统的入瞳中心的张角应尽可能接近于 2 π 立体角。对于分类为 B 和 C 的被测系统，光源的大小和形状应与被测系统的物方视场相一致。

5.1.1.2 光辐射特性

扩展光源具有朗伯发射特性。在直径等于被测系统 1/2 视场区域内，允许其亮度的差值应不超过±5%，在全视场区域内应不超过±8%。

5.1.1.3 稳定性

在整个杂光系数的测量周期内，光照度随时间的变化应小于 5%。

5.1.1.4 光谱特性

扩展光源的光谱功率分布对于检测器的灵敏光谱范围应是已知的，并与测量要求的全部光谱特性相一致。

5.1.1.5 黑斑

对于 VGI 测量，黑斑像的直径应为被测系统像幅对角线的 1/10，相对误差不超过±20%；对于 VGIB 测量，黑带像的宽度等于像幅对角线的 1/10，相对误差不超过±20%，其长度通过整个像幅。

黑斑的亮度应小于周围亮视场亮度的 10^{-3}。

5.1.1.6 准直仪和其他辅助光组

在测量长焦距(如 1 000 mm 望远透镜组)物镜时，为避免用一个大的扩展光源，可使用准直物镜和扩展光源(见图 3)。

准直物镜是单片平凸透镜，两面都镀高质量的减反膜(每个面的反射率在整个波长范围内小于 1%)，并有足够大的通光孔径，不产生附加渐晕，准直仪对扩展光源的遮拦应尽量减小。

在像空间内使用准直仪或任何辅助光组也应符合上述要求。

5.1.2 检测器组

5.1.2.1 小孔光阑

小孔光阑的直径为黑斑像直径的 20%。

5.1.2.2 角度响应

检测器组的响应应与小孔光阑面上的光照度成比例，在±45°入射角之内，比例常数的变化不超过 5%。在±80°之内，变化不超过 10%。

5.1.2.3 检测器组表面散射影响

若被测系统的杂光要考虑像面材料的表面影响，则在检测器组测量孔周围应放置具有和被测系统像面同样大小和反射特性的材料，以模拟像面材料表面散射的影响。在像幅区域之外任何部分将光线反射到物镜的反射率应小于 3%。

若被测系统的杂光不包括像面材料的表面影响，检测器组表面的反射率应小于 3%。

5.1.2.4 线性

连同放大器、电表等在内的检测器系统，在所使用的光强范围内(例如 40 dB)应保持线性，符合杂光系数测量所要求的准确度。

5.1.2.5 稳定性

在杂光系数测量的整个周期内，检测系统灵敏度的变化应小于 2%。

5.1.2.6 光电检测器和滤色片

根据光电检测器的光谱响应和扩展光源的光谱特性来选择滤色片的光谱特性。

5.1.3 试验共轭物

测试件在无限远系统进行工作时，共轭值最小应为其本身的 10 倍焦距。若它是一个透镜或光电或无焦系统，则应为物镜的 10 倍焦距。若被测样品是一个完整的系统(如照相镜头和照相机机身)，则共轭物应大于接近系统的焦距。

测试件在有限物距上工作时，则用于杂光测量的共轭值应等于该距离或该测试件设定的距离范围内。

5.1.4 视场位置

杂光系数的测量应在被测样品的光轴上和在透镜整个视场的指定位置上进行。如仅测量单一的位置，建议选择 0.9 视场，其他视场位置推荐为：0.3，0.5 和 0.7。

5.1.5 孔径调节

物镜的杂光系数测量可在全孔径下进行，特别在评价光阑叶片的杂光分布时也可在其他特定的孔径下进行测量。

5.1.6 测量镜头加照相机机身(或类似完整系统)

测量时必须移去照相机后盖，将检测器的小孔光阑紧贴照相机胶片面上进行测量。

5.2 *GSF* 和 *GSFR* 的测量

5.2.1 光源

5.2.1.1 光辐射特性

如果用以进行测量的检测器孔小于光源像，则光源应有均匀的光辐射，在孔的直径范围内差值不超过 5%。光源像上的总通量由像及其区域内的光照度产生。

5.2.1.2 光源的光发射

光源发出的辐射的极性分布应使准直仪的入瞳是被均匀照亮的(强度的任何变化最好在 10%内)。

5.2.1.3 稳定性

必须监测光源辐射强度随时间对测量产生显著影响的变化。

5.2.1.4 **光谱特性**

要已知光源在检测器灵敏光谱区域内的光谱功率分布。

5.2.1.5 **光源直径**

光源直径应足够小，使其体积的任何变化不影响重要区域的 GSF 值。

通常光源的张角相当于该系统 1/20 线视场对应的视场角。

5.2.2 **准直仪和其他辅助光组**

准直仪无需很好地校正有关的像差(即角像差约为 5×10^{-3} 或较小视场的被测系统)。准直仪是单片平凸透镜，可以避免杂光的影响。

5.2.3 **检测器组**

5.2.3.1 检测器组的直径应足够小，其尺寸的任何变化不影响重要的 GSF 值。

5.2.3.2 灵敏度的稳定性

检测器组应监测明显影响测量或光照度的灵敏度变化。若在杂光的测量周期内出现变化，则该变化是明显的。

若使用干涉滤光片，应特别注意要保证透射或因倾斜而引起明显的光谱改变。

5.2.3.3 响应准确度

连同光学滤光片、放大器、电表等检测器系统的理想响应特性应在光强范围内测量，符合杂光测量所要求的准确度，一般采用对数响应特性。光强范围为 10^4～10^6，由试验中的镜头或装置的类型决定。

5.2.3.4 **检测器组的反射率**

可反射辐射的检测器组的外表面应镀具有合适反射率的材料。如单独测量透镜或反射镜系统的杂光时，反射率最大值为 3%。如果杂光测量包含检测器(如摄影材料的影响)，则此反射率值的应用条件的描述见 5.1.2.3。

6 测试条件规范

在表示杂光测量结果时，需全面说明被测系统的有关性能、参数以及测试条件。测量一个完整的系统时，还需考虑如摄影材料表面、显像管面板、照相机机身等各种因素的影响。

测试结果报告应包含下列项目和参数：

a) 被测系统的组成、名称、型式和编号，透镜的焦距和最小 F 数或无焦系统，放大率和入瞳或出瞳直径；
b) 光源的形状和张角或大小；
c) 黑斑或其像的形状和张角或大小(仅对 VGI 或 VGIB 的测量)；
d) 检测器小孔光阑直径；
e) 物距和放大率；
f) 辐射光源和附带滤色片以及检测器和附带滤色片的光谱特性；
g) 指明像面内是否用摄影材料(或类似材料)进行杂光测量；
h) 如测量时使用外罩，要说明是否是被测系统的整体；
i) 透镜孔径(F 数)；
j) 视场位置；
k) 指明是否需用辅助设备如辅助透镜。

7 测量杂光注意要点

7.1 检测器暗电流

在使用直流测量时，如果检测器暗电流与杂光信号相比不可忽略时，在测量时要加以校正。

7.2 杂光辐射

注意周围环境如实验室墙壁、室内物品以及其他光源如仪器指示灯等的影响，测量时要采取措施，尽量使它们的影响减到最小。

7.3 光学表面上的灰尘和污迹

被测系统光学表面上的任何灰尘和污迹都会影响杂光测量结果，在测量前应清洁表面。

7.4 辅助光学系统

辅助光学系统是一个杂光源，应避免使用。当必需使用辅助光学系统时，要确保它们对综合系统的杂光无明显影响，应对该系统的剩余杂光进行校正。

7.5 归一化

对于 *GSF* 的测量，当光源像大于检测器的孔径时，通过校准设备的信号强度或在纵坐标上用曲线表示完成归一化，使光源像输出信号强度平均值与光源像的面积的乘积等于总的杂光。当检测器孔径大于光源像时，光源像的输出信号的峰值与检测器孔的面积的乘积等于总的杂光。

类似的归一化程序也可应用于测量 *GSFR*，须使用系统出瞳的主体张角代替光源像或检测器孔的面积。实际上用在光源像区的信号强度在坐标上绘制 *GSF* 和 *GSFR* 曲线是常用的方法。当无法读取 *GSF* 值和 *GSFR* 值时，应使用合适的比例系数。

8 测试结果表示

8.1 总则

在描述杂光测量结果时，应表明有关试验条件的全部信息，*GSF* 和 *GSFR* 的描述采用检测器扫描图或光源扫描图两种方法中的一种，表示测量值的方法推荐如下。

8.2 VGI 和 VGIB

VGI 和 VGIB 用百分比来表示，在数个视场位置上进行测量时，可用表格或作图形式表示测量结果。

8.3 *GSF* 和 *GSFR*

8.3.1 检测器扫描图

测量可使用任何一种图表形式表述。如一系列有关杂光的函数的曲线标示为纵坐标(通常需要适用于大函数值的对数比例尺)，而像平面的检测器位置标示为横坐标，对于固定的光源位置还是采用表格形式表示同样的信息。

8.3.2 光源扫描图

测量可使用任何一种图表形式表述。如一系列有关杂光函数的曲线标示为纵坐标，而检测器位置标示为横坐标，对于固定的检测器位置还是用表格形式表示同样信息。

对于圆形对称系统，在与检测器共轴情况下，能够从光源扫描横扫过系统视场对角线的信号中获得许多有用的信息。

8.4 测量不确定度的评估

与结果表述有关的测量不确定度的评估应是估算值和在规定概率水平的置信区间，不确定度由观察到的重复测量的变差与辅助设备校准时的不确定度组合确定。

ICS 29.060.20
K 13

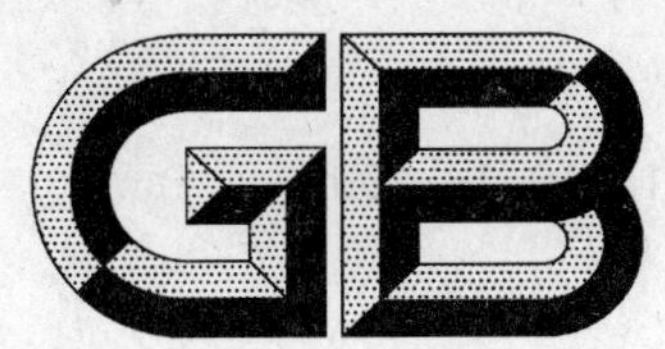

中华人民共和国国家标准

GB/T 11016.1—2009
代替 GB/T 11016.1—1989

塑料绝缘和橡皮绝缘电话软线 第1部分：一般规定

Plastic or rubber insulated telephone cords—Part 1：General

2009-03-19 发布

2009-12-01 实施

中华人民共和国国家质量监督检验检疫总局
中国国家标准化管理委员会 发布

前言

GB/T 11016《塑料绝缘和橡皮绝缘电话软线》分为四个部分：

——第1部分：一般规定；

——第2部分：聚氯乙烯绝缘电话软线；

——第3部分：聚丙烯绝缘电话软线；

——第4部分：橡皮绝缘电话软线。

本部分为GB/T 11016的第1部分。

本部分代替GB/T 11016.1—1989《塑料绝缘和橡皮绝缘电话软线　一般规定》。

本部分与GB/T 11016.1—1989相比主要变化如下：

——增加“规范性引用文件”(1989版无；本部分第2章)；

——按照GB/T 1.1—2000要求，对前版标准格式进行修改。

本部分由中国电器工业协会提出。

本部分由全国电线电缆标准化技术委员会(SAC/TC 213)归口。

本部分负责起草单位：上海电缆研究所。

本部分参加起草单位：上海赛克力光电缆有限责任公司、宁波一舟投资集团有限公司、温州耀华电讯有限公司。

本部分主要起草人：宋杰、陈剑德、王庆松、辛秀东、叶清华、鲁祥、吉利、邹叶龙、孟庆丰、高欢。

本部分所代替标准的历次版本发布情况为：

——GB/T 11016.1—1989。

塑料绝缘和橡皮绝缘电话软线
第1部分：一般规定

1 范围

GB/T 11016的本部分规定了塑料绝缘和橡皮绝缘电话软线产品分类、通用技术要求和试验方法、检验规则、包装及标志等。

本部分适用于连接电话机机座与电话机手柄或接线盒以及连接交换机与插塞用的塑料绝缘和橡皮绝缘电话软线。

2 规范性引用文件

下列文件中的条款通过GB/T 11016的本部分的引用而成为本部分的条款。凡是注日期的引用文件，其随后所有的修改单(不包括勘误的内容)或修订版均不适用于本部分，然而，鼓励根据本部分达成协议的各方研究是否可使用这些文件的最新版本。凡是不注日期的引用文件，其最新版本适用于本部分。

GB/T 2900.10—2001 电工术语 电缆(idt IEC 6005(461):1984)

GB/T 3953—2009 电工圆铜线

GB/T 6995.2—2008 电线电缆识别标志 第2部分:标准颜色

GB/T 11016.2—2009 塑料绝缘和橡皮绝缘电话软线 第2部分:聚氯乙烯绝缘电话软线

GB/T 11016.3—2009 塑料绝缘和橡皮绝缘电话软线 第3部分:聚丙烯绝缘电话软线

GB/T 11016.4—2009 塑料绝缘和橡皮绝缘电话软线 第4部分:橡皮绝缘电话软线

3 术语和定义

GB/T 2900.10—2001确立的以及下列术语和定义适用于本标准。

3.1

型式试验 type test

T

制造厂在供应电缆标准中规定的某一种电缆之前所进行的试验，以表明具有满足预定使用条件的良好性能。

型式试验做过一次之后一般不再重做。但在电线电缆所用材料、结构和主要工艺有了变更而影响电线电缆的性能时，应重复进行试验；或者在产品标准中另有规定时，如定期试验等，也应按规定重复进行试验。

3.2

抽样试验 sample test

S

制造厂按照制造批量抽取完整的电线电缆，并从其上切取试样或元件进行的试验。

3.3

例行试验 routine test

R

制造厂对全部成品电线电缆进行的试验。

4 产品代号及表示方法

4.1 代号

4.1.1 系列代号

电话软线 …………………………………………………………………………………………… HR

4.1.2 按材料特征分

铜导体 …………………………………………………………………………………………… (T)省略

铜合金导体 ……………………………………………………………………………………… TH[1)]

聚氯乙烯绝缘 …………………………………………………………………………………… V

聚丙烯绝缘 ……………………………………………………………………………………… B

橡皮绝缘 ………………………………………………………………………………………… (X)省略

橡皮护套 ………………………………………………………………………………………… H

聚氯乙烯护套 …………………………………………………………………………………… (V)省略

4.1.3 按结构特征分

扁形 ……………………………………………………………………………………………… B

弹簧形 …………………………………………………………………………………………… T

4.1.4 按使用特征分

耳机连接用 ……………………………………………………………………………………… E

交换机插塞连接用 ……………………………………………………………………………… J

4.2 产品表示方法

电话软线产品用型号、芯数及相关产品标准编号表示。

示例 1：

聚氯乙烯绝缘聚氯乙烯护套电话软线，3 芯，成圈交货表示为：

HRV-3　　GB/T 11016.2—2009

按相关产品标准附录标称长度 1 500 mm 装配线交货表示为：

HRV-315　　GB/T 11016.2—2009

示例 2：

聚丙烯绝缘聚氯乙烯护套扁形电话软线，2 芯，成圈交货表示为：

HRBB-2　　GB/T 11016.3—2009

按相关产品标准附录标称长度 2 200 mm 装配线交货表示为：

HRBB-222　　GB/T 11016.3—2009

示例 3：

橡皮绝缘纤维编织耳机软线，4 芯，成圈交货表示为：

HRE-4　　GB/T 11016.4—2009

按相关产品标准附录标称长度 1 600 mm 装配线交货表示为：

HRE-416　　GB/T 11016.4—2009

5 导体

5.1 电话软线导体为铜皮线。将符合 GB/T 3953—2009 的标称直径不大于 0.127 mm 的 TY 型圆铜线轧成薄铜带，然后将一根或若干根薄铜带螺旋绕包在纤维芯上组成元件，再由一个或若干个元件绞合成导体。

1) 根据合金成分不同，代号分别为 TH1，TH2……。

5.2 元件绞合节径比应不大于25。

6 绝缘

6.1 绝缘应紧密挤包在导体周围，且应容易剥离并不损伤导体或绝缘。绝缘表面应平整，色泽均匀。

6.2 绝缘标称厚度及绝缘最薄点的厚度在各相关产品标准GB/T 11016.2～11016.4—2009中规定。

6.3 绝缘厚度的平均值应不小于绝缘标称厚度。

6.4 绝缘线芯应采用颜色识别标志，颜色应符合GB/T 6995.2—2008的规定。绝缘线芯颜色在各相关产品标准GB/T 11016.2～11016.4—2009中规定。

6.5 绝缘的机械物理性能和电性能在各相关产品标准GB/T 11016.2～11016.4—2009中规定。

7 护套

7.1 护套应紧密挤包在绞合的绝缘线芯外或平行放置的绝缘线芯外，且应容易剥离并不损伤绝缘或护套。护套表面应平整，色泽均匀。

7.2 护套标称厚度在相关产品标准GB/T 11016.2～11016.4—2009中规定。

7.3 护套平均厚度应不小于护套标称厚度，其最薄点的厚度应不小于其标称厚度的80%。

7.4 护套的机械物理性能在相关产品标准GB/T 11016.2～11016.4—2009中规定。

8 成品软线

8.1 成品软线外径或外形尺寸应符合相关产品标准GB/T 11016.2～11016.4—2009规定。弹簧形软线的尺寸检查应在软线两端平直部分取样。

8.2 20 ℃时导体直流电阻应不大于1.40 Ω/m。

8.3 成品软线绝缘线芯导体（包括电话插头、终端夹等）电气上应连续，不应有断线，线芯间导体不应接触。试验用万用电表或其他通电装置进行。

8.4 成品软线应经受相关产品标准GB/T 11016.2～11016.4—2009规定的电压试验。

8.5 成品软线绝缘电阻应符合相关产品标准GB/T 11016.2～11016.4—2009的规定。

9 交货长度

9.1 电话软线成圈交货时，交货长度为100 m。允许长度不小于5 m的短段交货，其数量应不超过交货总长度的20%。长度计量误差应在－0.5%～＋0.5%范围内。

9.2 电话软线也可按相关产品标准GB/T 11016.2～11016.4—2009附录建议的装配线长度交货。

9.3 根据双方协议允许任何长度的电话软线（包括装配线）交货。

10 试验方法

10.1 弹簧形塑料绝缘电话软线伸缩试验方法

10.1.1 试验设备

伸缩试验机如图1所示。

10.1.2 试样

试样为成品弹簧形塑料绝缘电话软线，在水平自由状态下其长度约为250 mm。

10.1.3 试验步骤

a) 试验应在23 ℃±2 ℃下进行。如图1所示将试样安装在伸缩试验机上，并将试样接入电流为50 mA的直流回路中；

b) 起动试验机，旋转杆的转速为50转/min～60转/min。试样从无拉伸的初始位置到最大伸长，然后再回到初始位置为一个伸缩周期。

10.2 塑料绝缘成品装配软线终端夹与绝缘线芯间的载荷试验

试验时，将终端夹或绝缘线芯的一端固定，另一端挂上 1.8 kg 的重物，试验持续时间应不少于 2 s。试验过程中，终端夹与绝缘线芯之间应不脱开。

10.3 塑料绝缘成品装配软线护线管或限位紧固件与软线间的载荷试验

试验时，将电话软线固定，在护线管或限位紧固件上挂 5 kg 的重物。当试验持续时间为 2 s 时，电话软线与护线管或限位紧固件的相对位移应不大于 7 mm。

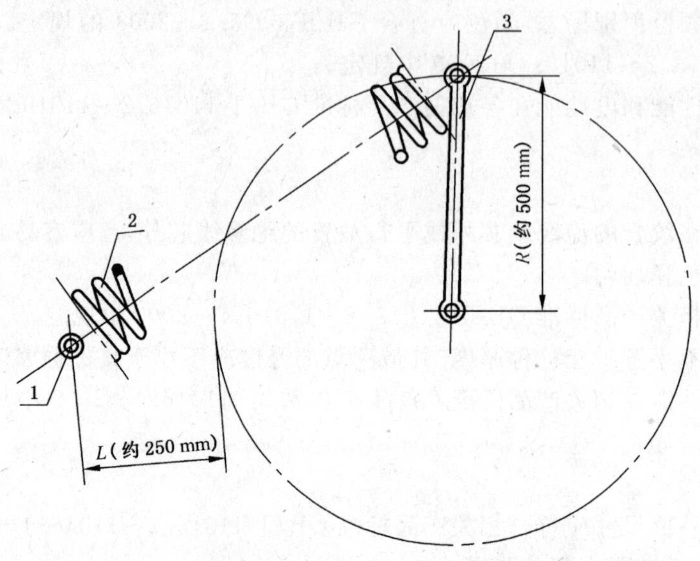

1——固定轴；

2——试验；

3——旋转杆。

图 1 伸缩试验机

11 检验规则

11.1 产品应由制造厂检验合格后方能出厂，出厂产品应附有产品质量检验合格证。产品应按相关产品标准 GB/T 11016.2～11016.4—2009 规定的试验进行验收。S_t 为定期抽样试验，本部分规定为 6 个月。

11.2 每批抽样数量由双方协议规定，如用户不提出要求时，按下列规定抽样：

a) 成圈交货时，每批抽样数量应不少于交货数量的 1%(当交货数量不足 100 圈时，应至少抽取 1 圈)；

b) 按相关产品标准 GB/T 11016.2～11016.4—2009 中附录装配线交货时，抽样数量应不少于 10 根(交货数量不足 10 根时，至少抽取 1 根)；

c) 抽检项目的试验结果不合格时，应加倍取样进行第二次试验，仍不合格时，应 100%检验。

11.3 产品外观应用目力(正常视力)逐件检查。

12 包装、标志及储存

12.1 成圈电话软线应卷绕整齐，妥善包装。

12.2 按相关产品标准 GB/T 11016.2～11016.4—2009 中附录交货的电话软线装配线应捆扎整齐并装在纸板箱或塑料袋内。

12.3 每圈、每箱或每袋上应附有标签，并应标明：

a) 制造厂名称；

b) 产品名称、型号及规格；

c) 长度或根数，m 或根；

d) 制造日期， 年、 月；

e) 产品标准编号。

12.4 电话软线应存放在干燥通风的场所，避免阳光直接照射。

ICS 29.060.20
K 13

中华人民共和国国家标准

GB/T 11016.2—2009
代替 GB/T 11016.2—1989

塑料绝缘和橡皮绝缘电话软线 第2部分：聚氯乙烯绝缘电话软线

Plastic or rubber insulated telephone cords—
Part 2: Polyvinyl chloride insulated telephone cords

2009-03-19 发布　　2009-12-01 实施

中华人民共和国国家质量监督检验检疫总局
中国国家标准化管理委员会　发布

前言

GB/T 11016《塑料绝缘和橡皮绝缘电话软线》分为四个部分：

——第1部分：一般规定；

——第2部分：聚氯乙烯绝缘电话软线；

——第3部分：聚丙烯绝缘电话软线；

——第4部分：橡皮绝缘电话软线。

本部分为GB/T 11016的第2部分。

本部分代替GB/T 11016.2—1989《塑料绝缘和橡皮绝缘电话软线　聚氯乙烯绝缘电话软线》。

本部分与GB/T 11016.2—1989相比主要变化如下：

——增加"规范性引用文件"(1989版无；本部分第2章)；

——按照GB/T 1.1—2000要求，对原标准格式进行了修改。

本部分的附录A为规范性附录，附录B为资料性附录。

本部分由中国电器工业协会提出。

本部分由全国电线电缆标准化技术委员会(SAC/TC 213)归口。

本部分负责起草单位：上海电缆研究所。

本部分参加起草单位：上海赛克力光电缆有限责任公司、宁波一舟投资集团有限公司、温州耀华电讯有限公司。

本部分主要起草人：宋杰、陈剑德、王庆松、辛秀东、叶清华、鲁祥、吉利、邹叶龙、孟庆丰、高欢。

本部分所代替标准的历次版本发布情况为：

——GB/T 11016.2—1989。

塑料绝缘和橡皮绝缘电话软线
第2部分:聚氯乙烯绝缘电话软线

1 范围

GB/T 11016 的本部分规定了聚氯乙烯绝缘电话软线产品品种、技术要求、试验方法及检验规则。

本部分适用于连接电话机机座与电话机手柄或接线盒的聚氯乙烯绝缘电话软线。

聚氯乙烯绝缘电话软线除符合本部分的规定要求外,还应符合 GB/T 11016.1—2009 的相应要求。

2 规范性引用文件

下列文件中的条款通过 GB/T 11016 的本部分的引用而成为本部分的条款。凡是注日期的引用文件,其随后所有的修改单(不包括勘误的内容)或修订版均不适用于本部分,然而,鼓励根据本部分达成协议的各方研究是否可使用这些文件的最新版本。凡是不注日期的引用文件,其最新版本适用于本部分。

GB/T 2951.11—2008 电缆和光缆绝缘和护套材料通用试验方法 第11部分:通用试验方法——厚度和外形尺寸测量——机械性能试验(IEC 60811-1-1:2001,IDT)

GB/T 2951.14—2008 电缆绝缘和护套材料通用试验方法 第14部分:通用试验方法——低温试验(IEC 60811-1-4:1985,IDT)

GB/T 2951.31—2008 电缆和光缆绝缘和护套材料通用试验方法 第31部分:聚氯乙烯混合料专用实验方法——高温压力试验——抗开裂试验(IEC 60811-3-1:1985,IDT)

GB/T 3048.4—2007 电线电缆电性能试验方法 第4部分:导体直流电阻试验

GB/T 3048.5—2007 电线电缆电性能试验方法 第5部分:绝缘电阻试验

GB/T 3048.8—2007 电线电缆电性能试验方法 第8部分:交流电压试验

GB/T 4909.2—2009 裸电线试验方法 第2部分:尺寸测量

GB/T 11016.1—2009 塑料绝缘和橡皮绝缘电话软线 第1部分:一般规定

3 型号

聚氯乙烯绝缘电话软线的型号如表1所示。该电话软线适宜在-10℃~40℃室内条件下使用。

表1 聚氯乙烯绝缘电话软线的型号

型 号	名 称	用 途
HRV	聚氯乙烯绝缘聚氯乙烯护套电话软线	连接电话机机座与接线盒
HRVB	聚氯乙烯绝缘聚氯乙烯护套扁形电话软线	连接电话机机座与接线盒
HRVT	聚氯乙烯绝缘聚氯乙烯护套弹簧形电话软线	连接电话机机座与电话机手柄

4 规格

聚氯乙烯绝缘电话软线的规格如表2所示。

表2 聚氯乙烯绝缘电话软线的规格

型 号	HRV	HRVB	HRVT
芯数	2,3,4	2	3,4,5

5 导体

导体应符合 GB/T 11016.1—2009 第 5 章的要求。

6 绝缘

6.1 绝缘应采用符合本部分附录 A 规定的软聚氯乙烯塑料。

6.2 绝缘标称厚度为 0.25 mm,绝缘最薄点的厚度应不小于 0.15 mm。

6.3 绝缘线芯的颜色应符合表 3 规定。

表 3 绝缘线芯的颜色

芯 数	绝缘线芯颜色
2	红、白
3	红、白、绿
4	红、白、绿、黑
5	红、白、绿、黑、蓝

7 绞合

7.1 HRV 及 HRVT 型电话软线的绝缘线芯应绞合,绞合节径比应不大于 8。

7.2 绞合时允许采用棉纱或其他合成纤维填充圆整。

8 护套

8.1 护套应采用符合本部分附录 A 规定的软聚氯乙烯塑料。

8.2 护套标称厚度应符合表 4 规定。

表 4 护套标称厚度

单位为毫米

芯 数	2	3	4	5
护套标称厚度	0.80	0.80	0.90	1.00

9 成品软线

9.1 成品软线的外径或外形尺寸应符合表 5 规定。

表 5 成品软线的外径或外形尺寸

单位为毫米

型 号	外径或外形尺寸			
	2 芯	3 芯	4 芯	5 芯
HRV	4.3±0.2	4.5±0.2	5.1±0.3	—
HRVB	(3.0±0.2)×(4.3±0.2)	—	—	—
HRVT	—	4.5±0.2	5.1±0.3	5.6±0.3

9.2 成品软线应经受表 8 规定的交流 50 Hz、1 kV 的电压试验,施加电压时间应不少于 5 min。电压试验的试样为一根 5m 长的成品软线或 5 根装配线,试验前试样应浸入 20 ℃±2 ℃的水中不少于 3 h。

9.3 按表 8 规定测试,成品软线绝缘线芯间的绝缘电阻应不小于 200 MΩ · m。绝缘电阻试验的试样为一根 5 m 长的成品软线或 5 根装配线,试验前试样应浸入 20 ℃±2 ℃的水中不少于 3 h。

9.4 HRV 及 HRVB 型成品软线应经受表 8 规定的抗开裂试验,试验温度为 120 ℃±2 ℃。

9.5 HRV 及 HRVB 型成品软线应经受表 8 规定的低温卷绕试验。试验温度为−5 ℃±2 ℃。卷绕试验的试棒直径如表 6 规定。

表 6 卷绕试验的试棒直径

单位为毫米

试 样 外 径	试 棒 直 径
2.0<d≤2.5	12.5
2.5<d≤3.0	15
3.0<d≤4.0	20
4.0<d≤6.0	30

9.6 HRV 及 HRVB 型成品软线应经受表 8 规定的弯曲度试验,试验结果应符合表 7 规定。

表 7 弯曲度试验

单位为毫米

芯 数	2	3	4
最大弯曲度 S	28	34	40

9.7 HRV 及 HRVB 型成品软线应经受表 8 规定的疲劳弯曲强度试验,软线在 80 000 次交变弯曲后绝缘线芯应不断芯。

9.8 HRVT 型成品软线应经受表 8 规定的伸缩试验,经 20 000 个伸缩周期试验后,试样仍应符合 GB/T 11016.1—2009 中 8.3 的要求。

9.9 成品装配软线应经受表 8 规定的终端夹与绝缘线芯间的载荷试验。

9.10 成品装配软线应经受护线管或限位紧固件与软线间的载荷试验。

10 试验方法

10.1 弯曲度试验方法

10.1.1 试验设备

a) 试样支承板:尺寸如图 1。

b) 滚轮形重物:质量为 200 g,尺寸如图 2。

单位为毫米

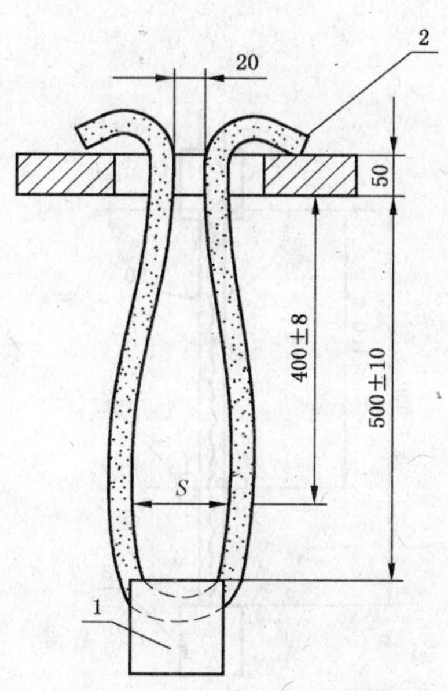

1——滚轮形重物;

2——试样支承板。

图 1 试样支承板尺寸

单位为毫米

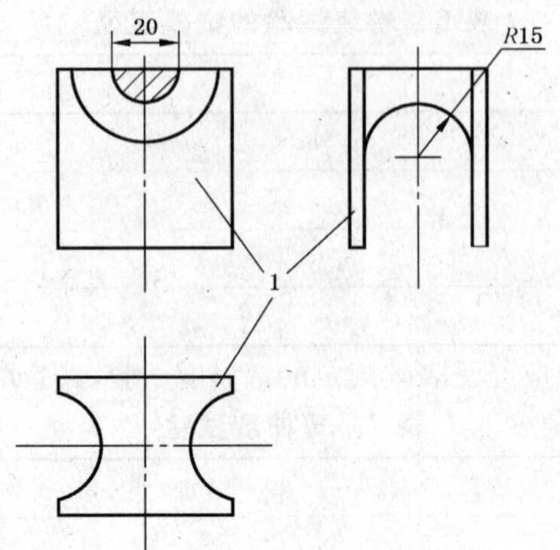

1——滚轮形重物。

图2 滚轮形重物尺寸

10.1.2 试样

从成品软线上截取一段试样,试样长度约为 1.5 m。

10.1.3 试验步骤

a) 试验应在 23 ℃±2 ℃条件下至少放置 16 h。

b) 按图 1 将试样固定在支承板上,如图所示试样固定处的距离为 20 mm。

c) 如图 1 所示,将滚轮形重物放在试样下端,悬挂时间不少于 30 min,测量试样弯曲度 S。

10.1.4 试验结果

试验结果应符合 9.6 的规定。

10.2 疲劳弯曲强度试验方法

10.2.1 试验设备

a) 弯曲装置如图 3 所示;

b) 砝码,质量为 200 g。

单位为毫米

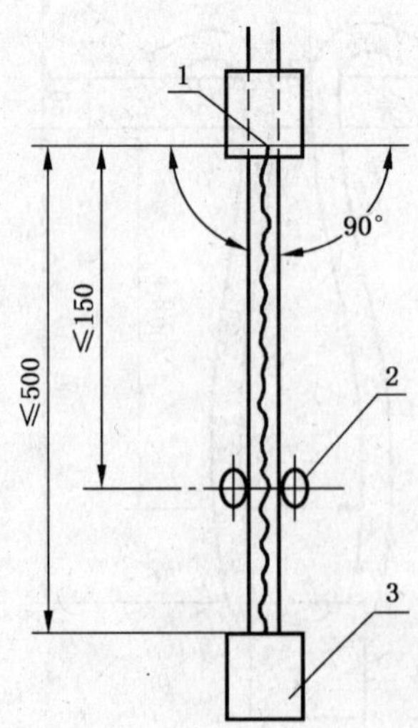

1——摆动轴;

2——可高速支承导轮(直径不大于 10 mm);

3——砝码。

图3 弯曲装置

10.2.2 试样

从成品软线上截取一段试样，试样长度约 1 m。

10.2.3 试验步骤

a) 试验应在 23 ℃±2 ℃下进行。按图 3 所示将试样固定在弯曲装置上，试样下端挂上砝码；

b) 将试样每个绝缘线芯都接入直流试验回路中，直流电压为 2 V～4 V，电流为 50 mA；

c) 弯曲试样，每分钟应完成 60 次交变弯曲。从竖直位置(起始位置)开始向一个方向弯曲 90°，然后回到起始位置，再向反方向弯曲 90°后回到起始位置，计作 1 次交变弯曲。

10.2.4 试验结果

试验结果应符合 9.7 的规定。

11 检验

产品按表 8 规定检验。

表 8 检验项目表

序号	试验项目	要　求	试验类型		试验方法
			HRV HRVB	HRVT	
1	结构尺寸检查				
1.1	导体结构	GB/T 11016.1—2009 第 5 章	T、S	T、S	GB/T 4909.2—2009
1.2	绝缘厚度	GB/T 11016.1—2009 第 6 章及本部分中 6.2	T、S	T、S	GB/T 2951.11—2008
1.3	护套厚度	GB/T 11016.1—2009 第 7 章及本部分中 8.2	T、S	T、S	GB/T 2951.11—2008
1.4	外径、外形尺寸	本部分中 9.1	T、S	T、S	GB/T 2951.11—2008
2	导体直流电阻试验	GB/T 11016.1—2009 中 8.2	T、S	T、S	GB/T 3048.4—2007
3	通电试验	GB/T 11016.1—2009 中 8.3	R	R	GB/T 11016.1—2009 中 8.3
4	电压试验	本部分的 9.2	T、S_t	T、S_t	GB/T 3048.8—2007
5	绝缘电阻试验	本部分的 9.3	T、S_t	T、S_t	GB/T 3048.5—2007
6	抗开裂试验	本部分的 9.4	T、S_t	—	GB/T 2951.31—2008
7	低温卷绕试验	本部分的 9.5	T、S_t	—	GB/T 2951.14—2008
8	弯曲度试验	本部分的 9.6	T	—	本部分的 10.1
9	疲劳弯曲强度试验	本部分的 9.7	T	—	本部分的 10.2
10	伸缩试验	本部分的 9.8	—	T、S_t	GB/T 11016.1—2009 中 10.1
11	终端夹与绝缘线芯间载荷试验	本部分的 9.9	T、S_t	T、S_t	GB/T 11016.1—2009 中 10.2
12	护线管或限位紧固件与软线间载荷试验	本部分的 9.10	T、S_t	T、S_t	GB/T 11016.1—2009 中 10.3

注：序号 11、12 只适用于成品装配软线。

附 录 A
（规范性附录）
聚氯乙烯绝缘电话软线用软聚氯乙烯料技术要求

聚氯乙烯绝缘电话软线用软聚氯乙烯料技术要求见表 A.1。

表 A.1 聚氯乙烯绝缘电话软线用软聚氯乙烯料技术要求

序 号	项 目	单 位	指 标
1	拉伸强度(不小于)	MPa	15
2	断裂伸长率(不小于)	%	300
3	空气烘箱老化 试验温度 试验时间	 ℃ h	 110±2 48
3.1	断裂伸长率(不小于)	%	80
3.2	质量损失(不大于)	%	7.0
4	低温冲击压缩温度(不高于)	℃	−25
5	200 ℃热稳定时间(不小于)	min	60
6	软化温度	℃	165～185
7	20 ℃时体积电阻率(不小于)	Ω·m	1×10^{8}
8	介电强度(不小于)	MV/m	18

附 录 B
（资料性附录）
聚氯乙烯绝缘电话软线装配线标称长度

聚氯乙烯绝缘电话软线装配线标称长度见表B.1。

表B.1 聚氯乙烯绝缘电话软线装配线标称长度

单位为毫米

型 号	标 称 长 度
HRV-216	1 600
HRV-315	1 500
HRV-415	1 500
HRVT-325[a]	2 500
HRVT-425[a]	2 500
HRVT-525[a]	2 500

[a] 标称长度为伸直长度。

ICS 29.060.20
K 13

中华人民共和国国家标准

GB/T 11016.3—2009
代替 GB/T 11016.3—1989

塑料绝缘和橡皮绝缘电话软线 第3部分:聚丙烯绝缘电话软线

Plastic or rubber insulated telephone cords—
Part 3:Polypropylene insulated telephone cords

2009-03-19 发布　　2009-12-01 实施

中华人民共和国国家质量监督检验检疫总局
中国国家标准化管理委员会 发布

前言

GB/T 11016《塑料绝缘和橡皮绝缘电话软线》分为四个部分：

——第1部分：一般规定；

——第2部分：聚氯乙烯绝缘电话软线；

——第3部分：聚丙烯绝缘电话软线；

——第4部分：橡皮绝缘电话软线。

本部分为GB/T 11016的第3部分。

本部分代替GB/T 11016.3—1989《塑料绝缘和橡皮绝缘电话软线　聚丙烯绝缘电话软线》。

本部分与GB/T 11016.3—1989相比主要变化如下：

——增加“规范性引用文件”(1989版无；本部分第2章)；

——前版标准引用GB/T 10753《室内电话机插头座》现更改为YD/T 577《室内电话机插头座》；

——按照GB/T 1.1—2000要求，对原标准格式进行修改。

本部分的附录A为规范性附录，附录B为资料性附录。

本部分由中国电器工业协会提出。

本部分由全国电线电缆标准化技术委员会(SAC/TC 213)归口。

本部分负责起草单位：上海电缆研究所。

本部分参加起草单位：上海赛克力光电缆有限责任公司、宁波一舟投资集团有限公司、温州耀华电讯有限公司。

本部分主要起草人：宋杰、王庆松、陈剑德、辛秀东、叶清华、鲁祥、吉利、邹叶龙、孟庆丰、高欢。

本部分所代替标准的历次版本发布情况为：

——GB/T 11016.3—1989。

塑料绝缘和橡皮绝缘电话软线
第3部分:聚丙烯绝缘电话软线

1 范围

GB/T 11016的本部分规定了聚丙烯绝缘电话软线产品品种、技术要求及检验规则。

本部分适用于连接电话机机座与电话机手柄或接线盒的聚丙烯绝缘电话软线。

聚丙烯绝缘电话软线除应符合本部分的规定要求外,还应符合GB/T 11016.1—2009的相应要求。

2 规范性引用文件

下列文件中的条款通过GB/T 11016的本部分的引用而成为本部分的条款。凡是注日期的引用文件,其随后所有的修改单(不包括勘误的内容)或修订版均不适用于本部分,然而,鼓励根据本部分达成协议的各方研究是否可使用这些文件的最新版本。凡是不注日期的引用文件,其最新版本适用于本部分。

GB/T 2951.11—2008 电缆和光缆绝缘和护套材料通用试验方法 第11部分:通用试验方法——厚度和外形尺寸测量——机械性能试验(IEC 60811-1-1:2001,IDT)

GB/T 2951.14—2008 电缆绝缘和护套材料通用试验方法 第14部分:通用试验方法——低温试验(IEC 60811-1-4:1985,IDT)

GB/T 2951.31—2008 电缆和光缆绝缘和护套材料通用试验方法 第31部分:聚氯乙烯混合料专用实验方法——高温压力试验——抗开裂试验(IEC 60811-3-1:1985,IDT)

GB/T 3048.4—2007 电线电缆 电性能试验方法 导体直流电阻试验

GB/T 3048.5—2007 电线电缆 电性能试验方法 绝缘电阻试验

GB/T 3048.8—2007 电线电缆 电性能试验方法 交流电压试验

GB/T 4909.2—2009 裸电线试验方法 第2部分:尺寸测量

GB/T 4909.3—2009 裸电线试验方法 第3部分:拉力试验

GB/T 11016.1—2009 塑料绝缘和橡皮绝缘电话软线 第1部分:一般规定

GB/T 11016.2—2009 塑料绝缘和橡皮绝缘电话软线 第2部分:聚氯乙烯绝缘电话软线

YD/T 577—1992 室内电话机插头座

3 型号

聚丙烯绝缘电话软线的型号如表1所示,该电话软线适宜在−10 ℃~+40 ℃室内条件下使用。

表1 聚丙烯绝缘电话软线的型号

型 号	名 称	用 途
HRBBT	聚丙烯绝缘聚氯乙烯护套扁形弹簧形电话软线	连接电话机机座与电话机手柄
HRBB	聚丙烯绝缘聚氯乙烯护套扁形电话软线	连接电话机机座与接线盒(或盒式插座)

4 规格

聚丙烯绝缘电话软线的规格如表2所示。

表 2　聚丙烯绝缘电话软线的规格

型号	HRBBT	HRBB
芯数	2,3,4	2,3,4,6

5　导体

5.1　导体应符合 GB/T 11016.1—2009 第 5 章的要求。

5.2　导体的拉断力应不小于 45 N,试验时拉伸速度为 50 mm/min。

6　绝缘

6.1　绝缘由聚丙烯或类似材料组成,绝缘材料主要性能应符合本部分附录 A 的规定。

6.2　绝缘标称厚度为 0.15 mm,绝缘最薄点的厚度应不小于 0.10 mm。

6.3　绝缘线芯的颜色和色序应符合表 3 规定。

6.4　绝缘线芯的拉断力应不小于 65 N。试验时拉伸速度为 50 mm/min。

表 3　绝缘线芯的颜色和色序

芯　数	绝缘线芯颜色
2	红、绿
3	红、绿、黄
4	黑、红、绿、黄
6	白、黑、红、绿、黄、蓝

7　护套

7.1　护套应采用符合 GB/T 11016.2—2009 附录 A 规定的软聚氯乙烯塑料。

7.2　护套标称厚度为 0.4 mm。

8　成品软线

8.1　成品软线外形尺寸应符合表 4 规定,如有标记线凸出部分应不包括在内。

表 4　成品软线外形尺寸

单位为毫米

芯　数	外形尺寸
2	(2.60±0.20)×(4.00±0.20);(2.50±0.20)×(5.00±0.20)
4	(2.60±0.20)×(5.00±0.20)
6	(2.7±0.20)×(6.80±0.20)

8.2　成品软线应经受表 5 规定的交流 50 Hz、1 kV 的电压试验,施加电压时间应不少于 5 min。电压试验的试样为一根 5 m 长的成品软线或 5 根装配线,试验前试样应浸入 20 ℃±2 ℃的水中不少于 3 h。

8.3　按表 5 规定测试,成品软线绝缘线芯间的绝缘电阻应不小于 100 MΩ·m。绝缘电阻试验的试样为一根 5 m 长的成品软线或 5 根装配线,试验前试样应浸入 20 ℃±2 ℃的水中不少于 3 h。

8.4　HRBB 成品软线应经受表 5 规定的低温卷绕试验。试验温度为－15 ℃±2 ℃。卷绕试验的试棒直径应不大于 13 mm。卷绕前试样在规定温度低温箱中的冷却时间应不少于 2 h。试样的护套和绝缘应均无裂纹。

8.5　HRBB 成品软线应经受表 5 规定的抗开裂试验,试验温度为 120 ℃±2 ℃,试棒直径应不大于 9 mm。

8.6 HRBBT 型成品软线应经受表 5 规定的伸缩试验，经 20 000 个伸缩周期试验后，试样仍应符合 GB/T 11016.1—2009 中 8.3 的要求。

8.7 成品装配软线应经受表 5 规定的终端夹与绝缘线芯间的载荷试验。

8.8 成品装配软线应经受表 5 规定的护线管或限位紧固件与软线间的载荷试验。

8.9 成品装配软线的电话机插头应符合 YD/T 577—1992 的规定。

9 检验

产品应按表 5 规定检验。

表 5 检验项目表

序号	试验项目	要求	试验类型		试验方法
			HRBBT	HRBB	
1	结构尺寸检查				
1.1	导体结构	GB/T 11016.1—2009 第 5 章	T、S	T、S	GB/T 4909.2—2009
1.2	绝缘厚度	GB/T 11016.1—2009 第 6 章及本部分的 6.2	T、S	T、S	GB/T 2951.11—2008
1.3	护套厚度	GB/T 11016.1—2009 第 7 章及本部分的 7.2	T、S	T、S	GB/T 2951.11—2008
1.4	外形尺寸	本部分的 8.1	T、S	T、S	GB/T 2951.11—2008
2	导体直流电阻试验	GB/T 11016.1—2009 中 8.2	T、S	T、S	GB/T 3048.4—2007
3	通电试验	GB/T 11016.1—2009 中 8.3	R	R	GB/T 11016.1—2009 中 8.3
4	电压试验	本部分的 8.2	T、S_t	T、S_t	GB/T 3048.8—2007
5	绝缘电阻试验	本部分的 8.3	T、S_t	T、S_t	GB/T 3048.5—2007
6	导体拉断力试验	本部分的 5.2	T、S_t	T、S_t	GB/T 4909.3—2009
7	绝缘线芯拉断力试验	本部分的 6.4	T、S_t	T、S_t	GB/T 4909.3—2009
8	低温卷绕试验	本部分的 8.4	—	T、S_t	GB/T 2951.14—2008
9	抗开裂试验	本部分的 8.5	—	T、S_t	GB/T 2951.31—2008
10	伸缩试验	本部分的 8.6	T、S_t	—	GB/T 11016.1—2009 中 10.1
11	终端夹与绝缘线芯间载荷试验	本部分的 8.7	T、S_t	T、S_t	GB/T 11016.1—2009 中 10.2
12	护线管或限位紧固件与软线间载荷试验	本部分的 8.8	T、S_t	T、S_t	GB/T 11016.1—2009 中 10.3
注：序号 11、12 只适用于成品装配软线。					

附 录 A
（规范性附录）
聚丙烯绝缘电话软线用聚丙烯绝缘料技术要求

聚丙烯绝缘电话软线用聚丙烯绝缘料技术要求见表 A.1。

表 A.1 聚丙烯绝缘电话软线用聚丙烯绝缘料技术要求

序 号	项 目	单 位	指 标
1	拉伸强度(不小于)	MPa	15
2	断裂伸长率(不小于)	%	200
3	脆化温度(不高于)	℃	0
4	灰分(不大于)	%	0.2
5	氧化诱导期(不少于)	min	15
6	热应力开裂(失效数)		0/9
7	环境应力开裂(24 h 失效数)		0/10
8	介电常数(100 kHz 或 1 MHz)		2.2～2.3
9	20 ℃时体积电阻率(不小于)	Ω·m	1×10^{13}

附 录 B
（资料性附录）
聚丙烯绝缘电话软线装配线标称长度

聚丙烯绝缘电话软线装配线标称长度见表 B.1。

表 B.1 聚丙烯绝缘电话软线装配线标称长度

单位为毫米

型 号	标 称 长 度
HRBB-216	1 600
HRBB-219	1 900
HRBB-222	2 200
HRBB-316	1 600
HRBBT-325[a]	2 500
HRBBT-425[a]	2 500

[a] 标称长度为伸直长度。

ICS 29.060.20
K 13

中华人民共和国国家标准

GB/T 11016.4—2009
代替 GB/T 11016.4—1989

塑料绝缘和橡皮绝缘电话软线 第4部分:橡皮绝缘电话软线

Plastic or rubber insulated telephone cords—Part 4:Rubber insulated telephone cords

2009-03-19 发布　　2009-12-01 实施

中华人民共和国国家质量监督检验检疫总局
中国国家标准化管理委员会
发布

前　言

GB/T 11016《塑料绝缘和橡皮绝缘电话软线》分为四个部分：

——第1部分：一般规定；

——第2部分：聚氯乙烯绝缘电话软线；

——第3部分：聚丙烯绝缘电话软线；

——第4部分：橡皮绝缘电话软线。

本部分为GB/T 11016的第4部分。

本部分代替GB/T 11016.4—1989《塑料绝缘和橡皮绝缘电话软线　橡皮绝缘电话软线》。

本部分与GB/T 11016.4—1989相比主要变化如下：

——增加“规范性引用文件”(1989版无；本部分第2章)；

——按照GB/T 1.1—2000要求，对原标准格式进行修改。

本部分的附录A为资料性附录。

本部分由中国电器工业协会提出。

本部分由全国电线电缆标准化技术委员会(SAC/TC 213)归口。

本部分负责起草单位：上海电缆研究所。

本部分参加起草单位：上海赛克力光电缆有限责任公司、宁波一舟投资集团有限公司、温州耀华电讯有限公司。

本部分主要起草人：宋杰、王庆松、陈剑德、辛秀东、叶清华、鲁祥、吉利、邹叶龙、孟庆丰、高欢。

本部分所代替标准的历次版本发布情况为：

——GB/T 11016.4—1989。

塑料绝缘和橡皮绝缘电话软线 第4部分:橡皮绝缘电话软线

1 范围

GB/T 11016 的本部分规定了橡皮绝缘电话软线产品品种、技术要求及检验规则。

本部分适用于连接电话机机座与电话机手柄或接线盒以及连接交换机与插塞用的橡皮绝缘电话软线。

电话软线除应符合本部分的规定要求外,还应符合 GB/T 11016.1—2009 的相应要求。

2 规范性引用文件

下列文件中的条款通过 GB/T 11016 的本部分的引用而成为本部分的条款。凡是注日期的引用文件,其随后所有的修改单(不包括勘误的内容)或修订版均不适用于本部分,然而,鼓励根据本部分达成协议的各方研究是否可使用这些文件的最新版本。凡是不注日期的引用文件,其最新版本适用于本部分。

GB/T 2951.11—2008 电缆和光缆绝缘和护套材料通用试验方法 第11部分:通用试验方法——厚度和外形尺寸测量——机械性能试验(IEC 60811-1-1:2001,IDT)

GB/T 2951.12—2008 电缆和光缆绝缘和护套材料通用试验方法 第12部分:通用试验方法——热老化试验方法(IEC 60811-1-2:1985,IDT)

GB/T 2951.21—2008 电缆和光缆绝缘和护套材料通用试验方法 第21部分:弹性体混合料专用试验方法——耐臭氧试验——热延伸试验——浸矿物油试验(IEC 60811-2-1:2001,IDT)

GB/T 3048.4—2007 电线电缆电性能试验方法 第4部分:导体直流电阻试验

GB/T 3048.5—2007 电线电缆电性能试验方法 第5部分:绝缘电阻试验

GB/T 3048.8—2007 电线电缆电性能试验方法 第8部分:交流电压试验

GB/T 4909.2—2009 裸电线试验方法 第2部分:尺寸测量

GB/T 11016.1—2009 塑料绝缘和橡皮绝缘电话软线 第1部分:一般规定

3 型号

橡皮绝缘电话软线的型号如表1所示。该电话软线适宜在-10 ℃~40 ℃室内条件下使用。

表1 橡皮绝缘电话软线的型号

型号	名称	用途
HR	橡皮绝缘纤维编织电话软线	连接电话机机座与电话机手柄或接线盒
HRH	橡皮绝缘橡皮护套电话软线	连接电话机机座与电话机手柄,防水、防爆
HRE	橡皮绝缘纤维编织耳机软线	连接话务员耳机

4 规格

电话软线的规格如表2所示。

表 2　橡皮绝缘电话软线的规格

型　号	HR	HRH	HRE	HRJ
芯　数	2,3,4,5	2,3,4	2,4	2,3

5　导体

导体应符合 GB/T 11016.1—2009 第 5 章的要求。

6　绝缘

6.1　绝缘材料应是 IE4 型乙丙橡皮混合物。

6.2　IE4 型乙丙橡皮绝缘的机械物理性能试验要求应符合表 3 规定。

表 3　IE4 型乙丙橡皮绝缘机械物理性能试验要求

序号	试验项目	单位	性能指标	试验方法
1	抗张强度和断裂伸长率			GB/T 2951.11—2008 中 9.1
1.1	交货状态原始性能			
1.1.1	抗张强度原始值			
	——最小中间值	N/mm²	5.0	
1.1.2	断裂伸长率原始值			
	——最小中间值	%	200	
1.2	空气烘箱老化后的性能			GB/T 2951.11—2008 中 9.1 和 GB/T 2951.12—2008 中 8.1
1.2.1	老化条件[a,b]			
	——温度	℃	100±2	
	——处理时间	h	7×24	
1.2.2	老化后抗张强度			
	——最小中间值	N/mm²	4.2	
	——最大变化率[c]	%	±25	
1.2.3	老化后断裂伸长率			
	——最小中间值	%	200	
	——最大变化率[c]	%	±25	
1.3	省略			
1.4	空气弹老化后的性能			GB/T 2951.12—2008 中 8.2
1.4.1	老化条件[a]			
	——温度	℃	127±2	
	——处理时间	h	40	
1.4.2	老化后抗张强度			
	——最小中间值	N/mm²	—	
	——最大变化率[c]	%	±30	
1.4.3	老化后断裂伸长率			

表 3（续）

序号	试验项目	单位	性能指标	试验方法
	——最大变化率[c]	%	±30	
2	热延伸试验			GB/T 2951.21—2008 中第 9 章
2.1	试验条件			
	——温度	℃	200±3	
	——处理时间	min	15	
	——机械应力	N/mm^2	0.20	
2.2	试验结果			
	——载荷下的伸长率，最大值	%	100	
	——冷却后的伸长率，最大值	%	25	
4	耐臭氧试验			GB/T 2951.21—2008 中第 8 章
4.1	试验条件			
	——试验温度	℃	25±2	
	——试验时间	h	24	
	——臭氧浓度	%	0.025～0.030	
4.2	试验结果		无裂纹	

a IE4 绝缘应带导体或取走不超过 30%的铜丝进行老化。

b 除非产品标准中另有规定，橡皮混合物的老化不采用强迫鼓风烘箱。仲裁试验时，必须采用自然通风老化箱。

c 变化率：老化后中间值与老化前中间值之差与老化前中间值之比，以百分比表示。

6.3 绝缘标称厚度为 0.35 mm，绝缘最薄点的厚度应不小于 0.20 mm。

6.4 绝缘线芯的颜色应符合表 4 规定。

表 4 绝缘线芯的颜色

芯数	绝缘线芯颜色
2	红、白
3	红、白、绿
4	红、白、绿、黑
5	红、白、绿、黑、蓝

7 绞合

7.1 电话软线的绝缘线芯应绞合，绞合节径比应不大于 5。

7.2 绞合时允许采用棉纱或其他合成纤维填充圆整。

8 编织护层

8.1 HR、HRE、HRJ 型电话软线应有编织护层，编织层由长丝再生纤维、腊光棉纱或其他类似材料组成。

8.2 编织覆盖率应不小于 98%。编织层应紧密均匀无显著不平的突起。

8.3 编织层的颜色应符合表5规定。

表5 编织层的颜色

型号	编织层颜色
HR、HRE	黑
HRJ	红、白、绿、浅灰、蓝、黑

9 护套

9.1 护套材料应是SE3型橡皮混合物。

9.2 SE3型橡皮护套的机械物理性能试验要求应符合表6规定。

表6 SE3型橡皮护套机械物理性能试验要求

序号	试验项目	单位	性能指标	试验方法
1	抗张强度和断裂伸长率			GB/T 2951.11—2008 中 9.2
1.1	交货状态原始性能			
1.1.1	抗张强度原始值			
	——最小中间值	N/mm^2	7.0	
1.1.2	断裂伸长率原始值			
	——最小中间值	%	300	
1.2	空气烘箱老化后的性能			GB/T 2951.12—2008 中 8.1.3.1
1.2.1	老化条件			
	——温度	℃	70±2	
	——处理时间	h	10×24	
1.2.2	老化后抗张强度			
	——最小中间值	N/mm^2	—	
	——最大变化率[a]	%	±20	
1.2.3	老化后断裂伸长率			
	——最小中间值	%	250	
	——最大变化率[a]	%	±20	
2	热延伸试验			GB/T 2951.21—2008 中第9章
2.1	试验条件			
	——温度	℃	200±3	
	——处理时间	min	15	
	——机械应力	N/mm^2	0.20	
2.2	试验结果			
	——载荷下的伸长率，最大值	%	175	
	——冷却后的伸长率，最大值	%	25	

[a] 变化率：老化后中间值与老化前中间值之差与老化前中间值之比，以百分比表示。

9.3 护套标称厚度应为1.0 mm。

9.4 护套颜色为黑色。

10 成品软线

10.1 成品软线的外径应符合表 7 规定。

表 7 成品软线的外径

单位为毫米

型号	2 芯	3 芯	4 芯	5 芯
	最大外径			
HR	5.8	6.1	6.7	7.4
HRH	7.4	7.8	8.3	—
HRE	5.8	—	6.7	—
HRJ	5.8	6.1	—	—

10.2 成品软线应经受表 8 规定的交流 50 Hz、1 kV 的电压试验,施加电压时间应不少于 5 min。

10.3 按表 8 规定测试,成品软线绝缘线芯间的绝缘电阻应不小于 1 000 MΩ·m,试验前试样应浸入 20 ℃±2 ℃的水中不少于 3 h。

10.4 成品软线绝缘应经受表 3 规定的非电性试验并符合其要求。

10.5 HRH 型成品软线护套应经受规定的表 6 规定的非电性试验并符合其要求。

11 检验

产品按表 6 规定检验。

表 8 检验项目表

序号	试验项目	条文号	试验类型		试验方法
			HR、HRE、HRJ	HRH	
1	结构尺寸检查				
1.1	导体结构	GB/T 11016.1—2009 第 5 章	T、S	T、S	GB/T 4909.2—2009
1.2	绝缘厚度	GB/T 11016.1—2009 第 6 章及本部分的 6.3	T、S	T、S	GB/T 2951.11—2008
1.3	护套厚度	GB/T 11016.1—2009 第 7 章及本部分的 9.3	—	T、S	GB/T 2951.11—2008
1.4	外径	本部分的 10.1	T、S	T、S	GB/T 2951.11—2008
2	导体直流电阻试验	GB/T 11016.1—2009 中 8.2	T、S	T、S	GB/T 3048.4—2007
3	通电试验	GB/T 11016.1—2009 中 8.3	R	R	GB/T 11016.1—2009 中 8.3
4	电压试验	本部分的 10.2	T、S	T、S	GB/T 3048.8—2007
5	绝缘电阻试验	本部分的 10.3	T、S	T、S	GB/T 3048.5—2007
6	绝缘机械物理性能试验	本部分的 10.4			
6.1	老化前后抗张强度		T、S_t	T、S_t	GB/T 2951.11—2008 GB/T 2951.12—2008
6.2	老化前后断裂伸长率		T、S_t	T、S_t	GB/T 2951.11—2008 GB/T 2951.12—2008

表 8（续）

序号	试验项目	条文号	试验类型		试验方法
			HR、HRE、HRJ	HRH	
6.3	空气弹老化		T、S_t	T、S_t	GB/T 2951.12—2008
6.4	热延伸		T、S_t	T、S_t	GB/T 2951.21—2008
6.5	耐臭氧试验		T、S_t	T、S_t	GB/T 2951.21—2008
7	护套机械物理性能试验	本部分的 10.5			
7.1	老化前后抗张强度		T、S_t	T、S_t	GB/T 2951.11—2008 GB/T 2951.12—2008
7.2	老化前后断裂伸长率		T、S_t	T、S_t	GB/T 2951.11—2008 GB/T 2951.12—2008
7.3	热延伸		T、S_t	T、S_t	GB/T 2951.21—2008

附　录　A
（资料性附录）
橡皮绝缘电话软线装配线标称长度

橡皮绝缘电话软线装配线标称长度见表A.1。

表A.1　橡皮绝缘电话软线装配线标称长度　　单位为毫米

型　号	标称长度
HR-216	1 600
HR-314	1 400
HR-415	1 500
Hr-416	1 600
HR-521	2 100
HRH-214	1 400
HRH-216	1 600
HRH-314	1 400
HRH-316	1 600
HRH-414	1 400
HRH-416	1 600
HRE-215	1 500
HRE-416	1 600
HRJ-217	1 700
HRJ-220	2 200
HRJ-317	1 700
HRJ-322	2 200

ICS 29.060.10
K 11

中华人民共和国国家标准

GB/T 11019—2009
代替 GB/T 11019—1989

镀镍圆铜线

Nickel coated round copper wire

2009-03-19 发布 2009-12-01 实施

中华人民共和国国家质量监督检验检疫总局
中国国家标准化管理委员会 发布

前言

本标准代替 GB/T 11019—1989《镀镍圆铜线》。

本标准与 GB/T 11019—1989 相比，主要变化如下：

——按照 GB/T 1.1—2000 的要求，对编排格式进行了修改；

——修改了镀镍圆铜线的尺寸测量的方法（1989 年版的第 7 章；本版的第 7 章）；

——修改了镀镍圆铜线伸长率的测量方法（1989 年版的第 8 章；本版的第 8 章）；

——调整了镀镍圆铜线的伸长率指标（1989 年版的第 8 章；本版的第 8 章）；

——重新规定了电子法测定镍含量时，试样长度的选取（1989 年版附录 A 中第 3.1 条；本版附录 A 中 A.3a）；

——重新规定了电子法测定镍含量时，镀层的厚度系数取值（1989 年版附录 A 中第 3.1 条；本版附录 A 中 A.5.1）；

——重新规定了电子法测定镍含量时，镍含量的计算方法（1989 年版附录 A 中第 5.2 条；本版附录 A 中 A.5.2）。

本标准的附录 A、附录 B 为规范性附录。

本标准由中国电器工业协会提出。

本标准由全国电线电缆标准化技术委员会（SAC/TC 213）归口。

本标准起草单位：上海电缆研究所、深圳神州线缆有限公司、张家港盛天金属线有限公司、江苏江润铜业有限公司、上海特缆电工科技有限公司。

本标准主要起草人：邢海甬、沈建华、章鹏、谢国锋、初天新、王星。

本标准所代替标准的历次版本发布情况为：

——GB/T 11019—1989

镀镍圆铜线

1 范围

本标准规定了镀镍圆铜线镍含量级别、技术要求、检验规则、试验方法及标志、包装。

本标准适用于制造电线电缆及电器品用的镀镍软圆铜线(简称镀镍铜线)。

2 规范性引用文件

下列文件中的条款通过本标准的引用而成为本标准的条款。凡是注日期的引用文件,其随后所有的修改单(不包括勘误的内容)或修订版均不适用于本标准,然而,鼓励根据本标准达成协议的各方研究是否可使用这些文件的最新版本。凡是不注日期的引用文件,其最新版本适用于本标准。

GB/T 3048.2—2007 电线电缆电性能试验方法 第2部分:金属材料电阻率试验(IEC 60498:1974,MOD)

GB/T 3953—2009 电工圆铜线

GB/T 4909.2—2009 裸电线试验方法 第2部分:尺寸测量

GB/T 4909.3—2009 裸电线试验方法 第3部分:拉力试验

GB/T 4909.9—2009 裸电线试验方法 第9部分:镀层连续性试验——多硫化钠法

GB/T 4909.11—2009 裸电线试验方法 第11部分:镀层附着性试验

GB/T 6516—1997 电解镍

3 型号及表示方法

3.1 型号规定

镀镍铜线的型号为:TRN。

3.2 表示方法

镀镍铜线用型号、规格、镍含量级别及本标准编号表示。

示例:镀镍铜线标称直径为0.50 mm,镍含量为4%,表示为 TRN 0.50 4级 GB/T 11019—2009。

4 规格

镀镍铜线的规格和分级参见表1。

5 材料

铜线应符合 GB/T 3953—2009 的规定;

镍应符合 GB/T 6516—1997 的规定,纯度不低于电解镍板的规定。

6 镀层

6.1 镍含量

镀镍铜线的镍含量按电子测定法或化学测定法测定,仲裁时应采用化学测定法测定。

镍含量应符合表1规定。

6.2 外观

镀镍铜线的镍层表面应光亮、光滑连续,不应有与良好工业品不相称的任何缺陷。

6.3 镀层连续性

镀层连续性按 GB/T 4909.9—2009 测定，试样应在绞合或施加绝缘前选取。

镀层应连续，经多硫化钠溶液试验后的试样表面应不变黑。

镀层重量所对应的镍层厚度小于 0.001 3 mm 的镀镍铜线，不要求进行镀层连续性试验。

6.4 镀层附着性

镀层附着性按 GB/T 4909.11—2009 测定。

镀镍铜线在与其本身直径相等的线上卷绕，并经浸渍试验后，试样螺旋卷绕部分的外周表面应不变黑，镀层无裂纹。

表 1 镍含量等级与镀层厚度关系

级　别	2 级	4 级	7 级	10 级	27 级
镍含量/%	2	4	7	10	27
标称直径 d mm	镀层厚度(仅供参考) mm				
0.05	—	—	—	0.001 3	0.003 4
0.07	—	—	—	0.001 8	0.004 8
0.08	—	—	0.001 4	0.002 0	0.005 5
0.10	—	—	0.001 8	0.002 5	0.006 8
0.12	—	—	0.002 1	0.003 0	0.008 2
0.14	—	0.001 4	0.002 5	0.003 6	0.009 5
0.15	—	0.001 5	0.002 6	0.003 8	0.010 2
0.16	—	0.001 6	0.002 8	0.004 1	0.011 7
0.18	—	0.001 8	0.003 3	0.004 6	0.013 2
0.20	—	0.002 1	0.003 6	0.005 1	0.014 7
0.23	—	0.002 3	0.004 1	0.005 8	0.016 5
0.26	0.001 3	0.002 5	0.004 6	0.006 6	0.018 5
0.28	0.001 4	0.002 8	0.005 1	0.007 4	0.020 8
0.32	0.001 6	0.003 3	0.005 6	0.008 1	0.023 4
0.35	0.001 7	0.003 5	0.006 2	0.008 8	0.023 9
0.37	0.001 9	0.003 7	0.006 5	0.009 3	0.025 2
0.39	0.002 0	0.003 9	0.006 9	0.009 8	0.026 6
0.41	0.002 1	0.004 1	0.007 2	0.010 4	0.028 0
0.45	0.002 3	0.004 6	0.008 1	0.011 7	0.033 0
0.50	0.002 5	0.005 1	0.008 8	0.012 6	0.034 1
0.53	0.002 7	0.005 4	0.009 4	0.013 4	0.036 1
0.56	0.002 8	0.005 7	0.009 9	0.014 1	0.038 2
0.60	0.003 0	0.006 1	0.010 6	0.015 2	0.040 9
0.63	0.003 2	0.006 4	0.011 1	0.015 9	0.043 0
0.67	0.003 4	0.006 8	0.011 8	0.016 9	0.045 7
0.71	0.003 6	0.007 2	0.012 6	0.017 9	0.048 4
0.75	0.003 8	0.007 6	0.013 3	0.018 9	0.051 1
0.80	0.004 0	0.008 1	0.014 1	0.020 2	0.054 5
0.85	0.004 3	0.008 6	0.015 0	0.021 5	0.058 0
0.90	0.004 5	0.009 1	0.015 9	0.022 7	0.061 4
1.00	0.005 1	0.010 1	0.017 7	0.025 3	0.068 2
1.05	0.005 3	0.010 6	0.018 6	0.026 5	0.071 6

表 1（续）

级　别	2 级	4 级	7 级	10 级	27 级
镍含量/%	2	4	7	10	27
标称直径 d mm	镀层厚度(仅供参考) mm				
1.10	0.005 6	0.011 1	0.019 4	0.027 7	0.075 0
1.15	0.005 8	0.011 6	0.020 3	0.029 0	0.078 4
1.20	0.006 1	0.012 1	0.021 2	0.030 3	0.081 8
1.30	0.006 6	0.013 1	0.023 0	0.032 8	0.088 6
1.40	0.007 1	0.014 1	0.024 7	0.035 4	0.095 5
1.50	0.007 6	0.015 2	0.026 5	0.037 9	0.102 3
1.60	0.008 1	0.016 2	0.028 3	0.040 4	0.109 1
1.70	0.008 6	0.017 2	0.030 1	0.042 9	0.115 9
1.80	0.009 1	0.018 2	0.031 8	0.045 4	0.122 7
1.90	0.009 6	0.019 2	0.033 6	0.048 0	0.129 5
2.00	0.010 1	0.020 2	0.035 4	0.055 0	0.136 4
2.30	0.011 7	0.023 4	0.041 1	0.059 2	0.167 9
2.60	0.012 9	0.026 4	0.046 2	0.066 5	0.188 5
2.90	0.014 5	0.029 5	0.051 8	0.074 7	0.211 6
3.26	0.016 5	0.033 0	0.058 2	0.083 8	0.237 5

7 尺寸偏差

镀镍铜线的直径按 GB/T 4909.2—2009 测量。对于成卷的试样，应分别在两端和中间测量三个点，取平均值；对于成盘的试样，应先从盘上取下大约 4 m 的试样，然后在试样始端和距试样末端 0.6 m 之间的长度内，测量六个点的直径，取平均值。

直径偏差应符合表 2 规定。

表 2　直径及偏差　　单位为毫米

标称直径 d	偏　差
$0.05 \leqslant d < 0.25$	$+0.008$ -0.003
$0.25 \leqslant d < 1.30$	$+3\%d$ $-1\%d$
$1.30 \leqslant d \leqslant 3.26$	$+0.038$ -0.013

8 伸长率

镀镍铜线的伸长率按 GB/T 4909.3—2009 测定。直径大于 2.00 mm 的镀镍铜线，拉伸前在试样上量取原始标距长度 250 mm，伸长量取拉伸前后试样标距长度的差值，试样的断裂部位应在标距长度内；直径小于或等于 2.00 mm 的镀镍铜线，拉伸前的钳口距离为原始标距长度(尽量接近 250 mm)，伸长量取拉伸前后两钳口间的距离差值，试样的断裂部位离两端钳口的距离应不小于 25 mm。

伸长率应符合表 3 规定。

9 电阻率

镀镍铜线的电阻率按 GB/T 3048.2—2007 测定。电阻率应符合表 4 规定。

表 3 伸长率

标称直径 d mm	伸长率(最大值) %	
	2、4、7、10 级	27 级
$0.05 \leqslant d \leqslant 0.10$	15	8
$0.10 < d \leqslant 0.23$	15	10
$0.23 < d \leqslant 0.50$	20	15
$0.50 < d \leqslant 3.26$	25	20

表 4 电阻率

级　别	电阻率 ρ_{20}(最小值) $\Omega \cdot mm^2/m$
2	0.017 960
4	0.018 342
7	0.018 947
10	0.019 592
27	0.024 284

10 检验规则

10.1 总则

镀镍铜线应由制造厂的技术检验部门检验合格后方能出厂或使用，每批产品应附有制造厂的产品质量检验合格证。

10.2 检验项目

产品应按表 5 规定进行检验。

表 5 检验项目

序　号	项 目 名 称	条 文 号	试 验 类 型	试 验 方 法
1	尺寸偏差	7	T,S	GB/T 4909.2—2009
2	伸长率	8	T,S	GB/T 4909.3—2009
3	电阻率	9	T,S	GB/T 3048.2—2007
4	镀层			
4.1	外观	6.2	R	正常目力检查
4.2	镍含量和镀层厚度	6.1	T,S	附录 A、附录 B
4.3	镀层连续性	6.3	T,S	GB/T 4909.9—2009
4.4	镀层附着性	6.4	T,S	GB/T 4909.11—2009

10.3 抽样规则

检验项目每批按 1% 抽样，但不少于 3 盘。第一次检验项目不合格时，应取双倍数量的试样，就不合格项目进行第二次试验，如仍不合格时，则应逐盘检查。

11 包装及标志

11.1 包装

镀镍铜线应均匀地绕在线盘上交货，线端应固定，线匝不应紊乱，最外层线与线盘侧板边缘应保持适当的距离。

每盘线均应妥善包装，存放在干燥、无腐蚀气体的地方。

11.2 标志

每盘镀镍铜线上应附有标签，标明：

a) 制造厂名称；

b) 型号及规格；

c) 毛重及净重，kg；

d) 制造日期： 年 月；

e) 本标准编号。

附 录 A
（规范性附录）
镍含量测定方法——电子法

A.1 适用范围

本方法适用于测定镀镍铜线的镍含量。

A.2 试验设备

电子厚度测量仪，带有“WT”附属装置。
试剂：R-54。
千分尺：精度为0.001 mm。

A.3 试样制备

a) 用千分尺测量试样直径，根据直径大小确定被测试样长度，见表A.1。

表A.1 试样长度的选取

单位为毫米

标称直径 d	试样长度
0.61～3.26	13
0.29～0.60	25
0.15～0.28	51
0.05～0.14	102

b) 去除试样表面油污，使试样清洁干净。

c) 在试样电解长度部分做好标记，非测量部分用蜡涂封。

A.4 试验步骤

a) 接通测量仪电源，并将“WT”附属装置接入。将阴极插入“WT”支承杆，阳极与电解槽安装螺钉相连；

b) 将镀层选择器开关调到“Ni”位置，预热5 min；

c) 将R-54试剂注入“WT”装置的不锈钢烧杯，溶液温度保持在20 ℃～25 ℃；

d) 将试样插入并固定在“WT”装置的水平臂接线柱内，试样标记部分应垂直浸入试剂中；

e) 启动开关，当指针移动或操作停止时，读取计数器读数。

A.5 试验结果及计算

A.5.1 镀层厚度

镀层厚度按式(A.1)计算：

$$\delta = 读数 \times W \qquad \cdots\cdots(A.1)$$

式中：

δ——镀层厚度，单位为微米(μm)；

W——厚度系数。

厚度系数 W 的值见表A.2。

表 A.2 厚度系数取值表

标称直径 d mm	厚度系数 W
0.05	5.89
0.07	4.21
0.08	3.68
0.10	2.95
0.12	2.46
0.14	2.10
0.15	1.96
0.16	3.67
0.18	3.26
0.20	2.93
0.23	2.55
0.26	2.26
0.28	2.10
0.32	3.66
0.35	3.35
0.37	3.16
0.39	3.00
0.41	2.86
0.45	2.60
0.50	2.34
0.53	2.21
0.56	2.09
0.60	1.95
0.63	3.68
0.67	3.46
0.71	3.26
0.75	3.09
0.80	2.90
0.85	2.73
0.90	2.58
1.00	2.32
1.05	2.21
1.10	2.11
1.15	2.02
1.20	1.93
1.30	1.78
1.40	1.66
1.50	1.55
1.60	1.45
1.70	1.36
1.80	1.29
1.90	1.22
2.00	1.16
2.30	1.01
2.60	0.90
2.90	0.80
3.26	0.71

A.5.2 镍含量

镍含量按式(A.2)计算：

$$G = (\delta/d) \times 0.396 \qquad \cdots\cdots(A.2)$$

式中：

G——镍含量，单位为百分比(%)；

d——试样外径，单位为毫米(mm)；

δ——镀层厚度，单位为微米(μm)。

附　录　B
（规范性附录）
镍含量测定方法——化学法

B.1　适用范围

本方法适用于测定镀镍铜线的镍含量。

B.2　试验设备

千分尺：精度 0.001 mm；
烧杯：150 mL；
电热烘箱；
试剂：磷酸（H_3PO_4）。

B.3　试样制备

a)　用千分尺测量试样直径 d，然后按表 B.1 准确地截取规定试样长度 l。

表 B.1　试样长度的选取　　单位为毫米

标称直径 d	试样长度 l
$0.05 \leqslant d < 0.10$	6 000
$0.10 \leqslant d < 0.21$	5 000
$0.21 \leqslant d < 0.32$	3 000
$0.32 \leqslant d < 0.58$	2 000
$0.58 \leqslant d \leqslant 3.26$	1 000

b)　将试样卷绕在直径为 40 mm 的光滑试棒上，制成螺旋状。

B.4　试验步骤

a)　将螺旋状试样浸入乙醚中至少 3 min，清洗干净的试样经干燥后，在分析天平上称重（g_0）；
b)　在烧杯内注入 50 mL 磷酸，加热磷酸，将螺旋形试样浸没在磷酸试剂中；
c)　在烧杯中不再有气泡出现时，可认为镍已经完全溶解。取出试样，用清水清洗，去除试样上的残留水，再用丙酮进一步清洗；
d)　将试样放在 100 ℃的烘箱内干燥 5 min，冷却后在分析天平上称出试样质量（g_1）。

B.5　试验结果及计算

B.5.1　镍含量 G

镍含量按式（B.1）计算：

$$G = (g_0 - g_1) \times 1\,000 / l \qquad \text{(B.1)}$$

式中：
G——镍含量，单位为毫克每米（mg/m）；
g_0——试样原始质量，单位为克（g）；
g_1——清除镀层厚的试样质量，单位为克（g）；
l——试样长度，单位为米（m）。

B.5.2 镍层厚度 δ

镍层厚度按式(B.2)计算：

$$\delta = G/(d \times 27.96) \quad \cdots\cdots (B.2)$$

式中：

δ——镀层厚度，单位为微米(μm)；

G——镍含量，单位为毫克每米(mg/m)；

d——试样外径，单位为毫米(mm)。

ICS 47.020.20
U 41

中华人民共和国国家标准

GB/T 11037—2009
代替 GB/T 11037—2000

船用锅炉及压力容器强度和密性试验方法

Test method for strength and tightness of marine boiler and pressure vessel

2009-03-09 发布　　2009-11-01 实施

中华人民共和国国家质量监督检验检疫总局
中国国家标准化管理委员会　发布

前言

本标准代替 GB/T 11037—2000《船用辅锅炉及受压容器强度和密性试验方法》。

本标准与 GB/T 11037—2000 相比，主要变化如下：

——本标准名称改为“船用锅炉及压力容器强度和密性试验方法”；

——适用范围改为：设计压力不大于 9.8 MPa，介质为水及蒸汽的锅炉；设计压力不大于 6.4 MPa，介质为水或空气的压力容器；

——增加了过热器、过热器联箱、过热器管及过热蒸汽阀的试验压力要求，并细化了压力容器的试验压力要求；

——增加了材料屈服强度对试验压力的要求；

——对试验用介质温度的要求进行了完善和增加；

——将“要求”和“试验条件”两章合并为“要求”一章。

本标准由中国船舶工业集团公司提出。

本标准由全国船用机械标准化技术委员会归口。

本标准起草单位：青岛船用锅炉厂有限公司、张家港格林沙洲锅炉有限公司、中国船舶工业综合技术经济研究院、中国船级社青岛分社。

本标准主要起草人：邱玉东、魏华兴、刘衍玲、刘国良、苏正东、仲崇欣、胡光富、车锐。

本标准所代替标准的历次版本发布情况为：

——GB/T 11037—1989、GB/T 11037—2000。

船用锅炉及压力容器强度和密性试验方法

1 范围

本标准规定了船用锅炉及压力容器(以下简称锅炉及压力容器)及其受压部件、附件的强度和密性试验要求、试验程序和试验结果评定。

本标准适用于设计压力不大于 9.8 MPa,介质为水及蒸汽的锅炉;设计压力不大于 6.4 MPa,介质为水或空气的压力容器。

2 要求

2.1 试验压力

试验压力应符合表1的规定。

表1 试验压力

序号	名称		试验压力 p_s/MPa 强度试验(制成或装配完毕)	密性试验(附件安装后)
1	汽、水筒、联箱、经济器联箱		1.5p	—
2	过热器联箱	工作温度≤350 ℃	1.5p	—
		工作温度>350 ℃	$1.5pR_{eH}^{350}/R_{eH}^{T}$	—
3	锅炉、过热器、经济器		1.5p	1.25p
4	压力容器	工作温度≤350 ℃	1.5p	1.25p(空气瓶做工作压力下气密性试验)
		工作温度>350 ℃	$1.5pR_{eH}^{350}/R_{eH}^{T}$	
5	锅炉烟管、水管、过热器管和经济器管		2p(弯制加工后)	
6	过热蒸汽阀		2.5p	1.5p
7	其他锅炉附件和空气瓶瓶头阀		2p	1.25p

注:p——设计压力,单位为兆帕(MPa);
R_{eH}^{350}——材料在 350 ℃时的屈服点或规定非比例伸长应力($R_{p0.2}$),单位为牛每平方毫米(N/mm²);
R_{eH}^{T}——材料在工作温度 t ℃时的屈服点或规定非比例伸长应力($R_{p0.2}$),单位为牛每平方毫米(N/mm²)。

2.2 强度试验

2.2.1 锅炉、压力容器、经济器及过热器本体的强度试验应采用液压试验。

2.2.2 锅炉、压力容器、经济器及过热器本体应在组装完毕,经无损检测等检验合格,未经油漆和敷设隔热层的情况下,进行强度试验。对需要进行热处理的试件则应在热处理后进行强度试验。

2.2.3 对于汽、水筒和联箱,强度试验可在钻孔前(指管群孔),但应在焊好接管、短管及各种附件和热处理(需要时)之后进行。

2.2.4 试验压力应不超过元件材料在试验温度下屈服强度的 90%。

2.2.5 试验时周围环境应整洁,环境温度一般不低于 5 ℃。

2.2.6 试验用介质一般应采用洁净水。

2.2.7 试验用介质的温度应保持高于周围露点的温度，但应不高于70 ℃。对低碳钢试件，试验用介质的温度应不低于5 ℃；合金钢试件，试验用介质温度应高于该钢种的脆性转变温度。

2.2.8 奥氏体不锈钢受压元件用水试验时，应控制水中氯离子质量浓度不超过25 mg/L。

2.2.9 试件各密封面应清洁，并应涂以防止粘连的涂料。

2.2.10 试件上按设计所采用的双头螺柱，不应用螺栓代替，螺柱旋入深度不应小于螺柱直径。

2.2.11 试件充液前，内部应清理干净；充液时，应将内部空气排尽；充液后，试件外表面应保持干燥。

2.2.12 试验时，应装设两只经计量部门校验合格的压力表，其中至少有一只装设在本体上。压力表的表面直径应不小于100 mm，量程为试验压力的1.5倍～2倍，精度不低于1.5级。

2.2.13 试件的人孔、手孔不允许用临时装置代替。

2.3 密性试验

2.3.1 锅炉、压力容器(除空气瓶)、经济器及过热器在强度试验合格，附件组装完毕后，应进行液压密性试验。密性试验一般在制造厂进行，也可在船厂进行。

2.3.2 空气瓶在强度试验合格，附件组装完毕后，应进行气密性试验。试验时应采用洁净、干燥的空气、氮气或其他惰性气体做为试验介质，介质温度应不低于5 ℃。

2.3.3 在进行气密性试验时不应受到任何方式的冲击载荷。

2.3.4 试验时周围环境应整洁，环境温度一般不低于5 ℃。

2.3.5 采用液压方法进行密性试验时试验用介质一般应采用洁净水。

2.3.6 试件上按设计所采用的双头螺柱，不应用螺栓代替，螺柱旋入深度不应小于螺柱直径。

2.3.7 试验前试件内部应清理干净，空气瓶内部应除锈涂漆完成。

2.3.8 试件上的所有附件均不应用临时装置代替。

2.3.9 试验时，应装设两只经计量部门校验合格的压力表，其中至少有一只装设在本体上。压力表的表面直径应不小于100 mm，量程为试验压力的1.5倍～2倍，精度不低于1.5级。

2.3.10 用涂液法进行气密性检查所用的检查液，不得对试件产生有害作用，应选择表面张力较小的液体，一般采用肥皂水。

3 试验程序

3.1 强度试验

3.1.1 试验时，应待试件壁温与试验液温度接近时，再进行升压。

3.1.2 试验时压力应缓慢升降，升压速度一般不超过0.2 MPa/min。当压力升至0.5倍工作压力时，停止升压，进行初步检查；若无渗漏或异常现象，再升压至工作压力，停止升压，进行检查；若无渗漏、异音及明显变形等异常现象再升至试验压力(管子可直接升至试验压力)，并保持足够的受压时间(锅炉20 min，压力容器10 min，管子10 s～20 s)，然后降至工作压力，再进行仔细检查。在检查时间内，压力应保持不变，但不得用泵维持压力。

3.1.3 试验时若有泄漏应做好标记，泄压后进行处理。

3.1.4 试验完毕应将试验液全部放净，并用压缩空气吹干。

3.2 密性试验

3.2.1 当采用液压方法进行密性试验时应符合3.1的规定。

3.2.2 空气瓶做气密性试验时压力应缓慢升降，升至工作压力后采用浸水法或涂液法进行检查。

3.2.2.1 浸水法：将试件浸入水槽中，试件的任何部位离水面最小深度均应大于50 mm。缓慢转动试件，观察各部位有无气泡出现。发现有固定气泡，应将其抹去，观察是否继续出现气泡。浸水时间应不小于3 min。

3.2.2.2 涂液法：在充气到试验压力的试件的待查部位上涂检查液，观察有无气泡逸出。带液保压时间应不小于 3 min。

3.2.2.3 试验时若有泄漏应做好标记,泄压后进行处理。

4 试验结果评定

4.1 强度试验试件符合下列要求判定为合格:

a) 焊缝和金属无渗漏;

b) 无异常响声和明显的变形;

c) 对胀口及附件连接处无渗漏。

4.2 密性试验试件应符合下列要求判定为合格:

a) 当采用液压方法进行试验时应符合 4.1 的规定;

b) 空气瓶气密性试验时各待查部位均无气泡逸出。

4.3 试验不合格的试件允许返修,返修后应重做试验。返修次数一般不应超过两次。

4.4 试压合格后,由检验人员做低应力标志,并做好记录。

ICS 47.020.20
U 41

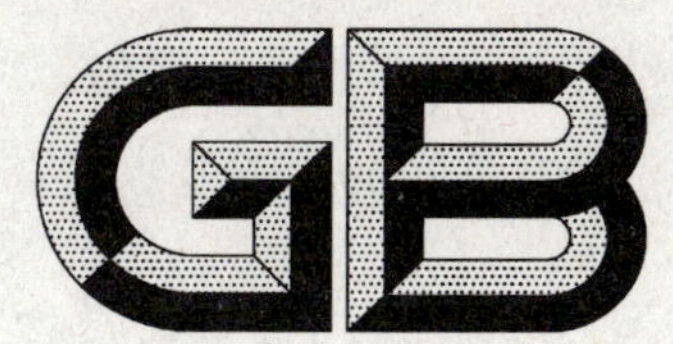

中华人民共和国国家标准

GB/T 11038—2009
代替 GB/T 11038—2000

船用辅锅炉及压力容器受压元件焊接技术条件

Welding specification for pressure parts of marine auxiliary boiler and pressure vessel

2009-03-09 发布　　　　2009-11-01 实施

中华人民共和国国家质量监督检验检疫总局
中国国家标准化管理委员会　发布

前　言

本标准代替 GB/T 11038—2000《船用辅锅炉及受压容器受压元件焊接技术条件》。

本标准与 GB/T 11038—2000 相比,主要变化如下:

——本标准名称改为《船用辅锅炉及压力容器受压元件焊接技术条件》;

——增加并细化了焊接工艺评定的有关规定和要求;

——增加了对焊接材料的一般要求;

——提高了受压部件的角焊缝与对接主焊缝边缘间的距离要求;

——增加了对于不能在炉内热处理的大型工件的热处理要求;

——增加了焊接试板及试样力学性能试验中焊制试件的有关要求。

本标准由中国船舶工业集团公司提出。

本标准由全国船用机械标准化技术委员会归口。

本标准起草单位:张家港格林沙洲锅炉有限公司、青岛船用锅炉厂有限公司、中国船舶工业综合技术经济研究院、中国船级社青岛分社、青岛凯能锅炉设备有限公司。

本标准主要起草人:刘国良、魏华兴、邱玉东、张永刚、车锐、王波、仲崇欣。

本标准所代替标准的历次版本发布情况为:

——GB 11038—1989、GB/T 11038—2000。

船用辅锅炉及压力容器受压元件焊接技术条件

1 范围

本标准规定了船用辅锅炉及压力容器(以下简称锅炉及压力容器)受压元件的焊接材料、焊接工艺评定、焊接、焊缝检查、焊后热处理和焊接试板力学性能试验。

本标准适用于设计压力不大于 2.5 MPa,介质为水及饱和蒸汽的锅炉;设计压力不大于 6.4 MPa,介质为水或空气的压力容器。

2 规范性引用文件

下列文件中的条款通过本标准的引用而成为本标准的条款。凡是注日期的引用文件,其随后所有的修改单(不包括勘误的内容)或修订版均不适用于本标准,然而,鼓励根据本标准达成协议的各方研究是否可使用这些文件的最新版本。凡是不注日期的引用文件,其最新版本适用于本标准。

GB/T 226 钢的低倍组织及缺陷酸蚀检验法(GB/T 226—1991,neq ISO 4969:1980)

GB/T 228 金属材料 室温拉伸试验方法(GB/T 228—2002,eqv ISO 6892:1998)

GB/T 229 金属材料 夏比摆锤冲击试验方法(GB/T 229—2007,ISO 148-1:2006,MOD)

GB/T 232 金属材料 弯曲试验方法(GB/T 232—1999,eqv ISO 7438:1985)

GB/T 985.1 气焊、焊条电弧焊、气体保护焊和高能束焊的推荐坡口(GB/T 985.1—2008,ISO 9692-1:2003,MOD)

GB/T 985.2 埋弧焊的推荐坡口(GB/T 985.2—2008,ISO 9692-2:1998,MOD)

GB/T 3323 金属熔化焊焊接接头射线照相

JB/T 4730.3 承压设备无损检测 第 3 部分:超声检测

JB/T 4730.4 承压设备无损检测 第 4 部分:磁粉检测

JB/T 4730.5 承压设备无损检测 第 5 部分:渗透检测

工业锅炉 T 型接头对接焊缝超声波探伤规定(1998-12-30) 国家质量技术监督局

3 要求

3.1 一般要求

3.1.1 焊工资格和标记

3.1.1.1 凡从事锅炉及压力容器受压元件焊接的焊工应按相应船级社焊工资格考试规定取得焊工合格证书,且只能担任与其合格类别相应的焊接工作。

3.1.1.2 施焊后,焊工应在主焊缝附近打上低应力焊工钢印标记,并在焊接记录卡上注明施焊结点和钢印号码。

3.1.2 焊接材料

3.1.2.1 焊接受压元件用的焊接材料包括:焊条、焊丝、焊剂、焊接用气体等,均应符合相应标准,且有合格证书。

3.1.2.2 焊接用焊条、焊丝应经过船级社认可,并且有合格证书。

3.1.2.3 受压元件等焊接应选用低氢或超低氢材料,使用前按要求烘干。

3.1.2.4 对于未经船级社认可的焊材,可按相应船级社规定进行复试,合格后才能用于生产。

3.1.3 焊接环境

3.1.3.1 当焊接环境出现下列任一情况时,若无有效防护措施,严禁施焊:

a) 手工焊时风速大于 10 m/s,气体保护焊时风速大于 2 m/s;

b) 相对湿度大于 90%;

c) 下雨、下雪时室外作业。

3.1.3.2 当焊件温度低于 0 ℃时,应按相应船级社有关规定预热后才能施焊。

3.1.4 焊接设备

焊接设备应符合下列要求:

a) 安置在遮蔽处,且可靠接地;

b) 能保证达到所要求的焊接质量,且保持有效的工作状态和有适当的设施来测量电流和电压,电流表、电压表应在有效周检期内。

3.1.5 焊缝设计

3.1.5.1 锅炉及压力容器壳体上的主要焊缝均应采用对接焊。

3.1.5.2 若壳体与管板采用 T 型接头对接焊缝,应满足下列条件:

a) 应采用全焊透的接头型式,且坡口经机械加工;

b) 焊缝坡口应开在管板上;

c) T 型接头连接部位的焊缝厚度应不小于管板的厚度,且其焊缝背部能封焊的部位均应封焊,不应封焊的部位应采用氩弧焊打底,并保证焊透。

3.1.5.3 锅炉及压力容器上的短管、法兰和座板等,一般采用双面连续的角焊缝。

3.1.5.4 应避免两条以上的焊缝相交于一处,对接焊缝不可在尖锐的角度下相交,主焊缝之间的距离应不小于 200 mm。受压部件的角焊缝与对接主焊缝边缘间的距离一般不小于 25 mm。

3.1.5.5 非受压部件的焊缝应不穿过主焊缝或接管焊缝。非受压部件焊缝的边缘与主焊缝或接头焊缝边缘之间的距离应不小于受压部件板厚的 2 倍或 40 mm(取较小值),如果不能时,则应穿过主焊缝并对称布置,且不可在靠近主焊缝或管接头焊缝区域停止。

3.1.5.6 应避免在焊缝或靠近焊缝处开孔,当焊缝中心线到开孔边缘的距离小于 60 mm 或 4 倍开孔板厚度(取最大值)时,开孔应穿过焊缝,使焊缝中心线与开孔的中心线尽可能重合。此时,焊缝开孔处的两侧均应作无损检测,每侧检测的长度至少应为 60 mm 或 4 倍开孔板厚度(取最大值),且需进行热处理。

3.1.5.7 壳体如果由不同厚度的壳板和管板组成,应使壳体横剖面上不同厚度的板的厚度中心线形成一连续圆,见图 1。厚板的焊缝边缘应机加工削斜,削斜长度应不少于板厚差的 2 倍。

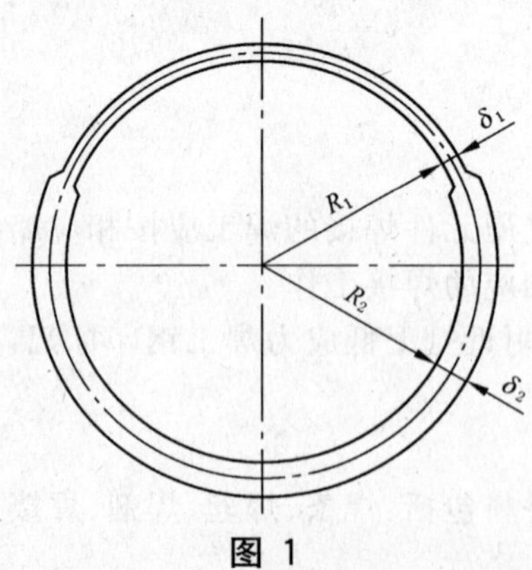

图 1

3.1.5.8 扁球形或椭球形封头和壳体壳板的对接,当封头和壳体沿整个圆周的厚度差均相同时,则较厚的板应机加工削斜,削出的斜面应平滑,并且斜率不大于 1∶4,使封头和壳体在圆周接缝处的厚度相等,见图 2。厚板经削斜的末端和焊缝坡口之间可留有平直部分,但也可以将焊缝坡口作为削斜长度 b 的一部分。在环焊缝处的板厚,在任何情况下不应小于相同直径和材料的无缝壳体或焊接壳体所要求的厚度。

图 2

3.1.5.9 半球形封头与较厚的壳体对接焊时，壳体部分应削斜过渡至封头，并使壳体的削斜部分和焊缝成为半球形封头的一个环段，见图 3。如果半球形封头留有直边与壳体对接焊时，则直边部分的厚度应不小于无缝壳体或焊接壳体所要求的厚度。

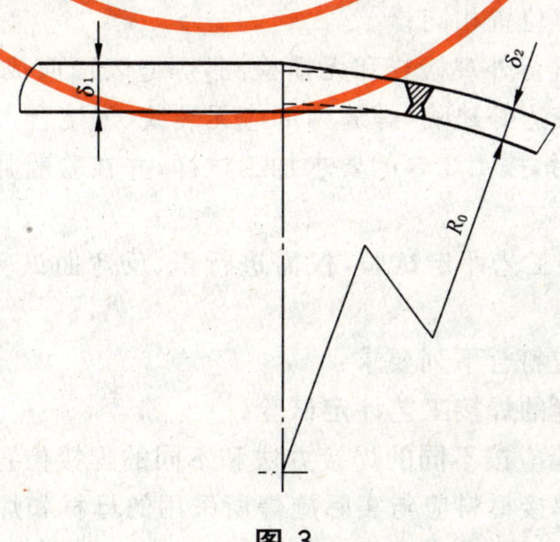

图 3

3.1.6 焊缝坡口的型式

3.1.6.1 手工焊、气体保护焊的焊缝坡口型式一般按 GB/T 985.1 的要求。

3.1.6.2 自动焊焊缝坡口型式一般按 GB/T 985.2 的要求。

3.1.6.3 手工焊、自动焊采用其他坡口型式时，应得到相关船级社同意。

3.2 焊接工艺评定

3.2.1 焊接工艺规程应经焊接工艺评定，合格后方可使用。

3.2.2 对应进行评定的焊接工艺，应在验船师在场时进行试验，试验结束之后将试验结果记入工艺认可试验报告，随工艺规程一起提交船级社认可。

3.2.3 如果焊接工艺评定业经船级社认可，则以后按此工艺施焊时，可免做焊接工艺评定。当制造单位对已批准的焊接工艺规程进行改动时，应将所有改动的细节内容向船级社报告，由船级社根据改动的具体内容决定是否重做焊接工艺评定。

3.2.4 提交焊接工艺评定的焊接工艺规程一般应包括下列内容：

a) 母材的牌号、级别、厚度和交货状态；

b) 焊接材料（焊条、焊丝、焊剂和保护气体）的型号、等级和规格；

c) 焊接设备的型号和主要性能参数；

d) 坡口设计、加工要求及衬垫材料（如有时）；

e) 焊道布置和焊接顺序；

f) 焊接位置（平焊、立焊、横焊、仰焊等）；

g) 焊接规范参数（电源极性、焊接电流、电弧电压、焊接速度和保护气体流量）；

h) 焊前预热和道间温度、焊后热处理及焊后消除应力的措施等；

i) 施焊环境：现场施焊或车间施焊；

j) 其他有关的特殊要求。

3.2.5 对接焊工艺评定试验，应符合下列要求：

a) 适用于平板对接焊和圆管对接焊的焊接工艺评定试验；

b) 对接焊工艺评定应按不同的焊接方法和不同的焊接位置分别进行试验；

c) 试件所选用的焊接材料应与实际施焊所采用的母材和焊接材料同等级别；

d) 平板对接焊试板的尺寸，手工焊、半自动焊时，试板长度尺寸为 $L \geqslant 350$ mm($6t$)，宽度尺寸为 $b=150$ mm($3t$)；自动焊时，$L \geqslant 1\,000$ mm，$b=200$ mm。其中 t 为试板厚度；

e) 圆管对接焊试管的长度 L 应不小于 150 mm。当圆管直径大于 600 mm 时，可用平板代替圆管作相应位置的对接焊；

f) 焊缝坡口形式、装置、焊接及热处理（如有时）工艺等应与焊接工艺规程中规定的相同，试件的焊接位置应与实际施焊位置相同；

g) 对施焊好的试件焊缝进行外观检查和无损检测，焊缝表面应成形均匀，平滑地向母材过渡、无裂纹无明显的焊瘤和咬边等缺陷，焊缝内部应无裂纹、未熔合、未焊透等缺陷；

h) 试件焊缝经检验合格后，按 4.3.3 的要求加工试样，并在验船师监督下进行各项试验和填写试验报告；

i) 对Ⅲ级压力容器的焊接工艺评定试验，仅需进行正、反弯曲试验、对接接头拉伸试验和断口组织均匀性检查。

3.2.6 角接焊工艺评定试验，应符合下列要求：

a) 适用于管板的角接焊缝的焊接工艺评定试验；

b) 角接焊缝工艺评定试验应按不同的焊接方法和不同的焊接位置分别进行；

c) 试件所选用的母材和焊接材料应与实际施焊所采用的母材和焊接材料同类级别；

d) 管板试件的平板边长至少应比试管外径大 50 mm，管板试件的圆管长度应不小于 150 mm；

e) 焊缝坡口形式、装配与焊接要求均应与焊接工艺规程的规定相同；

f) 试件焊缝的焊脚尺寸应按焊接工艺规程的要求；

g) 试件焊毕后应进行外观检查和表面进行渗透或磁粉检测，焊缝表面应成形均匀，无裂纹以及无明显的焊瘤和咬边等缺陷；

h) 管板或管子角接的试样按圆管圆周四等份截取，将每个断口研磨抛光后对每个焊缝断口作宏观检查；

i) 平板角接按相应规定作宏观、硬度及破断试验；

j) 焊缝断口宏观检查应显示出无裂纹，无未熔合，若出现夹渣或气孔，应将这类缺陷位置、大小、数量和密集程度记入报告，并提交船检认可。

3.2.7 认可焊接工艺的适用范围，应符合船级社的有关规定。

3.3 焊前准备

3.3.1 施焊前应将焊缝坡口和焊接边沿两侧至少为 25 mm 区域内的表面打磨至露出金属光泽，并清除影响焊接质量的任何污物。

3.3.2 影响焊接质量的定位焊和边沿缺陷应在施焊前铲除和修复。

3.3.3 坡口和其他施焊边缘，可采用机加工、批凿或打磨的方法，也可用气割后打磨，但气割时损坏的区域应予以修复。

3.3.4 正式施焊前，应在纵焊缝(或试板)外加引弧板和熄弧板。

3.3.5 焊接工作应尽可能在平焊位置上进行。

3.3.6 锅炉和压力容器壳体对接焊缝的两面之间，于任何一点上的错边量应不大于板厚度的 10%，且纵缝应不超过 3 mm，环缝应不超过 4 mm。

3.3.7 球形封头和圆柱形受压壳体接头处对接焊缝的两板之间，于任何一点上的错边量应不大于板厚的 10%，且应不超过 3 mm。

3.3.8 焊件组装时，不应强力对正，且不应锤打修正钢板的凹凸不平处。

3.3.9 定位焊应符合下列要求：

a) 定位焊缝的焊接材料应与正式施焊的焊接材料相同；

b) 经检验无裂纹的定位焊缝可以保留。

3.3.10 电焊引弧，不应在施焊焊缝外的母材上进行，偶然的电弧击点，应修补或磨削除去并经磁粉检测或渗透检测。

3.4 焊接

3.4.1 锅炉及压力容器的壳体上的对接焊缝应为双面全焊透，其上的受力角焊缝一般也应全焊透。焊接封底前应进行清根。如因结构特殊，确实无法进行封底焊时，允许使用单面焊(包括氩弧焊打底、临时衬垫和钢垫板焊)。如安装垫板进行焊接，但垫板的材料应与壳体板的成分相同，且垫板的宽度一般为 40 mm。

3.4.2 采用单面焊时，应采用适当措施保证焊缝根部能完全焊透，并使因焊缝金属收缩所产生的变形为最小。

3.4.3 如果因接头的拘束力、板材的厚度以及被焊材料的成分而需预热时，应采用预热和保持焊道间最低温度和最高温度(如有要求)的焊接工艺。

3.4.4 在进行多道焊时，应控制层间温度，前后焊道之间应注意清渣。因某种原因中断焊接后，在重焊前应对中断焊接的焊缝处进行清洁和铲除熔渣，使后焊的熔敷金属能与板材和先前的熔敷金属完全熔合。

3.4.5 锅炉及压力容器壳体上的短管、法兰和座板的角接焊缝，应在热处理(有要求时)以前装焊完毕。

3.4.6 焊缝外表面可以和壳体壳板表面平齐，也可以焊成焊缝中心的总厚度稍大于板厚度，但焊缝余高的截面变化应逐渐过渡。

3.4.7 壳体板上所焊接的拉攀、支架、支管、人孔框架及开孔周围补强板等附件应与壳体壳板完全贴合，且应在壳体热处理(有要求时)前焊装完毕。若确因结构需要而应在热处理以后焊装者，应征得船级社同意。

3.4.8 当上述附件连同其他用于支撑内、外构件的附属装置焊接到壳体板上时，其焊接工艺应与壳体板所要求的相同，其材料成分亦应与壳体板相当。

3.5 焊缝质量

3.5.1 焊缝表面质量

3.5.1.1 受压壳体焊缝表面应均匀、致密，不应有裂纹、焊瘤、咬边、气孔、夹渣、弧坑以及未填满的凹陷存在，若有上述缺陷应在无损检测前予以修复。

3.5.1.2 焊缝的外形尺寸应符合下列要求：

a) 焊缝余高：自动焊为 0 mm～4 mm，手工焊为 0 mm～3 mm，且不大于 0.1 倍焊缝宽度加 1 mm；

b) 焊缝宽度：焊接接头每边的覆盖量为 0 mm～6 mm；

c) 焊缝与母材应圆弧过渡，外形尺寸不符合要求的部分应在无损检测前修正。

3.5.2 焊缝无损检测要求

3.5.2.1 Ⅰ级和Ⅱ级锅炉及压力容器的焊缝应作无损检测，检测方法、检测比例和部位应符合表 1 的规定。Ⅲ级压力容器的焊缝可免作无损检测。

表 1

<table>
<tr><th colspan="2" rowspan="2">类别</th><th colspan="3">锅炉及压力容器级别</th></tr>
<tr><th>Ⅰ级</th><th>Ⅱ级</th><th>Ⅲ级</th></tr>
<tr><td colspan="2">锅炉</td><td>$p>0.35$ MPa</td><td>$p\leqslant 0.35$ MPa</td><td>—</td></tr>
<tr><td colspan="2">压力容器</td><td>设计压力 $p>3.92$ MPa，或板厚 $\delta>40$ mm，或 $t>350$ ℃</td><td>p、δ、t 均小于Ⅰ级规定，但 $p>1.57$ MPa，或 $\delta>16$ mm，或 $t>150$ ℃</td><td>$p\leqslant 1.57$ MPa，同时 $\delta\leqslant 16$ mm，且 $t\leqslant 150$ ℃</td></tr>
<tr><td rowspan="4">检测方法</td><td rowspan="2">射线检测</td><td>所有壳体、鼓筒、联箱、接管的纵缝和环缝，连同试板应作 100% 检查。对外径≤170 mm 的筒形构件、联箱对接环缝为 25% 射线，其他管对接环缝为 10% 射线抽查</td><td>试板作 100% 的检查；对接缝应作大于 10% 的抽查</td><td>—</td></tr>
<tr><td colspan="2">炉胆、燃烧室以及其他类似受压部件应作局部抽查</td><td>—</td></tr>
<tr><td>超声波检测</td><td>a) 板厚超过 50 mm，可用超声波代替射线进行探伤，必要时应选择局部焊接缝进行射线检测；
b) 管板与壳体的 T 型连接部位的每条焊缝应进行 100% 超声波检测；
c) 管板与炉胆燃烧室的 T 型连接部位的焊缝应进行 50% 超声波检测</td><td>—</td><td>—</td></tr>
<tr><td>磁粉或渗透检测</td><td colspan="2">管柱、覆板、短管和支管等焊缝未经射线检测者，应作 10% 磁粉或渗透检测的抽查</td><td>—</td></tr>
</table>

3.5.2.2 若焊缝表面及其附近区域的表面粗糙程度妨碍无损检测的准确性时，应将这些部位打磨到规定的表面粗糙度要求。

3.5.3 焊缝无损检测评定

3.5.3.1 射线检测按GB/T 3323评定，纵、环焊缝达到Ⅱ级为合格。

3.5.3.2 超声波检测按JB/T 4730.3评定，纵、环焊缝达到Ⅰ级为合格。

3.5.3.3 磁粉检测按JB/T 4730.4评定，达到Ⅰ级为合格。

3.5.3.4 渗透检测按JB/T 4703.5评定，达到Ⅰ级为合格。

3.5.3.5 T型接头对接焊缝超声波检测见《工业锅炉T型接头对接焊缝超声波探伤规定》。

3.5.4 焊接试板

3.5.4.1 焊接试板力学性能应符合表2的规定。

表2

试验项目	合格标准	试验方法
熔敷金属拉伸试验	a) 抗拉强度 R_m：不小于母材规定的最小抗拉强度，且不大于母材规定的最小抗拉强度加上145 N/mm²； b) 伸长率 A_5：$A_5 \geq (980-R_m)/21.6$，且不低于母材规定最小伸长率的80%	GB/T 228
弯曲试验	试样弯曲后，试样背拉表面出现裂纹或其他缺陷长度应不大于3 mm	GB/T 232
接头横向拉伸试验	对接接头的抗拉强度应不低于母材规定的最小抗拉强度	GB/T 228
断面宏观检查	不应有未焊透、未熔合、较大的夹渣或其他缺陷	GB/T 226
冲击试验	常温冲击试验，三个冲击试样的算术平均冲击功不应低于27 J，且允许其中一个试样值低于规定的平均值，但不应低于规定平均值的70%	GB/T 229

3.5.4.2 Ⅱ级锅炉及压力容器的焊接试板力学性能试验中免做冲击试验。

3.5.4.3 Ⅲ级压力容器免做焊接试板。

3.6 焊后热处理

3.6.1 一般要求

3.6.1.1 锅炉及压力容器连同其焊接试板的热处理应在焊制完毕后，液压试验之前进行。

3.6.1.2 下列锅炉及压力容器可免做焊后热处理：

a) Ⅰ级锅炉及压力容器，当采用碳钢或碳锰钢，且其焊接构件的厚度不大于20 mm时；

b) Ⅱ级锅炉及压力容器，当采用碳钢，其焊接构件的厚度不大于30 mm且工作温度不高于150 ℃时；或采用碳锰钢，其焊接构件的厚度不大于20 mm且工作温度不高于150 ℃时；

c) 所有Ⅲ级压力容器。

3.6.1.3 锅炉及压力容器一般应进行整体热处理。若因条件限制，无法进行整体热处理时，可允许分段热处理，但应保证焊缝的整个长度均受到热处理，纵缝热处理重叠部分至少为1 500 mm，炉外部分应有绝热措施以减小温度梯度。

3.6.1.4 热处理应包括将锅炉及压力容器壳体缓慢和均匀地加热到适合于消除内应力的温度，并保温适当时间，然后在炉内缓慢均匀地冷却到400 ℃以下，最后置于静止的空气中进行冷却。

3.6.1.5 焊接构件焊后热处理的保温温度一般为580 ℃～620 ℃，保温时间按每25 mm厚度为1 h计，但至少应为1 h。合金钢焊件热处理规程按所选材料确定并经船级社认可。

3.6.2 工件置放

3.6.2.1 工件应妥善安置在热处理炉底的支座上，支座的高度一般应不低于200 mm，当空间受限时，可为100 mm，前后支座应尽量处在同一平面上，支座间的距离一般应不大于1 000 mm。

3.6.2.2 工件在热处理炉内与炉壁之间的距离不应小于250 mm，当几个工件同炉热处理时，工件间的距离应大于 100 mm，工件与炉门的距离应大于 500 mm。

3.6.2.3 燃油或燃气的热处理炉喷嘴火焰不应直接喷在热处理工件上，当喷嘴与工件间距离小于 600 mm 时，应采用有效措施隔开火焰。

3.6.3 **热处理炉**

热处理炉的结构应满足热处理的要求，且处于良好的技术状态，并备有测量和记录炉内温度变化的高温计。

3.6.4 **不能在炉内热处理的大型工件**

对于不能在炉内热处理的大型工件，可用电加热等方法作局部热处理。环缝局部热处理时，焊缝两侧的加热宽度应不小于热处理部位钢板壁厚的 3 倍。加热区以外部分应采取措施，防止产生有害的温度梯度。

4 检验和试验

4.1 焊缝外观检验

目测或用专用量具检查焊缝外观质量和焊工钢印标记。其结果应符合 3.1.1.2 和 3.5.1 的要求。

4.2 无损检测

4.2.1 无损检测人员

无损检测评定的人员应持有有效的船舶无损检测人员资格证书，方可从事与其类别相应的无损检测工作。

4.2.2 无损检测方法

4.2.2.1 射线检测按 GB/T 3323 的规定，其中射线检测的灵敏度应符合下列要求：

a) 采用孔型象质计时，在射线照片上能看到的孔型的最小直径：当焊缝厚度不超过 50 mm 时，应不大于焊缝厚度的 3%；当焊缝厚度超过 50 mm 时，应不大于焊缝厚度的 2.5%；

b) 采用金属丝型象质计时，在射线照片上能看到的金属丝的最小直径：当焊缝厚度为 10 mm～50 mm 时，应不大于焊缝厚度的 1.5%；当焊缝厚度为 50 mm～200 mm 时，应不大于焊缝厚度的 1.25%。

4.2.2.2 超声波检测按 JB/T 4730.3 的规定。

4.2.2.3 磁粉检测按 JB/T 4730.4 的规定。

4.2.2.4 渗透检测按 JB/T 4730.5 的规定。

4.2.2.5 T 型接头对接焊缝超声波检测见《工业锅炉 T 型接头对接焊缝超声波探伤规定》。

4.2.3 焊缝无损检测结果应符合 3.5.2 和 3.5.3 的要求。

4.3 焊接试板及试样力学性能试验

4.3.1 **一般要求**

4.3.1.1 试板应用定位焊与壳体壳板相连，使试板焊缝成为壳体纵向焊缝的延续和模拟。

4.3.1.2 试板应与壳体壳板的材料、厚度相同，试板的焊接工艺和热处理的要求应与焊接壳体纵缝一致。

4.3.1.3 试板长度应保证能提供复试时取样的需要。

4.3.1.4 试板一般应与工件一起进行热处理，或与工件同热处理规范，同一热处理炉内进行热处理。

4.3.1.5 锅炉及压力容器的环焊缝一般可不需焊制试件。但如果壳体上仅有环缝或环缝与纵缝所采用的焊接工艺差别较大时，则应焊制环缝模拟试件一个。其试件应能提供一整套试样和所需的复试试样。制造同类型受压壳体时，可按每 30 m 环缝焊制一个试件。

4.3.1.6 在同一个工厂，用相同的焊接方法同时制作的一批Ⅱ级锅炉或压力容器，且其板厚的变动不超过 5 mm 时，可按每 35 m 长度焊缝焊制一个试件，其厚度应等于结构中最厚壳板的厚度，且至少每批焊制一个试件。

4.3.2 **试验项目**

试验项目按图 4 和表 3。

单位为毫米

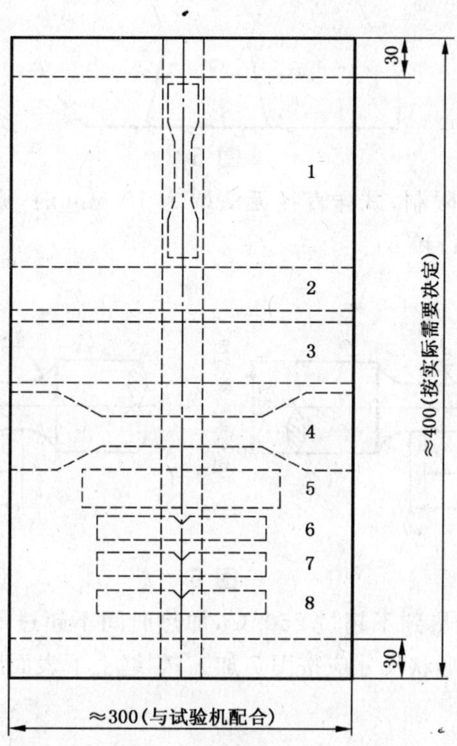

图 4

表 3

<table>
<tr><th rowspan="2">试样号</th><th rowspan="2">试样名称</th><th colspan="2">锅炉及压力容器</th></tr>
<tr><th>Ⅰ级</th><th>Ⅱ级</th></tr>
<tr><td>1</td><td>熔敷金属拉伸</td><td rowspan="8">有要求</td><td rowspan="5">有要求</td></tr>
<tr><td>2</td><td>正向弯曲[a]</td></tr>
<tr><td>3</td><td>反向弯曲[a]</td></tr>
<tr><td>4</td><td>接头的横向拉伸</td></tr>
<tr><td>5</td><td>断面宏观检查</td></tr>
<tr><td>6</td><td rowspan="3">冲击试验</td><td rowspan="3">—</td></tr>
<tr><td>7</td></tr>
<tr><td>8</td></tr>
<tr><td colspan="4">[a] 当试板厚度超过 20 mm 时,改用侧弯试样做侧弯试验。</td></tr>
</table>

4.3.3 **试样加工**

4.3.3.1 熔敷金属拉力试样的直径应为 10 mm,且满足下述规定。

4.3.3.1.1 当试板厚度不超过 70 mm 时,可取 1 个试样,见图 5。

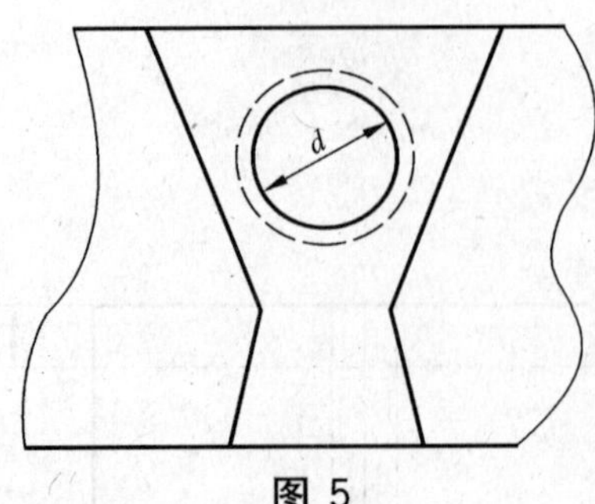

图 5

4.3.3.1.2 如果因为试板厚度限制，试样直径无法取为 10 mm 时，则应尽可能取最大的实际直径，其标距长度为直径的 5 倍，见图 6a)和 b)。

单位为毫米

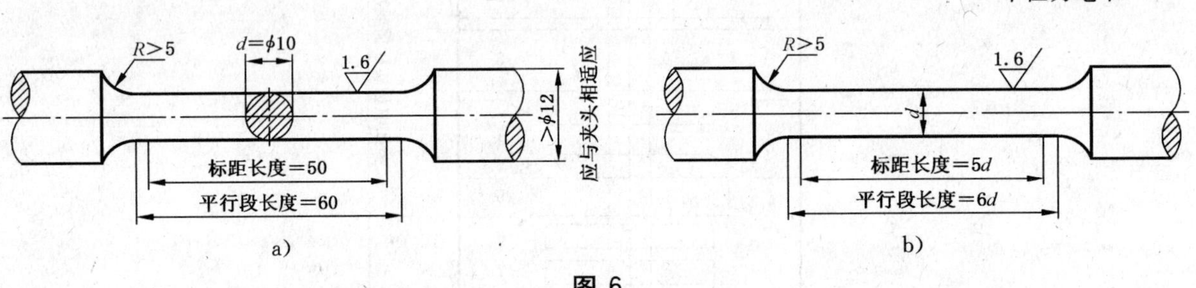

图 6

4.3.3.1.3 试验前可将试样加热到不超过 250 ℃，加热时间不超过 16 h，以作脱氢处理。

4.3.3.2 接头横向拉力试样的形状尺寸应按图 7 加工；焊缝上下表面应锉平、磨光或机加工至母材平齐。

单位为毫米

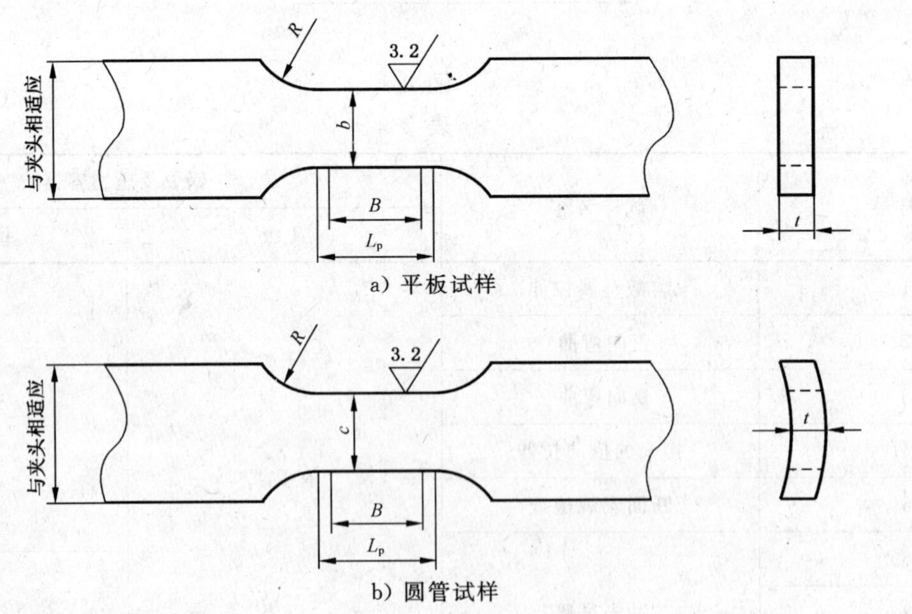

B——焊缝宽度；

t——试样厚度；

b——平板试样平行段宽度，取 25 mm；

c——圆管试样平行段宽度，对直径等于或大于 76 mm 的管子取 20 mm；对直径小于 76 mm 的管子，则取 12 mm 或整管进行拉伸；

L_p——试样平行段长度，取 B+60 mm；

R——过渡圆弧半径，大于 25 mm。

图 7

4.3.3.3 当试样的破断力超过加载设备的能力时，可按图8所示分成几个试样进行横向拉伸试验。每个试样的厚度不小于25 mm。以各试样结果的算术平均值作为整个接头的试验结果。

单位为毫米

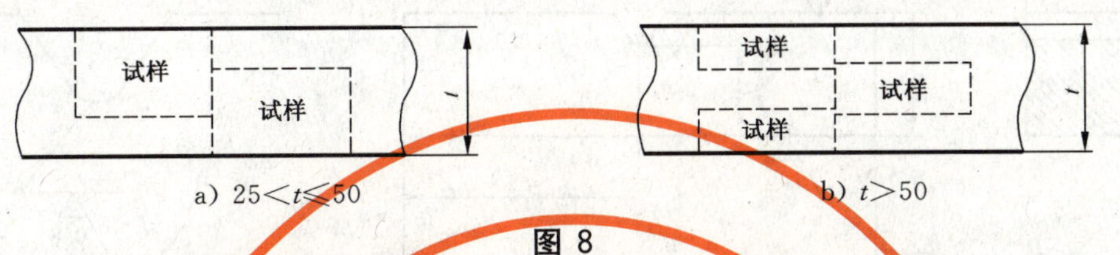

a) 25＜t≤50　　b) t＞50

图 8

4.3.3.4 对接焊缝正反弯曲试样的形状和尺寸应按照图9进行加工。焊缝的上下表面应锉平、磨光或机加工至母材表面齐平。试样的受拉表面允许两边倒圆1 mm～2 mm。管试样可将受压表面机加工成为一个平面。

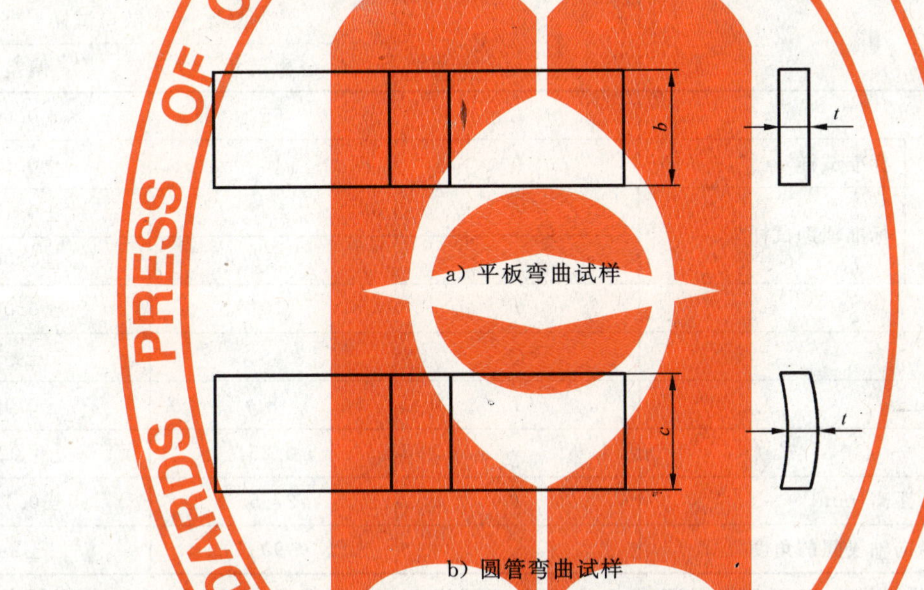

a) 平板弯曲试样

b) 圆管弯曲试样

t——试样厚度，应为母材厚度，若厚度超过25 mm，可将试样的受压面一侧减薄至25 mm；

b——平板试样宽度，取30 mm；

c——圆管试样宽度，取t+0.1d，但不小于30 mm，其中d为管试件的外径。

图 9

4.3.3.5 对接焊缝侧弯试样的形状和尺寸应按图10进行加工。试样上，焊缝的上下表面机加工至母材表面齐平。试样的受拉表面允许两边缘倒角1 mm～2 mm。

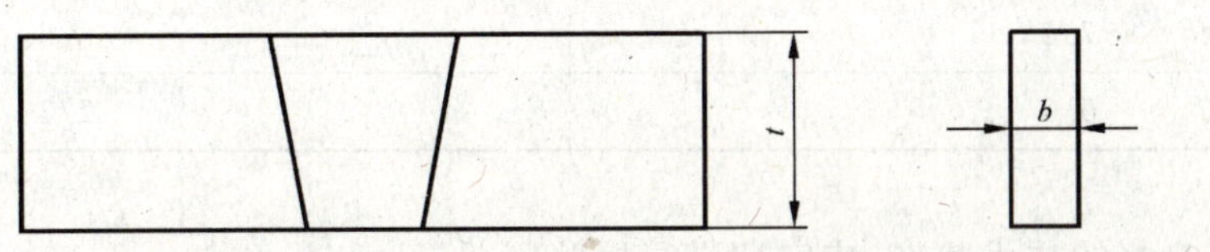

t——试板厚度，当t大于40 mm时，可分为数个20 mm～40 mm的试样分别进行试验；

b——试样厚度，取为10 mm。

图 10

4.3.3.6 焊缝冲击试样应为夏比V型缺口，其形状和尺寸应按图11及表4的要求进行加工。

单位为毫米

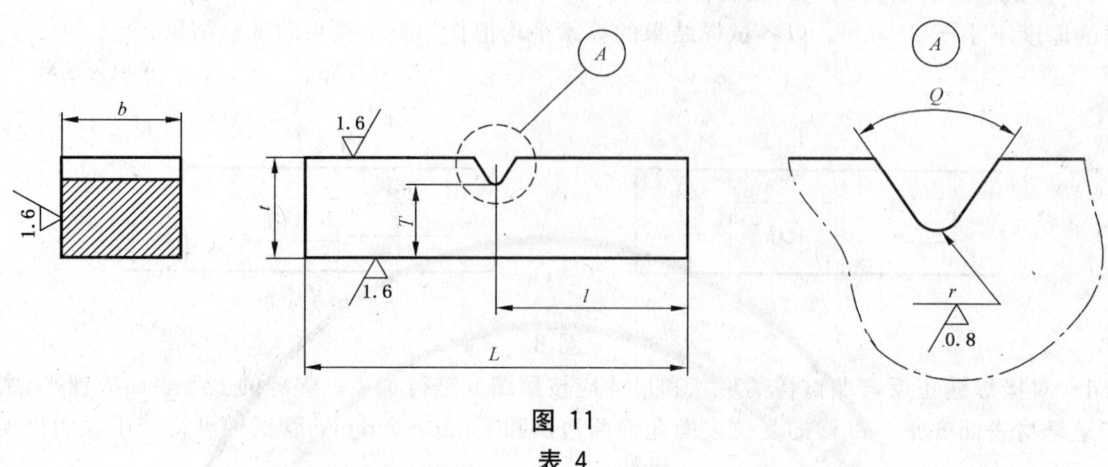

图 11

表 4

名　　称		符　　号	夏比 V 型缺口试样	
			公称尺寸	偏差
长度/mm		L	55	±0.60
宽度/mm	标准试样	b	10	±0.11
	标准辅助试样	b	7.5	±0.11
		b	5	±0.06
厚度/mm		t	10	±0.06
缺口角度/(°)		Q	45	±2
缺口以下的厚度/mm		T	8	±0.06
缺口根部半径/mm		r	0.25	±0.025
试样端部至缺口中心距离/mm		l	27.5	±0.42
缺口对称面与试样纵向轴线间的角度/(°)		—	90	±2

4.3.3.7　冲击试样的截取部位和方向通常应为近表面试样，其缺口应垂直于原轧制面，开槽位置距离火焰切割或剪切边应不小于 25 mm。

4.3.3.8　对于厚度小于 10 mm 的材料，应制成尽可能大的标准辅助样式，缺口方向应垂直于轧制面。标准辅助试样的宽度及其与标准试样冲击能量的换算关系见表 5。对于公称厚度 6 mm 以下的材料，一般不必进行冲击试验。

表 5

标准辅助冲击试样的宽度/mm	与标准试样冲击能量的换算系数
7.5	5/6
5.0	2/3

4.3.4　试验机

试验机应保持良好的技术状态，应定期进行校验。

4.3.5　试验及结果

4.3.5.1　将熔敷金属拉伸试样及焊接接头横向拉伸试样分别在拉力试验机上作拉伸试验。结果符合表 2 中的要求为合格。

4.3.5.2　将正、反弯曲试样或侧弯曲试样在拉力试验机上作弯曲试验，其压头的直径和支辊缘的内间距，按表 6 选取。压头垂直于试样，加压直至试样完全弯曲为止。结果符合表 2 的要求为合格。

表 6

试板规定的最小抗拉强度 R_m/(N/mm²)	压头直径/mm	支辊边缘内间距/mm
R_m＜460	2*t*	4.2*t*
460≤R_m＜510	3*t*	5.2*t*
注：*t* 为试样的厚度。		

4.3.5.3 用10倍放大镜对焊缝断面作宏观检查。结果符合表2的要求为合格。

4.3.5.4 冲击试验机上作冲击试验。结果符合表2的要求为合格。

4.3.6 复试

4.3.6.1 任一试样的试验结果不合格时，应在原试板上另取两倍试样进行复试。

4.3.6.2 若原先已备有两块试板者，则应从另一块试板上截取复试试样。

4.3.6.3 当一组三个冲击试样的试验结果不合格时，若低于规定平均值的试样不超过两个，且其中低于规定平均值70%的试样不超过一个，则允许再取一组三个冲击试样进行复试。前后六个试样的算术平均值应符合规定平均值的要求，且低于规定平均值的试样不应超过两个，其中低于规定平均值70%的试样不超过一个，则复试合格。

4.3.6.4 若初试不合格的原因是由于局部或偶然缺陷造成，且复试又合格时，则可同意复试的结果。

4.3.6.5 若经复试仍不符合要求，则该焊接试板的力学性能不合格，它所代表的工件焊缝判为不合格，应将工件原有的焊缝刨掉，重新施焊并焊制焊接试板，重新作力学性能试样。

5 焊缝返修

5.1 锅炉及压力容器的受压元件焊缝的任何返修，应作好返修纪录，记入质量证明书中。对焊缝的返修，依据提供原始缺陷的射线底片或其他无损检测报告，决定部分修补或整条焊缝重焊。若需整条纵缝重新施焊，应要求对原试样板同样处理。

5.2 除局部缺陷焊缝返修可用手工焊补，整条焊缝的返修，应采用原焊缝的焊接工艺。

5.3 返修前应制定返修措施或返修工艺，焊缝同一部位的返修次数一般不应超过两次。

5.4 焊缝返修后的检查，应按照下述规定。

5.4.1 Ⅰ级锅炉及压力容器的返修焊接，应再次做无损检测，合格等级不变。

5.4.2 Ⅱ级锅炉及压力容器的焊缝在抽查中发现不应存在的缺陷时，应按第一次射线照片所检查的焊缝长度上任选两段作双倍射线检测复查(一般可选在缺陷的焊缝的两端)，复查结果为合格，则第一次射线照片上显示缺陷的焊缝应予铲除，并在修补后再次做射线检查。复查结果仍不合格，则应：

a) 对所代表的整条焊缝长度进行射线检测，凡有超标缺陷之处应进行修补，并重新进行射线检测，合格为止；

b) 将第一次射线照片所代表的整条焊缝长度铲除干净，重新焊接并作为新的焊缝提交射线检测，与此焊缝相关的试板应进行类似处理。

5.4.3 超声波检测、磁粉探伤和渗透检测发现的超标缺陷，应进行修磨和补焊，并对该部位重新检查。

ICS 77.040.30
H 15

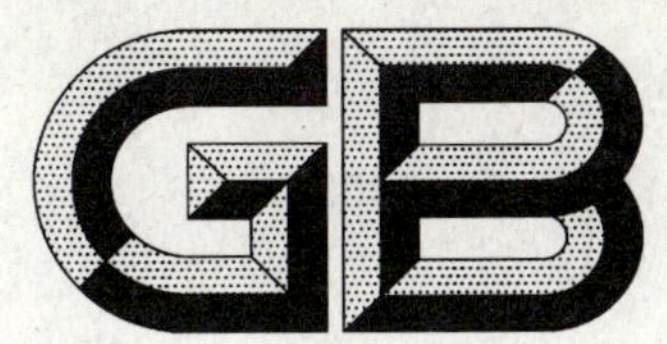

中华人民共和国国家标准

GB/T 11066.6—2009

金化学分析方法 镁、镍、锰和钯量的测定 火焰原子吸收光谱法

Methods for chemical analysis of gold—
Determination of magnesium, nickel, manganese, palladium contents—
Flame atomic absorption spectrometry

2009-04-15 发布 2010-02-01 实施

中华人民共和国国家质量监督检验检疫总局
中国国家标准化管理委员会 发布

前　言

GB/T 11066《金化学分析方法》分为10个部分：

——GB/T 11066.1　金化学分析方法　金量的测定　火试金法；

——GB/T 11066.2　金化学分析方法　银量的测定　火焰原子吸收光谱法；

——GB/T 11066.3　金化学分析方法　铁量的测定　火焰原子吸收光谱法；

——GB/T 11066.4　金化学分析方法　铜、铅和铋量的测定　火焰原子吸收光谱法；

——GB/T 11066.5　金化学分析方法　银、铜、铁、铅、锑和铋量的测定　原子发射光谱法；

——GB/T 11066.6　金化学分析方法　镁、镍、锰和钯量的测定　火焰原子吸收光谱法；

——GB/T 11066.7　金化学分析方法　银、铜、铁、铅、锑、铋、钯、镁、锡、镍、锰和铬量的测定　火花原子发射光谱法；

——GB/T 11066.8　金化学分析方法　银、铜、铁、铅、锑、铋、钯、镁、镍、锰和铬量的测定　乙酸乙酯萃取-电感耦合等离子体原子发射光谱法；

——GB/T 11066.9　金化学分析方法　砷和锡量的测定　氢化物发生-原子荧光光谱法；

——GB/T 11066.10　金化学分析方法　硅量的测定　钼蓝分光光度法。

本部分为GB/T 11066的第6部分。

本部分由中国有色金属工业协会提出。

本部分由全国有色金属标准化技术委员会归口。

本部分负责起草单位：成都印钞公司和中国有色金属工业标准计量质量研究所。

本部分参加起草单位：长春黄金研究院、上海造币厂、沈阳造币厂、紫金矿业集团股份有限公司、江西铜业公司贵溪冶炼厂、大冶有色设计研究院有限公司。

本部分主要起草人：陈菲菲、黄蕊、陈永红、赵玉娥、王德雨、陈杰、朱秀芬、黄敏华、郭玉柱、蓝美秀、兰美娥、沈广鑫、李晓瑜、刘艳。

金化学分析方法
镁、镍、锰和钯量的测定
火焰原子吸收光谱法

1 范围

GB/T 11066 的本部分规定了金中镁、镍、锰、钯量的测定方法。

本部分适用于金中镁、镍、锰、钯量的测定。测定范围及波长见表 1。

表 1

元素	Mg	Ni	Mn	Pd
质量分数/%	0.000 1～0.020 0	0.000 1～0.020 0	0.000 1～0.020 0	0.000 2～0.050 0
波长/nm	285.2	232.0	279.5	244.8

2 方法提要

试料用混合酸分解，在 1 mol/L 盐酸介质中，用乙酸乙酯萃取分离金，水相浓缩后制成盐酸介质待测试液，使用空气-乙炔火焰，用原子吸收光谱仪于表 1 所列波长处测量其镁、镍、锰、钯的吸光度。

3 试剂

除非另有说明，在分析中仅使用确认为分析纯的试剂和蒸馏水或去离子水或相当纯度的水。

3.1 盐酸(1+11)，优级纯。

3.2 盐酸(1+9)，优级纯。

3.3 混合酸：硝酸+盐酸+水(1+3+3)，优级纯。

3.4 乙酸乙酯。

3.5 硝酸镧溶液(100 g/L)。

3.6 镁标准贮存溶液：称取 0.165 8 g 预先经 780 ℃灼烧 1 h 的氧化镁(氧化镁的质量分数≥99.99%)，置于 250 mL 烧杯中，加入 20 mL 盐酸(1+1)，低温加热溶解，冷却至室温。将溶液移入 1 000 mL 容量瓶中，用水稀释至刻度，混匀。此溶液 1 mL 含 100 μg 镁。

3.7 镍标准贮存溶液：称取 1.000 0 g 金属镍(质量分数≥99.95%)于 100 mL 烧杯中，加入 20 mL 硝酸(1+1)，低温加热溶解，蒸至近干，冷却，加入 20 mL 盐酸(1+1)，加热溶解盐类，冷却，移入 1 000 mL 容量瓶中，用水稀释至刻度，混匀。此溶液 1 mL 含 1 mg 镍。

3.8 锰标准贮存溶液：称取 1.000 0 g 金属锰(质量分数≥99.95%)于 100 mL 烧杯中，加入 20 mL 硝酸(1+1)，低温加热溶解，蒸至近干，冷却，加入 20 mL 盐酸(1+1)，加热溶解盐类，冷却，移入 1 000 mL 容量瓶中，用水稀释至刻度，混匀。此溶液 1 mL 含 1 mg 锰。

3.9 钯标准贮存溶液：称取 1.000 0 g 金属钯(质量分数≥99.99%)于 100 mL 烧杯中，加入 20 mL 硝酸(1+1)，低温加热溶解，蒸至近干，冷却，加入 20 mL 盐酸(1+1)，加热溶解盐类，冷却，移入 1 000 mL 容量瓶中，用水稀释至刻度，混匀。此溶液 1 mL 含 1 mg 钯。

3.10 镁、镍、锰、钯混合标准溶液：分别移取 10 mL 镁标准贮存溶液(3.6)、5 mL 镍标准贮存溶液(3.7)、5 mL 锰标准贮存溶液(3.8)、10 mL 钯标准贮存溶液(3.9)于 100 mL 容量瓶中，用盐酸(3.2)稀释至刻度，混匀。此溶液 1 mL 含 10 μg 镁、50 μg 镍、50 μg 锰、100 μg 钯。

4 仪器

原子吸收光谱仪,附镁、镍、锰、钯空心阴极灯。

在仪器最佳条件下,凡能达到下列指标的原子吸收光谱仪均可使用。

——特征浓度:在与测量试液的基体相一致的溶液中,镁、镍、锰和钯的特征浓度应分别不大于0.01 μg/mL、0.06 μg/mL、0.05 μg/mL和0.13 μg/mL;

——精密度:用最高浓度的标准溶液测量11次吸光度,其标准偏差应不超过平均吸光度的1.0%,用最低浓度的标准溶液(不是"零"标准溶液)测量11次吸光度,其标准偏差应不超过最高浓度标准溶液平均吸光度的0.5%;

——工作曲线线性:将工作曲线按浓度等分成五段,最高段的吸光度差值与最低段的吸光度差值之比应不小于0.7。

5 分析步骤

5.1 试料

称取1.00 g试样,精确至0.000 1 g。

独立地进行两次测定,取其平均值。

5.2 空白试验

随同试料做空白试验。

5.3 测定

5.3.1 将试料(5.1)置于100 mL烧杯中,加入6 mL混合酸(3.3),盖上表面皿,低温加热,使试料溶解完全,低温蒸至溶液颜色呈棕褐色(约2 mL)取下,打开表面皿挥发氮的氧化物,加入4 mL水,微沸,冷至室温。

5.3.2 用盐酸溶液(3.1)洗表面皿并将试液移入125 mL分液漏斗中并稀释至30 mL。加入20 mL乙酸乙酯(3.4),振荡20 s,静置分层,水相放入另一分液漏斗中。加2 mL盐酸溶液(3.1)轻轻振荡数次,洗涤有机相及漏斗,静置分层(贮存有机相以回收金),水相合并。

5.3.3 再加入20 mL乙酸乙酯(3.4),重复操作一次,分层后水相均放入原烧杯中。

5.3.4 将试液(5.3.3)低温蒸至约2 mL~3 mL(切勿蒸干),冷至室温,用盐酸溶液(3.2)按表2移入到相应的容量瓶中,按表2加入硝酸镧溶液(3.5),稀释至刻度,混匀。

表2

<table>
<tr><th>元素</th><th>质量分数/%</th><th>试液体积/mL</th><th>硝酸镧溶液/mL</th></tr>
<tr><td>Mg</td><td>0.000 1~0.001 0</td><td rowspan="4">25</td><td rowspan="4">1</td></tr>
<tr><td>Ni</td><td>0.000 1~0.005 0</td></tr>
<tr><td>Mn</td><td>0.000 1~0.005 0</td></tr>
<tr><td>Pd</td><td>0.000 2~0.010 0</td></tr>
<tr><td>Mg</td><td>>0.001 0~0.005 0</td><td rowspan="4">50</td><td rowspan="4">2</td></tr>
<tr><td>Ni</td><td>>0.005 0~0.020 0</td></tr>
<tr><td>Mn</td><td>>0.005 0~0.020 0</td></tr>
<tr><td>Pd</td><td>>0.010 0~0.030 0</td></tr>
<tr><td>Mg</td><td>>0.005 0~0.010 0</td><td rowspan="2">100</td><td rowspan="2">4</td></tr>
<tr><td>Pd</td><td>>0.030 0~0.050 0</td></tr>
<tr><td>Mg</td><td>>0.010 0~0.020 0</td><td>200</td><td>8</td></tr>
</table>

5.3.5 使用空气-乙炔火焰，以随同试料的空白调零，按表1测定相应元素的吸光度，自工作曲线上查出镁、镍、锰和钯相应的质量浓度。

5.4 工作曲线的绘制

移取0 mL、2.00 mL、4.00 mL、6.00 mL、8.00 mL、10.00 mL镁、镍、锰、钯混合标准溶液(3.10)，分别置于一组100 mL容量瓶中，加入4 mL硝酸镧溶液(3.5)，用盐酸溶液(3.2)稀释至刻度，混匀。

在与试料溶液测定相同条件下，以水调零，测量标准溶液的吸光度，减去“零”浓度溶液的吸光度，以被测元素的质量浓度为横坐标，吸光度为纵坐标绘制工作曲线。

6 分析结果的计算

按式(1)计算镁、镍、锰、钯的质量分数 $w(X)$，数值以%表示：

$$w(X)=\frac{\rho_X \cdot V \times 10^{-6}}{m}\times 100 \qquad (1)$$

式中：

ρ_X——以试料溶液的吸光度自工作曲线上查得的镁、镍、锰、钯的浓度，单位为微克每毫升(μg/mL)；

V——试料溶液的体积，单位为毫升(mL)；

m——试料的质量，单位为克(g)。

分析结果表示至小数点后第4位。

7 精密度

7.1 重复性

在重复性条件下，获得的两次独立测试结果的绝对差值不大于重复性限(r)，大于重复性限(r)的情况以不超过5%为前提。重复性限(r)按表3数据采用线性内插法求得。

表3

%

Mg的质量分数	0.000 6	0.008 0	0.020 0
Mg的重复性限(r)	0.000 1	0.000 6	0.001 2
Ni的质量分数	0.000 6	0.008 0	0.020 0
Ni的重复性限(r)	0.000 1	0.000 4	0.001 4
Mn的质量分数	0.000 6	0.008 0	0.020 0
Mn的重复性限(r)	0.000 1	0.000 4	0.000 9
Pd的质量分数	0.001 5	0.020 0	0.050 0
Pd的重复性限(r)	0.000 2	0.000 7	0.003 7

注：镁、镍和锰的质量分数为0.000 1%～0.000 6%的重复性限采用0.000 1%，钯的质量分数为0.000 2%～0.001 5%的重复性限采用0.000 2%。

7.2 再现性

在再现性条件下，获得的两次独立测试结果的绝对差值不大于再现性限(R)，大于再现性限(R)的情况以不超过5%为前提。再现性限(R)按表4数据采用线性内插法求得。

表4

%

Mg的质量分数	0.000 6	0.008 0	0.020 0
Mg的再现性限(R)	0.000 1	0.001 0	0.001 2
Ni的质量分数	0.000 6	0.008 0	0.020 0
Ni的再现性限(R)	0.000 1	0.000 7	0.001 5

表 4（续） %

Mn 的质量分数	0.000 6	0.008 0	0.020 0
Mn 的再现性限(R)	0.000 1	0.000 7	0.001 1
Pd 的质量分数	0.001 5	0.020 0	0.050 0
Pd 的再现性限(R)	0.000 2	0.003 0	0.005 8
注：镁、镍和锰的质量分数为 0.000 1%～0.000 6%的再现性限采用 0.000 1%，钯的质量分数为 0.000 2%～0.001 5%的再现性限采用 0.000 2%。			

8 质量控制和保证

应用国家级或行业级标准样品（当两者没有时，也可用自制的控制样品代替），每周或两周验证一次本标准的有效性。当过程失控时，应找出原因，纠正错误后，重新进行校核，并采取相应的预防措施。

ICS 77.040.30
H 15

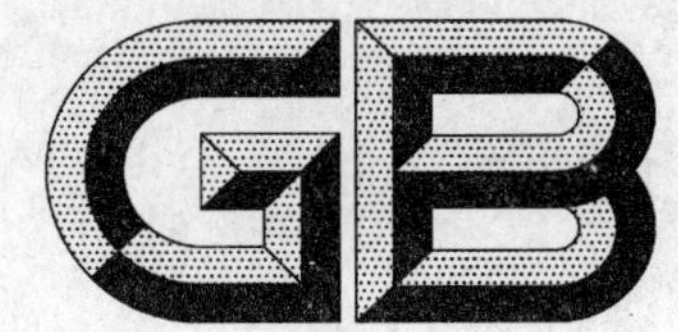

中华人民共和国国家标准

GB/T 11066.7—2009

金化学分析方法 银、铜、铁、铅、锑、铋、钯、镁、锡、镍、锰和铬量的测定 火花原子发射光谱法

Methods for chemical analysis of gold—Determination of silver, copper, iron, lead, antimony, bismuth, palladium, magnesium, tin, nickel, manganese and chromium contents—Spark atomic emission spectrometry

2009-04-15 发布　　2010-02-01 实施

中华人民共和国国家质量监督检验检疫总局
中国国家标准化管理委员会　发布

前言

GB/T 11066《金化学分析方法》共分为以下10部分：

——GB/T 11066.1 金化学分析方法 金量的测定 火试金法；

——GB/T 11066.2 金化学分析方法 银量的测定 火焰原子吸收光谱法；

——GB/T 11066.3 金化学分析方法 铁量的测定 火焰原子吸收光谱法；

——GB/T 11066.4 金化学分析方法 铜、铅和铋量的测定 火焰原子吸收光谱法；

——GB/T 11066.5 金化学分析方法 银、铜、铁、铅、锑和铋量的测定 原子发射光谱法；

——GB/T 11066.6 金化学分析方法 镁、镍、锰和钯量的测定 火焰原子吸收光谱法；

——GB/T 11066.7 金化学分析方法 银、铜、铁、铅、锑、铋、钯、镁、锡、镍、锰和铬量的测定 火花原子发射光谱法；

——GB/T 11066.8 金化学分析方法 银、铜、铁、铅、锑、铋、钯、镁、镍、锰和铬量的测定 乙酸乙酯萃取-电感耦合等离子体原子发射光谱法；

——GB/T 11066.9 金化学分析方法 砷和锡量的测定 氢化物发生-原子荧光光谱法；

——GB/T 11066.10 金化学分析方法 硅量的测定 钼蓝分光光度法。

本部分为GB/T 11066的第7部分。

本部分的附录A为资料性附录。

本部分由中国有色金属工业协会提出。

本部分由全国有色金属标准化技术委员会归口。

本部分负责起草单位：成都印钞公司、中国有色金属工业标准计量质量研究所。

本部分参加起草单位：沈阳造币厂、紫金矿业集团股份有限公司、上海造币厂、大冶有色设计研究院有限公司、江西铜业股份有限公司贵溪冶炼厂。

本部分主要起草人：陈杰、王自森、王德雨、赖茂明、张勃、常启金、牟华、张波、夏珍珠、蓝美娥、陈丽、胡向阳、刘振东、李晓瑜、梁亚群、朱秀芬、黄敏华。

金化学分析方法
银、铜、铁、铅、锑、铋、钯、镁、锡、镍、锰和铬量的测定
火花原子发射光谱法

1 范围

GB/T 11066的本部分规定了金中银、铜、铁、铅、锑、铋、钯、镁、锡、镍、锰和铬含量的测定方法。

本部分适用于金(99.95%～99.99%)中银、铜、铁、铅、锑、铋、钯、镁、锡、镍、锰和铬含量的同时测定。测定范围见表1。

表 1

元素	测定范围/%	元素	测定范围/%
Ag	0.000 3～0.041 0	Pd	0.000 4～0.021 0
Cu	0.000 2～0.040 0	Mg	0.000 3～0.012 0
Fe	0.000 4～0.015 0	Sn	0.000 2～0.010 0
Pb	0.000 4～0.035 0	Ni	0.000 2～0.010 0
Sb	0.000 2～0.015 0	Mn	0.000 2～0.010 0
Bi	0.000 3～0.017 0	Cr	0.000 2～0.010 0

2 方法提要

将试样加工压制成片状，用火花原子发射光谱仪直接测定金中杂质元素的分析线与背景线的强度比，根据绘制的工作曲线计算金中银、铜、铁、铅、锑、铋、钯、镁、锡、镍、锰和铬等12种杂质元素含量。

3 试剂和材料

除非另有说明，在分析中仅使用确认为分析纯的试剂和蒸馏水或去离子水或相当纯度的水。

3.1 无水乙醇。

3.2 脱脂棉。

3.3 标准样品：有证纯金光谱标准样品，其杂质元素含量范围须涵盖或部分涵盖本方法测定范围。

3.4 高纯氩气：质量分数不小于99.995%。

4 仪器和辅助设备

4.1 火花原子发射光谱仪。

4.2 油压机：安全压力≥50 t。

5 分析步骤

5.1 试样和样品处理

试样和标准样品(3.3)表面经无水乙醇(3.1)清洗后，用油压机(4.2)压制成片状(压力：50 t；施压时间：8 s)。压制成型后样品的光洁面直径应大于20 mm，最小厚度应大于0.2 mm。

5.2 分析线对

各测定元素分析线对采用仪器厂商推荐的波长，可参见附录 A。

5.3 工作曲线的绘制

在仪器状态和激发气氛稳定时使用标准样品(3.3)在火花原子发射光谱仪上连续激发，测定标样中各杂质元素的谱线强度比，以元素质量分数为横坐标，谱线强度比为纵坐标绘制杂质元素工作曲线。

注：可使用仪器内部固化的工作曲线。

5.4 仪器标准化

由于受外界环境条件等因素的影响，仪器在使用中会产生不同程度的漂移。在每次测定样品前须使用低含量和高含量标准样品对光谱仪进行标准化。

5.5 标准化确认

测定低含量、高含量标准样品或控制样品，如果所得测试结果与目标值的绝对差值超出 7.2 中所列的再现性限(R)，重复仪器标准化过程。

5.6 测定

将试样光洁面置于仪器激发台上进行测定。每个样品应变换不同位置进行多点激发(三个点以上)，取其平均值。

6 分析结果的计算

根据测得的试样中杂质元素谱线强度比，分别于工作曲线上求出各元素的质量分数。

所得结果表示至小数点后第 4 位。

7 精密度

7.1 重复性

在重复性条件下获得的两次独立测试结果的测定值，在以下给出的平均值范围内，这两个测试结果的绝对差值不大于重复性限(r)，以大于重复性限(r)的情况不超过 5% 为前提，重复性限(r)按表 2 数据采用线性内插法求得。

表 2

银量/%	0.001 5	0.007 6	0.040 4
r/%	0.000 3	0.000 4	0.001 8
铜量/%	0.001 2	0.006 7	0.039 3
r/%	0.000 2	0.000 2	0.001 9
铁量/%	0.001 1	0.003 6	0.014 3
r/%	0.000 4	0.000 4	0.000 7
铅量/%	0.001 4	0.008 2	0.034 4
r/%	0.000 3	0.000 6	0.002 6
锑量/%	0.000 7	0.003 4	0.014 7
r/%	0.000 1	0.000 2	0.001 4
铋量/%	0.001 0	0.004 3	0.016 6
r/%	0.000 3	0.000 3	0.001 1

表 2（续）

钯量/%	0.001 1	0.005 1	0.020 1
r/%	0.000 2	0.000 6	0.001 4
镍量/%	0.000 3	0.001 2	0.004 7
r/%	0.000 1	0.000 1	0.000 2
铬量/%	0.000 3	0.000 9	0.004 0
r/%	0.000 1	0.000 1	0.000 3
锰量/%	0.000 3	0.000 9	0.003 9
r/%	0.000 1	0.000 2	0.000 2
镁量/%	0.000 7	0.002 4	0.009 0
r/%	0.000 1	0.000 2	0.000 6
锡量/%	0.000 6	0.002 0	0.008 6
r/%	0.000 2	0.000 2	0.000 9

7.2 再现性

在再现性条件下获得的两次独立测试结果的测定值，在以下给出的平均值范围内，这两个测试结果的绝对差值不大于再现性限(*R*)，以大于再现性限(*R*)的情况不超过5%为前提，再现性限(*R*)按表3数据采用线性内插法求得。

表 3

银量/%	0.001 5	0.007 6	0.040 4
R/%	0.000 3	0.001 0	0.004 5
铜量/%	0.001 2	0.006 7	0.039 3
R/%	0.000 2	0.000 9	0.005 0
铁量/%	0.001 1	0.003 6	0.014 3
R/%	0.000 4	0.000 6	0.001 4
铅量/%	0.001 4	0.008 2	0.034 4
R/%	0.000 5	0.001 5	0.005 9
锑量/%	0.000 7	0.003 4	0.014 7
R/%	0.000 2	0.000 5	0.002 5
铋量/%	0.001 0	0.004 3	0.016 6
R/%	0.000 3	0.000 6	0.003 1
钯量/%	0.001 1	0.005 1	0.020 1
R/%	0.000 3	0.001 0	0.003 0
镍量/%	0.000 3	0.001 2	0.004 7
R/%	0.000 1	0.000 3	0.000 6
铬量/%	0.000 3	0.000 9	0.004 0
R/%	0.000 1	0.000 3	0.000 8

表 3（续）

锰量/%	0.000 3	0.000 9	0.003 9
R/%	0.000 1	0.000 3	0.000 6
镁量/%	0.000 7	0.002 4	0.009 0
R/%	0.000 2	0.000 7	0.001 1
锡量/%	0.000 6	0.002 0	0.008 6
R/%	0.000 2	0.000 5	0.001 7

8 质量保证和控制

应用国家级标准样品或行业标准样品（当前两者没有时，也可用控制标样替代），每周或两周校核一次本分析方法标准的有效性。当过程失控时，应找出原因，纠正错误后，重新进行校核。

附 录 A
（资料性附录）
分析线对

使用SPECTROLAB S型火花原子发射光谱仪[1]测定金中银、铜、铁、铅、锑、铋、钯、镁、锡、镍、锰和铬含量时选取的分析线对见表A.1。

表 A.1

元素	分析线/nm	背景线/nm
Ag	338.289	310.500
Cu	324.754	310.500
Fe	371.994	310.500
Pb	405.782	310.500
Bi	306.772	310.500
Sb	206.838	200.860
Pd	340.458	310.500
Mg	285.213	310.500
Sn	317.502	310.500
Cr	425.435	310.500
Ni	361.939	310.500
Mn	403.449	310.500

1）给出这一信息是为了方便本标准的使用者，并不表示对该产品的认可。如果其他等效产品具有相同的效果，则可使用这些等效产品。

ICS 77.040.30
H 15

中华人民共和国国家标准

GB/T 11066.8—2009

金化学分析方法 银、铜、铁、铅、锑、铋、钯、镁、镍、锰和铬量的测定 乙酸乙酯萃取-电感耦合等离子体原子发射光谱法

Method for chemical analysis of gold—Determination of silver, copper, iron, lead, antimony, bismuth, palladium, magnesium, nickel, manganese and chromium content—Ethyl acetate extration-inductively coupled plasma-atomic emission spectrometry

2009-04-15 发布　　2010-02-01 实施

中华人民共和国国家质量监督检验检疫总局
中国国家标准化管理委员会　发布

前　言

GB/T 11066《金化学分析方法》共分为以下10部分：

——GB/T 11066.1　金化学分析方法　金量的测定　火试金法

——GB/T 11066.2　金化学分析方法　银量的测定　火焰原子吸收光谱法

——GB/T 11066.3　金化学分析方法　铁量的测定　火焰原子吸收光谱法

——GB/T 11066.4　金化学分析方法　铜、铅和铋量的测定　火焰原子吸收光谱法

——GB/T 11066.5　金化学分析方法　银、铜、铁、铅、锑和铋量的测定　原子发射光谱法

——GB/T 11066.6　金化学分析方法　镁、镍、锰和钯量的测定　火焰原子吸收光谱法

——GB/T 11066.7　金化学分析方法　银、铜、铁、铅、锑、铋、钯、镁、锡、镍、锰和铬量的测定　火花原子发射光谱法

——GB/T 11066.8　金化学分析方法　银、铜、铁、铅、锑、铋、钯、镁、镍、锰和铬量的测定　乙酸乙酯萃取-电感耦合等离子体原子发射光谱法

——GB/T 11066.9　金化学分析方法　砷和锡量的测定　氢化物发生-原子荧光光谱法

——GB/T 11066.10　金化学分析方法　硅量的测定　钼蓝分光光度法

本部分为GB/T 11066的第8部分。

本部分的附录A为资料性附录。

本部分由中国有色金属工业协会提出。

本部分由全国有色金属标准化技术委员会归口。

本部分负责起草单位：成都印钞公司、中国有色金属工业标准计量质量研究所。

本部分参加起草单位：沈阳造币厂、成都印钞公司、长春黄金研究院、北京矿冶研究总院、上海造币厂、铜陵有色金属集团控股有限公司。

本部分主要起草人：王德雨、赖茂明、陈杰、王自森、龙淑杰、周阔久、黄蕊、陈菲菲、于力、李琴美、陈慧汶、朱秀芬、黄敏华、朱慕平。

金化学分析方法
银、铜、铁、铅、锑、铋、钯、镁、镍、锰和铬量的测定
乙酸乙酯萃取-电感耦合等离子体原子发射光谱法

1 范围

GB/T 11066 的本部分规定了金中银、铜、铁、铅、铋、锑、钯、镁、镍、锰和铬量的测定方法。

本部分适用于金(99.95%～99.99%)中银、铜、铁、铅、铋、锑、钯、镁、镍、锰和铬量的测定。测定范围见表1。

表 1

元　　素	质量分数/%	元　　素	质量分数/%
Ag	0.000 3～0.050 0	Pd	0.000 5～0.020 0
Cu	0.000 2～0.040 0	Mg	0.000 3～0.010 0
Fe	0.000 5～0.010 0	Ni	0.000 1～0.005 0
Pb	0.000 4～0.030 0	Cr	0.000 1～0.005 0
Bi	0.000 3～0.010 0	Mn	0.000 1～0.005 0
Sb	0.000 2～0.010 0		

2 方法提要

试料用混合酸分解，在 3 mol/L 盐酸介质中，用乙酸乙酯萃取分离金，水相浓缩后制成盐酸介质待测溶液，使用电感耦合等离子体原子发射光谱仪测定金中的银、铜、铁、铅、铋、锑、钯、镁、镍、锰和铬的量。

3 试剂

除非另有说明，在分析中仅使用确认为分析纯的试剂和蒸馏水或去离子水或相当纯度的水。

3.1 盐酸(ρ 1.19 g/mL)，优级纯。

3.2 硝酸(ρ 1.42 g/mL)，优级纯。

3.3 硝酸(1+1)。

3.4 盐酸(1+1)。

3.5 盐酸(1+3)。

3.6 盐酸(1+9)。

3.7 混合酸：以 1 体积硝酸(3.2)、3 体积盐酸(3.1)和 3 体积水混合均匀。

3.8 乙酸乙酯。

3.9 酒石酸溶液(500 g/L)(预先净化)：称取 100 g 酒石酸于 500 mL 烧杯中，以适量的水溶解完全，移入 500 mL 分液漏斗中，加入 5 mL 盐酸(3.5)、20 mL 乙酸乙酯(3.8)，轻轻振荡 20 s，静置分层。弃去有机相，将水相放入原烧杯中，以水稀释至 200 mL。

3.10 银标准贮存溶液：称取0.100 0 g银（质量分数不小于99.95%）于100 mL烧杯中，加5 mL硝酸(3.3)，加热溶解，移入100 mL容量瓶中，加入60 mL盐酸(3.1)，以水稀释至刻度，混匀。此溶液1 mL含1 mg银。

3.11 锑标准贮存溶液：称取0.100 0 g金属锑（质量分数不小于99.95%）于100 mL烧杯中，加20 mL混合酸(3.7)，低温加热溶解，冷却至室温，用盐酸(3.4)移入100 mL容量瓶中，并稀释至刻度，混匀。此溶液1 mL含1 mg锑。

3.12 铜标准贮存溶液：称取1.000 0 g金属铜（质量分数不小于99.95%）于200 mL烧杯中，加10 mL硝酸(3.3)，低温加热溶解，移入500 mL容量瓶中，以水稀释至刻度，混匀。此溶液1 mL含2 mg铜。

3.13 铁标准贮存溶液：称取1.000 0 g金属铁（质量分数不小于99.95%）于200 mL烧杯中，先用水湿润，加20 mL盐酸(3.4)，低温加热溶解，移入500 mL容量瓶中，以水稀释至刻度，混匀。此溶液1 mL含2 mg铁。

3.14 铅标准贮存溶液：称取1.000 0 g金属铅（质量分数不小于99.95%）于200 mL烧杯中，加20 mL硝酸(3.3)，低温加热溶解，移入500 mL容量瓶中，以水稀释至刻度，混匀。此溶液1 mL含2 mg铅。

3.15 铋标准贮存溶液：称取1.000 0 g金属铋（质量分数不小于99.95%）于200 mL烧杯中，加20 mL硝酸(3.3)，低温加热溶解，移入500 mL容量瓶中，以水稀释至刻度，混匀。此溶液1 mL含2 mg铋。

3.16 钯标准贮存溶液：称取1.000 0 g海绵钯（质量分数不小于99.95%）于200 mL烧杯中，加12 mL混合酸(3.7)，低温加热溶解，以盐酸(3.1)驱赶硝酸三次，每次用2 mL。移入500 mL容量瓶中，加18 mL盐酸(3.1)，以水稀释至刻度，混匀。此溶液1 mL含2 mg钯。

3.17 镁标准贮存溶液：称取1.658 1 g氧化镁（MgO，质量分数不小于99.95%）于200 mL烧杯中，加10 mL盐酸(3.4)，低温加热溶解，移入500 mL容量瓶中，以水稀释至刻度，混匀。此溶液1 mL含2 mg镁。

3.18 镍标准贮存溶液：称取1.000 0 g金属镍（质量分数不小于99.95%）于200 mL烧杯中，加50 mL盐酸(3.4)，低温加热溶解，移入500 mL容量瓶中，以水稀释至刻度，混匀。此溶液1 mL含2 mg镍。

3.19 铬标准贮存溶液：称取2.829 0 g重铬酸钾（$K_2Cr_2O_7$，基准，预先在150 ℃烘干1 h，于干燥器中冷却至室温），置于200 mL烧杯中，加20 mL盐酸(3.4)，溶解完全后移入500 mL容量瓶中，以水稀释至刻度，混匀。此溶液1 mL含2 mg铬。

3.20 锰标准贮存溶液：称取1.000 0 g金属锰（质量分数不小于99.95%）于200 mL烧杯中，加20 mL盐酸(3.4)，低温加热溶解，移入500 mL容量瓶中，以水稀释至刻度，混匀。此溶液1 mL含2 mg锰。

3.21 标准溶液的配制

3.21.1 银标准溶液：准确移取银标准贮存溶液(3.10)10.00 mL于100 mL容量瓶中，用盐酸(3.4)稀释至刻度，混匀。此溶液1 mL含100 μg银。

3.21.2 锑标准溶液：准确移取锑标准贮存溶液(3.11)10.00 mL于100 mL容量瓶中，用盐酸(3.6)稀释至刻度，混匀。此溶液1 mL含100 μg锑。

3.21.3 铜、铁、铅、铋、钯、镁、镍、铬和锰混合标准溶液：分别移取铜、铁、铅、铋、钯、镁、镍、铬和锰贮存溶液(3.12～3.20)5.00 mL于100 mL容量瓶中，以盐酸(3.6)稀释至刻度，混匀。此溶液1 mL含100 μg铜、铁、铅、铋、钯、镁、镍、铬和锰。

4 仪器

电感耦合等离子体原子发射光谱仪。

银、锑、铜、铁、铅、铋、钯、镁、镍、铬和锰的分析谱线参见附录A。

5 分析步骤

5.1 试料

按表2称取试料，精确到0.000 1 g。

表 2

元　　素	质量分数/%	试料/g	混合酸体积/mL	稀释总体积/mL
Ag	0.000 3～0.000 5	2.000	15	10
Cu	0.000 2～0.000 5			
Pb	0.000 4～0.000 5			
Bi	0.000 3～0.000 5			
Sb	0.000 2～0.000 5			
Mg	0.000 3～0.000 5			
Ni	0.000 1～0.000 5			
Cr	0.000 1～0.000 5			
Mn	0.000 1～0.000 5			
Ag	>0.000 5～0.050 0	1.000	7	25
Cu	>0.000 5～0.040 0			
Fe	≥0.000 5～0.010 0			
Pb	>0.000 5～0.030 0			
Bi	>0.000 5～0.010 0			
Sb	>0.000 5～0.010 0			
Pd	≥0.000 5～0.020 0			
Mg	>0.000 5～0.010 0			
Ni	>0.000 5～0.005 0			
Cr	>0.000 5～0.005 0			
Mn	>0.000 5～0.005 0			

5.2 测定次数

独立地进行二次测定，取其平均值。

5.3 空白试验

随同试料做空白试验。

5.4 测定

5.4.1 按表 2 称取试料置于 100 mL 烧杯中。

5.4.2 按表 2 加入混合酸(3.7)，盖上表皿，低温加热使试料完全分解，低温蒸发至试液颜色呈棕褐色(冷却后不能析出单体金)，打开表皿挥发氮的氧化物，冷却至室温。

5.4.3 边摇动边加入 10 mL 水，1 mL 酒石酸溶液(3.9)，加热至微沸，取下冷却。

5.4.4 用盐酸(3.5)洗涤表皿并将试液移入 125 mL 分液漏斗中，并用盐酸(3.5)稀释体积至 30 mL。

5.4.5 加入 20 mL 乙酸乙酯(3.8)，振荡 20 s，静置分层，水相放入另一分液漏斗中。有机相加入 2 mL 盐酸(3.5)，轻轻振荡数次，静置分层，水相合并(保存有机相以回收金)。

5.4.6 合并后的水相，按 5.4.5 重复操作一次，静置分层后的水相均放入原烧杯中制成试液。

5.4.7 低温将试液(5.4.6)蒸发至约 3 mL，冷却至室温，用盐酸(3.6)按表 2 移入容量瓶中并稀释至刻度，混匀。

5.4.8 在电感耦合等离子体原子发射光谱仪上，测量被测元素的谱线强度，扣除空白值，从工作曲线上确定被测元素的质量浓度。

5.5 工作曲线的绘制

5.5.1 分别移取 0 mL、1.00 mL、5.00 mL、10.00 mL 银、锑标准溶液(3.21.1～3.21.2)和铜、铁、铅、铋、钯、镁、镍、铬和锰混合标准溶液(3.21.3)于一组 100 mL 容量瓶中,以盐酸(3.6)稀释至刻度,混匀。此溶液 1 mL 分别含 0 μg/mL、1 μg/mL、5 μg/mL、10 μg/mL 的银、铜、铁、铅、铋、锑、钯、镁、镍、锰和铬。

5.5.2 在与试料测定相同条件下,测量标准溶液中各元素的强度。以各被测元素的质量浓度为横坐标,谱线强度为纵坐标绘制工作曲线。

6 分析结果计算

按公式(1)计算被测元素的量,即质量分数 $w(X)$,数值以%表示:

$$w(X)=\frac{\rho \cdot V \times 10^{-6}}{m} \times 100 \qquad (1)$$

式中:

ρ——试液中杂质元素的质量浓度,单位为微克每毫升(μg/mL);

V——试液总体积,单位为毫升(mL);

m——试样的质量,单位为克(g)。

7 精密度

7.1 重复性

在重复性条件下获得的两次独立测试结果的测定值,在以下给出的平均值范围内,这两个测试结果的绝对差值不大于重复性限(r),以大于重复性限(r)的情况不超过5%为前提,重复性限(r)按表3数据采用线性内插法求得。

表 3

银的质量分数/%	0.001 6	0.007 5	0.040 9
r/%	0.000 3	0.001 0	0.003 3
铜的质量分数/%	0.001 1	0.006 7	0.038 4
r/%	0.000 3	0.001 1	0.002 0
铁的质量分数/%	0.001 3	0.003 9	0.014 3
r/%	0.000 4	0.000 6	0.002 1
铅的质量分数/%	0.001 3	0.007 8	0.033 4
r/%	0.000 2	0.001 0	0.002 1
铋的质量分数/%	0.001 0	0.004 2	0.016 5
r/%	0.000 4	0.000 8	0.002 4
锑的质量分数/%	0.000 7	0.003 4	0.015 1
r/%	0.000 3	0.000 6	0.002 2
钯的质量分数/%	0.001 2	0.005 0	0.020 2
r/%	0.000 3	0.000 8	0.002 6
镁的质量分数/%	0.000 8	0.002 6	0.009 0
r/%	0.000 3	0.000 7	0.001 5
铬的质量分数/%	0.000 3	0.000 9	0.004 0

表 3（续）

r/%	0.000 2	0.000 3	0.000 8
镍的质量分数/%	0.000 3	0.001 2	0.004 7
r/%	0.000 1	0.000 3	0.000 8
锰的质量分数/%	0.000 3	0.000 9	0.003 9
r/%	0.000 1	0.000 3	0.000 6

7.2 再现性

在再现性条件下获得的两次独立测试结果的测定值，在以下给出的平均值范围内，这两个测试结果的绝对差值不大于再现性限（R），以大于再现性限（R）的情况不超过5%为前提，再现性限（R）按表4数据采用线性内插法求得。

表 4

银的质量分数/%	0.001 6	0.007 5	0.040 9
R/%	0.000 3	0.001 2	0.004 0
铜的质量分数/%	0.001 1	0.006 7	0.038 4
R/%	0.000 1	0.001 5	0.002 5
铁的质量分数/%	0.001 3	0.003 9	0.014 3
R/%	0.000 4	0.001 0	0.002 5
铅的质量分数/%	0.001 3	0.007 8	0.033 4
R/%	0.000 3	0.001 5	0.006 5
铋的质量分数/%	0.001 0	0.004 2	0.016 5
R/%	0.000 5	0.001 0	0.004 1
锑的质量分数/%	0.000 7	0.003 4	0.015 1
R/%	0.000 3	0.000 7	0.004 0
钯的质量分数/%	0.001 2	0.005 0	0.020 2
R/%	0.000 4	0.001 0	0.004 8
镁的质量分数/%	0.000 8	0.002 6	0.009 0
R/%	0.000 3	0.000 7	0.001 7
铬的质量分数/%	0.000 3	0.000 9	0.004 0
R/%	0.000 2	0.000 4	0.001 0
镍的质量分数/%	0.000 3	0.001 2	0.004 7
R/%	0.000 1	0.000 3	0.001 0
锰的质量分数/%	0.000 3	0.000 9	0.003 9
R/%	0.000 1	0.000 3	0.001 2

8 质量保证和控制

应用国家级标准样品或行业标准样品（当前两者没有时，也可用控制标样替代），每周或两周校核一次本分析方法标准的有效性。当过程失控时，应找出原因，纠正错误后，重新进行校核。

附 录 A
（资料性附录）
仪器工作参数

使用美国 Themo 公司的 IRIS Intrepid Ⅱ XSP 型电感耦合等离子体原子发射光谱仪[1)]，其测定银、锑、铜、铁、铅、铋、钯、镁、镍、铬和锰的谱线如表 A.1。

注：上述各元素的分析谱线针对美国 Themo 公司的 IRIS Intrepid Ⅱ XSP 型电感耦合等离子体原子发射光谱仪，供使用单位选择分析谱线时参考。

表 A.1

元 素	Ag	Cu	Fe	Pb	Sb	Bi
分析谱线/nm	328.06	324.75	259.94	216.99	217.58	223.06
元 素	Pd	Cr	Ni	Mn	Mg	
分析谱线/nm	231.60	267.71	324.27	257.61	285.21	

1) 给出这一信息是为了方便本标准的使用者，并不表示对该产品的认可。如果其他等效产品具有相同的效果，则可使用这些等效产品。

ICS 77.040.30
H 15

中华人民共和国国家标准

GB/T 11066.9—2009

金化学分析方法 砷和锡量的测定 氢化物发生-原子荧光光谱法

**Methods for chemical analysis of gold—
Determination of arsenic and tin contents—
Hydride generation-atomic fluorescence spectrometry**

2009-04-15 发布 2010-02-01 实施

中华人民共和国国家质量监督检验检疫总局
中国国家标准化管理委员会 发布

前言

GB/T 11066《金化学分析方法》共分为以下10部分：

——GB/T 11066.1　金化学分析方法　金量的测定　火试金法；

——GB/T 11066.2　金化学分析方法　银量的测定　火焰原子吸收光谱法；

——GB/T 11066.3　金化学分析方法　铁量的测定　火焰原子吸收光谱法；

——GB/T 11066.4　金化学分析方法　铜、铅和铋量的测定　火焰原子吸收光谱法；

——GB/T 11066.5　金化学分析方法　银、铜、铁、铅、锑和铋量的测定　原子发射光谱法；

——GB/T 11066.6　金化学分析方法　镁、镍、锰和钯量的测定　火焰原子吸收光谱法；

——GB/T 11066.7　金化学分析方法　银、铜、铁、铅、锑、铋、钯、镁、锡、镍、锰和铬量的测定　火花原子发射光谱法；

——GB/T 11066.8　金化学分析方法　银、铜、铁、铅、锑、铋、钯、镁、镍、锰和铬量的测定　乙酸乙酯萃取-电感耦合等离子体原子发射光谱法；

——GB/T 11066.9　金化学分析方法　砷和锡量的测定　氢化物发生-原子荧光光谱法；

——GB/T 11066.10　金化学分析方法　硅量的测定　钼蓝分光光度法。

本部分为GB/T 11066的第9部分。

本部分的附录A为资料性附录。

本部分由中国有色金属工业协会提出。

本部分由全国有色金属标准化技术委员会归口。

本部分负责起草单位：成都印钞公司、中国有色金属工业标准计量质量研究所。

本部分参加起草单位：北京矿冶研究总院、沈阳造币厂、江西铜业公司、金川集团公司、紫金矿业集团股份有限公司、北京航空材料研究院。

本部分主要起草人：于力、符斌、汤淑芳、龙淑杰、陈杰、王德雨、喻生洁、刘同行、于长珍、夏珍珠、李春香、占光仙、卢秋兰、朱慕平。

金化学分析方法　砷和锡量的测定 氢化物发生-原子荧光光谱法

1 范围

GB/T 11066 的本部分规定了金中砷和锡量的测定方法。

本部分适用于金中砷和锡量的测定。测定范围：砷为 0.000 2%～0.005 0%；锡为 0.000 2%～0.005 0%。

2 方法提要

试料经混合酸溶解，在冒三氧化硫浓烟的温度下，析出金，以倾析法过滤金。在盐酸(1+9)介质中，在硼氢化钾存在下，滤液中砷(Ⅲ)被硼氢化钾还原成砷的氢化物，滤液中锡(Ⅱ)被硼氢化钾还原成锡的氢化物，用氩气导入石英炉原子化器中，于原子荧光光谱仪上分别测量砷和锡的荧光强度。

3 试剂

除非另有说明，在分析中仅使用确认为分析纯的试剂和二次蒸馏水或相当纯度的水。

3.1 混合酸：以 1 份硝酸(ρ 约 1.42 g/mL，优级纯)与 3 份盐酸(ρ 约 1.19 g/mL，优级纯)和 3 份水混匀。

3.2 硫酸(1+1)，优级纯。

3.3 盐酸(1+1)，优级纯。

3.4 盐酸(1+9)，优级纯。

3.5 亚硫酸(1+1)。

3.6 硫脲-抗坏血酸混合溶液(50 g/L)：称取 5 g 硫脲、5 g 抗坏血酸，用水溶解后，稀释至 100 mL，混匀。

3.7 硼氢化钾溶液(25 g/L)：称取 7.5 g 硼氢化钾，溶于 300 mL 5.0 g/L 氢氧化钾溶液中，混匀。用时现配。

3.8 砷标准贮存溶液：称取 0.132 0 g 三氧化二砷(基准试剂，于 100 ℃～105 ℃烘 1 h)，置于 150 mL 烧杯中，加入 5 mL 氢氧化钠溶液(200 g/L)，低温加热至其完全溶解，加入 50 mL 水、1 滴酚酞乙醇溶液(1 g/L)，用硫酸(1+4)中和至红色刚消失再过量 2 mL，移入 1 000 mL 容量瓶中，以水稀释至刻度，混匀。此溶液 1 mL 含 100 μg 砷。

3.9 锡标准贮存液：称取 0.100 0 g 金属锡(质量分数大于 99.99%)(称前用稀盐酸洗去表面氧化物，再用乙醇充分洗涤晾干)置于 250 mL 烧杯中，加 100 mL 盐酸，低温加热溶解，冷却，移入 1 000 mL 容量瓶中，以水稀释至刻度，混匀。此溶液 1 mL 含锡 100 μg。

3.10 砷标准溶液：移取 10.00 mL 砷标准贮存溶液(3.8)于 100 mL 容量瓶中，加入 4 mL 盐酸(3.3)，稀释至刻度，混匀。此溶液 1 mL 含 1 μg 砷。

3.11 锡标准溶液：移取 10.00 mL 锡标准贮存溶液(3.9)于 100 mL 容量瓶中，加入 4 mL 盐酸(3.3)，以水稀释至刻度，混匀。此溶液 1 mL 含 1 μg 锡。

3.12 氩气(质量分数不小于 99.95%)。

4 仪器

断续流动双道无色散型氢化物原子荧光光谱仪，带有石英炉原子化器和砷空心阴极灯，断续流动仪及微机处理系统。

在仪器最佳工作条件下，凡能达到下列指标者均可使用：

——检出限：不大于 2×10^{-9} g/mL。

——精密度：用 0.02 μg/mL 的砷标准溶液测量 10 次荧光强度，其标准偏差不应超过平均荧光强度的 5.0%。

仪器工作条件见附录 A。

5 分析步骤

5.1 试料

按表 1 称取试料，精确到 0.000 1 g。

表 1 称料量

砷的质量分数/%	锡的质量分数/%	试料量/g
0.000 2～0.000 5	0.000 2～0.000 5	0.50
>0.000 5～0.001 0	>0.000 5～0.001 0	0.20
>0.001 0～0.005 0	>0.001 0～0.005 0	0.10

5.2 测定次数

独立地进行二次测定，取其平均值。

5.3 空白试验

随同试料做空白试验。

5.4 测定

5.4.1 砷

5.4.1.1 将试料(5.1)置于 100 mL 烧杯中。加入 20 mL 混合酸(3.1)，盖上表面皿，低温加热使试料溶解完全，加入 4 mL 硫酸(3.2)，加热至冒三氧化硫烟，保持 1 min，此时有海绵金大量析出，冷却至室温。

5.4.1.2 用水洗涤杯壁及表面皿，滴加亚硫酸(3.5)，使溶液颜色由黄色变成无色，加热煮沸，使金析出完全，以倾析法分离金，加热滤液至冒三氧化硫浓烟，保持 30 s，冷却。加入 10 mL 盐酸(3.3)，用少量水吹洗杯壁，水浴加热溶解，冷却。

5.4.1.3 将上述溶液移入 50 mL 容量瓶中，加入 5 mL 硫脲-抗坏血酸混合溶液(3.6)，以水稀释至刻度，混匀。放置约 30 min。

5.4.1.4 于氢化物发生-原子荧光光谱仪上，与系列标准溶液同时，以水调零，测量砷的荧光强度，减去随同试样的空白溶液的荧光强度，从工作曲线上查出相应的砷的质量浓度。

5.4.2 锡

5.4.2.1 将试料(5.1)置于 100 mL 烧杯中。加入 20 mL 混合酸(3.1)，盖上表面皿，低温加热使试样溶解完全，加入 4 mL 硫酸(3.2)，加热至冒三氧化硫烟，保持 1 min，此时有海绵金大量析出，冷却至室温。

5.4.2.2 用水洗涤杯壁及表面皿，滴加亚硫酸(3.5)，使溶液颜色由黄色变成无色，加热煮沸，使金析出完全，以倾析法使分离金，加热滤液至冒尽三氧化硫烟，冷却，用少量水吹洗杯壁，加入 10 mL 盐酸(3.3)，水浴加热溶解，冷却。

5.4.2.3 将上述溶液移入 50 mL 容量瓶中，加入 5 mL 硫脲-抗坏血酸混合溶液(3.6)，以水稀释至刻度，混匀。

5.4.2.4 于氢化物发生-原子荧光光谱仪上，与系列标准溶液同时，以水调零，测量锡的荧光强度，减去随同试样的空白溶液的荧光强度，从工作曲线上查出相应的锡的质量浓度。

5.5 工作曲线的绘制

5.5.1 分别移取 0.00 mL、0.50 mL、1.50 mL、2.50 mL、5.00 mL、7.50 mL 砷标准溶液(3.10)于 6 个 50 mL 容量瓶中，加入 10 mL 盐酸(3.3)、5 mL 硫脲-抗坏血酸混合溶液(3.6)，以水稀释至刻度，混匀。放置约 30 min。分别移取 0.00 mL、0.50 mL、1.50 mL、2.50 mL、5.00 mL、7.50 mL 锡标准溶液(3.11)于 6 个 50 mL 容量瓶中，加入 10 mL 盐酸(3.3)、5 mL 硫脲-抗坏血酸混合溶液(3.6)，以水稀释至刻度，混匀。

5.5.2 在与测量试液相同条件下测量系列标准溶液的荧光强度，减去“零”浓度溶液的荧光强度。以砷的质量浓度为横坐标，砷的荧光强度为纵坐标，绘制工作曲线。

5.5.3 在与测量试液相同条件下测量系列标准溶液的荧光强度，减去“零”浓度溶液的荧光强度。以锡的质量浓度为横坐标，锡的荧光强度为纵坐标，绘制工作曲线。

6 分析结果的计算

按式(1)计算砷和锡的质量分数 $w(X)$，数值以%表示：

$$w(X) = \frac{\rho \cdot V \times 10^{-6}}{m} \times 100 \qquad \cdots\cdots(1)$$

式中：

ρ——自工作曲线上查得的砷和锡的质量浓度，单位为微克每毫升(μg/mL)；

V——试液总体积，单位为毫升(mL)；

m——试料的质量，单位为克(g)。

所得结果保留到小数点后第四位。

7 精密度

7.1 重复性

在重复性条件下获得的两次独立测试结果的测试值，在表 2 给出的平均值范围内，这两个测试结果的绝对差值不超过重复性限(r)，超过重复性限(r)的情况不超过 5%，重复性限(r)按表 2 采用线性内插法求得：

表 2 重复性

砷的质量分数/%	0.000 2	0.001 0	0.005 0
重复性限(r)/%	0.000 1	0.000 1	0.000 4
锡的质量分数/%	0.000 2	0.001 0	0.005 0
重复性限(r)/%	0.000 1	0.000 2	0.000 6

7.2 再现性

在再现性条件下获得的两次独立测试结果的测试值，在表 3 给出的平均值范围内，两个测试结果的绝对差值不超过再现性限(R)，超过再现性限(R)的情况不超过 5%，再现性限(R)按表 3 数据采用线性内插法求得：

表 3 再现性

砷的质量分数/%	0.000 2	0.001 0	0.005 0
再现性限(R)/%	0.000 1	0.000 2	0.000 7
锡的质量分数/%	0.000 2	0.001 0	0.005 0
再现性限(R)/%	0.000 1	0.000 2	0.000 7

8 质量保证和控制

应用国家级标准样品或行业标准样品(当前两者没有时,也可用控制标样替代),每季校核一次本分析方法标准的有效性。当过程失控时,应找出原因,纠正错误后,重新进行校核。

附 录 A
（资料性附录）
仪器工作条件

使用 AFS2201 型双道原子荧光光度计[1] 及特制空心阴极灯，测定砷、锡的工作条件如表 A.1。

表 A.1 仪器工作条件

元素	炉温/℃	灯电流/mA	读数时间/s	延迟时间/s	观测高度/mm	载气流量/(L/min)	屏蔽气流量/(L/min)
As	800	40	15	1	8.0	500	900
Sn	800	40	15	1	8.0	500	900

上述仪器工作条件针对北京海光仪器公司 AFS2201 型原子荧光光谱仪，供使用单位选择仪器工作条件时参考。

1) 给出这一信息是为了方便本标准的使用者，并不表示对该产品的认可。如果其他等效产品具有相同的效果，则可使用这些等效产品。

ICS 77.040.30
H 15

中华人民共和国国家标准

GB/T 11066.10—2009

金化学分析方法 硅量的测定 钼蓝分光光度法

Methods for chemical analysis of gold—Determination of silicon content—Molybdenum blue spectrophotometry

2009-04-15 发布 2010-02-01 实施

中华人民共和国国家质量监督检验检疫总局
中国国家标准化管理委员会 发布

前 言

GB/T 11066《金化学分析方法》分为如下10个部分：

——GB/T 11066.1 金化学分析方法 金量的测定 火试金法；

——GB/T 11066.2 金化学分析方法 银量的测定 火焰原子吸收光谱法；

——GB/T 11066.3 金化学分析方法 铁量的测定 火焰原子吸收光谱法；

——GB/T 11066.4 金化学分析方法 铜、铅和铋量的测定 火焰原子吸收光谱法；

——GB/T 11066.5 金化学分析方法 银、铜、铁、铅、锑和铋量的测定 原子发射光谱法；

——GB/T 11066.6 金化学分析方法 镁、镍、锰和钯量的测定 火焰原子吸收光谱法；

——GB/T 11066.7 金化学分析方法 银、铜、铁、铅、锑、铋、镁、镍、锰、钯、锡和铬量的测定 火花原子发射光谱法；

——GB/T 11066.8 金化学分析方法 银、铜、铁、铅、锑、铋、镁、镍、锰、钯和铬量的测定 乙酸乙酯萃取-电感耦合等离子体原子发射光谱法；

——GB/T 11066.9 金化学分析方法 砷和锡量的测定 氢化物发生-原子荧光光谱法；

——GB/T 11066.10 金化学分析方法 硅量的测定 钼蓝分光光度法。

本部分为GB/T 11066的第10部分。

本部分由中国有色金属工业协会提出。

本部分由全国有色金属标准化技术委员会归口。

本部分负责起草单位：成都印钞公司、中国有色金属工业标准计量质量研究所。

本部分参加起草单位：北京有色金属研究总院、金川集团有限公司、沈阳造币技术研究所、长春黄金研究院、铜陵有色金属集团公司。

本部分主要起草人：杨萍、陈云红、喻生洁、周阔久、刘冰、董丽萍、王晋平、姜丽红。

金化学分析方法 硅量的测定 钼蓝分光光度法

1 范围

GB/T 11066 的本部分规定了金中酸溶硅的测定方法。

本部分适用于金中酸溶硅量的测定。测定范围：硅质量分数 0.001 0%～0.005 0%。

2 方法提要

试样以混合酸溶解，在稀酸介质中，用盐酸羟胺还原金，分离基体元素。硅与钼酸铵形成硅钼杂多酸，在硫酸和草酸介质中，用抗坏血酸还原硅钼杂多酸为蓝色络合物，于分光光度计波长 810 nm 处测量吸光度，于工作曲线求得相应的硅量。

3 试剂和材料

除非另有说明，在分析中仅使用确认为分析纯的试剂和二次蒸馏水或相当纯度的水。

3.1 混合酸：以 1 份硝酸（ρ 约 1.42 g/mL，优级纯）与 3 份盐酸（ρ 约 1.19 g/mL，优级纯）和 3 份水混匀。

3.2 盐酸（1＋1）优级纯。

3.3 盐酸羟胺溶液（100 g/L）。

3.4 硫酸（1＋9）优级纯。

3.5 草酸溶液（80 g/L）。

3.6 钼酸铵溶液（50 g/L）：称取 50 g 钼酸铵（(NH4)6Mo7O24·4H2O）溶于 1 000 mL 水中。

3.7 抗坏血酸溶液（40 g/L）：用时现配。

3.8 硅标准贮存溶液：称取 0.107 0 g 二氧化硅（SiO_2 的质量分数大于 99.9%，120 ℃烘 2 h 冷却至室温），置于铂坩埚中，加入 5 g 无水碳酸钠（优级纯），于 950 ℃～1 000 ℃熔融至红色透明。稍冷后用热水浸出，冷却。将溶液移入 500 mL 容量瓶中，用水定容，混匀。立即转移到塑料瓶中。此溶液 1 mL 含 100 μg 硅。

3.9 硅标准溶液：移取 10.00 mL 硅标准贮存溶液（3.8）于 250 mL 塑料容量瓶中，用水稀释至刻度，混匀。此溶液 1 mL 含 4 μg 硅。

4 仪器

分光光度计。

5 试样

将金制备成屑状或小片状，用热盐酸（3.2）浸泡 15 min 后，用无水乙醇或丙酮洗净晾干，置于干燥器中备用。

6 分析步骤

6.1 试料

称取 1.00 g 试样，精确至 0.000 1 g。

6.2 测定数量

独立地进行二次测定，取其平均值。

6.3 空白试验

随同试样做空白试验。

6.4 测定

6.4.1 将试料(6.1)置于150 mL聚四氟乙烯烧杯中，加入10 mL混合酸(3.1)，盖上表面皿，低温加热溶解完全，冷却，用水洗杯壁及表面皿，冷却至室温，将溶液移入50 mL塑料容量瓶中，用水稀释至刻度，混匀。

6.4.2 分取10.00 mL溶液(6.4.1)，于150 mL聚四氟乙烯烧杯中，加10 mL盐酸羟胺溶液(3.3)，低温加热至沉淀析出溶液清亮(保持体积不小于20 mL)，用少量的水将洗杯壁和表面皿，保温30 min，取下，放置30 min以上。

6.4.3 用中速定量滤纸将溶液过滤到50 mL容量瓶中，用少量的水洗烧杯及沉淀各3次，(体积不应超过35 mL)。沉淀回收。

6.4.4 在溶液(6.4.3)中，加入5 mL钼酸铵溶液(3.6)，在沸水浴中加热约2 min，冷却至室温，加入1 mL硫酸(3.4)，2 mL草酸溶液(3.5)，2 mL抗坏血酸溶液(3.7)，每加一种溶液需混匀，用水稀释至刻度，混匀。放置20 min。

6.4.5 将部分试料溶液(6.4.4)移入2 cm比色皿中，以试料空白溶液(6.3)作参比，于分光光度计波长810 nm处，测量其吸光度。在工作曲线上求出溶液(6.4.2)的硅量。

6.5 工作曲线的绘制

6.5.1 分别移取0 mL、0.50 mL、1.00 mL、2.00 mL、3.00 mL、4.00 mL硅标准溶液(3.9)于6个50 mL容量瓶中，加水约10 mL、2 mL盐酸(3.2)、10 mL盐酸羟胺溶液(3.3)，以下按6.4.4操作。

6.5.2 将上述溶液(6.5.1)移入2 cm比色皿中，以试剂空白溶液作参比，于分光光度计波长810 nm处，测量其吸光度。以硅质量为横坐标，吸光度为纵坐标，绘制工作曲线。

7 分析结果的计算

按公式(1)计算待测元素硅的质量分数$w(\text{Si})$，数值以%表示：

$$w(\text{Si}) = \frac{\rho \cdot V_0 \times 10^{-6}}{m \cdot V_1} \times 100 \qquad \cdots\cdots(1)$$

式中：

ρ——自工作曲线上查得的溶液硅质量，单位为微克(μg)；

V_0——试液的总体积，单位为毫升(mL)；

V_1——分取试液的体积，单位为毫升(mL)；

m——试料的质量，单位为克(g)。

所得结果表示至小数点后第四位。

8 精密度

8.1 重复性

在重复性条件下获得的两次独立测试结果的测定值，在以下给出的平均值范围内，这两个测试结果的绝对差值不超过重复性限(r)，超过重复性限(r)的情况不超过5%。重复性限(r)按表1数据采用线性内插法求得。

表 1

质量分数/%	0.002 1	0.004 0	0.005 0
重复性限(r)/%	0.000 5	0.000 7	0.000 8
注：0.001 0%～0.002 1%之间的重复性限为 0.000 5%。			

8.2 再现性

在再现条件下获得的两次独立测试结果的测试值，在表 2 给出的平均值范围内，两个测试结果的绝对值不超过再现性限(R)，超过再现性限(R)的情况不超过 5%，再现性限(R)按表 2 数据采用线性内插法求得。

表 2

质量分数/%	0.002 1	0.004 0	0.005 0
再现性限(R)/%	0.000 6	0.000 8	0.000 9
注：0.001 0%～0.002 1%之间的再现性限为 0.000 6%。			

9 质量保证和控制

每周用自制的控制标样(如有国家级或行业级标样时，应首先使用)校核一次本标准分析方法的有效性。当过程失控时，应找出原因，纠正错误，重新进行校核。

ICS 29.045
H 83

中华人民共和国国家标准

GB/T 11072—2009
代替 GB/T 11072—1989

锑化铟多晶、单晶及切割片

Indium antimonide polycrystal, single crystals and as-cut slices

STANDARDS PRESS OF CHINA

2009-10-30 发布　　　　2010-06-01 实施

中华人民共和国国家质量监督检验检疫总局
中国国家标准化管理委员会　发布

前　言

本标准代替 GB/T 11072—1989《锑化铟多晶、单晶及切割片》。

本标准与 GB/T 11072—1989 相比，主要有如下变化：

——将原标准中直径 10 mm～50 mm 全部改为 10 mm～200 mm；

——在原标准的基础上增加了直径＞50 mm，厚度不小于 1 200 μm，厚度偏差±40 μm；

——将原标准中位错密度级别 1、2、3 中直径≥30 mm～50 mm 全部改为≥30 mm～200 mm；

——在原标准的基础上增加了直径为 100 mm、150 mm、200 mm 的切割片直径、参考面长度及其偏差；

——将原标准中的附录 A 去掉，增加引用标准 GB/T 11297；

——增加了“订货单(或合同)内容”一章内容。

本标准由全国半导体设备和材料标准化技术委员会提出。

本标准由全国半导体设备和材料标准化技术委员会材料分技术委员会归口。

本标准起草单位：峨嵋半导体材料厂。

本标准主要起草人：王炎、何兰英、张梅。

本标准所代替标准的历次版本发布情况为：

——GB/T 11072—1989。

锑化铟多晶、单晶及切割片

1 范围

1.1 本标准规定了锑化铟多晶、单晶及单晶切割片的产品分类、技术要求和试验方法等。

1.2 本标准适用于区熔法制备的锑化铟多晶及直拉法制备的供制作红外探测器和磁敏元件等用的锑化铟多晶、单晶及切割片。

2 规范性引用文件

下列文件中的条款通过本标准的引用而成为本标准的条款。凡是注日期的引用文件，其随后所有的修改单(不包括勘误的内容)或修订版均不适用于本标准，然而，鼓励根据本标准达成协议的各方研究是否可使用这些文件的最新版本。凡是不注日期的引用文件，其最新版本适用于本标准。

GB/T 4326 非本征半导体晶体霍尔迁移率和霍尔系数测量方法

GB/T 8759 化合物半导体单晶晶向 X 衍射测量方法

GB/T 11297 锑化铟单晶位错蚀坑的腐蚀显示及测量方法

3 产品分类

3.1 导电类型、规格

3.1.1 多晶

多晶的导电类型为 n 型，按载流子迁移率分为三级。

3.1.2 单晶

锑化铟单晶按导电类型分为 n 型和 p 型，以掺杂剂、载流子浓度和迁移率分类，按直径与位错密度分为三级。

3.1.3 切割片

按 3.1.2 分类与分级，其厚度不小于 500 μm。

3.2 牌号

3.2.1 锑化铟多晶与单晶的牌号表示为：

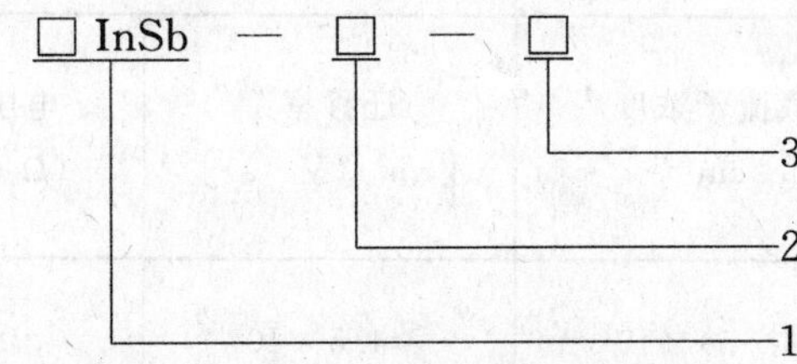

1——用 PInSb 表示锑化铟多晶，MInSb 表示锑化铟单晶；

2——化学元素符号表示掺杂剂；

3——阿拉伯数字表示产品等级。

若产品不掺杂或不分级，则相应部分可省略。

3.2.2 锑化铟单晶切割片牌号表示为：

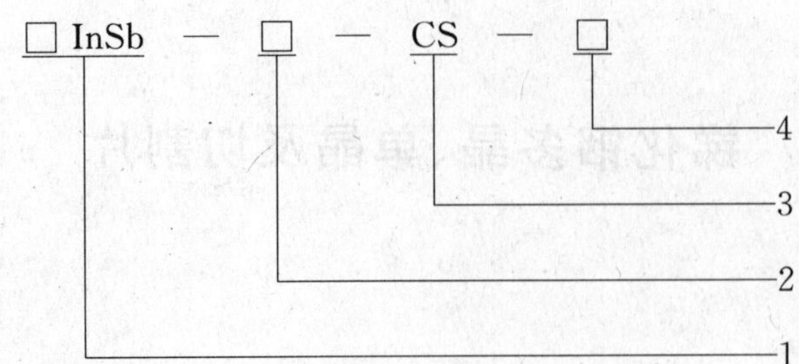

1——MInSb 表示锑化铟单晶；

2——化学元素表示掺杂剂；

3——CS 表示切割片；

4——阿拉伯数字表示产品等级。

若产品不掺杂或不分级，则相应部分可省略。

注：1 级掺碲锑化铟单晶切割片表示为：

MInSb-Te-CS-1

4 技术要求

4.1 多晶

4.1.1 多晶不应有裂纹和机械损伤，不允许有夹杂物。

4.1.2 多晶的电学性能应符合表 1 的规定。

表 1 多晶的电学性能(77K)

导电类型	级别	载流子浓度/cm^{-3}	迁移率/[cm^2/(V·s)]
n	1	$5\times10^{13}\sim1\times10^{14}$	$>6\times10^5$
	2	$5\times10^{13}\sim1\times10^{14}$	$>5\times10^5\sim6\times10^5$
	3	$5\times10^{13}\sim1\times10^{14}$	$>4\times10^5\sim5\times10^5$

4.2 单晶及切割片

4.2.1 单晶及切割片不得有裂纹、空洞和孪晶线等缺陷，切割片表面不得有肉眼可见的刀痕，因切割而引起的缺口或崩边应在 2 mm 以内。

4.2.2 非掺杂和掺杂锑化铟单晶的电化学性能与位错密度应符合表 2 的规定，用于磁敏元件的锑化铟单晶及切割片的电学性能应符合表 3 的规定。

表 2 非掺杂和掺杂锑化铟单晶电学性能(77K)和位错密度

牌号	导电类型	掺杂剂	载流子浓度/cm^{-3}	迁移率/[cm^2/(V·s)]	电阻率/(Ω·cm)	直径/mm	位错密度/cm^{-2} 不大于
MInSb	n	非掺杂	$(1\sim5)\times10^{14}$	$\geqslant4.5\times10^5$	≥0.027	10～200	500 1 000
MInSb-Te	n	Te	$1\times10^{15}\sim7\times10^{18}$	$2.4\times10^5\sim1\times10^4$	0.026～0.000 1	10～200	500 1 000
MInSb-Sn	n	Sn	$1\times10^{15}\sim7\times10^{18}$	$2.4\times10^5\sim1\times10^4$	0.026～0.000 1	10～200	500 1 000

表 2（续）

牌号	导电类型	掺杂剂	载流子浓度/cm^{-3}	迁移率/[cm^2/(V·s)]	电阻率/(Ω·cm)	直径/mm	位错密度/cm^{-2} 不大于
MInSb-Ge	p	Ge	$1\times10^{15}\sim9\times10^{17}$	$1\times10^{4}\sim6\times10^{2}$	0.62～0.012	10～200	500 1 000
MInSb-Zn	p	Zn	$1\times10^{15}\sim9\times10^{17}$	$1\times10^{4}\sim6\times10^{2}$	0.62～0.012	10～200	500 1 000
MInSb-Cd	p	Cd	$1\times10^{15}\sim9\times10^{17}$	$1\times10^{4}\sim6\times10^{2}$	0.62～0.012	10～200	500 1 000

表 3 用于磁敏元件的锑化铟单晶电学性能(300K)

导电类型	掺杂剂	载流子浓度/cm^{-3}，不大于	迁移率/[cm^2/(V·s)]，不小于	位错密度/cm^{-2}，不大于	直径/mm	晶向
n	非掺杂	2.3×10^{16}	6.5×10^{4}	500	10～200	〈111〉
n	非掺杂	2.3×10^{16}	6.5×10^{4}	1 000	10～200	〈111〉

4.2.3 锑化铟单晶棒两端面的法线方向与所要求的晶向偏离应不大于3°。切割片的晶向偏离应不大于0.5°。

4.2.4 切割片厚度及偏差见表4。

表 4 切割片的厚度及偏差

直径 D/mm	≥10～20	>20～30	>30～40	>40～50	>50
厚度/μm，不小于	500	600	800	1 000	1 200
厚度偏差/μm	±20	±25	±30	±35	±40

4.2.5 非掺杂和掺杂单晶及切割片按位错密度和直径分为三级，见表5。

表 5 位错密度等级

级别	位错密度 N_D/(个·cm^{-2})	直径 D/mm
1	<100	30～200
2	<100	<30
	100～500	30～200
3	>500～1 000	10～200

4.2.6 (111)晶面切割片的参考面如图1所示。其直径、参考面长度及其偏差见表6。

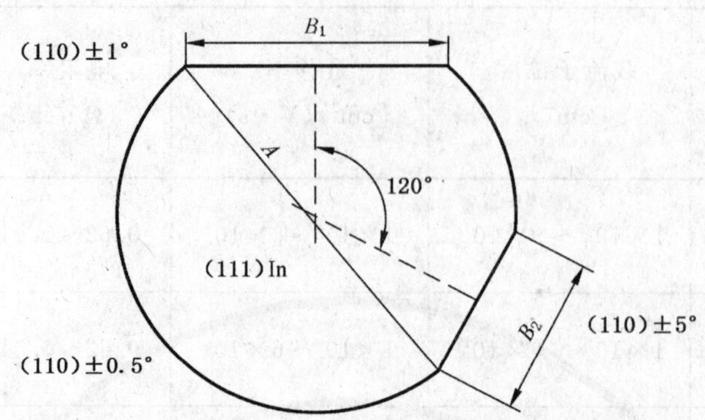

图 1 (111)晶面的切割片参考面

表 6 切割片直径、参考面长度及其偏差

单位为毫米

直径	直径偏差	主参考长度 B_1	主参考长度偏差	副参考长度 B_2 不大于
40	±5	12	±3	8
50	±5	12	±3	8
100	±5	32	±3	18
150	±5	57	±3	37
200	±5	62	±3	42

5 试验方法

5.1 锑化铟多晶、单晶及切割片的表面质量用目视或用 5～10 倍放大镜检查。

5.2 锑化铟多晶、单晶及切割片的电学性能测量按 GB/T 4326 进行。

5.3 锑化铟单晶晶向测定按 GB/T 8759 进行。

5.4 锑化铟单晶棒及切割片的直径用精度为 0.1 mm 游标卡尺测量，切割片的厚度用精度为 0.01 mm 的千分尺测量。

5.5 锑化铟单晶的位错密度观测按 GB/T 11297 进行。

6 检验规则

6.1 产品由供方技术监督部门进行检验，保证产品质量符合本标准规定，并填写产品质量证明书。

6.2 需方可对收到的产品进行检验，若检验结果与本标准规定不符时，在收到产品之日起两个月内向供方提出，由供需双方协商解决。

6.3 单晶应逐根进行电学性能、位错密度和表面质量等检验。

6.4 单晶位错密度检测试样从单晶头、尾取样，在(111)铟面进行检测。切割片按总片数的 5%抽样，但不应少于 3 片。

6.5 如检验结果有一项不合格，则加倍取样进行该不合格项目复验，若仍有一项不合格时，则重新组批验收。

7 标志、包装、运输和储存

7.1 每根单晶或多晶装入聚乙烯袋内，再置于适宜的包装盒中，四周用软物塞紧，以防碰伤。切割片用软物包裹，置于特殊的厚泡沫塑料中，再装入硬质塑料盒或有机玻璃盒内。最后将装有产品的包装盒置于木箱内，四周用软物塞紧，钉盖固紧。

7.2 包装盒上应注明：供方名称、产品名称、产品编号、产品牌号、产品质量或面积、各项检验结果及生产日期。外包装箱上应注明：产品名称、产品牌号、批号、产品净重、供方名称、出厂日期、需方名称与地址，并有“小心轻放”和“防潮”等字样或标志。

7.3 每批产品应附有质量证明书，注明：

a) 供方名称；

b) 产品名称；

c) 产品牌号；

d) 批号；

e) 净重和件数；

f) 各项分析检验结果及检验部门印记；

g) 本标准编号；

h) 出厂日期。

7.4 产品在运输过程中要防止碰撞、防潮和化学物质腐蚀。

7.5 产品应存放在干燥和无腐蚀性气氛中。

8 订货单(或合同)内容

本标准所列材料的订货单(或合同)内应包括下列内容：

a) 产品名称；

b) 牌号；

c) 数量；

d) 本标准编号；

e) 其他。

ICS 77.160
H 72

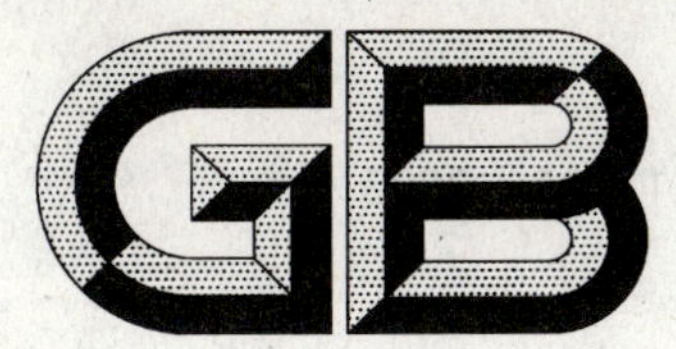

中华人民共和国国家标准

GB/T 11101—2009
代替 GB/T 11101—1989

硬质合金圆棒毛坯

Cemented carbide blanks for round rods

2009-03-19 发布　　2010-01-01 实施

中华人民共和国国家质量监督检验检疫总局
中国国家标准化管理委员会　发布

前言

本标准代替 GB/T 11101—1989《硬质合金圆棒毛坯》。

本标准与 GB/T 11101—1989 相比，主要变化如下：

——修改了型号表示规则；

——增加了印刷电路板微钻用圆棒的型号、允许偏差及形状公差；

——增加了圆棒直径为 12 mm 到 35 mm、长度为 75 mm 到 330 mm 的型号；

——将原标准中直径尺寸偏差和直线度公差的普通级、较高级合并且进行了修改；

——将原标准中长度尺寸偏差进行了修改；

——增加了对产品掉边、掉角缺陷的要求。

本标准由中国有色金属工业协会提出。

本标准由全国有色金属标准化技术委员会归口。

本标准由自贡硬质合金有限责任公司负责起草。

本标准由株洲硬质合金集团有限公司参加起草。

本标准主要起草人：周明智、杨建国。

本标准所代替标准的历次版本发布情况为：

——GB/T 11101—1989。

硬质合金圆棒毛坯

1 范围

本标准规定了硬质合金圆棒毛坯的要求、试验方法、检验规则、标志、包装、运输、贮存及订货单(或合同)内容等。

本标准适用于印刷电路板微钻、切削工具、冲压工具和耐磨测量工具等用的硬质合金圆棒毛坯。

2 规范性引用文件

下列文件中的条款通过本标准的引用而成为本标准的条款。凡是注日期的引用文件,其随后所有的修改单(不包括勘误的内容)或修订版均不适用于本标准,然而,鼓励根据本标准达成协议的各方研究是否可使用这些文件的最新版本。凡是不注日期的引用文件,其最新版本适用于本标准。

GB/T 5242 硬质合金制品检验规则与试验方法

GB/T 5243 硬质合金制品的标志、包装、运输和贮存

3 要求

3.1 分类

硬质合金圆棒毛坯分为印刷电路板微钻用圆棒和其他实心圆棒两类。

3.2 型号表示规则

硬质合金圆棒毛坯型号由表示圆棒的字母 B、圆棒直径值和长度值组成,见示例 1。

示例 1:

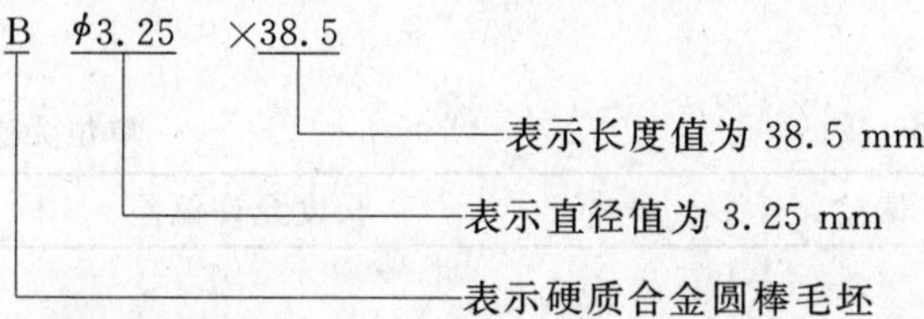

3.3 化学成分

产品的化学成分由供需双方协商确定。

3.4 物理力学性能、组织结构

产品的物理力学性能、组织结构由供需双方协商确定。

3.5 型号及尺寸

印刷电路板微钻用圆棒和其他实心圆棒推荐的型号、尺寸分别见表 1、表 2,示意图见图 1。

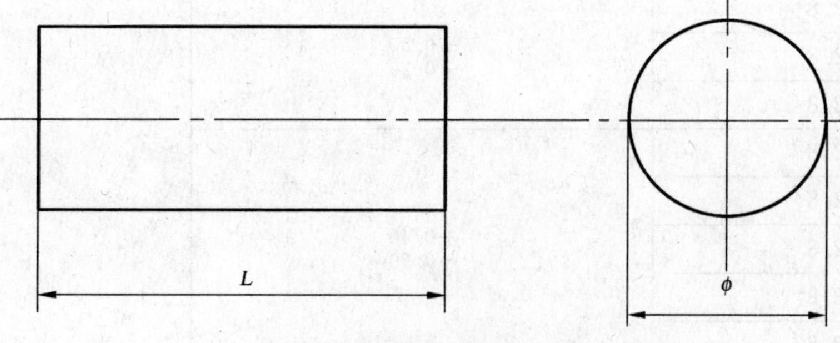

图 1 圆棒毛坯示意图

表 1

单位为毫米

型号	直径 φ	长度 L
Bφ3.5×38.5	3.5	38.5
Bφ4.0×38.5	4.0	
Bφ4.5×38.5	4.5	
Bφ5.0×38.5	5.0	
Bφ5.5×38.5	5.5	
Bφ6.0×38.5	6.0	
Bφ6.5×38.5	6.5	
Bφ3.5×12.8	3.5	12.8
Bφ4.0×12.8	4.0	
Bφ4.5×12.8	4.5	
Bφ5.0×12.8	5.0	
Bφ5.5×12.8	5.5	
Bφ6.0×12.8	6.0	
Bφ6.5×12.8	6.5	
Bφ7.0×12.8	7.0	

表 2

单位为毫米

型号	直径 φ	长度 L
Bφ×L	0.5～35.0[a]	≤330.0

[a] 产品直径尺寸每变化 0.5 mm 为一个规格。

3.6 尺寸允许偏差及形状公差

3.6.1 印刷电路板微钻用圆棒的尺寸允许偏差见表 3。

表 3

单位为毫米

型号	直径允许偏差	长度允许偏差
Bφ3.5×38.5	+0.25 +0.05	±0.2
Bφ4.0×38.5		
Bφ4.5×38.5		
Bφ5.0×38.5		
Bφ5.5×38.5		
Bφ6.0×38.5		
Bφ6.5×38.5		
Bφ3.5×12.8	+0.50 +0.20	+0.2 −0.1
Bφ4.0×12.8		
Bφ4.5×12.8		
Bφ5.0×12.8	+0.40 +0.20	
Bφ5.5×12.8		
Bφ6.0×12.8		
Bφ6.5×12.8		
Bφ7.0×12.8		

3.6.2 其他实心圆棒的尺寸允许偏差及形状公差分别见表 4、表 5。

表 4

单位为毫米

直径 ϕ	直径允许偏差	圆度公差	长度 L	长度允许偏差
0.5～3.0	+0.50 +0.20	≤0.15	L<50	+2.5 0
3.5～12.0	+0.60 +0.20	≤0.15	≥50～100	+3.0 0
12.5～20.0	+0.70 +0.25	≤0.20	>100～200	+4.0 0
20.5～35.0	+0.90 +0.30	≤0.30	>200～330	+5.0 0

表 5

单位为毫米

长度 L	直线度公差		
	直径 ϕ		
	0.5～3.0	3.5～12.0	12.5～35.0
<50	≤0.25	≤0.20	≤0.20
≥50～100	≤0.30	≤0.20	≤0.20
>100～200	≤0.40	≤0.30	≤0.30
>200～330	≤0.50	≤0.40	≤0.45

3.7 外观质量

3.7.1 产品表面不允许起皮、鼓泡、砂眼、分层、裂纹、未压好、严重粘料等缺陷。

3.7.2 产品允许的掉边、掉角的长度、宽度、深度见表 6。

表 6

单位为毫米

直径 ϕ	≤10.00	>10～20	>20
掉边、掉角的长度、宽度	≤1.0	≤2.0	≤3.0
掉边、掉角的深度	≤0.30	≤0.50	≤0.60

4 试验方法

4.1 产品的化学成分分析按供需双方协商确定的方法进行。

4.2 产品的物理力学性能、组织结构的检验按 GB/T 5242 的规定进行，或由供需双方协商确定。

4.3 产品的尺寸及允许偏差、形状公差的检验按 GB/T 5242 的规定进行。

4.4 产品的外观质量检验按 GB/T 5242 的规定进行。

5 检验规则

5.1 检查和验收

5.1.1 产品应由供方质量检验部门进行检验，保证产品质量符合本标准及订货单(或合同)的规定，并填写质量证明书。

5.1.2 需方应对收到的产品按本标准及订货单(或合同)的规定进行复验。复验结果与本标准及订货单(或合同)的规定不符时，应在收到产品之日起三个月内以书面形式向供方提出，由供需双方协商解决。如需仲裁，仲裁取样应由供需双方共同进行。

5.2 组批

产品的组批按 GB/T 5242 的规定进行。

5.3 检验项目及取样数量

产品的检验项目及取样数量应符合表7的规定。

表 7

检验项目	取样数量	要求的章条号	试验方法的章条号
化学成分	每批1份	3.3	4.1
物理力学性能、组织结构	按GB/T 5242的规定进行	3.4	4.2
尺寸及极限偏差、形状公差	逐件	3.5、3.6	4.3
外观质量	逐件	3.7	4.4

5.4 检验结果的判定

5.4.1 产品的化学成分检验不合格，判该批不合格。

5.4.2 产品的物理力学性能、组织结构检验结果的判定按GB/T 5242的规定进行。

5.4.3 产品的尺寸及尺寸允许偏差检验不合格，判该件不合格。

5.4.4 产品的外观质量检验不合格，判该件不合格。

6 标志、包装、运输、贮存

6.1 标志、包装、运输和贮存

产品的标志、包装、运输和贮存按GB/T 5243的规定进行。

6.2 质量证明书

每批产品应附有质量证明书：

a) 供方名称、地址、电话；

b) 产品名称；

c) 产品型号；

d) 产品净重或数量；

e) 本标准编号。

7 订货单（或合同）内容

订货单（或合同）应包括下列内容：

a) 产品名称；

b) 产品型号；

c) 产品净重或数量；

d) 本标准编号；

e) 特殊要求。

ICS 83.080.20
G 32

中华人民共和国国家标准

GB/T 11115—2009

代替 GB/T 11115～11116—1989 和 GB/T 15182—1994

聚乙烯(PE)树脂

Polyethylene (PE) resin

2009-07-17 发布 2010-02-01 实施

中华人民共和国国家质量监督检验检疫总局
中国国家标准化管理委员会 发布

前言

本标准代替 GB/T 11115—1989《低密度聚乙烯树脂》、GB/T 11116—1989《高密度聚乙烯树脂》和 GB/T 15182—1994《线型低密度聚乙烯树脂》。

本标准与 GB/T 11115、GB/T 11116 和 GB/T 15182 相比主要差异如下：

——将 GB/T 11115 、GB/T 11116 和 GB/T 15182 合并为一个标准；

——第 2 章规范性引用文件中，除卫生标准外均改为注日期的引用文件；

——增加了第 3 章分类与命名；

——在 5.1 中，删除了原标准 3.1 中“粒子的尺寸在任意方向上应为(2～5)mm”的要求，并将“无机械杂质”改为“无杂质”；

——第 5 章要求的表中，添加了“试样制备”；

——第 5 章要求的表中，用“颗粒外观”代替原标准中的“清洁度(色粒)”；

——在 6.2.2 中，增加了“由于各树脂的应用领域不同，其注塑试样与压塑试样性能可有所不同。各树脂的具体制样方式见表 1～表 7”；

——在 6.2.3 中，对 LLDPE、LDPE 薄膜的吹塑工艺进行了调整，删掉了“薄膜折径”；

——在 6.10 中，规定了两种“鱼眼”的测试方法；

——在 6.11 中，重新规定了“条纹”的测试方法；

——第 9 章中增加了聚乙烯树脂贮存期的规定。

本标准由中国石油化工集团公司提出。

本标准由全国塑料标准化技术委员会石化塑料树脂产品分会(SAC/TC 15/SC 1)归口。

本标准负责起草单位：中国石油化工股份有限公司北京燕山分公司化工一厂、中国石油化工股份有限公司齐鲁分公司研究院。

本标准参加起草单位：中国石油化工股份有限公司北京燕山分公司树脂所、中国石油化工股份有限公司齐鲁分公司塑料厂。

本标准主要起草人：崔广洪、刘少成、苏晓燕、李晶、王治春、王晓丽、庞海萍、姜连成、田江南、张广明、成红、胡宏艳。

本标准所代替标准的历次版本发布情况为：

——GB/T 11115—1989；

——GB/T 11116—1989；

——GB/T 15182—1994。

聚乙烯(PE)树脂

1 范围

本标准规定了聚乙烯(PE)树脂的分类命名、要求、试验方法、检验规则,以及产品的标志、包装、运输和贮存。

本标准适用于乙烯均聚物或乙烯和其他1-烯烃为单体的共聚物及含有添加剂的聚合物。

本标准不适用于超高分子量聚乙烯和着色、填充、改性、增强聚乙烯树脂及母粒料。

2 规范性引用文件

下列文件中的条款通过本标准的引用而成为本标准的条款。凡是注日期的引用文件,其随后所有的修改单(不包括勘误的内容)或修订版均不适用于本标准,然而,鼓励根据本标准达成协议的各方研究是否可使用这些文件的最新版本。凡是不注日期的引用文件,其最新版本适用于本标准。

GB/T 1040.2—2006 塑料 拉伸性能的测定 第2部分:模塑和挤塑塑料的试验条件(ISO 527-2:1993,IDT)

GB/T 1043.1—2008 塑料 简支梁冲击性能的测定 第1部分:非仪器化冲击试验(ISO 179-1:2000,IDT)

GB/T 1409—2006 测量电气绝缘材料在工频、音频、高频(包括米波波长在内)下电容率和介质损耗因数的推荐方法(IEC 60250:1969,MOD)

GB/T 1842—2008 塑料 聚乙烯环境应力开裂试验方法

GB/T 1845.1—1999 聚乙烯(PE)模塑和挤出材料 第1部分:命名系统和分类基础(eqv ISO 1872-1:1993)

GB/T 1845.2—2006 塑料 聚乙烯(PE)模塑和挤出材料 第2部分:试样制备和性能测定(ISO 1872-2:1997,MOD)

GB/T 2410—2008 透明塑料透光率和雾度试验方法

GB/T 2547—2008 塑料 取样方法

GB/T 2918—1998 塑料试样状态调节和试验的标准环境(idt ISO 291:1997)

GB/T 3682—2000 热塑性塑料熔体质量流动速率和熔体体积流动速率的测定(idt ISO 1133:1997)

GB/T 8170—2008 数值修约规则和极限数值的表示和判定

GB/T 9341—2008 塑料 弯曲性能的测定(ISO 178:2001,IDT)

GB 9691 食品包装用聚乙烯树脂卫生标准

GB/T 17037.1—1997 热塑性塑料材料注塑试样的制备 第1部分:一般原理及多用途试样和长条试样的制备(idt ISO 294-1:1996)

GB/T 19466.6—2009 塑料 差示扫描量热法(DSC) 第6部分:氧化诱导时间(等温OIT)和氧化诱导温度(动态OIT)的测定(ISO 11357-6:2008,MOD)

SH/T 1541—2006 热塑性塑料颗粒外观试验方法

ISO 1183-2:2004 塑料 非泡沫塑料密度的测定方法 第2部分:密度梯度柱法

3 分类与命名

聚乙烯树脂的分类与命名按GB/T 1845.1—1999规定进行。

4 卫生要求

对于有卫生要求的树脂,应符合 GB 9691 的规定。

5 要求

5.1 聚乙烯树脂为本色颗粒,无杂质,无黑粒。其颗粒外观应满足表 1～表 7 相应类别树脂的要求。

5.2 不同类别的聚乙烯树脂,其技术要求见 5.2.1～5.2.7。

5.2.1 吹塑类聚乙烯树脂至少应进行密度、熔体质量流动速率、拉伸屈服应力或拉伸断裂应力、拉伸断裂标称应变或拉伸断裂应变、简支梁缺口冲击强度、耐环境应力开裂项目的测试,其相应牌号的技术要求见表 1。

5.2.2 挤出管材类聚乙烯树脂至少应进行密度、熔体质量流动速率、拉伸屈服应力或拉伸断裂应力、拉伸断裂标称应变或拉伸断裂应变、简支梁缺口冲击强度、弯曲模量、氧化诱导时间项目的测试,其相应牌号的技术要求见表 2。

5.2.3 挤出薄膜类聚乙烯树脂至少应进行密度、熔体质量流动速率、拉伸屈服应力或拉伸断裂应力、拉伸断裂标称应变或拉伸断裂应变项目的测试,其膜制品至少应进行鱼眼和/或条纹、和/或雾度项目的测试,其相应牌号的技术要求见表 3。

5.2.4 涂层类聚乙烯树脂至少应进行密度、熔体质量流动速率、熔胀比项目的测试,其相应牌号的技术要求见表 4。

5.2.5 电线电缆绝缘类聚乙烯树脂至少应进行密度、熔体质量流动速率、拉伸屈服应力或拉伸断裂应力、拉伸断裂标称应变或拉伸断裂应变、相对电容率项目的测试,其相应牌号的技术要求见表 5。

5.2.6 挤出单丝类聚乙烯树脂至少应进行密度、熔体质量流动速率、拉伸屈服应力或拉伸断裂应力、拉伸断裂标称应变或拉伸断裂应变项目的测试,其相应牌号的技术要求见表 6。

5.2.7 注塑类聚乙烯树脂至少应进行密度、熔体质量流动速率、拉伸屈服应力或拉伸断裂应力、拉伸断裂标称应变或拉伸断裂应变、简支梁缺口冲击强度项目的测试,其相应牌号的技术要求见表 7。

表 1　吹塑类聚乙烯(PE)树脂的技术要求

序号	项目		单位	PE,BA,48G100			PE,BA,52G150			PE,BA,62D003		
				优等品	一等品	合格品	优等品	一等品	合格品	优等品	一等品	合格品
1	颗粒外观	色粒	个/kg	≤10	≤20	≤40	≤10	≤20	≤40	≤10	≤20	≤40
2	密度(D法)	标称值	g/cm³	0.948			0.952			0.960		
		偏差		±0.003		±0.004	±0.002		±0.003	±0.002	±0.004	±0.005
3	熔体质量流动速率 MFR	标称值	g/10 min	10			15			0.35		
		偏差		±3.0	±4.0	±5.0	±3.0	±5.0	±6.0	±0.11	±0.13	±0.15
4	拉伸屈服应力		MPa	≥20.0		≥18.0	≥20.0		≥18.0	≥25.0		≥24.0
	拉伸断裂标称应变		%	≥150			≥150			≥350		
5	简支梁缺口冲击强度 23 ℃		kJ/m²	≥8			≥8			≥18		
6	环境应力开裂时间(F_{50})		h	由供方提供数据			由供方提供数据			≥25		
试样制备				Q			Q			Q		

注：Q表示压塑。

表 2 挤出管材类聚乙烯(PE)树脂的技术要求

序号	项目		单位	PE,EA,43G100			PE,EA,45G120			PE,EA,49D001		
				优等品	一等品	合格品	优等品	一等品	合格品	优等品	一等品	合格品
1	颗粒外观	色粒	个/kg	≤10	≤20	≤40	≤10	≤20	≤40	≤10	≤20	≤40
2	密度(D法)	标称值	g/cm^3	0.942			0.945			0.949		
		偏差		±0.002		±0.003	±0.002		±0.003	±0.002		±0.003
3	熔体质量流动速率 MFR	标称值	g/10 min	10			12			0.11		
		偏差		±2.0		±2.5	±3.0		±5.0	±0.02		±0.03
4	拉伸屈服应力		MPa	≥16		≥15	≥17		≥16	≥19.0		≥17.0
	拉伸断裂标称应变		%	≥150			≥150			≥350		
5	简支梁缺口冲击强度 23 ℃		kJ/m^2	≥6.0			≥6.0			≥10		
6	弯曲模量		MPa	由供方提供数据			由供方提供数据			由供方提供数据		
7	氧化诱导时间 OIT(210 ℃,Al)		min	由供方提供数据			由供方提供数据			由供方提供数据		
试样制备				Q			Q			Q		

序号	项目		单位	PE,EA,50T002			PE,EA,52D001		
				优等品	一等品	合格品	优等品	一等品	合格品
1	颗粒外观	色粒	个/kg	≤10	≤20	≤40	≤10	≤20	≤40
2	密度(D法)	标称值	g/cm^3	0.950			0.952		
		偏差		±0.002		±0.003	±0.003		±0.004
3	熔体质量流动速率 MFR	标称值	g/10 min	0.24			0.14		
		偏差		±0.04		±0.06	±0.04	±0.05	±0.06
4	拉伸屈服应力		MPa	≥20.0		≥18.0	≥22.0	≥20.0	≥18.0
	拉伸断裂标称应变		%	≥350			≥50		
5	简支梁缺口冲击强度 23 ℃		kJ/m^2	≥12			≥6		
6	弯曲模量		MPa	由供方提供数据			由供方提供数据		
7	氧化诱导时间 OIT(210 ℃,Al)		min	由供方提供数据			由供方提供数据		
试样制备				Q			Q		

注:Q表示压塑。

表 3　挤出薄膜类聚乙烯(PE)树脂的技术要求

序号	项目			单位	PE-L,FB,18D010			PE,FAS,18D075			PE-L,FB,20D020		
					优等品	一等品	合格品	优等品	一等品	合格品	优等品	一等品	合格品
1	颗粒外观	色粒		个/kg	≤5	≤10	≤20	≤10	≤20	≤40	≤10	≤20	≤40
		蛇皮和拖尾粒		个/kg	≤20		≤40	≤20		≤40	≤20		≤40
		大粒和小粒		g/kg	≤10			≤10			≤10		
2	密度(D法)	标称值		g/cm³	0.918			0.919			0.920		
		偏差			±0.003		±0.004	±0.002		±0.003	±0.002		±0.003
3	熔体质量流动速率 MFR	标称值		g/10 min	1.0			7.0			2.0		
		偏差			±0.3		±0.5	±1.3		±1.5	±0.3		±0.5
4	拉伸屈服应力			MPa	—			—			≥7.0		
	拉伸断裂应力			MPa	≥12.0			≥8.0			—		
	拉伸断裂标称应变			%	≥250			≥90			≥200		
5	鱼眼	方法一	0.8 mm	个/1 520 cm²	≤8			—			≤8		
			0.4 mm		≤40			—			≤40		
		方法二	0.3 mm～2.0 mm	个/1 200 cm²	—			≤30			—		
	条纹		≥1.0 cm	cm/20 m²	—			≤20			—		
6	雾度			%	由供方提供数据			—			由供方提供数据		
试样制备					Q			M			Q		

表 3（续）

序号	项目			单位	PE,F,21D003			PE,FB,21D025			PE,F,21D024		
					优等品	一等品	合格品	优等品	一等品	合格品	优等品	一等品	合格品
1	颗粒外观	色粒		个/kg	≤10	≤20	≤40	≤10	≤20	≤40	≤10	≤20	≤40
		蛇皮和拖尾粒		个/kg	≤20		≤40	≤20		≤40	≤20		≤40
		大粒和小粒		g/kg	≤10			≤10			≤10		
2	密度（D法）	标称值		g/cm^3	0.920			0.920			0.920		
		偏差			±0.002		±0.003	±0.002		±0.003	±0.002		±0.003
3	熔体质量流动速率 MFR	标称值		g/10 min	0.30			2.4			2.4		
		偏差			±0.05		±0.1	±0.4		±0.6	±0.4		±0.6
4	拉伸屈服应力			MPa	—			—			—		
	拉伸断裂应力			MPa	≥10.0		≥9.0	≥7.0		≥6.0	≥7.0		≥6.0
	拉伸断裂标称应变			%	≥150			≥150			≥150		
5	鱼眼	方法一	0.8 mm	个/1 520 cm^2	—			≤8			≤8		
			0.4 mm		—			≤40			≤40		
		方法二	0.3 mm～2.0 mm	个/1 200 cm^2	—			—			—		
	条纹		≥1.0 cm	cm/20 m^2	—			—			—		
6	雾度			%	—			≤15			≤15		
试样制备					Q			Q			Q		

表 3（续）

序号	项目			单位	PE,FA,50G110		
					优等品	一等品	合格品
1	颗粒外观	色粒		个/kg	≤10	≤20	≤40
		蛇皮和拖尾粒		个/kg	≤20		≤40
		大粒和小粒		g/kg	≤10		
2	密度(D法)	标称值		g/cm^3	0.950		
		偏差			±0.002		±0.003
3	熔体质量流动速率 MFR	标称值		g/10 min	11		
		偏差			±2.0		±4.0
4	拉伸屈服应力			MPa	≥20		≥18
	拉伸断裂应力			MPa	—		
	拉伸断裂标称应变			%	≥150		
5	鱼眼	方法一	0.8 mm	个/1 520 cm^2	≤8		
			0.4 mm		≤40		
		方法二	0.3 mm～2.0 mm	个/1 200 cm^2	—		
	条纹		≥1.0 cm	cm/20 m^2	—		
6	雾度			%	—		
试样制备					Q		

注：Q 表示压塑，M 表示注塑。

表 4　涂层类聚乙烯(PE)树脂技术要求

序号	项目		单位	PE,H,18D075		
				优等品	一等品	合格品
1	颗粒外观	色粒	个/kg	≤10	≤20	≤40
2	密度(D法)	标称值	g/cm^3	0.918		
		偏　差		±0.002		±0.003
3	熔体质量流动速率 MFR	标称值	g/10 min	7.0		
		偏　差		±0.8		±1.0
4	熔胀比	标称值		1.70		
		偏　差		±0.20		±0.30
试样制备			M			
注：M 表示注塑。						

表 5 电线电缆绝缘类聚乙烯(PE)树脂的技术要求

序号	项目		单位	PE,JA,23D021			PE,JA,45D007		
				优等品	一等品	合格品	优等品	一等品	合格品
1	颗粒外观	色粒	个/kg	≤10	≤20	≤40	≤10	≤20	≤40
2	密度(D法)	标称值	g/cm³	0.923			0.945		
		偏差		±0.003		±0.004	±0.003		±0.004
3	熔体质量流动速率 MFR	标称值	g/10 min	2.1			0.7		
		偏差		±0.20		±0.30	±0.20		±0.30
4	拉伸屈服应力		MPa	—			≥15		
	拉伸断裂应力		MPa	≥10			—		
	拉伸断裂标称应变		%	≥80			≥50		
5	相对电容率			由供方提供数据			≤2.40		
试样制备				M			Q		

注：Q 表示压塑，M 表示注塑。

表 6 挤出单丝类聚乙烯(PE)树脂的技术要求

序号	项目		单位	PE,LA,50D012		
				优等品	一等品	合格品
1	颗粒外观	色粒	个/kg	≤10	≤20	≤40
2	密度(D法)	标称值	g/cm³	0.951		
		偏差		±0.002		±0.003
3	熔体质量流动速率 MFR	标称值	g/10 min	1.0		
		偏差		±0.2		±0.3
4	拉伸屈服应力		MPa	≥22.0	≥21.0	≥20.0
	拉伸断裂标称应变		%	≥350		
试样制备				Q		

注：Q 表示压塑。

表 7　注塑类聚乙烯(PE)树脂的技术要求

序号	项目		单位	PE,M,18D500			PE,M,18D022		
				优等品	一等品	合格品	优等品	一等品	合格品
1	颗粒外观	色粒	个/kg	≤10	≤20	≤40	≤10	≤20	≤40
2	密度(D法)	标称值	g/cm^3	0.917			0.918		
		偏差		±0.002		±0.003	±0.002		±0.003
3	熔体质量流动速率 MFR	标称值	g/10 min	50			2.0		
		偏差		±6.0		±7.0	±0.2	±0.3	±0.4
4	拉伸屈服应力		MPa	—			—		
	拉伸断裂应力		MPa	≥6.0			≥10.0		≥8.0
	拉伸断裂应变		%	—			—		
	拉伸断裂标称应变		%	≥90			≥80		
5	简支梁缺口冲击强度 23 ℃		kJ/m^2	≥50			≥50		
试样制备				M			M		

序号	项目		单位	PE,M,53D060			PE,M,56D180			PE,ML,57D075		
				优等品	一等品	合格品	优等品	一等品	合格品	优等品	一等品	合格品
1	颗粒外观	色粒	个/kg	≤10	≤20	≤40	≤10	≤20	≤40	≤10	≤20	≤40
2	密度(D法)	标称值	g/cm^3	0.953			0.956			0.958		
		偏差		±0.002		±0.003	±0.003		±0.004	±0.002	±0.003	
3	熔体质量流动速率 MFR	标称值	g/10 min	6.0			18			7.5		
		偏差		±0.5	±1.0	±1.5	±2.0		±3.0	±1.5		±2.5
4	拉伸屈服应力		MPa	≥22.0	≥20.0	≥18.0	≥20.0	≥18.0	≥16.0	≥24.0	≥22.0	≥20.0
	拉伸断裂应力		MPa	—			—			—		
	拉伸断裂应变		%	≥150			—			≥80		
	拉伸断裂标称应变		%	—			≥80			—		
5	简支梁缺口冲击强度 23 ℃		kJ/m^2	由供方提供数据			≥2.0			≥2.5		
试样制备				M			M			M		

注：M 表示注塑。

6 试验方法

6.1 试验结果判定

试验结果采用修约值判定法，应按 GB/T 8170—2008 规定进行。

6.2 试样制备

6.2.1 注塑试样的制备

聚乙烯树脂注塑试样的制备见 GB/T 1845.2—2006 中 3.2 的规定。

当 PE 模塑材料的熔体质量流动速率(MFR)大于或等于 1 g/10 min 时，推荐采用注塑方法制备试样，MFR 的测定按照 GB/T 3682—2000 规定进行，试验条件为 D(温度：190 ℃、负荷：2.16 kg)。

用 GB/T 17037.1—1997 标准中的 A 型模具制备符合 GB/T 1040.2—2006 中 1A 型试样，B 型模具制备 80 mm×10 mm×4 mm 长条试样。

6.2.2 压塑试片的制备

聚乙烯树脂压塑试片的制备见 GB/T 1845.2—2006 中 3.3 的规定。

当 PE 模塑材料的 MFR 小于 1 g/10 min 或有要求时，用压塑方法制备试样，MFR 的测定按照 GB/T 3682—2000 规定进行，试验条件为 D(温度：190 ℃、负荷：2.16 kg)。

使用冲切或机加工的方法从厚度为 4 mm 压塑试片上制备符合 GB/T 1040.2—2006 的 1B 型和 80 mm×10 mm×4 mm 长条试样。使用冲切或机加工的方法从相应厚度的压塑试片上制备符合 GB/T 1845.2—2006第 5 章中表 3 规定的电性能试样和表 4 规定的耐环境应力开裂性能试样。

由于各树脂的应用领域不同，其注塑试样与压塑试样性能可有所不同。各树脂的具体制样方式见表 1～表 7。

6.2.3 吹塑薄膜试验样品的制备

6.2.3.1 吹塑薄膜设备的基本条件

a) 薄膜牵引方向：向上；

b) 标准式螺杆：推荐螺杆长径比(L/D)不小于 18；

c) 温控点三个以上；

d) 冷却方式：采用环形风冷；

e) 卷取框架：活动式。

6.2.3.2 制备吹塑薄膜试验样品的条件

在规定参数状态下吹塑薄膜，挤出条件见表 8。

表 8 制备吹塑薄膜试验样品的工艺条件和薄膜样品的规格

项	目	线型低密度聚乙烯	低密度聚乙烯	高密度聚乙烯
制备吹塑薄膜试验样品的工艺条件				
1	熔体温度/℃	依据 MFR 进行调整		
2	吹胀比	2.0～3.0	2.5～3.5	3.5～4.5
3	冷却线高度/mm	1.5～2.5 倍口模直径	1.5～2.5 倍口模直径	—
吹塑薄膜试验样品的规格				
1	薄膜厚度/mm	0.030±0.003	0.030±0.003	0.015～0.020

6.3 试样的状态调节和试验的标准环境

试样的状态调节按 GB/T 2918—1998 的规定进行，状态调节的条件为温度 23 ℃±2 ℃，调节时间至少 40 h 但不超过 96 h，薄膜样品调节时间不少于 12 h。

试验应在 GB/T 2918—1998 规定的标准环境下进行，环境的温度为 23 ℃±2 ℃、相对湿度为 50%±10%。

6.4 颗粒外观

按 SH/T 1541—2006 中的规定进行。

6.5 熔体质量流动速率(MFR)

按 GB/T 3682—2000 中 A 法或 B 法规定进行。选用 B 法测定熔体质量流动速率时，熔体密度为 0.763 6 g/cm^3。试验条件见表 9。

表 9 熔体质量流动速率试验条件

字母代号	温度/℃	负荷/kg
E	190	0.325
D	190	2.16
T	190	5.00
G	190	21.6

注 1：试验前，使用相应有证标准样品可保证试验数据的可靠性。

注 2：熔体质量流动速率(MFR)将被熔体体积流动速率(MVR)代替。

6.6 密度

6.6.1 方法一

按 GB/T 1845.1—1999 中 3.3.1 规定进行。该方法为仲裁方法。

用熔体流动速率测试仪的挤出物作为测定密度的试样，试样光滑、无空隙、无毛边。

试验按 ISO 1183-2:2004 的规定进行。

6.6.2 方法二

按 GB/T 1845.2—2006 表 3 中 5.3 规定进行。

试样取自注塑或压塑试样的中间部分，试样光滑、无空隙、无毛边。

试样的状态调节按 6.3 规定进行。

试验按 ISO 1183-2:2004 的规定进行。

6.7 拉伸性能

试样为按 6.2.1 制备的 1A 型或按 6.2.2 制备的 1B 型试样。

试样的状态调节按 6.3 规定进行。

试验按 GB/T 1040.2—2006 规定进行，试验速度为 50 mm/min。

6.8 简支梁缺口冲击强度

试样为按 6.2.1 或按 6.2.2 制备的 80 mm×10 mm×4 mm 长条试样。样条应在成型后的 1 h～4 h 内加工缺口，缺口类型为 GB/T 1043.1—2008 中的 A 型缺口。

试样的状态调节按 6.3 规定进行。

试验按 GB/T 1043.1—2008 规定进行。

6.9 弯曲模量

试样为按 6.2.1 或按 6.2.2 制备的 80 mm×10 mm×4 mm 长条试样。

试样的状态调节按 6.3 规定进行。

试验按 GB/T 9341—2008 规定进行，试验速度为 2 mm/min。

6.10 鱼眼

本方法对薄膜中的透明或半透明树脂形成的球状物块称为鱼眼。

6.10.1 器具

本试验使用的器具包括：

a) 透光装置；

b) 剪刀；

c) 框夹：方法一的框内尺寸为 190 mm×200 mm，方法二的框内尺寸为 200 mm×200 mm；

d) 放大镜：带刻度，精度为 0.1 mm；

e) 圆珠笔或记号笔。

6.10.2 方法一

6.10.2.1 取样

按 6.2.3 制备薄膜试验样品。

从距膜端大于 1 m 处开始裁取试样，每隔 5 m 取一片试样，试样尺寸大于 190 mm×200 mm，共取四片，试样应平整、无皱折。

6.10.2.2 试验步骤

试验步骤如下：

a) 把试样放在框夹中夹紧，并置于透光装置上，用肉眼观察，如有鱼眼则用笔圈出；

b) 用放大镜测量鱼眼长径尺寸，大于或等于 0.8 mm 的，记为 0.8 mm 的鱼眼；小于 0.8 mm，大于或等于 0.4 mm 的，记为 0.4 mm；

c) 按上述 a)、b) 步骤共测量四片试样。

6.10.2.3 计算与报告

分别累计测量过的薄膜试样的鱼眼总数，并报告每 1 520 cm^2 薄膜中 0.4 mm 和 0.8 mm 鱼眼个数。

6.10.3 方法二

6.10.3.1 取样

从制得的折径不小于 100 mm 的薄膜中，剪取长度为 20 m 的薄膜样品，在此样品内，每隔 5 m 剪取一片 200 mm×200 mm 的试样，共取三片。

6.10.3.2 试验步骤

试验步骤如下：

a) 把试样放在框夹中夹紧，并置于透光装置上，用肉眼观察，如有鱼眼则用笔圈出；

b) 用放大镜测量长径在 0.3 mm～2 mm 的鱼眼个数；

c) 按上述 a)、b) 步骤共测量三片试样。

6.10.3.3 计算与报告

累计测量过的薄膜试样的鱼眼总数，并报告每 1 200 cm^2 薄膜中鱼眼个数。

6.11 条纹

本方法对薄膜中出现的线形，圆锤形的细小突起及连续的鱼眼均称为条纹。

6.11.1 器具

本试验使用的器具包括：

a) 透光装置；

b) 剪刀；

c) 直尺：精度为 1 mm。

6.11.2 取样

从按 6.2.3 制备薄膜试验样品中，剪取面积为 10 m^2 的薄膜样品，在此样品内，每隔 2.5 m^2 剪取一片 0.5 m^2 的薄膜试样，共取三片。

6.11.3 试验步骤

试验步骤如下：

a) 把试样置于透光装置上，先用肉眼观察有否条纹存在；

b) 用直尺测量长度大于 1 cm 的条纹长度；

c) 按上述 a)、b)步骤共测量三片。

6.11.4 计算与报告

条纹按式(1)计算：

$$X = \frac{x_1 + x_2 + x_3}{3} \times 40 \qquad \cdots\cdots\cdots\cdots(1)$$

式中：

X——在 20 m^2 内条纹总长度，单位为厘米每 20 平方米($cm/20\ m^2$)；

x_1——第一片试样上条纹长度，单位为厘米(cm)；

x_2——第二片试样上条纹长度，单位为厘米(cm)；

x_3——第三片试样上条纹长度，单位为厘米(cm)；

40——换算系数，即每张试样面积 0.5 m^2 换算到 20 m^2 的倍数。

以 20 m^2 内条纹总长度报告，保留到整数。

6.12 雾度

按 6.2.3 制备薄膜试验样品。

试验样品的状态调节按 6.3 规定进行。

从距膜端大于 1 m 处开始裁取试样，试样尺寸符合 GB/T 2410—2008 规定。

测试按 GB/T 2410—2008 规定进行。

6.13 熔胀比

6.13.1 原理

本方法规定利用熔体流动速率仪，在 190 ℃、2.16 kg 负荷下，测量聚乙烯挤出物冷却后的直径与口模直径(ϕ2.095 mm)之比值称为熔胀比。

6.13.2 器具

本试验使用的器具包括：

a) 熔体流动速率仪；

b) 刮刀；

c) 纱布；

d) 螺旋测微计，精度为 0.001 mm。

6.13.3 试验步骤

试验步骤如下：

a) 按熔体流动速率仪的操作要求，切取长度为 10 mm～15 mm 从口模流出的挤出物，放在铺有纱布的平板上冷却，不使其变形，均匀的圆条即可作为试样，共取三段；

b) 用测微计测量离首端 6 mm 处的直径，然后沿圆周方向旋转 90°，再测量一次，取两次测量值的算术平均值，精确到小数后三位；

c) 测量三个试样的直径，取其平均值。

6.13.4 计算与报告

熔胀比按式(2)计算：

$$SR = \frac{SD}{OD} \qquad \cdots\cdots\cdots\cdots(2)$$

式中：

SR——熔胀比，无量纲；

SD——试样的直径，单位为毫米（mm）；

OD——口模直径，单位为毫米（mm）。

结果取三位有效数字。

6.14 耐环境应力开裂

试样制备和试验按 GB/T 1842—2008 规定进行，报告 F_{50}(h)值。试样的状态调节按 6.3 规定进行。

6.15 相对电容率

试样按 6.2.2 进行压塑，试片厚度 2 mm。

试样状态调节按 6.3 规定进行。

试验按 GB/T 1409—2006 规定进行，试验频率为 1 MHz。

6.16 氧化诱导时间

试样制备按 GB/T 19466.6—2009 中 6.2 规定进行，试样厚度为 650 μm±100 μm。

试验按 GB/T 19466.6—2009 规定进行，采用铝坩埚。

7 检验规则

7.1 检验分类与检验项目

聚乙烯树脂产品的检验分为型式检验和出厂检验两类。

第 5 章中所有的项目为型式检验项目。

涂层类聚乙烯树脂出厂检验包括颗粒外观、密度、熔体质量流动速率和熔胀比。

其他各类聚乙烯树脂出厂检验至少应包括颗粒外观、密度、熔体质量流动速率、拉伸屈服应力或拉伸断裂应力。

7.2 组批规则与抽样方案

7.2.1 组批规则

聚乙烯树脂以同一生产线上、相同原料、相同工艺所生产的同一牌号的产品组批，生产厂也可按一定生产周期或储存料仓为一批对产品进行组批。

产品以批为单位进行检验和验收。

7.2.2 抽样方案

聚乙烯树脂可在料仓的取样口抽样，也可根据生产周期等实际情况确定具体的抽样方案。

包装后产品的取样应按 GB/T 2547—2008 规定进行。

7.3 判定规则和复验规则

7.3.1 判定规则

聚乙烯树脂应由生产厂的质量检验部门按照本标准规定的试验方法进行检验，依据检验结果和本标准中的技术要求对产品作出质量判定，并提出证明。

产品出厂时，每批产品应附有产品质量检验合格证。合格证上应注明产品名称、牌号、批号、执行标准，并盖有质检专用章和检验员章。

7.3.2 复验规则

检验结果若某项指标不符合本标准要求时，应重新取样对该项目进行复验。以复验结果作为该批产品的质量判定依据。

8 标志

聚乙烯树脂产品的外包装袋上应有明显的标志。标志内容可包括：商标、生产厂名称和厂址、标准号、产品名称、牌号、生产日期、批号和净含量等。

9 包装、运输和贮存

9.1 包装

聚乙烯树脂可用聚乙烯编织袋或其他包装形式包装。包装材料应保证在运输、码放、贮存时不污染和泄漏。

每袋产品的净含量可为 25 kg 或其他。

9.2 运输

聚乙烯树脂为非危险品。在运输和装卸过程中不应使用铁钩等锐利工具，切忌抛掷。运输工具应保持清洁、干燥并备有厢棚或苫布。运输时不可与沙土、碎金属、煤炭及玻璃等混合装运，更不可与有毒及腐蚀性或易燃物混装。不应在阳光下暴晒或雨淋。

9.3 贮存

聚乙烯树脂应贮存在通风、干燥、清洁并保持有良好消防设施的仓库内。贮存时，应远离热源，并防止阳光直接照射，不应在露天堆放。

聚乙烯树脂应有贮存期的规定，一般从生产之日起，不超过12个月。

ICS 75.040
E 21

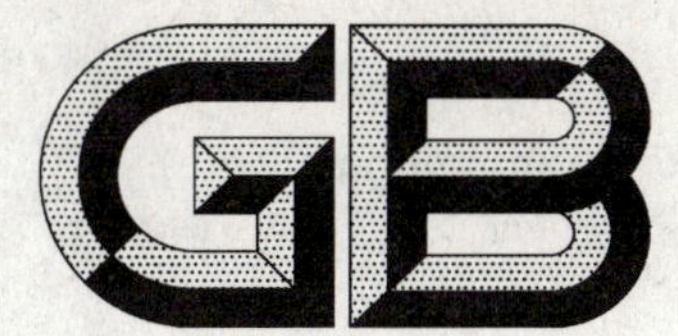

中华人民共和国国家标准

GB/T 11146—2009
代替 GB/T 11146—1999

原油水含量测定 卡尔·费休库仑滴定法

Crude petroleum—Determination of water—Coulometric Karl Fischer titration method

(ISO 10337:1997,MOD)

2009-03-16 发布　　2009-10-01 实施

中华人民共和国国家质量监督检验检疫总局
中国国家标准化管理委员会　发布

前　言

本标准修改采用 ISO 10337:1997《原油水的测定　卡尔·费休库仑滴定法》(英文版)。

本标准与 ISO 10337:1997 的主要差异如下:

——本标准第 8 章公式注释 ρ 中,按我国规定的密度标准计量温度,将温度由“15 ℃”改为“20 ℃”,此修改对结果精密度无影响。

本标准对 ISO 10337:1997 做了下列编辑性修改:

——“该国际标准”一词改为“本标准”;

——用小数点“.”代替作为小数点的逗号“,”;

——删除国际标准的目次和前言;

——重复性和再现性的文字表述按我国的习惯进行了修改。

本标准代替 GB/T 11146—1999《原油水含量测定法(卡尔·费休法)》。

本标准对 GB/T 11146—1999 的主要修订内容如下:

——用库仑滴定法代替了容量滴定法;

——对硫化物的干扰情况进行了详细说明;

——增加了对样品处理过程混合器及混合样品步骤的描述;

——根据 ISO 10337:1997,对方法的测量范围、取样量和精密度进行了修改。

本标准的附录 A 为规范性附录,附录 B 为资料性附录。

本标准由中国石油天然气集团公司提出。

本标准由全国石油天然气标准化技术委员会 SAC/TC 355 归口。

本标准负责起草单位:中国石油化工股份有限公司石油化工科学研究院。

本标准参加起草单位:大庆油田工程有限公司、中国石油化工股份有限公司镇海炼化分公司。

本标准主要起草人:王树青、康威、姚淑华、肖学喜。

本标准所代替标准的历次版本发布情况为:

——GB/T 11146—1989,GB/T 11146—1999。

原油水含量测定
卡尔·费休库仑滴定法

1 范围

1.1 本标准规定了用卡尔·费休库仑滴定法直接测定原油中水含量的方法。

1.2 对于硫醇硫或二价硫离子硫的含量或二者的总量(质量分数)在0.005%～0.05%范围内的原油,该方法对水的测定范围(质量分数)是0.050%～5.00%;对于硫醇硫或二价硫离子硫的含量或二者(质量分数)的总量少于0.005%的原油,该方法对水的测定范围(质量分数)是0.020%～5.00%。

注1:大量物质和多种化合物凝聚或发生氧化还原反应会干扰卡尔·费休库仑滴定法测定水含量。然而,原油中的干扰物质仅可能是硫醇和离子硫化物,并且,当测定水的(质量分数)范围在0.050%～5.00%时,(质量分数)少于0.05%的硫干扰很小。

注2:对于硫醇硫或二价硫离子硫的含量或二者的总量(体积分数)少于0.05%的原油,且水的(体积分数)不在0.050%～5.00%范围之内时,附录B给出了另一可选择的用体积测量试样的试验方法。使用这种可选的体积测量法的限制参见附录B。如果上述干扰物质硫醇硫或二价硫离子硫的含量或二者的总量(体积分数)少于0.005%,该体积测量法也可用于测定0.020%～5.00%范围的水含量(体积分数)。

1.3 本标准的应用可能涉及到危险物质、操作和设备,但本标准没有说明与其使用有关的所有安全问题。本标准的使用者有责任制定适当的安全和健康措施,并在使用之前确定出限制规章的适用范围。

2 规范性引用文件

下列文件中的条款通过本标准的引用而成为本标准的条款。凡是注日期的引用文件,其随后所有的修改单(不包括勘误的内容)或修订版均不适用于本标准,然而,鼓励根据本标准达成协议的各方研究是否可使用这些文件的最新版本。凡是不注日期的引用文件,其最新版本适用于本标准。

GB/T 4756—1998 石油液体手工取样法(eqv ISO 3170:1988)

SY/T 5317—2006 石油液体管线自动取样法(ISO 3171:1988,IDT)

ISO 3696:1987 分析实验室用水——技术规格和实验方法

ISO 3733:1999 石油产品和沥青材料——水的测定——蒸馏法

ISO 3734:1997 石油产品 残余燃料油中水和沉积物的测定——离心法

3 原理

原油经混合器混合均匀后,称取一定量的试样注入到卡尔·费休库仑仪的滴定池中,在阳极电解生成用于卡尔·费休库仑反应的碘。当所有的水被滴定,过量的碘通过电量终点检测器检测,滴定结束。基于反应的化学定量关系,1摩尔碘与1摩尔水反应。根据法拉第定律即可求出样品含水量。

4 试剂

4.1 二甲苯,分析纯

4.2 卡尔·费休库仑试剂

使用满足7.3所述性能要求的可购买到的试剂。

4.2.1 阳极液

将商用卡尔·费休库仑阳极液和二甲苯按6:4的体积比混匀。倘若满足7.3的性能要求,也可使用其他比例的卡尔·费休库仑阳极液与二甲苯的混合液。

4.2.2 阴极液

使用可购买到的卡尔·费休库仑阴极液。

4.3 水,符合 ISO 3696:1987 的 3 级要求。

5 仪器

5.1 自动卡尔·费休库仑滴定仪

注:目前可以买到的商用仪器有很多。这些设备的操作说明书厂商都会提供,这里不进行描述。

5.2 密闭的混合器,达到附录 A 给出的均化效率要求。

注:插入式混合器和循环式外部混合器,比如与原油自动取样系统一起使用的那些混合器都可以使用,只要它们符合附录 A 给出的要求。

5.3 注射器

试样由玻璃注射器注入滴定池中,注射器针头的长度应为插入隔膜后尖端可达到阳极液的液面下。针头的口径应尽可能细,但也不能过细,以免进样时引起反向压力或阻塞问题。

注 1:针孔的合适尺寸为 0.5 mm~0.8 mm。

注 2:推荐的注射器尺寸为:

a) 10 μL,具有固定针头,用于滴定器定期性能测试时水的注入;

b) 250 μL 和 1 mL,用于原油样品的取样。

5.4 天平:能够称量至 0.1 mg。

5.5 温度计:能够测量样品温度至 1 ℃。

6 取样及样品的制备

6.1 概要

按照所规定的所有必须的步骤取样,以便从管线、储罐或其他系统中获得有代表性的样品,并把这些样品放入实验室试验容器中。

6.2 实验室样品

只有按照 GB/T 4756 或 SY/T 5317 规定获取的有代表性的样品,才能用于本标准的试验。

6.3 实验室样品的制备

除 6.2 外,还应遵循下列样品处理的步骤。

6.3.1 混合前要立即记录样品的温度。

6.3.2 做分析之前应立即混合实验室样品以确保其完全均匀。在最初的容器中混合实验室样品。其混合时间、混合功率(转速)和混合器相对于容器底部的位置确保执行附录 A 中的 A.3.3。原油的体积和水含量不应超过附录 A 中的 A.3.3 的最大准许值。

6.3.3 混合后立即记录实验室样品的温度。此次读取的和 6.3.1 中读取的温度升高不应超过 10 ℃,否则会发生水分损失或造成乳状液不稳定。

7 操作步骤

7.1 仪器的准备

仪器按照要求进行准备和操作。在滴定池的外室加入阳极液,加入量以厂家推荐的高度为准;在内室加入阴极液,阴极液的高度要低于阳极液 2 mm~3 mm。密封所有连接到滴定池的接头,以防止大气中的湿气进入。打开滴定器和搅拌器,对滴定池里的残留湿气进行滴定直到终点。在背景电流稳定并小于仪器厂商推荐的最大背景电流之后,才能做后续操作。

注:如出现持续时间过长的高背景电流,可能是由于滴定池内壁潮湿引起的。轻轻摇晃滴定池(或加快搅拌速度)用电解液冲洗内壁。同时,检查所有装置以确保大气中的湿气不会进入到滴定池中。建议一直开着滴定器以稳定到一个低背景电流。

7.2 试验部分

7.2.1 按照6.3.1～6.3.3所述混合样品。取一支清洁、干燥且容量适宜的注射器(见表1),用混合好的待测样品冲洗至少3次。马上抽取适量样品,用滤纸擦干净针头,准确称量注射器及其内容物,精确至0.1 mg。将注射器插入滴定池内,开始滴定,针头低于液面注入全部试样。取出注射器擦净针头,重新称量注射器,精确到0.1 mg,记录样品量。到达滴定终点后,记录滴定仪所显示的水含量滴定值。

表1 取决于预期水含量的试样量

预期的水含量(质量分数)/%	试样量/g	滴定水量/μg
0.02～0.1	1	200～1 000
0.10～0.5	0.5	500～2 500
0.50～5	0.25	1 250～12 500
注:如果完全不知道实验室样品的水含量,最好开始试验小的试样量,以避免滴定时间过长和试剂消耗过大。需要时可能对试样量做进一步调整。		

7.2.2 当背景电流降到7.1显示的稳定读数时,另取一份试样做重复测定。在重新抽取和注入样品期间,应按附录A中的A.3.3确保样品是均匀和稳定的。测定的重复性应符合10.1.1规定的重复性要求。

7.2.3 用10 μL注射器吸满水并排出气泡,用滤纸擦干净针头,将注射器针头插到已达终点的电解液液面以下,快速将水注入,滴定水直至达到稳定的终点并保持至少30 s。加入水后不要摇动滴定池。记录达到终点所显示的水含量测定结果。

7.3 校准试验

随着使用,试剂性能会降低,应通过准确注入10 μL水进行常规监控。建议间隔为初始新鲜试剂到注入10次试样后。当出现下列情况之一时,应更换阳极液和阴极液:

——注入10 μL水的滴定结果超出了10 000 μg±200 μg;

——背景电流持续偏高或者不稳定;

——在滴定池出现相分离或者样品覆盖了电极;

——滴定池的样品总量超过了阳极液体积的三分之一;

——滴定仪显示错误信息建议更换电解液。

如果滴定池被原油污染,应用二甲苯彻底清洗阳极室和阴极室。不能用丙酮或其他酮类清洗。

8 计算

按式(1)计算水含量 w,用质量分数表示:

$$w = \frac{m_2}{10^6 \times m_1} \times 100 = \frac{m_2}{10^4 \times m_1} \quad \cdots\cdots (1)$$

式中:

w——水含量(质量分数),%;

m_1——试样质量,单位为克(g);

m_2——滴定仪显示的水的质量,单位为微克(μg)。

如果另外要求将结果以体积分数表示,则用式(2)计算:

$$\varphi = w \times \rho \quad \cdots\cdots (2)$$

式中:

φ——水含量(体积分数),%;

w——水含量(质量分数),%;

ρ——原油样品在20 ℃时的密度,单位为千克每立方米(kg/m^3)。

9 结果的表示

如果水含量(质量分数)小于1.00%,用质量分数报告样品的水含量,精确到0.001%。

如果水含量(质量分数)在1.00%~5.00%之间,用质量分数报告样品的水含量,精确到0.01%。

10 精密度

该试验方法的精密度由多个实验室测试结果的统计检验确定,按下述规定判断试验结果的可靠性(95%置信水平)。

10.1 重复性,*r*

同一操作者使用同一仪器,操作条件不变,按照试验方法操作,所得的连续试验结果之差不应超过式(3)所得的数值(见表2)。

$$r = 0.040X^{2/3} \tag{3}$$

X是质量分数在0.020%~5.00%范围内结果的平均值。

10.2 再现性,*R*

不同的操作者在不同的实验室,使用相同的试验材料,按照试验方法操作,所得的两个单独和独立的结果之差不应超过式(4)所得的数值(见表2)。

$$R = 0.105X^{2/3} \tag{4}$$

X是质量分数在0.020%~5.00%范围内结果的平均值。

表2 精密度区间

水含量(质量分数)/%	重复性 *r*	再现性 *R*
0.020	0.003	0.008
0.050	0.005	0.014
0.100	0.009	0.023
0.300	0.018	0.047
0.500	0.025	0.066
0.700	0.032	0.083
1.00	0.04	0.11
1.50	0.05	0.14
2.00	0.06	0.17
2.50	0.07	0.19
3.00	0.08	0.22
3.50	0.09	0.24
4.00	0.10	0.26
4.50	0.11	0.29
5.00	0.12	0.31

11 试验报告

试验报告应至少包括以下信息:

a) 参照本标准；

b) 试验产品的类型和完整的鉴定；

c) 试验结果(见第 9 章)；

d) 混合器的型号、混合器速度、混合时间和相对样品容器底部的混合位置；

e) 样品混合前后的温度；

f) 以协议或其他方式所定的与规定步骤的任何差异；

g) 试验日期。

附　录　A
(规范性附录)
样　品　处　理

A.1　概要

A.1.1　在样品的提取点到实验室试验台或样品储存点之间的样品处理方法要确保样品维持其性质和完整性。

A.1.2　样品处理方法取决于样品的用途。实验室采用的分析步骤常常需要一个与其相关的专门处理步骤。因此，要参照适当的试验方法，给人们提供在抽取样品时关于样品处理的必要说明。如果采用的几个分析步骤中有不一致的要求，则单独抽取样品并对每个样品采用合适的处理步骤。

A.1.3　下列情况应给予特别的注意：

a)　含有挥发性物质的液体，会发生蒸发损失；

b)　含有水和沉淀物或二者之一的液体，在样品容器中会发生分离；

c)　可能出现蜡沉积的液体，如果不能保持足够的温度，就会发生沉积。

A.1.4　当配制组合样品时，要特别注意，不要让挥发性液体中的轻组分发生损失，并且不要改变水和沉淀物的含量。此操作是非常困难的，应尽可能避免。

A.1.5　在取样地点不要将易挥发性液体样品转移到其他容器里，而要用最初的样品容器将其运送到实验室中，如果需要可进行冷却并倒置。如果一个样品容器内同时含有挥发性组分和游离水，更要小心处置。

A.2　样品的均化

A.2.1　介绍

在将样品从取样容器转移到较小的容器中，或进到实验室的试验仪器之前，就规定了样品的均化步骤，这是因为样品可能含有水和沉淀物或处于其他非均匀状态。在转移样品前，检验样品是否已混合均匀的步骤见 A.3 章。

对于含有水和沉淀物的液体样品，手动混合是不可能使水和沉淀物充分分散在样品中的。在样品的转移和二次取样之前，需要使用有力的机械或液力混合使样品均匀。

可用多种方法完成样品的均化。无论哪种方法，推荐的均化体系是产生低于 50 μm 的水滴，但不小于 1 μm。小于 1 μm 的水滴将形成一种稳定的乳状液，而且用离心法不能测定出水含量。

A.2.2　用高剪切密闭机械混合器均化

将一个高剪切机械混合器插入到样品容器中，其轴的尖端位置距容器底部 30 mm 之内。混合器的剪切速率在 15 000 min^{-1}下的操作通常是适宜的。其他的混合器如果性能合适也可以使用。

为了使原油或其他含有挥发性物质的样品中的轻组分损失最小，混合器通过一个密封套在封闭样品容器中进行操作。为了把样品完全混合均匀，通常每次混合时间 3 min 足够，但容器的大小和原油的类型都会对混合时间有影响，要检验样品是否变得均匀(见 A.3)。

注：高剪切混合器通常会产生稳定的乳状液，因此在混合后不能用离心法测定水含量。

混合期间应避免温度的升高超过 10 ℃。

A.2.3　用密闭循环混合系统循环

用一个小泵，使固定地点或可携带容器中的样品，通过一个装在外部的静态混合器，在小孔管中进行循环。对于可携带的容器，使用一个可快速拆卸的联接器。关于泵的具体类型和性能选择按照厂家的操作说明进行。

使用的循环流速应使容器中的样品至少每分钟循环一次。

注：通常的混合时间是 15 min，但应按照水含量、碳氢化合物的类型和系统的设计而变化。

当全部样品混合后，在泵运转时通过循环管道的调节阀放出所需量的子样。然后放空容器，并通过泵输送足够的溶剂循环清洗整个系统，直到除去所有碳氢化合物的痕迹。

A.3 混合时间的确定

A.3.1 如果样品混合后保持均匀性和稳定性（例如完全易混合成分，比如已调和的润滑油添加剂），继续进行混合，直至连续取出的样品得到相同的混合结果。这就是最少的混合时间。

注：此次混合过后样品是均匀的，将其部分取出转移后不用进一步混合仍可保持均匀性。

A.3.2 如果混合后的样品经过一段比较短的时间不再保持其均匀性（例如水和沉淀物作为混合物的一部分），则按照 A.3.3 所述的特殊方法确定混合时间。

注：由于原油的特性，有必要在混合正在进行时获得子样。

A.3.3 要保证抽出的样品注入预称量容器内，大约达到四分之三处，并均化样品，记录混合时间、混合器速度和混合器在容器中相对于容器底部的位置。混合后放出重复试样，并立即按照一种标准方法测定它们的水含量（见 A.3.4）。如果试验结果非常一致，在方法的重复性范围内，记录得到的平均值作为空白水含量。如果试验不能得到一致的重复结果，则用更长的混合时间或更快的混合速度重复该项操作。

再称量样品容器并计算原油质量。加入准确计量的水，使水含量升高到大约 2%（质量分数）。用相同的混合时间、混合器速度和容器底部与混合器的相对位置均化样品，作为空白。混合后取重复试样并立即按照标准方法测定其水含量。如果结果符合方法的重复性，测得的水含量与已知的水的总量（加入的水加上空白中已知量的水）一致，则记录合适的混合条件。混合结束到取得第二次试样期间，样品已是均匀和稳定的。

如果结果不符合方法的重复性范围，应废弃这些结果。重复 A.3.3 的混合步骤，采用更长的混合时间和更快的混合速度，或改变其中之一。

A.3.4 不能用离心法（ISO 3734）或蒸馏法（ISO 3733）测定水含量以确定此混合系统，因为这些方法不能测定总水含量。

A.4 样品的转移

A.4.1 如果样品容器不是便携式的，或不便于将样品直接从样品容器抽取到实验室试验仪器中，可由一个便携式的样品容器将有代表性的试样转移到实验室。

A.4.2 转移样品的每一阶段，样品使用的每一步骤，都应按照 A.2 执行。样品容器中的样品必须是均匀的。

A.4.3 按照 A.3 规定的方法，确定每套容器和混合器组合的混合时间。

A.4.4 完成样品的转移期间，混合物应已是均匀和稳定的。这个期间很短，完成样品的转移不能超过 20 min。

附 录 B
（资料性附录）
可选的用体积测量试样的试验方法

B.1 概要

本可选试验方法包含了本标准中描述的原油水含量的测量方法，不同之处是采用体积测量注入滴定池的原油试样部分。本可选试验方法的局限性如下：

——获取双方事先的协议；

——原油的蒸汽压和粘性不会影响试样体积的准确测量。

B.2 原理

原理与第3章所述原理相同，不同之处是用体积测量试样而不是用质量。同时也遵循本标准的操作步骤，下文给出了不同之处。

B.3 其他干扰

注射器里气泡的出现将成为一个干扰源，导致结果偏低。原油形成气泡的趋势与原油的类型、条件和相应的蒸汽压相关。

可证实黏性的原油很难用精密注射器测量。

B.4 仪器

注射器：容量为250 μL、500 μL和1 mL，分别精确至2 μL、2 μL和10 μL。

B.5 操作步骤

在混合之后立即将原油试样加进滴定池，操作步骤如6.3.1～6.3.3所示，试样加入方法如下。

用一支清洁、干燥并且容量适宜的注射器（参见表B.1）抽取至少三份试样作为废液丢弃。马上抽取一份试样，用滤纸擦净针头，记录所取试样体积，精确至2 μL或10 μL（参见B.4）。将注射器插入滴定池内，开始滴定，保持针头低于液面完全注入试样。到达滴定终点后，记录滴定仪所显示的水含量滴定值。

表 B.1 取决于预期水含量的试样量

预期的水含量（体积分数）/%	试样量/mL	滴定水/μg
0.02～0.1	1	200～1 000
0.1～0.5	0.5	500～2 500
0.5～5	0.25	1 250～12 500
注：如果完全不知道实验室样品的水含量，最好开始试验小的试样量，以避免滴定时间过长和试剂消耗过大。		

B.6 计算

按式（B.1）计算水含量 φ，用体积分数表示：

$$\varphi = \frac{V_2}{10^6 \times V_1} \times 100$$

$$\varphi = \frac{V_2}{10^4 \times V_1} \quad \cdots\cdots\cdots\cdots (B.1)$$

式中：

φ——试样水含量(体积分数)，%；

V_1——试样体积，单位为毫升(mL)；

V_2——滴定水的体积，单位为纳升(nL)(相当于滴定仪上用微克显示的水的质量，即 1 nL 水的质量为1 μg)。

B.7 结果的表示

用体积分数报告样品的水含量，精确到 0.01%。

B.8 精密度

该试验方法的精密度由多个实验室测试结果的统计检验确定，按下述规定判断试验结果的可靠性(95%置信水平)。

B.8.1 重复性，*r*

同一操作者使用同一仪器，操作条件不变，按照正常和正确的试验方法，所得的连续试验结果之差不应超过式(B.2)所得的数值(见表 B.2)。

$$r = 0.056X^{2/3} \quad \cdots\cdots\cdots\cdots (B.2)$$

X 是体积分数在 0.020%～5.00%范围内结果的平均值。

B.8.2 再现性，*R*

不同的操作者在不同的实验室，使用相同的试验材料，按照正常和正确的试验方法，所得的两个单独和独立的结果之差不应超过式(B.3)所得的数值(见表 B.2)。

$$R = 0.112X^{2/3} \quad \cdots\cdots\cdots\cdots (B.3)$$

X 是体积分数在 0.020%～5.00%范围内结果的平均值。

表 B.2 精密度区间

水含量(体积分数)/%	重复性 r	再现性 R
0.02	0.004	0.008
0.05	0.008	0.015
0.10	0.01	0.02
0.30	0.03	0.05
0.50	0.04	0.07
0.70	0.04	0.09
1.00	0.06	0.11
1.50	0.07	0.15
2.00	0.09	0.18
2.50	0.10	0.21
3.00	0.12	0.23
3.50	0.13	0.26
4.00	0.14	0.28
4.50	0.15	0.31
5.00	0.16	0.33

B.9 试验报告

当用体积测量试样时,需要在本标准引用加入附录B。如果不这样做,任何用于法律和契约上的数据都无效。

ICS 37.020
N 30

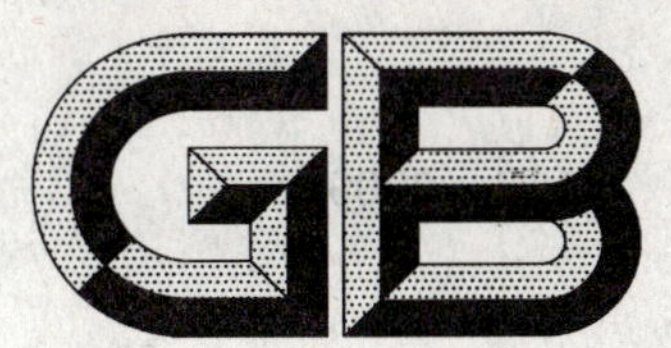

中华人民共和国国家标准

GB/T 11162—2009
代替 GB/T 11162—1989

光学分划零件通用技术条件

General specification of optical components for the scale and surface defects

2009-09-30 发布 2009-12-01 实施

中华人民共和国国家质量监督检验检疫总局
中国国家标准化管理委员会 发布

前言

本标准代替 GB/T 11162—1989《光学分划零件通用技术条件》。

本标准与 GB/T 11162—1989 的主要差异为：

——规范了 GB/T 11162—1989 第 2 章中的引用标准。

——按 GB/T 1.1 的编写要求，将 GB/T 11162—1989 第 3 章划分为“要求”和“试验方法”两章。

——将“网格板”增加到适用范围中。

——将试验工具“线纹比较仪”改为“阿贝线纹比较仪”，部分条款改为“测量不确定度为被测指标偏差(1/3～1/5)的测量仪器”。

——删除字型和符号的笔划线宽度和长度变化的规定。

——增加附录 C(资料性附录)：分划线宽度测量瞄准基准。

本标准的附录 A 为规范性附录，附录 B、附录 C 为资料性附录。

本标准由中国机械工业联合会提出。

本标准由全国光学和光子学标准化技术委员会(SAC/TC 103)归口。

本标准负责起草单位：上海理工大学、南京志业光电精密技术有限责任公司。

本标准参加起草单位：南京江南永新光学有限公司、宁波永新光学股份有限公司、苏州一光仪器有限公司。

本标准主要起草人：黄卫佳、刘怀道。

本标准所代替标准的历次版本发布情况为：

——GB/T 1784—1979；

——GB/T 11162—1989。

光学分划零件通用技术条件

1 范围

本标准规定了光电仪器用光学分划零件的分划线、字型和符号的笔划线、表面疵病的要求、试验方法和在图纸上的标注。

本标准适用于玻璃分划板(镜)、分划尺、网格板和度盘,其他种类的光学分划零件可参照使用。

本标准不适用于光栅尺、光栅盘、编码盘和分辨率板等。

2 规范性引用文件

下列文件中的条款通过本标准的引用而成为本标准的条款。凡是注日期的引用文件,其随后所有的修改单(不包括勘误的内容)或修订版均不适用于本标准,然而,鼓励根据本标准达成协议的各方研究是否可使用这些文件的最新版本。凡是不注日期的引用文件,其最新版本适用于本标准。

GB/T 1184 形状和位置公差 未注公差的规定(GB/T 1184—1996,eqv ISO 2768-2:1989)

GB/T 1185 光学零件表面疵病(GB/T 1185—2006,ISO 10110-7:1996,NEQ)

3 要求

3.1 分划线宽度基本尺寸偏差和同一零件上宽度基本尺寸相同的分划线彼此间宽度均匀性,不应超过表1的规定。

表1 分划线宽度基本尺寸偏差和宽度均匀性 单位为毫米

基本尺寸 B		$B\leqslant0.003$	$0.003<B\leqslant0.007$	$0.007<B\leqslant0.012$	$0.012<B\leqslant0.02$	$0.02<B\leqslant0.03$
1级	偏差	±0.000 5	±0.001	±0.001 5	±0.002 5	±0.004 0
	均匀性	0.000 5	0.001 0	0.001 5	0.002 5	0.004 0
2级	偏差	±0.001 0	±0.001 5	±0.003 0	±0.005 0	±0.007 0
	均匀性	0.001 0	0.001 5	0.003 0	0.005 0	0.007 0
基本尺寸 B		$0.03<B\leqslant0.05$	$0.05<B\leqslant0.08$	$0.08<B\leqslant0.12$	$0.12<B\leqslant0.2$	$B>0.2$
1级	偏差	±0.006	±0.010	±0.015	±0.020	正负线宽的10%
	均匀性	0.006	0.008	0.010	0.015	线宽的10%
2级	偏差	±0.010	±0.015	±0.030	±0.030	正负线宽的15%
	均匀性	0.010	0.012	0.015	0.020	线宽的15%

3.2 分划线长度基本尺寸偏差不应超过表2的规定。

表2 分划线长度基本尺寸偏差 单位为毫米

基本尺寸 L	$L\leqslant0.2$	$0.2<L\leqslant0.5$	$0.5<L\leqslant1.0$	$1.0<L\leqslant10$	$10<L\leqslant20$	$20<L\leqslant100$	$L>100$
偏差	±0.01	±0.03	±0.05	±0.10	±0.20	±0.50	±1.0

3.3 在视场内可同时观察到一组分划线列(指游标、带尺等),各分划线的一端应处在同一连线上,其允许偏差应符合3.3.1~3.3.2的规定。

3.3.1 当无干线时,各线端之间最大偏差距离不应超过分划线的宽度;当分划线宽度小于0.01 mm时,各线端之间最大偏差距离允许超过分划线宽度,但最大不应超过0.01 mm;各分划线与视场内可同时观察到的开始和末尾两根分划线端点连线的垂直度不应大于 3′。如图 1 所示。

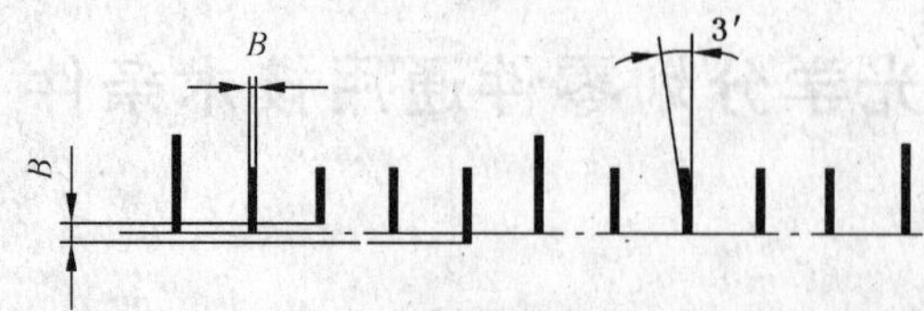

图 1　无干线时分划线列各线端之间的距离偏差和垂直度

3.3.2　当有干线时，各线端与干线未相交的断缝距离不应超过分划线的宽度，但不允许线端穿越干线；当分划线宽度小于 0.01 mm 时，未相交的断缝距离允许超过分划线宽度，但最大不应超过 0.01 mm；各分划线与干线的垂直度不应大于 3′。如图 2 所示。

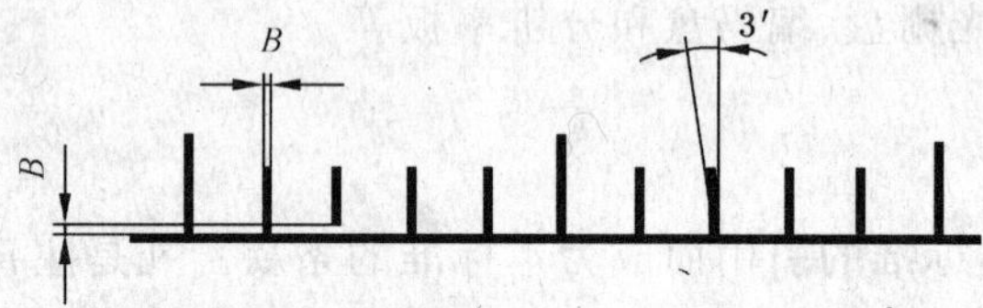

图 2　有干线时分划线列各线端之间的距离偏差和垂直度

3.4　十字线或由虚线、点组成的十字线，其交叉点分别对十字线两端的对称度应符合 GB/T 1184 的规定，如图 3 所示。

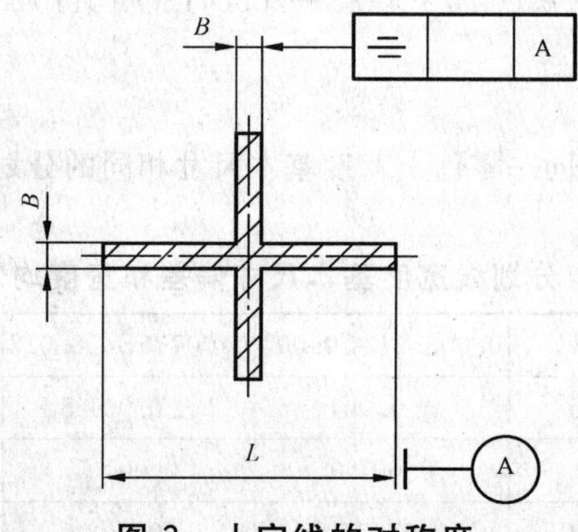

图 3　十字线的对称度

3.5　虚线（或点）的中心线应处在同一直线上，其直线度不应超过线宽（或点的直径）的 1/5，如图 4 所示。当线宽（或点的直径）大于 0.05 mm 时，直线度不应超过 0.01 mm。

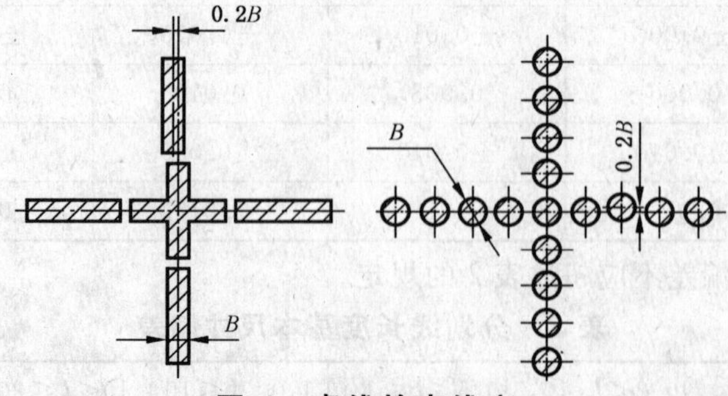

图 4　虚线的直线度

3.6　线条和交叉线条任何部分宽度的变动应符合 3.6.1～3.6.4 的规定，如图 5 所示。图 5 中线条疵病的尺寸均以线条实际宽度 B 为单位。

3.6.1　当线宽小于 0.02 mm 时，变动的宽度不应超过线宽的 1/2，变动的长度或断缝不应超过线宽，线条交叉处的圆角半径不应超过线宽。

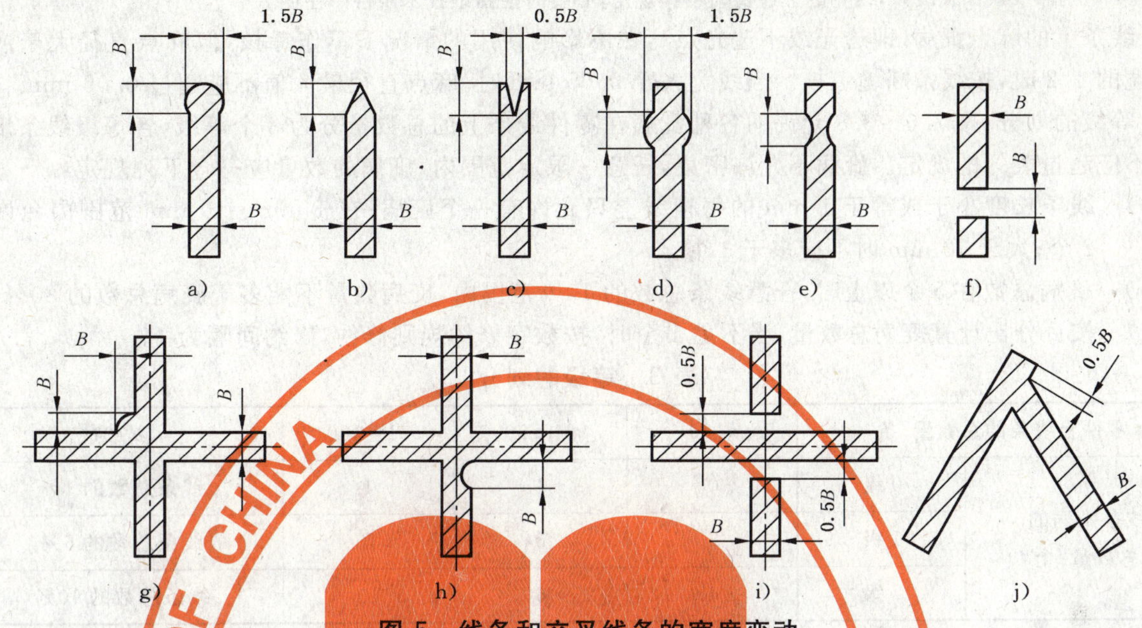

图5 线条和交叉线条的宽度变动

3.6.2 当线宽大于或等于0.02 mm时,变动的宽度和长度均不应超过线宽的1/2,线条断缝不应超过线宽的1/2。

3.6.3 磨砂面上的线条,上述疵病不作规定,必要时在图纸技术条件中注明。

3.6.4 下列情况存在的疵病可不作考核:

a) 疵病存在于线端而又能被视场边缘所遮蔽的;

b) 所有线端都存在如图6中的一种形式时;

c) 不经光学放大而直接观察的线条,线端存在如图6中的一种形式时。

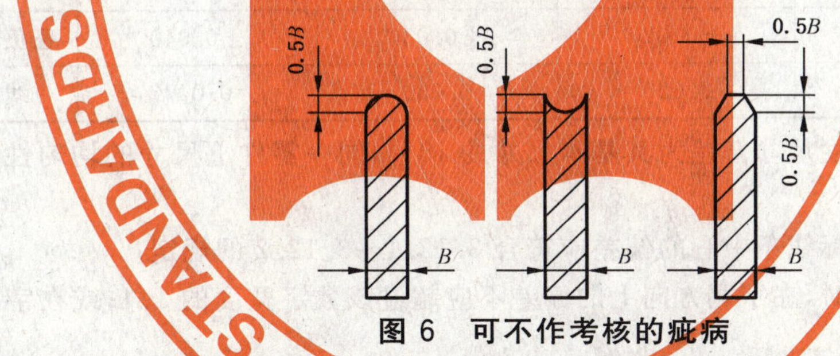

图6 可不作考核的疵病

3.7 线宽的均匀变化(即楔形、鼓形差)和曲线弯曲,均应在线宽基本尺寸的公差范围内,如图7所示。对于线条长度小于或等于1 mm时,不允许存在图7中的疵病。

图7中尺寸B为设计给定的线宽基本尺寸。B的偏差应符合表1的规定。

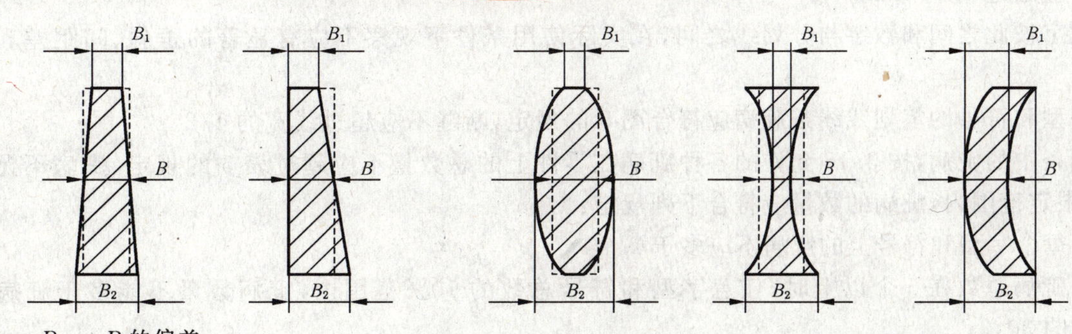

图7 线宽和线条弯曲

注：对于曲线或圆弧线条，线宽的上述疵病不作规定，必要时在图纸技术条件中注明。

3.8 线条上的麻点疵病(即透光或不透光点)，在不影响使用的情况下不作考核，但麻点直径大于或等于线宽的1/2时，按线条断缝考核。当线宽大于0.05 mm时，麻点直径最大值不应超过0.05 mm。

3.9 等级的划分：按3.6～3.8允许的各种疵病在零件线条上的总数量分为3个等级，各等级线条疵病总数不应超过表3的规定。疵病不允许密集，任意一限定范围内，疵病的数量应符合下列规定：

a) 线条长度小于或等于1 mm的每根线上只允许有一个疵病；在1 mm～10 mm范围内允许有2个；大于10 mm时不应多于3个。

b) 疵病总数在5个以上时，任意线条总数的10%范围内，疵病数量不能多于疵病总数的30%。

c) 按百分比计算疵病总数量，当不足1个时，按数字修约规则修约，修约间隔为1。

表3 等级的划分

零件上线条的总数量/条		≤20	21～50	51～100	≥101
线条疵病的总数量/个	0级	0	1	1	线条总数的1%
	1级	2	3	5	线条总数的5%
	2级	4	6	10	线条总数的10%

3.10 字型和符号笔划线宽度偏差与同一零件上宽度基本尺寸相同的笔划线彼此间宽度的均匀性，不应超过表4的规定。

表4 字型和符号笔划线宽度不均匀性

单位为毫米

基本尺寸 B	$B\leqslant 0.007$	$0.007<B\leqslant 0.012$	$0.012<B\leqslant 0.02$	$0.02<B\leqslant 0.03$	$0.03<B\leqslant 0.05$
偏差	±0.002	±0.003	±0.005	±0.007	±0.010
均匀性	0.002	0.003	0.005	0.007	0.010
基本尺寸 B	$0.05<B\leqslant 0.08$	$0.08<B\leqslant 0.12$	$0.12<B\leqslant 0.2$	$0.2<B\leqslant 0.4$	$B>0.4$
偏差	±0.015	±0.020	±0.030	±0.040	正负线宽的15%
均匀性	0.015	0.020	0.030	0.040	线宽的15%

3.11 字型和符号的高度与宽度尺寸偏差为其基本尺寸的15%，同一零件上尺寸的均匀性为其基本尺寸的10%。

3.12 一组数字的中心相对被标线条中心的偏差应符合3.12.1～3.12.2的规定。

3.12.1 当被标线条对准数字时，在字宽方向上的偏差不应超过该数字宽度的1/4；或在字高方向上的偏差不应超过该数字高度的1/5。

3.12.2 当被标线条对准两个数字的内侧间隔时，偏差不应超过该间隔的1/3。

3.13 在同一视场内一排(或一行)数字中心的连线相对被标线条端点连线的平行度不应大于5′，但在全长上不应超过0.03 mm。

3.14 数字彼此之间和数字与分划线之间，在实际使用条件下观察不应有显著的歪斜、间距差和高低不齐。

3.15 字型和符号的笔划线线条疵病应符合图5的规定，断缝不应超过线宽的1/2。

3.16 线条中的疵病，按3.15允许的各种疵病在零件上的总数量不应超过表5的规定，疵病不允许密集，任意限定范围内，疵病的数量应符合下列规定：

a) 每个字型和符号上的疵病不应多于2个；

b) 疵病总数在5个以上时，任意字型和符号总数的10%范围内，疵病数量不能多于疵病总数的30%；

c) 按百分比计算的疵病总数量，当不足1个时，按数字修约规则修约，修约间隔为1。

表 5 线条中的疵病

单位为个

字型和符号的总数量	≤20	21～40	41～60	61～100
线条疵病的总数量	2	3	5	8
字型和符号的总数量	101～200	201～400	401～600	≥601
线条疵病的总数量	12	18	26	字型和符号总数的5%

3.17 分划线和笔划线及不透光底面的光密度(漫射密度)不应低于表 6 的规定。分划表面的反射率由企业标准(或图纸)规定。对于直接刻划不上色线条及彩色和发光线条的光密度不作规定。

表 6 线条的光密度

指标名称		线条被放大的倍数	
		≤40	>40
		光密度要求	
线条宽度的基本尺寸 mm	≤0.003	1.2	
	>0.003	1.4	1.6
不透光底面		2.0	

3.18 线条在一般清洁擦拭后不应产生线条疵病的增加和光密度的降低。

3.19 在使用条件下观察线条不应有显著发毛现象。

3.20 分划零件的表面疵病按 GB/T 1185 中的有关规定,分划零件的坯件经分划工序后允许增加的疵病数量应符合下述规定:

a) 符合图纸要求的坯件经加工后,疵病数量在分划区内允许增加坯件要求的 30%,在有效区内允许增加坯件要求的 50%;分划区的划分见附录 B。

b) 图纸要求“在规定检验条件下,不允许有任何疵病”的坯件经加工后,在分划区内仍按“在规定检验条件下,不允许有任何的疵病”的要求考核;在有效区内不应超过表 7 的规定。

表 7 光学分划零件表面疵病

疵病尺寸及数量/个						
麻点					擦痕	
麻点最大级数 S	D_0/mm				最大宽度/ mm	总长度 nD_0/ mm
	$D_0 \leq 20$	$20 < D_0 \leq 40$	$40 < D_0 \leq 60$	$D_0 > 60$		
0.006 3	4	6	9	15	0.002	$0.5D_0$
注:D_0 为零件的有效孔径(对于环形和非圆形零件,D_0 则是工作区面积的等效直径),单位为 mm。						

经胶合、镀膜工序的分划零件,允许增加的疵病数量由企业标准(或图纸)规定。

3.21 分划工序中产生的腐蚀痕迹,膜层中的灰点和溅射铬点均按表面疵病中麻点要求考核。

3.22 在零件不透光底面上任何造成透光的点和擦痕都不允许存在,但允许有在使用条件下观察不到的修补痕迹。

4 试验方法

4.1 分划线宽度基本尺寸偏差和宽度均匀性

4.1.1 试验工具和程序

宽度小于 0.02 mm 的线条,用准确度不超过±0.000 5 mm 和放大倍数不低于 300× 的仪器进行测量;对宽度大于或等于 0.02 mm 的线条,用准确度不大于线宽偏差值的 1/5 的仪器进行测量。

测量均以垂直方向瞄准，以线条中间部分的宽度为基准，蚀刻线以填料边缘为宽度测量基准，见附录C，但不应将3.6的线条疵病计算在内。

4.2 分划线长度基本尺寸偏差

4.2.1 试验工具和程序

用测量不确定度为被测指标偏差(1/5～1/3)的测量仪器进行测量。

4.3 分划线列各线端之间的距离偏差和垂直度

4.3.1 试验工具和程序

用体视显微镜进行目测检验，必要时，可用万能工具显微镜进行测量。

4.4 十字线的对称度

4.4.1 试验工具和程序

用阿贝线纹比较仪进行测量或万能工具显微镜进行测量。

4.5 虚线的直线度

4.5.1 试验工具和程序

同4.4.1。

4.6 线条和交叉线条的宽度变动

4.6.1 试验工具和程序

用倍数与实际使用时相近的放大镜或体视显微镜进行目测检验。必要时，可用阿贝线纹比较仪进行测量。

4.7 线宽和线条弯曲

4.7.1 试验工具和程序

同4.6.1。

4.8 麻点疵病

4.8.1 试验工具和程序

同4.6.1。

4.9 等级的划分

4.9.1 试验工具和程序

同4.6.1。

4.10 字型和符号笔划线宽度不均匀性

4.10.1 试验工具和程序

用测量不确定度为被测指标偏差(1/5～1/3)的测量仪器进行测量，但不应将3.6的线条疵病计算在内。

4.11 字型和符号的尺寸偏差

4.11.1 试验工具和程序

用工具显微镜进行测量。

4.12 中心线的偏差

4.12.1 试验工具和程序

用体视显微镜进行目测检验。必要时，用测量不确定度为被测指标偏差(1/5～1/3)的测量仪器进行测量。

4.13 数字中心的连线相对被标线条端点连线的平行度

4.13.1 试验工具和程序

同4.11.1。

4.14 数字、分划线编排质量

4.14.1 试验工具和程序

同 4.12.1。

4.15 字型和符号线条的疵病

4.15.1 试验工具和程序

同 4.6.1。

4.16 线条中的疵病

4.16.1 试验工具和程序

同 4.6.1。

4.17 线条的光密度

4.17.1 试验工具和程序

a) 试验方法一

用测微光度计测量线条的光密度，对于测量线条宽度小于 0.05 mm 的线条，以测量工艺线为准。工艺线应预先在零件的有效区之外的空白处与线条同时制成，线宽以大于 1 mm 为宜。

b) 试验方法二

用线条光密度标准样品与被检线条相比较的方法试验，试验时将被检线条与线条光密度样品并列于体视显微镜的同一视场内作比较检验，检验时的放大倍数应与线条的使用倍数相近。

线条光密度标准样品见附录 A。

两种试验方法有同等效力。

4.18 线条的耐久性

4.18.1 试验工具和程序

用棉花球或纱布蘸有酒精和乙醚混合液作擦拭试验。

4.19 线条的发毛现象

4.19.1 试验工具和程序

用倍数与实际使用时相近的放大镜或体视显微镜进行目测检验。必要时，可用与线条样品相比较的方法来检验。

4.20 光学分划零件表面疵病

4.20.1 试验工具和程序

按 GB/T 1185 进行检验。

4.21 麻点的要求

4.21.1 试验工具和程序

按 GB/T 1185 进行检验。

4.22 不透光面的要求

4.22.1 试验工具和程序

用倍数不低于实际使用倍数的放大镜和体视显微镜检验。

5 图纸上的标注

5.1 在图纸上除应标明技术要求外，尚需标注线条宽度公差等级和线条疵病等级(以符号 T 表示)以及线条实际使用的放大倍数(以符号 β 表示)。

例 1：线条宽度公差为 1 级(第 1 个数字)，线条疵病为 2 级(第 2 个数字)，线条实际使用放大倍数为 40 倍。

标注示例：

线条 $T=1\sim2$　$\beta=40$　GB/T 11162

例 2：线条宽度公差等级和线条疵病等级为 1 级，线条实际使用倍数为 40 倍。

标注示例：

线条 $T=1$　$\beta=40$　GB/T 11162

5.2　对于未作规定的特殊要求应在图纸技术要求中注明，对使用有影响而不允许存在疵病（包括表面疵病和线条疵病）的局部区域，应在图样上用细实线标出。

附 录 A
（规范性附录）
线条光密度的标准样品

A.1 光密度的标准样品系用照相或镀铬工艺在光学玻璃(牌号 K9)平板上制成与被检线条光密度相等的底板,在此底板上制作出一条凸迹的宽度为 B 的标准样品线条(见图 A.1),并须胶以厚度为 0.5 mm 的保护玻璃。

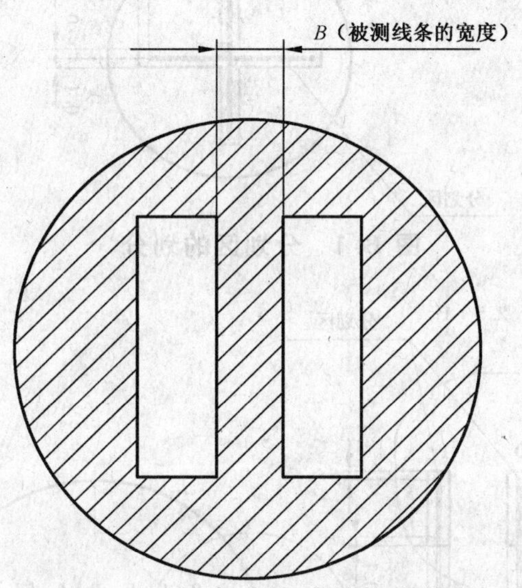

图 A.1 线条光密度的标准样品

A.2 标准样品的光密度用测微光度计测量底板的光密度,同时应考虑到胶上保护玻璃后光密度的变化。

A.3 光密度的标准样品必须定时检查,并应附有检验合格证。

附　录　B
（资料性附录）
分划区的划分

B.1　距离分划线边缘 0.1 mm 范围内的区域划分为“分划区”，如图 B.1、图 B.2。

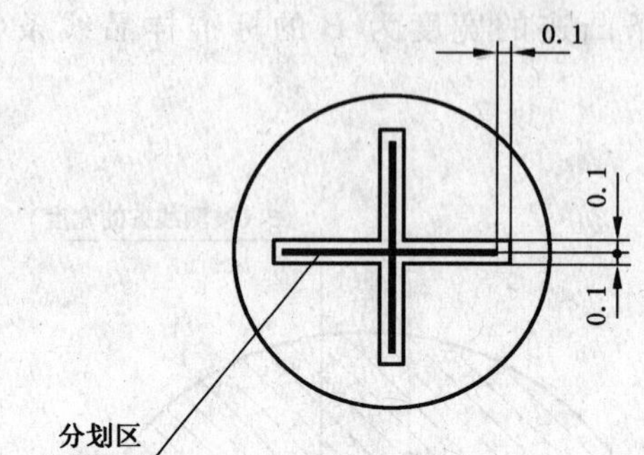

图 B.1　分划区的划分

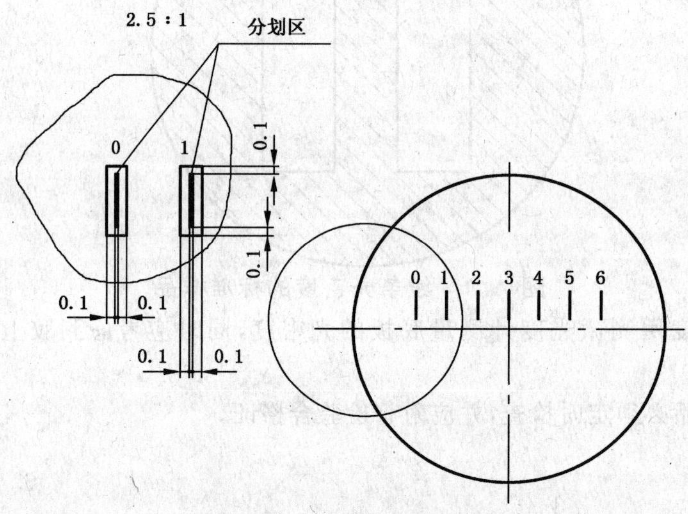

图 B.2　分划区的划分

B.2　在零件的通光口径内，除分划区外的区域为“有效区”。分划区和有效区对环形或非圆形零件均可适用。

附　录　C
（资料性附录）
分划线宽度测量瞄准基准

C.1　分划线宽度的测量瞄准基准：平面凸、凹线的线宽测量均以垂直方向瞄准，以线条中间部分的宽度为基准，蚀刻线以填料边缘为宽度测量基准，如图 C.1。

图 C.1　分划线宽度测量瞄准基准

ICS 37.020
N 30

中华人民共和国国家标准

GB/T 11168—2009
代替 GB/T 11168—1989

光学系统像质测试方法

Image quality of optical systems—Method of determination

2009-09-30 发布　　2009-12-01 实施

中华人民共和国国家质量监督检验检疫总局
中国国家标准化管理委员会　发布

前　言

本标准代替 GB/T 11168—1989《光学系统像质测试方法》。

本标准与 GB/T 11168—1989 的主要差异为：

——规范了 GB/T 11168—1989 第 2 章中的引用标准；

——将 GB/T 11168—1989 第 3 章、第 4 章、第 5 章和第 6 章归入同一章，标题改为“像质测试方法”。

本标准的附录 A 为规范性附录。

本标准由中国机械工业联合会提出。

本标准由全国光学和光子学标准化技术委员会(SAC/TC 103)归口。

本标准负责起草单位：上海理工大学。

本标准参加起草单位：南京江南永新光学有限公司、宁波永新光学股份有限公司、苏州一光仪器有限公司。

本标准主要起草人：冯琼辉、章慧贤。

本标准所代替标准的历次版本发布情况为：

——GB/T 11168—1989。

光学系统像质测试方法

1 范围

本标准规定了用于评价光学系统像质的星点、分辨力、几何像差和波像差的测试方法。

本标准适用于可见光谱区内应用的无限远成像光学系统、远焦光学系统和有限距成像光学系统。对其他临近光谱区内应用的光学系统可参照使用。

2 规范性引用文件

下列文件中的条款通过本标准的引用而成为本标准的条款。凡是注日期的引用文件，其随后所有的修改单(不包括勘误的内容)或修订版均不适用于本标准，然而，鼓励根据本标准达成协议的各方研究是否可使用这些文件的最新版本。凡是不注日期的引用文件，其最新版本适用于本标准。

JB/T 6263—1992　照相镜头　照相分辨率测试标板

JB/T 7473—1994　照相镜头　分辨率测试图

JB/T 9328—1999　分辨力板

3 像质测试方法

3.1 星点

3.1.1 原理

根据星点(点光源)经被测系统成像后，在像面和像面前后不同截面所成衍射像的光强分布(即星点像的光强分布)来判断成像质量。

理想光学系统在像面上所成星点像的光强分布 I 是光瞳面上复振幅分布函数(简称瞳函数)的付氏变换模的平方。在圆形光瞳的情况下，光强分布函数即爱里斑(Airy)分布见式(1)和式(2)：

$$I = I_O\left[\frac{2J_1(V)}{V}\right]^2 \qquad \cdots\cdots(1)$$

$$V = \frac{2\pi}{\lambda}\left(\frac{a}{f'}\right)r = \frac{2\pi}{\lambda}\left(\frac{a}{f'}\right)\sqrt{x^2+y^2} \qquad \cdots\cdots(2)$$

式中：

I_O——被测系统所成星点衍射像的中央处光强；

J_1——1 阶贝塞尔函数；

V——复振幅分布函数；

f'——被测系统焦距；

a——被测系统光瞳半径；

r——距被测系统几何像点的径向距离；

x,y——几何像点的坐标。

星点在像面内衍射图形见图 1，根据衍射理论可计算理想像面附近子午面上光强分布。通过光轴截面上衍射光强分布图(见图 2)，在像面前后对称截面上应具有相同的衍射图案。

对于有像差的光学系统，其星点像的光强分布与爱里斑有差异。根据其星点衍射图形以及像面附近不同截面上衍射图形的变化，可以判断像质的好坏。

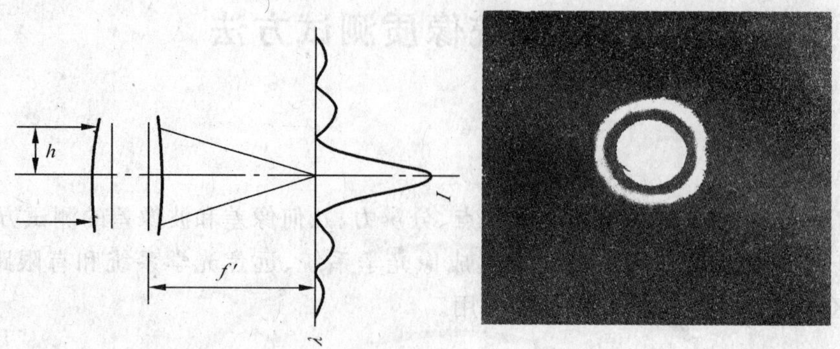

图 1

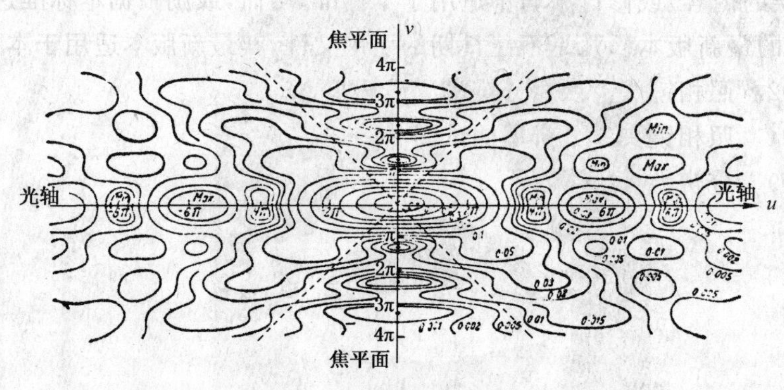

图 2

3.1.2 测量装置

包括星点系统、被测系统夹持器和观察系统三部分。

3.1.2.1 无限远成像光学系统

测量装置见图 3，聚光镜将光源发射的光束聚焦于星点孔，星点孔位于准直物镜的焦点上，由准直物镜射出的光束应均匀充满被测系统的整个孔径，星点孔在被测系统焦面上成像，经观察显微镜放大后由人眼观察。

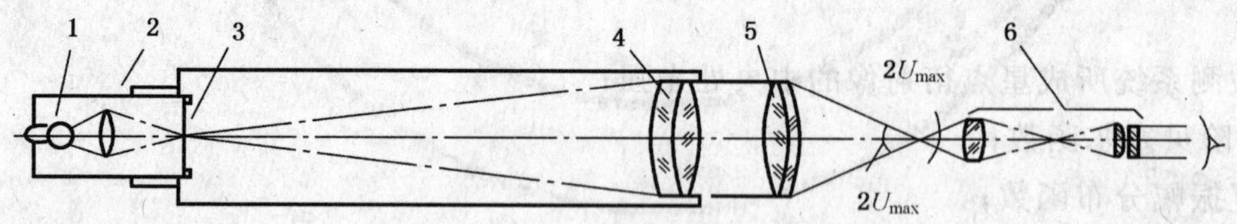

1——光源；

2——聚光镜；

3——光阑（星点孔）；

4——准直物镜；

5——被测光学系统；

6——观察显微镜。

图 3

3.1.2.1.1 星点孔

星点孔应该足够小，其几何像的直径应小于爱里斑半径。

3.1.2.1.2 准直物镜

准直物镜通常是复消色差物镜，轴上波差应小于 $\lambda/8$。通光孔径应大于被测系统入瞳直径的 20% 以上，焦距应大于被测系统焦距的 2 倍，如被测系统焦距很大，无法配置合适的准直物镜，则可将星点孔放在至少距离被测系统 10 倍焦距处。

3.1.2.1.3 观察显微镜

显微镜的数值孔径要大于被测系统像方孔径，其像质不影响测试结果，选择适当的显微镜倍数，保证人眼能分辨爱里斑。

3.1.2.2 远焦光学系统

用观察望远镜代替观察显微镜，其他同 3.1.2.1。

3.1.2.3 有限距成像系统

检测条件应与被测系统的使用条件一致，星点和观察显微镜要求与 3.1.2.1.1 和 3.1.2.1.3 一样。

3.1.3 判别方法

3.1.3.1 判别被测系统存在的应力、材料缺陷和偏心

当被测系统存在应力、材料缺陷和偏心时，视场中心的星点衍射图形如图 4 所示。

a) 玻璃内部存在结石、条纹

b) 被测系统存在应力

 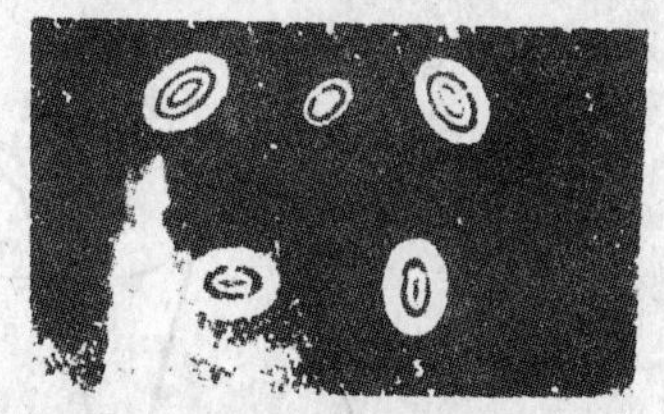

c) 被测系统存在偏心和零件定中不准

图 4

3.1.3.2 判别被测系统的色差

被测系统存在色差时其星点衍射像呈彩色，根据色彩判别色差校正情况。

3.1.3.3 判别被测系统球差

当被测系统存在球差时，虽然星点衍射像仍有中央亮斑及一系列同心环，但光强分布与理想爱里斑不同。球差越大，光能分散到各衍射环也越多，像面前、后对称截面上的衍射图形也不同，见图 5。

3.2 分辨力

3.2.1 原理

光学系统的分辨力是指分辨物体细节的能力。

理想光学系统对一个发光物点所成的像是一个爱里斑，对两个相邻发光物点所成的像是两个爱里斑的叠加，见图 6。

根据“瑞利准则”两个相邻像点刚能分辨时，其对比度 c 应不低于 15%，实际上 c 在 2.6% 左右人眼也能分辨。在通常测量中用黑白线条相间、宽度相等的矩形（或扇形）图案作为测量目标。各类系统理论分辨力见附录 A。

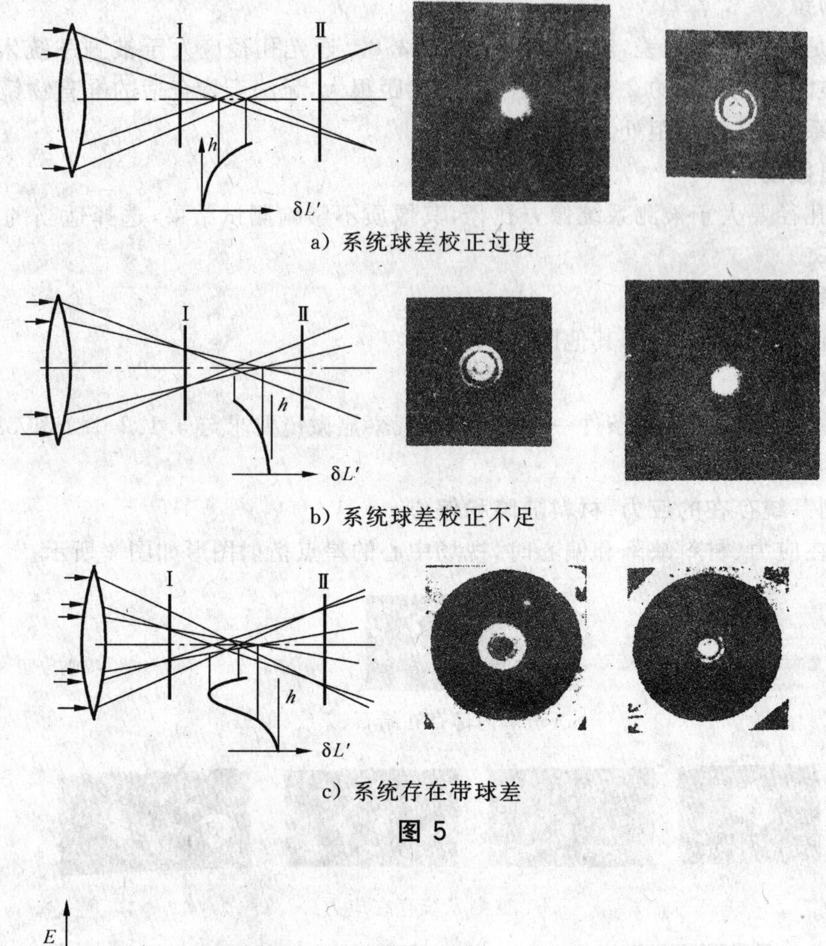

a）系统球差校正过度

b）系统球差校正不足

c）系统存在带球差

图 5

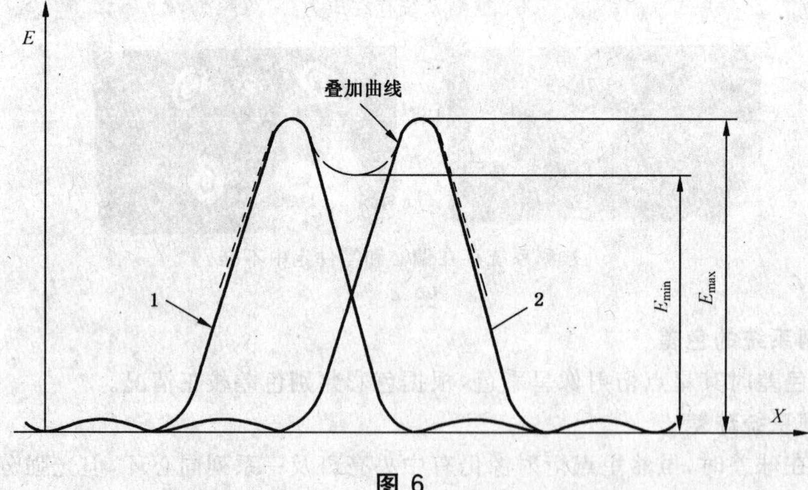

图 6

3.2.2 测试装置

包括分辨力板系统、被测系统夹持器和观察显微镜系统三部分。除以分辨力板代替星点板之外，其他与星点法相同，分辨力板应符合 JB/T 6263—1992、JB/T 7473—1994、JB/T 9328—1999 的规定。

3.2.3 测量结果表示

3.2.3.1 轴上分辨力

如图 7a)，分辨力板图案中某一单元在视场中心成像刚能分辨时，像面上每毫米长度内的线对数为 N_O，见式(3)：

$$N_O = \frac{M}{Y} \quad \cdots\cdots(3)$$

式中：

M——线对数；

Y——对应长度，单位为毫米(mm)。

远焦光学系统的分辨力以分辨角 α 表示，见式(4)：

$$\alpha = \frac{2a_n}{f'_{\mathrm{O}}} \times 206\ 265('') \qquad \cdots\cdots(4)$$

式中：

a_n——n 单元线条中心距；

f'_{O}——准直物镜焦距。

1——平行光管；

2——被测物镜；

3——像平面；

4——图案线的水平线条；

5——图案线的竖线条。

图 7

3.2.3.2 轴外分辨力

如图 7b)，轴外测量时，被测系统光轴对测量装置的光轴转过半视场角 ω，在子午方向分辨线对数 N_{t} 由式(5)求得：

$$N_{\mathrm{t}} = \frac{M}{Y/\cos^2\omega} = N_{\mathrm{O}}\cos^2\omega \qquad \cdots\cdots(5)$$

在弧矢方向分辨线对数 N_{s} 由式(6)求得：

$$N_{\mathrm{s}} = \frac{M}{Y/\cos\omega} = N_{\mathrm{O}}\cos\omega \qquad \cdots\cdots(6)$$

式中：

ω——半视场角。

3.3 几何像差

3.3.1 原理

这里指测量被检光学系统对不同色光、不同视场、不同入射高度的细光束在光轴上交点位置来评价成像质量，较常用的方法为哈特曼法。

3.3.2 测量装置

测量装置示意图见图 8。在准直物镜和被测物镜之间放置一个米字形光阑，其小孔对准直物镜光轴呈对称分布，由准直物镜射出的平行光束通过米字形光阑后被分割成许多不同高度的细光束对。

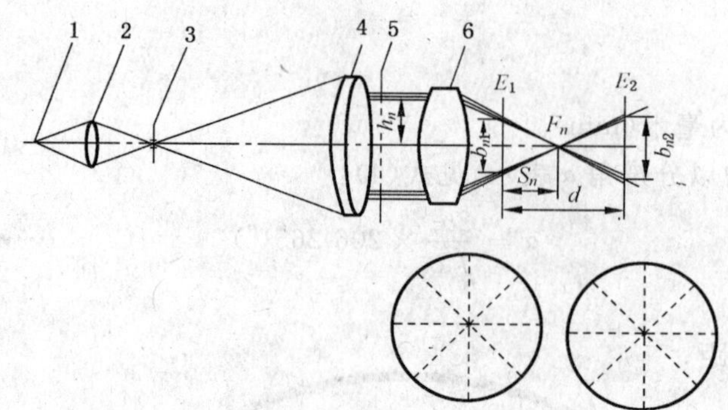

1——光源；

2——聚光镜；

3——小孔光阑；

4——准直物镜；

5——米字形光阑；

6——被测物镜。

图 8

3.3.2.1 **米字形光阑**

根据被测物镜的焦距和相对孔径，选择合适的米字形光阑，光阑孔要等距分布，其直径一般为被测物镜焦距的 1/100～1/400。

3.3.2.2 **焦前和焦后截面位置的选择**

为了使米字形光斑小而清晰，焦前和焦后截面的距离分别为被测物镜焦距的 1/7 和 1/5。

3.3.2.3 **准直物镜**

同 3.1.2.1.2。

3.3.3 **测量程序**

通过被测物镜不同高度 h_n 的细光束聚焦在不同的焦点 F_n，其位置通过测量焦点前、后两个截面 E_1 和 E_2 上的米字形光斑中心距和两截面间距后按式(7)计算得到。

3.3.3.1 **轴上纵向球差测量**

由准直物镜射出的平行光，经过米字形光阑上一对相对中心距离为 h_n 的小孔后，在焦前和焦后截面 E_1 和 E_2 上测得其中心距分别为 b_{n1} 和 b_{n2}，按式(7)可求出这对光线的空间交点 F_n 的位置坐标 S_n（以前截面 E_1 为参考面）：

$$S_n = \frac{b_{n1}}{b_{n1} + b_{n2}} d \qquad \cdots\cdots (7)$$

式中：

d——焦前和焦后两截面之间的距离。

近轴光线交点位置坐标 S_0，由测量一组高度为 $2h_n$ 光线对交点的位置坐标 S_{n1} 以及以 h_n 为纵坐标，S_n 为横坐标，连成曲线，将此曲线外推得到球差 $S_n - S_0$。

3.3.3.2 **纵向色差测量**

选用与被测物镜消色差谱线一致的单色光源，在同一参考面下分别测量不同谱线的球差。

3.3.3.3 **轴外像差测量**

被测物镜的入瞳中心调整在光具座垂直转轴上，并相对准直物镜光轴转一角度。测量方法和球差测量方法相似，可测量轴外像散、场曲和彗差。

3.4 **波像差**

光学系统的波像差是指通过光学系统后的实际波面相对于理想波面的偏差，最常用的测量方法是干涉法。

3.4.1 干涉法原理

被测系统的实际波面与参考波面(理想波面)之间相互干涉,形成干涉图。从干涉图求出实际波面的形状和波像差的大小。

3.4.1.1 由参考镜产生参考波面

以参考镜反射所形成的波面作为参考波面,如泰曼-格林干涉仪,斐索干涉仪等。

3.4.1.2 由小孔衍射产生参考波面

以像面上小孔衍射所形成的波面作为参考波面,如点衍射干涉仪。

3.4.1.3 自身波面作为参考波面

由被测波面本身不同部分作为参考波面,如波面剪切干涉法。常用波面剪切方式有横向、径向、旋转和翻转等方法,见图 9。

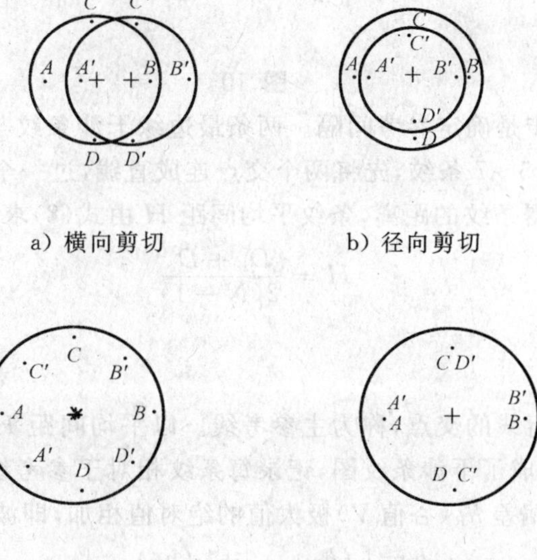

a) 横向剪切　　b) 径向剪切

c) 旋转剪切　　d) 翻转剪切

图 9

3.4.2 干涉法测量装置

包括照明系统、干涉系统和目视(摄影、摄像或图像实时处理)系统三个部分。

3.4.2.1 照明系统

3.4.2.1.1 光源

光源的光谱特性应符合被测系统的使用要求。光源为单色光,其谱线宽度 $\Delta\lambda$ 应不影响干涉条纹的对比度。

3.4.2.1.2 小孔光阑

光阑尺寸应保证干涉条纹既有足够的亮度又有较好的对比度。

3.4.2.1.3 准直物镜

要求轴上波差小于 $\lambda/8$。

3.4.2.2 干涉系统

本身产生的波差应小于 $\lambda/20$。在扫描干涉系统中,由于采用波面相减技术,可以校正仪器的系统误差,对元件要求可降低。

3.4.2.3 目视(摄影、摄像或图像实时处理)系统

要求畸变小,不影响判读干涉图形。

3.4.3 干涉图的处理

被测波面和参考波面之间的偏差,用被测系统光瞳面内最大峰-谷值(p-V)表示。

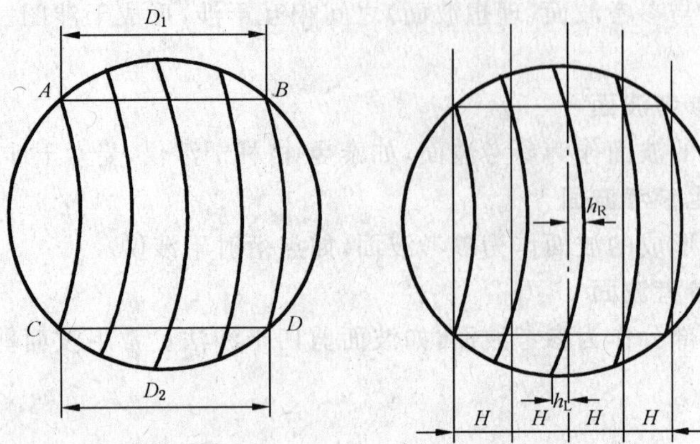

图 10

人工判读干涉图的第一步是确定参考间隔。两条最边缘干涉条纹与孔径边界相交的四个点 A、B、C、D 见图 10。孔径内至少有 5～7 条纹，先将两个交点连成直线，过一个交点 C 和 D 作一条平行线，用 D_1 和 D_2 表示两条平行线截得条纹的距离，条纹平均间距 H 由式(8)求得：

$$H=\frac{D_1+D_2}{2(N-1)} \qquad \cdots\cdots(8)$$

式中：

N——孔径内条纹数。

连接中央条纹和两条平行线的交点，称为主参考线。以平均间距 H 为间距，画出与主参考线平行的其他参考线，这些参考线组成了干涉条纹图，记录每条纹相对于参考线的偏差 h(峰-谷值 p-V)，把左偏差 h_L(峰值 p)极大值和右偏差 h_R(谷值 V)极大值的绝对值相加，即波面的峰-谷值 h 由式(9)求得：

$$h=|(h_R)_{max}|+|(h_L)_{max}| \qquad \cdots\cdots(9)$$

光程差$(OPD)_H$ 条纹数由式(10)求得：

$$(OPD)_H=h/H \qquad \cdots\cdots(10)$$

光程差$(OPD)_\lambda$ 波长数分别由式(11)、式(12)和式(13)求得：

单通道干涉仪

$$(OPD)_\lambda=(OPD)_H \qquad \cdots\cdots(11)$$

双通道干涉仪

$$(OPD)_\lambda=(OPD)_H\times 1/2 \qquad \cdots\cdots(12)$$

n 通道干涉仪

$$(OPD)_\lambda=(OPD)_H\times 1/n \qquad \cdots\cdots(13)$$

也可用干涉图自动处理系统得到波面的峰-谷值。

剪切干涉图要进行一定的处理后，才能得到波面的峰-谷值。

附 录 A
（规范性附录）
各类系统理论分辨力

各类系统理论分辨力见表 A.1。

表 A.1

	$C=15\%$	$C=2.6\%$
无焦系统/(″)	$\frac{1.22\lambda}{D}=\frac{140}{D}$	$\frac{1.05\lambda}{D}=\frac{120}{D}$
无限远成像系统/(lp/mm)	$\frac{1}{1.22\lambda F}=\frac{1\ 477}{F}$	$\frac{1}{1.05\lambda F}=\frac{1\ 716}{F}$
显微系统/μm	$\frac{0.61\lambda}{NA}=\frac{0.34}{NA}$	$\frac{0.52\lambda}{NA}=\frac{0.29}{NA}$

表中：

$$C=\frac{I_{max}-I_{min}}{I_{max}+I_{min}} \quad \cdots\cdots (A.1)$$

D——入瞳直径，单位为毫米(mm)；

F——光阑指数；

NA——数值孔径；

$\lambda=0.550\ \mu m$。

ICS 87.040
G 50

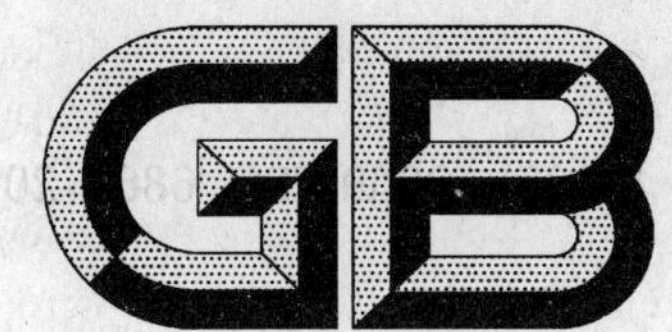

中华人民共和国国家标准

GB/T 11185—2009/ISO 6860:2006
代替 GB/T 11185—1989

色漆和清漆　弯曲试验(锥形轴)

Paints and varnishes—Bend test(conical mandrel)

(ISO 6860:2006,IDT)

2009-06-02 发布　　　　2010-02-01 实施

中华人民共和国国家质量监督检验检疫总局
中国国家标准化管理委员会　发布

前　言

本标准等同采用国际标准ISO 6860:2006《色漆和清漆　弯曲试验(锥形轴)》(英文版)。

本标准等同翻译ISO 6860:2006。

为了便于使用,本标准编辑性修改内容如下:

——用“本标准”代替“本国际标准”;

——删除国际标准的前言。

本标准代替GB/T 11185—1989《漆膜弯曲试验(锥形轴)》。

本标准与前版GB/T 11185—1989的主要技术差异为:

——前版是等效采用ISO 6860:1984,本次修订为等同采用ISO 6860:2006;

——轴的直径、锥体的长度由固定值改为一个范围,更符合实际情况;

——试板尺寸由100 mm×180 mm改为75 mm×150 mm;

——本标准规定用10倍放大镜观察涂层,经商定也可用肉眼观察,前版的规定则相反,即规定用肉眼观察,经商定也可用10倍放大镜观察;

——提高了结果的精度,本标准规定结果精确到mm,前版为cm;

——增加了精密度数据。

本标准由中国石油和化学工业协会提出。

本标准由全国涂料和颜料标准化技术委员会归口。

本标准起草单位:中海油常州涂料化工研究院。

本标准主要起草人:郑国娟。

本标准所代替标准的历次版本发布情况为:

——GB/T 11185—1989。

色漆和清漆　弯曲试验(锥形轴)

1　范围

本标准规定了一种经验性的试验方法来评定色漆、清漆或相关产品的涂层在标准条件下绕锥形轴弯曲时的抗开裂性或抗从底材上剥离的性能。

对于多涂层体系,可以分别测试每一种涂层或测试整个涂层体系。

2　规范性引用文件

下列文件中的条款通过本标准的引用而成为本标准的条款。凡是注日期的引用文件,其随后所有的修改单(不包括勘误的内容)或修订版均不适用于本标准,然而,鼓励根据本标准达成协议的各方研究是否可使用这些文件的最新版本。凡是不注日期的引用文件,其最新版本适用于本标准。

GB/T 3186　色漆、清漆和色漆与清漆用原材料　取样(GB/T 3186—2006,ISO 15528:2000,IDT)

GB/T 9271　色漆和清漆　标准试板(GB/T 9271—2008,ISO 1514:2004,MOD)

GB/T 13452.2　色漆和清漆　漆膜厚度的测定(GB/T 13452.2—2008,ISO 2808:2007,IDT)

GB/T 20777　色漆和清漆　试样的检查和制备(GB/T 20777—2006,ISO 1513:1992,IDT)

3　仪器

适合的仪器如图1所示。

试验装置的轴应是一种截头圆锥体,其细端直径(d_0)为(3.1±0.1)mm,粗端直径(d_1)为(38.0±0.1)mm,整个锥体长(l)为(203±3)mm(见图2)。

锥形轴水平地安装在一底座上。有一个带拉杆的以使试板围绕锥形轴弯曲的操作杆,仪器还配有一个夹紧试板的装置。

图1　锥形轴试验仪示意图

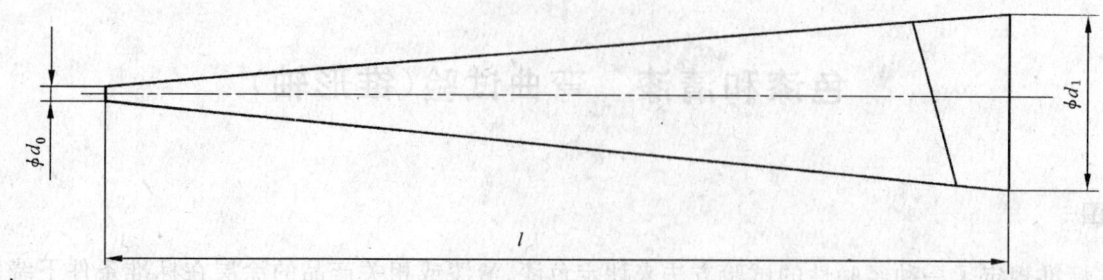

图中：

$d_0 = (3.1 \pm 0.1)$mm；

$d_1 = (38.0 \pm 0.1)$mm；

$l = (203 \pm 3)$mm。

图 2 带有弯曲了的试板的圆锥示意图

4 取样

按 GB/T 3186 的规定，取受试产品（或多涂层体系中的每个产品）的代表性样品。

按 GB/T 20777 的规定，检查和制备每个试验样品。

5 试板

5.1 底材

除非另有商定，试板应是符合 GB/T 9271 要求的钢板、马口铁板或软铝板。

试板应平整、没有变形，表面应没有任何可见的隆起或开裂。

除非另有商定，试板应是长方形的，其尺寸约为 75 mm×150 mm，厚度不大于 0.8 mm。只要试板不发生变形，可在涂装并干燥后切割成所需尺寸。如果是铝板，其金属辗压工艺的纵向（轴向）应垂直于锥体的轴。

5.2 试板的处理和涂装

除非另有商定，按 GB/T 9271 的规定处理每一块试板，然后按有关方商定的方法涂覆受试产品或体系。如果采用刷涂法涂覆受试产品，刷痕应垂直于锥体的轴。

5.3 干燥和状态调节

将每一块涂漆试板干燥（或烘烤和养护）至规定的时间，然后将这些涂漆试板在温度为（23±2）℃和相对湿度为（50±5）％的条件（见 GB/T 9278）下至少调节 16 h，并尽快进行弯曲试验。

5.4 涂层厚度

用 GB/T 13452.2 中规定的一种方法测定干涂层的厚度，以 μm 计。

6 操作步骤

6.1 测定次数

每个样品进行三次平行测定。

6.2 试验条件

除非另有规定或商定，在温度（23±2）℃和相对湿度（50±5）％条件下进行试验。如果试验条件不是（23±2）℃和（50±5）％，则应在试验报告中注明。

要避免试板受热或操作不当。

6.3 弯曲试板

经商定，可在与试板短边平行且距短边 20 mm 处，将涂层切透至底材。

注：如果没有进行切割，从轴的细端开始的开裂会延伸至整个锥体的长度。

将样板涂漆面朝着拉杆插入，使其一个短边与轴的细端相接触，夹住试板，用拉杆均匀平稳地弯曲试板，使其在 2 s～3 s 时间内绕轴弯曲 180°。

注：可以在试板的涂层与拉杆间放一张纸，以防在弯曲过程中由于拉杆使涂层破坏。

在距离轴的细端最远的涂层开裂处做上标记，然后取下试板。

6.4 试板的检查

在充足的光照条件下用 10 倍放大镜立即检查涂层出现开裂或从底材剥离的情况。或者经商定也可用肉眼观察。

沿着试板量出从轴的细端到最后可见开裂处的距离来表示试板上开裂范围的长度，以 mm 计。

计算三次测定的平均值，并报告结果，精确到 mm。

7 补充资料

对于任一特定的应用而言，本标准规定的试验方法还需要给出下列条款来完善。所需要的资料最好由有关方商定，可以全部或部分地取自与受试产品有关的国际标准、国家标准或其他文件。

a) 所用底材的性质和表面处理方法(见 5.1 和 5.2)。

b) 将待测涂料涂覆至底材的方法(见 5.2)。

c) 试验前，涂层干燥(或烘烤)和养护(如适用)的时间和条件(见 5.3)。

d) 干涂层的厚度(以 μm 计)及所采用的 GB/T 13452.2 中规定的测量方法以及是单一涂层还是多涂层体系(见 5.4)。

e) 不同于 5.3 和 6.2 中规定的试验的温湿度条件。

8 精密度

8.1 重复性限(*r*)

重复性限 r，是指在重复性条件下，使用本试验方法所得到的两个试验结果(每个试验结果都是三次平行测定的平均值)的绝对差值低于该限值时，可预期其置信度为 95%时是值得信赖的。重复性条件是指在同一实验室，由同一操作者采用相同的仪器，在短时间间隔内对同一试样进行测试所得到的结果。

对于本试验方法：$r=23$ mm。

8.2 再现性限(*R*)

再现性限 R，是指在再现性条件下，使用本试验方法所得到的两个试验结果(每个试验结果都是三次平行测定的平均值)的绝对差值低于该限值时，可预期其置信度为 95%时是值得信赖的。再现性条件是指在不同实验室的操作者采用不同的仪器，对同一试样进行测试所得到的结果。

对于本试验方法：$R=46$ mm。

注：R 是由计算得到的，$R=2\times r$。

9 试验报告

试验报告至少应包括下列内容：

a) 识别受试产品所需的全部信息(厂商，商标名称，批号等)；

b) 注明本标准编号；

c) 试验过程的详细说明，包括：

——试板的尺寸，如果不是 75 mm×150 mm，

——有关试验条件的补充资料，参见第 7 章，

——补充第 7 章资料所参照的国际标准、国家标准、产品说明或其他文件，

——供需双方所需的任何详情；

d） 按6.4规定报告的试验结果，并注明是用肉眼还是用放大镜进行检查的；

e） 与规定的试验方法的任何不同之处；

f） 试验过程中观察到的任何异常情况；

g） 试验日期；

h） 试验人员。

参 考 文 献

[1] GB/T 6742 色漆和清漆 弯曲试验(圆柱轴)(GB/T 6742—2007,ISO 1519:2002,IDT)

[2] GB/T 9278 涂料试样状态调节和试验的温湿度(GB/T 9278—2008,ISO 3270:1984,Paints and varnishes and their raw materials—Temperatures and humidities for conditioning and testing,IDT)

[3] GB/T 9753 色漆和清漆 杯突试验(GB/T 9753—2007,ISO 1520:2006,IDT)

[4] GB/T 20624.1 色漆和清漆 快速变形(耐冲击性)试验第1部分:落锤试验(大面积冲头)(GB/T 20624.1—2006,ISO 6272-1:2002,IDT)

[5] GB/T 20624.2 色漆和清漆 快速变形(耐冲击性)试验第2部分:落锤试验(小面积冲头)(GB/T 20624.2—2006,ISO 6272-2:2002,IDT)

ICS 83.060
G 40

中华人民共和国国家标准

GB/T 11205—2009
代替 GB/T 11205—1989

橡胶　热导率的测定　热线法

Rubber—Determination of thermal conductivity by means of hot—Wire method

2009-04-24 发布　　　　2009-12-01 实施

中华人民共和国国家质量监督检验检疫总局
中国国家标准化管理委员会　发布

前　言

本标准代替 GB/T 11205—1989《橡胶热导率的测定　瞬态热丝法 》。

本标准与 GB/T 11205—1989 相比主要技术差异如下：

——修改了标准名称；

——增加了警示语；

——删除了热导率测试范围的规定(见第 1 章)；

——对热导率的定义进行了补充(见第 3 章)；

——增加了一种试样规格为 ϕ50 mm×6.3 mm(1989 年版的 6.3；本版的 6.4)；

——对试样调节进行了修改(见 7.2)；

——删除了试验误差的计算公式(1989 年版的 8.6)；

——增加了“试验结果保留三位有效数字”(本版的 9.2)。

本标准由中国石油和化学工业协会提出。

本标准由全国橡标委通用试验方法标准化分技术委员会(SAC/TC 35/SC 2)归口。

本标准起草单位：西北橡胶塑料研究设计院。

本标准主要起草人：高云、朱伟。

本标准所代替标准的历次版本发布情况为：

——GB/T 11205—1989。

橡胶　热导率的测定　热线法

警告：使用本标准的人员应有正规实验室的实践经验。本标准并未指出所有可能的安全问题，使用者有责任采取适当的安全和健康措施，并保证符合国家的有关法律法规的规定。

1　范围

本标准规定了用热线法测定橡胶材料热导率的方法。

本标准适用于硫化橡胶和未硫化橡胶热导率的测定。

本标准不适用于遇水膨胀橡胶和含金属粉末的橡胶。

2　规范性引用文件

下列文件中的条款通过本标准的引用而成为本标准的条款。凡是注日期的引用文件，其随后所有的修改单(不包括勘误的内容)或修订版均不适用于本标准，然而，鼓励根据本标准达成协议的各方研究是否可使用这些文件的最新版本。凡是不注日期的引用文件，其最新版本适用于本标准。

GB/T 2941　橡胶物理试验方法试样制备和调节通用程序(GB/T 2941—2006，ISO 23529:2004，IDT)

3　术语和定义

下列术语和定义适用于本标准。

3.1

热导率　thermal conductivity

在传热条件下，表示相距单位长度的两平面温度相差为一个单位(K)时，在单位时间内通过单位面积所传递的热量。单位为 W/(m·K)。

4　试验原理

利用热阻性材料做成一个平面探头，使之作为热源和温度传感器。热阻性材料的热阻系数——温度和电阻呈线性关系，即通过了解电阻的变化可以知道热量的损失，从而反映样品的导热性能。在测试过程中，探头被放置于两块样品中间进行测试，电流通过热阻性材料时，产生一定的热量，使温度升高，产生的热量同时向两块样品扩散，扩散的速度依赖于材料的热传导特性。通过记录温度与探头的响应时间，材料的这些特性可以被计算出来。

一根半径为 r_0 无限长导线(热线)放在无穷大介质中，初始时导线与介质处于热平衡温度 T_0，若通以恒定电流 I，每单位长度上将产生 $q=\frac{I^2R}{L}$(R 为导线电阻，L 为导线长度)焦耳的热。导线热量将向周围介质传递，如果不考虑导线本身的热容量，在导线通电后的 t 时刻，导线的温度与周围介质的热物性之间符合如下数学关系：

$$T(r_0,t)-T_0=\frac{q}{4\pi\lambda}\left[\ln\frac{4at}{r_0^2}-\mathrm{C}\right] \quad \cdots\cdots(1)$$

式中：

λ——介质的热导率，单位为瓦每米开尔文[W/(m·K)]；

a——介质的导温系数，单位为平方米每秒(m^2/s)；

C——欧拉常数，为 0.577 2；

r_0——导线半径，单位为米(m)；

t——时间，单位为秒(s)；

T_0——初始时的温度，单位为开尔文(K)；

q——通以恒定电流，单位长度上产生的热量，单位为瓦每米(W/m)；

T——在导线通电后 t 时刻的温度，单位为开尔文(K)；

π——为常数 3.14。

根据上述原理，可将一根导线夹在两块被测橡胶试样中间，当导线通过一定电流时，热导线和被测橡胶同时升温，热导线升温速率大小与被测橡胶试样的热导率有关，只要测出热导线升温速率即可算出橡胶试样的热导率 λ。

$$\lambda = \frac{q}{4\pi} \times \frac{\mathrm{d}(\ln t)}{\mathrm{d}T} = \frac{I^2 R}{4\pi L} \times \frac{\mathrm{d}(\ln t)}{\mathrm{d}T} \quad \cdots\cdots(2)$$

式中：

L——导线长度，单位为米(m)；

其余各参数定义同上。

5 试验仪器

5.1 采用热线法设计的热导率测定仪，其结构原理图如图 1 所示。

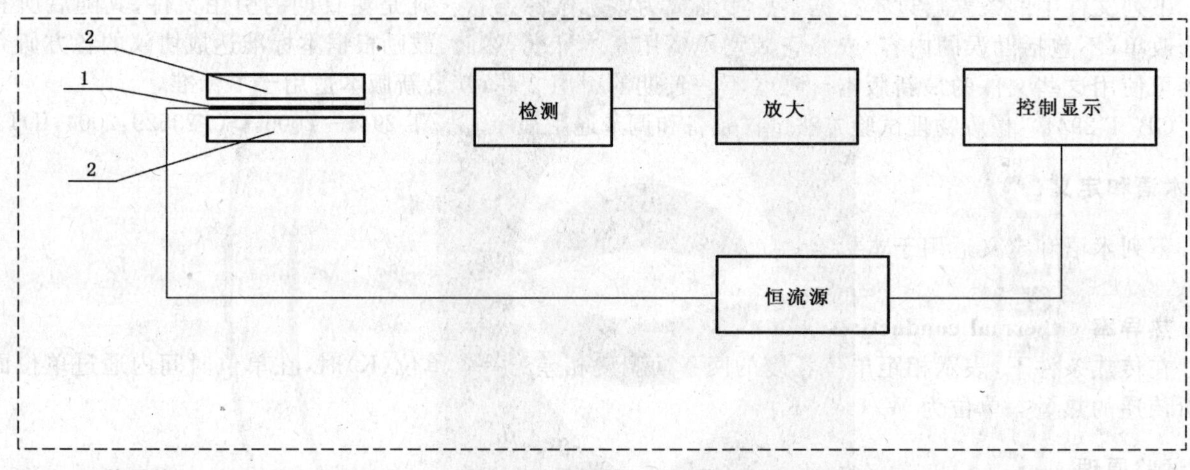

1——热导线；

2——试样。

图 1 仪器装置图

5.2 仪器参数

5.2.1 加重块质量：1 000 g±200 g。

5.2.2 校准块尺寸：长 130 mm，宽 70 mm，厚 50 mm。

5.2.3 校准块热导率 λ：≤0.003 W/(m·K)。

5.2.4 恒流源精度：≤0.001 A。

5.2.5 电压放大器精度：≤0.001 mV。

5.3 为了防止交变电流干扰，仪器应加稳压电源。

6 试样

6.1 试样的制备应按照 GB/T 2941 规定的方法执行。如果成品试样需要进行打磨。则打磨和试验之间的时间间隔应不少于 16 h，也不应多于 72 h。

6.2 试样表面应平整光滑、无杂质、无气泡。

6.3 硫化和试验之间的时间间隔应符合 GB/T 2941 的规定。

注 1：如果产品标准有特殊要求，试样的处理可执行产品标准。

6.4 试样的各边尺寸应大于热导线的尺寸，推荐采用长 120 mm、宽 60 mm、厚 5 mm～20 mm 和 ϕ50 mm×6.3 mm 的尺寸规格。

注 2：产品标准有特殊要求时可选用其他规格的试样，但不同类型的试样，其结果不可进行比较。

6.5 每组试样为2个,应不少于2组试样。

7 试验条件

7.1 实验室温度及湿度按GB/T 2941的规定执行。

7.2 试样的调节按GB/T 2941的规定执行。

7.3 试样和热导线之间应避免受空气流动的影响。必要时可采取一些措施,如安装防护罩等。

8 试验步骤

8.1 连接好试验设备,打开电源开关。

8.2 按照设备说明书的要求校准校准块的热导率,使校准块的热导率与设备说明书提供的校准块的热导率相同。

8.3 将热导线放置到两块试样中间,使之完全接触试样,并且不应超出试样部分,连接热导线的电器元件应有好的接地装置。

8.4 将加重砝码放置于试样上,使加重砝码完全与试样表面接触。

8.5 热导线在试样上放置5 min,记录测试值。

8.6 每组试样在不同部位测试三次,取三次测试值的平均值做为该组试样的试验值。

8.7 将试样取出,重新放置一组试样,重复上述8.3～8.6的步骤。

8.8 试验完毕将夹在两块试样中间的热导线取出,将仪器调回零点,关闭电源。

注:热导线的放置时间可依据其相关标准和设备说明书而定。

8.9 每次测试值与试验值相差不超过±3%,否则应重新测试。

8.10 试验结果以两组试样试验值的平均值表示,但两组试样的试验值与平均值相差不超过±5%,否则应重新进行取样进行测试。

9 试验结果表示

9.1 试验结果以两组试验值的平均值表示:

$$\lambda = \frac{\bar{\lambda}_1 + \bar{\lambda}_2}{2} \qquad \cdots\cdots(3)$$

式中:

λ——热导率,单位为瓦每米开尔文[W/(m·K)];

$\bar{\lambda}_1$,$\bar{\lambda}_2$——分别为两组试样的试验值,单位为瓦每米开尔文[W/(m·K)]。

9.2 试验结果保留三位有效数字。

10 试验报告

试验报告应包括以下内容:

a) 试样名称、编号及试样来源;

b) 试样数量、规格及状态;

c) 使用的标准名称和编号;

d) 实验室温度及湿度;

e) 试验温度;

f) 仪器型号及校准块参数;

g) 试验结果;

h) 试验日期、试验人员和审核员。

ICS 83.060
G 40

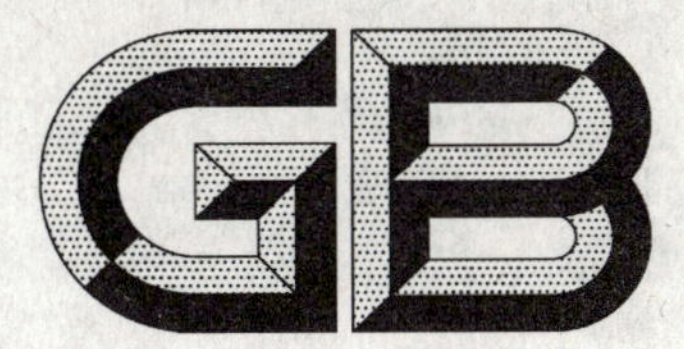

中华人民共和国国家标准

GB/T 11206—2009
代替 GB/T 11206—1989

橡胶老化试验 表面龟裂法

Standard test method for rubber deterioration—Surface cracking

2009-04-24 发布　　2009-12-01 实施

中华人民共和国国家质量监督检验检疫总局
中国国家标准化管理委员会　发布

前言

本标准修改采用 ASTM D 518:1999《橡胶老化表面龟裂试验方法》。

本标准依据 ASTM D 518:1999《橡胶老化表面龟裂试验方法》重新起草。为方便比较，在附录 A 中列出了本标准章条编号与 ASTM D 518:1999 章条编号的对照一览表。

本标准代替 GB/T 11206—1989《硫化橡胶老化表面龟裂试验方法》。

本标准与 ASTM D 518:1999 的技术性差异及原因如下：

——删除 ASTM D 518:1999 的 1.2，因为在国家标准中都是使用法定计量单位；

——用 GB/T 7762 代替 ASTM D 1149，因为 GB/T 7762 的主要技术内容与 ASTM D 1149 的相同，没有技术性差异(本标准的第 2 章、7.2、11.3、15.5.1 和 20.4)；

——增加 GB/T 528，因为哑铃形试样的制备应按 GB/T 528 的规定进行(本标准的第 2 章、第 18 章)；

——增加矩形试样拉伸法中的 2 型试样，尺寸为长 100 mm，宽(10±0.3)mm，厚度(1.0±0.1)mm 或(2.0±0.2)mm。使用本尺寸样品的优点主要在于试样属于窄形试样，横截面小，内应力小，易于拉伸得到相应的伸长率并安装在试样架上，伸长率精度高(本标准的 6.1 及 7.1)；

——增加哑铃形试样拉伸试验法，因为哑铃形试样易于进行各种伸长率的拉伸变形试验，其有效工作部位受拉伸的应力分布均匀，老化后表面发生的龟裂裂纹分布也较均匀，断裂时断裂面也在有效工作部位内，易于检测和观察；哑铃形试样还可以测定试样的拉伸性能，有利于对橡胶样品作出综合全面的评价(本标准第 17 章～20 章)；

——试样厚度由 1.9 mm～2.5 mm 更改为(2.0±0.2)mm，因为在国内橡胶试样一般按(2.0±0.2)mm进行制备样品(本标准的 6.1、10.1 及 14.1)；

——增加详细的检测和评价方法，有利于检测结果的评定(本标准第 21 章～22 章)；

——增加资料性附录 B“试样龟裂等级参考照片”，便于检测中参照评级。

本标准与 GB/T 11206—1989 相比主要变化如下：

——增加了规范性引用文件 ASTM D 4575(见第 2 章)；

——用锥形试样拉伸试验法代替三角条形试样弯曲法(1989 版的第 8 章；本版第 13 章～16 章)；

——矩形试样拉伸试验法中规定的样品尺寸由一种增加为两种(见 6.1)；

——增加了精密度和偏差章节(见第 23 章)。

本标准的附录 A、附录 B 均为资料性附录。

本标准由中国石油和化学工业协会提出。

本标准由全国橡胶与橡胶制品标准化技术委员会通用试验方法分技术委员会(SAC/TC 35/SC 2)归口。

本标准起草单位：广州合成材料研究院有限公司、北京橡胶工业研究设计院、东莞市贝利特新材料有限公司。

本标准主要起草人：谢宇芳、谢君芳、雷有金、杨育农、苏仕琼、张树东。

本标准所代替标准的历次版本发布情况为：

——GB/T 11206—1989。

橡胶老化试验　表面龟裂法

警告——使用本标准的人员应有正规实验室工作的实践经验。本标准未指出所有可能的安全问题，使用者有责任采取适当的安全和健康措施，并保证符合国家有关法规规定的条件。

1　范围

本标准规定了橡胶试样在静态应变状态下老化时表面发生龟裂的试验方法和评价方法。

本标准适用于橡胶在静态拉伸或弯曲状态下置于大气环境下或含臭氧介质中进行的老化试验。

本标准不适用于曝露在由于放电而产生高浓度臭氧的环境下的电绝缘材料或橡胶部件；也不适用于硬质橡胶。

2　规范性引用文件

下列文件中的条款通过本标准的引用而成为本标准的条款，凡是注日期的引用文件，其随后所有的修改单(不包括勘误的内容)或修订版均不适用于本标准。然而，鼓励根据本标准达成协议的各方研究是否可使用这些文件的最新版本。凡是不注日期的引用文件，其最新版本适用于本标准。

GB/T 528　硫化橡胶或热塑性橡胶　拉伸应力应变性能的测定(GB/T 528—1998,eqv ISO 37：1994)

GB/T 7762　硫化橡胶或热塑性橡胶　耐臭氧龟裂　静态拉伸试验(GB/T 7762—2003,ISO 1431-1：1989,MOD)

ASTM D 4575　橡胶老化试验方法　参考的和可选的测定试验箱内臭氧浓度的试验方法

3　试验方法

3.1　根据橡胶或橡胶制品的实际使用状态，可以选择下列方法进行试验：

a)　矩形试样拉伸法；

b)　矩形试样弯曲试验法；

c)　锥形试样拉伸法；

d)　哑铃形试样拉伸法。

3.2　橡胶试样在静态拉伸或弯曲状态下固定在试样架后曝露于大气环境下或含臭氧介质中，经过一定时间的连续曝露后，通过观察试样的外观变化和表面龟裂情况来进行评价。

3.3　臭氧的浓度测定按 ASTM D 4575 的规定进行。

4　试验原理和应用

4.1　橡胶试样在静态拉伸或弯曲状态下置于大气环境下或含臭氧介质中进行老化试验时，其表面会由于受臭氧等因素的作用而产生龟裂。此裂纹的方向基本上是与试样受应力的方向互相垂直的。观察试样表面龟裂的变化，可以相对地评价橡胶的耐老化程度。

4.2　由于试验未确定与使用寿命的关系和重复的样品在不同的场地得出的测试结果不一定具有再现性，所以本标准不适用于作为采购技术文件。实验室的检测结果与实际使用情况之间并无明确的相关关系，本标准主要用于对两种或两种以上橡胶材料的耐老化龟裂性能进行比较。

5　A 法——矩形试样拉伸法装置

5.1　试样固定板

用矩形的试样板来固定静态拉伸的试样。1 型试样的试样板宽度为 140 mm，长度约 380 mm，厚度不低于 22 mm。固定板的纹理应沿着其纵向分布,木板的背面需加固以防止被扭曲。木板正面沿着其长度方向上两边缘应制成半径为 3 mm 的圆角,如图 1 所示,图 1 中的格栅图是用来固定试样的木板的正面示意图,木板表面应光滑,涂上 2 层透明漆或清漆。2 型试样的试样板可参照 1 型试样的试样架规格尺寸进行制备。

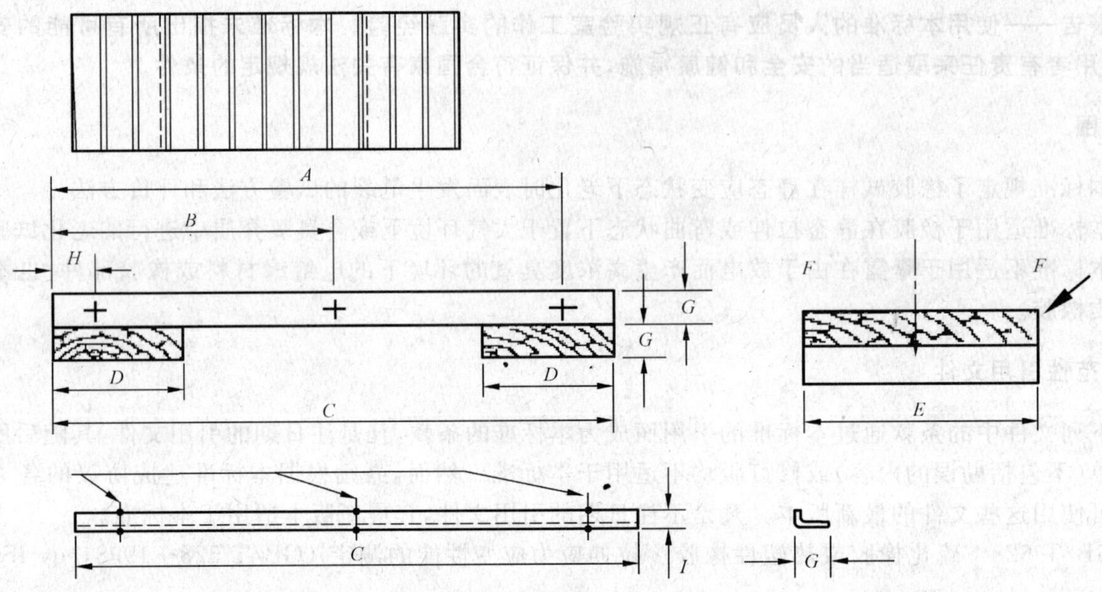

A——两侧螺丝拧紧角条的位置到木板远端的距离,350 mm;
B——中间螺丝拧紧角条的位置到木板一端的距离,190 mm;
C——木架或角条的长度,380 mm;
D——加固用木块的宽度,90 mm;
E——木块的长度,140 mm;
F——圆角,圆弧半径 3 mm;
G——木板厚度或角条一侧的宽度,22 mm;
H——两侧螺丝拧紧角条的位置到木板近端的距离,32 mm;
I——角条另一侧的宽度,13 mm。

图 1 可选用的试样板和角条的示意图

5.2 紧固件

用铝钉或其他对臭氧呈惰性反应的合适的材料制成的紧固件,把试样固定在木架的边缘。

5.3 角条

一侧宽度为 13 mm,另一侧宽度为 22 mm,厚度约 0.1 mm～0.2 mm,用于保护试样在木板边缘上的固定点和试样在试样架上的弯曲部位。该角条可用普通铝板或合金材料制成(详见图 1)。

6 A 法——矩形试样拉伸法试样

6.1 试样为矩形,有两种尺寸。1 型试样长 150 mm,宽(25±0.5)mm,厚度(2.0±0.2)mm;2 型试样长 100 mm,宽(10±0.3)mm,厚度(1.0±0.1)mm 或(2.0±0.2)mm。两种样品都应用标准裁刀裁取,试样的裁切方向应为其压延方向。不同规格的试样的试验结果不能作比较。

6.2 如有可能每次测试应使用双倍的试样。

7 A 法——矩形试样拉伸法试验步骤

7.1 把试样的一端牢固地固定在试样架长边的一端,样品之间的间隔为 6 mm,1 型试样用 3 个铝钉固定,2 型试样用 2 个铝钉固定。可用通过测量 1 型试样和 2 型试样中段长度分别为 100 mm 和 50 mm

的标记长度变化的方法，将试样沿着试样架表面拉伸使其伸长率达到20%。以相同的方式把每个试样的另一端固定在试样板相对的另一长边上。把角条顺着长边的侧面旋紧，22 mm 的一侧覆盖住试样被固定的部位，13 mm 的一侧用于保护试样的弯曲部位。

7.2 将拉伸后的试样曝露在大气环境和阳光直接照射下进行老化试验，试样的曝露面朝南，且与水平面的倾角呈45°角，最好能放置在建筑物的顶层。或者把试样放在一个含一定浓度臭氧的试验箱中，例如GB/T 7762标准的规定。

在使用臭氧老化试验箱时，应符合GB/T 7762的规定。

7.3 试样的检查和评价按本标准第21章～22章的规定进行试验。

8 A法——矩形试样拉伸法试验报告

试验报告应包含以下信息：

a) 使用的标准方法；

b) 应包括样品的描述，橡胶的组分；如果可行，给出硫化时间、硫化温度和硫化工艺；

c) 试验开始时间和初次出现裂纹或龟裂的时间；

d) 样品曝露试验的地理位置。

9 B法——矩形试样弯曲试验法装置

使用软木夹具来夹紧试样。软木夹具的每根软木夹紧条的尺寸为厚13 mm、宽25 mm、长575 mm。从距软木夹紧条的一端14 mm的位置开始等距钻孔，相邻的2个钻孔之间的距离为40 mm，孔应穿透13 mm的厚度。孔的直径约4 mm，每对软木夹紧条间的孔眼应互相吻合。每对软木夹条间用镀铬或镀锌的圆形螺钉与螺母装配在一起以固定试样。

也可用铝质夹紧装置代替木质夹条。多种类型的金属夹紧装置已成功地应用于本标准。其中的一种方法是把两个或多个规格为厚3.5 mm、长298 mm、宽19 mm、高19 mm的铝槽连接在一起以夹住试样。在距铝槽长度方向两端各32 mm和铝槽中部位置150 mm处共有3个孔，孔径8 mm。铝槽可用镀铬或镀锌的六角螺钉、垫圈和螺母固定在一起。

由软木制成，用于安装已经夹紧的试样的底板。长530 mm、宽205 mm、厚至少13 mm。用3块横木固定底板，每块分别长205 mm、宽25 mm、厚6 mm。横木应分别固定在离底板两端19 mm处和底板的中间位置。每个横木应用3个长50 mm的镀铬或镀锌螺钉固定。螺钉应分别从离横木的两端32 mm处和横木的中心位置处由背面的暗孔穿入，且应穿透底板和横木。螺钉突出底板表面的长度约35 mm，按11.2的方法将固定试样的软木夹条牢固地安装在底板上。

所有的木底板、软木夹条、横木都应涂上2层透明漆或清漆。

10 B法——矩形试样弯曲试验法试样

10.1 试样为矩形，长95 mm、宽为(25±0.5)mm、厚度为(2.0±0.2)mm，如图2所示。试样需用标准裁刀裁取，试样的裁切方向应为其压延方向。

10.2 如有可能每次测试使用双倍的试样。

11 B法——矩形试样弯曲试验法试验步骤

11.1 使试样成环状并且底部两端对齐贴紧，然后把样品的底部两端插入到软木夹紧条或铝质夹具中直至与软木夹紧条或铝质夹具底部齐平。样品之间最小的距离为6 mm。在适当的位置旋紧螺钉使软木夹条扣紧试样。经此程序后，试样两末端各长25 mm的部分被软木夹紧条遮盖，软木夹紧条起到防护板的作用。样品剩余的43 mm部分被弯曲成一沿着其长度方向有不同伸长率的环状，如图2所示，图2中左边的图是样品被紧固前的状态图，右边的图是样品被夹紧后的状态图。试样被夹紧后各画线标识段的伸长率：1区和8区为0%，2区和7区为18.5%，3区和6区为25%，4区和5区为12%。

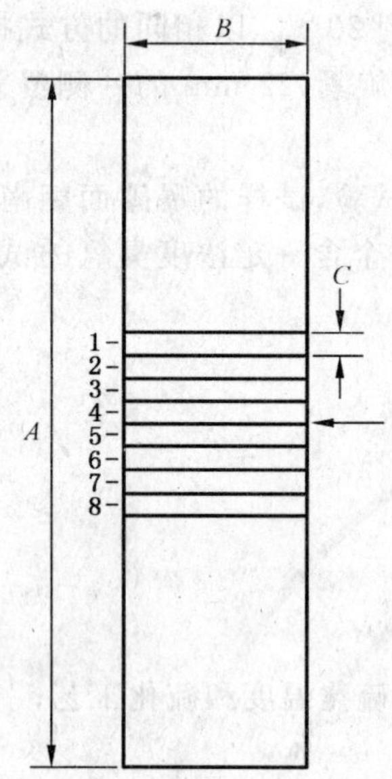

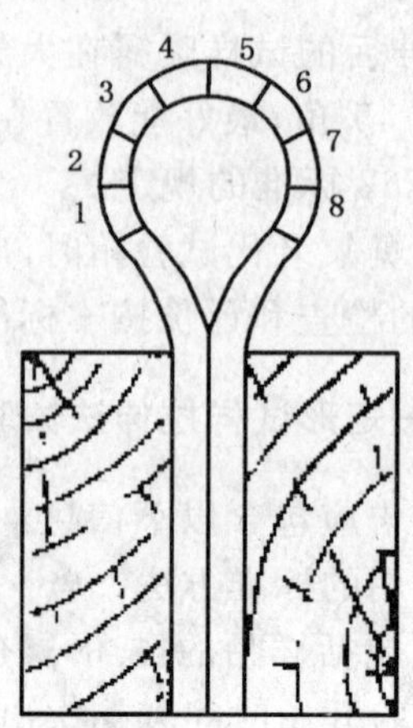

A——试样长度，95 mm；

B——试样宽度，(25±0.5)mm；

C——由试样中部平行线开始往两侧的画线，每两条平行画线之间的距离，3.2 mm。

图 2　矩形试样弯曲试验法示意图

11.2　把夹紧试样的夹条安装在与基板相连的横木上，使突出于基板外的螺钉穿过成对的木质或铝质夹条之间，装上垫圈和螺帽后拧紧，如图 3 所示。

图 3　环形试样安装示意图

11.3　将安装好的试样曝露在大气环境和阳光直接照射下进行老化试验，试样的曝露面朝南，且与水平面的倾角呈 45°角，宜放置在建筑物的顶层。或者把试样放置在一个含一定浓度臭氧的试验箱中，例如 GB/T 7762 标准的规定。

在使用臭氧老化试验箱时，应符合 GB/T 7762 的规定。

11.4　试样的检查和评价按本标准的第 21 章～22 章规定进行。

12　B 法——矩形试样弯曲试验法试验报告

试验报告的格式应符合第 8 章的规定。

13　C 法——锥形试样拉伸法装置

13.1　试样架

用来固定试样的木架内宽 100 mm、总宽 175 mm、内长 300 mm、总长 380 mm。木架用厚度为 25 mm 的软木制备，各部分之间用木销子连接并用防水胶粘剂粘合。试样架的表面应光滑，涂上 2 层透明漆或清漆。

13.2 紧固件

铝钉或不锈钢钉，用于把试样固定在试样架上。

13.3 角条

两侧宽为 38 mm、厚度约 0.1 mm～0.2 mm，用于保护试样在试样架上的钉固点。可用普通铝板或合金材料制成。

14 C 法——锥形试样拉伸法试样

14.1 试样为锥形，尺寸如图 4 所示，用标准裁刀裁取，厚度为(2.0±0.2)mm。试样的裁切方向应为其压延方向。

14.2 如有可能每次测试使用双倍的试样。

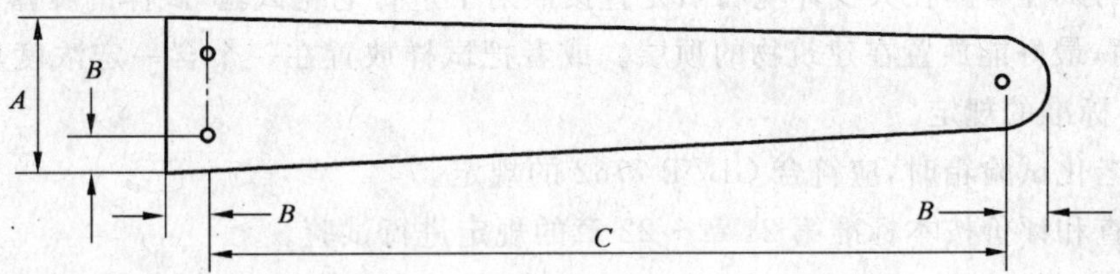

A——试样底部的宽度，25 mm；

B——试样顶部的圆弧半径、试样底部两孔分别到底部和侧边的距离，6 mm；

C——试样顶部孔位到底部两孔连接线的直线距离，125 mm。

图 4 锥形试样示意图

15 C 法——锥形试样拉伸法试验步骤

15.1 用在老化期间对试样无害的材料在每个试样宽的一端做上标志，该标志不应被角条遮蔽。

15.2 将一与图 4 所示尺寸相同的模板重叠在试样表面，用铅笔尖在试样上与模板孔位置相一致的地方画上记号。

15.3 按照表 1，在试样架上画上两条相应间距的平行线，以得到所要求的伸长率。

表 1 伸长率与平行线之间距离的对应表

伸长率/%	平行线之间的距离/mm
10	140
15	146
20	152

用铝钉或不锈钢钉穿过试样上的铅笔记号，并使铝钉固定在试样架两条平行线上相应的位置。铝钉固定的位置由所要求的伸长率和模板的孔的位置决定，如图 5 所示。通过此方法将拉伸后的试样固定在试样架上。由于试样是锥形的，故其不同表面的伸长率是随试样的宽度的变化而变化。在试样拉伸之前，沿着锥形试样的中心线设置固定间隔的基准线，可以通过测量拉伸后试样每段基准线长度的变化，应用式(1)计算出任何指定部位的伸长率：

$$X = [(L_a - L_0)/L_0] \times 100 \quad \cdots\cdots(1)$$

式中：

X——伸长率；

L_a——拉伸后的长度；

L_0——未拉伸时的长度。

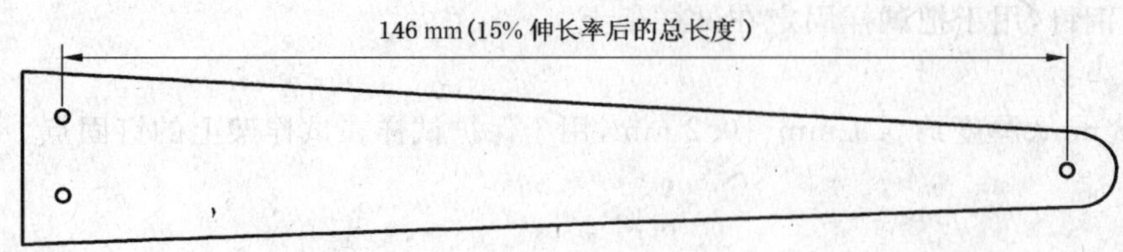

图 5 用于将试样安装在试样架上时确定两端孔距的模板

15.4 试样被固定后,在固定试样的两边装上角条,以遮蔽固定试样的紧固件和标记。

15.5 将安装好的试样曝露在大气环境和阳光直接照射下进行老化试验,试样的曝露面朝南,且与水平面的倾角呈 45°角,最好能放置在建筑物的顶层。或者把试样放置在一个含一定浓度臭氧的试验箱中,例如 GB/T 7762 标准的规定。

在使用臭氧老化试验箱时,应符合 GB/T 7762 的规定。

15.6 试样的检查和评价按本标准第 21 章～22 章的规定进行试验。

16 C 法——锥形试样拉伸法试验报告

试验报告的格式应符合第 8 章的规定。

17 D 法——哑铃形试样拉伸法装置

17.1 试样架

用作装置试样的小架,可用铝合金、不锈钢、木材或其他惰性材料制成。铜或铁等有害的金属材料不应与试样直接接触。

17.2 曝露架

用作曝露试样的支架,架面与水平面有一定的倾斜角,可用不锈钢、铝合金或钢材等材料制成,钢材表面要用防腐涂层。

18 D 法——哑铃形试样拉伸法试样

试样为 1 型哑铃形,其规格、要求应符合 GB/T 528 的有关规定。试样表面应平整、光滑,无任何缺陷或机械损伤。试样的数量每种不少于 3 个。

19 D 法——哑铃形试样拉伸法应变条件

试样作静态拉伸状态。伸长率可根据橡胶实际使用状态来选取,一般采用拉伸 20%,不宜小于 5%。也可从下列伸长率中选用一种或几种进行试验:

5%±1%,10%±1%,15%±1%,20%±1%,30%±2%,40%±2%,50%±2%,60%±2%,80%±2%,100%±2%

20 D 法——哑铃形试样拉伸法试验步骤

20.1 仔细检查初始试样表面是否符合要求,不符合要求的试样不应采用。

20.2 在试样中间的工作部位,用可擦净的无害颜料画好标线,然后按试样的自由状态固定在试样拉伸架上。

20.3 根据试验要求,将试样的工作部位拉伸至规定的伸长率后固定在试样拉伸架上,宜将标距线擦净，放在干燥阴暗无臭氧的室内静置 16 h～24 h。架上的试样不应互相接触或重叠，间距不应小于 5 mm。

20.4 将拉伸静置后的试样投入老化试验，开始计算老化时间。试样老化的试验方法，按相应的标准进行。如做大气老化试验时，试样的曝露面朝南，且与水平面的倾角呈 45°角或当地的纬度角。如做臭氧老化试验时，应按 GB/T 7762 的规定进行。

20.5 根据预定的试验周期对试样表面进行仔细的检测，对龟裂的变化作出相应的评价。试样表面的检测方法按本标准第 21 章的规定进行。试样龟裂的评价方法按本标准第 22 章的规定进行。

21 表面龟裂的检查方法

21.1 主要工具

21.1.1 放大镜，4 倍～7 倍。

21.1.2 读数放大镜，10 倍～20 倍(精度 0.01 mm)。

21.1.3 荧光灯：100 W～200 W；

21.1.4 软毛刷、吸水纸、纱布等清洁用具。

21.2 检查时间

根据试样的耐老化程度和采用的老化试验方法来预定检测时间。进行户外大气老化时，一般在投试后第一周内至少检测 1 次，第一年内检测不少于 4 次。需记录试样表面龟裂开始出现的时间或断裂时间时，应在龟裂出现前或断裂前经常进行检测，宜每天观察。

21.3 检查步骤

21.3.1 从老化试验中取下装置有试样的试样架或试样夹，保持原应变状态置于工作台上。

21.3.2 选取试样表面的一部分，用清洁工具处理干净附着的水滴、灰尘或污垢等。

21.3.3 将试样置于同一照明下进行仔细的外观检查，先用肉眼观察，后用放大镜观测。与原始试样和标准样本进行对比，作出评价，做好记录。

21.3.4 检测完毕，将试样按原状态放回原处，继续进行老化试验。以后可重复检测，直至试验结束。

21.4 注意事项

21.4.1 检测应在同一照明下用同一工具进行，避免视力和工具的误差。

21.4.2 检测应由专人负责，尽可能由一人自始至终负责到底，减少主观误差。

21.4.3 试样不能随意用硬物或手等碰击或触摸，需要清洁试样表面才能判断时，应规定在试样的某一小部分内进行。

21.4.4 试样表面发生的龟裂变化，最好能及时或定期照相，利于评价和比较。

22 试验结果评价方法

用龟裂出现时间(t_a)来表示，即及时记录试样表面龟裂刚出现的时间，结果取中值。

用龟裂断裂时间来表示，即及时记录试样表面龟裂刚断裂的时间，结果取中值。

用龟裂变化的严重程度(即龟裂等级)来表示。龟裂程度以龟裂宽度和龟裂密度分别按表 2 和表 3 所列的等级进行评定，组合后作为结果(取中值)。

龟裂宽度等级划分为 0 级～4 级，以试样的有效工作表面出现的最大裂口宽度来区分(可用读数放大镜测量)，按表 2 进行评定。

龟裂密度等级划分为 a 级～c 级，以试样的有效工作表面在每厘米(应力方向长度)内出现裂纹的平均条数(即密度)来区分(可用读数放大镜测量)，按表 3 进行评定。

表 2 试样表面龟裂宽度的等级

龟裂宽度的等级	龟裂程度与表观特征	裂口宽度/mm
0 级	没有龟裂,用 20 倍以下放大镜仍看不见	0
1 级	轻微龟裂,裂纹微小,放大镜易见,肉眼认真可见	<0.1
2 级	显著龟裂,裂纹明显,突出,广泛发展	<0.2
3 级	严重龟裂,裂纹粗大,布满表面,严重深入内部	<0.4
4 级	最严重龟裂,裂纹深大,裂口张开,临近断裂	≥0.4

表 3 试样表面龟裂密度的等级

龟裂密度的等级	龟裂程度与表观特征	裂纹密度/(条/cm)
a	少数龟裂,稀疏几条裂纹,极易计数	<10
b	多数龟裂,裂纹疏密散布表面,认真可数	<40
c	无数龟裂,裂纹麻密布满表面,难于计数	≥40

龟裂等级的评定以裂口宽度为主,以裂纹密度为辅,将宽度的等级和密度的等级两者组合起来表示试验结果。

龟裂等级的参考照片参见附录 B。

注:如龟裂宽度为 2 级,龟裂密度为 c 级,则试样的龟裂等级为 2c 级。

23 精密度和偏差

由于所用的四种方法得到的结果基本上都是定性比较的数据,即被试验样品相对于参照样品的比较,所以任选其中的一种方法都不能像采用定量测试方法那样直接给出测试结果的精密度。

附 录 A
（资料性附录）
本标准章条编号与 ASTM D 518:1999 章条编号对照

表 A.1 给出了本标准章条编号与 ASTM D 518:1999 章条编号对照一览表。

表 A.1 本标准章条编号与 ASTM D 518:1999 章条编号对照

本标准章条编号	对应的 ASTM 标准章条编号
警告语	1.3
1	1.1
2	2 和 2.1
17～22	—
23	17
注：表中本标准章条以外的其他章条编号与 ASTM D 518:1999 其他章条编号内容一致。	

附 录 B
（资料性附录）
试样龟裂等级参考照片

B.1 矩形试样拉伸 20%状态下的龟裂等级示意图

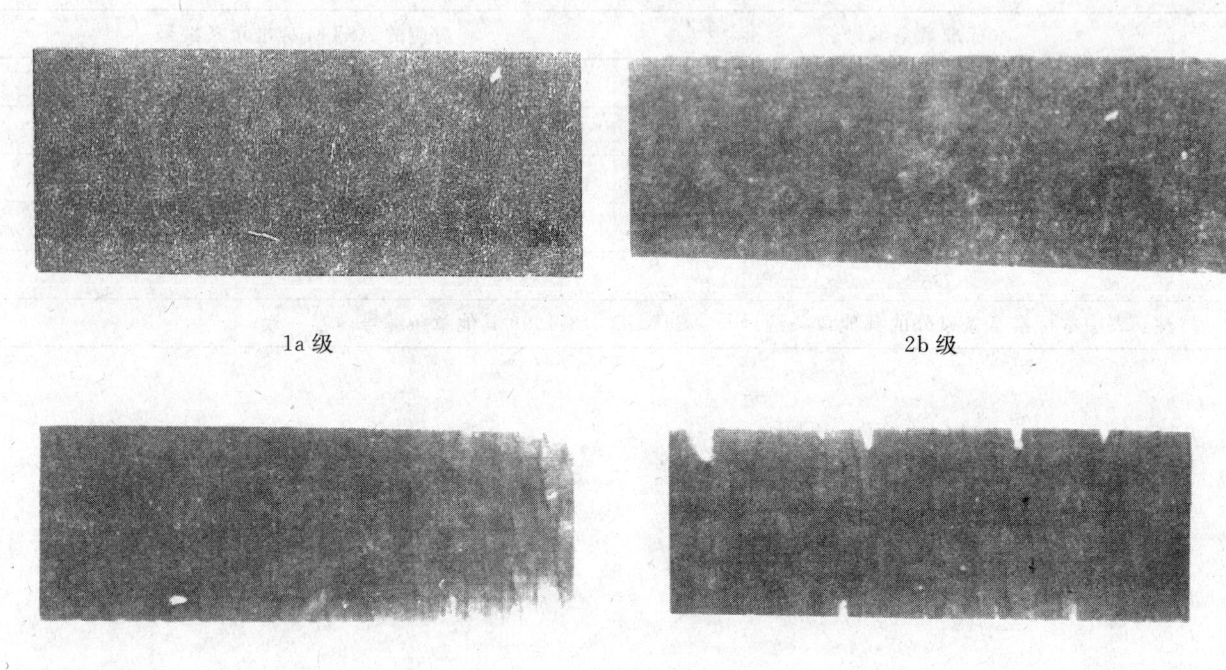

1a 级　　2b 级

3b 级　　4b 级

B.2 矩形试样弯曲状态下的龟裂等级示意图

1b 级　　2b 级

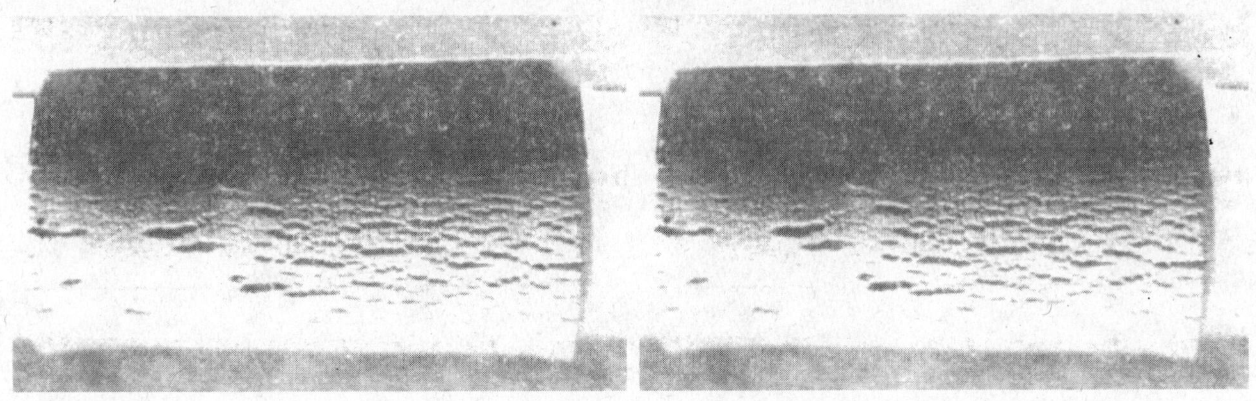

3c 级　　　　4c 级

B.3 哑铃形试样拉伸 20%状态下的龟裂等级示意图

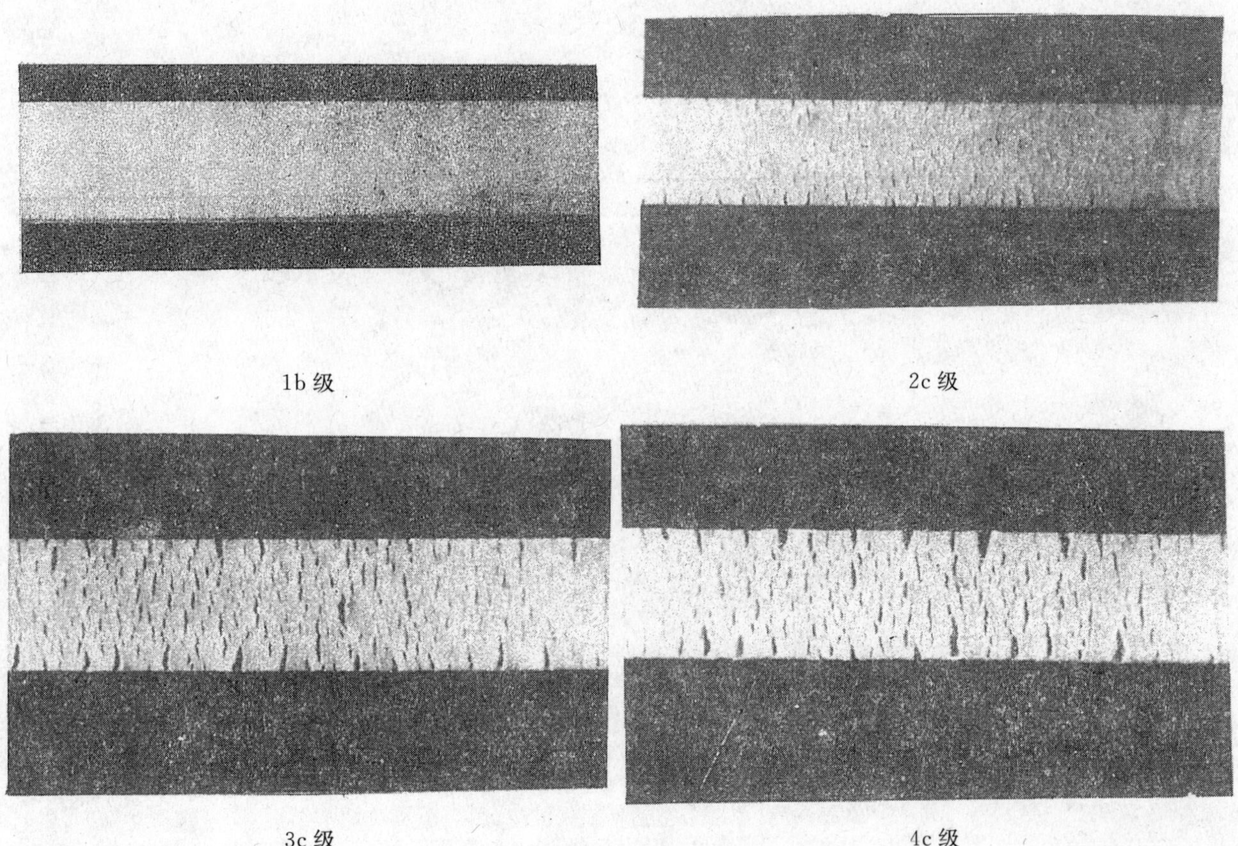

1b 级　　　　2c 级

3c 级　　　　4c 级

ICS 83.060
G 40

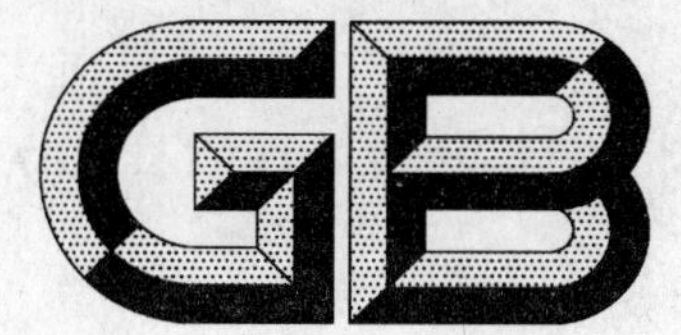

中华人民共和国国家标准

GB/T 11211—2009/ISO 814:2007
代替 GB/T 11211—1989

硫化橡胶或热塑性橡胶与金属粘合强度的测定 二板法

Rubber, vulcanized or thermoplastic—Determination of adhesion to metal—Two-plate method

(ISO 814:2007, IDT)

2009-04-24 发布　　2009-12-01 实施

中华人民共和国国家质量监督检验检疫总局
中国国家标准化管理委员会 发布

前　言

本标准等同采用 ISO 814:2007《硫化橡胶或热塑性橡胶——与金属粘合强度的测定——二板法》(英文版)。

本标准代替 GB/T 11211—1989《硫化橡胶与金属粘合强度的测定拉伸法》。

本标准等同翻译 ISO 814:2007。

为了便于使用,本标准做了下列编辑性修改:

a) "本国际标准"一词改为"本标准";

b) 用小数点"."代替作为小数点的逗号",";

c) 删除国际标准的前言。

本标准与 GB/T 11211—1989 相比主要变化如下:

——修改了标准的名称;

——测定的对象从硫化橡胶扩展为硫化橡胶、热塑性橡胶;

——增加典型的定位装置夹具图(本版的 4.2);

——试样形状与尺寸改变(1989 年版的 5.1;本版的 5.1);

——试样数量由原来的"不少于 5 个"改为"至少 3 个"(1989 年版的 5.1.4;本版的 5.3);

——试验速度由原来的"50±5 mm/min"改为"25 mm/min±5 mm/min"(1989 年版的第 7 章;本版的 6.2);

——试验结果的表示由"算术平均值、最高值、最低值"、"破坏类型和数量"改为"每个试样的试验结果"、"破坏类型及百分率"(1989 年版的第 9 章;本版的第 8 章)。

本标准由中国石油和化学工业协会提出。

本标准由全国橡标委橡胶物理和化学试验方法标准化分技术委员会(SAC/TC 35/SC 2)归口。

本标准起草单位:上海橡胶制品研究所。

本标准主要起草人:卞正军、杨晨耘。

本标准所代替标准的历次版本发布情况为:

——GB/T 11211—1989。

硫化橡胶或热塑性橡胶
与金属粘合强度的测定　二板法

警告：使用本标准的人员应有正规实验室工作的实践经验。本标准无意涉及因使用本标准可能出现的安全问题，使用者有责任采取适当的安全和健康措施，并保证符合国家有关法规规定的条件。

注意事项：本标准涉及的一些操作可能使用、生成一些物质或产生废物而对当地的环境有污染影响，应制订使用后处置这些物质的适当的文件。

1　范围

本标准规定了测定粘合在两块平行金属板之间的橡胶与金属粘合强度的试验方法。

本方法适用于在标准试验室的条件下制备的试样，试验结果也可为橡胶胶料的研发和制造方法的研究提供试验数据。

2　规范性引用文件

下列文件中的条款通过本标准的引用而成为本标准的条款。凡是注日期的引用文件，其随后所有的修改单(不包括勘误的内容)或修订版均不适用于本标准，然而，鼓励根据本标准达成协议的各方研究是否可使用这些文件的最新版本。凡是不注日期的引用文件，其最新版本适用于本标准。

GB/T 2941　橡胶物理试验方法试样制备和调节通用程序(GB/T 2941—2006,ISO 23529:2004,IDT)

ISO 5893　橡胶和塑料试验设备——拉伸、弯曲和压缩型(恒速驱动)——描述

3　原理

此方法测定使标准尺寸试样产生粘合破坏时所需要的作用力，试样由两块平行金属板与橡胶层粘合组成，作用力的方向与粘合表面成90°。

4　试验设备

4.1　拉力试验机

拉力试验机应符合ISO 5893的要求，力值测量精度达到ISO 5893中规定的2级。夹具移动的速度为25 mm/min±5 mm/min。

注：惯性(摆锤)式测力计由于摩擦及惯性效应易产生不同的结果。无惯性(例如，电子或光学传感器)式测力计提供的结果不受这些因素影响，因此为首选。

4.2　定位装置

用于将试样固定在试验机(4.1)中，并确保在试验中所施加力准确对中。

推荐采用的定位装置如图1所示。

单位为毫米

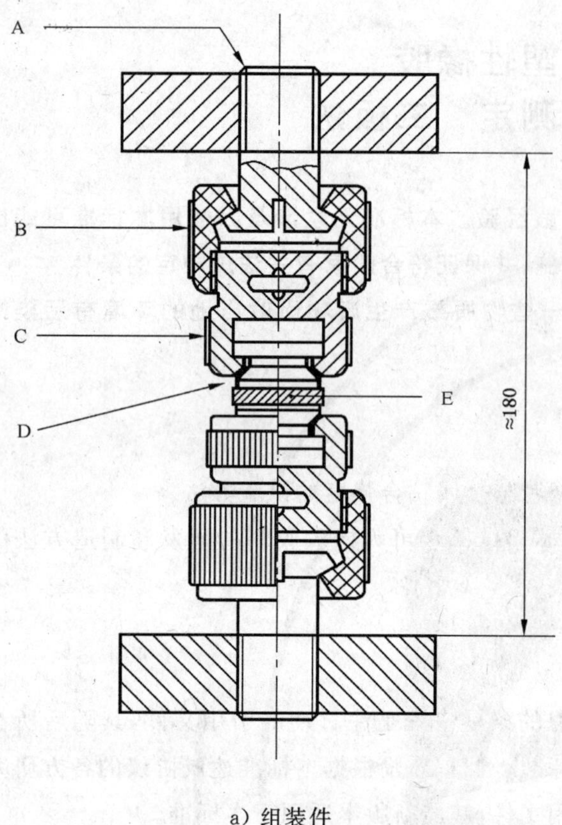

a）组装件

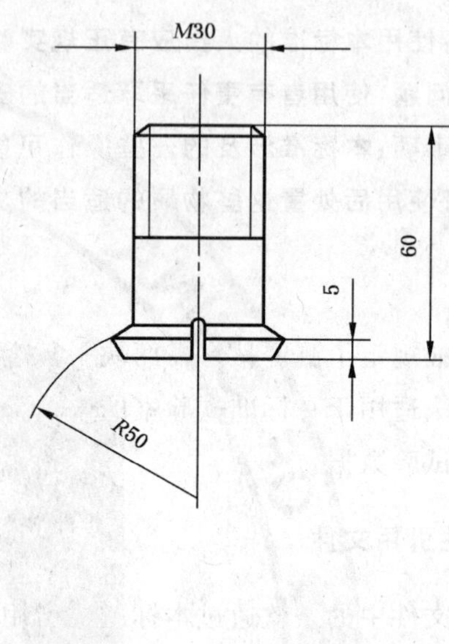

b）部件 A——与试验机连接的尾栓

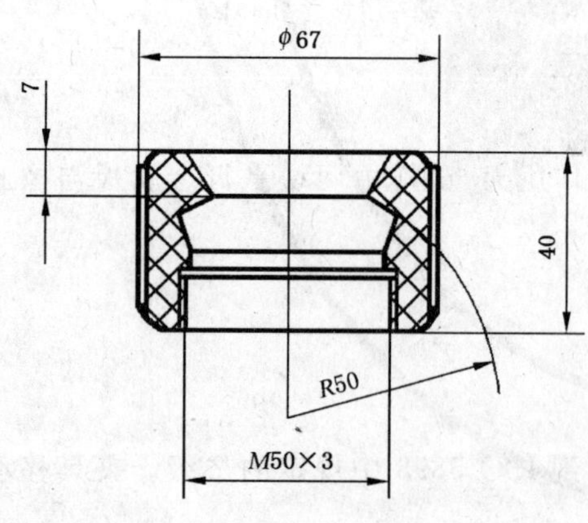

c）部件 B——与部件 C 连接的限位块

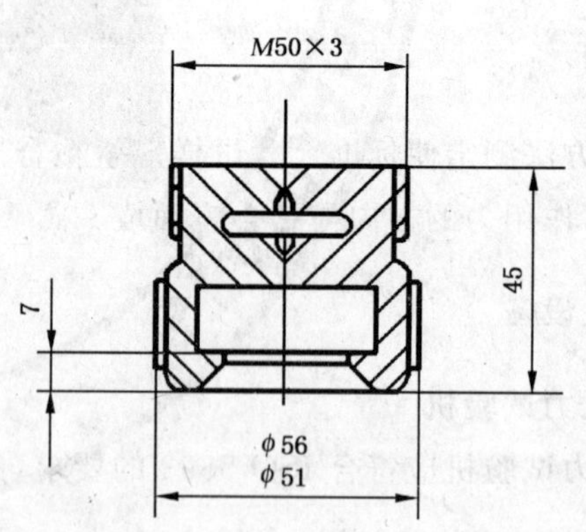

d）部件 C——装配试样并和部件 B 连接的开口

注

A 至 C——见图中 b)、c)、d)；

D——试样金属部分；

E——橡胶。

图 1　固定橡胶和金属粘接试样的试验夹具

5 试样

5.1 尺寸

标准试样的厚度为 3 mm±0.1 mm，直径为 35 mm 至 40 mm 之间的橡胶圆柱片，测量精度为 0.1 mm。其圆形端面与两个直径相当的金属板粘合。尺寸测量按 GB/T 2941 执行。金属板的直径约比橡胶圆柱直径小 0.1 mm。金属板的厚度不小于 9 mm。推荐采用的试样形式如图 2 所示。

单位为毫米

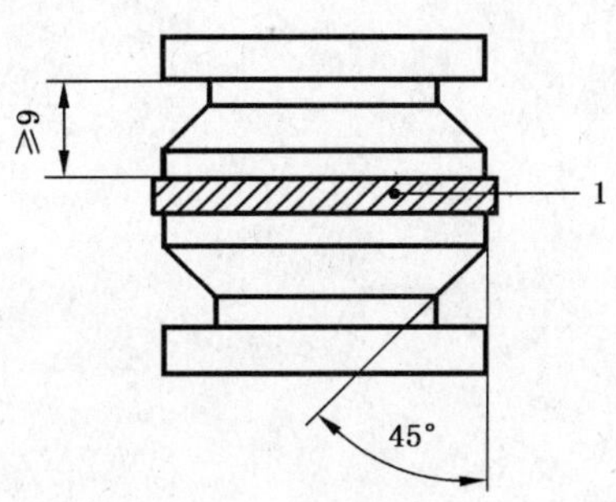

1——试片。

图 2 标准试样

5.2 试样制备

5.2.1 标准尺寸的圆形金属板最好用轧制的碳钢棒制得。也可使用部件尺寸与基本尺寸一致的其他金属。制备和处理光滑的金属板应按所研究的粘合系统要求进行处理。

5.2.2 用圆形冲刀切出未硫化橡胶圆片，尺寸应使模压时得到限定的流胶量。按所研究的粘合系统要求处理与金属粘合的橡胶表面。

5.2.3 橡胶圆片和金属板组装于模具中硫化。模具的结构应使橡胶突出金属板边缘约 0.05 mm，以防止试验时金属边缘对橡胶的撕裂。

5.2.4 制备试样时应十分小心，使橡胶和金属的粘合面不沾污灰尘、水气和外来杂质。装配试样时不应用手接触粘合面。

5.2.5 应在一可控的温度和适当的压力下加热规定的时间以模压成型。硫化的时间和温度应与被研究的粘合系统的要求一致。

5.2.6 硫化结束后，应十分小心地从模具中取出试样，以避免试样在冷却前其粘合面受到不适当的应力。

5.3 试样数量

至少应测试 3 个试样。

5.4 试样调节

5.4.1 试验前应将试样按 GB/T 2941 的要求，在标准试验室温度(23 ℃±2 ℃或 27 ℃±2 ℃)下至少调节 16 h。用于比较目的时，一个或一系列试验应始终在相同的温度下进行。

5.4.2 试验与硫化之间的时间间隔应符合 GB/T 2941 的要求。

6 试验步骤

6.1 把试样安装在试验机的定位装置上，应极其注意调整试样使其对中，以使试验时作用力均匀地分布在整个横截面上。

6.2 在夹具上施以拉力，使夹具按 25 mm/min±5 mm/min 的速度匀速移动，直至试样破坏为止，记录最大力值。

7 结果表示

7.1 粘合强度

以最大力值除以试样的横截面面积计算粘合强度，单位 MPa。

7.2 粘合破坏的符号

a) R　表示橡胶破坏；

b) RC　表示橡胶与涂层破坏；

c) CP　表示涂层与底涂破坏；

d) M　表示金属与底涂破坏。

8 试验报告

试验报告应至少包括下列内容：

a) 本标准的编号；

b) 试片的详细说明：

1) 硫化的时间和温度；

2) 硫化的日期；

3) 使用的金属，如不同于指定的钢材。

c) 试验的详细说明：

1) 试样调节的时间和温度；

2) 试验温度；

3) 记录测量中所有异常特征；

4) 测试试样的数量；

5) 所有不包括在本标准内以及参考本标准的操作，和所有视为可选的操作。

d) 试验结果：

1) 按 7.1 的要求表示每个试样的试验结果；

2) 按 7.2 的要求描述破坏类型，说明每种破坏类型发生的百分率。

e) 试验日期。

ICS 77.140.50
H 46

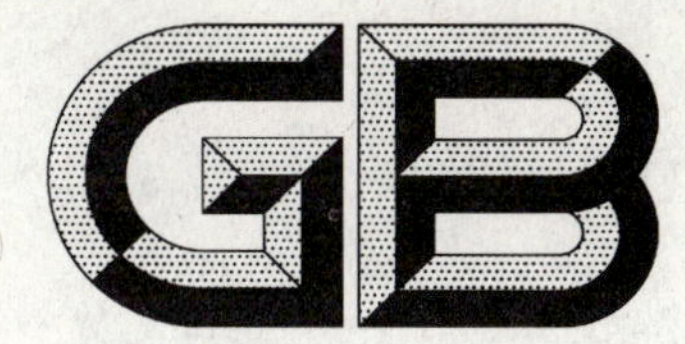

中华人民共和国国家标准

GB/T 11251—2009
代替 GB/T 11251—1989

合金结构钢热轧厚钢板

Hot-rolled alloy structural steel plates

2009-10-30 发布　　　　2010-05-01 实施

中华人民共和国国家质量监督检验检疫总局
中国国家标准化管理委员会　发布

前言

本标准代替 GB/T 11251—1989《合金结构钢热轧厚钢板》。

本标准与原标准相比，主要变化如下：

——增加了“订货内容”；

——钢板尺寸外形及允许偏差按 GB/T 709—2006 规定；

——调整了 25CrMnSiA 和 30CrMnSiA 的布氏硬度值；

——修改了弯曲试验取样数量；

——增加了弯曲试验后“试样弯曲处的外表面不应有裂纹或分层”的规定。

本标准由中国钢铁工业协会提出。

本标准由全国钢标准化技术委员会归口。

本标准主要起草单位：重庆东华特殊钢有限责任公司、冶金工业信息标准研究院。

本标准主要起草人：谢静红、李庆艳、刘宝石、戴强、栾燕。

本标准所代替标准的历次版本发布情况为：

——GB/T 11251—1989。

合金结构钢热轧厚钢板

1 范围

本标准规定了合金结构钢热轧厚钢板的订货内容、尺寸、外形及允许偏差、技术要求、试验方法、检验规则、包装、标志及质量证明书。

本标准适用于厚度大于 4 mm～30 mm 的合金结构钢热轧厚钢板。

2 规范性引用文件

下列文件中的条款通过本标准的引用而成为本标准的条款。凡是注日期的引用文件，其随后所有的修改单(不包括勘误的内容)或修订版均不适用于本标准，然而，鼓励根据本标准达成协议的各方研究是否可使用这些文件的最新版本。凡是不注日期的引用文件，其最新版本适用于本标准。

GB/T 222　钢的成品化学成分允许偏差

GB/T 223.3　钢铁及合金化学分析方法　二安替比林甲烷磷钼酸重量法测定磷量

GB/T 223.4　钢铁及合金　锰含量的测定　电位滴定或可视滴定法

GB/T 223.5　钢铁　酸溶硅和全硅含量的测定　还原型硅钼酸盐分光光度法

GB/T 223.8　钢铁及合金化学分析方法　氟化钠分离-EDTA 滴定法测定铝量

GB/T 223.9　钢铁及合金　铝含量的测定　铬天青 S 分光光度法

GB/T 223.11　钢铁及合金　铬含量的测定　可视滴定或电位滴定法

GB/T 223.12　钢铁及合金化学分析方法　碳酸钠分离-二苯碳酰二肼光度法测定铬量

GB/T 223.13　钢铁及合金化学分析方法　硫酸亚铁铵滴定法测定钒含量

GB/T 223.14　钢铁及合金化学分析方法　钽试剂萃取光度法测定钒含量

GB/T 223.16　钢铁及合金化学分析方法　变色酸光度法测定钛量

GB/T 223.17　钢铁及合金化学分析方法　二安替比林甲烷光度法测定钛量

GB/T 223.18　钢铁及合金化学分析方法　硫代硫酸钠分离-碘量法测定铜量

GB/T 223.19　钢铁及合金化学分析方法　新亚铜灵-三氯甲烷萃取光度法测定铜量

GB/T 223.23　钢铁及合金　镍含量的测定　丁二酮肟分光光度法

GB/T 223.25　钢铁及合金化学分析方法　丁二酮肟重量法测定镍量

GB/T 223.26　钢铁及合金　钼含量的测定　硫氰酸盐分光光度法

GB/T 223.43　钢铁及合金　钨含量的测定　重量法和分光光度法

GB/T 223.49　钢铁及合金化学分析方法　萃取分离-偶氮氯膦 mA 分光光度法测定稀土总量

GB/T 223.54　钢铁及合金化学分析方法　火焰原子吸收分光度法测定镍量

GB/T 223.58　钢铁及合金化学分析方法　亚砷酸钠-亚硝酸钠滴定法测定锰量

GB/T 223.59　钢铁及合金　磷含量的测定　铋磷钼蓝分光光度法和锑磷钼蓝分光光度法

GB/T 223.60　钢铁及合金化学分析方法　高氯酸脱水重量法测定硅含量

GB/T 223.61　钢铁及合金化学分析方法　磷钼酸铵容量法测定磷量

GB/T 223.62　钢铁及合金化学分析方法　乙酸丁酯萃取光度法测定磷量

GB/T 223.63　钢铁及合金化学分析方法　高碘酸钠(钾)光度法测定锰量

GB/T 223.64　钢铁及合金　锰含量的测定　火焰原子吸收光谱法

GB/T 223.66 钢铁及合金化学分析方法 硫氰酸盐-盐酸氯丙嗪-三氯甲烷萃取光度法测定钨量

GB/T 223.67 钢铁及合金 硫含量的测定 次甲基蓝分光光度法

GB/T 223.68 钢铁及合金化学分析方法 管式炉内燃烧后碘酸钾滴定法测定硫含量

GB/T 223.69 钢铁及合金 碳含量的测定 管式炉内燃烧后气体容量法

GB/T 223.71 钢铁及合金化学分析方法 管式炉内燃烧后重量法测定碳含量

GB/T 223.72 钢铁及合金 硫含量的测定 重量法

GB/T 223.75 钢铁及合金 硼含量的测定 甲醇蒸馏-姜黄素光度法

GB/T 223.76 钢铁及合金化学分析方法 火焰原子吸收光谱法测定钒量

GB/T 224 钢的脱碳层深度测定法

GB/T 226 钢的低倍组织及缺陷酸蚀检验法(GB/T 226—1991,neq ISO 4969:1980)

GB/T 228 金属材料 室温拉伸试验方法(GB/T 228—2002,eqv ISO 6892:1998)

GB/T 229 金属材料 夏比摆锤冲击试验方法(GB/T 229—2007, ISO 148-1:2006,MOD)

GB/T 231.1 金属布氏硬度试验 第1部分:试验方法(GB/T 231.1—2002,eqv ISO 6506-1:1999)

GB/T 232 金属材料 弯曲试验方法(GB/T 232—1999,eqv ISO 7438:1985)

GB/T 247 钢板和钢带检验、包装、标志及质量证明书的一般规定

GB/T 709—2006 热轧钢板和钢带的尺寸、外形、重量及允许偏差

GB/T 2975 钢及钢产品 力学性能试验取样位置及试样制备(GB/T 2975—1998,eqv ISO 377:1997)

GB/T 3077 合金结构钢

GB/T 13298 金属显微组织检验方法

GB/T 13299 钢的显微组织评定方法

GB/T 17505 钢及钢产品交货一般技术条件(GB/T 17505—1998,eqv ISO 404:1992)

GB/T 20066 钢和铁 化学成分测定用试样的取样和制样方法(GB/T 20066—2006,ISO 14284:1996,IDT)

3 订货内容

按本标准订货的合同或订单应包括以下内容:

a) 产品名称;

b) 牌号;

c) 标准号;

d) 规格;

e) 重量(或数量);

f) 加工用途;

g) 交货状态;

h) 其他。

4 尺寸、外形及允许偏差

钢板的尺寸、外形及允许偏差应符合GB/T 709—2006的规定,单轧钢板的厚度允许偏差未注明时按A类偏差。

5 技术要求

5.1 牌号和化学成分

5.1.1 钢的常用牌号和化学成分应符合GB/T 3077的规定。

5.1.2 成品钢材化学成分允许偏差应符合 GB/T 222 的规定。

5.2 交货状态

5.2.1 钢板应以热处理(退火、正火、正火后回火)状态交货。除非合同中注明,否则热处理方法由供方确定。

5.2.2 若能保证达到本标准规定的力学性能,也可采用控制轧制和轧制后控制温度的方法代替正火。

5.2.3 根据需方要求,钢板可酸洗交货。

5.2.4 钢板应切边交货。按其他边缘状态交货时应在合同中注明。成卷交货的钢板可不切纵边。

5.3 力学性能

5.3.1 以退火状态交货的钢板,力学性能应符合表 1 的规定。25CrMnSiA、30CrMnSiA 的布氏硬度值仅当需方要求时才测定。

5.3.2 正火状态交货的钢板,在伸长率符合表 1 规定的情况下,抗拉强度上限允许较表 1 提高 50 MPa。

5.3.3 厚度大于 20 mm 的钢板,厚度每增加 1 mm,伸长率允许较表 1 规定降低 0.25%(绝对值),但不应超过 2%(绝对值)。

5.3.4 表 1 中未列牌号的力学性能由供需双方协议规定。

表 1

序号	牌号	力学性能		
		抗拉强度 R_m/(N/mm²)	断后伸长率 A/% 不小于	布氏硬度 HBW 不大于
1	45Mn2	600～850	13	—
2	27SiMn	550～800	18	—
3	40B	500～700	20	—
4	45B	550～750	18	—
5	50B	550～750	16	—
6	15Cr	400～600	21	—
7	20Cr	400～650	20	—
8	30Cr	500～700	19	—
9	35Cr	550～750	18	—
10	40Cr	550～800	16	—
11	20CrMnSiA	450～700	21	—
12	25CrMnSiA	500～700	20	229
13	30CrMnSiA	550～750	19	229
14	35CrMnSiA	600～800	16	—

5.3.5 经供需双方协商,25CrMnSiA 和 30CrMnSiA 钢板可测定试样淬火、回火状态的力学性能。试样热处理制度和试验结果应符合表 2 的规定。厚度不大于 12 mm 的钢板可在板坯上取样检验。

表 2

牌号	试样热处理制度				力学性能		
	淬火		回火		抗拉强度 R_m/(N/mm²)	断后伸长率 A/%	冲击吸收能量 KU_2/J
	温度/℃	冷却剂	温度/℃	冷却剂	不小于		
25CrMnSiA	850～890	油	450～550	水、油	980	10	39
30CrMnSiA	860～900	油	470～570	油	1 080	10	39

5.4 供冲压用(合同中注明)厚度不大于 10 mm 的钢板,应在冷状态下进行弯曲试验,试样弯至 180°,弯心直径 $d=2a$(a 为试样厚度),试样弯曲处的外表面不应有裂纹或分层。

5.5 低倍

钢板或钢坯的酸浸低倍组织不应有目视可见的缩孔、裂纹和夹杂。

5.6 脱碳

5.6.1 根据需方要求,可检验钢板的脱碳层深度。厚度不大于 20 mm 钢板,全脱碳层(铁素体)深度每面不应超过钢板公称厚度的 2.5%,两面之和不超过 4.0%;厚度大于 20 mm 钢板,每面不应超过钢板公称厚度的 2.0%。

5.6.2 经供需双方协商,并在合同中注明,可供应每面总脱碳层(铁素体+过渡层)深度不超过公称厚度 5.0%的钢板。

5.7 显微组织

根据需方要求,25CrMnSiA 和 30CrMnSiA 钢板可检查带状组织,结果不应大于 3 级。经供需双方协商,并在合同中注明,可供应带状组织不大于 2 级的钢板。

5.8 表面质量

5.8.1 钢板不应有分层,表面不应有裂纹、气泡、结疤和夹杂。上述缺陷允许用修磨的方法清除,清除深度不应使钢板小于允许最小厚度。

5.8.2 钢板表面允许存在的缺陷和深度应符合表 3 的规定。要求 1 组表面时,应在合同中注明。

表 3

组　别	允许缺陷	允许缺陷深度
1	麻点、划伤、压痕、凹坑和薄层氧化铁皮。 经酸洗交货的钢板允许有不显著的粗糙面和由酸洗造成的浅黄色薄膜	不大于钢板厚度公差之半,且应保证钢板的最小厚度
2		不大于钢板公差之半

6 试验方法

每批钢板的检验项目、取样数量、取样部位及试验方法应符合表 4 的规定。

表 4

序号	检验项目	取样数量/个	取样部位	试验方法
1	化学成分	1/炉	GB/T 20066	GB/T 223
2	硬度	2	7.3.2、7.3.3	GB/T 231.1
3	拉伸	2	GB/T 2975 7.3.2、7.3.3	GB/T 228,P9 或 P11 比例试样,尺寸大于 25 mm 可采用 R4 比例试样

表 4（续）

序号	检验项目	取样数量/个	取样部位	试验方法
4	冲击	2	GB/T 2975 7.3.2、7.3.3	GB/T 229
5	弯曲	1	任一张钢板或卷	GB/T 232
6	低倍组织	2	不同张钢板或 7.3.2、7.3.3 或靠近钢锭帽口端的钢坯上	GB/T 226
7	脱碳	2	7.3.2、7.3.3	GB/T 224
8	显微组织	2	7.3.2、7.3.3	GB/T 13298 GB/T 13299
9	尺寸	逐张	整张钢板	千分尺、样板
10	表面	逐张	整张钢板	目视

7 检验规则

7.1 检查和验收

7.1.1 钢板出厂的检查和验收由供方质量技术监督部门进行。

7.1.2 供方必须保证交货的钢板符合本标准或合同的规定，必要时，需方有权对本标准或合同所规定的任一检验项目进行检查和验收。

7.2 组批规则

钢板应按批检查和验收，每批应由同一炉号、同一厚度、同一组别和同一热处理炉次（连续式炉为同一热处理制度）的钢板组成。

7.3 取样数量及取样部位

7.3.1 每批钢板的取样数量及取样部位应符合表 4 的规定。

7.3.2 成垛热处理的钢板，每批在一垛的上部和下部各取一张检验用钢板；连续式炉热处理的钢板，从一批热处理的开始和末尾各取一张检验用钢板。每张检验用钢板各取 1 个试样。

批量不超过 10 张钢板时，只取一张检验用钢板，在钢板的两端各取 1 个试样。

7.3.3 成卷热处理的钢板，每批由热处理炉的上层和下层卷的外端各取 1 个试样。

7.3.4 检验用试样应距钢板边缘不小于 40 mm。

7.3.5 复验与判定规则

钢板的复验与判定规则应符合 GB/T 17505 的规定。

8 包装、标志和质量证明书

钢板的包装、标志和质量证明书应符合 GB/T 247 的规定。

ICS 29.160.01
K 24

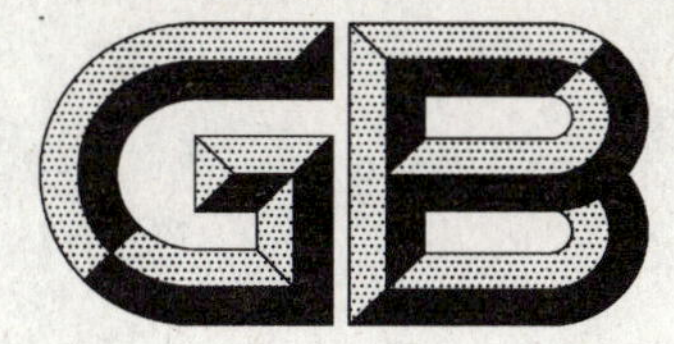

中华人民共和国国家标准

GB/T 11281—2009
代替 GB/T 11281—1989

微电机用齿轮减速器通用技术条件

General specification for reduction gearhead of electrical micro-machine

2009-09-30 发布　　　　2010-02-01 实施

中华人民共和国国家质量监督检验检疫总局
中国国家标准化管理委员会　发布

前　言

本标准代替 GB/T 11281—1989《控制微电机用齿轮减速器系列》。

本标准与 GB/T 11281—1989 相比主要变化如下：

——增加了伺服减速器的相关内容、技术参数及外形结构尺寸；

——增加术语和定义、试验方法、检验规则、交付准备、用户服务等相关内容；

——对原有的类型、技术参数及结构图进行了扩充和修改；

——将外形结构尺寸的内容变更为资料性附录（附录 A），删除 GB/T 11281—1989 附录 A“推荐采用的控制微电机安装型式”及附录 B“推荐采用的减速器输入轴参数”的相关内容和图表；

——按照 GB/T 1.1—2000《标准化工作导则　第 1 部分：标准的结构和编写规则》的规定，并为了与相关标准协调一致，在条款编排上进行了比较大的调整。

本标准的附录 A 为资料性附录。

本标准由中国电器工业协会提出。

本标准由全国微电机标准化技术委员会（SAC/TC 2）归口。

本标准起草单位：横店集团联宜电机有限公司、北京和利时电机技术有限公司、上海司壮电机有限公司、西安微电机研究所、淄博博山杰瑞微电机有限公司、宁波中大力德传动设备有限公司、东阳市东政电机有限公司。

本标准主要起草人：叶辉、申屠君、王健、徐志明、金韶东、赵东虹、王福杰、岑国建、陈政、周建忠。

本标准所代替标准的历次版本发布情况为：

—— GB/T 11281—1989。

微电机用齿轮
减速器通用技术条件

1 范围

本标准规定了微电机用齿轮减速器系列的分类、技术要求和试验方法、检验规则等。

本标准适用于微电机用齿轮减速器(以下简称减速器)。

2 规范性引用文件

下列文件中的条款通过本标准的引用而成为本标准的条款。凡是注日期的引用文件,其随后所有的修改单(不包括勘误的内容)或修订版均不适用于本标准,然而,鼓励根据本标准达成协议的各方研究是否可使用这些文件的最新版本。凡是不注日期的引用文件,其最新版本适用于本标准。

GB/T 2828.1 计数抽样检验程序 第1部分:按接收质量限(AQL)检索的逐批检验抽样计划(GB/T 2828.1—2003,ISO 2859-1:1999,IDT)

GB/T 7345 控制电机基本技术要求

GB/T 13384 机电产品包装通用技术条件

3 术语和定义

下列术语和定义适用于本标准。

3.1

伺服减速器 servo reducers

用于精密运动控制场合,为伺服电动机或步进电动机减速增扭,以传动精度来区分等级的齿轮减速器。

3.2

级数 series

减速器内齿轮机构的套数。一套齿轮机构称为单级减速器,二套齿轮机构称为二级减速器。

3.3

传动误差 drive error

在工作状态下,当输出轴单向旋转时,输出轴的实际转角与理论转角之差。

3.4

空程 lost motion

也称反向间隙(backlash),或空回,是由装配精度和传动精度引起的减速器运转时的响应误差,当输入端的轴(或孔)开始运转时,输出端的轴(或孔)不同时运转,而是滞后一个角度才响应,这段滞后的角度值,称为空程。一般在正反运转和间歇运行时表现出来。

3.5

传动精度 drive accuracy

空程和传动误差的总称。

3.6

额定工作转矩 rated torque

在额定转速下的输出转矩。

3.7

短时超载许用转矩　shore-time overloading allow torque

减速器在额定转速下，短时允许传递的转矩。这个转矩一般情况下也是其机械结构产生变形损坏，导致报废的临界值。

3.8

扭转刚度　torsional rigidity

额定负载扭矩与相应弹性变形转角之比值。

4　分类及基本外形结构

4.1　分类

减速器可分为：

a)　减速器按用途分为：一般传动用、伺服(精密控制)用；

b)　减速器按传动精度分为：普通级、较精密级、精密级、高精密级；

注：一般传动用减速器分为：普通级、较精密级、精密级。

c)　减速器按齿轮传动类型分为：定轴轮系传动、行星轮系传动。

注：本标准未包含谐波齿轮减速器的内容。该内容可参见 GB/T 14118—1993《谐波传动减速器》。

4.2　基本外形结构

减速器的外形结构尺寸参见附录 A，由产品专用技术条件规定。

4.3　减速器轴伸型式

4.3.1　总则

减速器常用轴伸型式通常有以下几种：光轴伸、单扁轴伸、双扁轴伸、销孔轴伸、键槽轴伸。制造商应根据用户要求及 4.3.2～4.3.5 的规定合理选用，宜可由产品专业技术条件规定。

4.3.2　轴伸型式与轴伸直径

轴伸型式与轴伸直径的对应关系参考表 1 的规定。

表 1　　　　单位为毫米

轴伸型式	轴伸直径								
	2	3	4	5	6	8	10	12	≥15
光轴伸	√	√	√	√	√	—	—	—	—
单扁轴伸	√	√	√	√	√	√	—	—	—
双扁轴伸	√	√	√	√	√	√	√	—	—
销孔轴伸	—	√	√	√	√	—	—	—	—
键槽轴伸	—	—	—	—	√	√	√	√	√
注：“√”为本标准采用的基本轴伸型式。									

4.3.3　单扁轴伸

单扁轴伸如图 1 所示，尺寸推荐采用表 2 的数值。

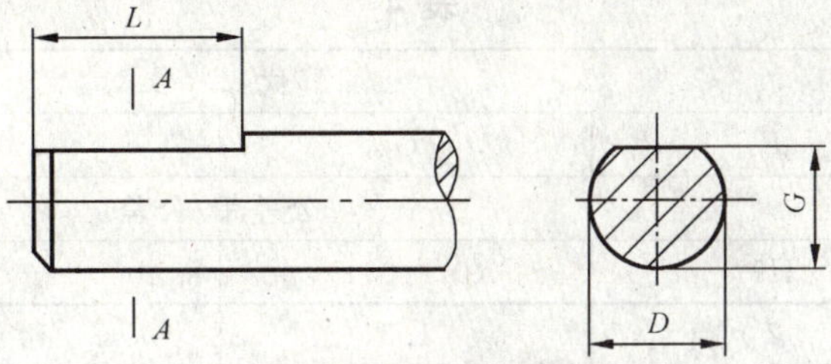

图 1 单扁轴伸

表 2

单位为毫米

代号	轴伸直径 D(h7)						
	2	3	4	5	6	8	10
G	基本尺寸 G(h11)						
	1.8	2.7	3.6	4.5	5.4	7	9
L	5	7	8	9	10	12	25

4.3.4 销孔轴伸

销孔轴伸如图 2 所示，尺寸推荐采用表 3 的数值。

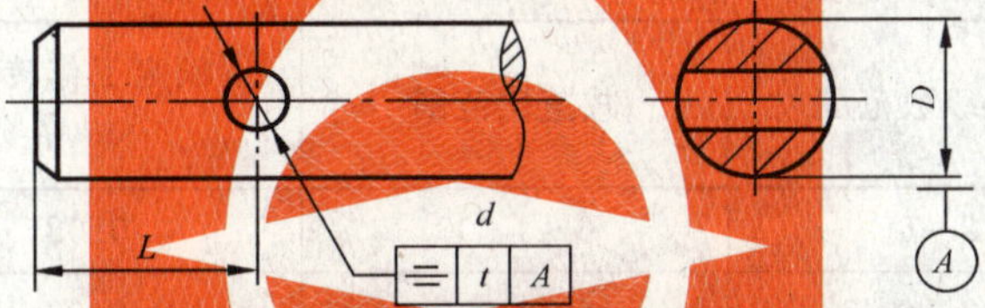

图 2 销孔轴伸

表 3

单位为毫米

轴伸直径 D (h7)	代号		
	d	L	t
	公差带		
	H9	—	—
3	1	7.5	0.025
4	1.5	9	0.025
5	1.5	9	0.030
6	2	13.5	0.030
8	3	15	0.040
10	4	22	0.040

4.3.5 键槽轴伸

键槽轴伸如图 3 所示，尺寸推荐采用表 4 的数值。

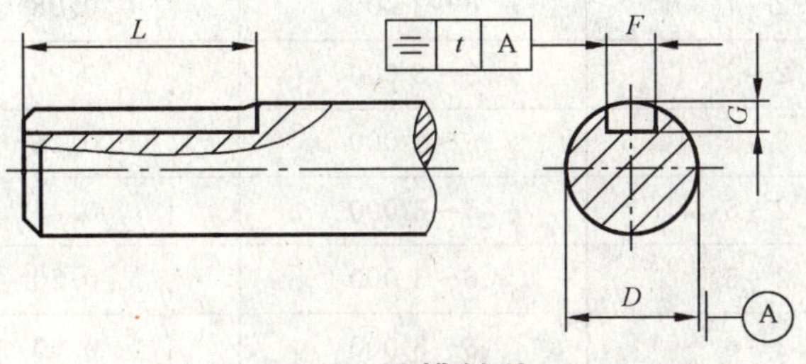

图 3 键槽轴伸

表 4

单位为毫米

轴伸直径 *D* (h7)	代号			
	F	*G*	*L*	*t*
	公差带/公差			
	H9	(0,+0.1)	—	—
6	2	1.2	14	0.025
8	3	1.8	20	0.025
10	4	2.5	25	0.030
12	4	2.5	25	0.040
15	5	3.0	25	0.040

5 主要参数

5.1 精密级定轴轮系圆型减速器

一般传动用精密级定轴轮系圆型减速器,减速比和额定工作转矩应符合表 5 或产品专用技术条件的规定。

表 5

机座号	减速级数范围	减速比范围	额定工作转矩 N·m	短时超载许用转矩 N·m
12	2~6	6~1 000	0.02	0.04
16	2~6	6~1 000	0.03	0.06
20	2~6	6~1 000	0.04	0.08
24	2~6	6~1 000	0.08	0.16
28	2~6	6~1 000	0.12	0.24

5.2 较精密级定轴轮系圆型减速器

一般传动用较精密级定轴轮系圆型减速器,减速比和额定工作转矩应符合表 6 或产品专用技术条件的规定。

表 6

机座号	减速级数范围	减速比范围	额定工作转矩 N·m	短时超载许用转矩 N·m
10	2~7	3~600	0.02	0.04
12	2~6	6~1 300	0.03	0.06
16	2~7	6~3 000	0.05	0.10
20	2~7	6~3 000	0.08	0.16
24	2~7	6~3 000	0.20	0.40
28	2~7	6~3 000	0.25	0.50
30	2~6	6~3 000	0.45	1.35
35	2~6	6~3 000	0.50	1.50
37	2~6	6~3 000	0.60	1.80
50	2~6	6~3 000	0.70	2.10

5.3 较精密级定轴轮系方型减速器

一般传动用较精密级定轴轮系方型减速器，减速比和额定工作转矩应符合表 7 或产品专用技术条件的规定。

表 7

机座号 mm	最大输入功率 W	减速比	额定工作转矩 N·m	短时超载许用转矩 N·m
40	12.5	＞2.5～12.5	0.25	0.60
		＞12.5～50	0.40	0.80
		＞50～200	0.55	1.04
60	33	＞3～18	0.30	0.72
		＞20～36	1.80	3.60
		＞50～180	2.90	4.80
70	55	＞3～18	0.55	1.32
		＞20～36	2.67	4.00
		＞50～180	4.90	7.20
80	65	＞3～18	0.66	1.32
		＞20～36	3.20	5.10
		＞50～180	4.90	8.00
90	132	＞3～18	1.08	2.24
		＞20～36	5.20	7.84
		＞50～180	9.80	16.00
	132	＞3～9	2.14	7.60
		＞12.5～18	6.43	12.80
		＞20～75	11.60	20.80
		＞90～180	19.6	32.00
104	250	＞3～7.5	2.30	3.60
		＞9～18	7.00	11.0
		＞20～180	29.00	48.0

5.4 普通级定轴轮系方型减速器

一般传动用普通级定轴轮系方型减速器，减速比和额定工作转矩应符合表 8 或产品专用技术条件的规定。

表 8

机座号 mm	最大输入功率 W	减速比	额定工作转矩 N·m	短时超载许用转矩 N·m
40	12.5	＞2.5～12.5	0.38	0.75
		＞12.5～50	0.6	1.00
		＞50～200	0.83	1.30

表 8（续）

机座号 mm	最大输入功率 W	减速比	额定工作转矩 N·m	短时超载许用转矩 N·m
60	33	>3～18	0.6	0.90
		>20～36	2.6	4.50
		>50～180	4.4	6.00
70	55	>3～18	1.1	1.65
		>20～36	4.0	5.00
		>50～180	7.4	9.00
80	65	>3～18	1.32	1.65
		>20～36	4.8	6.50
		>50～180	8.0	10.00
90	132	>3～18	2.2	2.80
		>20～36	7.8	9.80
		>50～180	14.7	20.00
		>3～9	3.2	9.50
		>12.5～18	9.6	16.00
		>20～75	17.4	26.00
		>90～180	29.0	40.00
104	250	>3～7.5	3.5	4.50
		>9～18	10.5	14.00
		>20～180	40.0	60.00

5.5 精密级行星轮系圆型减速器

一般传动用精密级行星轮系圆型减速器，减速比和额定工作转矩应符合表 9 或产品专用技术条件的规定。

表 9

机座号	减速级数范围	减速比范围	额定工作转矩 N·m	短时超载许用转矩 N·m
16	1～4	4～700	0.20	0.40
22	1～4	4～800	0.50	1.00
24	1～4	4～800	1.00	2.00
28	1～4	4～800	1.20	2.40
32	1～4	4～800	1.50	3.00
36	1～4	3～800	2.00	4.00
42	1～4	3～600	3.00	6.00
48	1～4	3～600	5.00	10.00
56	1～4	3～400	15.00	30.00
62	1～3	3～400	25.00	50.00
72	1～3	3～400	60.00	120.00
82	1～3	3～400	80.00	160.00

5.6 较精密级行星轮系圆型减速器

一般传动用较精密级行星轮系圆型减速器，减速比和额定工作转矩应符合表10或产品专用技术条件的规定。

表 10

机座号	减速级数范围	减速比范围	额定工作转矩 N·m	短时超载许用转矩 N·m
12	1～5	4～1 200	0.10	0.20
16	1～5	4～3 200	0.20	0.40
22	1～5	4～3 200	0.50	1.00
24	1～5	4～3 200	1.00	2.00
28	1～5	4～3 200	1.50	3.00
32	1～5	4～3 200	2.50	5.00
36	1～5	4～3 200	3.00	6.00
42	1～5	4～2 500	5.00	10.00
48	1～5	4～2 500	20.00	40.00
56	1～5	4～1 500	30.00	60.00
62	1～4	4～600	35.00	70.00
72	1～4	4～600	70.00	140.00
82	1～4	4～600	100.00	200.00

5.7 高精密级方型伺服减速器

伺服用高精密级方型伺服减速器，减速比和额定工作转矩应符合表11或产品专用技术条件的规定。

表 11

减速比	级数	机座号						
		40	60	90	115	142	180	220
		额定工作转矩/(N·m)						
3∶1	一级	24	70	200	350	750	1 200	2 000
4∶1		24	70	200	350	750	1 200	2 000
5∶1		20	60	180	300	600	1 000	1 600
6∶1		20	60	180	300	600	1 000	1 600
7∶1		20	60	180	300	600	1 000	1 600
8∶1		20	60	180	300	600	1 000	1 600
9∶1		20	60	180	300	600	1 000	1 600
10∶1		20	60	180	300	600	1 000	1 600

表 11（续）

减速比	级数	机座号						
		40	60	90	115	142	180	220
		额定工作转矩/(N·m)						
12∶1	二级	24	70	200	350	750	1 200	2 000
15∶1		24	70	200	350	750	1 200	2 000
16∶1		24	70	200	350	750	1 200	2 000
20∶1		24	70	200	350	750	1 200	2 000
25∶1		20	60	180	300	600	1 000	1 600
30∶1		24	70	200	350	750	1 200	2 000
35∶1		20	60	180	300	600	1 000	1 600
40∶1		24	70	200	350	750	1 200	2 000
45∶1		20	60	180	300	600	1 000	1 600
50∶1		20	60	180	300	600	1 000	1 600
60∶1		20	60	180	300	600	1 000	1 600
70∶1		20	60	180	300	600	1 000	1 600
80∶1		20	60	180	300	600	1 000	1 600
90∶1		20	60	180	300	600	1 000	1 600
100∶1		20	60	180	300	600	1 000	1 600
注：短时超载许用转矩为 3 倍的额定工作转矩。								

5.8 精密级及较精密级方型伺服减速器

伺服用精密级及较精密级方型伺服减速器，减速比和额定工作转矩应符合表 12 或产品专用技术条件的规定。

表 12

减速比	级数	机座号					
		40	60	90	115	142	180
		额定工作转矩/(N·m)					
3∶1	一级	24	70	200	350	750	1 200
4∶1		24	70	200	350	750	1 200
5∶1		20	60	180	300	600	1 000
6∶1		20	60	180	300	600	1 000
7∶1		20	60	180	300	600	1 000
9∶1		20	60	180	300	600	1 000
10∶1		20	60	180	300	600	1 000

表 12（续）

减速比	级数	机座号					
		40	60	90	115	142	180
		额定工作转矩/(N·m)					
12：1	二级	20	60	180	300	600	1 000
15：1		24	70	200	350	750	1 200
16：1		24	70	200	350	750	1 200
20：1		24	70	200	350	750	1 200
25：1		24	70	200	350	750	1 200
30：1		20	60	180	300	600	1 000
35：1		24	70	200	350	750	1 200
40：1		20	60	180	300	600	1 000
45：1		24	70	200	350	750	1 200
50：1		20	60	180	300	600	1 000
60：1		20	60	180	300	600	1 000
70：1		20	60	180	300	600	1 000
80：1		20	60	180	300	600	1 000
90：1		20	60	180	300	600	1 000
100：1		20	60	180	300	600	1 000
注：短时超载许用转矩为 2 倍的额定工作转矩。							

5.9 精密级及较精密级圆型伺服减速器

伺服用精密级及较精密级圆型伺服减速器，减速比和输出转矩应符合表 13 或产品专用技术条件的规定。

表 13

减速比	级数	机座号					
		40	60	80	100	130	176
		额定工作转矩/(N·m)					
3：1	一级	22	65	150	250	400	750
4：1		22	65	150	250	400	750
5：1		22	65	150	250	400	750
6：1		20	55	130	220	350	660
7：1		20	55	130	220	350	660
8：1		20	55	130	220	350	660
9：1		20	55	130	220	350	660
10：1		20	55	130	220	350	660

表 13（续）

减速比	级数	机座号					
		40	60	80	100	130	176
		额定工作转矩/(N·m)					
12∶1	二级	22	65	150	250	400	750
15∶1		22	65	150	250	400	750
16∶1		22	65	150	250	400	750
20∶1		22	65	150	250	400	750
25∶1		22	65	150	250	400	750
30∶1		22	65	150	250	400	750
35∶1		22	65	150	250	400	750
40∶1		22	65	150	250	400	750
45∶1		22	65	150	250	400	750
50∶1		22	65	150	250	400	750
60∶1		20	55	130	220	350	660
70∶1		20	55	130	220	350	660
80∶1		20	55	130	220	350	660
90∶1		20	55	130	220	350	660
100∶1		20	55	130	220	350	660
注：短时超载许用转矩为 2 倍的额定工作转矩。							

6 技术要求和试验方法

6.1 使用环境条件

减速器的使用环境条件应在 GB/T 7345 规定的条件中选取或由产品专用技术条件规定。

6.2 外观

6.2.1 技术要求

减速器外观质量应符合 GB/T 7345 的规定。

6.2.2 试验方法

目检减速器外观质量应符合 6.2.1 的要求。

6.3 铭牌

6.3.1 技术要求

减速器铭牌应符合 GB/T 7345 的规定。

6.3.2 试验方法

减速器铭牌应按 GB/T 7345 的规定进行检查，应符合 6.3.1 的要求。

6.4 输出轴

6.4.1 技术要求

减速器输出轴的径向圆跳动、轴向间隙、径向间隙应符合表 14 或产品专用技术条件的规定。

6.4.2 试验方法

径向圆跳动、轴向间隙、径向间隙按 GB/T 7345 规定的方法进行测量，其值应符合 6.4.1 的要求。

表 14

单位为毫米

级别	项目		
	径向圆跳动	轴向间隙	径向间隙
普通级	0.05	0.30	0.06
较精密级	0.04	0.20	0.03
精密级	0.03	0.10	0.02
高精密级	0.02	0.05	0.01

6.5 静摩擦力矩

6.5.1 技术要求

当有要求时，减速器的静摩擦力矩应符合产品专用技术条件的规定。

6.5.2 试验方法

在减速器的输入轴上固定一个加载圆盘，当缓慢增加砝码使输入轴开始转动时，其静摩擦力矩等于加载圆盘的半径乘以砝码质量的数值。正、反转各进行三次，其中最大值不大于 6.5.1 的要求。

6.6 传动精度

6.6.1 一般传动用的减速器

6.6.1.1 技术要求

一般传动用的减速器输出轴空载空程应符合表 15 或产品专用技术条件的规定。

表 15

级别	普通级	较精密级	精密级
空载空程	>3°	≤3°	≤1.5°

6.6.1.2 试验方法

将减速器输入轴与光学分度头主轴连接，使用光学多面棱体、准直光管等测量。测量时，多面棱体固定在输出轴上，并调整准直光管垂直对准多面棱体的一个面，当输入轴由正转改为反转时的两极限转角之差除以传动比，即为输出轴空载空程，其值应符合 6.6.1.1 的要求。测量时，应使减速器输出端旋转 360 °，期间的采样点应不少于 100 点，且大致均布。

6.6.2 伺服(精密控制)用的减速器

6.6.2.1 技术要求

伺服用的减速器传动精度应符合表 16 或产品专用技术条件的规定。

表 16

级别	普通级	较精密级	精密级	高精密级
传动精度	16′～25′	10′～15′	5′～9′	1′～4′

6.6.2.2 试验方法

将减速器输入轴与光学分度头主轴连接，多面棱体固定在输出轴上，并调整准直光管垂直对准多面棱体的一个面，输出轴相对于输入轴的理论转角与实际转角之差为传动误差，传动误差与空载空程的和即为传动精度，其值应符合 6.6.2.1 的要求。测量时，应使减速器输出端旋转 360°，期间采样点应不少于 100 点，且大致均布。

6.7 额定工作转矩

6.7.1 技术要求

减速器输出轴的额定工作转矩和短时超载许用转矩应符合表 5～表 13 或产品专用技术条件的规定。

6.7.2 试验方法

将减速器与动力源连接后，在空载状态下以工作方向运转 1 h 后测试。测试分为：

a) 额定工作转矩：将减速器水平安装在转矩测试装置上，按 6.7.1 的规定在输出轴上施加负载，减速器能正常工作。

b) 短时超载许用转矩：在额定工作转矩测量后，立即按 6.7.1 的规定在输出轴上施加负载，减速器应能正常运转 1 min，试验后，减速器应能正常工作，主要性能指标应符合产品专用技术条件的规定。

6.8 传动效率

6.8.1 技术要求

减速器的传动效率应符合产品专用技术条件的规定。

注 1：减速器的传动效率与减速器的齿轮加工精度、传动级数有关。

注 2：通常定轴轮系减速器单级传动效率为 0.8～0.9，行星轮系减速器单级传动效率为 0.9～0.95。

6.8.2 试验方法

用转矩测量装置测出减速器输入轴转矩和输出轴转矩，传动效率按式(1)计算，其值应符合 6.8.1 的要求。

$$\eta = \frac{T_2}{T_1 \times i} \times 100\% \qquad \cdots\cdots\cdots\cdots(1)$$

式中：

η——传动效率；

T_2——输出轴转矩；

T_1——输入轴转矩；

i——减速比。

6.9 噪声

6.9.1 技术要求

减速器的噪声应符合产品专用技术条件的规定。

6.9.2 试验方法

按 GB/T 7345 的规定进行噪声试验，其值应符合 6.9.1 的要求。

6.10 寿命

6.10.1 技术要求

减速器在额定转速和额定负载下运转，其工作寿命应符合产品专用技术条件的规定。

6.10.2 试验方法

减速器在装有电机、加载器、传感器、测量仪等的试验台上进行试验。先检查减速器的润滑和加载器的冷却是否正常，然后调整减速器、加载器、传感器的同轴度并反复空载启动试转，确认无附加安装应力后才允许加载运行，起动电机，减速器在额定转速和额定负载下进行试验。应符合 6.10.1 的要求。

6.11 重量

6.11.1 技术要求

减速器的重量应符合产品专用技术条件的规定。

6.11.2 试验方法

用感量不低于 1% 的衡器，称量减速器及其附件的重量，减速器及其附件的重量应符合 6.11.1 的要求。

6.12 低温

6.12.1 技术要求

减速器应能承受产品专用技术条件规定的极限低温试验。试验后恢复常温减速器应能正常工作，静摩擦力矩应符合 6.5 的要求，并无异常噪音、无明显外观变形等损伤。

6.12.2 试验方法

按 GB/T 7345 规定的方法进行试验,试验持续时间为 2 h,结果应符合 6.12.1 的要求。

6.13 高温

6.13.1 技术要求

减速器应能承受产品专用技术条件规定的极限高温试验。试验后恢复常温减速器应能正常工作,润滑油脂应无溢出,主要性能指标应符合产品专用技术条件的规定。

6.13.2 试验方法

按 GB/T 7345 规定的方法进行试验,试验持续时间为 2 h。结果应符合 6.13.1 的要求。

6.14 温度冲击

6.14.1 技术要求

当有要求时,减速器应能承受产品专用技术条件规定的极限高、低温的温度变化试验。试验后恢复常温,减速器外观质量应符合 6.2.1 的要求。

6.14.2 试验方法

按 GB/T 7345 的规定进行温度变化试验,结果应符合 6.14.1 的要求。

6.15 振动

6.15.1 技术要求

减速器应能承受 GB/T 7345 或产品专用技术条件规定的定幅振动或高频振动试验。试验后减速器应能正常工作,主要性能指标应符合产品专用技术条件的规定。

6.15.2 试验方法

按 GB/T 7345 规定的方法进行振动试验,试验后应符合 6.15.1 的要求。

注:减速器输入端如无固定装置,应与电机装配成一体后进行试验。

6.16 规定脉冲冲击

6.16.1 技术要求

减速器应能承受 GB/T 7345 或产品专用技术条件规定的脉冲冲击试验。试验后减速器零部件应无松动或损坏。

6.16.2 试验方法

按 GB/T 7345 规定的方法进行脉冲冲击试验,试验后应符合 6.16.1 的要求。

注:减速器输入端如无固定装置,应与电机装配成一体后进行试验。

6.17 稳态加速度

6.17.1 技术要求

当有要求时,减速器应能承受 GB/T 7345 或产品专用技术条件规定的稳态加速度试验。试验后减速器零部件应无松动或损坏。

6.17.2 试验方法

按 GB/T 7345 规定的方法进行稳态加速度试验,试验后应符合 6.17.1 的要求。

注:减速器输入端如无固定装置,应与电机装配成一体后进行试验。

6.18 恒定湿热

6.18.1 技术要求

当有要求时,减速器应能承受 GB/T 7345 或产品专用技术条件规定的恒定湿热试验。应无明显的外表质量变坏及影响正常工作的锈蚀现象。

6.18.2 试验方法

按 GB/T 7345 规定的方法进行恒定湿热试验,试验后应符合 6.18.1 的要求。

6.19 试验条件

6.19.1 气候条件

试验的气候条件按 GB/T 7345 的规定。

6.19.2 转矩测量装置的误差

转矩测量装置的误差应不大于3%。

6.19.3 转速测量装置的误差

转速测量装置的误差应不大于±1%。有转速精度要求时，转速测量装置的误差由产品专用技术条件规定。

7 检验规则

7.1 检验分类

检验分为：

a) 鉴定检验；

b) 质量一致性检验。

7.2 鉴定检验

7.2.1 鉴定检验时机和条件

当有要求时，鉴定检验应在国家认可的实验室按通用技术条件或产品专用技术条件的规定进行。

有下列情况之一时，应进行鉴定检验：

a) 新产品设计确认前；

b) 已鉴定产品设计或工艺变更时；

c) 已鉴定产品关键原材料、原器件变更时；

d) 产品制造场所改变时。

7.2.2 样机数量

从批产品中随机抽取 6 台样机，其中 4 台供鉴定检验用，另外 2 台保存备用。

注：定型批产品数量不足 6 台时，应全数提交鉴定检验。但供鉴定检验样机数量不应少于 2 台。

7.2.3 检验程序

鉴定检验项目、基本顺序和样机编号由产品专用技术条件按表 17 规定进行。

7.2.4 检验结果的评定

7.2.4.1 合格

鉴定检验用样机的全部项目检验符合要求，则鉴定检验合格。

7.2.4.2 不合格

只要有一台样机的任一项目不符合要求，则鉴定检验不合格。

7.2.4.3 偶然失效

当鉴定部门确定减速器某一不合格项目属于孤立性质的偶然失效时，允许在每次提交的样机中取 1 台备用样机代替失效样机，并补做失效发生前(包括失效时)的所有项目。然后继续试验，若再有 1 台样机的任一个项目不符合要求，则鉴定检验不合格。

7.2.4.4 性能降低

样机经环境试验后，允许出现不影响其使用的性能降低，性能降低的允许值由产品专用技术条件规定。

7.2.4.5 环境试验期间和试验后的性能严重降低

样机在环境试验期间和试验后，出现影响其使用的性能严重降低时，鉴定部门可以采取两种方式：或者认为鉴定不合格，或者当 1 台样机出现失效时，允许用新的 2 台样机代替，并补做失效发生前(包括失效时)的所有试验，然后补足原样机数量继续试验，若再有 1 台样机的任一个项目不合格，则鉴定检验不合格。

7.2.4.6 同类型产品鉴定检验

当某一类同机座号的两个及两个以上型号的减速器同时提交鉴定检验时，每种型号均应提交 4 台样机，所有样机应通过质量一致性中的A组检验，然后选取4台有代表性的不同型号的样机进行其余项目的试验。试验结果评定按7.2.3规定。任一台样机的任一项目不合格，则其所有的减速器鉴定检验不合格。本检验不允许样机替换。

若鉴定检验合格，则同时提交的所有型号的减速器均鉴定合格。

对此后制造的同类同机座减速器或对原型号设计更改的减速器应进行差异性鉴定检验，差异性鉴定检验合格，则认为该型号减速器鉴定检验合格。

7.3 质量一致性检验

质量一致性检验分为A组和C组检验：

a) A组检验是为了证实减速器产品是否满足常规质量要求所进行的出厂检验。

b) C组检验是周期性的检验。

7.3.1 A组检验

A组检验项目及基本顺序按表17规定进行。

A组检验可以抽样或逐台进行。抽样按GB/T 2828.1中检验水平Ⅱ，一次抽样方案进行，接收质量限(AQL值)，由使用方和制造方协商选定。

逐台检验中，减速器若有一项或一项以上不合格，则该减速器为不合格品。

A组检验合格，则除抽样中的不合格减速器之外，用户应整批接收。

若A组检验不合格，则整批拒收，由制造商消除缺陷并剔除不合格品后，再次提交A组检验。

注：表17所列项目，由制造商根据减速器特点和质量控制要求程度选择使用。所选项目应满足法律法规和用户要求。

7.3.2 C组检验

C组检验项目及基本顺序按表17规定进行。

7.3.2.1 检验时机

有下列情况之一时，一般应进行C组检验：

a) 相关项目检验；

b) A组检验结果与鉴定检验结果发生较大偏差时；

c) 周期检验；

d) 政府或行业监管产品质量或用户要求时。

C组检验周期除另有规定，每两年应至少进行一次。

7.3.2.2 检验规则

C组检验项目及基本顺序按表17规定进行。

C组检验样机从已通过A组检验的产品中抽取，对未作过A组检验的样机应补作A组检验项目的试验，待合格后方能进行C组检验其余项目的试验。

C组检验样机数量及检验结果评定按7.2.1和7.2.3的规定。

若C组检验不合格，由制造商消除不合格原因后，重新进行C组检验。

表17

序号	检验项目	技术要求和试验方法条款	鉴定检验样机编号	质量一致性检验	
				A组检验	C组检验
1	外观	6.2	1,2,3,4	√	—
2	铭牌[a]	6.3	1,2,3,4	√	√
3	输出轴	6.4	1,2,3,4	√	—
4	静摩擦力矩[b]	6.5	1,2,3,4	√	—
5	传动精度	6.6	1,2,3,4	√	—

表 17（续）

序号	检 验 项 目	技术要求和试验方法条款	鉴定检验样机编号	质量一致性检验	
				A 组检验	C 组检验
6	额定工作转矩	6.7	1,2,3,4	√	—
7	传动效率	6.8	1,2,3,4	—	—
8	噪声	6.9	1,2,3,4	—	—
9	寿命	6.10	3,4	—	—
10	重量	6.11	1,2	—	√
11	低温	6.12	3,4	—	√
12	高温	6.13	3,4	—	√
13	温度冲击[b]	6.14	3,4	—	√
14	振动	6.15	1,2,3,4	—	√
15	规定脉冲冲击	6.16	1,2,3,4	—	√
16	稳态加速度[b]	6.17	1,2	—	√
17	恒定湿热[b]	6.18	3,4	—	√

注：“√”表示进行该项目经验，“—”表示不进行该项检验。

[a] 铭牌 A 组检验时不检测其耐久性。

[b] 根据减速器用途和环境条件，当有要求时才进行的鉴定检验项目。

8 交付准备

8.1 总则

除非另有规定，交付的减速器应是通过设计确认后制造的，且出厂检验合格的产品。

8.2 包装

减速器包装应符合 GB/T 13384 的规定，制造商应确保产品通过包装能得到有效防护。

8.3 运输

包装的减速器在运输过程中应小心轻放，避免碰撞和敲击，不应与酸碱等腐蚀性物质放在一起。制造商应通过标识或协议方式将运输条件告知用户和承运商。

8.4 储存

减速器应储存在环境温度为－10℃～35 ℃，相对湿度不大于 85％，清洁、通风良好的库房内，空气中不应含有腐蚀性气体。储存期分为一年、三年和五年，由制造商规定。制造商应将储存条件和储存期告知用户。

8.5 保证期

保证期系制造商就减速器正确储存和使用期限而向用户的承诺。

保证期是从产品出厂之日算起的储存期(包括运输期)与保用期之和。

保用期从减速器包装启封开始计算，分为一年、两年半或根据各类减速器的特点，由减速器通用技术条件规定。

在正确储存和使用减速器的情况下，制造商应保证减速器在保用期内正常工作。如在保用期内减速器因制造质量不良而发生损坏或不能正常工作时，制造商应负责维修或更换。

9 用户服务

制造商应对减速器交付后的技术服务作出规定，当用户有需求时，应能及时提供技术服务。

附 录 A
（资料性附录）
减速器外形结构尺寸

A.1 一般传动用定轴轮系减速器外形结构尺寸

A.1.1 中心出轴的圆型减速器

中心出轴的精密级和较精密级定轴轮系圆形减速器，外形及安装尺寸见表 A.1 和图 A.1。

表 A.1 单位为毫米

代号	代号具体内容	允差配合	机座号					
			10	12	16	20	24	28
D	外形尺寸	—	ϕ10	ϕ12	ϕ16	ϕ20	ϕ24	ϕ28
*D*1	安装螺纹孔中心圆	±0.2	ϕ7.5	ϕ9	ϕ11	ϕ14	ϕ18	ϕ22
*D*2	安装螺纹孔	6H	M1.4	M1.6	M1.6	M2	M2	M2.5
*D*3	输出轴直径	h8	ϕ2	ϕ2	ϕ2	ϕ3	ϕ3	ϕ4
*D*4	输出止口直径	h8	ϕ5	ϕ6	ϕ7	ϕ10	ϕ14	ϕ18
*L*1	输出止口高度	±0.2	2	2	2	3	3	3
*L*2	安装面到轴端距离	—	7	10	10	13	13	15
L	减速器长度		由产品专业技术条件规定					
注：10～20 机座号减速器允许制造成 2 个安装螺纹孔。								

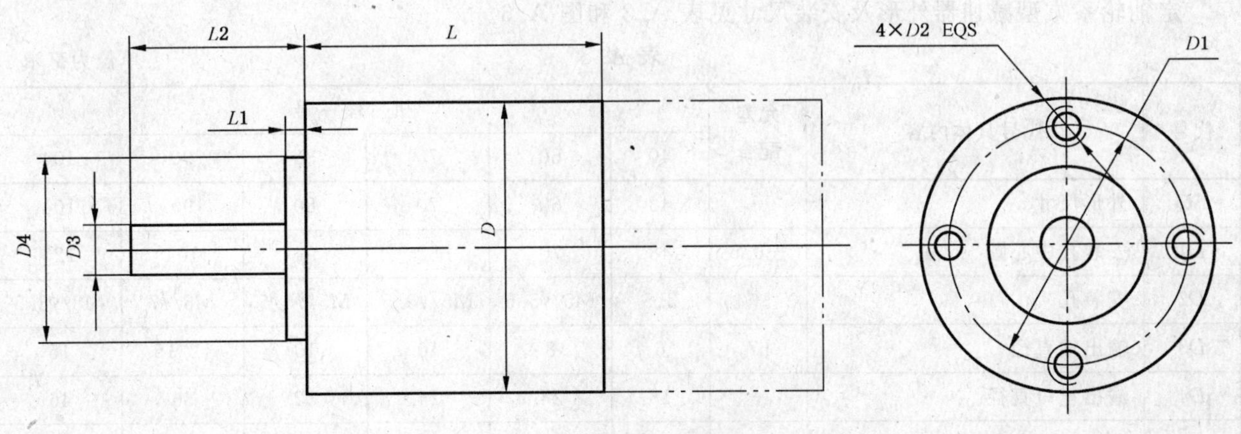

图 A.1 中心出轴的圆型减速器

A.1.2 偏心出轴的圆型减速器

偏心出轴的精密级和较精密级定轴轮系圆形减速器，外形及安装尺寸见表 A.2 和图 A.2。

表 A.2

单位为毫米

代号	代号具体内容	允差配合	机座号			
			30	35	37	50
D	外形尺寸	—	ϕ30	ϕ35	ϕ37	ϕ50
*D*1	安装螺纹孔中心圆	±0.2	ϕ25	ϕ27	ϕ31	ϕ38
*D*2	安装螺纹孔	6H	M3	M3	M3	M5
*D*3	输出轴直径	h8	ϕ5	ϕ5	ϕ6	ϕ6
*D*4	输出止口直径	h8	ϕ10	ϕ12	ϕ12	ϕ28
*L*1	输出止口高度	±0.2	3	3	6	3
*L*2	安装面到轴端距离	—	13	13	21	20
*L*3	偏心距	—	5.5	8.7	7	8.4
L	减速器长度	由产品专业技术条件规定				

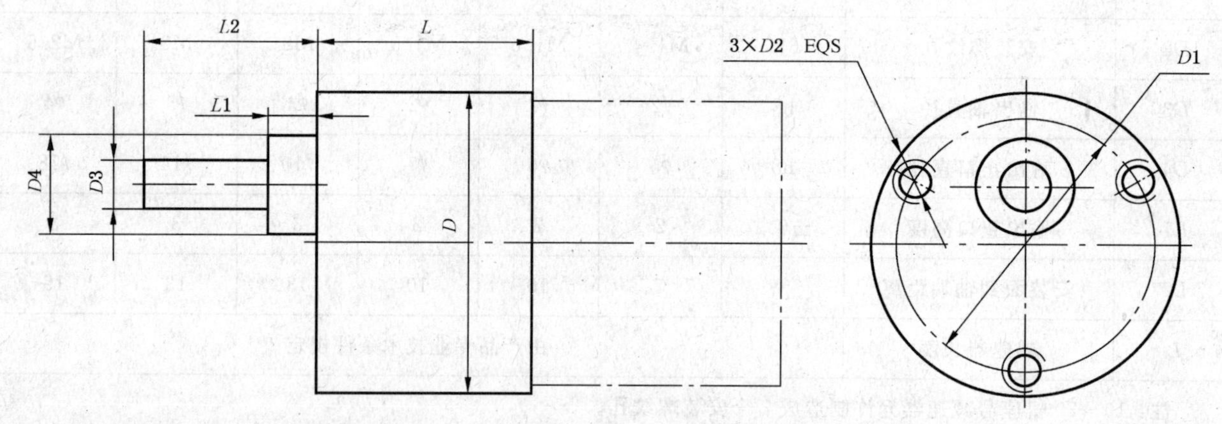

图 A.2 偏心出轴的圆型减速器

A.1.3 定轴轮系方型减速器

定轴轮系方型减速器外形及安装尺寸见表 A.3 和图 A.3。

表 A.3

单位为毫米

代号	代号具体内容	允差配合	机座号					
			40	60	70	80	90	104
SQ	外形尺寸	—	42	60	70	80	90	104
*D*1	安装孔中心圆	±0.5	48	70	82	94	104	120
*D*2	安装孔	—	3.5	M5/ϕ5.5	M5/ϕ5.5	M5/ϕ5.5	M6/ϕ7	M8/ϕ8.5
*D*3	输出轴直径	h7	6	8	10	10	12/15	15
*D*4	输出止口直径	—	18	24	24	32	36	46
*L*1	输出止口高度	—	2	3	3	3	3/10	10
*L*2	安装面到轴端距离	—	15	32	32	32	32/38	42
*L*3	偏心距	—	8	10	15	15	18	20
L	减速器长度	由产品专业技术条件规定						

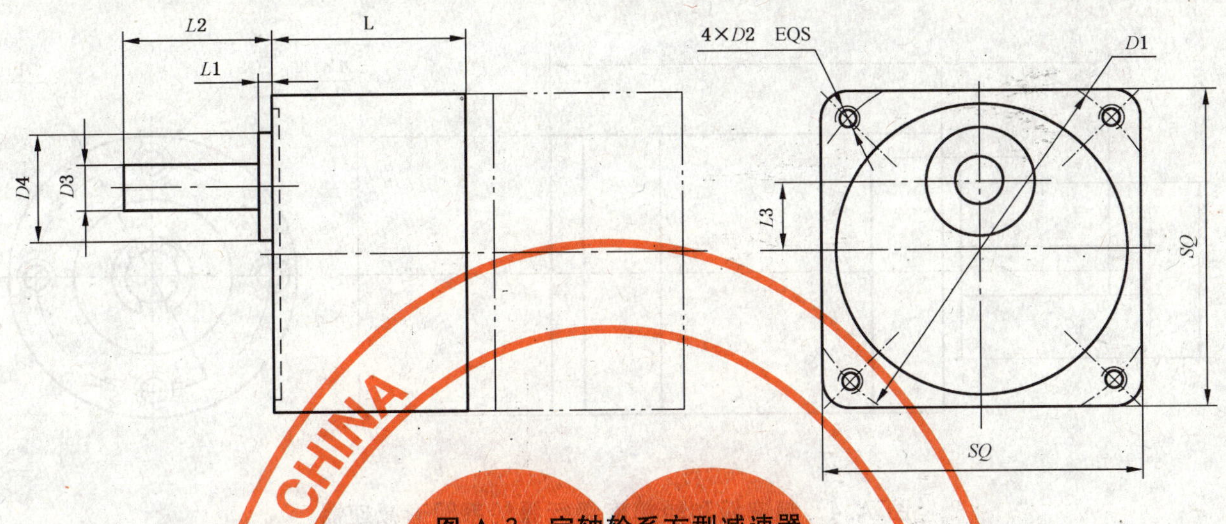

图 A.3 定轴轮系方型减速器

A.2 一般传动用行星轮系圆型减速器外形结构尺寸

精密级和较精密级行星轮系圆形减速器，外形及安装尺寸见表 A.4 和图 A.4。

表 A.4

单位为毫米

代号	代号具体内容	允差配合	机座号					
			42	48	56	62	72	82
D	外形尺寸	—	φ42	φ48	φ56	φ62	φ72	φ82
D1	安装螺纹孔中心圆	±0.2	φ28	φ35	φ45	φ52	φ60	φ65
D2	安装螺纹孔	6H	M3	M4	M5	M5	M5	M6
D3	输出轴直径	h8	φ2	φ10	φ12	φ14	φ16	φ19
D4	输出止口直径	h8	22	26	32	40	45	50
L1	输出止口高度	±0.2	2	2	2	5	5	5
L2	安装面到轴端距离	—	20	27	28	38	49	49
L	减速器长度	由产品专业技术条件规定						

代号	代号具体内容	公差配合	机座号						
			12	16	22	24	28	32	36
D	外形尺寸	—	φ12	φ16	φ22	φ24	φ28	φ32	φ36
D1	安装螺纹孔中心圆	±0.2	φ9	φ10	φ18	φ19	φ22	φ26	φ28
D2	安装螺纹孔	6H	M2	M2	M2	M2	M3	M3	M3
D3	输出轴直径	h8	φ3	φ3	φ4	φ4	φ6	φ6	φ8
D4	输出止口直径	h8	6	6	14	14	17	19	22
L1	输出止口高度	±0.2	1	1	2	2	2	2	2
L2	安装面到轴端距离	—	11	12	13	13	20	20	20
L	减速器长度	由产品专业技术条件规定							

注：12～16 机座号减速器允许制造成 2 个安装螺纹孔。

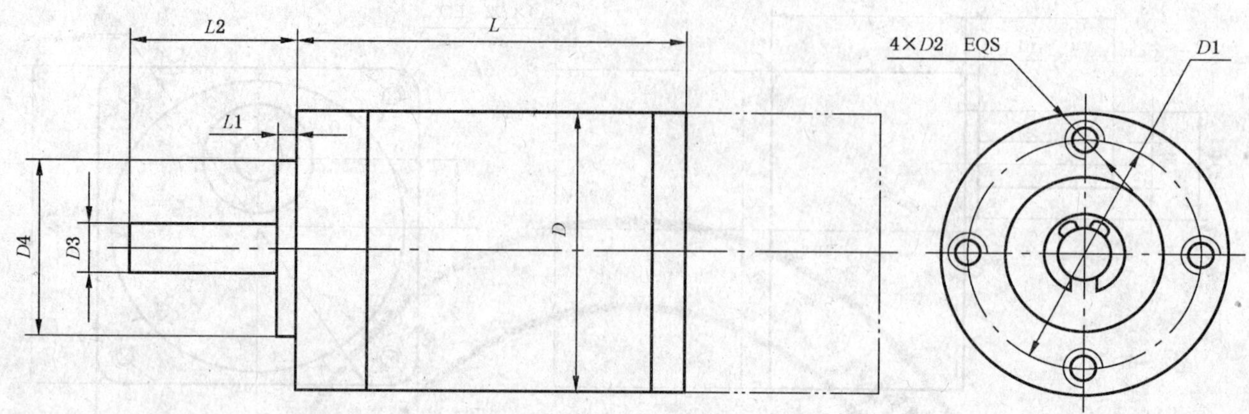

图 A.4 精密级和较精密级行星轮系圆形减速器

A.3 伺服减速器输出端的外形结构尺寸

A.3.1 高精密级方型伺服减速器

高精密级方型伺服减速器外形及安装尺寸见表 A.5 和图 A.5。

表 A.5

单位为毫米

代号	代号具体内容	公差配合	机座号						
			40	60	90	115	142	180	220
SQ	外形尺寸	—	42×42	60×60	90×90	115×115	142×142	182×182	220×220
D1	安装孔中心圆	—	ϕ50	ϕ70	ϕ100	ϕ130	ϕ165	ϕ215	ϕ250
D2	安装孔直径	—	ϕ3.4	ϕ5.5	ϕ6.5	ϕ8.5	ϕ11	ϕ13	ϕ17
D3	输出轴直径	j6	ϕ13	ϕ16	ϕ22	ϕ32	ϕ40	ϕ55	ϕ75
D4	输出轴轴肩	—	ϕ15	ϕ22	ϕ35	ϕ45	ϕ55	ϕ70	ϕ95
D5	输出止口直径	h7	ϕ35	ϕ50	ϕ80	ϕ110	ϕ130	ϕ160	ϕ180
D6	轴心螺孔	—	M4×0.7	M5×0.8	M8×1.25	M12×1.75	M16×2	M20×2.5	M20×2.5
D7	法兰外圆直径	—	ϕ56	ϕ80	ϕ116	ϕ152	ϕ185	ϕ240	ϕ292
L1	键长	—	16	25	32	40	63	70	90
L2	键到轴端距离	—	2	2	3	5	5	6	7
L3	输出止口高度	—	5.5	7	10	12	15	20	30
L4	轴肩高度	—	1	1.5	1.5	2	3	3	3
L5	法兰到轴端距离	—	26	37	48	65	97	105	138
L6	输出法兰厚度	—	6	10	14	18	22	26	30
L7	键宽	—	5	5	6	10	12	16	20
L8	键与轴总高	—	15	18	24.5	35	43	59	79.5

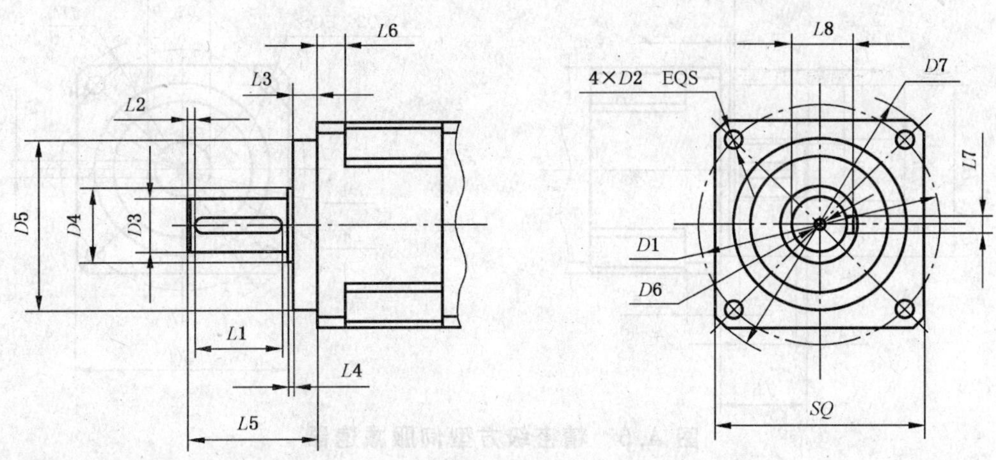

图 A.5 高精密级方型伺服减速器

A.3.2 精密级方型伺服减速器

精密级方型伺服减速器外形及安装尺寸见表 A.6 和图 A.6。

表 A.6

单位为毫米

代号	代号具体内容	公差配合	机座号					
			40	60	90	115	142	180
SQ	外形尺寸	—	40×40	60×60	90×90	115×115	142×142	182×182
D1	安装孔中心圆	—	ϕ46	ϕ70	ϕ100	ϕ130	ϕ165	ϕ215
D2	安装孔直径	—	ϕ3.4	ϕ5.5	ϕ6.5	ϕ8.5	ϕ11	ϕ13
D3	输出轴直径	j6	ϕ12	ϕ16	ϕ20	ϕ30	ϕ40	ϕ55
D4	输出轴轴肩	—	ϕ15	ϕ17	ϕ25	ϕ35	ϕ45	ϕ70
D5	输出止口直径	h7	ϕ35	ϕ50	ϕ80	ϕ110	ϕ130	ϕ160
D6	轴心螺纹孔	—	M3×10	M5×15	M6×18	M6×18	M12×30	M16×40
D7	法兰外圆直径	—	ϕ54	ϕ80	ϕ116	ϕ152	ϕ185	ϕ240
L1	键长	—	16	22	28	32	63	70
L2	键到轴端距离	—	2	3	5	7	8	8
L3	输出止口高度	—	2.5	2.5	3	3.5	3.5	5
L4	法兰到轴肩距离	—	3.5	3.5	4	5	5	8
L5	法兰到轴端距离	—	24	30	40	50	80	90
L6	输出法兰厚度	—	6	10	14	18	22	26
L7	键宽	—	4	5	6	8	12	16
L8	键与轴总高	—	13.5	18	22.5	27	43	59

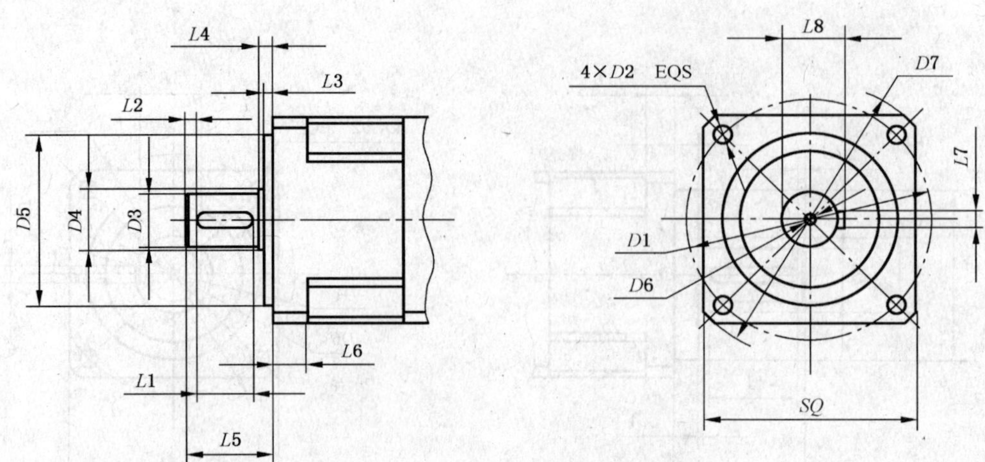

图 A.6 精密级方型伺服减速器

A.3.3 精密级圆型方法兰伺服减速器

精密级圆型方法兰伺服减速器外形及安装尺寸见表 A.7 和图 A.7。

表 A.7

单位为毫米

代号	代号具体内容	公差配合	机座号					
			40	60	80	100	130	176
SQ	方法兰外形尺寸	—	40×40	60×60	80×80	100×100	130×130	176×176
*D*0	机体直径	—	ϕ40	ϕ60	ϕ80	ϕ100	ϕ130	ϕ176
*D*1	安装孔中心圆	—	ϕ46	ϕ70	ϕ90	ϕ115	ϕ150	ϕ200
*D*2	方法兰安装孔孔径	—	ϕ3.4	ϕ5.5	ϕ6.5	ϕ8.5	ϕ11	ϕ13.5
*D*3	输出轴轴径	h7	ϕ10	ϕ14	ϕ20	ϕ25	ϕ32	ϕ55
*D*4	输出轴轴肩	—	ϕ12	ϕ17	ϕ25	ϕ35	ϕ50	ϕ95
*D*5	输出止口直径	h7	ϕ30	ϕ45	ϕ60	ϕ75	ϕ100	ϕ160
*D*6	轴心螺孔	—	M3×9	M5×12	M6×16	M8×20	M12×30	M20×50
*D*7	方法兰外圆直径	—	ϕ54	ϕ80	ϕ104	ϕ135	ϕ175	ϕ230
*L*1	键长	—	18	22	28	36	45	70
*L*2	键到轴端距离	—	2.5	3	4	5	8	6
*L*3	输出止口高度	—	2	3	3	4	5	5
*L*4	法兰到轴肩距离	—	3	4	4.5	6	7	7
*L*5	法兰到轴端距离	—	26	32	40	50	65	90
*L*6	方法兰厚度	—	6	10	14	18	22	26
*L*7	键宽	—	3	5	6	8	12	16
*L*8	键与轴总高	—	11.2	16	22.5	28	33	59

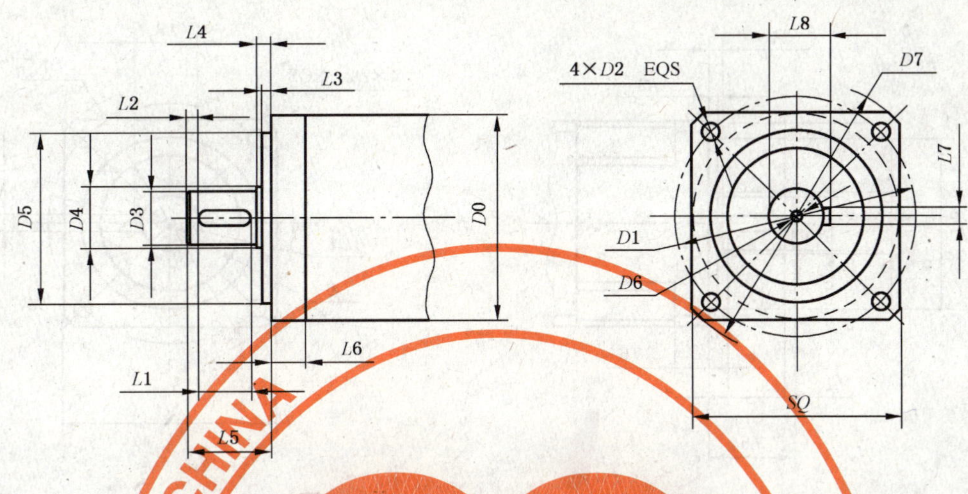

图 A.7 精密级圆型方法兰伺服减速器

A.3.4 较精密级方型伺服减速器

较精密级方型伺服减速器外形及安装尺寸见表 A.8 和图 A.8。

表 A.8

单位为毫米

代号	代号具体内容	公差配合	机座号				
			40	60	90	115	142
SQ	外形尺寸	—	40×40	60×60	90×90	115×115	142×142
*D*1	安装孔中心圆	—	ϕ46	ϕ70	ϕ100	ϕ130	ϕ165
*D*2	安装孔孔径	—	ϕ3.4	ϕ5.5	ϕ6.5	ϕ8.5	ϕ11
*D*3	输出轴轴径	j6	ϕ12	ϕ16	ϕ20	ϕ30	ϕ40
*D*4	输出轴轴肩	—	ϕ15	ϕ17	ϕ25	ϕ35	ϕ45
*D*5	输出止口直径	h7	ϕ35	ϕ50	ϕ80	ϕ110	ϕ130
*D*6	轴心螺孔	—	M3×10	M5×15	M6×18	M6×18	M12×30
*D*7	法兰外圆直径	—	ϕ54	ϕ80	ϕ116	ϕ152	ϕ185
*L*1	键长	—	16	22	28	32	63
*L*2	键到轴端距离	—	2	3	5	7	8
*L*3	输出止口高度	—	2.5	2.5	3	3.5	3.5
*L*4	法兰到轴肩距离	—	3.5	3.5	4	5	5
*L*5	法兰到轴端距离	—	24	30	40	50	80
*L*6	输出法兰厚度	—	6	10	14	18	22
*L*7	键宽	—	4	5	6	8	12
*L*8	键与轴总高	—	13.5	18	22.5	27	43

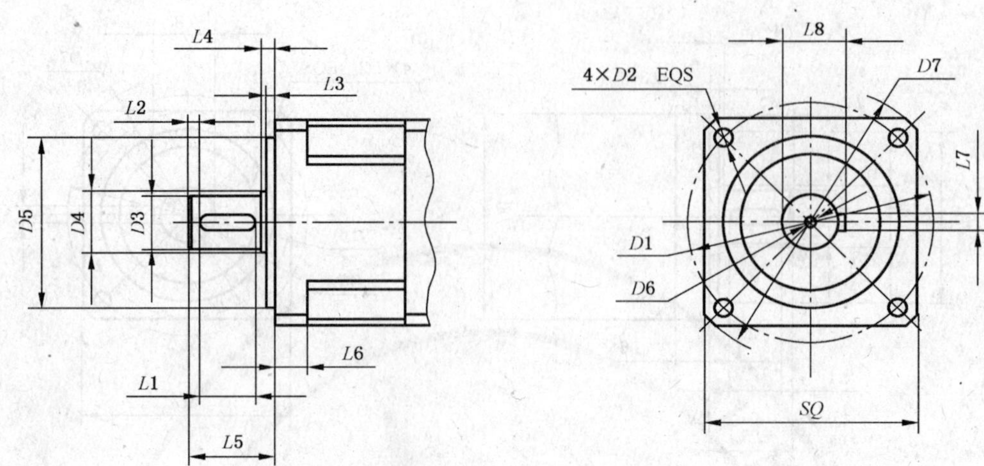

图 A.8 较精密级方型伺服减速器

A.3.5 较精密级圆型方法兰伺服减速器

较精密级圆型方法兰伺服减速器外形及安装尺寸见表 A.9 和图 A.9。

表 A.9

单位为毫米

代号	代号具体内容	公差配合	机座号				
			40	60	80	100	130
SQ	方法兰外形尺寸	—	40×40	60×60	80×80	100×100	130×130
D0	机体直径	—	ϕ40	ϕ60	ϕ80	ϕ100	ϕ130
D1	方法兰安装孔中心圆	—	ϕ46	ϕ70	ϕ90	ϕ115	ϕ150
D2	方法兰安装孔孔径	—	ϕ3.4	ϕ5.5	ϕ6.5	ϕ8.5	ϕ11
D3	输出轴轴径	h7	ϕ10	ϕ14	ϕ20	ϕ25	ϕ32
D4	输出轴轴肩	—	ϕ12	ϕ17	ϕ25	ϕ35	ϕ50
D5	输出止口直径	h7	ϕ30	ϕ45	ϕ60	ϕ75	ϕ100
D6	轴心螺孔	—	M3×9	M5×12	M6×16	M8×20	M12×30
D7	方法兰外圆直径	—	ϕ54	ϕ80	ϕ104	ϕ135	ϕ175
L1	键长	—	18	22	28	36	45
L2	键到轴端距离	—	2.5	3	4	5	8
L3	输出止口高度	—	2	3	3	4	5
L4	法兰到轴肩距离	—	3	4	4.5	6	7
L5	法兰到轴端距离	—	26	32	40	50	65
L6	方法兰厚度	—	6	10	14	18	22
L7	键宽	—	3	5	6	8	12
L8	键与轴总高	—	11.2	16	22.5	28	33

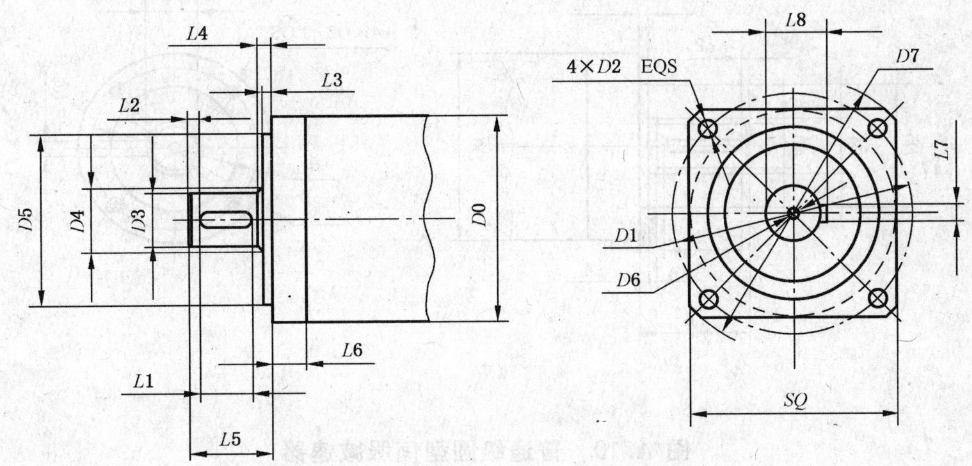

图 A.9 较精密级圆型方法兰伺服减速器

A.3.6 普通级圆型伺服减速器

普通级圆型伺服减速器外形及安装尺寸见表 A.10 和图 A.10。

表 A.10

单位为毫米

代号	代号具体内容	公差配合	机座号				
			40	60	80	100	130
D0	机体直径	—	ϕ40	ϕ60	ϕ80	ϕ100	ϕ130
D1	安装孔中心圆	—	ϕ34	ϕ52	ϕ70	ϕ88	ϕ115
D2	安装螺孔	—	M4×6	M5×8	M6×10	M8×12	M10×16
D3	输出轴轴径	h7	ϕ10	ϕ14	ϕ20	ϕ25	ϕ32
D4	输出轴轴肩	—	ϕ12	ϕ17	ϕ25	ϕ30	ϕ50
D5	输出止口直径	h7	ϕ30	ϕ45	ϕ60	ϕ75	ϕ100
D6	轴心螺孔	—	M3×9	M5×12	M6×16	M8×20	M12×30
L1	键长	—	18	22	28	36	45
L2	键到轴端距离	—	2.5	3	4	5	8
L3	输出止口高度	—	2	3	3	4	5
L4	轴肩高度	—	1	1	1.5	2	2
L5	法兰到轴端距离	—	26	32	40	50	65
L6	键与轴总高	—	11.2	16	22.5	28	33
L7	键宽	—	3	5	6	8	8

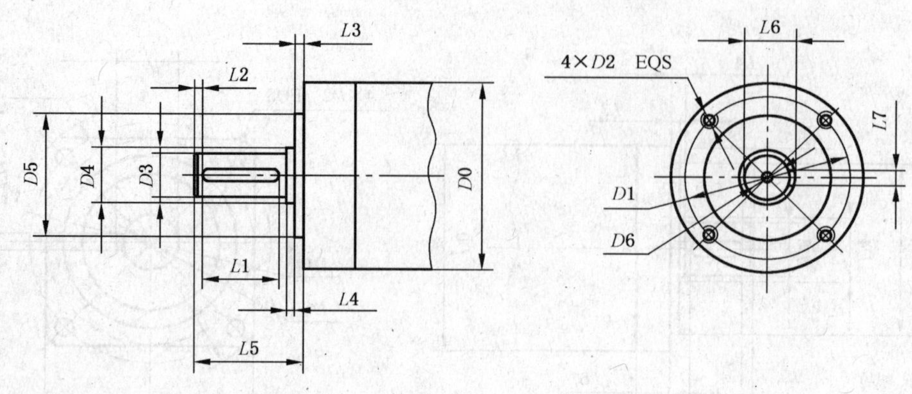

图 A.10 普通级圆型伺服减速器

A.4 伺服减速器输入端的外形结构尺寸

A.4.1 高精密级方型伺服减速器

高精密级方型伺服减速器输入端外形及安装尺寸见表 A.11 和图 A.11。

表 A.11

单位为毫米

代号	代号具体内容	公差配合	机座号						
			40	60	90	115	142	180	220
LA	安装螺孔中心圆	—	ϕ45	ϕ70	ϕ100	ϕ130	ϕ165	ϕ200	ϕ235
LB	输入止口直径	G7	ϕ30	ϕ50	ϕ80	ϕ110	ϕ130	ϕ114.3	ϕ200
LC	外形尺寸	—	42×42	60×60	90×90	115×115	142×142	182×182	220×220
LD	法兰外圆	—	56	80	116	152	185	240	292
LE	输入止口深度	—	3.5	4	4	7	5	5	6
LR	电机轴孔深度	—	25	30	55	55	65	80	113
LZ	安装螺孔	—	M3×10	M4×12	M6×20	M8×25	M10×35	M12×40	M12×40
S	电机轴孔径	F7	ϕ8	ϕ14	ϕ19	ϕ22	ϕ28	ϕ35	ϕ42

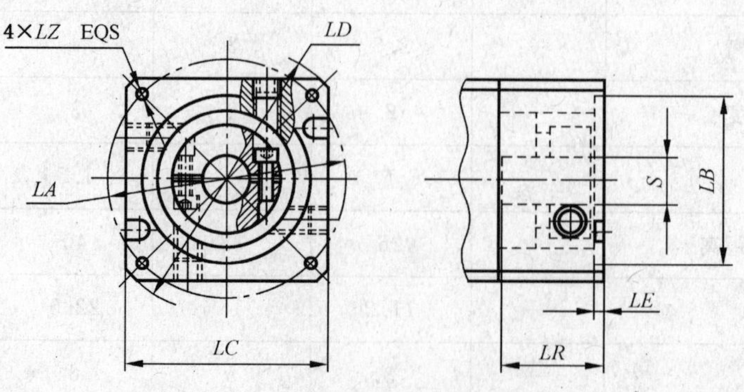

图 A.11 高精密级方型伺服减速器

A.4.2 精密级方型伺服减速器

精密级方型伺服减速器输入端外形及安装尺寸见表 A.12 和图 A.12。

表 A.12　　单位为毫米

代号	代号具体内容	公差配合	机座号					
			40	60	90	115	142	180
LA	安装螺孔中心圆	—	ϕ45	ϕ70	ϕ90	ϕ130	ϕ165	ϕ200
LB	输入止口直径	G7	ϕ30	ϕ50	ϕ70	ϕ110	ϕ130	ϕ114.3
LC	外形尺寸	—	40×40	60×60	90×90	115×115	142×142	182×182
LD	法兰外圆	—	54	80	116	152	185	240
LE	输入止口深度	—	3.5	4	4	7	5	5
LR	电机轴孔深度	—	25	30	55	55	65	80
LZ	安装螺孔	—	M3×10	M4×12	M6×20	M8×25	M10×35	12×40
S	电机轴孔径	F7	ϕ8	ϕ14	ϕ19	ϕ22	ϕ24	ϕ35

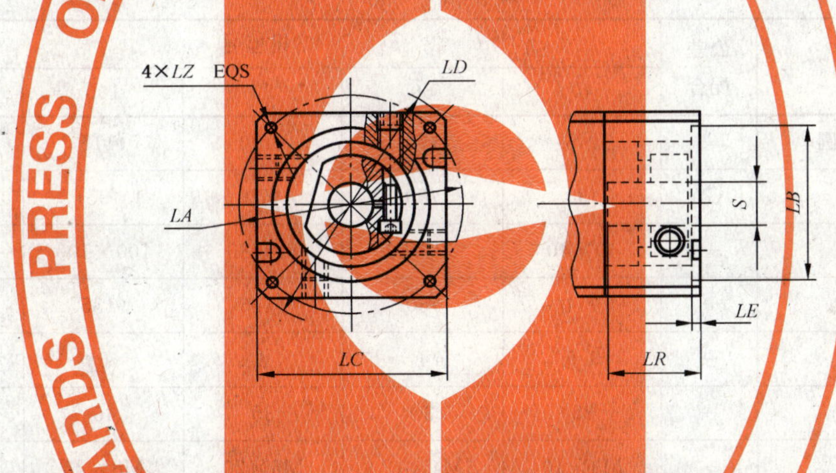

图 A.12　精密级方型伺服减速器

A.4.3 精密级圆型伺服减速器

精密级圆型伺服减速器输入端外形及安装尺寸见表 A.13 和图 A.13。

表 A.13　　单位为毫米

代号	代号具体内容	公差配合	机座号					
			40	60	80	100	130	176
LA	安装螺孔中心圆	—	ϕ45	ϕ70	ϕ100	ϕ115	ϕ145	ϕ200
LB	输入止口直径	G7	ϕ30	ϕ50	ϕ70	ϕ95	ϕ110	ϕ114.3
LC	外形尺寸	—	40×40	60×60	80×80	100×100	130×130	176×176
LD	法兰外圆	—	ϕ54	ϕ80	ϕ116	ϕ135	ϕ165	ϕ230
LE	输入止口深度	—	3.5	4	4	6	7	5
LR	电机轴孔深度	—	25	30	35	45	55	80
LZ	安装螺孔	—	M3×10	M4×12	M6×20	M8×25	M8×30	M12×35
S	电机轴孔径	F7	ϕ8	ϕ14	ϕ19	ϕ22	ϕ24	ϕ35

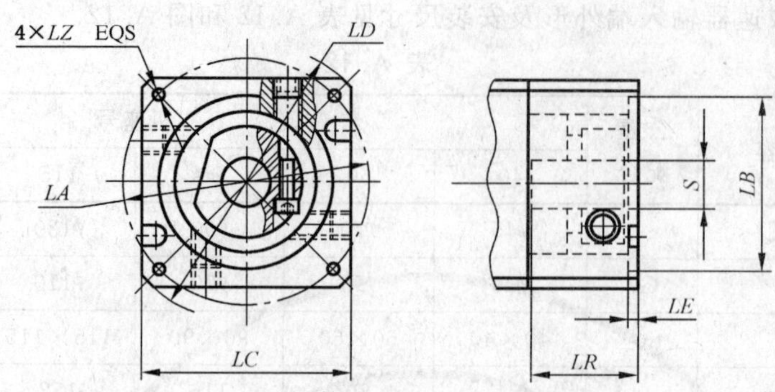

图 A.13 精密级圆型伺服减速器

A.4.4 较精密级方型伺服减速器

较精密级方型伺服减速器输入端外形及安装尺寸见表 A.14 和图 A.14。

表 A.14

单位为毫米

代号	代号具体内容	公差配合	机座号				
			40	60	80	100	130
LA	安装螺孔中心圆	—	ϕ45	ϕ70	ϕ100	ϕ115	ϕ145
LB	输入止口直径	G7	ϕ30	ϕ50	ϕ70	ϕ95	ϕ110
LC	外形尺寸	—	40×40	60×60	80×80	100×100	130×130
LD	法兰外圆	—	ϕ54	ϕ80	ϕ116	ϕ135	ϕ165
LE	输入止口深度	—	3.5	4	4	6	7
LR	电机轴孔深度	—	25	30	35	45	55
LZ	安装螺孔	—	M3×10	M4×12	M6×20	M8×25	M8×30
S	电机轴孔径	F7	ϕ8	ϕ14	ϕ19	ϕ22	ϕ24

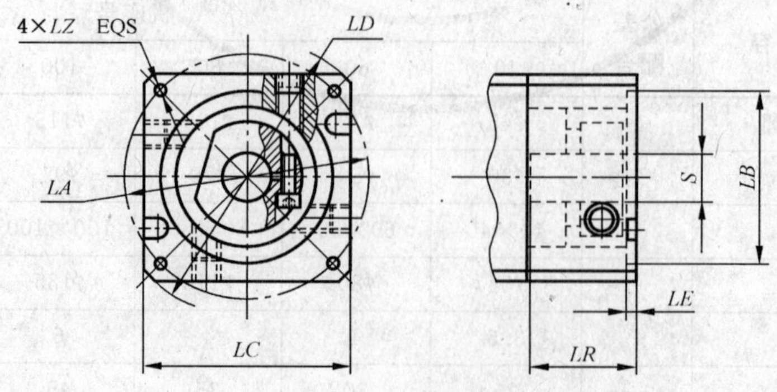

图 A.14 较精密级方型伺服减速器

A.4.5 较精密级圆型伺服减速器

较精密级圆型伺服减速器输入端外形及安装尺寸见表 A.15 和图 A.15。

表 A.15

单位为毫米

代号	代号具体内容	公差配合	机座号				
			40	60	90	115	142
LA	安装螺孔中心圆	—	ϕ45	ϕ70	ϕ90	ϕ130	ϕ165
LB	输入止口直径	G7	ϕ30	ϕ50	ϕ70	ϕ110	ϕ130
LC	外形尺寸	—	40×40	60×60	90×90	115×115	142×142
LD	法兰外圆	—	54	80	116	152	185
LE	输入止口深度	—	3.5	4	4	7	5
LR	电机轴孔深度	—	25	30	55	55	65
LZ	安装螺孔	—	M3×10	M4×12	M6×20	M8×25	M10×35
S	电机轴孔径	F7	ϕ8	ϕ14	ϕ19	ϕ22	ϕ24

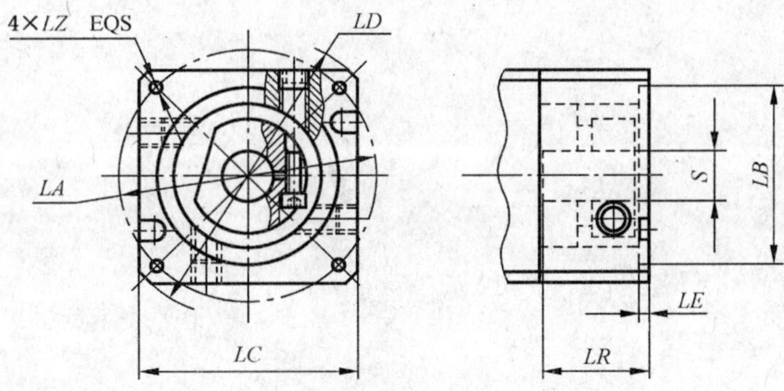

图 A.15 较精密级圆型伺服减速器

A.4.6 普通级圆型伺服减速器

普通级圆型伺服减速器输入端外形及安装尺寸见表 A.16 和图 A.16。

表 A.16

单位为毫米

代号	代号具体内容	公差配合	机座号				
			40	60	80	100	130
LA	安装螺孔中心圆	—	ϕ45	ϕ63	ϕ100	ϕ115	ϕ165
LB	输入止口直径	G7	ϕ30	ϕ50	ϕ70	ϕ95	ϕ110
LC	外形尺寸	—	40×40	60×60	80×80	100×100	130×130
LD	法兰外圆	—	ϕ54	ϕ80	ϕ116	ϕ135	ϕ165
LE	输入止口深度	—	3	4	4	6	7
LR	电机轴孔深度	—	25	30	35	45	55
LZ	安装螺孔	—	M4×10	M4×12	M6×15	M8×25	M8×30
S	电机轴孔径	F7	ϕ8	ϕ14	ϕ19	ϕ22	ϕ24

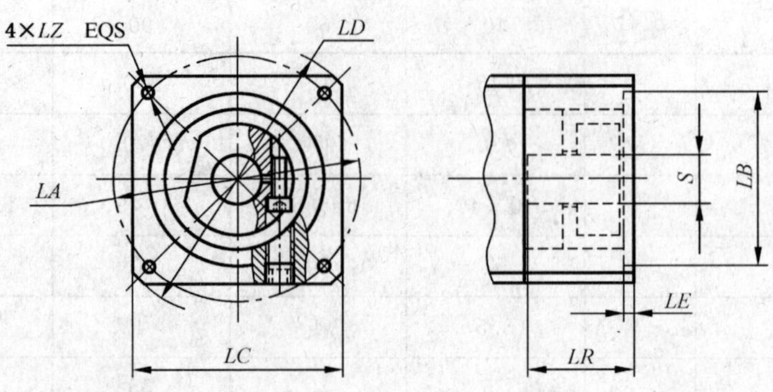

图 A.16 普通级圆型伺服减速器

ICS 77.140.80
J 31

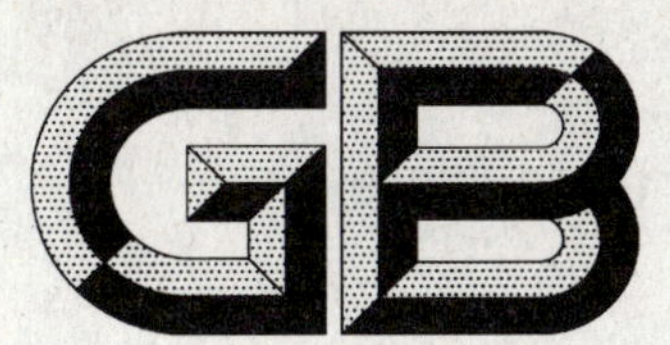

中华人民共和国国家标准

GB/T 11352—2009
代替 GB/T 11352—1989

一般工程用铸造碳钢件

Carbon steel castings for general engineering purpose

（ISO 3755:1991,Cast carbon steels for general engineering purposes,
ISO 4990:2003,Steel castings—General technical delivery requirements,MOD)

2009-03-05 发布　　　　2009-09-01 实施

中华人民共和国国家质量监督检验检疫总局
中国国家标准化管理委员会　发布

前　言

本标准修改采用国际标准 ISO 3755:1991《一般工程用铸钢》和 ISO 4990:2003《铸钢件通用交货技术条件》。

本标准将 ISO 3755:1991 和 ISO 4990:2003 两个标准合并后修改采用，在主要技术内容上存在如下差异：

——在结构上作了较大的编辑性修改，修改了 ISO 3755:1991 的第 7 章，删除了 ISO 4990:2003 中表 1 化学成分的允许偏差和表 2 替代材料表。

——修改了 ISO 4990:2003 附录 B 中的力学性能试块规格、取样位置和尺寸。

为了方便比较，在附录 C 中列出了本标准条款和国际标准条款的对照表。

本标准代替 GB/T 11352—1989《一般工程用铸造碳钢件》。本标准与 GB/T 11352—1989 相比，主要技术内容修订如下：

——增加了化学成分光谱分析方法；

——降低了各牌号中 S、P 控制量；

——附铸的力学性能试块与单铸试块并列供选用。

本标准的附录 A、附录 B、附录 C 均为资料性附录。

本标准由中国机械工业联合会提出。

本标准由全国铸造标准化技术委员会归口。

本标准负责起草单位：广东省韶铸集团有限公司。

本标准参加起草单位：上海重型机器厂有限公司、沈阳铸造研究所。

本标准主要起草人：刘启平、俞正江、于波、孙树清、叶建军。

本标准所代替标准的历次版本发布情况为：

——GB/T 11352—1989。

一般工程用铸造碳钢件

1 范围

本标准规定了一般工程用铸造碳钢件的牌号、技术要求、试验方法、检验规则及标志、包装、贮运等。

本标准适用于一般工程用铸造碳钢件。

2 规范性引用文件

下列文件中的条款通过本标准的引用而成为本标准的条款。凡是注日期的引用文件，其随后所有的修改单(不包括勘误的内容)或修订版均不适用于本标准，然而，鼓励根据本标准达成协议的各方研究是否可使用这些文件的最新版本。凡是不注日期的引用文件，其最新版本适用于本标准。

GB/T 222 钢的成品化学成分允许偏差

GB/T 223.3 钢铁及合金化学分析方法 二安替比林甲烷磷钼酸重量法测定磷量

GB/T 223.4 钢铁及合金 锰含量的测定 电位滴定或可视滴定法

GB/T 223.60 钢铁及合金化学分析方法 高氯酸脱水重量法测定硅含量

GB/T 228 金属材料 室温拉伸试验方法(GB/T 228—2002,eqv ISO 6892:1998)

GB/T 229 金属材料 夏比摆锤冲击试验方法(GB/T 229—2007,ISO 148-1:2006,MOD)

GB/T 231.1 金属布氏硬度试验 第1部分:试验方法(GB/T 231.1—2002,eqv ISO 6506-1:1999)

GB/T 231.2 金属布氏硬度试验 第2部分:硬度计的检验与校准(GB/T 231.2—2002,ISO 6506-2:1999,MOD)

GB/T 231.3 金属布氏硬度试验 第3部分:标准硬度块的标定(GB/T 231.3—2002,ISO 6506-3:1999,MOD)

GB/T 4336 碳素钢和中低合金钢 火花源原子发射光谱分析方法(常规法)

GB/T 5613 铸钢牌号表示方法

GB/T 5677 铸钢件射线照相检测(GB/T 5677—2007,ISO 4993:1987,IDT)

GB/T 6414 铸件 尺寸公差与机械加工余量(GB/T 6414—1999,eqv ISO 8062:1994)

GB/T 7233 铸钢件超声探伤及质量评级方法

GB/T 8170 数值修约规则与极限数值的表示和判定

GB/T 9443 铸钢件渗透检测(GB/T 9443—2007,ISO 4987:1992,IDT)

GB/T 9444 铸钢件磁粉检测(GB/T 9444—2007,ISO 4986:1992,IDT)

GB/T 11351 铸件重量公差

GB/T 15056 铸造表面粗糙度 评定方法

GB/T 16923 钢件的正火与退火

GB/T 16924 钢件的淬火与回火

3 牌号

按GB/T 5613的规定一般工程用铸造碳钢件(以下简称铸件)牌号分为:ZG 200-400、ZG 230-450、ZG 270-500、ZG 310-570、ZG 340-640。

4 技术要求

4.1 制造

除另有规定外，熔炼方法和铸造方法由供方决定。

4.2 化学成分

各牌号的化学成分应符合表 1 的规定。

表 1 化学成分(质量分数≤) %

牌号	C	Si	Mn	S	P	残余元素					
						Ni	Cr	Cu	Mo	V	残余元素总量
ZG 200-400	0.20	0.60	0.80	0.035	0.035	0.40	0.35	0.40	0.20	0.05	1.00
ZG 230-450	0.30		0.90								
ZG 270-500	0.40										
ZG 310-570	0.50										
ZG 340-640	0.60										

注 1：对上限减少 0.01%的碳，允许增加 0.04%的锰，对 ZG 200-400 的锰最高至 1.00%，其余四个牌号锰最高至 1.20%。

注 2：除另有规定外，残余元素不作为验收依据。

4.3 力学性能

各牌号的力学性能应符合表 2 规定，其中断面收缩率和冲击吸收功，如需方无要求时，由供方选择其一。

表 2 力学性能(≥)

牌 号	屈服强度 $R_{eH}(R_{p0.2})$/MPa	抗拉强度 R_m/MPa	伸长率 A_5/%	根据合同选择		
				断面收缩率 Z/%	冲击吸收功 A_{KV}/J	冲击吸收功 A_{KU}/J
ZG 200-400	200	400	25	40	30	47
ZG 230-450	230	450	22	32	25	35
ZG 270-500	270	500	18	25	22	27
ZG 310-570	310	570	15	21	15	24
ZG 340-640	340	640	10	18	10	16

注 1：表中所列的各牌号性能，适应于厚度为 100 mm 以下的铸件。当铸件厚度超过 100 mm 时，表中规定的 $R_{eH}(R_{p0.2})$ 屈服强度仅供设计使用。

注 2：表中冲击吸收功 A_{KU} 的试样缺口为 2 mm。

4.4 热处理

4.4.1 除另有规定外，热处理工艺由供方自行决定。

4.4.2 铸钢件的热处理按 GB/T 16923、GB/T 16924 的规定执行。

4.5 表面质量

铸件表面粗糙度应符合图样或订货协定。

铸件表面不应存在影响使用的缺陷。

4.6 几何形状、尺寸、尺寸公差和加工余量

铸件几何形状、尺寸、尺寸公差和加工余量应符合图样或订货协定，如无图样或订货协定，铸件应符合 GB/T 6414 的规定。

4.7 焊补

供方可对铸件缺陷进行焊补，焊补条件由供方确定。如需方对焊补有要求时应与供方协商。

4.8 矫正

铸件产生的变形可通过矫正的方法消除。

5 试验方法

5.1 化学成分分析

5.1.1 化学成分分析方法采用常规化学分析或光谱分析。化学分析或光谱分析用试块，应在浇铸过程中制取。

5.1.2 化学分析用试样的取样方法按 GB/T 222 的规定执行。

5.1.3 常规化学分析方法按 GB/T 223.3、GB/T 223.4、GB/T 223.60 的规定进行。

5.1.4 光谱分析方法按 GB/T 4336 的规定进行。

5.2 力学性能试验

5.2.1 试块

5.2.1.1 力学性能用试块，应在浇注过程中单独铸出或附铸在铸件上，当试块附铸在铸件上时，附铸的位置、方法和力学性能由供需双方协商。除另有规定外，试块类型的选用由供方自行决定。

5.2.1.2 单铸试块的形状尺寸和试样的切取位置应符合图 1 的要求。

5.2.1.3 附铸试块的形状、尺寸和取样位置由供需双方商定。

5.2.1.4 除另有规定外，试块与其所代表的铸件用同炉方式进行热处理，并作标记。

5.2.1.5 供方在铸件热处理之前，如需方或其代表要参加试验并在铸件上作标记，不应完全切掉附铸试块，热处理后附铸试块也要作标记。

5.2.2 拉伸试验

拉伸试验按 GB/T 228 的规定执行。

5.2.3 冲击试验

冲击试验按 GB/T 229 的规定执行。

单位为毫米

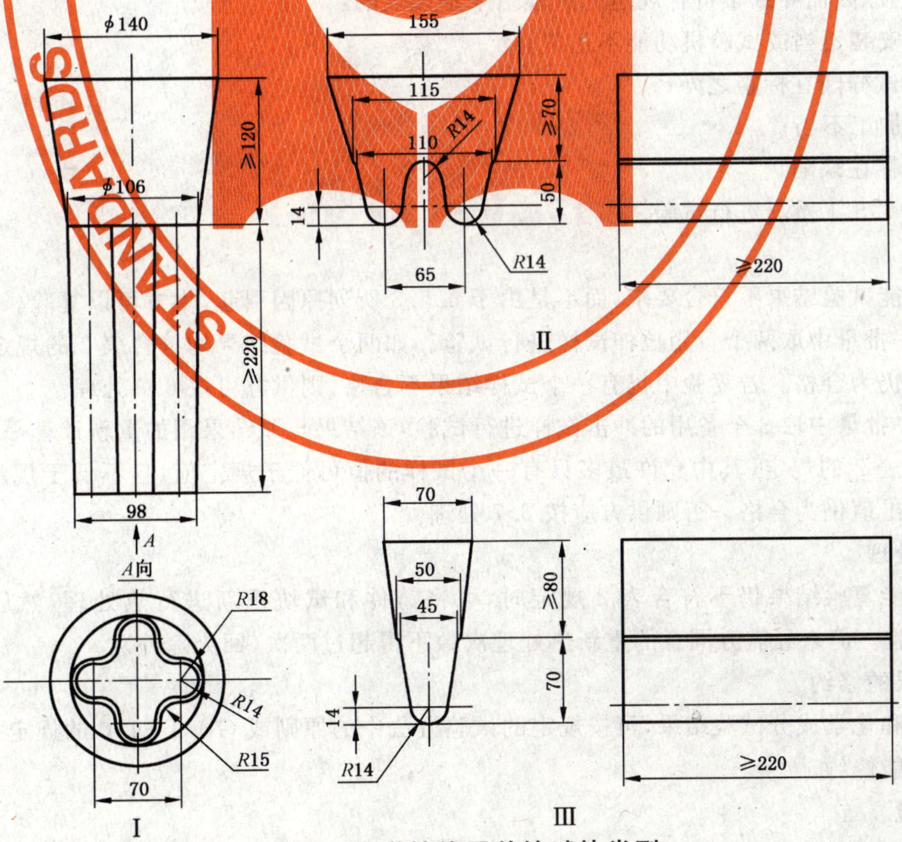

图 1 力学性能用单铸试块类型

5.3 表面检验

5.3.1 铸造表面粗糙度检验按 GB/T 15056 的规定执行。

5.3.2 铸件几何形状和尺寸检验应选择相应精度的检测工具、量规、样板或划线检查。

6 检验规则

6.1 检验程序

除另有规定外，铸件的检验由供方质量部门检验。

6.2 检验地点

6.2.1 除供需双方商定只能在需方作检验外，最终检验一般应在供方进行。

6.2.2 供方不具备必需的手段，或双方对铸件质量发生争议时，检验可在独立机构进行。

6.3 批量的划分

6.3.1 按炉次分：铸件由同一炉次钢液浇注，做相同热处理的为一批。

6.3.2 按数量或重量分：同一牌号在熔炼工艺稳定的条件下，几个炉次浇注的并经相同工艺多炉次热处理后，以一定数量或以一定重量的铸件为一批，具体要求由供需双方商定。

6.3.3 按件分：以一件为一批。

6.4 化学成分分析

铸件按熔炼炉次分析，分析结果应符合表 1 的规定。

6.5 力学性能试验

6.5.1 拉伸试验，每一批量取一个拉伸试样，试验结果应符合表 2 规定。

6.5.2 做冲击试验时，每一批量取 3 个冲击试样进行试验，3 个试样的平均值应符合表 2 的规定，其中允许最多只有一个试样的值可低于规定值，且不低于规定值的 2/3。

6.5.3 因下列原因而导致不符合规定的试验结果是无效的：

a) 试样安装不当或试验机功能不正常；

b) 拉伸试样断在标距之外；

c) 试样加工不当；

d) 试样存在缺陷。

此时应按 6.5.1 重新进行试验。

6.6 复验

当力学性能试验结果不符合要求，而不是由于 6.5.3 所列原因引起，供方可以复验。

6.6.1 从同一批量中取两个备用拉伸试样进行试验。如两个试验结果均符合表 2 的规定，则该批次铸件的拉伸性能仍为合格。若复验中仍有一个试样结果不合格，则供方可按 6.7 处理。

6.6.2 从同一批量中取 3 个备用的冲击试样进行试验，该结果与原结果相加重新计算平均值。若新计算平均值符合表 2 的规定，其中允许最多只有一个试样的值可低于规定值，且不低于规定值的 2/3，则该批铸件的冲击值仍为合格。否则供方应按 6.7 处理。

6.7 重新热处理

当力学性能复验结果仍不符合表 2 规定时，可将铸件和试块重新进行热处理，然后按 6.5.1 和 6.5.2 重新试验。但未经需方同意的重新热处理次数不得超过两次(回火除外)。

6.8 试验结果的修约

力学性能和化学成分试验结果，可按规定的试验方法中的原则或 GB/T 8170 的规定加以修约。尺寸测量结果不能修约。

6.9 表面质量

铸件的表面质量按 4.5 逐件检验。

6.10 几何形状、尺寸公差和加工余量

铸件几何形状、尺寸、尺寸公差和加工余量按4.6的规定逐件检验。

6.11 检验附加要求

检查验收供需双方商定的附加要求。

7 标志、包装、运输、贮存

7.1 标志和合格证

7.1.1 每个铸件应在非加工面上做下列标志或其中的一部分。如：

a) 供应方标志；

b) 批量号；

c) 需方要求的其他标志。

当无法在铸件上做出标志时，标记可打印在附于每批铸件的标签上。

7.1.2 出厂铸件应附有检验合格证，合格证应包括：

a) 供方名称；

b) 铸件号或批量号；

c) 铸件图号或订货合同号；

d) 材料牌号、熔炼炉号、热处理状态；

e) 制造日期(或编号)；

f) 所规定的各项检验结果；

g) 双方商定的其他内容。

7.2 表面防护、包装、运输和贮存

铸件在检验合格后应进行防护处理或包装。

铸件表面防护、运输和贮存应符合订货协议。

8 附加要求

经供需双方协商，可规定下列附加要求的一项或几项。

8.1 重量和重量偏差

8.1.1 铸件的重量应按密度 7.8 kg/cm^3 计算。

8.1.2 重量偏差按GB/T 11351规定执行。

8.2 残余元素的成分分析

对表1以外的残余元素是否做成分分析，由供需双方商定。

8.3 布氏硬度

金属布氏硬度试验的部位和硬度范围由供需双方商定，布氏硬度试验按GB/T 231的规定执行。

8.4 批量的均匀性

8.4.1 应在每一批次铸件的5%(或至少5件)或商定数量的铸件上作硬度试验，以鉴定每批铸件的均匀性。

8.4.2 硬度应在每个铸件相同的部位上测定。

8.4.3 每一硬度值对代表该批次全部铸件硬度平均值的偏差不应超过±15%或不超过双方商定的百分数。否则供方应对该批铸件进行试验，对不合格的铸件要重新热处理或整批铸件重新热处理。

8.5 本体试块

当备用试块不足时，允许从铸件本体上取样，取样部位及性能指标由供需双方商定。

8.6 较大缺陷焊补

8.6.1 供需双方事先约定的重要部位，为焊补而准备的坡口深度超过壁厚的40%或25 mm，则认为是较大缺陷焊补。

8.6.2 较大缺陷焊补应有焊补位置和范围等记录，焊补后均应按照检查铸件的同一标准进行检查。

8.7 无损检测

8.7.1 渗透检测

用渗透探伤，以检测铸件表面的缺陷。被检测表面的缺陷程度和验收标准，由供需双方商定或按GB/T 9443的规定执行。

8.7.2 磁粉检测

用磁粉检测铸件表面和近表面的缺陷。被检测表面的缺陷程度和验收标准，由供需双方商定或按GB/T 9444的规定执行。

8.7.3 超声检测

用超声检测铸件内部和近表面的缺陷，检测的范围、缺陷程度和验收标准，由供需双方商定或按GB/T 7233的规定执行。

8.8 射线照像检测

用X或γ射线检测铸件内部的缺陷，检查的范围、缺陷程度和验收标准，由供需双方商定或按GB/T 5677的规定执行。

8.9 耐压致密程度试验

8.9.1 耐压致密程度试验应在未加工或加工铸件上进行。除另有规定外，测试条件(试验的压力，液体温度和试验时间)和试验结果的解释，均按有关规定执行。

8.9.2 耐压试验的铸件，在试验前不能被氧化，且不应施加任何保护性涂料、涂层、镀层和渗透。

8.10 检验文件

8.10.1 供方可按附录A选择检验文件类别。

8.10.2 检验文件应在铸件交货后的7个工作日内提交。

8.10.3 询价和订货可按附录B选择。

附 录 A
（资料性附录）
检验术语定义及文件类别

A.1 常规检验

A.1.1 定义

常规检验指供方按自己的生产流程，以相同的制造工艺对所浇注的试块或铸件进行检验，但实际提供的试块或铸件不必检验。

A.1.2 文件

A.1.2.1 合格证(SC)

供方在文件中说明所提供的铸件符合订货协议要求。

A.1.2.2 试验报告(TR)

供方在文件里说明所提供的铸件符合订货协议要求，并提供常规检验的产品检验结果。

A.2 规定检验

A.2.1 定义

规定检验是指为试块或铸件所进行的检验及试验，以验证该铸件是否符合订货协议的要求。

A.2.2 文件

A.2.2.1 检查合格证

检查合格证应包括一切规定的试验结果。检验可分为：

a) 由供方质量部门执行，并由该部门的代表签字(IC)；

b) 在需方或其代表的监督下进行，并由需方的代表签字(ICR)；

c) 由独立机构执行，并由独立机构的代表签字(ICP)。

检验文件类别见表A.1。

A.2.2.2 检验报告

如按A.2.2.1中b)的情况所进行的检验，并由供需双方的代表签字的检查合格证称为检验报告(IR)。

表 A.1 检验文件类别

检验类别		文件类别	符号
常规检验		无文件 合格证 试验报告	— SC TR
规定检验	由供方的质量部门执行的规定检验。检验在供方进行	由供方质量部门的代表签署的检查合格证	IC
	在需方的代表或其指定的代表参加下执行的规定检验。检验在供方进行	由需方代表或其指定的代表签署的检查合格证。 由供方和需方代表或其指定的代表签署的检验报告	ICR R
	由独立机构执行的规定检验，检验在供方外进行	由独立机构代表签署的检查合格证	ICP

附　录　B
（资料性附录）
询价和订货

B.1　询价和订货应包括的内容

B.1.1　需方提供铸件的图样及数量。

B.1.2　铸件图样应注明包括加工余量的尺寸公差和供加工与测量的基准点(或基准面)。

B.1.3　由于供方生产工艺要求,而对图样或模样作修改时由供需双方商定。

B.1.4　材料牌号。

B.1.5　对铸件形状、尺寸、加工余量、表面粗糙度的要求。

B.1.6　批量的划分。

B.1.7　检验文件类别。

B.2　必要时询价和订货应包括的附加要求

B.2.1　第8条的附加要求。

B.2.2　对铸件表面防护、包装、运输方式或贮存的要求。

B.2.3　批量投产之前,供方给需方提供的样品铸件。

B.2.4　检查程序,检查地点。

B.2.5　需方如有“附加要求”时商定产品的价格。

附　录　C
（资料性附录）
采用国际标准对照表

本标准的章条号	采用的国际标准	对应的国际标准章条号	主要技术内容
4.1	ISO 4990:2003	5.1	无差异
4.2～4.3	ISO 3755:1991	5～6	
4.4		4	
4.5～4.8	ISO 4990:2003	6.2.3	有差异
5		6.2	
6		6、附录 A	无差异
7		7	
8		附录 B	有差异
附录 A		3.1	
附录 B		4	